电机故障分析与诊断技术

马宏忠　等著
王祥珩　审

机械工业出版社

本书从提高电机故障分析与诊断水平、提高电机运行可靠性和降低维修成本的原则出发,本着兼顾故障分析的理论性、系统性,突出故障诊断方法的实用性、准确性的原则,全面系统地分析了电机故障机理,详细阐述了交流电机各种常见故障的诊断方法。

全书共有 12 章,除第 1 章绪论外,分为三部分,第一部分主要讨论了故障诊断的一些共性问题,包括:第 2 章电机诊断理论与智能诊断方法;第 3 章电机绝缘分析与诊断;第 4 章电机轴承故障诊断。第二部分用较多的篇幅分析了电动机的故障诊断技术,包括:第 5 章电动机故障分析;第 6 章电动机故障的简易诊断;第 7 章电动机定子绕组故障的精密诊断;第 8 章电动机转子故障的精密诊断。第三部分详细分析了发电机故障诊断技术,主要包括:第 9 章发电机故障分析;第 10 章发电机定子故障的诊断;第 11 章发电机转子故障的诊断;第 12 章发电机漏水、漏氢、轴电压问题。

全书用大量的篇幅详细地分析了电机故障诊断的各种新技术、新方法,总体上反映了当前国内外电机故障诊断的技术水平,具有很强的实用价值。

本书适用于从事电机及其他电气设备故障诊断的工程技术人员阅读,也可作为高等院校电机和相关专业研究生和高年级本科生及教师教学参考用书。

图书在版编目(CIP)数据

电机故障分析与诊断技术/马宏忠等著. —北京:机械工业出版社,2021.8

ISBN 978-7-111-71894-9

Ⅰ.①电… Ⅱ.①马… Ⅲ.①电机-故障诊断 Ⅳ.①TM307

中国版本图书馆 CIP 数据核字(2022)第 199893 号

机械工业出版社(北京市百万庄大街 22 号 邮政编码 100037)

策划编辑:丁 诚 责任编辑:丁 诚 朱 林
责任校对:樊钟英 贾立萍 封面设计:王 旭
责任印制:常天培
固安县铭成印刷有限公司印刷
2023 年 6 月第 1 版第 1 次印刷
184mm×260mm·29.75 印张·738 千字
标准书号:ISBN 978-7-111-71894-9
定价:180.00 元

电话服务 网络服务

客服电话:010-88361066 机 工 官 网:www.cmpbook.com
010-88379833 机 工 官 博:weibo.com/cmp1952
010-68326294 金 书 网:www.golden-book.com
封底无防伪标均为盗版 机工教育服务网:www.cmpedu.com

本书及相关研究工作先后得到下列项目资助：

江苏省应用基础研究基金资助项目：大型交流电机实时奇异信号检测与诊断方法的研究（BJ99009）

河海大学自然科学基金项目：电气奇异信号的检测与分析

教育部第二届高校青年教师奖资助项目：电力元件健康诊断（教人司［2001］182 号）

国家自然科学基金项目：大型异步电动机早期电气故障研究（50477010）

国家自然科学基金项目：双馈异步发电机电气故障及其诊断技术的基础研究（51177039）

国家自然科学基金项目：双馈异步发电机内部故障的振动（声学）机理分析与机电（声）融合诊断研究（51577050）

教育部博士点基金项目：大型双馈异步风力发电机故障分析与健康预警研究（2009562311）

上海汽车集团科学基金：电动汽车永磁同步电机健康诊断基础研究（1106）

上海电气风电集团有限公司科学基金：适用于海洋环境的双馈发电机电刷滑环系统研究（W3600）

国家电网公司重点科技项目：江苏电网调相机试验与状态监测技术研究（5210011700Z1）

国网江苏省电力有限公司重点科技项目：同步调相机设备系统故障分析诊断技术研究（J2019114）

谨以本书献给资助本书相关研究的上述基金项目及重点科技项目！

前　言

电机是当前应用最广的原动力和驱动装置，其数量之多、应用之广、地位之重要是其他任何设备不能与之相比的。全世界 95% 以上的电能是由各种交流发电机发出的，60% 以上的动力装置是由各种电动机驱动的。无论是发电机还是电动机（以及目前在超、特高压输电中重新得到认可的调相机），不但台数不断增加，而且单台容量也在不断扩大，对可靠运行的要求越来越高。有时，在复杂生产线上的关键电机出现故障，即使电机功率不是很大，但其影响的不仅仅是电机本身，而是整个生产线。

20 世纪 80 年代以来，设备状态监测与故障诊断技术逐步应用于大型电机。在 1987 年，Tavner P. J. 与 Penman J. 提出了电机状态监测与故障诊断的概念。

电机故障分析与故障诊断是指根据在线监测电机相关运行参数（如电压、电流、转速、温度、振动、局部放电等），结合电机的历史运行情况，对电机故障进行分析与诊断，并采用适当方法评估电机当前的运行状态；若处于故障状态，则进一步确定故障的类型、发生部位、严重程度以及发展趋势。该项技术的出现引发了电机维修体制的一次革命，使传统的事后维修方式逐步转变为预知维修（状态维修）方式。通过对电机故障的分析与诊断，可以向现场运行人员提供必要的信息，以合理安排、组织预防性维修，从而避免恶性事故的发生。

电机故障诊断为电机维修工作提供了强大的技术支持，为实现电机预知维修提供了必要的前提条件和技术手段，使传统的预防维修上升到预知维修，为弥补和克服传统电机维修制度的不足创造了条件。

近 30 年来，电机故障诊断技术得到快速发展。国内外广大科研工作者纷纷致力于电机状态监测与故障诊断这一课题的研究，取得了大量研究成果，提出了众多各具特色的监测与诊断方法。特别是清华大学高景德、王祥珩先生在电机故障分析方面做出了杰出的贡献。

本书是作者及其团队在长期从事电机及其他电气设备状态监测与故障诊断的科研工作和教学工作的基础上，总结了国内外近 30 年的研究成果，结合河海大学电气设备状态监测与故障诊断课题组多年来的教学与研究成果整理而成。本书核心内容已在河海大学本科生和研究生课程中讲授多轮。

2008 年，本书作者历时近 10 年出版了学术专著《电机状态监测与故障诊断》，在业内得到广泛关注，受到广大读者的好评。本书与该书的主要区别在于：《电机状态监测与故障诊断》注重学术性与系统性，部分内容对读者要求较高（其中第一篇基本定位于研究生及以上学历）；本书更侧重于工程应用性（适当兼顾学术性），在进行电动机、发电机故障分析的基础上，重点针对电动机、发电机主要故障的诊断方法进行分析，使读者适应面更宽（基于篇幅，电机状态监测技术不作为本书的重点内容）。

全书共有12章，除第1章绪论外，分为三部分，第一部分主要讨论了故障诊断的一些共性问题，包括：第2章电机诊断理论与智能诊断方法；第3章电机绝缘分析与诊断；第4章电机轴承故障诊断。第二部分用较多的篇幅分析了电动机的故障诊断技术，包括：第5章电动机故障分析；第6章电动机故障的简易诊断；第7章电动机定子绕组故障的精密诊断；第8章电动机转子故障的精密诊断。第三部分详细分析了发电机故障诊断技术，主要包括：第9章发电机故障分析；第10章发电机定子故障的诊断；第11章发电机转子故障的诊断；第12章发电机漏水、漏氢、轴电压问题。

全书用大量的篇幅详细地分析了电机故障诊断的各种新技术、新方法，总体上反映了当前国内外电机故障诊断的技术水平，具有很强的实用价值。

本书在写作过程中得到中国工程院顾国彪院士；东南大学胡虔生教授、胡敏强教授、黄允凯教授；清华大学王祥珩教授；国网江苏省电力公司姜宁教授级高级工程师、王春宁教授级高级工程师、许洪华高级工程师、汤晓峥高级工程师、王抗博士、朱超博士；河海大学鞠平教授、李训铭教授、王宏华教授、韩敬东高级工程师、陈浈斐副教授，华北电力大学许伯强教授、万书亭教授；西南交通大学吴广宁教授；西安交通大学张冠军教授；华侨大学方瑞明教授；上海电力大学魏书荣教授；南瑞科技股份有限公司孙国城教授级高级工程师等专家的大力支持，在此表示诚挚的感谢。在本书写作过程中，部分博士生和研究生协助做了大量的工作，他们主要是蒋梦瑶、侯鹏飞、段大卫、杨启帆、朱昊、王立宪、颜锦、张玉良、李楠、崔佳嘉、王健、薛健侗、万可力、迮恒鹏，没有他们的帮助，本书很难及时推出，因此从某种意义上讲他们也是本书的作者。本书内容研究与写作过程中得到了多个基金项目资助，主要有：国家自然科学基金（50477010、51177039、51577050、51907052）；教育部博士点基金项目（2009562311）；上海电气风电集团有限公司科学基金（W3600）；国家电网公司重点科技项目（5210011700Z1）等，在此表示感谢。

本书由清华大学王祥珩教授主审，他以严谨的科学态度认真审阅了全部书稿，并提出了很多宝贵意见。中国水力发电工程学会理事、教授级高级工程师刘徽博士对全书进行了审阅，在工程应用方面提出了很多有意义的建议，使本书更具实用性。本书的写作还得到了机械工业出版社编审林春泉老师的大力支持与帮助，在此对他们为本书所做出的贡献表示感谢。

电机状态故障诊断技术发展很快，各种新的技术不断出现，其间有关资料不断更新；随着研究课题的深入，本课题组也有不少新的研究成果产生。尽管笔者试图想使这本书尽可能完美地呈现给读者，但由于能力与精力有限，书中内容仍有局限与欠缺之处，有待不断充实与更新，衷心希望读者不吝赐教。

Email：hhumhz@163.com

马宏忠

2021年2月于南京

目　录

第1章 绪 论

首先介绍设备故障诊断的基本概念，这不仅适用于电机，而且对其他相关设备也基本适用。然后总体分析电机故障及基本分析诊断方法，包括电动机故障、发电机故障、电机故障基本分析方法、电动机故障诊断、发电机故障诊断等。

1.1 设备故障诊断与状态维修

1.1.1 设备诊断技术

"诊断"最早出现于医学上，设备诊断技术是从医学诊断技术移植过来的。对设备进行的定期检查，就相当于对人体进行的健康检查；在设备定期检查中发现的设备状态异常现象，则相当于人体检查中发现的各种症状。根据设备状态，对设备劣化程度与故障部位、故障类型、故障原因所做的分析判断，就相当于根据人体症状对病位、病名、病因所做的识别鉴定即诊断。不难明白，设备故障的诊断和人体疾病的诊断在实质上是完全相同的，也是利用了温度、噪声、振动、压力、气味、形变、泄漏和磨损等表示设备状态的各种特征。

1. 设备诊断技术的概念

设备诊断技术又称为设备状态诊断技术（Equipment condition diagnosis technology），是一种通过监测设备的状态参数，发现设备异常情况，分析设备故障原因，并预测、预报设备未来状态的一种技术。其基本功能是在不拆卸或基本不拆卸设备的情况下，掌握设备运行现状，定量地检测和评价设备的以下状态：①设备所承受的应力；②强度和性能；③故障和劣化；④预测设备的可靠性。在设备发生故障的情况下，对故障原因、故障部位、危险程度进行评定，并确定正确的修复方法。

2. 设备诊断技术的工作原理和工作手段

设备诊断技术的基本原理及工作程序如图 1-1 所示，它包括信息库和知识库的建立，以及信号检测、特征提取、状态识别和预报决策等 4 个工作程序。

1）信号检测 按照不同诊断目的和对象，选择最便于诊断的状态信号，使用传感器、数据采集器等技术手段，加以监测与采集。由此建立起来的是状态信号的数据库，属于初始模式。

2）特征提取 将初始模式的状态信号通过信号处理，进行放大或压缩、形式变换、去除噪声干扰，以提取故障特征，形成待检模式。

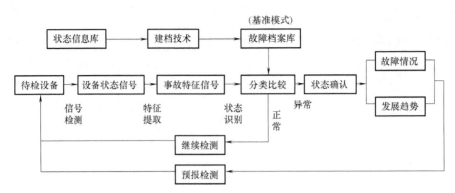

图 1-1 设备诊断技术的基本原理及工作程序

3）状态识别 根据理论分析结合故障案例，并采用数据库技术所建立起来的故障档案库为基准模式。将待检模式与基准模式进行比较和分类，即可区别设备的正常与异常。

4）预报决策 经过判别，对属于正常状态的可继续监视，重复以上程序；对属于异常状态的，则要查明故障情况，做出趋势分析，估计今后发展和可继续运行的时间，以及根据问题所在提出控制措施和维修决策。

按照状态信号的物理特征，设备诊断技术的主要工作手段可分为 10 种，见表 1-1。选用工作手段应根据对象的不同而有所区别，其中以振动、温度、油液及声学的诊断方法应用最多。

表 1-1 设备诊断技术的主要工作手段

序号	物理特征	检测目标	适用范围
1	振动	稳态振动、瞬态振动模态参数等	旋转机械、旋转电机、往复机械、流体机械、转轴、轴承、齿轮等
2	温度	温度、温差、温度场及热图像等	热工设备、工业炉窑、电机电器、电子设备等
3	油液	油品的理化性能、磨粒的铁谱分析及油液的光谱分析	设备润滑系统、电力变压器、互感器等
4	声学	噪声、声阻、超声波、声发射、声纹等	压力容器及管道、流体机械、变压器、短路开关等
5	强度	载荷、扭矩、应力、应变等	起重运输设备、锻压设备、各种工程结构等
6	压力	压力、压差、压力联动等	液压系统、流体机械、内燃机、液力耦合器等
7	电气参数	电流、电压、电阻、功率、电磁特性、绝缘性能等	电机、电器、输变电设备、电工仪表等
8	表面状态	裂纹、变形、点蚀、剥脱腐蚀、变色等	设备及零件的表面损伤、交换器及管道内孔的照相检查等
9	无损检测	射线、超声、磁粉场、渗透、涡流探伤指标等	旋转电机、变压器；压延、铸锻件及焊缝缺陷检查，表面镀层及管壁厚度测定等
10	工况指标	设备运行中的工况和各项主要性能指标等	流程工业或生产线上的主要生产设备等

3. 设备诊断技术的组成和功能

设备诊断技术由简易诊断技术和精密诊断技术两种技术组成。

（1）简易诊断技术

简易诊断技术（Simple Diagnosis Technique）是指使用简单的方法，对设备技术状态快速地做出概况性评价的技术。它能够迅速而概括地检查、了解设备状态，由现场维修人员施行，普遍应用于各种设备。简易诊断技术一般有以下特点：

1）使用各种较简单、易于携带和便于在现场使用的诊断仪器及检测仪表；

2）由设备维护、检修人员在生产现场进行；

3）仅对设备有无故障、严重程度及其发展趋势做出定性初判；

4）涉及的技术知识和经验比较简单，易于学习和掌握；

5）需要将采集的故障信号储存建档。

（2）精密诊断技术

精密诊断技术（Precise Diagnosis Technique）是指使用精密的仪器和方法，对简易诊断中难以确诊的设备故障进行精确的定量检测与分析，找出故障位置、原因和数据，以确定应采取的技术。一般有以下特点：

1）用各种比较复杂的诊断分析仪器或专用诊断设备；

2）由具有一定经验的工程技术人员及专家在生产现场或诊断中心进行；

3）需对设备故障的存在部位、发生原因及故障类型进行识别和定量；

4）涉及的技术知识和经验比较复杂，需要较多的学科配合；

5）进行深入的信号处理，以及根据需要预测设备寿命。

近年开发的计算机辅助设备诊断系统及人工智能与诊断专家系统等，都属于精密诊断技术范畴，一般多用于关键机组和诊断比较复杂的故障原因。设备简易诊断和精密诊断两者的关系相当于护士与专科医生的关系。

在一般情况下，多数设备都采用简易诊断技术来诊断设备现时的状态。只有对那些在简易诊断中提出疑难问题的设备（包括关键、高精度、大、重型设备），才进行精密诊断。这样使用两种诊断技术，才是既有效又经济的。

4. 设备故障诊断的基本方法

由于设备故障的复杂性及设备故障与征兆之间关系的复杂性，形成了设备故障诊断是一种探索性的过程这一特点。故障诊断过程由于其复杂性，一般不可能只采用单一的方法，而需要采用多种方法。

（1）传统的故障诊断方法

1）利用各种物理和化学原理和手段，通过伴随故障出现的各种物理和化学现象，直接检测故障。例如：可以利用振动、声、光、热、电、磁、射线、化学等多种手段，观测其变化规律和特征，用以直接检测和诊断故障。这种方法形象、快速，十分有效，但只能检测部分故障。

2）利用故障所对应的征兆来诊断故障是最常用、最成熟的方法。以旋转机械为例，振动及其频谱特性的征兆是最能反映故障特点、最有利于进行故障诊断的手段，为此，要深入研究各种故障的机理和研究各种故障所对应的征兆。在诊断过程中，首先应分析设备运转中所获取的各种信号，提取信号中的各种特征信息，从中获取与故障相关的征兆，利用征兆进行故障诊断。由于故障与各种征兆间并不存在简单的一一对应关系，因此利用征兆进行故障诊断往往是一个反复探索和求解的过程。

（2）故障诊断的数学方法

设备故障诊断技术作为一门学科，尚处于发展之中。必须广泛利用各学科的最新科技成果，特别要借助各种有效的数学工具，其中包括基于模式识别的诊断方法、基于概率统计的诊断方法、基于模糊数学的诊断方法、基于可靠性分析和故障分析的诊断方法，以及神经网络、小波变换、分形几何等新发展的数学分支方法在故障诊断中的应用等。

（3）故障的智能诊断方法

在上述传统的诊断方法的基础上，将人工智能的理论和方法用于故障诊断，发展智能化的诊断方法，是故障诊断的一条全新途径，目前已广泛应用，成为设备故障诊断的主要方向。

人工智能的目的是使计算机去做原来只有人才能做的智能任务，包括推理、理解、规划、决策、抽象、学习等功能。专家系统是实现人工智能的重要形式，目前已广泛用于诊断，获得了很好的效果。

5. 设备诊断的判定标准及其制定方法

设备诊断的判定标准是用以评价设备技术状态的一种标准。据此可以判定设备的正常、异常和故障，以实施超限报警或自动停机。常用的判定标准有以下三种。

1）绝对判定标准　根据对某类设备长期使用、维修与测试所积累的经验，并由企业、行业或国家归纳而制定的一种可供工程应用的标准。这类标准一般都是针对某类设备，并在规定了正确的测定方法后制定的，故在使用时必须掌握标准的运用范围和测定方法。

2）相对判定标准　对同一台设备，在同一部位定期测定参数，并按时间先后进行比较，以正常情况下的值为原始值，用实测值与该值的倍数作为判定标准。

3）类比判定标准　数台同样型号、规格的设备在相同条件下运行时，通过对各台设备的同一部位进行测定和相互比较来掌握异常程度。

1.1.2　设备的状态维修

1. 状态维修的概念

状态维修（Condition Based Maintenance，CBM）或预知性维修（Predictive Diagnostic Maintenance，PDM）以设备当前的实际工作状况为依据，通过高科技状态监测手段，识别故障的早期征兆，对故障部位、故障严重程度及发展趋势做出判断，从而确定设备（各部件）的最佳维修时机。状态维修始于1970年，由美国杜邦公司I. D. Quinn首先倡议。状态维修是当前耗费最低、技术最先进的维修制度，它为设备安全、稳定、长周期、全性能、优质运行提供了可靠的技术和管理保障。

以状态监测为基础的预知维修，不规定检修周期，但是要定期或连续地对设备进行状态监测，并根据状态监测和故障诊断的结果，查明设备有无劣化或故障征兆，再安排在需要时进行修理。它能在设备失效前检测和诊断出所存在的故障，并可较准确地估计出连续运行的可靠时间。因而设备使用寿命最长，意外停机事故最少。

2. 传统设备维修的局限性

传统的设备维修方式主要是定期（时）维修、事后维修以及中途抢修等，而在其中最主要的是定期（时）维修。定期（时）维修（hard time maintenance/periodic maintenance）是按规定的产品维修间隔期（寿命单位）实施的维修。定时维修是预防性维修的一种方式。

随着设备复杂度的提高，定期维修越来越暴露出其局限性。

（1）不必要的维修可能增加故障率，影响设备的性能或质量

一个设备（或一个系统）本来是稳定的，一旦对其进行拆修，将对稳定状态产生了扰动，拆修本身很可能造成早期故障，特别是大型、复杂的设备。

（2）定期大修可能浪费了大量人力和物力

大型、复杂设备与系统，每次拆修均需要很多的人力物力，而恰当地进行 CBM 则可以显著提高维修的效益。

（3）产生过剩维修的缺陷

设备不分主次，一律执行定期计划的维修，产生不必要的更换、拆卸过程中的损坏，原来磨合很好的设备又被重新装配，这必然产生过剩维修的缺陷。

（4）定期大修将会降低设备的寿命

定期大修将会降低设备寿命，特别是频繁、定期地大修，将会降低设备的寿命。这是因为每次拆修时，使材料强度降低，而拆修后再次起动，又增加了材料的疲劳损坏。

（5）缺乏针对性

不论产品状态如何，都将按定期计划重新校装，虽然起到预防作用，但不能对症下药，具有盲目维修的成分，还造成了机物料的浪费。

3. 基于状态的维修及优点

（1）能将故障消灭在萌芽状态之中

事先检测运行状态，确诊异常状态，预先巡检，主动巡查并确定异常状态，及时进行事先维修。

（2）降低维修费用，缩短维修时间或避免过度维修

由于设备的实际运行状态和制造质量以及操作人员的技术水平等因素的差异，每一台设备或其零部件的使用寿命均有不同，因而故障发生点也不尽相同。这就要求维修人员必须认真分析和准确判断故障，对设备进行有针对性的维修。据权威杂志统计表明，与采用定期计划维修体制的企业相比，实施基于状态的维修后设备故障下降 63%～84%，设备维修用工下降 26%～30%，机物料消耗下降 22%～31%，计划停台率降低 2.5%～3.7%。

英国有专家发表论文认为，对大型汽轮发电机组进行振动监视，获利与投资之比为 17∶1，在英国西南地区，每台发电机组如减少 2.5% 的事故与检修损失，每年获利可达 5.5 亿英镑。日本有资料指出，采用诊断技术后，每年设备维修费减少 20%～50%，故障停机减少 75%。我国的大型钢厂，每年设备维修费达 2～3 亿元。某机械施工单位拥有工程机械 232 台，采用状态维修后，维修材料费降低 30%，维修工作量降低 47%[5]。

（3）利用了设备的全寿命周期

利用了设备的全寿命周期，它的计划性比传统维修计划更符合实际。CBM 也是有计划的，不过是侧重于状态，这绝不等于说其没有计划，只是这种计划是建立在"状态"基础上的计划。它强调计划检测，事先搜集信息，计划适时、适度修理，因此它的计划性更符合实际。

虽然对每一台设备来说出现故障时间、故障次数、设备寿命等各不相同，但总体规律是一致的，设备故障率和设备寿命的关系就是著名的所谓"浴盆曲线"（见 2.1.1 节）。不同的时期，故障率不一样。对设备进行状态维修，不同的时期应采用不同的措施。

（4）按需维修，提高设备利用率

因为对每台设备都进行状态监测，因此能及时、准确地查出故障或隐患，只需更换或修理损坏的零件，为 CBM 提供可靠的依据，可保证维修质量，避免设备事故，减少设备停机时间和机配件的消耗，从而大幅度地提高设备的利用率，为企业创造更大的效益。

从设备状态监测与故障诊断的发展看，国内设备管理中采用诊断技术工作起步较晚，但经过研究、推广、应用，设备状态监测与故障诊断技术已得到了较高的重视，并有了较快的发展。在一些企业中，设备状态监测与故障诊断技术较好地应用于设备维修中，有效地避免了因不必要的拆卸使设备精度降低，延长了设备寿命，减少和避免了重大事故的发生，减少了维修时间，降低了维修费用，提高了生产效率。

1.2　电机故障诊断

电机是当前应用最广的供电设备和驱动装置。从电能的生产看，当前大量的电能几乎全由同步电机发出，从电能消耗看，世界电能约 60% 以上是由各种电机消耗掉或转化成机械能的；另一方面，当前绝大多数设备运转都是由各种电动机驱动完成的，在各行各业甚至人们日常生活中，电机无所不在，任何产业部门几乎都离不开电机。

因为电机的大量应用，使用环境各异，负载性质也不尽相同，电机故障时有发生，特别是在一些运行环境恶劣、负载冲击性很大场合中运行的电机，故障率较高。为了保证电机及其所驱动负载的可靠运行，应对电机故障进行分析，并对电机状态监测与故障诊断进行研究。

1.2.1　电动机故障

由于电动机长期运行，一些结构、部件会逐渐劣化，逐渐失去原有性能和功能，将暴露出一些不正常的状态，诊断技术就是通过各种检测技术，测定出能反映故障隐患和趋向的参数，从中得到预警信息。再进一步通过信息分析，对电动机故障程度和起因有一个准确的判断，及时和有效地对电动机进行维修，排除故障，以实现电动机的预知维修，而不致影响生产。

1. 从现象看电动机的故障

在实际的运行中，从外部现象看，电动机常见故障主要有以下几种：

（1）电动机不能起动

电动机不能起动的原因主要是由于电源未接通，负载过大、转动受阻、熔丝熔断等，这时应先检查电源电路或附加的电器元件，主要是保证回路开关完好，接线正确，没有反接、短路现象。其次再检查负载及机械部分，确定轴承是否损坏，被带动机械是否卡住；定子与转子之间的间隙是否不正常，定子与转子是否相碰。

（2）电动机外壳带电

电动机外壳带电是由于电动机接地线断开或松动，引出线碰接线盒或接线板油垢太多引起。

（3）电动机过热

当电动机过载、断相运行、电动机通风道受阻时，都会引起电动机过热。电动机过负载运行时，电流会升高，使电动机严重过热，可能会烧坏电动机。这时应及时调整负载，避免电动机长期过载运行。

三相电源中只要有一相断路，就会引起电动机断相运行，如果断相运行时间过长，将会烧坏电动机，因此要经常检查电源电路。

电动机内油泥、灰尘太多，电动机通风道堵塞都会影响散热效果，引起电动机过热，所以要及时清除阻塞物，改善散热条件。

（4）电动机运转声音异常

电动机正常运行时，声音是均匀的、无杂音，当出现轴承损坏、断相运行现象时，就会发出异常的、甚至是刺耳的响声。

轴承损坏主要是轴承间隙过大或严重磨损，缺少润滑油或油脂选择不当引起的，这时应及时清洗或更换轴承，保证电动机在运行过程中有良好的润滑，一般的电动机运行 5000h 前后，应补充或更换润滑脂。

电动机断相运行时，转速会下降并发出异常响声，如果运行时间过长，将会烧坏电动机。断相运行主要是电源电路出现问题引起的，如电源线一相断线，或电动机有一相绕组断线。要防止电动机断相运行，首先要及时发现断相运行的异常现象，并及时排除，其次对于重要的电动机应装设断相保护。

2. 从引起的原因看电动机的故障

（1）电动机故障的直接原因

1）定子铁心故障　①定子铁心短路，②定子铁心松动。

2）绕组绝缘故障　①绕组绝缘磨损，②绝缘破损，③匝间短路，④绝缘电阻降低。

3）异步电动机转子绕组故障　①断条和端环开裂，②绕线转子绕组击穿、开焊和匝间短路。

4）转子本体的故障　转子是电动机输出机械功率的部件，工作时往往承受各种复杂和变化的应力，容易出现各种各样的故障。

（2）引起电动机故障的间接原因

1）电源的原因。如电网的电压、频率波动等。

2）负载性质和负载机械的原因。

3）安装环境和场所的原因。环境温度、湿度、海拔以及电动机安装场所的粉尘、有害气体、盐雾、酸气等，对电动机的运行也将产生影响。

4）地基或基础的原因。如因基础振动冲击使电动机受到影响。

5）运行条件的原因。恶劣的环境和苛刻的运行条件，以及超过技术条件所规定的允许范围运行，往往是直接导致故障的起因。

6）电动机的选型不当引起故障的原因。

1.2.2　发电机故障

大型发电机是电力系统的核心，是十分重要和昂贵的设备，其运行可靠性对系统的正常运行、用户的不间断供电、保证电能质量以至整个社会的安全运转都起着极其重要的作用。

汽轮发电机按其结构，可以划分为几个大的子系统：定子、转子、氢、油、水系统。要进行故障诊断，就应该首先对故障的性质有一个清楚的认识。

2003 年全国共有 100MW 及以上发电机 1072 台。全年共发生发电机本体故障 42 次，年故障率为 3.91 次/（百台·年）。另外，还有异常故障 61 次和外部故障 14 次。在 42 次发电机本体故障类型中，相间故障有 3 次，占本体故障总数的 7.14%；铁心故障有 12 次，占本体故障总数的 28.57%；内部引线故障有 2 次，占本体故障总数的 4.76%；转子接地有 8 次，占本体故障总数的 19.05%；定子接地有 13 次，占本体故障总数的 30.95%；定子匝间短路有 4 次，占本体故障总数的 9.52%[7]。

同步发电机是一个有机的整体，其故障往往并不直接表现为纯机械或纯电气故障，而是多因素多类型故障的耦合，可能存在故障的主从联系和同时发生。如机械故障会引发发电机绕组的机械振动、位移和绝缘磨损，产生电气故障；发电机转子和定子绕组出现故障时，气隙磁通发生畸变，电磁场分布不均匀，可能导致机械弯曲、松动、不平衡等机械故障等，因此应在监测和诊断技术的采集数据的相关性、综合性上考虑。

据统计，发电机 70% 的故障属于电气故障，本书将发电机的电气故障作为研究重点，图 1-2 为汽轮发电机组电气故障诊断对象的一种分解方法[4]。

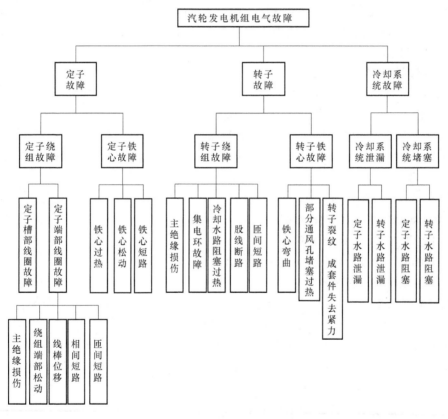

图 1-2　汽轮发电机组电气故障分类

从图 1-2 可以看出汽轮发电机组的电气故障，包括定子故障、转子故障和冷却系统故障。

1. 定子故障

定子故障主要有定子绕组过热，定子绝缘损伤和定子接地。定子绕组故障的主要原因有磨损、污染、裂纹、腐蚀等原因造成的绝缘失效和机械振动造成的槽部线棒移位，冷却水泄漏。定子铁心的故障主要是由于定子铁心在制造、安装过程中的机械缺陷引起局部叠片间短路。定子故障的后果有定子接地，定子绕组绝缘击穿，定子绕组绝缘烧损，定子绕组匝间短路、相间短路或三相短路，定子绕组烧损，定子绝缘烧损，定子铁心烧伤和爆炸事故等。

2. 转子故障

转子故障分为转子绕组故障和转子本体故障，转子绕组故障又分为接地故障、匝间短路和断线。接地故障和匝间短路主要是由绝缘磨损引起的，故障后果有转子两点接地，转子绕组匝间短路，转子绕组烧损，发电机失磁，发电机和汽轮机部件磁化等。同时匝间短路还会出现磁通量的不对称和转子受力不平衡，引起转子振动。断线主要是由接头开焊和热变形引起，断线后会产生电弧放电和电源电流波动。转子本体的故障一方面表现为纯粹的机械故障，另一方面电源中的负序电压引起的转子涡流损耗，会导致过热引发疲劳裂纹；电力系统大的瞬态过程也会对转子产生应力冲击，引起扭振损伤。

3. 冷却系统故障

水冷却系统的故障主要有定子断水、漏水及转子漏水故障。主要原因是冷却水管道系统的材料缺陷、安装缺陷、机械振动或因水中杂质造成的电腐蚀以及冷却器泄漏，引起冷却效率降低，温度升高，线棒过热和绝缘热解。水冷却管道的异物堵塞和气堵，空心导线的放电损坏也会导致发电机过热，最终烧坏绝缘。故障的直接表现形式是定子线棒和冷却水的温度升高，绝缘热解。故障的后果有定子绕组过热，定子绕组绝缘降低，定子绕组接地，绕组短路或烧损，定子绕组或定子引出线烧损，机组减负载运行或强迫停运，发电机烧毁等。

同步发电机的另一类主要故障是转子支撑轴系的机械故障：发电机转子本体、转子支撑和发电机机架的故障等。转子轴系故障诊断主要依据振动信号的特征分析，理论比较成熟，实践经验也很丰富。故障的常见形式有：不平衡、不对中、转子裂纹、机械松动、轴承失效、油膜失稳等。

汽轮发电机组作为一个有机的整体，其故障往往并不直接表现为纯机械或纯电气故障，而是多因素、多类型故障的耦合，可能存在故障间的主从联系和同时发生。

1.2.3 电机故障的分析方法

无论是对电机还是对其他电气设备进行状态监测与故障诊断，都依赖于对被诊断对象进行深入的机理分析，弄清故障产生的原因、故障引起的各种征兆、故障的发展趋势，甚至还有必要弄清故障对被诊断对象的性能所产生的影响。

由于电机内同时存在多个相关的工作系统（如电路系统、磁路系统、机械系统、绝缘系统、通风散热系统等），故障起因和故障征兆表现出多样性，而对轻微故障的电机，其故障征兆又具有相当的隐蔽性，其量值小，难以发现与捕捉，这为电机故障诊断增加了困难。

在电机中，一个故障常常表现出多种征兆，例如，笼型异步电动机转子绕组断条或端环开裂这一故障会引起定子电流发生变化（摆动），电机振动增加，起动时间增加，转速、转矩产生波动等，而这些变化又受其他多种因素的影响，如电源不稳、负载波动等。另一方面，有时多种不同的故障可能会引起同一种故障征兆，如引起电机振动增大的原因很多，除转子绕组断条故障外，其他如定子绕组匝间短路，定子端部绕组松动，机座安装不当，铁心松动，转子偏心、不对中，转子与定子相摩擦，转子裂纹故障，轴承损坏[14]等。在这种情况下，如果仅仅排除某一种故障，并不一定能彻底排除电机的全部故障，必须诊断出所有故障的起因，排除所有故障，系统才能恢复到正常状态；因为多种故障可能引起相同的征兆，所以发现某一征兆并不一定能确认设备发生了什么故障。由此可见，对交流电机这种运行状态复杂、影响因素众多的电气设备，如果对其结构、原理、运行特征、工作方式、负载性质不清楚，要对电机进行故障诊断是十分困难的。

电机的所有故障都是按一定的机理产生和发展的，具有一定的规律。这些规律往往必须通过对电机及其故障的深入分析、研究才能发现。只有对电机有充分的认识，对其各种故障的机理、故障本身以及故障引起的各种征兆间的关系有充分的了解，找到这种规律，再利用先进的检测手段，有目的地采集包含故障征兆的有关参量，配合最为有效的信号处理技术，并结合其他经验、成果，才能最终完成电机的故障诊断，对故障做出正确的判断。因此，对电机故障的分析是故障诊断的前提。

电机的故障往往通过电机的运行表现出来，电机的故障分析一般通过其运行状态分析进行。电机运行状态分析主要包括稳态运行分析和暂态运行分析两大类。分析方法主要有：理论分析、实物试验、仿真研究等。

1. 理论分析法（解析计算法）

理论分析法是应用一定的基本物理规律，对所分析的对象（如电机或整个机组），通过研究，写出表达其运行规律的数学方程式，然后依靠数学知识和实际运行条件对方程式进行理论计算，从而得到所需要的分析结果的研究方法。这种方法所得的结果为解析表达式，形式简洁，能揭示分析对象的内在规律，具有普遍性，有一定的指导作用，所以国内外许多学者一直致力于寻求电机故障的解析计算方法。如文献［15］用电机振动中齿谐波来监测异步电机转子偏心，并通过理论分析得到电机转子偏心所引的齿槽谐波频率的解析表达式；文献［16］用对称分量法对定子绕组内部短路进行分析。但由于电机的故障关系复杂，一般来说理论分析大都比较繁锁，有些情况很难得到准确的解析形式的解，往往进行一些近似与假设，这使得理论分析结果与实际电机故障具有较大的误差，影响了故障诊断的准确性。

2. 试验研究法

试验研究法是进行电机故障分析的重要方法之一，它是在实验室通过模拟电机（或机组）进行故障动态模拟试验的研究方法。它主要具有三个方面的优点：第一，大型电机（机组）造价昂贵，无论从安全性、经济性还是从方便性与可行性等方面看，大型电机（机组）都不便于进行大量的试验，所以可以通过模拟电机（机组）进行试验。第二，有些故障一时不能从理论上找到其规律，难以建立准确的数学模型，因此可以先进行实验模拟，通过有关数据、现象探索故障的规律。第三，对理论分析的结论、数学模型进行验证。

当然用试验研究法进行电机故障的分析也有很多不足，如试验代价较高、周期较长等。同时，由于内部短路故障电流很大，从试验机组的安全考虑，试验的条件要求比较苛刻，一般达不到实际电机的正常运行工况；由于电机可发性短路故障的种类很多，试验难以模拟全部的故障［在一台电机（机组）中人为地造成各种不同的故障有时是很困难的］，也就给寻求内部故障规律带来了不便。虽然试验研究法存在这些缺点，但是它可以真实地模拟影响电机故障特性分析的饱和、磁滞、涡流及阻尼等实际效应，可作为理论研究的一种有益的补充。

3. 数字仿真法

仿真研究所采用的模型主要有物理模型和数学模型两种，对应的仿真研究也可以分为基于物理模型的物理仿真和基于数学模型的数字仿真。由于数字仿真比物理仿真灵活，且经济、安全，因而获得了广泛的应用。数字仿真过程可分为4个步骤：实际系统的数学模型建立、仿真模型建立、编制和调试仿真程序、仿真结果分析和验证。

在电机故障分析中应用较多的仿真研究方法有坐标变换法、场路耦合法和多回路分析法等几种。

（1）坐标变换法

在电机的分析研究中，坐标变换法一直处于很重要的地位。其中对称分量法在交流电机不对称分析时得到广泛的应用[17,18]，它将不对称的三相系统分解为三组对称的分量再进行求解。但当不对称系统中空间谐波分量很大时，对称分量法并不理想；虽然这种分析电机外部不对称是很方便的，但对电机绕组不对称问题，即使是进行稳态分析，对称分量法也会遇到很多问题。主要仍是难以准确估计气隙磁场引起的各电抗分量的修正及各相分量的相互关联问题，在分析交流电机绕组不对称问题时，对称分量法不是理想的方法。

著名的 Park 方程可以使电机方程变为常系数，使方程大大简化而便于求解，随着许多学者对在计及谐波方面的研究，进一步丰富了坐标变换的理论。后来 Park 变换又被进一步推广和发展，形成多种参考坐标系统，在电机理论的发展过程中曾起过重要作用[19,20]。但这些变换对电机内部绕组故障的分析也不理想。

（2）相坐标法

建立在相坐标系上且以相绕组为基本分析单元的相坐标法可以较好地考虑绕组产生的空间谐波磁场作用。由于其参数是实际物理值，不必经过参数的复杂变换，对各种对称的或非对称的正常或故障运行状况，都容易处理并得到一致的解答。Malik 等学者采用该方法深入到相绕组内部分析了同步发电机定子绕组内部故障[21]，是对相坐标法的一个发展。

在研究交流电机气隙磁场的空间谐波问题和某些不对称问题，以及电力系统不对称运行的问题时，相坐标法具有越来越重要的地位。但是，对于交流电机绕组内部故障，以相绕组为基本单元的相坐标法就产生了难以克服的局限性。

（3）场路耦合法

将电机的电磁场方程与外部系统的联系方程直接耦合联立求解，可以较好地考虑电机的几何结构、分布参数、铁磁材料的饱和等因素，可以深入电机内部各点的状态，可以用于对电机进行暂态、稳态分析[22,23]。但电磁场的计算相当复杂，分析电机内部绕组故障不是很方便。

（4）多回路分析法

对于电机绕组内部的不对称，如电机定子绕组短路、笼型异步电动机转子断条和端环开裂等，以对称相绕组为基本分析单元的分析方法已不能满足研究要求。为深入研究交流电机内部绕组不对称问题，有必要突破传统的理想电机模型的限制。

以单个线圈为分析单元的交流电机多回路理论是由我国学者高景德、王祥珩首次提出的[24]，在电机分析中具有重大意义，为电机分析做出了杰出的贡献[1,24-27]。它突破了传统故障分析中理想电机的假设，将分析深入到定子绕组内部，直接以单个线圈为研究单元，并根据研究问题的需要，组成相应的回路。分析时，将电机看作具有多个相对运动的回路网络，定转子绕组按其实际回路列写电压和磁链方程。在处理发电机定子绕组内部故障时，多回路理论可以考虑绕组内部故障时影响较大的因素（如故障空间位置和绕组形式等），从而可以较为准确地获得绕组故障后的内部电磁关系和绕组电流分布，多回路分析法在电机定子内部故障的稳态及瞬态过程分析中皆有了较好的应用。

30 多年来，多回路分析法在异步电动机转子断条故障、绕组非对称分布的单相电容电机、同步电机带整流负载、特殊励磁的同步发电机系统以及变频驱动系统的分析中也得到了广泛的应用[28-30]。

1.2.4　电动机故障诊断

异步电动机状态监测与故障诊断是指在线监测异步电动机相关运行参数（如电压、电流、磁通、转速、温度、振动、噪声、局部放电），并采用适当方法评估异步电动机当前的运行状态；若处于故障状态，则进一步确定故障的类型、发生部位、严重程度及其发展趋势。该项技术的出现引发了异步电动机维修体制的一次革命，使传统的事后维修方式逐步转变为预知维修（状态维修）方式。电机状态监测与故障诊断系统可以向现场运行人员提供必要的信息，以合理安排、组织预防性维修，从而避免恶性事故的发生。

1. 定子绕组诊断方法

定子绕组故障主要包括匝间短路、过热及绝缘故障。其中，匝间短路故障约占定子绕组故障的 50%，过热故障约占 20%，而绝缘故障则占到 25%左右。

（1）匝间短路故障诊断方法

匝间短路是交流电机常见故障，往往会进一步发展并导致相间短路或接地短路。可以通过探测轴向漏磁通并分析其谐波成分对匝间短路进行监测与诊断。文献［31］提出了一种匝间短路监测与诊断方法，即通过测量电动机定子电流的负序分量判断匝间短路是否发生及其严重程度，这一方法同时考虑了电动机供电电压不平衡、负载变化等因素对匝间短路故障诊断的影响，因而具有很高的可靠性。

此外，基于定子电流 Park 矢量分析的匝间短路诊断方法更加简单。如果电动机定子某相绕组发生匝间短路，则定子三相电流的平衡遭到破坏，定子电流 Park 矢量（i_D，i_Q）的末端轨迹将变成椭圆形，而且其椭圆率对应故障严重程度，其倾斜方向则与故障相对应。当然，这一方法目前并不是尽善尽美的，仍然存在某些技术问题亟待解决，如椭圆率的度量问题、椭圆率与匝间短路严重程度具体对应关系的确定问题等。

（2）过热故障诊断方法

定子绕组过热是一个电动机保护问题，典型的保护方案是根据电动机定子电流正负序分量形成等效热电流，并将其提供给电动机热模型，进而实现反时限过热保护，这实质上就是定子绕组的过热监测与诊断。

另一类方法是基于电动机温度场有限元的分析，但计算极为复杂，因而实时性很差，尚未得到广泛应用。文献［32］采用参数辨识技术成功实现了对电动机转子的热监测，该方法同样也适用于定子热监测。

对于转子转速，可采用人工神经网络进行估计，并不需要安装转速传感器。因为简捷、实用，这种基于参数辨识技术的电动机热监测方法具有广阔的发展前景。

（3）绝缘故障诊断方法

局部放电是绝缘故障最明显的早期征兆，因此可通过监测局部放电来评估定子绕组的绝缘状态。目前，这项技术已逐步成熟。其中，基于高频电流互感器或阻容高通滤波器的局部放电在线监测系统已经得到广泛的应用。应用该方法必须考虑如何从强噪声干扰环境中提取微弱放电信号这一问题。

2. 转子故障诊断方法

（1）气隙偏心诊断方法

典型的监测方法是对电动机定子电流信号做频谱分析，通过检测频谱图中是否存在相关频率分量判断气隙是否偏心。如果存在气隙偏心，电动机定子电流中将出现如下频率的附加分量

$$f_{ecc}=f_s\left[\left(kR\pm n_d\right)\left(\frac{1-s}{p}\right)\pm n_\omega\right] \tag{1-1}$$

式中　f_s——电动机供电频率；

k——整数，$k=1$，2，3，$\cdots$；

R——转子槽数；

n_d——旋转偏心次数；

s——转差率；

p——极对数；

n_ω——定子磁动势谐波次数。

利用式（1-1）进行气隙偏心监测，会涉及电动机结构参数，这是该方法的一个缺点。文献［10］给出了一个简单的表达式（1-2），它不涉及电动机结构参数，因而应用更方便。

$$f_{ecc}=f_s\left[1\pm k\left(\frac{1-s}{p}\right)\right] \tag{1-2}$$

（2）转子断条（或端环断裂）诊断方法

典型的监测方法仍然是对电动机定子电流信号做频谱分析，通过检测频谱图中是否存在相关的频率分量判断转子是否断条。如果存在转子断条故障，电动机定子电流中将出现式（1-3）所示频率的附加分量，

$$f_{brb}=f_s\left[k\left(\frac{1-s}{p}\right)\pm s\right] \tag{1-3}$$

近年来，小波分析这一新兴的信号处理技术也逐渐应用于转子断条在线监测。

3. 轴承故障诊断方法

轴承故障监测与诊断方法可分为两类：轴承振动信号分析法与定子电流信号分析法。轴承振动信号分析法采集轴承时域振动信号并将其变换至频域，进而将频域振动信号与轴承固有的频域振动特性做对比以判断轴承故障是否发生。这种方法准确率相当高，但需要在轴承上装设振动传感器。定子电流信号分析法采集定子电流信号并做进一步处理，相对轴承振动信号分析法而言，该方法更加简捷、实用，是今后的发展趋势。

1.2.5　发电机故障诊断

大型发电机的监测与故障诊断是电工领域内一个重要的研究课题，最近几十年世界很多国家开展了在线监测和诊断技术的研究，并逐步推广应用。自20世纪80年代以来的国际大电网（CIGRE）历届年会中，发电机的故障检测和诊断列为SC-11（旋转电机）委员会的中心议题之一。

1. 发电机故障诊断的基本方法

1）电气分析法　通过频谱等信号分析方法对负载电流的波形进行检测，从而诊断出发电机设备故障的原因和程度；检测局部放电信号；对比外部施加脉冲信号的响应和标准响应等。

2）绝缘诊断法　利用各种电气试验装置和诊断技术对发电机设备的绝缘结构和参数及工作性能是否存在缺陷做出判断，并对绝缘寿命做出预测。

3）温度检测方法　采用各种温度测量方法对发电机设备各个部位的温升进行监测，发电机的温升与各种故障现象相关。

4）振动与噪声诊断法　通过对发电机设备振动与噪声的检测，并对获取的信号进行处理，诊断出发电机产生故障的原因和部位，尤其是对机械损坏的诊断特别有效。

5）化学诊断的方法　可以检测到绝缘材料和润滑油劣化后的分解物以及一些轴承、密封件的磨损碎屑，通过对比其中一些化学成分的含量，可以判断相关部位元件的破坏程度。

2. 发电机故障的现代分析方法

1）基于信号变换的诊断方法　发电机设备的许多故障信息是以调制的形式存在于所监测的电气信号及振动信号之中，如果借助于某种变换对这些信号进行解调处理，就能方便地获得故障特征信息，以确定发电机设备所发生的故障类型。常用的信号变换方法有希尔伯特变换和小波变换。基于信号变换的故障诊断方法在发电机设备故障诊断的实际应用中取得了很多成果；尤其是小波变换，很适合探测正常信号分析中夹带的瞬态反常现象并展示其成分，在发电机设备机械故障诊断中占有重要地位。但基于信号变换的诊断方法缺乏学习功能。

发电机的故障与其征兆之间的关系错综复杂，具有不确定性及非线性，用人工智能方法恰好能发挥其优势，已用于发电机故障诊断的人工智能技术主要有：模糊逻辑、专家系统、神经网络等。

2）基于专家系统的诊断方法　该方法是根据专家以往经验，将其归纳成规则，并运用经验规则，通过规则推理进行故障诊断。基于专家系统的诊断方法具有诊断过程简单、快速等优点，但也存在着局限性，基于专家系统的方法属于反演推理，因而不是一种确保唯一性的推理方法，该方法存在着获取知识的瓶颈。

3）基于人工神经网络（Artificial Neural Network，ANN）的诊断方法　简单处理单元广泛连接而成的复杂的非线性系统，具有学习能力，自适应能力，非线性逼近能力等。故障诊断的任务从映射角度看就是从征兆到故障类型的映射。用 ANN 技术处理故障诊断问题，不仅能进行复杂故障诊断模式的识别，还能进行故障严重性评估和故障预测，由于 ANN 能自动获取诊断知识，使诊断系统具有自适应能力。

4）基于集成型智能系统的诊断方法　随着发电机设备系统越来越复杂，依靠单一的故障诊断技术已很难满足复杂的发电机设备的故障诊断要求，因此上述各种诊断技术集成起来形成的集成智能诊断系统成为当前发电机设备故障诊断研究的热点。

主要的集成技术有：基于规则的专家系统与 ANN 的结合，模糊逻辑与 ANN 的结合，混沌理论与 ANN 的结合，模糊神经网络与专家系统的结合。

以上只是大致分类，一些方法既可用于发电机故障诊断，又可用于电动机故障诊断。

第2章　电机诊断理论与智能诊断方法

设备诊断技术就是掌握设备的当前状态与异常或故障之间的关系，以预测设备未来的技术。它包含四方面的内容：一是对设备故障形态、故障机理进行分析，掌握设备故障的规律、发展，特别是分析故障的外部特征；二是对设备的运行状态进行监测；三是在发现异常情况后对设备的故障进行分析、诊断；四是预测技术，根据设备过去及当前状态，预测设备未来情况及其寿命。

电机诊断是设备诊断技术的一部分，与其他设备特别是电气设备的诊断相比，电机诊断有很多特点，但诊断理论上也有很多共同之处。本章重点分析电机诊断的基本理论、基本方法等方面的知识。本章所讨论的大多数知识在其他电气设备故障诊断中也适用。

2.1　故障模式与故障机理

2.1.1　设备故障及故障率时段

1. 异常、缺陷、故障、事故

故障、异常、缺陷等是反映设备技术状态的术语，在实际工作中往往很难确切地加以区别。设备故障的定义一般为设备（系统）或零部件丧失其规定性能的状态。显然，这种状态只在设备运转状态下才能显现出来；如设备已丧失（或局部丧失）规定性能而一直未开动，故障便无从发现。如一台电机的接地保护装置已损坏，但未影响其正常工作，只有当电机的绝缘遭到破坏时，才能暴露接地装置已失效。可见，上述情况不仅是设备状态问题，而且和人们对故障的认识方法有关。因此，判断设备是否处于故障状态，必须有具体的判别标准，要明确设备应保持的规定性能的具体内容；或者说，设备性能丧失到什么程度才算出了故障。这样，设备的异常、缺陷也就比较容易区别。一般来说，异常、缺陷是尚未发生故障，但已越出了正常状态，往往是不久就会发展成故障。由于设备结构上的层次关系，对于上一层次的系统来说，这种状态有时称为故障前状态（系统异常或有缺陷）。

设备故障与事故是有区别的。根据有关规定[2]，设备或零部件失去原有精度性能，不能正常运行，技术性能降低等，造成停产或经济损失者为设备故障。设备故障造成停产时间或修理费用达到下列规定数额者为设备事故。

一般事故：一般设备的修复费用在 500~10000 元；精、大、稀及机械工业关键设备的修复费用在 0.1~3 万元；或因设备事故造成全厂供电中断 10~30min 为一般事故。

重大事故：一般设备的修复费用达 1 万元以上；机械工业关键设备及精、大、稀设备的修复费用达 3 万元以上者；或因设备事故而使全厂电力供应中断 30min 以上者为重大事故。

特大事故：修复费用达 50 万元以上或由于设备事故造成全厂停产两天以上、车间停产一周以上者为特大事故。

本书不区分故障与事故，均统称为故障。

2. 故障的分类

故障的分类有多种，从不同的角度观察故障，例如从故障的性质、发展速度、起因、严重程度、影响后果等方面，可以有不同的分类方法。

（1）按故障的性质分类

1）人为故障——由于操作失误造成的故障。

2）自然故障——设备运行时，由于设备自身的原因（发展规律）发生的故障。

（2）按故障产生的原因分类

1）先天性故障——由于设计、制造不当而造成的设备固有缺陷而引起的故障。

2）使用性故障——由于维修、运行过程中使用不当或自然产生的故障。

（3）按故障发展速度分类

1）突发性故障——发生前无明显可察觉征兆，突然发生的故障，不能依靠事前监测等手段来预测。

2）渐进性故障——某些零件的技术指标逐渐恶化，发生与发展有一个渐变过程，最终超出允许范围而引起的故障，可以通过事前监测等手段提前预测。

（4）按故障持续时间分类

1）间断性故障——故障发生后，在没有外界干涉的情况下可以自行恢复的故障。

2）持续性故障——故障发生后，只有在外界采取措施、更换劣化部件后才能恢复、达到原有功能的故障。

（5）按故障的程度分类

1）局部故障——设备部分性能指标下降，但未丧失其全部功能的故障。

2）完全性故障——设备或部件完全丧失其功能的故障。

（6）按故障造成的后果分类

1）轻微故障——设备略微偏离正常的规定指标，影响轻微的故障。

2）一般故障——设备个别部件劣化，部分功能丧失，造成运行质量下降，导致能耗增加、环境噪声增大等的故障。

3）严重故障——关键设备或关键部件劣化，整体功能丧失，造成停机或局部停产甚至整个生产线完全停产或部分停产的故障。

4）恶性故障——设备遭受严重破坏，造成重大经济损失，甚至危及人身安全或造成严重污染的故障。

3. 设备故障率时段

电机的故障按故障发生的时间历程分，有突发性故障和渐进性故障。突发性故障是发生故障前不能提前测试与预测，表现为随机性；渐进性故障是由系统参数的逐步劣化产生的，这种故障能够在一定程度上早期预测。但总的来说，电机在整个服役期限内，故障发生的次数和使用时间之间有着宏观的规律，虽然对每一台设备来说，出现故障的次数和使用寿命各不相同，但其发展规律都是一致的。图 2-1 是设备故障率和使用寿命的关系曲线，其形状两边高，中间低凹平坦，形似一个浴盆，故称设备故障发生的"浴盆"曲线。

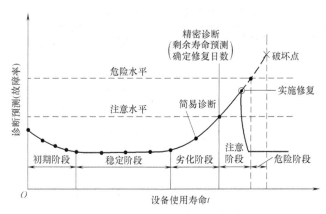

图 2-1　设备故障率和使用寿命的关系

从故障的"浴盆"曲线中，可以看出，在整个服役期内，设备故障率通常可分为三个阶段。

1）初期故障率。设备刚投入运行时，初期故障率较高，原因是设备刚投入运行，必然会暴露一些制造、安装、调试中遗留的问题，而且设备刚投入运行，操作和维护都有一个适应过程。随着对设备性能的逐步熟悉和暴露问题的解决，故障率就逐渐降低。

2）稳定期的故障率。设备在进入稳定期后，故障率较低，而且很稳定，这段时间设备运行较正常，一般只有个别突发性的故障出现。

3）劣化期的故障率。随着服役时间的推移，设备逐步进入劣化期，劣化现象逐渐显著。以电动机为例，在服役 15~20 年之后，绝缘老化特征明显，如泄漏电流增加、绝缘电阻下降、局部放电增加等。

在这一时期，由于劣化趋势发展，设备故障率又逐步升高，最终进入到危险水平，如在此时不采取措施进行维修，则设备最终将因故障而导致损坏和失效。

4. 设备服役期内各时段的检查维修

在掌握了设备运行的这种宏观规律后，如果应用设备诊断技术，对设备进行状态维修，根据不同服役阶段采取不同的措施，及时进行检查与维修，就可以延长设备的服役寿命。具体办法如下：

1）初期阶段　在设备试运行阶段应严格验收和认真调整，以减少设备隐患和故障率。同时在初期阶段，设备点检周期要短一些，以及时发现故障、排除故障。

2）稳定期阶段　必须维持正常的点检和操作管理，但点检的周期可适当地长一些。

3）劣化期阶段　设备进入劣化期后，故障率逐渐增加。这时必须适当地增加点检的次数。当简易诊断发现故障征兆和状态参数已经达到应引起注意的水平时，就应该立即采取精密诊断。对故障部位和程度进行准确的判定，做出相应的维修方案和措施，通过维修，排除故障和隐患，使设备恢复原有性能，重新进入低故障的稳定值，这样就延长了设备的使用寿命。

2.1.2　设备故障机理

1. 设备故障模式

设备故障模式是以不同表现形态来描述故障现象的一种表征。电力设备常见的故障形态，如异常振动、疲劳、腐蚀、蠕变、磨损、脆性及塑性断裂、绝缘劣化等。设备故障模式的概率分布典型调查见表2-1。

表 2-1 设备故障模式分布

故障形态	转动设备	静止设备	电气设备	仪表设备	其他	合计
异常振动	72		1	1	1	75
磨损	47	10		3	1	61
腐蚀	6	44	1	3	2	56
裂纹	20	25		1	2	48
绝缘劣化	2	3	28		1	34
异常声音	27			2		29
疲劳	18	8		2	1	29
泄漏	6	14	3		3	26
油劣化	7	5			6	18
材质劣化	6	8	1	2	2	19
松弛	8	2			2	12
异常温度	5	3		1	2	11
堵塞		5			2	7
剥离	4	4				8
其他	9	6	11	1	4	31
合计	237	137	45	16	29	464

从表2-1中看出异常振动故障模式在转动机械中所占比例达到30%。静止设备腐蚀与裂纹比例最大，两者合计近50%。在电力设备中，绝缘劣化所占比例达到62%。

针对概率最大的故障模式设置监测装置加以诊断，可有效地提高故障诊断的可靠性。

2. 设备故障机理

故障机理是指诱发零部件、设备系统发生故障的物理与化学过程、电学与机械学过程，也可以说是形成故障源的原因，故障机理还可以表述为设备的某种故障在达到表面化之前，其内部的演变过程及其因果原理。弄清发生故障的机理和原因，对判断故障，防止故障的再发生有重要的意义。

故障的发生受空间、时间、设备（故障件）的内部和外界多方面因素的影响，有的是某一种因素起主导作用，有的是几种因素共同作用的结果。所以，研究故障发生的机理时，首先需要考察各种直接和间接影响故障产生的因素及其所起的作用。

（1）对象

指发生故障的对象本身，其内部状态与结构对故障起抑制与诱发作用，即内因的作用，如设备的功能、特性、强度、内部应力、内部缺陷、设计方法、安全系数、使用条件等。

（2）原因

能引起设备与系统发生故障的破坏因素，如动作应力（体重、电流、电压、辐射能等），环境应力（温度、湿度、放射线、日照等），人为的失误（设计、制造、装配、使用、操作、维修等的失误行为），以及时间的因素等故障诱因。

（3）结果

指输出的故障种类、异常状态、故障模式、故障状态等。

一般来说，故障模式反映着故障机理的差别。图 2-2 示出了故障机理与故障模式的因果关系图。从图 2-2 可见，即使故障模式相同，其故障机理也不一定相同。同一故障机理，可能出现不同的故障模式。也就是说，纵然故障模式不同，也可能是同一机理派生的。因此，即使全面掌握了故障的现象，也并不等于完全具备搞清故障发生原因和机理的条件。搞清故障现象是分析故障发生机理和原因的必要前提。

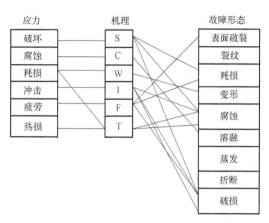

图 2-2 故障机理与故障模式的因果关系

3. 异常振动

引起电动机振动异常的原因很多，产生振动的部位与振动特性各不相同。总体看有以下几方面：

1）三相交流电动机定子异常产生的电磁振动。三相交流电动机在正常运转时，机座上受到一个频率为电网 2 倍频率的旋转力波的作用，可能产生振动，振动大小与旋转力波的大小和机座的刚度直接有关。

2）气隙静态偏心引起的电磁力。电机定子中心与转子轴心不重合时，定、转子之间气隙将会出现偏心现象，偏心固定在一个位置上。在一般情况下，气隙偏心误差不超过气隙平均值的±10%是允许的，过大的偏心值会产生很大的单边磁拉力。

3）气隙动态偏心引起电磁振动。偏心的位置对定子是不固定的，对转子是固定的，因此偏心的位置随转子而转动。

4）转子绕组故障引起的电磁振动。

5）转子不平衡产生的机械振动。

转子不平衡的原因：①电机转子质量分布不均匀，产生重心位移，与转子中心不同心。②转子零部件脱落和移位，绝缘收缩造成绕组移位、松动。③联轴器不平衡，冷却风扇不平衡，带轮不平衡。④冷却风扇与转子表面不均匀积垢。

6）滑动轴承由于油膜涡动产生振动。

7）滑动轴承由于油膜振荡产生振动。

油膜振荡产生的原因：油膜振荡产生的原因和油膜涡动产生的原因相同，也是油膜动压不稳造成的。当转子回转频率增加时，油膜涡动频率随之增加，两者关系近似保持不变的比值，在 0.42~0.48 之间。当转轴的回转频率达到其一阶临界转速的 2 倍时，随着转子回转频率的增加，涡动频率将不变，等于转子的一阶临界转频，而与转子回转频率无关，并出现强烈的振动，这种现象称油膜振荡。产生强烈振动的原因是油膜涡动与系统共振，两者相互激励，相互促进的结果。对油膜振荡来说，除了油膜性质改变以外，转子不平衡量的增加和地脚螺钉的松动都会诱导油膜振荡的发生。

8）加工和装配不良产生振动。

9）安装时，轴线不对中引起振动。

机组安装后，电动机和负载机械的轴心线应该一致相重合。当轴心线不重合时，电动机在运行时就会受到来自联轴器的作用力而产生振动。

不对中分为三种情况。①轴心线平行不对中（偏心不对中），就是电动机与负载机械轴心线虽然平行，但不重合，存在一个偏心距，随电动机转动，其轴伸上就受到一个来自联轴器的一个径向旋转力的作用，使电动机产生径向振动。振幅与偏心距大小和转速高低有关，频率是转频的两倍；②轴心线相交不对中，当电动机与负载机械轴心相交时，联轴器的结合面往往出现"张口"现象。电动机转动时，就会受到联轴器的一个交变的轴向力作用，产生轴向振动，频率与转频相同；③轴心线既相交又偏心的不对中。

4. 疲劳裂纹形成机理

疲劳故障模式分为高频疲劳、低频疲劳、高温疲劳、热疲劳和热机械疲劳、腐蚀疲劳等。

高频疲劳是工程中最常见的疲劳故障，它是低应力（循环应力 $\sigma \ll \sigma_S$ 屈服极限）、长寿命（失效循环数 $N>10^5$ 次），具有突发性、局部性及对缺陷的敏感性等特点，如汽轮机叶片等损伤。

低频疲劳亦称应变疲劳或塑性疲劳，其循环应力 $\sigma \geqslant \sigma_S$ 屈服极限，失效循环数 $N<10^5$ 次，如锅炉汽包及压力容器等损伤。

高温疲劳是部件循环应力处于高温条件下产生的疲劳，如汽轮机转子等各类损伤、内部产生较大的热应力的情况。由于热应力的交变作用而引起的失效，在交变热应力作用下产生叠加有交变的机械应力，称为热机械疲劳。

腐蚀疲劳是其部件在腐蚀介质和循环应力共同作用下导致的失效，如汽轮机叶片、低压转子主轴。

5. 腐蚀机理

腐蚀按机理分为化学腐蚀和电化学腐蚀。

6. 蠕变机理

金属在高于一定温度下受到恒应力作用，即使应力小于屈服强度也会随着时间的延长而缓慢地产生塑性变形，这种现象称为蠕变。

7. 磨损

磨损是在一个物体与另一个固相的、液相的或气相的对偶件发生接触和相对运动中，由于机械作用而造成的表面材料不断损失的过程。磨损是设备故障最常见的模式，据统计全世界总能耗的 $1/3 \sim 1/2$ 消耗于摩擦，一般机器中 $75\% \sim 85\%$ 的零部件是因磨损而报废的。

磨损按其表面物质损耗的不同机理分为粘着磨损、磨粒磨损、冲蚀磨损、腐蚀磨损、微动磨损和表面疲劳磨损。目前，人们公认的最重要的四种基本磨损类型（机理）是粘着磨损、磨粒磨损、疲劳磨损和化学磨损（磨蚀磨损）。不同磨损类型有不同的磨损表面的外观表现，见表2-2。

8. 塑性及脆性断裂

（1）塑性断裂

当部件所承受的应力大于材料的屈服强度时，将发生塑性变形。如果应力进一步增加就可能发生断裂，称为塑性断裂，它一般发生于静力过载或大能量冲击的恶劣工况下。

表 2-2 不同磨损表面的外观表现

磨损类型（机理）	磨损表面外观
粘着磨损	锥刺、鳞尾、麻点
磨料磨损	擦伤、沟纹、条痕
疲劳磨损	裂纹、点蚀
化学磨损（磨蚀磨损）	反应产物（膜、微粒）

（2）脆性断裂

部件的脆性断裂是指部件材料的力学性能变化不大，而韧性急剧下降，断裂时几乎没有塑性变形，断裂过程极快而吸收能量极低的突发性破坏现象。

9. 绝缘老化

绝缘老化是指因电场、温度、机械力、湿度、周围环境等因素的长期作用，电工设备绝缘在运行过程中质量逐渐下降、结构逐渐损坏的现象。绝缘老化的速度与绝缘结构、材料、制造工艺、运行环境、所受电压、负载情况等有密切关系。绝缘老化最终导致绝缘失效，电力设备不能继续运行。详细内容参见 3.2 节。

2.2 利用人体感官诊断设备故障

人体感觉具有诸多特性，利用人体感觉器官进行诊断，即通过声音、振动、气味、颜色等感觉来判断设备的异常状态，分析寻求故障的因果关系。虽然这些远远满足不了现代设备的要求，但是在日常维护和定期检查，人体感官这种检测手段仍然用得很广泛，用眼睛看、耳朵听、手摸、鼻子嗅等所谓五种感官功能作为初步的检查、诊断，然后施以精密的检查和诊断。

2.2.1 人体感官检测特性

了解人体感官检测的特性，可以在一定程度上提高检测的准确性。人类工程学告诉我们，人体感觉的诸多特性，通过声音、振动、气味、颜色等感觉来判断电力设备的异常状态，人体的感官与各种传感器有很多相似之处。例如，存在着灵敏度（刺激阈）、分辨力（辨别阈）、动态范围、反应时间以及非线性问题。但是人的感觉由于掺杂着因人而异的种种主观因素而且感觉的程度难以定量表示，只能通过语言近似描述（模糊概念），这就影响了诊断结果的统一性和科学性。

人体的感觉共有八种，通过眼、耳、鼻、舌、肤五个器官产生的叫五感，此外还有运动感觉、平衡感觉、内脏感觉等。相应的器官如肌肉、内耳、内脏等也称为感受器。感受器产生感觉依靠其感受细胞接受外界刺激。当刺激超过 1h，尽管刺激是客观存在的，感受器却不能肯定感受或形成感觉，通常用产生 50% 的感觉概率的刺激值作为产生感觉的最低值，即刺激阈。人体感觉的一系列阈值，即在刺激的物理能和人体所能感觉到的最小刺激值之间，存在着以下阈值：

物理能—刺激峰值—上辨别阈—标准值—下辨别阈—刺激阈

已经测得人的各感觉刺激阈的平均值见表 2-3。人体五官感觉的特性列于表 2-4 中。

表 2-3　人的感觉刺激阈

感觉	刺激阈	感觉	刺激阈
视觉	晴朗的夜晚,距离 48km 能看到烛光	嗅觉	在 30m² 的房间内,初入时能闻到一滴香水散发的香味
听觉	寂静处距离 60m 能听到表走动的声音		
味觉	一茶匙的糖溶于 9L 水中,初次品尝	触觉	蜜蜂的翅膀从 1m 高处落到肩上的感觉

表 2-4　人体五官感觉的特性

比较项目	感觉通道				
	视觉	听觉	嗅觉	触觉	味觉
刺激种类	光	声	挥发、飞散物	压、触、冷、热	唾沫可溶物
刺激来源	外部	外部	外部	接触表面	接触表面
识别特征	色彩、明暗、形状、运动状态等	声强、声调、方向、韵律等	辣气、香气、臭气等	触觉、痛觉、温度、压力等	酸、甜、苦、辣、咸等
感觉器官	眼睛	耳	鼻	皮肤与皮下组织	舌
刺激情况	瞬间	瞬间	要一定时间	瞬间	要一定时间
最小识别阈	$(2.2 \sim 5.7) \times 10^{-10}$	1×10^{-9}	2×10^{-7}	$[\mu g \times K / (cm^2 \times s)]$	摩尔浓度 4×10^{-7}
最大识别阈	上值的 10^9 倍	上值的 10^{14} 倍			
知觉范围	有局限性	无局限性	受风向影响	无局限性	无局限性
反应时间/s	$0.188 \sim 0.206$	$0.115 \sim 0.182$	$0.200 \sim 0.370$	$0.117 \sim 0.201$	咸 0.308 甜 0.446 酸 0.536 苦 1.882

2.2.2　人体感官对设备异常诊断

1. 利用耳听、手摸发现故障

电气设备在运行中都会发出各种声音。如果仔细地倾听,就能通过声音的高低、音色的变化来判断设备的故障。其方法为

1) 用耳朵听。与平时的声音比较,或者与同类设备的声音比较。

2) 利用简单的辅助工具听。如听音棒,即把听音棒放在设备特定的地方来听声音,通常用在检查旋转设备的摩擦及振动声音。

3) 用手摸,凭触觉检测。对于电动机来说,使用这种方法经验是很重要的。通过耳听、手摸能发现的故障有电动机声音异常和振动。电动机如果在运行中声音异常或振动,则可能是:①基础或安装不良;②轴承损坏。

用手触摸应注意安全。

如前所述,感官测定与仪器测定有很多不同之处。主要差别是感官测定受环境和人的知识业务水平、生理及心理状态影响大。而且语言表述不确切,难以数量化。因此,在诊断技术实践中如何将大量存在的感官测定结果数量化,是提高诊断科学性、准确性所必需的。

目前,采用的数量化方法有分类法、评分法和比较法等。日常维修和运行中,常用手摸测试,其经验如下:食指、中指和无名指轻按轴瓦、机身振动部位。经验标准见表 2-5。

表 2-5　手摸振动经验标准

振动/mm	经　验	标准
0.01~0.02	手摸,基本上没有振动的感觉	理想
0.02~0.04	手摸,在手指尖有轻微麻感	合格
0.05~0.06	手摸,在手指尖有跳动感	不合格
0.06~0.08	手摸,在手指尖有较强跳动感,延伸至手掌	不合格
0.09~0.10	站在楼板上全身有振动的感觉	不能运行

2. 利用眼观察温度、压力及外观的变化发现故障

当某些设备有故障时，就会通过温度、压力、外观的变化表现出来。如变压器有故障时其油可能会变色、设备接头因过热而发红变色、干燥剂受潮变红、电刷变粗以及压力变化等。所以，可以通过下述方法，从温度、压力及外观的变化来发现故障。

1）通过手摸、贴示温片、固定温度计等检测温度变化；

2）利用现场的压力表检查压力变化。

通过检测温度、压力变化可能发现的故障有：因内部故障引起的电动机的温度过高、轴承故障引起的电动机温度过高、因配电设备发热严重而引起的配电室温度升高等。如 2000 年，某厂 5 号机组（300MW）在一次保护动作停机后，因认真观察发现安全油压未完全泄掉，经进一步检查是该机组磁力断路门线圈引线断开引起的。

表 2-6 给出能够通过视觉发现的异常现象及典型设备。

表 2-6　视觉发现的异常现象及典型设备

异常现象	典型设备
破损(断线、带伤、粗糙)	旋转电机、变压器、电缆、空气控制柜、断路器柜
变形(膨胀、收缩)	旋转电机、变压器、电缆、空气控制柜、断路器柜
松动	旋转机械
漏油、漏水、漏气	锅炉本体及泵、管道、汽机本体泵、管道、变压器、断路器、互感器
污秽	变压器、汽机本体
腐蚀	锅炉本体管道、汽机本体及管道
磨损	旋转电机及旋转机械
变色(烧焦、吸潮和发蓝)	旋转电机及旋转机械
冒烟	旋转电机、变压器、互感器、旋转机械
产生火花	旋转电机
有无杂异物	汽机本体
动作不正常	变压器、断路器、旋转机械

3. 听觉、嗅觉、触觉和味觉的异常诊断及设备

表 2-7 给出听觉、嗅觉、触觉和味觉能够诊断的异常现象和典型设备。

表 2-7　听觉、嗅觉、触觉和味觉能够诊断的异常现象和典型设备

异常现象	感官	典型设备
异音(声强、方向、频率等)	耳	旋转电机、旋转机械、变压器、断路器、锅炉本体、汽机本体
松动	手	旋转机械
漏油、漏水、漏气	鼻、耳	锅炉本体及管道、汽机本体及管道、旋转机械

(续)

异常现象	感官	典型设备
异常振动	手、耳	旋转机械、汽机本体及管道、旋转电机、变压器、断路器
污秽	鼻	变压器、汽机本体
温度异常	手	汽机本体及管道、锅炉管道、旋转机械、变压器、断路器
燃烧	鼻	旋转电机
动作不正常	耳、手	变压器、断路器、旋转电机、旋转机械
放电	鼻、耳	旋转电机、电气设备

4. 用鼻子嗅出气味的变化诊断故障

在电气设备运行中，当有故障时通常会伴有异味，如发热严重时有焦臭味等，这也是发现设备故障的有效方法。

异味一般包括以下几种，见表2-8。

表 2-8　异味及其内容

气味	一般内容	气味	一般内容
臭氧	放电现象	化学气味	氨味，检查是否有漏氨处
焦味	电气绝缘过热或有被烧物质	化学气味	酸味，检查是否有漏酸处
挥发味	一些油质可能过热或有部分过热	化学气味	碱味，检查是否有漏碱处

总之，用人体感官检测设备故障的手段很多，应充分利用眼、手、鼻、耳等人体感官去观察设备、去发现问题。当然，不是说知道这些方法就能发现问题，而是要平时多观察、善于观察，注重经验的积累，同时出现异常现象时要会选择合适的方法。相信，利用人体感官检查设备故障的方法在设备故障诊断中必将发挥更大的作用（当然这并不否定利用仪器进行更准确的诊断的重要性）。

2.3　基于逻辑的诊断与基于统计的诊断

2.3.1　基于逻辑的诊断

基于逻辑的故障诊断是重要的故障诊断方法之一。该方法首先对一个系统进行描述，再根据不同的输入，观测输出结果；如果观察结果和系统的应有结果冲突，则需要确定可能出现故障的器件。逻辑诊断简单明了，应用较广，但把问题过于简化，诊断准确率稍低。

1. 特征与状态

设备的特征可由若干个选定的特征变量 $K_j(j=1, 2, \cdots, n)$ 定量地表示，即设备的特征可由特征函数 $G(K_1, K_2, \cdots, K_j, \cdots, K_n)$ 表示。

设备的状态可由若干个选定的状态变量 $D_i(i=1, 2, \cdots, m)$ 定量地表示，即设备的状态可由状态函数 $F(D_1, D_2, \cdots, D_i, \cdots, D_m)$ 表示。

由于设备的特征与状态不是一一对应的，因而要对问题进行仔细的考察，建立一套诊断规则。显然，诊断规则与特征和状态间的相互关系有关，以函数 $E(K_1, K_2, \cdots, K_j, \cdots, K_n; D_1, D_2, \cdots, D_i, \cdots, D_m)$ 表示诊断规则。

　　工程诊断问题的关键是要找到特征、状态、诊断规则这三者之间的关系，从而可根据诊断规则由特征函数推断出设备的状态。根据诊断规则的不同，可将诊断分成三种类型：①逻辑诊断；②模糊诊断；③统计诊断。

　　在逻辑诊断中将特征只归结为"有"或"无"两种，设备的状态同样也只归结为"好"或"坏"两种（或称"无"或"有"某种故障状态），即特征和状态均采用二值逻辑描述。

2. 逻辑函数

　　如变量 x 只能取值 1 或 0（相当于特征的"有"或"无"，状态的"好"或"坏"），则该变量称为逻辑变量。若函数 $y = f(x_1, x_2, \cdots, x_n)$ 的自变量 $x_1, x_2, \cdots, x_n$ 和因变量 y 都是逻辑变量，则它表达的是一种逻辑关系，被称为逻辑函数。最基本的逻辑函数有

　　1）逻辑和，记为 $y = x_1 + x_2$；

　　2）逻辑乘，记为 $y = x_1 x_2$；

　　3）逻辑非，记为 $y = \bar{x}$；

　　4）同一，记为 $y = x$；

　　5）蕴涵，记为 $y = x_1 \rightarrow x_2$。它表示当 x_1 存在时，必有 x_2 存在；但当 x_1 不存在时，则 x_2 可能存在，也可能不存在。它的逻辑关系等价于

$$y = \bar{x}_1 + x_2$$

3. 逻辑诊断

　　设某种设备的特征函数为 $G(K_1, K_2, \cdots, K_j, \cdots, K_n)$，其中 $K_j (j = 1, 2, \cdots, n)$ 为特征逻辑变量。如 $K_j = 1$，则称该设备有第 j 种特征；如 $K_j = 0$，则称该设备无第 j 种特征。K_j 的取值可为 0 或 1，但在构成逻辑特征函数 G 时，则总是令 G 的取值为 1。

　　例如：假定某种电机可能有三种特征 K_1、K_2、K_3。如果某台电机同时具有 K_1、K_2、K_3 特征，则特征函数 G 可记为 $G = K_1 K_2 K_3$；如果某台电机有 K_1、K_2 特征而无 K_3 特征，则特征函数 G 应记为 $G = K_1 K_2 \bar{K}_3$，不能将 K_3 忽略；如果某台电机有 K_1、K_2 特征，但不能确定有无 K_3 特征，则特征函数可记为 $G = K_1 K_2$。

　　设某电机的状态函数为 $F(D_1, D_2, \cdots, D_i, \cdots, D_m)$，其中 $D_i (i = 1, 2, \cdots, m)$ 为特征逻辑变量。如 $D_i = 1$，则称该设备有第 i 种状态；如 $D_i = 0$，则称该设备无第 i 种状态。D_i 取值可为 0 或 1，但在构成状态函数 F 时，则总是令 F 取值为 1。

　　例如，若某电机可能有两种状态 D_1 和 D_2。如果诊断出该台电机的状态函数为 $F = D_1 D_2$，则表明该台电机同时存在状态 D_1、D_2；如诊断出状态函数 $F = D_1 \bar{D}_2$，则表明该台电机存在状态 D_1 而不存在状态 D_2；如诊断出状态函数 $F = D_1$，则表明该台电机存在状态 D_1，但不能确定是否存在状态 D_2；如诊断出状态函数 $F = D_1 + D_2$，则表明该台电机或者存在状态 D_1，或者存在状态 D_2，或者两种状态 D_1、D_2 同时存在。

　　工程诊断是由设备特征 G，根据诊断规则 E，推断出设备状态 F，或者说诊断规则 E 应能保证由特征 G 推断出状态 F。因此，在逻辑诊断中诊断规则可用逻辑函数表达为

$$E = G \rightarrow F$$

这是蕴涵的逻辑关系。

　　可见，逻辑诊断中可由设备特征 G、诊断规则 E 求得 F，即可判断出设备的状态。

$$F = GE \qquad (2\text{-}1)$$

例如，设某种电机定子绕组绝缘可能具有如下两种特征 K_1、K_2 和三种状态 D_1、D_2、D_3，其中 K_1 表示直流泄漏电流（I_g）大；K_2 表示局部放电量（q）大；D_1 表示绝缘受潮，D_2 表示绝缘开裂严重；D_3 表示绕组端部表面放电。诊断规则为

$D_1 \rightarrow K_1$：绝缘受潮，I_g 必大；

$D_2 \rightarrow K_1 K_2$：绝缘开裂严重，I_g 大，q 也大；

$D_3 \rightarrow K_2$：绕组端部表面放电，q 必大；

$K_1 \rightarrow D_1 + D_2$：$I_g$ 大，则绝缘或受潮，或开裂严重，或两种状态同时存在；

$K_2 \rightarrow D_2 + D_3$：$q$ 大，则绝缘或开裂严重，或绕组端部表面放电，或两种状态同时存在。

例1 若对某台电机进行检测，其检测结果为 I_g 大，q 不大。试推断这台电机定子绕组绝缘的状态。

解： 根据题意，知特征逻辑变量为 $K_1 = 1$、$K_2 = 0$，则特征函数为

$$G = K_1 \overline{K_2}$$

诊断规则为

$$E = \left(\overline{D_1} + K_1\right)\left(\overline{D_2} + K_1 K_2\right)\left(\overline{D_3} + K_2\right)\left(\overline{K_1} + D_1 + D_2\right)\left(\overline{K_2} + D_2 + D_3\right)$$

状态函数为

$$F = GE = K_1 \overline{K_2}\left(\overline{D_1} + K_1\right)\left(\overline{D_2} + K_1 K_2\right)\left(\overline{D_3} + K_2\right)\left(\overline{K_1} + D_1 + D_2\right)\left(\overline{K_2} + D_2 + D_3\right) = 1$$

将 K_1、K_2 之值代入，得

$$F = \overline{D_2} \, \overline{D_3}\left(D_1 + D_2\right) = D_1 \overline{D_2} \, \overline{D_3} = 1$$

说明绕组绝缘有状态 D_1，而无状态 D_2 和 D_3，即绝缘受潮，但无开裂和绕组端部表面放电。

4. 电动机故障的逻辑诊断方法

电动机故障的逻辑诊断方法见第 8.10 节。

2.3.2 基于统计的诊断

统计诊断考虑到了被试对象特征变量分布的不确定性（即随机性）。对处于同样状态的同类设备，其特性参数的取值并不一样，而是按一定的统计规律分布，如图 2-3 所示。完好绝缘 D_1 和故障绝缘 D_2 的某特性参数 x 的概率密度曲线分别为 $f_{D1}(x)$ 及 $f_{D2}(x)$，其均值分别为 $\overline{x}_1$ 和 $\overline{x}_2$。

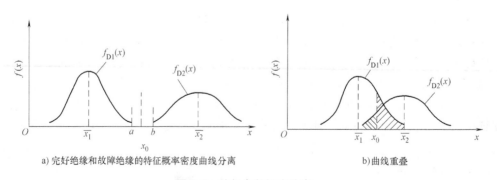

a) 完好绝缘和故障绝缘的特征概率密度曲线分离　　　　b) 曲线重叠

图 2-3　特征参数概率分布

如果$f_{D1}(x)$和$f_{D2}(x)$是完全分离的（见图2-3a），则可在a、b区间中选择一值作为阈值x_0，当$x \leqslant x_0$时判断绝缘状态完好，当$x > x_0$时判断绝缘有故障。x_0接近a值，则偏于安全；若x_0接近b值则反之。

大多数情况下，$f_{D1}(x)$和$f_{D2}(x)$是相交的见图2-3b，这时不论怎样确定x_0，都有发生错判（虚报或漏报）的可能，发生虚报的概率为x_0右边的阴影面积；发生漏报的概率为x_0左边的阴影面积。虚报或漏报都会造成损失。增大x_0可减小虚报但会增大漏报的可能；减小x_0则反之。为提高确诊率，特性参数的概率密度曲线应由大量试验结果总结归纳得出。统计诊断要在考虑上述各种因素后确定更合适的诊断规则，使损失达到最小。

2.4　基于模糊的诊断技术

2.4.1　模糊数学基础

模糊性指的是区分或评价客观事物差异的不分明性。科学追求精确，但是有很多概念是不能用精确方法处理的。精确方法的逻辑基础是上述的二值逻辑，非真即假，但应用于模糊概念与命题时将导致逻辑悖论。

设备故障诊断中，特征的强弱，故障的严重性都是模糊概念。例如，绝缘油的受潮程度可由含水量反映。含水量"很低"，认为未受潮；含水量"很高"，可认为受潮严重。但如何衡量含水量为"很低"或"很高"呢？逻辑诊断中使用阈值x_0，当含水量$x \leqslant x_0$时，认为受潮不严重或未受潮，此时特征变量$K(x) = 0$；当$x > x_0$时，则认为受潮严重，此时特征变量$K(x) = 1$。$K(x)$与x的关系如图2-4中虚线所示。如果用函数表示，则

$$K(x) = \begin{cases} 1 & x > x_0 \\ 0 & x \leqslant x_0 \end{cases} \tag{2-2}$$

二值逻辑虽然简单，但过于粗糙。实际上衡量绝缘油受潮情况的特征变量$K(x)$与含水量x的关系是连续变化的，如图2-4中实线所示。在x很小时，可认为$K(x) = 0$；在x很大时，$K(x) = 1$；在中间的过渡区，$K(x)$随x增大逐渐增加。

模糊数学将二值逻辑推广为可取[0，1]闭区间中任意值的连续值逻辑。引入隶属函数$\mu(x)$的概念，它满足$\mu(x) \in [0, 1]$。对

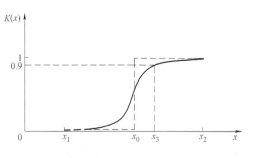

图2-4　$K(x)$与x的关系

于所论的特征K或状态D，$\mu_K(x)$或$\mu_D(y)$分别称为x对K或y对D的隶属度。二值逻辑函数是隶属函数的特殊情况，隶属函数是二值逻辑函数的推广。

事件发生的隶属度也称为可能度。例如，在$x = x_1$时，受潮严重的隶属度$\mu(x_1) = 0$，即确认绝缘油未受潮；在$x = x_2$时，$\mu(x_2) = 1$，即认为绝缘油百分之百地严重受潮；若对$x = x_3$，$\mu(x_3) = 0.9$，则绝缘油受潮的可能度为90%。

事件发生的隶属度与事件发生的概率是不同的概念，可用下例说明。表2-9所示为某种

发动机的磨损率 x 与相应的 $\mu(x)$、$p(x)$ 值。由表可知，当 x 在 $100\sim200$mg/h 时，发动机磨损严重的隶属度为 0.8，即该发动机被评定为磨损严重的可能度为 0.8，但如此严重磨损的概率仅为 0.09；而当隶属度为 0.1 时，其发生的概率反而有 0.4。

表 2-9　某发动机磨损的隶属度和概率

磨损率 $x/($ mg/h $)$	$0\sim5$	$5\sim10$	$10\sim50$	$50\sim100$	$100\sim200$	>200
隶属度 $\mu(x)$	0	0	0.1	0.5	0.8	1.0
概率 $p(x)$	0.1	0.2	0.4	0.2	0.09	0.01

常用隶属函数见表 2-10。

表 2-10　常用隶属函数

类型	图形	表达式
升半矩形分布		$\mu(x)=\begin{cases}0, & 0\leqslant x\leqslant a \\ 1, & x>a\end{cases}$
升半梯形分布		$\mu(x)=\begin{cases}0, & 0\leqslant x\leqslant a_1 \\ (x-a_1)/(a_2-a_1), & a_1<x\leqslant a_2 \\ 1, & x>a_2\end{cases}$
升半凹凸分布		$\mu(x)=\begin{cases}0, & 0\leqslant x\leqslant a \\ a(x-a)^k, & a<x\leqslant a+a^{-1/k} \\ 1, & x>a+a^{-1/k}\end{cases}$
升半正态分布		$\mu(x)=\begin{cases}0, & 0\leqslant x\leqslant a \\ 1-\exp[-k(x-a)^2], & x>a\end{cases}$
升半指数分布		$\mu(x)=\begin{cases}\dfrac{1}{2}\exp[k(x-a)], & 0\leqslant x\leqslant a \\ 1-\dfrac{1}{2}\exp[-k(x-a)], & x>a\end{cases}$

2.4.2　电动机模糊故障的诊断方法

电动机模糊故障的诊断实例参见 7.2 节。

2.5　基于样板的诊断

设备诊断过程包括如下步骤：①对设备进行测试，取得最能表征设备状态的信号，这些信息被称为初始模式。②抑制混入有用信号中的干扰，提取特征，形成待检模式。③将待检模式与样板模式（故障档案）对比，确定故障类型。根据所用样板模式的不同，可将诊断分为①阈值诊断；②时域波形诊断；③频率特性诊断；④指纹诊断。本节将介绍这些方法，在将待检模式与样板模式对比时，还可使用人工神经网络、基于距离的模式归类法以及专家系统等。

2.5.1　阈值诊断

对设备进行测试，按照所得特征量是否超过规定阈值来判断设备状态的方法，称为阈值诊断。长期以来，我国电力系统实行的预防性试验制度就属于阈值诊断范畴。

阈值诊断比较简单，这使得它容易推行，但它也存在判断不够全面，容易发生误报等缺点。

例如，存在如下两种情况：一种是局部放电的放电量 q 的数值较大，而每秒内放电次数 n 较少；另一种情况是 q 较小，而 n 却很大，此时绝缘所受危害可能更为严重。然而，由于第 1 种情况下的 q 值超过了规定阈值，设备将被判断为具有故障；而第 2 种情况下的 q 值未超过规定阈值，设备将被判断为状态正常。这就是阈值诊断的片面性，同时，在对电气设备进行在线监测时，如监测装置受到偶然性的干扰，使测得的 q 值偏大超过阈值，监测装置将发出预警，发生误报。

当设备的特征量及状态较少，且相互间的关系比较简单时，进行适当分析，即可做出阈值诊断。但若设备的特征量及状态较多，且相互间的关系比较复杂时，借助逻辑运算，有利于做出阈值诊断。

2.5.2　频率特性诊断

对设备进行测试，根据测得设备的频率特性，或将测得的某种物理量的频谱与样板对照来判断设备状态的方法，称为频率特性诊断。

以笼型异步电动机转子断条以及电力变压器绕组变形的诊断为例进行说明。

笼型异步电动机运行时，定子绕组中流过电流的频率为电网频率 f_1。当转子出现断条后，不对称转子会在定子绕组中感应出频率为 $f=(1-2s)f_1$ 的电流，即定子绕组中除了有频率为 f_1 的电流外，还会有频率为 $f=(1-2s)f_1$ 的电流流过，其中 s 是笼型异步电动机的转差率。因此，对定子电流做谱分析，根据定子电流的幅频特性，可判断出转子有无断条。

由于转差率 s 较小，一般为百分之几，f_1 与 $(1-2s)f_1$ 相差仅为几赫兹。例如，当 $s=0.005$ 时，$f=49.5\text{Hz}$。而且，在断条仅 1~2 根的情况下，f 分量电流的幅值也很小（一般只

有 f_1 分量电流幅值的百分之几）。当对定子电流采样，并用 FFT 做谱分析时，f_1 分量电流的泄漏可能会掩盖掉 f 分量电流，使之无法进行判断。为消除 f_1 分量电流的影响，可采用自适应干扰抑制技术。此时 f_1 分量电流的幅度大为减弱，而 $(1-2s)f_1$ 分量电流的幅度将超过前者。然后再用 FFT 做频谱分析，根据分析幅频图中是否含有 $(1-2s)f_1$ 的分量电流，进而判断出转子有无断条（关于异步电动机转子绕组故障诊断详见第 8 章）。

2.5.3 指纹诊断

对设备进行测试，并对测得的数据进行处理，将得到的某种特殊图形与样板进行对照，从而判断设备状态的方法，称为指纹诊断。以设备的局部放电为例对该法进行说明。

早期，仅靠观测设备的最大放电量，以此作为判断其绝缘状态的一个依据（对一些重要设备，有关规程规定了其放电量阈值）。随后，又由示波器屏幕显示的图形判断其放电类型，对于不同类型的放电及各种干扰，它们的图形会有所差异。人们总结了一些典型的放电图谱，将测得的放电图形与典型图谱进行对照，便可判断出放电类型或是否为干扰。随着微电子和计算机技术的发展，出现了局部放电数字化、计算机测量装置。应用这种装置除可测得较长时间段内每次放电的放电量 q 外，还可获得每次放电发生时工频电压的相位 φ，以及每秒内的放电次数 n。对所得 φ、q、n 信息进行整理，得到放电的统计特性，画出一些特殊图形，如二维 φ-q、q-n、φ-n 及三维 φ-q-n 谱图，得到所谓"指纹"，将这些指纹与样板对比，可比较全面地诊断设备状态。显然，相对于仅根据最大放电量进行的阈值诊断来说，指纹诊断显得全面一些。

指纹诊断方法可分为目测法和参数法。

1. 目测法

对放电信息 φ、q、n 进行整理，得到放电统计特性的过程如下。

画出 φ-q 平面，将 φ 轴及 q 轴各分为 I 份和 J 份，即 φ-q 平面被划分为棋盘状的 $I \cdot J$ 个小格，每一小格的中心为 (φ_i, q_j)，$i=1, 2\cdots I$；$j=1, 2\cdots J$。统计单位时间内放电的 (φ, q) 处于某一小格 (i, j) 的次数 n_{ij}，并在 φ-q-n 坐标系内画出相应点 (φ_i, q_j, n_{ij})，将这些点连接起来，即得 φ-q-n 三维谱图，如图 2-5 所示。

计算某一 φ_i 时各次放电的平均放电量

$$q_i = \sum_{j=1}^{J} n_{ij} q_j \bigg/ \sum_{j=1}^{J} n_{ij} \tag{2-3}$$

由 (φ_i, q_i)，$i=1, 2\cdots I$，可画出 φ-q 二维谱图，如图 2-6 所示。

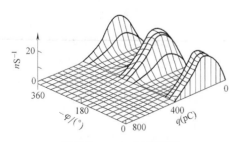

图 2-5　φ-q-n 三维谱图

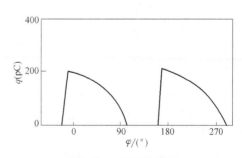

图 2-6　φ-q 二维谱图

计算某一 φ_i 时放电的总次数

$$n_i = \sum_{j=1}^{J} n_{ij} \tag{2-4}$$

由 (φ_i, n_i)，$i=1, 2\cdots I$，可画出 φ-n 二维谱图，如图 2-7 所示。

计算某一 q_j 时放电的总次数

$$n_j = \sum_{i=1}^{J} n_{ij} \tag{2-5}$$

由 (q_j, n_j)，$j=1, 2\cdots J$，可画出 q-n 二维谱图，如图 2-8 所示。

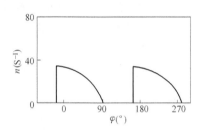

图 2-7 φ-n 二维谱图

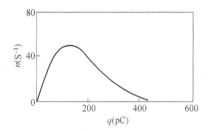

图 2-8 q-n 二维谱图

不同设备、不同类型、不同严重程度的放电二维、三维谱图的形状不一，将测得的谱图与样板进行目测对比，这种诊断方法称为目测诊断。显而易见，目测法诊断的准确度在很大程度上取决于操作人员的经验。

2. 参数法

由于指纹目测诊断的科学性不够，可设法由指纹提取出特征参数，然后根据参数进行诊断，这种方法称为指纹参数诊断。

根据不同的具体情况，可以提取不同的特征参数。例如，可以提取二维谱图图形的偏斜度这一参数进行指纹诊断。

偏斜度 s（skewness）原本是用来衡量统计分布图形的不对称性的，有

$$s = \frac{\int (x-m)^3 f(x) \,\mathrm{d}x}{\sigma^3}$$

或

$$s = \frac{\sum_{i=1}^{N} (x_i-m)^3 f(x_i) \Delta x}{\sigma^3} = \frac{\sum_{i=1}^{N} (x_i-m)^3 f(x_i)}{\sigma^3 \sum_{i=1}^{N} f(x_i)} \tag{2-6}$$

式中　x——随机变量的取值；

　　$f(x)$——概率密度分布函数；

　　m——均值；

　　σ——标准差。

例如均匀分布、正态分布等对称分布的图形，可算出其 $s=0$；s 的数值反映了分布的不对称性，其符号是正还是负，则反映了图形是往左还是往右倾斜。

对二维谱图，例如 φ-q 谱图也可用偏斜度来衡量图形的不对称性，在上述 s 的计算公式中 x_i 用 φ_i 代替，$f(x_i)$ 用 q_i 代替，即可求得 φ-q 谱图的偏斜度。根据由谱图提取出的特征参数——偏斜度 s 即可对设备进行诊断。

2.6   故障诊断中的参数辨识法

2.6.1   基于数学模型的故障诊断

对被研究对象建立数学模型的过程就是人们对事物认识的过程。模型的结构和参数是人们对被监测对象的已有知识的集中体现，基于数学模型的故障诊断方法是一种很有效的方法。

如果将一个实际系统的数学模型表示成

$$Y = F(U, N, X, \theta) \tag{2-7}$$

式中 U 和 Y——可测的输入量和输出量；

θ——系统参数；

X——系统的状态变量；

N——噪声干扰；

F——系统内部故障因素。

各物理量间的关系表示在图 2-9 中。

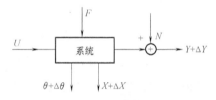

图 2-9   系统数学模型

ΔY、$\Delta\theta$ 和 ΔX 分别表示故障引起的输出量、系统内部的参数和状态的变化。当系统发生故障时，内部的参数 θ 和状态变量 X 将发生变化，并导致输出量 Y 的变化。在式（2-7）中，输入量 U 和输出量 Y 是可测量的，而状态变量 X 和系统参数 θ 不一定可测量。

如果系统的数学模型是已知的，就可以通过可测量信号，对系统的状态和参数进行估计，监视系统内部的状态变量 X 和系统参数 θ 的变化。这就是基于系统数学模型的故障诊断方法的基本原理。

基于数学模型的故障诊断方法，首先需要建立相应的故障诊断数学模型。同一系统可以有多种故障，因此可以有多种故障诊断数学模型。模型越准确，则相应参数的变化越能反映系统的故障信息。

但是，在实际问题中，模型总存在一定误差，再加上一些未知干扰量，完全用确定性的数学处理方法处理这类问题很困难，因此，在检测故障信息和参数的估值过程中常用到数理统计的方法。

2.6.2   参数识别方法

故障诊断中的参数辨识与一般参数估计方法不同，此时待估参数的正常值通常是已知的，因此，估计的任务仅仅是确定模型参数与正常值有无偏差。

系统的数学模型用微分方程描述为

$$y(t) + a_1 y^{(1)}(t) + \cdots + a_n y^{(n)}(t) = b_0 u(t) + b_1 u^{(1)}(t) + \cdots + b_m y^{(m)}(t) \tag{2-8}$$

模型参数可以表示为

$$\theta = \begin{bmatrix} a_1 & a_2 & \cdots & a_n & b_1 & b_2 & \cdots & b_m \end{bmatrix}^{\mathrm{T}} \tag{2-9}$$

模型参数不一定有明确的物理意义，但是很多故障的出现往往与一些物理参数的数值变化相关联，模型参数与物理参数存在着一定的隐含关系。

例如对简单的 RC 一阶电路，如果令输入量为电压 u_1，输出量为电压 u_2，则可得

$$\theta_1 \frac{du_1}{dt} + u_2 = u_1 \tag{2-10}$$

其中，$\theta_1 = RC$，是模型参数，R 和 C 是电路的物理参数。

如果令输入量为电压 u_1，输出量为电流 i，则可得

$$\theta_1 \frac{di}{dt} + i = \theta_2 \frac{du_1}{dt} \tag{2-11}$$

这时模型参数 $\theta_1 = RC$，$\theta_2 = C$，根据隐含关系可由 θ_1、θ_2 的变化唯一确定 R 和 C 的变化。所以，由模型参数确定物理参数是故障诊断的参数辨识中的一个基本问题。很多情况很难由前者唯一地得到后者，不过故障诊断的参数辨识不同于普通的参数辨识，即使得不到唯一的物理参数辨识结果，也可对故障部分地分离和实现局部范围的故障定位。

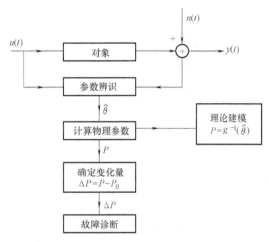

图 2-10 基于参数辨识和理论建模的故障诊断

如果系统的故障反映在某一物理参数的变化上，但是这个参数又是不可测量的，那么就可以根据这个物理参数与所建数学模型的模型参数之间的隐含关系，通过监视模型参数的变化判断系统是否出现故障，具体步骤如下（对应图 2-10）

1）建立系统的数学模型

$$y(t) = f[u(t), \theta]$$

其中，$u(t)$ 和 $y(t)$ 是可测的输入输出变量，θ 是模型参数。函数 f 一般通过建模理论确定。

2）确定模型参数和物理参数之间的关系

$$\theta = g(P)$$

式中　P——系统的物理参数。

3）根据可测的输入输出信号，利用系统辨识方法求得模型参数的估计值 $\hat{\theta}$。

4）计算物理参数 P 及变化量 ΔP

$$P = g^{-1}(\hat{\theta})$$

5）用已知的系统故障与物理参数变化量之间的对应关系，确定故障的原因和部位等。

模型是否正确取决于对设备与系统的故障机理的研究是否充分，以及是否有相应的传感器用来监测设备与系统的状态并为模型参数的辨识提供足够信息。模型参数的可辨识性与模型的结构有关。参数辨识方法有多种，如极大似然法、最小二乘法、互相关法、辅助变量法、随机逼近法和自适应算法等。最小二乘法是对故障模型的参数进行辨识的基本的和常用的方法。

2.6.3 利用参数辨识法诊断笼型异步电动机转子断条故障

转子断条是笼型异步电动机的常见故障，断条后，转子等效电阻会有变化。可以用最小二乘法辨识笼型异步电动机稳态参数来监测转子电阻变化和诊断转子断条故障[61]。

1. 笼型异步电动机数学模型

设 L 代表定子自感系数，并认为它与转子折合自感相等，因此 L 也代表转子折合自感系数。设 M 代表定转子互感系数，R_s 代表定子相电阻，R_r 代表转子折合相电阻，忽略铁心损耗。s 代表异步电动机的转差率，故有以下表达式：

$$s = \frac{\omega_s - p\omega_r}{\omega_s} \tag{2-12}$$

式中　ω_s——电源角频率；

　　　ω_r——转子角速度；

　　　p——异步电动机极对数。笼型异步电动机稳态模型可用如图 2-11 所示的等效电路表示，图中 V_s、i_s 和 i_r 分别代表定子相电压、相电流和转子折合相电流。

设

$$Z_1 = R_s + j\omega_s\,(L-M)$$

$$Z_2 = \frac{R_r}{s} + j\omega_s\,(L-M)$$

$$Z_m = j\omega_s M$$

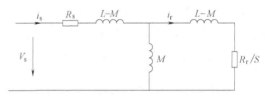

图 2-11　笼型异步电动机的稳态模型

则由等效电路可得

$$\frac{V_s}{i_s} = Z_1 + \frac{Z_2 Z_m}{Z_2 + Z_m}$$

经过整理得

$$|V_s| \cdot \left(1 + j\frac{s\omega_s L}{R_r}\right) = |i_s|\,e^{j\Phi}\left[R_s - \frac{s\omega_s^2(L^2-M^2)}{R_r} + j\omega_s L\left(1 + \frac{sR_s}{R_r}\right)\right] \tag{2-13}$$

式中　Φ——i_s 对 V_s 的相位差。

2. 用最小二乘法辨识参数

可以认为定子相电阻 R_s 是可测参数，在辨识过程中是已知参数，定子相电压 V_s，定子相电流 i_s 和转差率 s 也是试验过程中可测量的。辨识任务是去估计 L、M、R_r。从式（2-13）看，必须先去估计 $\frac{L}{R_r}$、L、$\frac{L^2-M^2}{R_r}$，然后再去计算三个参数。式（2-13）实际上是两个方程，一个是虚部，一个是实部，如果将待估的量集中在方程的左端，写成矩阵形式：

$$\begin{bmatrix} s\omega_s R_s\sin\Phi & \omega_s\sin\Phi & s\omega_s^2\cos\Phi \\ s\omega_s\left(\dfrac{|V_s|}{|i_s|} - R_s\cos\Phi\right) & -\omega_s\cos\Phi & s\omega_s^2\sin\Phi \end{bmatrix} \begin{pmatrix} \dfrac{L}{R_r} \\ L \\ \dfrac{L^2-M^2}{R_r} \end{pmatrix} = \begin{bmatrix} R_s\cos\Phi - \dfrac{|V_s|}{|i_s|} \\ R_s\sin\Phi \end{bmatrix} \tag{2-14}$$

为了辨识出三个参数，必须需要多个运行点的数据。这时可以得到矩阵

$$AX = Y$$

其中，

$$
A = \begin{bmatrix}
s_1 \omega_{s_1} R_{s_1} \sin\Phi_1 & \omega_{s_1} \sin\Phi_1 & s_1 \omega_{s_1}^2 \cos\Phi_1 \\
s_2 \omega_{s_2} R_{s_2} \sin\Phi_2 & \omega_{s_2} \sin\Phi_2 & s_2 \omega_{s_2}^2 \cos\Phi_2 \\
\vdots & \vdots & \vdots \\
s_1 \omega_{s_1}\left(\dfrac{|V_{s_1}|}{|i_{s_1}|} - R_{s_1} \cos\Phi_1 \right) & -\omega_{s_1} \cos\Phi_1 & s_1 \omega_{s_1}^2 \sin\Phi_1 \\
s_2 \omega_{s_2}\left(\dfrac{|V_{s_2}|}{|i_{s_2}|} - R_{s_2} \cos\Phi_2 \right) & -\omega_{s_2} \cos\Phi_2 & s_2 \omega_{s_2}^2 \sin\Phi_2 \\
\vdots & \vdots & \vdots
\end{bmatrix}
$$

$$
X = \begin{bmatrix} \dfrac{L}{R_r} \\[2mm] L \\[2mm] \dfrac{L^2 - M^2}{R_r} \end{bmatrix}
\qquad
Y = \begin{bmatrix}
R_1 \cos\Phi_1 - \dfrac{|V_{s_1}|}{|i_{s_1}|} \\[3mm]
R_2 \cos\Phi_2 - \dfrac{|V_{s_2}|}{|i_{s_2}|} \\[3mm]
\vdots \\
R_{s_1} \sin\Phi_1 \\
R_{s_2} \sin\Phi_2 \\
\vdots
\end{bmatrix}
$$

A、Y 矩阵是经试验测量得到的数据，分别对应式（2-14）左右两端的矩阵，其中下标 1，2，…表示不同运行点的测量值。X 矩阵是待估参数，X 矩阵的估计值为

$$\hat{X} = (A^T A)^{-1} A^T Y \tag{2-15}$$

3. 温度补偿问题

由于电机在运行中发热，使电机内部的实际工作温度升高，从而定子绕组的电阻 R_s 会随温度升高而增大，如果不考虑这个因素，R_s 的变化会对辨识结果带来很大误差，因此必须考虑温度的影响。定子相电阻随温度变化的规律可表示成

$$R_s(T) = R_s(T_1) \cdot \frac{T + T_0}{T_1 + T_0} \tag{2-16}$$

式中 T 和 $R_s(T)$——定子绕组的平均工作温度和电阻值；

T_1 和 $R_s(T_1)$——参考温度和对应的电阻值；

T_0 为常数，对铜导线 $T_0 = 234.5°$，对铝导线 $T_0 = 228.1°$。定子绕组的平均工作温度 T 可以根据电机的运行数据计算出来：

$$T = \theta_s R_s |i_s|^2 + \theta_r R_r |i_r|^2 + \theta_c F(|v_s|, \omega_s) + T_a \tag{2-17}$$

式中 θ_s、θ_r、θ_c——定子绕组、转子绕组和铁心的平均热阻系数；

F——铁耗函数；

T_a——环境温度。

式中 $|i_r|$ 值可由等效电路计算

$$|i_{\mathrm{r}}| = \frac{s\omega_{\mathrm{s}}M|i_{\mathrm{s}}|}{(\omega_{\mathrm{s}}^2 L^2 + R_{\mathrm{r}}^2)^{1/2}} \qquad (2\text{-}18)$$

辨识过程：

1）根据 R_{s} 冷态测量值和试验数据 V_{s}、i_{s}，由式（2-15）辨识出 $\hat{X}$，并由式（2-18）得到 i_{r}；

2）由式（2-17）得定子绕组的平均工作温度 T，由式（2-16）得 R_{s} 的热态值 $R_{\mathrm{s}}(T)$；

3）再用 $R_{\mathrm{s}}(T)$ 和试验数据 V_{s}、i_{s}，从式（2-15）开始再计算一遍。

这样可反复迭代计算几遍，直到辨识结果收敛。

4. 辨识结果分析

在测试以前，首先应使电动机在恒定负载下运行，直到温升稳定。如果这时让电动机工作在不同负载的几个点，快速进行测试，所得的数据可被认为在同一工作温度下进行的。

对一台 2.24kW 电动机，1730r/min，230V，9.4A 电动机在 570W、1020W、1520W 三个工作点进行了试验。当电动机采用无断条的 1 号、3 号转子和 45 根条中有一个断条的 2 号转子时，转子电阻 R_{r} 的估计值如图 2-12 所示。图中坐标轴的刻度为 0.570~0.595 代表电阻值，单位为 Ω。图中号码 1、2、3 代表相应被试转子，每一个号码位置对应的刻度是一次试验结果的转子电阻 R_{r} 的估计值。

图 2-12　异步电动机转子电阻的估值结果

可以看出 1、2、3 号转子平均估计值分别为 0.576Ω、0.59Ω 和 0.582Ω，其中有故障的 2 号转子的平均电阻值比 1 号和 3 号转子大 2.4% 和 1.4%。从图 2-12 所示电阻值的分布看，这种差异是明显的，因此采用这种方法辨识 R_{r} 来诊断异步电动机转子断条是可行的，也可将这种方法和其他方法配合使用，对转子有无断条进行诊断。

2.6.4　最小二乘的递推算法

最小二乘参数辨识算法，需要有整批的观测数据。为了提高辨识准确度，就要有更多的数据，这势必要求增大计算机内存容量和增加计算工作量。一般来说，最小二乘法只能进行离线辨识。

为了减小计算量和存储量，也为了有可能实时辨识动态系统的参数，提出一种既经济又有效的递推算法，这种算法用每次取得的新的观测数据，不断刷新旧的参数估计值，而不必重复计算矩阵求逆。

对一个单输入单输出的线性系统，其系统的最小二乘法的标准形式可以描述为

$$Y = \boldsymbol{\Phi}\boldsymbol{\theta} + E \qquad (2\text{-}19)$$

式中　$\boldsymbol{\theta}$——参数向量，$\theta = [\,a_1 \quad \cdots \quad a_n \quad b_0 \quad \cdots \quad b_n\,]^{\mathrm{T}}$；

　　　$\boldsymbol{Y}$——输出向量，$Y = [\,y(n+1) \quad y(n+2) \quad \cdots \quad y(n+N)\,]^{\mathrm{T}}$；

　　　$\boldsymbol{E}$——误差向量，$Y = [\,e(n+1) \quad e(n+2) \quad \cdots \quad e(n+N)\,]^{\mathrm{T}}$；

$$\boldsymbol{\Phi}\text{——观测矩阵}\quad \boldsymbol{\Phi}=\begin{bmatrix} -y(n)\cdots-y(1) & u(n+1)\cdots u(1) \\ -y(n+1)\cdots-y(2) & u(n+2)\cdots u(2) \\ \vdots & \vdots \\ -y(n+N-1)\cdots-y(N) & u(n+N)\cdots u(N) \end{bmatrix}。$$

同时，将最小乘中的估值 $\hat{\theta}$ 改写为 $\hat{\theta}(m)$，则可得递推算法

$$\hat{\theta}(m+1)=\hat{\theta}(m)+K(m)\left[y(m+1)-X^{T}(m+1)\hat{\theta}(m)\right] \tag{2-20}$$

$$K(m)=P(m)X(m+1)\left[1+X^{T}(m+1)P(m)X(m+1)\right]^{-1} \tag{2-21}$$

$$P(m+1)=P(m)-K(m)X^{T}(m+1)P(m) \tag{2-22}$$

其中，$P(m)=(Xm^{T}Xm)^{-1}$ 是在求 $\hat{\theta}$ 时得到的，其递推公式为式（2-22）。式（2-20）表示第 $m+1$ 次的估计值 $\hat{\theta}(m+1)$ 是在第 m 次估计值 $\hat{\theta}(m)$ 上加一个修正项。

2.6.5 应用实例：异步电动机定转子参数的辨识

仿真所用的异步电动机参数为转速给定 $\omega_{\text{ref}}=100\text{rad/s}$，转子磁链给定为 $\text{phi}^{*}=1.0\text{Wb}$，整流输出的直流电压为 $V_{\text{DC}}=310\text{V}$，异步电动机处于恒负载条件下：$T_{\text{m}}=10\text{N}\cdot\text{m}$，PI 调节器选择合适的参数。采样周期为 0.001s，计算过程中所用的数据为定子电压 $\left[u_{s\alpha}, u_{s\beta}\right]^{T}$、定子电流 $\left[i_{s\alpha}, i_{s\beta}\right]^{T}$ 以及转速 ω_{r}。按照上述的算法可以对参数 $k_{1}\sim k_{5}$ 进行辨识，根据 $k_{1}\sim k_{5}$ 的大小按公式计算得到定子电阻、定子电感、转子时间常数以及漏感系数的辨识计算结果，其结果如图 2-13 所示。通过堵转试验，按照常规试验要求，得到试验所用异步电动机实际参数为功率 $P_{\text{e}}=2.2\text{kW}$，额定转速 $n_{\text{e}}=1440\text{r/min}$，极对数 $p_{\text{n}}=2$，定子电阻 $R_{\text{s}}=0.623\Omega$，转子电阻 $R_{\text{r}}=0.782\Omega$，定、转子电感 $l_{\text{s}}=l_{\text{r}}=70.31\text{mH}$，互感 $l_{\text{m}}=67.31\text{mH}$。

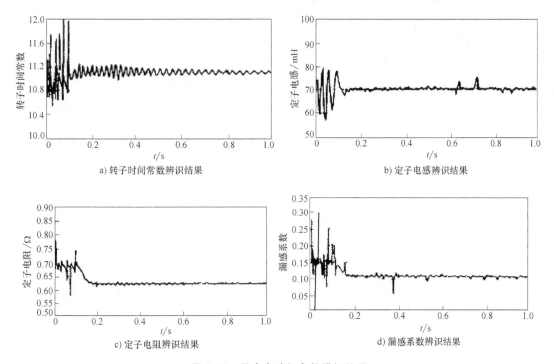

a) 转子时间常数辨识结果   b) 定子电感辨识结果

c) 定子电阻辨识结果   d) 漏感系数辨识结果

图 2-13 异步电动机参数辨识结果

如果认为定子电感等于转子电感，还可以得到准确度较高的转子电阻参数辨识结果，如图 2-14 所示。

通过仿真结果可以看到，参数辨识结果和实际值较为接近。利用最小二乘法进行电机参数辨识，可以适时地对参数进行校正，并且不需要转子磁链信号，和其他方法相比较，其辨识结果更为准确。

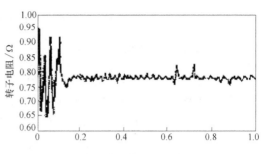

图 2-14　异步电动机转子电阻参数辨识结果

2.7　故障诊断中的模式识别方法

2.7.1　模式识别的基本概念

模式识别（Pattern Recognition）可用于文字和语音识别、遥感和医学诊断等方面。近年来，模式识别在设备故障诊断技术中也获得了广泛的应用。

设备故障诊断的实质是对设备的工作状态或工作模式进行识别和分类，区分其为正常或异常，并区分各种不同的异常状态。状态模式的识别和分类是模式识别学科所研究的内容。因此模式识别的理论和方法在设备故障诊断中有重要的应用，是故障诊断技术的重要理论基础。

以计算机实现的模式识别过程由两个步骤组成，第一步以适当的特征来描述被识别事物，第二步根据被识别事物特征进行分类。某一类事物可以有很多样本，例如在工业系统故障诊断中，某一具体的故障状态就是一个样本。同一类故障，尽管情况千差万别，但在一些特征上表现出共性，根据这些特征就可以区别于其他类型的故障。对于一般故障诊断问题，就是根据所得到的故障现象的特征，把它划归为可能的几类故障中的某一类。

计算机模式识别的第一步实际上是由样本得到合适的样本特征，这一过程通常称为特征选择和提取，这是模式识别中的一个关键问题。由于很多实际问题受条件限制，一些重要的物理量不能进行测量，还有很多复杂的问题不容易找到最主要的特征，因此特征选择和提取往往成为模式识别中最困难的任务之一。

在进行工业系统故障诊断过程中一般采用统计模式识别方法，模式的特征是用数组来表达。例如由 n 个数值组成的数组可以看成 n 维空间中的一个向量，那么每一个样本的特征数组对应于该空间的一个点，这个空间就称为模式空间。一个样本的模式特征可表达为

$$f(x_1) = (a_1 \quad a_2 \quad \cdots \quad a_n)^T \tag{2-23}$$

2.7.2　故障诊断与模式识别

故障诊断就是根据在系统运行过程中得到的信息进行分析和判断，确定系统是否存在故障及存在何种故障的过程。这个过程实际上是对系统运行的模式进行分类，因此故障诊断也是模式识别问题。选择合适的故障特征是故障诊断的关键问题。

基于统计模式识别的故障诊断系统主要由五个部分组成，如图 2-15 所示。

1. 数据获取

根据需要通过传感器测取有关参量，来自传感器的信号要用计算机可以运算的符号表

示。通过测量、采样、量化、编码、数据形式的转换和校准，使信号变成可以计算的数据，其数据可以用向量或矩阵表示一维波形或二维图像，这就是数据获取的过程。

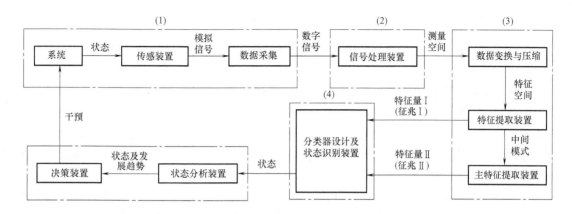

图 2-15　故障诊断的模式识别系统

2. 预处理

预处理的目的是提高信号的信噪比，如剔除奇异项，去掉电平漂移，必要时零均值化，消除趋势项和平滑滤波等，以便突出有用的信息，并对输入测量仪器或其他原因所造成的退化现象进行复原。

3. 特征提取和选择

为了有效地实现分类识别，需根据系统的性质与要求对原始数据进行提取和选择，正确地测取与状态有关的、能够反映状态分类本质的特征。例如，为诊断结构的裂纹，可测取反映结构特征的振动信号，而不测取其他如温度等不反映裂纹特征的信号。

特征可以分为三类，分别是物理方面的、结构方面的和数学方面的特征。人们通常习惯于通过物理和结构方面的特征去识别对象，因为这些特征容易被感觉器官发现，也便于认识和理解。但是只有对相应的工业设备或系统工作机理有了深入的了解，才可能通过物理和结构上的合适特征去识别系统的故障。数学方面的特征主要指运用数理统计方法等得到的特征，如均值、方差、协方差函数及线性预测模型的参数等。

故障特征选择和提取的准则是在保证良好的可分性情况下，尽量减少特征的数目。特征选择是指在一组特征中保留有效的特征，去掉那些模棱两可不易判别和相关性强、重复的特征，从而减少测量项目和数量，有利于简化设备，降低测量费用。特征提取是指通过某种数学变换将原始的特征从高维空间变换到低维空间，降低了特征的维数，以达到有效分类的目的。

4. 故障模式分类

如果每一个模式有 n 个特征数据，则它对应于 n 维模式空间的一个向量或一个点。模式分类的问题就是将这些模式空间中的向量（或点）确定为一个适当的模式类中。模式空间事先被划分成互不相交的区域，每个区域与一个类别的模式相对应。对于故障诊断，就是在已知各种故障类别及已知一些故障样本点的条件下，去判别被观测的样本属于哪一种故障。在进行故障诊断以前，这些已知的信息是通过上述的学习过程输入到计算机中去的。

5. 分析决策与维护管理

分析系统特性、工作状态和发展趋势。包括发生故障时，分析故障位置、类型、性质、原因与趋势，并据此做出相应的决策判断，干预系统的工作过程，包括控制、自诊治、调整、维修和寿命管理等措施。

2.7.3 贝叶斯决策判据

在状态监测和故障诊断中，最终目的是根据识别对象的观测值 $\{x\}$ 将其分到某个参考类总体 G_{Ri}($i=1,2,\ldots,L$) 中去。但由于测量噪声及各种干扰的存在，各个模式的特征量都是随机变量，某模式不只属于某一类总体，而且也可能在任何其他类总体中出现；或者从另一角度看，在同一类总体中的事物或现象只可能是相似的，不一定或不可能完全一样，所谓某个模式属于某一类总体也是指该模式出现在这个类总体中的概率最大。因此，统计决策理论就成为处理模式分类问题的基本理论之一，它对模式分析和分类器的设计有着实际的指导意义。

贝叶斯（Bayes）决策理论方法是统计模式识别中的一个基本方法。贝叶斯决策判据既考虑了各类参考总体出现的概率大小，又考虑了因误判造成的损失大小，判别能力强。

1. 贝叶斯判据的基本概念

以大型发电机定子绕组的故障诊断为例来说明问题。假设这是一个两类区分问题。D_1 表示正常状态，D_2 表示故障状态。把观察到的从定子绕组发出的放电信号的强度作为特征量 X，这是一个一维特征量。当放电信号达到一定强度时，说明绕组的绝缘遭到破坏；预示着严重的短路故障即将发生。这种情况应视为故障状态，这时应采取措施，停机更换绕组，以避免具有破坏性的短路故障发生。当信号强度小于一定数值时，可能是其他电干扰或发电机运行中的正常放电现象，并不意味绕组绝缘损坏，这时应看作正常状态。识别的目的是要确定 X 在什么范围为正常状态，X 在什么范围为定子绕组故障状态。

在做分类前，根据发电机过去运行的统计资料，可以得到正常运行状态概率 $P(D_1)$ 和故障状态概率 $P(D_2)$，并称为先验概率。显然，$P(D_1)+P(D_2)=1$。根据一般规律，发电机绕组的故障概率很小，故有 $P(D_1)\gg P(D_2)$。如果仅按先验概率做出分类决策，就会将所有状态归于正常。虽然这个结论错误率很小，但这样做根本未达到故障诊断的目的，这是由于先验概率提供的分类信息太少的缘故。因此，要用到上述的特征量 X 的信息，以特征量 X 的观察值作为分类的依据。

类条件概率 $P(X/D_1)$ 和 $P(X/D_2)$ 在分类以前也是已知的。$P(X/D_1)$ 是在正常状态观察到放电信号强度为 X 的条件概率，这时 X 的值比较小。如前所述，可以认为 $P(X/D_1)$ 为正态分布，正态分布的参数可以根据测试的资料估计出来。$P(X/D_2)$ 是故障状态观察到放电信号强度为 X 的条件概率，这时 X 值比较大，$P(X/D_2)$ 也是正态分布。$P(X/D_1)$、$P(X/D_2)$ 分布如图 2-16 所示。

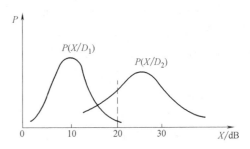

图 2-16　按条件概率密度分类

在确定特征量 X（绕组放电信号强度）什么范围为正常，什么范围为故障时，不能按确定性问题处理，简单地划一个分界，同样也引入条件概率 $P(D_1/X)$ 和 $P(D_2/X)$，这称为后验概率。$P(D_1/X)$ 是给定特征量 X 条件下，为正常状态的概率；$P(D_2/X)$ 是给定特征

量 X 条件下，为故障状态的概率。根据两个概率大小，就能确定给定的特征量 X 属于正常还是属于故障状态。

根据"概率论"的贝叶斯公式，可以计算后验概率。如果表达成一般形式，即

$$P(D_i/X) = \frac{P(X/D_i)P(D_i)}{\sum\limits_{j=1}^{2} P(X/D_j)P(D_j)} \qquad i=1,2 \tag{2-24}$$

贝叶斯分类决策的规律：

如果 $P(D_1/X) > P(D_2/X)$ 则将 X 归于正常状态 D_1，反之如果 $P(D_1/X) < P(D_2/X)$，则将 X 归于故障状态 D_2。

例2：设某大型发电机绕组绝缘的正常和故障的先验概率为 $P(D_1)=0.95$，$P(D_2)=0.05$，当测得发电机定子绕组放电信号强度 $X=20\mathrm{dB}$ 时，由类条件概率密度分布曲线上（见图2-16）查到 $P(X/D_1)=0.04$，$P(X/D_2)=0.35$，对此时的状态分类，利用贝叶斯公式，分别计算后验概率为

$$P(D_1/X) = \frac{P(X/D_1)P(D_1)}{\sum\limits_{j=1}^{2} P(X/D_j)P(D_j)} = \frac{0.04 \times 0.95}{0.04 \times 0.95 + 0.35 \times 0.05} = 0.68$$

$$P(D_2/X) = 1 - P(D_1/X) = 0.32$$

因为 $P(D_1/X) > P(D_2/X)$，所以应报 X 归为正常状态。

2. 最小风险的贝叶斯分类

利用最小错误率贝叶斯决策时，其基本思想是使误判率最小，尽可能做出正确的判断，但是，我们没有考虑误判带来什么后果，有多大风险，造成多大损失。举个简单的例子，如果飞机处于正常状态，我们将它误判为异常状态，犯了"谎报"的错误，尽管会造成停机检查和维修浪费；但如果将本来已为异常状态的故障飞机误判为正常状态，犯了"漏检"的错误，就可能会造成机毁人亡，产生极大的风险和酿成严重的损失。显然这两种不同的错误判断所造成损失的严重程度有着明显的差别，漏检的损失比谎报损失要严重得多。最小风险贝叶斯决策正是考虑各种错误造成损失的不同而提出的一种决策规则。

这里仍然以两类区分问题为例说明。

将故障状态 D_2 误判为正常状态 D_1（"漏报"），其代价以系数 λ_{12} 表示；将正常状态 D_1 误判为故障状态 D_2（"谎报"），代价以系数 λ_{21} 表示。判断正确的代价系数分别设为 λ_{11} 和 λ_{22}。那么，根据特征量 X，判断为 D_1 和 D_2 的总风险分别为 $R_1(x)$，$R_2(x)$。

$$\begin{aligned} R_1(X) &= \lambda_{11}P(D_1/X) + \lambda_{12}P(D_2/X) \\ R_2(X) &= \lambda_{21}P(D_1/X) + \lambda_{22}P(D_2/X) \end{aligned} \tag{2-25}$$

最小风险的决策规律如下：

若 $R_1(X) < R_2(X)$，则 X 属于 D_1；

若 $R_1(X) > R_2(X)$，则 X 属于 D_2。

考虑式（2-25），则有以下表达式：

$$\begin{cases} (\lambda_{12}-\lambda_{22})P(D_2/X) < (\lambda_{21}-\lambda_{11})P(D_1/X), & \text{则 } X \text{ 属于 } D_1 \\ (\lambda_{12}-\lambda_{22})P(D_2/X) < (\lambda_{21}-\lambda_{11})P(D_1/X), & \text{则 } X \text{ 属于 } D_2 \end{cases} \tag{2-26}$$

$$\begin{cases} \dfrac{P(D_1/X)}{P(D_2/X)} > \dfrac{(\lambda_{12}-\lambda_{22})}{(\lambda_{21}-\lambda_{11})}, \text{则} X \text{ 属于 } D_1 \\[3mm] \dfrac{P(D_1/X)}{P(D_2/X)} < \dfrac{(\lambda_{12}-\lambda_{22})}{(\lambda_{21}-\lambda_{11})}, \text{则} X \text{ 属于 } D_2 \end{cases} \qquad (2\text{-}27)$$

例 3：大型发电机故障诊断问题。按例 2-7-1 结果，当检测到发电机定子绕组放电信号幅值达 20dB 时，故障可能为 32%（正常可能 68%）。下面按最小风险决策的原则分析这个问题。

可设想有 4 种情况：

1) 如果判断发电机为正常状态，并且事实也是如此的话，这不会造成任何损失，可以令 $\lambda_{11}=0$。

2) 如果判断发电机为正常状态，而事实上发电机存在故障。当故障继续发展，最后发电机定子绕组绝缘破坏，造成短路和烧毁定子绕组的大事故。这样，造成的停电事故和机组的大修费用，其损失达数百万元，从经济上评估，取 $\lambda_{12}=10$。

3) 如果判断发电机存在故障，而事实上发电机无故障。这可能导致提前安排拆机大修，造成人力、物力的损失，从经济上评估，取 $\lambda_{21}=3$。

4) 如果我们判断发电机存在故障，而事实上发电机也有故障，这样经提前安排检修，避免了大事故的出现。同时由于有了这种绝缘故障监测，例行的大修计划周期可以延长一些，这样也减少了维修费用。这就是说，不但无损失，还有收益，取 $\lambda_{22}=-0.5$。

按式（2-27）

$$\frac{(\lambda_{12}-\lambda_{22})}{(\lambda_{21}-\lambda_{11})} = \frac{10-(-0.5)}{3-0} = 3.5$$

$$\frac{P(D_1/X)}{P(D_2/X)} = \frac{0.68}{0.32} = 2.13$$

所以

$$\frac{P(D_1/X)}{P(D_2/X)} < \frac{(\lambda_{12}-\lambda_{22})}{(\lambda_{21}-\lambda_{11})}$$

即 $R_1(X) > R_2(X)$ 按最小风险原则，这时 X 特征属于 D_2，即故障状态。这时应发出故障报警，并安排发电机检修。

从例 2 和例 3 的结果看，同一个问题因分类方法不同而结论正好相反。例 2-7-2 考虑了风险和经济方面的因素，因而得到的结论应更加合理。

2.7.4 从参数模型求特征

被测试信号经采样后，得到的一组随时间变化的离散数据称为信号的时间序列，由这些数据可以建立参数模型。可以认为该信号的时间序列是由白噪声激励某一确定性系统所产生的。因此，若激励白噪声的强度已知，则该时间序列的特性可由一个确定性的系统模型的参数、阶次和结构所确定。由此得到的特征量可表达为一个参数向量。

特征提取：它是通过变换（或映射）的方法，把高维的原始特征空间的模式向量（粗特征）用低维的特征空间的新的模式向量（精特征或二次特征）来表达，从而找出最有代表性的、最有效的特征。新特征是原始特征的某种组合（通常是线性组合）。从广义上说，特征提取就是指一种变换，若 Y 是测量空间，X 是特征空间，则变换 $A：Y{\rightarrow}X$ 称为特征提取器。

如果设时间序列信号为 $S(n)$，激励白噪声为 $W(n)$，$n=1$，2，…。由图 2-17 可表示它们的关系。

图 2-17 中 $S(z)$、$W(z)$ 是 $S(n)$ 和 $W(n)$ 的 z 变换，$H(z)$ 是模型传递函数。

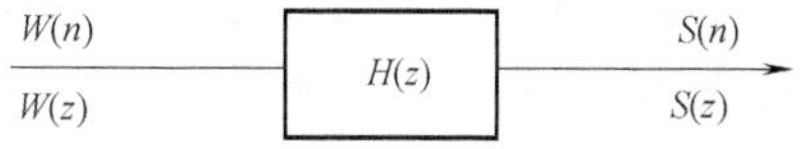

图 2-17　离散参数模型

如果参数模型是线性的，则其输入/输出关系的数学形式是线性差分方程，这时模型的传递函数是有理多项式的分式。根据传递函数的不同形式，可以归结为 AR、MA、ARMA 三种结构类型。

例 4：电动机转子质量偏心的诊断　（用 AR 模型提取模式特征）

三相异步电动机转子偏心是常见故障之一。转子偏心后引起定子机壳振动信号中高频分量增加，这是监测转子有无偏心的依据。但是，如果用人工从复杂的振动信号频谱图上检查，不但费力，而且可靠性差。用模式分类法来处理振动信号，由计算机判断可以取得良好的效果。其具体步骤如下：

设振动信号的采样值记为 $S(n)$，白噪声为 $W(n)$，则 AR 模型为

$$S(n) + \sum_{k=1}^{d} a_k S(n-k) = W(n)$$

式中　d——模型阶数。参数 a_1，a_2，…，a_d 可作为特征向量，记为 $\boldsymbol{A} = \begin{bmatrix} a_1 & a_2 & \cdots & a_d \end{bmatrix}^T$。

模型阶次 d 和特征向量 $\boldsymbol{A}$，可根据样本信号的采样值 $S(n)$，通过 Marple 算法求得。

现由 7 组无偏心电动机在不同工况运行的机座振动信号，经 A/D 转换，送入计算机，用 Marple 算法，得阶次 $d=10$，同时得特征向量 $\boldsymbol{A}_1$ 为

$\boldsymbol{A}_1 = \begin{bmatrix} -0.719 & 4.474 & -2.51 & 8.45 & -3.74 & 8.4 & -2.56 & 4.40 & -0.704 & 0.970 \end{bmatrix}^T$

称这种模式为正常类，记为 C_1 类。

另外，从转子有 60% 静偏心的 7 组振动信号中，得到特征向量

$\boldsymbol{A}_2 = \begin{bmatrix} -0.539 & 4.45 & -1.97 & -8.40 & -2.86 & 8.36 & -1.95 & 4.39 & -0.527 & 0.976 \end{bmatrix}^T$

称这种模式为故障类，记为 C_2 类。

根据 AR 模型得到的特征向量 $\boldsymbol{A}_1$、$\boldsymbol{A}_2$ 不便直观分类，还要进一步处理。

2.7.5　模式识别在电机故障诊断中的应用

利用现场测试的大量电机电流噪声，建立电机系统的多时序模型[64]：

$$X_t = \sum_{i=1}^{n} \boldsymbol{\Phi}_i X_{t-i} + A_t \tag{2-28}$$

式中　X_t——三相电流噪声序列 $X_t = \{X_{1t}, X_{2t}, X_{3t}\}$；

$\boldsymbol{\Phi}_i$——模型参数矩阵 $\boldsymbol{\Phi}_i = \begin{bmatrix} \boldsymbol{\Phi}_{11i} & \boldsymbol{\Phi}_{12i} & \boldsymbol{\Phi}_{13i} \\ \boldsymbol{\Phi}_{21i} & \boldsymbol{\Phi}_{22i} & \boldsymbol{\Phi}_{23i} \\ \boldsymbol{\Phi}_{31i} & \boldsymbol{\Phi}_{32i} & \boldsymbol{\Phi}_{33i} \end{bmatrix}$；

A_t——残差序列 $A_t = \{a_{1t}, a_{2t}, a_{3t}\}$；

n——模型阶数。

并以残差序列作为电机故障检测的总体检验指标，检测了电机的故障。

对于模型中的参数矩阵 $\boldsymbol{\Phi}_i$ 全面表征了电机系统的内在特性以及电机故障状态信息。按照引起电机电流噪声信号异常的机理可将电机故障分为两类：机械故障（包括轴弯曲、轴承故障、转子断条）与电气故障（包括相间绝缘降低、匝道短路、相间短路、绕组接地、过载运行）。机械故障主要是通过电机的气隙磁场引起电流噪声信号发生变化；电气故障主要是引起电机等效阻抗发生变化。由于故障机理不同，其电流噪声的各频率分量的大小、相位发生的变化也不同，在模型参数矩阵上也有一定的差异性。通过这种差异性，识别电机故障所属类型。

1. 电机的模式向量空间

（1）初始模式向量的形成

电机故障状态信息集中于多元时序模型各参数矩阵 $\boldsymbol{\Phi}_i$ 中，可以用 $\boldsymbol{\Phi}_i$ 作为诊断系统的模式向量空间。其特点是对故障类别较敏感，易于度量、提取，对同一故障类别来说相对稳定。

电机的初始模式向量定义为 $W=[\boldsymbol{\Phi}_1,\boldsymbol{\Phi}_2,\cdots,\boldsymbol{\Phi}_n]$

那么模式向量空间的特征数为 $N=9\times n$。

（2）模式向量的提取

对故障类别来说，这 N 个特征含有的类别信息是不同的，有些特征对类型判别非常重要，有些不太重要；各个特征之间具有较强的相关性；而且向量空间维数太高（$N>40$）会导致问题的复杂化，在分类判别时可能不收敛。为此，将利用现有特征去构造一批新的特征，每个新特征都是原有特征的函数。

采用 $K-L$ 变换来提取新的特征向量，该变换是按最小均方差准则，保留原模式的方差最大的特征成分，也就是保留不同模式分类的鉴别信息。

2. 电机故障的类型识别

通过模式向量空间的 $K-L$ 变换，进一步凝聚电机故障类型鉴别信息，得到一个较低维的模式向量。在此基础上，对电机故障类型识别，根据电机故障机理，将电机故障定义为两大类故障的集合，A_1 表示机械故障，A_2 表示电气故障，即

$A_1=[$轴弯曲，轴承故障，转子断条$]$

$A_2=[$相间绝缘降低，匝间短路，相间短路，绕组接地，过载运行$]$

现场测试的故障电机样本分别属于上述两类故障。分类识别就是根据已知电机故障类的样本模式信息构造一个判别函数，用以判断未知类属的电机故障的所属类型，采用 Fisher 分类器作为判别函数，其基本思想就是由模式向量构成的向量空间不同类属点集向同一方向投影，不同类之间的类间距加大；类内离散减小，使各类之间的差异更加明显。

简单地说，Fisher 准则的基本原理，就是要找到一个最合适的投影轴，使两类样本在该轴上投影的交叠部分最少，从而使分类效果为最佳。Fisher 分类器一般形式为

$$h(Y)=C_1Y_1+C_2Y_2+\cdots+C_mY_m+C_0$$

$$C^TY+C_0 \begin{array}{c}\leqslant 0\\ >0\end{array} \to Y\in\begin{cases}A_1\\A_2\end{cases} \tag{2-29}$$

其中，$C=(C_1,C_2,\cdots,C_m)^T,C_0,C_1,C_2,\cdots,C_m$ 为常数，

$=(Y_1,Y_2,\cdots,Y_m)^T$ 为样本的 m 个特征。

假设故障电机的模式向量样本为 Y_{11}，Y_{12}，$\cdots$，Y_{1N1}，样本数为 N_1；Y_{21}，Y_{22}，$\cdots$，$Y_{2N2} \in A_2$，样本数为 N_2。

将上述两类样本代入式（2-29）的 $h(Y)$ 得到 $h(Y_{12}),\cdots,h(Y_{1N1})$ 和 $h(Y_{21}),h(Y_{22}),\cdots,$ $h(Y_{2N2})$，那么这两类样本的对应的 $h(Y)$ 的均值 μ_i 和方差 σ_i^2 为

$$\mu_i = [Y_{i1}+Y_{i2}+\cdots+Y_{iNi}]/C^T Y_i + C_0 \tag{2-30}$$

$$\sigma_i^2 = (1/N_i)\sum_j^{N_i}[h(Y_{ij})-\mu_i]^2 = C^T S_i C \tag{2-31}$$

式中　i——样本类 $i=1$，2；

　　　Y_i——第 i 类样本的模式向量平均值；

　　　N_i——第 i 类样本的模式向量数；

　　　S_i——第 i 类样本的协方差。

显然，$\mu_1-\mu_2$ 反映两类样本经线性变换后的分开程度，而 $\sigma_1^2-\sigma_2^2$ 反映两类样本经 $h(Y)$ 作用后各自的密集程度。

Fisher 分类器的设计原则是 C 和 C_0 的选取方法使 $(\mu_1-\mu_2)^2$ 尽量大，$\sigma_1^2+\sigma_2^2$ 尽量小。

即：使得 $f=(\mu_1-\mu_2)^2/(\sigma_1^2+\sigma_2^2)$ 达到极大。

求 f 的极大值相当于解方程：$\partial f/C=0$；$\partial f/C_0=0$

求解可得

$$C=(S_1+S_2)^{-1}(Y_1-Y_2) \tag{2-32}$$

对于 C_0，应使两类样本的模式向量共同均值，

$Y=(N_1 Y_1+N_2 Y_2)/(N_1+N_2)$ 代入 $h(Y)$，使之取零值作为两类的分界线，即

$h(Y)=C^T Y+C_0=0$

则

$$C_0=-C^T Y=-(N_1 C^T Y_1+N_2 C^T Y_2)/(N_1+N_2) \tag{2-33}$$

3. 应用分析

现场对多种型号的电机进行实测。其中一种型号为 JO_2-82-2 型电机，容量为 40kW，三角形联结，转速为 2460r/min。该型号故障状态电机 43 台，电气故障 24 台，机械故障 19 台。此种电机在转子断条时的多元时序模型参数矩阵见表 2-11。

表 2-11　JO_2-82-2 型电机转子断条时的模型参数

模型参数					
$\Phi_{5,1}=\begin{bmatrix}2.8643 & -1.1546 & 1.1472\\ -1.1597 & 2.8445 & -1.0963\\ 1.1451 & -1.0882 & -0.3500\end{bmatrix}$			$\Phi_{5,2}=\begin{bmatrix}1.6174 & -3.2210 & 0.4780\\ -0.6105 & -1.2072 & 0.8361\\ -0.8102 & 0.5076 & -1.9320\end{bmatrix}$		
$\Phi_{5,3}=\begin{bmatrix}-5.6550 & -0.9085 & -0.3550\\ 0.4856 & 0.8320 & 0.1310\\ -0.6704 & 0.2217 & 0.3708\end{bmatrix}$			$\Phi_{5,4}=\begin{bmatrix}0.4837 & 0.6108 & 0.1405\\ -0.8320 & 0.0470 & -0.1077\\ 0.2282 & 0.2001 & 0.3161\end{bmatrix}$		
$\Phi_{5,5}=\begin{bmatrix}0.3103 & -0.1056 & 0.0931\\ -0.1072 & -0.3010 & 0.2089\\ 0.0725 & -0.0906 & -0.2107\end{bmatrix}$					

对于 JO_2-82-2 型电机，其模型阶数为 5，初始模式向量的特征数为 45，在故障电机样本数较小时，必须对初始模式向量重新构造，使分类信息凝聚在少数几个特征中：按照本节所阐述的模式向量提取方法，前 10 个特征值及信息累计贡献率见表 2-12，按照一般规律，当识别信息累计贡献率≥80%时，就可确定前 m 个特征为主特征，从表 2-12 可得 $m=6$；对应的特征向量 U 为 45×45 矩阵。新模式向量计算方法为

$$Y = UW \tag{2-34}$$

表 2-12 前 10 个特征值及信息累计贡献率

特征值	10.4708	6.6940	4.3551	3.0792	2.3083	1.6831	0.6930	0.5267	0.3970	0.3651
累计贡献率	0.3147	0.5159	0.6462	0.7387	0.7984	0.8586	0.8794	0.8953	0.9159	0.9268

对 43 台故障电机的初始模式向量按照（2-34）式进行变换，形成 6 维的模式向量样本空间。对于表 2-11 形成的初始模式向量经（2-34）式变换构成新的模式向量为

$$Y^T = [3.2711, 1.6844, 0.6644, 1.4863, 0.7321, 3.6310]$$

电气故障和机械故障所对应的模式向量均值见表 2-13，协方差见表 2-14、表 2-15，将上面表中数据代入式（2-32）、（2-33）：

$$C = (S_1 + S_2)^{-1}(Y_1 - Y_2)$$
$$= [6.4037 \quad 2.6079 \quad -6.0653 \quad -3.4901 \quad 3.0870 \quad 5.9364]^T \tag{2-35}$$
$$C_0 = -0.8447$$

那么，电机故障类型判别函数：

$$h(Y) = C^T Y + C_0 \begin{array}{c} \leqslant \\ > \end{array} \rightarrow Y \in \begin{cases} 机械故障 \\ 电气故障 \end{cases} \tag{2-36}$$

表 2-13 故障样本均值

电气	3.2970	2.0830	0.7551	1.7427	1.0158	3.5730
机械	0.8613	1.5830	1.4436	3.2950	2.5004	3.0085

表 2-14 电气故障样本的协方差 S_1

8.3733	7.6638	−5.357	0.3861	−0.1163	0.0731
2.6638	1.368	2.7792	0.4211	0.3687	0.1164
−0.5357	2.7792	7.8866	−5.6005	0.7462	−0.3177
0.3861	0.4211	−5.6005	2.5710	0.1614	0.0972
−0.1163	0.3687	0.7462	0.1614	2.3007	1.7150
0.0731	0.1164	−0.3117	0.0972	1.7150	2.0359

表 2-15 机械故障样本集的协方差 S_2

7.5360	−0.7704	0.4631	0.2972	0.1086	0.0883
−0.7704	3.0952	1.0830	0.8870	0.3507	0.1147
0.4631	1.0830	3.2751	1.1460	0.7502	−0.1309
0.2972	0.8870	1.1446	6.1740	−3.2294	1.1760
0.1086	0.3507	0.7502	−3.2294	8.4410	4.3186
0.0833	0.1147	−0.1309	1.1760	4.3186	6.7042

总结：将实测的 JO_2-8-2 型电机的机械故障样本（24 台），电气故障样本（19 台）分别代入（2-35）、（2-36）式，能正确识别故障类型的为 42 台，有一台将电气故障识别为机械故障，正确率达到 97%，说明上述方法对电机故障的类型识别是有效的。

2.8 专家系统及其在电机故障诊断中的应用

2.8.1 人工智能诊断技术

人工智能（Artificial Intelligence）是以模型化的计算机来代替人的思维方式和解决问题的一种方法，是专家系统（ES）、人工神经网络（ANN）、模糊集理论、遗传算法、机器学习方法、模拟进化优化、智能机器人等其他智能方法的总称。

20 世纪 70 年代初，由费根巴乌姆在医疗界开发专家系统以来，人工智能技术已在各行各业迅速普及。表 2-16 示出人工智能技术在电力设备故障诊断中的应用。

表 2-16 人工智能技术在电力设备故障诊断中的应用概况

智能技术设备	专家系统(ES)	人工神经网络(ANN)	模糊集诊断
汽(水、燃气)轮机	状态监测与诊断、故障诊断、转子裂纹诊断、振动监测与诊断维修(ES)	—	汽轮机振动模糊诊断、水轮机振动诊断
锅炉	炉管失效专家系统、燃烧监测(ES)	状态监测与诊断	—
旋转机械	故障诊断、振动监测诊断、维护修理	—	—
旋转电机	绝缘及寿命诊断,状态监测与诊断,过程诊断,维护修理,绝缘评价振动监测	电动机故障诊断	模糊神经网行波法诊断转子绕组匝间短路
电站其他设备	气水品质劣化、腐蚀损伤等监视诊断专家系统	—	—
核电设备	BWR(Boiling Warter Reactor,沸水堆)蒸汽系统故障,化学监测诊断管理,反应堆分级式智能系统(ANN 与 ES)长寿命评价	蒸汽发生器传热管损伤	—
变压器	状态监测及诊断专家系统,油气分析故障诊断专家系统	油气分析诊断模糊集 ANN 的 DGA(Dissolved Gas Analysis,油中溶解气体分析)	油气分析三比值法模糊化诊断综合模糊信息专家系统
GIS	声学诊断专家系统	逐次分类神经网诊断故障,诊断局部放电	—
电缆	故障诊断和定位	局部放电诊断定位故障定位	—
架空线路	故障诊断和定位,绝缘子污秽闪络	故障诊断和定位,绝缘子故障	故障诊断及定位
电力系统	分类树故障诊断,时序逻辑故障诊断	ANN 和模糊集的故障定位	故障定位模糊专家系统

在传统的基于数学模型的诊断方法中，电机故障检测手段已比较成熟，并且应用广泛。最为简单直接的是基于输入输出及信号处理的方法：如果电机输出量超出正常变化范围，则可以认为电机已经或即将发生故障；或者通过一定的数学手段描述输出在幅值、相位、频率及相关性上与故障源之间的联系，分析处理这些量来判断故障位置与原因。

总的来说，传统的电机故障诊断方法，需要建立精确的数学模型、有效的状态估计或参数估计、适当的统计决策方法等，这些前提条件使得传统的电机故障诊断具有相当的局限性。而人工智能控制方法，如神经网络、模糊逻辑、模糊神经和遗传算法等，能够处理传统故障诊断方法无法解决的问题，具有传统诊断方法无以比拟的优越性，因而使得人工智能方法在电机故障诊断中得到广泛的认可和应用，已被认为是电机诊断技术的重要发展方向。

2.8.2 故障诊断专家系统

所谓"专家"，一般都拥有某一特定领域的大量知识以及丰富的经验。在解决问题时，专家们通常拥有一套独特的思维方式，能较圆满地解决一类困难问题，或向用户提出一些建设性的建议等。

那么，什么是专家系统呢？简单地讲，专家系统（ES）就是一个具有智能特点的计算机程序，它的智能化主要表现为能够在特定的领域内模仿人类专家思维来求解复杂问题。因此，专家系统必须包含领域专家的大量知识，拥有类似人类专家思维的推理能力，并能用这些知识解决实际问题。例如，一个医学专家系统就能够像真正的专家一样，诊断病人的疾病，判别出病情的严重性，并给出相应的处方和治疗建议等。

故障诊断专家系统是近 20 年才出现的，但是由于它们取得了较大的经济和社会效益，因而发展十分迅速。据美国调查，电力方面专家系统技术中，用于故障诊断型的占 41%以上。

1. 设备故障诊断专家系统

设备故障诊断专家系统是将人类在设备故障诊断方面的多位专家具有的知识、经验、推理、技能综合后编制成的大型计算机程序，它可以利于计算机系统帮助人们分析解决只能用语言描述、思维推理的复杂问题，扩展了计算机系统原有的工作范围，使计算机系统有了思维能力，能够与决策者进行"对话"，并应用推理方式提供决策建议。

设备故障诊断专家系统的另一特点是通过对话窗口能使那些不具备编程能力的工程技术人员建立功能强大的程序系统。这样，实际工作中生产一线的工程技术人员就不会再受计算机语言和编程技巧的限制，可以将他们的故障诊断经验、知识和遇到的故障实例输入专家系统，使专家系统不断学习、提高，丰富其知识库，提高故障诊断的准确率。与此同时，专家系统提供的处理问题的对策也将更具有针对性、更为有效。

专家系统在设备故障诊断领域的应用非常广泛，目前已成功推出旋转机械故障诊断专家系统、往复机械故障诊断专家系统、发电机组故障诊断专家系统、汽车发动机故障诊断专家系统等。对设备故障诊断而言，征兆正确是诊断正确的前提，因此检测系统的设计安装、信号分析与数据处理、专家系统的数据传递和征兆的自动获取都是故障诊断专家系统的重要内容。

在采用先进传感技术与信号处理技术的基础上研制设备故障诊断的专家系统，将现代科学技术的优势同领域专家丰富经验与思维方式的优势结合起来，是设备故障诊断技术发展的重要方向。

2. 故障诊断专家系统基本结构

图 2-18 表示一个完整的故障诊断专家系统基本结构框图。图 2-18 中各功能模块的作用如下：

数据库：用于存放监测系统状态必要的测量数据，用于判别实时监测系统工作正常与否等数据。对于离线分析，数据库可根据推理需要，人为输入。

知识库：针对具体系统包括系统结构、经常出现的故障现象、每个故障现象引起的原因、可能性大小的经验判据及是否发生的充分及必要条件。专家经验包括针对系统中的故障采用一般的设备仪器诊断的专家经验，内容与前面相仿。系统规则指关于具体系统或通用设备有关因果关系的逻辑法则。

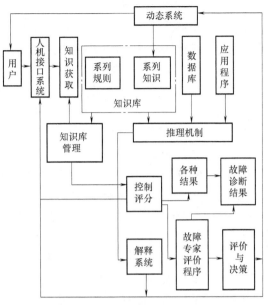

图 2-18 故障诊断专家系统基本结构

知识库管理：建立和维护知识库，并能根据中间结果及知识获取程序结果及时修改和增删知识库，对知识库进行检验。

人机接口系统：可将系统运行过程中出现故障后观察到的现象或系统进行调整或变化后的信息输入到知识库获取模块，或将新的经验输入，以实时调整知识库，还可通过人机接口启动解释系统工作。

推理机制：在数据库和知识库基础上，综合运用各种规则进行一系列推理来尽快寻找故障源。

解释系统：可以解释各种诊断结果的推理实现过程，并能解释索取各种信息的必要性，解释系统是专家系统区别于其他方法的显著特征，它能把程序设计者的思想及专家的推理思想显示给用户。

控制部分：使各部分功能块协调工作，并在时序上进行安排和控制。

故障专家评价程序：对系统的未来做出预测评价，并采取相应的专家决策，使系统尽快恢复正常。

3. 开发故障诊断专家系统的基本步骤

故障诊断专家系统是一类特殊的基于诊断知识的软件系统，一般情况下，开发包括下列阶段。

1）任务的确定和可行性分析阶段。这一阶段的目标是确认故障类型并提出解决问题的方案。

2）诊断知识获取阶段。这是开发过程中最重要的一步，也是最难的一步。为了将诊断知识和经验从专家的头脑中和书本中抽取出来，将其计算机形式化，开发人员必须在反复分析的基础上，通过与领域专家通力合作、反复修改，以处理知识的不确定性并将这些专业知识概念化。

由于专业知识在领域专家的头脑中并没有很好地组织，所以抽取知识和概念的工作应该从以前领域专家曾解决过的实例入手。领域专家通过讲解这些实例的求解过程，可以联想起他们在求解问题时所使用的知识和概念、处理问题的原则和方法。

3）规划设计阶段。系统开发一旦确认，则应由知识工程师与领域专家等共同组成开发小组，完成系统的功能设计和总体设计（也可称为概念化设计及结构化设计）。概念化设计要求以简明扼要的形式描述出给定知识领域中问题求解过程所需的各种概念、实现对象及其相互间的关系。结构化设计要求确定系统的用户界面形式、知识表达形式、知识库组织结构形式、推理技术、用户接口信息传递方法等系统功能。

4）实施阶段。本阶段主要功能是编程。包括知识的程序语言表现形式和各种算法的具体实现。为了缩短系统的研制时间，可以根据问题的特点选择合适的开发工具。

5）测试与评估阶段。由于很难一次就完全达到设计目标。因此，需在测试阶段发现和修改缺陷和错误。检验的方法是用大量的典型故障进行推理验证并同实际诊断结果进行比较。

在实际应用中，专家系统是一个不断修改、不断完善的过程。在应用中发现问题后，提出相应的改进方案，则系统进入下一个设计与循环的过程。通过系统性能的改进，对故障诊断专家系统的理解也越来越深刻。所以，从某种意义上说，专家系统的开发是一个长期的过程。

2.8.3　实例一——发电机绝缘故障模糊专家系统

大型发电机是一个复杂的系统，其征兆、病症等诸因素之间没有确定的映射关系。模糊集对中间过渡的事物以恰当的描述，把模糊集的概念和方法引入到发电机绝缘故障诊断领域，具有多因素诊断和模拟人类思维方法的特点，可利用已知的故障特征量去判别发电机绝缘系统的状态并对未来发展趋势做出评价，以期望从根本上排除故障。发电机的故障大部分是由绝缘损坏引起的短路。参考文献［65］以 SJY-1 射频监测仪为中心作状态监测和诊断，采用二级诊断功能（一级为射频在线的自动监测和诊断，二级为离线、提问式的交互式诊断）的专家系统，可在很大的范围内覆盖发电机的绝缘故障。在此基础上，建立开发发电机设备诊断专家系统有其主客观条件，可进一步改善故障事故维修方式，从目前事故后维修（Breakdown Maintenance）和预防维修（Preventive Maintenance）转为状态维修（Condition Maintenance），大修周期有望从 4 年延长到 7~8 年，延长设备服役期限。

1. 发电机故障信息环境的模糊性

汽轮发电机的结构，可以划分为定子、转子、氢、油、水等几个大的子系统，这些系统相互间的协调工作以保证发电机的正常运行。绝缘老化主要是由电、热、机械和环境因素引起的，要对绝缘状态做出准确评价难度很大。因为系统的大部分运行参数间无严格的逻辑和定量关系，其故障现象、故障原理及故障机理之间具有很大的不确定性。一方面一个故障在发电机上常常表现出多种故障征兆；另一方面有几个故障起因，同时反映一个故障征兆。故障与征兆之间关系模糊复杂，用建立精确数学模型进行故障诊断十分困难。

发电机的运行状态和故障现象的不确定性，表现在既有随机性，又有模糊性，即使事故发生以后，其结果也是模糊的。发电机是一个因素众多的复杂性系统，人们往往不可能同时考察所有因素，只能抓住其中主要因素进行研究，即在一个被压缩了的低维因素空间上考虑问题时，概念变得模糊起来。往往困难的问题从不同的着眼点来看是简单的，因此，必须有合适的问题描述法。本系统应用模糊集的概念和方法实施专家系统，相对而言比较简单合适。

2. 发电机绝缘故障模糊诊断专家系统的设计方案[65]

（1）适用范围

125MW 及 300MW 汽轮发电机组。

（2）可诊断故障类型

发电机的电气绝缘故障。

（3）专家系统特征

1）二级诊断功能：一级诊断——使用射频监测仪的数据，对发电机的绝缘状况在线检测和故障诊断。

二级诊断——提问式的交互式诊断，包括①查阅设备历史档案；②通过进一步获取其他检测手段的信息，分析温度、压力、振动等数据，这些在发电机运行过程中的动态信号携带了有关发电机状态的丰富信息；③搜集可能出现故障点的继电保护信息。

2）专家求助：能在交互式会诊中纠正或改变一个问题的回答。

3）推理：①利用确实可靠的因素作为诊断的依据，通过确定性推理过程，从实测数据开始，采用向前推理的方法在知识库选取规则，需更多信息时，转变为向后推理，按故障原因的可能性，列出诊断序列进行模糊排序。②对不确定的故障，不能将其定位于某一故障。对复杂的多元性故障的诊断，化为许多独特的专家经验和多元化的技术诊断信息，进行模糊分类。通过模糊逻辑推理，使诊断的故障范围尽可能小。

4）系统结构：专家系统有以下几部分组成：模糊知识库、模糊数据库、模糊推理机、知识获取程序、解释程序、用户界面等，结构如图 2-19 所示。

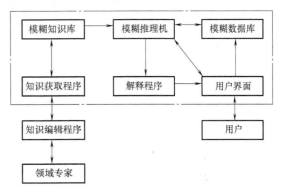

图 2-19 专家系统的结构图

3. 诊断模型的数学描述

（1）模糊关系矩阵

采用模糊关系矩阵的方式描述汽轮发电机的故障原因和征兆之间的模糊关系。

发电机故障原因集合为

$$Y = \{ y \mid_{i=1,2,3,\cdots,n} \}$$

发电机故障征兆集合为

$$Z = \{ z \mid_{i=1,2,3,\cdots,m} \}$$

因为 y_i 对应多个 z_j，而 z_j 对应多个 y_i，Y 与 Z 之间不存在一一映射的关系，它们之间的关系是模糊关系矩阵。定义在 Y，Z 上的模糊关系矩阵

$$R = \begin{vmatrix} r_{11} & r_{12} & \cdots & r_{1j} & \cdots & r_{1n} \\ r_{21} & r_{22} & \cdots & r_{2j} & \cdots & r_{2n} \\ \vdots & \vdots & \cdots & \vdots & \vdots & \vdots \\ r_{i1} & r_{i2} & \cdots & r_{ij} & \cdots & r_{in} \\ \vdots & \vdots & \cdots & \vdots & \vdots & \vdots \\ r_{m1} & r_{m2} & \cdots & r_{mj} & \cdots & r_{mn} \end{vmatrix}$$

元素 r_{ij} 表示 y_i 和 z_j 之间的隶属函数，其值域为 $[0, 1]$，r_{ij} 的大小表示导致 z_j 出现时 y_i 存在的可能程度。如果 $r_{ij}=d$，及 $r_{(i+h)j}=m$，且 d，$m \in [0,1]$，则 z_j 出现的原因是由 y_i 或 $y_{(i+h)}$ 引起或由这两种故障共同引起。

（2）模糊诊断规则

系统诊断结果准确的关键在于 R 矩阵的正确隶属度 r_{ij} 的值，根据具体情况采用以下合适的方法得到：

1）利用模糊统计试验来确定（累计故障数据统计分析）。

2）利用二元对比排序法来确定。

3）利用逻辑推理的结果来确定。

4）故障特征分析。

5）专家经验和运行标准。

6）可以通过"学习"逐步形成。

7）隶属函数计算。

该系统拟采用1）、5）、7）的方法，并结合使用。

实例：表2-17是根据SJY-1射频监测仪检测到发电机系统的放电状态（射频征兆）与发电机绝缘状况的关系，其隶属度可由射频征兆与发电机绝缘状况的关系进行模糊处理。

表 2-17　射频征兆与发电机绝缘状况的关系

绝缘状况	故障特征/μV	发电机运行管理
安全	$\leqslant 300$	可接受长期运行
劣化	$300 \sim 1000$	可继续运行
注意	$1000 \sim 3000$	注意观察或安排维修
警告	$3000 \sim 5000$	适时停机检修
危险	$\geqslant 5000$	停机

我们对其隶属度函数做了如下描述：

$$f(x) = 0 \qquad\qquad\qquad\qquad x \in (0, 300)$$
$$f(x) = 4.286 \times 10^{-4} x - 0.1285 \qquad x \in (300, 1000)$$
$$f(x) = 1 \times 10^{-4} x + 0.2 \qquad\qquad x \in (1000, 3000)$$
$$f(x) = 1.5 \times 10^{-4} x + 0.05 \qquad\quad x \in (3000, 5000)$$
$$f(x) = 1 \qquad\qquad\qquad\qquad x \in (5000, 10000)$$

诊断设备按最大隶属度原则，即将因果关系程度最高者定为诊断结论中的成因。此外，还可应用模糊决策，包括对可能出现的故障，应用模糊排序以及相似优先比法，进行模糊寻优，做出模糊对策。

4. 故障寻优与系统聚类分析

故障寻优是一种批判性操作。在若干故障假设之间做出抉择，这里既包含经验知识，也包含理论知识。应用相似优先比法的指导思想是逆向推理，根据检验知识提出若干故障范围与征兆比较进行优选，选出与征兆相近的故障。其精度可能非常低，却十分可靠。

聚类分析是数理统计中研究"物以类聚"的一种多元分析方法，用数学定量地确定样品（如发电机故障预报中的各种前兆指标）的亲疏关系，以实现分类。系统聚类的做法可先计算各样本之间的距离，将距离最近的两个点合并为一类，再定义类与类之间的距离，将距离最近的两类合并成新的类，反复进行类与类的合并，最后将所有样本归结为一类，其结果是一个系统的聚类树，如图 2-20 所示。

应用模糊聚类分析作模式识别，对发电机这类复杂系统，为减轻计算量，采用动态聚类分析，先将样本进行粗略的初始分类，然后按最优原则进行反复修改，最终达到合理分类。动态聚类分析的步骤按图 2-21 进行。

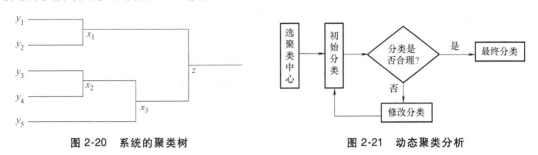

图 2-20 系统的聚类树   图 2-21 动态聚类分析

2.8.4 实例二——汽轮发电机在线诊断专家系统

1. 诊断系统的构成

美国西屋电气公司（Westinghouse Electric Corporation，WHEC）研制的汽轮发电机在线诊断专家系统 GenAID 在得克萨斯州达拉斯附近的发电厂投入使用。当时该诊断系统对三个电厂共七台大型发电机（其中 645MVA 容量的机组四台，835MVA 容量的机组三台）进行在线监测和诊断。该系统运行以来不断完善，不断扩充，后来电厂数量达 20 多个，其中有两个核电厂。

整个诊断系统组织结构示意图如图 2-22 所示。电厂的数据中心对安装于发电机内外的各种传感器信号进行数据采集、存储，并通过传输设备传送到奥兰多诊断运行中心。

数据传送到诊断运行中心之后，由专家系统进行处理、分析和诊断。专家系统是该诊断系统中最核心的部分。专家系统对传感器和发电机运行状况进行诊断后，诊断结果和处理建议自动反馈到电厂。

从电厂数据中心到诊断运行中心的数据传送过程有两种方式；一种是按计划传送，即定期地将数据传送到诊断中心，时间间隔的长短根据具体情况确定；另一种是非计划传送，即

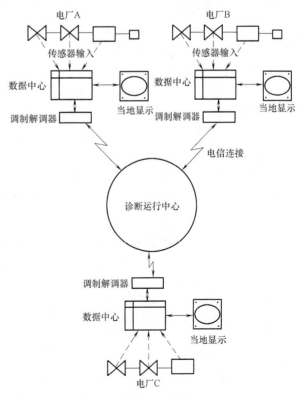

图 2-22 诊断系统组织结构示意图

一旦电厂数据中心发现传感器读数超过诊断要求的极限值时就立即传送数据，诊断要求的极限值由专家预先设定，它应比报警值更灵敏些。因而诊断中心可以在报警前就知道不正常运行的情况。其中安装于发电机内外的120多个传感器输出数据包括出线端电压、相电流、氢气压力、湿度和纯度、定子绕组冷却水温度、端部线圈振动、密封油温、无线电频率和轴承振动等。

该诊断专家系统最初只有几百条规则，后来逐步发展到近3600条。

2. 诊断系统的功能

在线诊断专家系统满足以下要求：

1）专家系统能准确地诊断发电机异常工况，在同样的输入信息条件下，其诊断结果的准确度达到人类专家的水平。专家系统根据输入信息和推理给出多种可能的异常工况及各自相应的置信度。这种处理过程与人类专家的诊断过程相似。

2）专家系统在获得各种传感器数据后，首先进行数据检验，以检查这些数据是否合理，因为不正确的数据将会导致错误的结论。显然，有不合理读数（如超过传感器的量程或不可能的读数）的传感器应被诊断为失效传感器。专家系统应具有诊断传感器的功能，若传感器已失效，在规则库中应变更传感器读数的使用，专家系统就不使用它的读数去诊断设备。

3）辅助数据。某些传感器的数据对电厂操作人员来说是有用的，但出于经济上的考虑，这些数据没有被传送给诊断中心作为诊断系统的输入信息，但它们可作为辅助的证据。此外，在某些情况下，当发电机的某个问题有待于进一步确诊时，可以通过做试验来获得辅助信息。根据需要，操作人员可以通过键盘将上述两种辅助数据传输给专家系统，专家系统获得辅助数据的帮助以进一步确诊。

4）诊断解释。诊断专家系统具有解释诊断结果的功能。系统能将得出诊断结果的逐条理由做出解释，一直可以追溯到传感器的输入数据。操作人员可以通过向系统询问的方式来了解诊断过程，使诊断结果可信。

5）处理建议。诊断专家系统也像人类诊断专家那样在得出诊断结果后，向电厂操作人员提供处理建议。典型的处理建议由3部分组成：①提供诊断结果的详细说明；②提供应如何处理的建议；③提供若不采用处理建议时将导致的后果。

3. 诊断结果示例

汽轮发电机在线诊断专家系统是1984年首先在得克萨斯州通用电力公司（TU 电力公司）的3个电厂投入现场使用，对7台大型发电机进行诊断。表2-18是一些诊断情况示例：第一栏是诊断结果；第二栏列出诊断用到的传感器及物理量，大多数情况下都使用多种传感器与物理量；第三栏是处理建议；第四栏是未采取处理建议情况下可能会发生的潜在后果。

表 2-18　诊断情况示例

诊断结果	所用传感器及物理量	处理建议	潜在后果
1）油将通过油封环进入机组	溢流报警开关、排油调节器油箱液位、氢压、密封油差压、密封油出口油温	按诊断表示出的标准密封油控制值，重调控制器	油浸入发电机，加速绕组松动，侵入湿气，导线碳化，绕组损坏
2）定子端部绕组逐渐松动	光导纤维传感器、无功兆伏安表、绝缘电阻表、氢气温度	改变兆伏-安培无功功率，冷气温度，负载变化率，负载	线圈绝缘磨损，断股，线圈移位，绕组损坏

（续）

诊断结果	所用传感器及物理量	处理建议	潜在后果
3）氢气干燥器失效	进、出口露点温度,氢气流量,负载,趋向率,冷气温度	断开并修理气体干燥器,断开冷却器,排气并充新鲜的氢气	护环破裂,引线碳化,由于故障扩延使线圈损坏,由于转子损耗,使绕组或发电机损坏
4）冷气温度调节器有问题	冷氢气温度趋向,互相校核平均氢气冷却器排水口温度趋向,绝缘电阻表,无功兆伏-安培表	旁路调节器,重新调进水调节器,减少负载	定、转子系统过热
5）漏气、耗氢率高	氢气纯度压力时间趋向,负载通、排气速度状况,冷、热氢气温度	隔绝泄漏,修理	引起明火或爆炸,定、转子温度过高
6）通向交流励磁机和永磁发电机空气被堵	励磁机冷、热空气,绝缘电阻表	增加冷空气流量,除去堵塞物	励磁机及其部件过热,二极管损伤,熔丝、励磁机绕组损坏
7）二极管整流轮空气通道中存在结露	励磁机冷空气温度,露点,冷空气温度比较,冷却水温度比较,环境温度	升高冷空气温度	堵塞排水道,励磁机机壳内气封泄漏,励磁机元器件击穿,励磁机烧毁
8）油封压力很低	油气压力差、汽轮机备用油源压力,空气侧泵状态,直流备用泵情况,转速,汽轮机密封环和励磁密封环差压	重调控制器,减少负载和氢压,重新起动泵,准备备件	氢气通过密封环泄漏,密封环损坏,定、转子损坏
9）导体开路(气体冷却绕组)	平均温升百分数,温度比较,温度传感器位置,发电机工况仪和无线电频率监测器输出,冷却器平衡,线圈振动及部位	更换监测器,在下一个适当停机期进一步证实。订购意外事故后需要的材料,并在下一次足够的停机持续时间内修理	线圈过热,线圈电弧放电,线圈断裂,绕组损坏

　　在某些特殊情况下，电厂不能按诊断系统提供的处理建议而及时采取措施，例如电力系统处于高负荷下，电厂为保证供电，设备可能不得不带故障（即以减少设备寿命为代价）运行。在这种情况下，诊断系统被用于监视设备进一步损坏的状况。

　　根据现场运行情况统计表明，由于采用在线诊断专家系统，机组的强迫停机率大大减少，机组的可用率提高。如诊断系统投入使用前，机组平均可用率是95.2%，强迫停机率是1.4%，当在线诊断系统完全投入使用后，机组的平均可用率增加到96.1%，强迫停机率下降到0.2%。由此可见，在线诊断专家系统的投入使用使这些机组增加了发电量，从而取得了巨大的经济效益。

2.9　人工神经网络在故障诊断中应用的基本类型

　　人工神经网络（Artificial Neural Network，ANN）也是人工智能技术的一个重要分支，基于ANN原理的电气设备故障诊断与基于专家系统原理的电气设备故障诊断相比，其最大的特点是不需要为专业知识及知识表达方式、知识库构造花费大量工作，而只需以领域专家所提供的大量和充分的故障实例，形成故障诊断ANN模型的训练样本集，运用一定的学习算法对样本集进行训练。对已训练的 ANN 模型，由于问题的求解就蕴涵于 ANN 的权值中，因此它的推理也是隐式的，执行计算速度很快。由于 ANN 具有强的自组织、自学习能力，鲁棒性高，免去推理机的构造，且推理速度与规模大小无明显的关系，使得基于 ANN 的故障诊断的研究也日益广泛。

关于人工神经网络的基本知识可参阅相关文献。

2.9.1 人工神经网络在故障诊断中的应用

神经网络用于故障诊断主要有以下三个方面：即模式识别、信号预处理和专家系统知识处理，如图 2-23 所示为故障诊断神经网络的类型以及与之相类似的传统方法。

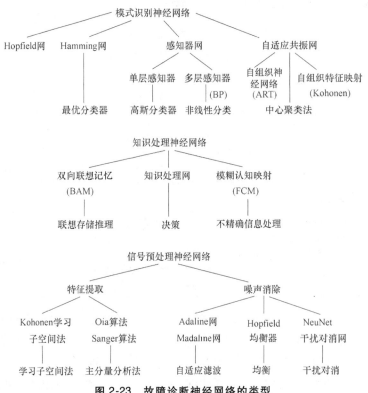

图 2-23 故障诊断神经网络的类型

1. 模式识别神经网络

模式识别神经网络主要有 Hopfield 网、Hamming 网、感知器网（BP 网）、自适应共振网（ART）和自组织特征映射网（Kohonen）。单层感知器网通过确定一个超平面将两种模式分开，可用于单个故障模式，多层感知器可形成任意的复杂决策面，可对任意网状类别进行分类，因而可用于复杂多故障、多过程模式诊断。BP 网是目前最常用的一种多层感知器算法。其优点是简单、比较成熟；缺点是收敛速度慢，目前针对这个已提出许多改进算法，用于指导学习。

自组织神经网络（ART 和 Kohonen 网络）是以认识和行为模式为基础的一种无指导矢量聚类竞争学习算法。它采用全反馈结构，由非线性微分方程描述。其基本原理是：给网络一定数量的输入后，网络便形成一组聚类中心，在聚类中心周围自动调整权值 W，使其聚类中心与权值矢量其一最大主分量重合。如果输入的新样本不能归到已形成的聚类中心，则产生一个新的聚类中心，即适应一个新的模式类型。因此，自组织神经网络对不可预测、无法得到训练样本的故障模式比较适合。

2. 信号预处理神经网络

神经网络用于信号预处理主要有两个方面，即特征提取和噪声消除。

用于特征提取的神经网络算法主要有：Oia 算法，Sanger 算法和 Kohonen 学习子空间法等。

用于信号噪声消除的神经网络算法：自适应线性器件 Adaline 和 Mdaaline，其算法有基于快速下降规则的 μ-LMS 算法和 Sigmoid Aadline 的自适应 BP 算法，以及基于误差修正规则的 α-LMS 算法，Mays 算法。

3. 人工神经网络故障诊断程序

图 2-24 示出 ANN 用于故障诊断的程序框图。

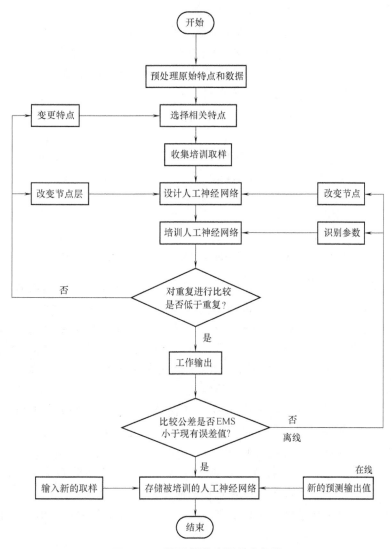

图 2-24 ANN 故障诊断程序框图

2.9.2 基于人工神经网络的电机故障诊断方法

基于神经网络的电机故障诊断方法原理框图如图 2-25 所示，通常利用神经网络实现学习与分类决策的功能。为了能够对模式进行分类，往往需要学习，通过学习将系统参数或结构固定下来，这也就完成了训练的过程。待识别信息经已训练神经网络的处理，可自动根据某一判别原则对被识别对象进行分类，最后给出准确、及时的故障诊断结论。

图 2-25　基于神经网络的电机故障诊断

已有将经典的 BP 网络成功应用于电机早期故障诊断的实例，如利用 BP 网络实现分相笼型感应电动机匝间短路与轴承损耗两类故障的诊断。文献［67］又提出可将基于 BP 神经网络的方法用于电机转子断条的故障诊断。BP 神经网络的算法通常采用基于梯度下降原理的误差反向传播算法，即 BP 算法。但标准的 BP 算法往往收敛速度慢，为加快训练收敛速度，引入动量项的权值修正快速算法，提高了运算效率。

基于 BP 网络电机故障诊断方法的结构框图如图 2-26 所示，学习阶段中，电机转子断条数目的确定仍需专家给出定性的诊断结论；应用推广阶段中就可根据输入的信息自动诊断出当前的电机状况（正常运行或存在故障），并给出断条数目。试验结果表明，训练好的 BP 网络对于电机转子断条故障的辨识准确度可达 100%。

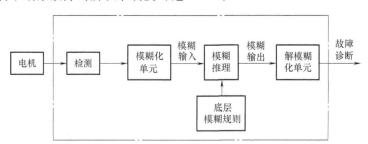

图 2-26　基于 BP 网络的电机故障诊断方法的结构框图

BP 网络是有导师学习的人工神经网络，而其他无导师学习的神经网络也同样可以用于电机故障智能诊断，例如，已有提出将自组织神经网络（the Self-Organizing Neural Network，SOM）用于电机复合故障的诊断。SOM 网络最大的特点在于它的竞争学习能力。竞争学习是一种典型的无导师监督的学习方法，在学习过程中只需向网络提供一些学习样本，而无须提供理想的目标输出，网络能够根据输入样本的特性进行自组织映射。在输出空间映射图中，功能相同的神经元聚拢，功能不同的神经元分离，从而实现了对样本进行自动排序和分类。SOM 的这一特点使得它在电机故障诊断领域很有发展前景，例如：有时几种不同的电机故障会同时发生并相互诱发，如：线电压不均衡、定子匝间短路铁心局部过热、未校准等，利用 SOM 网络可将它们一一分离并归入相应的特征组。在有专家给予指导的条件下，SOM 方法对于电机故障诊断十分有效，即使在没有确切的电机故障数据的情况下，也可获得较为满意的效果。将此方法用于电机轴承初期故障的诊断和检测与 BP 网络进行比较，试验结果表明：对于相对小数量级的输入信号，SOM 网络可以正确识别，但 BP 神经网络却无法识别。

从以上的讨论可知，由于神经网络具有很强的非线性映射能力、良好的学习能力、独特的联想记忆能力等优点,因此十分适用于复杂电机系统的故障诊断。现今,基于神经网络的电机故障诊断方法已经成为较通用的解决方案。与基于数学模型的故障诊断方法相比,基于神经网络的故障诊断方法无须精确的数学模型,无须相关的电机故障诊断知识,仅需提前得到网络训练的数据,就可实现理想的效果。这也是故障诊断智能手段的优势所在:以更简便的控制过程获得更满意的控制效果。然而值得注意的是,基于神经网络的电机故障诊断方法也存在内在不足,如:问题的解决依赖于神经网络结构的选择,训练过度或不足,较慢的收敛速度等都可能影响故障诊断的效果;定性的或是语言化的信息无法在神经网络中直接使用或嵌入,而且较难用训练好的神经网络的输入输出映射关系解释实际意义的故障诊断规则。

2.9.3 应用实例一:基于 BP 神经网络模型的电机故障诊断专家系统

针对传统机械设备故障诊断专家系统存在知识获取能力弱、求解有一定局限性等问题,文献 [66] 介绍了一种 BP 神经网络旋转机械故障诊断专家系统,对单位 BP 算法,BP 神经网络的建立、训练及应用做了具体说明。该系统学习效率高,故障诊断准确,已成功地应用于铁路机车走行部的轮对电机在线故障诊断。

BP 算法是目前使用最为普遍的一种网络学习算法,但学习效率不高一直是它的一个应用瓶颈。单位 BP 算法针对标准 BP 算法收敛速度慢的缺点,对标准 BP 算法进行了改进,将网络中各层间权值向量分别单位化,使网络收敛速度不因接近理论极小点而减慢,有限步长之内即可达到或接近理论极小点,能够较好地克服标准 BP 算法收敛速度慢的缺点。

1. 故障诊断 BP 神经网络的建立及训练

目前,神经网络的大小只是根据需要来确定。多少个故障现象,对应多少个输入节点;多少个故障部位,对应多少个输出节点。中间层隐节点数量的选取目前还没有理论指导,选取的数量只要能满足容量和一定的学习速度要求即可。

为了说明问题,选取电机的转子故障为研究对象。在一转子试验台上,振动信号由水平、垂直两个方向的涡流传感器检测,经放大、滤波及 A/D 转换后,由 DSP 进行频谱分析;通过调整中间轴承底座垫片厚度,模拟转子不对中故障;调整平衡块质量,模拟转子不平衡故障;改变润滑油黏度和轴承长径比,模拟油膜振荡故障。分别取振动信号频谱中的 $(0.4 \sim 0.5)\omega_0$、$1\omega_0$、$2\omega_0$、$3\omega_0$ 以及 $>3\omega_0$ 分量作为特征量,因此确定用于电机转子故障诊断的 BP 神经网络结构分为三层,输入层节点数 $n_1 = 5$,隐含层节点数 $n_2 = 5$,输出层节点数 $n_3 = 3$。从故障诊断实践中总结出训练神经网络的样本实例,每种故障选 3 组频谱值,构成相应的 3 种故障的 9 组学习样本(见表 2-19)。在学习初期,选取较高学习率;在学习后期,选取较低学习率;步长为 $\lambda = \beta = 1$,训练精度 $eps = 10^{-50}$。

表 2-19　神经网络训练样本

序号	故障	输入样本					理想输出		
		$(0.4 \sim 0.5)\omega_0$	$1\omega_0$	$2\omega_0$	$3\omega_0$	$>3\omega_0$	F_1	F_2	F_3
1		0.02	0.41	0.43	0.34	0.15			
2	不对中	0.01	0.52	0.40	0.32	0.10	1.0	0.0	0.0
3		0.01	0.40	0.47	0.35	0.18			

（续）

序号	故障	输入样本					理想输出		
		$(0.4 \sim 0.5)\omega_0$	$1\omega_0$	$2\omega_0$	$3\omega_0$	$>3\omega_0$	F_1	F_2	F_3
4		0.04	0.98	0.08	0.03	0.00			
5	不平衡	0.02	1.00	0.11	0.05	0.02	0.0	1.0	0.0
6		0.05	0.90	0.12	0.02	0.02			
7		0.88	0.22	0.02	0.04	0.06			
8	油膜振荡	0.90	0.20	0.02	0.02	0.02	0.0	0.0	1.0
9		0.89	0.25	0.03	0.03	0.01			

设 F 为学习样本，$F=(A,Y)$，$A=(a_1,a_2,\cdots,a_5)$，$Y=(y_1,y_2,y_3)$。A 为样本输入，Y 为目标输出。$a_i \in A(i=1,2,\cdots,5)$ 为故障信号频谱值，当 $a_i=0.00$ 或较小时，表示不存在该类故障现象或该类故障现象不明显；当 $a_i=1.00$ 或较大时，表示存在该类故障现象或该类故障现象较明显。$y_i \in Y(i=1,2,3)$ 为输出层对应单元的输出，当 $Y=\{1.0,0.0,0.0\}$ 时，表示第一类故障存在，其他故障不存在；例如，当 $Y=\{0.0,1.0,0.0\}$ 时表示不平衡故障存在；当 $Y=\{0.0,0.0,1.0\}$ 时，表示油膜振荡故障存在等。当网络结构和学习样本选取后，就可以训练神经网络，实际训练次数为 61 次，误差 $E=3.448479\times10^{-60}$。至此，认为神经网络已训练好，网络达到稳定状态。由于根据专家知识和实际经验选取学习样本，因此学习后的网络各权值代表了专家的知识。

2. 在电机故障诊断中的应用

当进行故障诊断时，系统首先进行故障信号采集，得到电机故障现象的特征值，系统对采集到的数据进行处理计算、频谱分析。当某一输出值大于阈值时，输出诊断结果。否则，系统会重新采样并提示当前采样没有故障。用 9 个学习样本输入神经网络进行故障诊断，诊断正确率为 100%。为验证 BP 神经网络识别的正确率，采用 3 台分别具有不对中、不平衡、油膜振荡等 3 类故障的机车轮对 410 电机，采集 6 个实际的故障样本进行检验（每类故障 2 个样本），诊断正确率也为 100%，6 个样本检验精度及诊断结果列于表 2-20。

表 2-20 BP 神经网络非样本检测结果

检验样本					输出结果			诊断结果
$(0.4 \sim 0.5)\omega_0$	$1\omega_0$	$2\omega_0$	$3\omega_0$	$>3\omega_0$	F_1	F_2	F_3	
0.02	0.45	0.42	0.28	0.29	1	1.24×10^{-10}	7.92×10^{-39}	不对中
0.01	0.48	0.48	0.36	0.20	1	2.02×10^{-39}	1.69×10^{-39}	
0.03	0.96	0.12	0.04	0.03	5.33×10^{-32}	1	5.68×10^{-31}	不平衡
0.02	0.91	0.08	0.01	0.01	6.01×10^{-32}	1	3.31×10^{-31}	
0.85	0.25	0.06	0.02	0.01	6.31×10^{-70}	1.27×10^{-69}	1	油膜振荡
0.82	0.28	0.05	0.04	0.03	6.99×10^{-70}	1.16×10^{-69}	1	

诊断故障时，输出节点阈值 $\theta(0<\theta<1)$ 是一个比较重要的参数，如果输出层某神经元的输出值大于 θ，则认为有该类故障存在；否则，认为无故障。在确定 θ 值时应非常慎重，如果 θ 选取较小，对故障现象输入比较敏感，抗干扰能力差，可能导致误判；如果 θ 选取较

大，则会造成故障漏检。因此，θ 值选取应仔细考虑。一般对于要求不太高的系统，θ 值可取得大些；对于出现故障后损失重大或严重影响性能的故障，宁可错检也要使 θ 值小些。文献［66］所介绍的系统是用于铁路机车走行部的轮对驱动电机的故障诊断，三种故障出现后会影响到驱动电机寿命、动力性及经济性，因而选取 θ 值为 0.7 。

上述基于 BP 神经网络模型电机故障诊断专家系统已经成功地用于铁路机车走行部的在线故障诊断，通过了铁道部产品质量检查中心的"电磁兼容性试验"及"型式试验"，在柳州、昆明、上海等地的铁路局已投入使用。

2.9.4　应用实例二：用人工神经元网络诊断发电机转子绕组匝间短路故障

目前，国内外许多学者已对发电机转子绕组匝间短路故障诊断进行了研究，详细内容将在第 11 章分析，这里结合发电机转子绕组匝间短路故障诊断举一实例，说明人工神经元网络的应用。

1. 发电机转子绕组匝间短路故障分析

（1）造成匝间短路的原因

造成发电机转子绕组匝间短路故障的原因很多，现场运行经验表明，发电机转子绕组匝间短路故障多发生在绕组端部，尤其是在有过桥连线的一端居多，分析其原因为：设计不合理，如端部弧线转弯处的曲率半径过小，运行中在离心力的作用下，匝间绝缘被压断，造成了匝间短路；制造质量不良，绕组铜导线加工工艺方面的缺陷造成的不严格倒角与去毛刺等；转子端部绕组固定不牢，垫块松动；绕组端部残余变形引起匝间短路，有的发电机在运行中长期受电、热和机械应力的作用，绕组端部发生残余变形，引起匝间短路；冷态起动后转子电流突增使转子变形或局部绝缘损伤；氢气湿度过大引起线圈短路等。

（2）转子匝间短路电磁特性分析

在一定的运行条件下，如果存在转子匝间短路，由于励磁绕组的有效匝数减少，为满足气隙合成磁通条件，励磁电流必然增大。机组正常运行时，当略去开槽造成磁动势的少许不连续性，转子磁动势的空间分布非常接近于梯形波。转子的短路效应将会导致磁动势局部损失，从而使有短路磁极的磁动势峰值和平均值减少。造成的磁动势损失可用一个解析模型简便表示，将匝间短路认为是退磁的磁动势分布，它反向作用在有短路磁极主磁场的磁动势上，为正常条件下的磁动势减去由短路引起的磁动势突变，采用叠加原理，可求出合成磁动势的大小，磁动势的损失使得更倾向于线性变化，故可忽略主磁通回路的饱和。简单的矢量表示为 $F_{合成}=F_0-\Delta F_0$。式中，F_0 表示正常条件下转子绕组磁动势，ΔF 表示短路线匝产生的磁动势，$F_{合成}$ 表示匝间短路合成磁动势。有效磁场的减弱，会使对应的内电动势较正常时有明显的下降，在发电机端电压保持恒定的情况下，无功损耗会相应下降。因此，转子绕组匝间短路引起励磁电流增大而无功却相对减少，这可以作为识别转子绕组匝间短路故障的一个特征。因此，可求出发电机不同负载所对应的励磁电流，从而实现发电机匝间短路故障的诊断。

2. 人工神经元网络诊断方法及仿真

采用三层 BP 网络，首先根据网络当前的内部表达，对输入样本进行前向计算，然后比较网络的输出与期望输出之间的误差，若误差小于规定值，则训练结束；否则，将误差信号按原有的通路反向传播，逐层调整权值和阈值，如此前向计算和反向传播反复循环，直至达

到误差精度的要求。其实现过程流程图如图 2-27
所示。

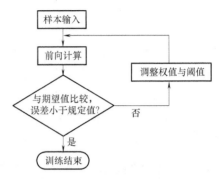

图 2-27　BP 网络训练流程图

根据人工神经元网络的特点，在进行诊断时不需
要精确的数学模型及发电机的诸多参数，在不干扰发
电机运行的情况下，只需要准确地测量发电机的机端
参数，然后依靠大量的训练样本及充分的网络训练就
可以诊断不同方式下的故障。如果存在有故障样本则
除了可诊断出故障，还可以进一步进行故障严重性的
估计。发电机运行时，额定电压 U 假定其不变，根据
发电机磁场分析，一定的 P、Q 对应一定的磁动势，
即安匝 $w_f I_f$，所以 P、Q 和 I_f 之间的关系可以体现匝间故障短路情况，以 P、Q 和 I 作为人
工神经元网络的输入，匝间短路匝数占总匝数的比例 $a\%$ 作为输出。

为了获取训练样本，假定发电机额定运行状态下发生匝间短路故障时，短路前后有功无
功和电压保持不变，通过分析可知磁动势维持不变，设短路匝数占转子绕组总匝数的 $a\%$，
则得到故障后励磁电流 $I_f = I_{IN}/(1-a\%)$，I_{IN} 为励磁电流的额定值。通过改变 a 可得到不同
状况下的故障样本。

取发电机正常运行和故障运行的参数为样本，见表 2-21 和表 2-22，其中带 * 表示标幺
值。网络训练后诊断故障见表 2-23。人工神经元网络采用三层 BP 网络，发电机的有功、无
功和励磁电流均采用标幺值。MATLAB 仿真结果见表 2-23。可以得出结论：用 BP 网络诊断
结果与实际情况基本相符，匝数比例误差在 2% 以内。

表 2-21　发电机参数

型号	额定电压/V	额定电流/A	功率因数	转子电流/A	w_f/匝
MJF-30-6	400	43.3	0.8	2	100

表 2-22　故障样本

P^*	Q^*	I_i^*	$a\%$
1	1	1.053	5
1	1	1.111	10
1	1	1.25	20
1	1	1.429	30

表 2-23　人工神经元诊断结果的比较

P	Q	I_f	实际 $a\%$	诊断 $a\%$
0.4256	0.5191	0.9630	1.21	2.55
0.4295	0.5102	0.9770	3.91	4.85
0.4289	0.5054	0.9985	6.07	7.01
0.4325	0.5001	1.0203	10.06	9.49
0.4309	0.4899	1.0601	12.93	13.33
0.4168	0.4678	1.0765	14.84	15.52

2.10 基于遗传算法的电机故障诊断方法

遗传算法是基于自然选择和基因遗传学原理的搜索算法，它的推算过程就是不断接近最优解的方法，因此它的特点在于并行计算与全局最优。而且，与一般的优化方法相比，遗传算法只需较少的信息就可实现最优化控制[79]。理论上，所有故障智能诊断方法都可以用遗传算法进行优化。

如图 2-28 所示，可以将遗传算法应用于感应电动机基于神经网络的故障诊断。设计神经网络的关键在于如何确定神经网络的结构及连接权系数，这就是一个优化问题，其优化的目标是使得所设计的神经网络具有尽可能好的函数估计及分类功能。具体地分为，可以将遗传算法应用于神经网络的设计和训练两个方面，分别构成设计遗传算法和训练遗传算法。许多神经网络的设计细节，如隐含层节点数、神经元转移函数等，都可由设计遗传算法进行优化，而神经网络的连接权重可由训练遗传算法优化。

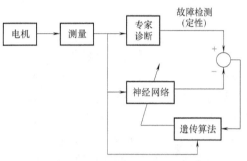

图 2-28 遗传算法在基于模糊逻辑的电机故障诊断中的应用

这两种遗传算法的应用可使神经网络的结构和参数最优，特别是用 DSP 加速遗传算法的速度，可使故障响应时间小于 $300\mu s$，故障诊断准确率大大提高。

通常仅将遗传算法作为优化手段，由于遗传算法具有对问题依赖性小、可以方便求得全局最优解等特点，因此将它与其他算法相整合可使电机故障诊断系统具有实现简单、鲁棒性好、全局最优或近似全局最优的特性。但它的不足之处在于：当问题的规模很大时，遗传算法性能变差，计算量较大，十分耗时；当样本中缺乏重要特征基因时，遗传算法可能出现过早收敛而不能达到最优解等。为实现实时故障诊断、加快收敛速度，并行处理的快速遗传算法正在研究中。

第3章 电机绝缘分析与诊断

由于电机绝缘系统组成复杂，在运行中承受电、热、机械和环境循环应力的综合作用下将发生老化，介电强度将降低，从而可能在运行中发生绝缘故障，所以电机可靠运行的关键因素就是绝缘系统的完整性。因此，如果能掌握电机绝缘破坏机理，掌握绝缘故障特征，应用合理的监测手段或试验方法，有效地掌握电机绝缘状态，及时地诊断电机绝缘早期故障，就可以为电机制定维护和检修计划，实施状态检修。

本章在简要介绍电机绝缘结构和电机绝缘老化诊断内容与判定标准的基础上，分析电机绝缘测试（试验）方法，然后重点对电机绝缘故障的离线诊断与在线诊断方法进行研究，并给出多个关于电机绝缘故障的诊断实例。

3.1 电机的绝缘结构

电机故障约有 50%都要与绝缘直接或间接地发生关系，因此电机绝缘是电机故障诊断的重要内容，也是电机设计、运行中最关注的内容之一。

1. 电机绝缘的耐热等级

常用电机线圈绝缘损坏的基本因素有热、电、机械力及环境条件。电机绕组绝缘大体为 A、E、B、F、H 及 C 六种耐热等级，其允许温度分别为 A 级 105℃，E 级 120℃，B 级 130℃，F 级 155℃，H 级 180℃，C 级大于 180℃。

2. 电动机绝缘的构成

电机的整体绝缘由以下几部分构成：

导线本身自带的绝缘；绕组层间、相间绝缘；绕组对地绝缘；引线、连接线、端箍包扎的绝缘及绕组的浸渍漆。这些绝缘分布在线圈或绕组的股间、匝间、层间、相间、对地处，以及导线（如连接线）、端箍的包扎上，它们与绝缘浸渍漆合在一起构成整台电机的绝缘。其中：

线圈的主绝缘：主绝缘是指绕组对机身和对其他绕组间的绝缘，一般也称对地绝缘，在槽内者称为槽绝缘，在端部者称端部绝缘。它是电机绝缘的核心。

匝间绝缘：匝间绝缘是指同一线圈的匝和匝之间的绝缘。

股间绝缘：电机股间绝缘是指同一匝内各股线之间的绝缘，一般为绕组线本身的绝缘。

线圈上、下层之间的绝缘则为层间绝缘。

3. 绕组绝缘结构设计考虑的主要问题

（1）绕组绝缘结构设计的内容

绕组绝缘结构设计的内容主要包括：材料的选择、绝缘厚度的确定、防电晕措施、固定方式、工艺方案的确定和制订试验规程等。

低压电机绝缘结构设计主要考虑不同方式嵌线的机械损伤和运行中的机械力及热老化因素，决定绝缘结构的主要因素是槽形、嵌线方法、绝缘材料、绝缘工艺；高压电机绝缘结构的设计要从机、电、热、材料、工艺、环境条件等各方面进行全面的考虑，并以耐电强度和机械强度为主要考虑因素。

（2）绝缘材料选择的基本原则

绝缘材料选择的基本原则是设计时应按电机不同绝缘部位所达到的最高实际温度选择耐热性合乎要求的绝缘材料。选用的绝缘材料的相容性要好。要根据制造和运行过程中的受力情况和工作电压的高低及工作环境条件来选用合适的材料。要根据工艺条件选用材料。达到同样技术要求的前提下，选用价格最低的材料、工艺性好的材料。要根据绝缘结构型式来选。所用绝缘材料应力求立足国内，资源丰富，尽量少用或不用涉及国计民生的材料。

4. 电机绝缘的寿命及影响因素

（1）电机绝缘的寿命

从电机投入运行开始，在长期工作条件下，电机绝缘的电气性能、机械性能等总是随着使用时间的增长而变差，最后达到不能可靠工作的程度，人们将绝缘保持正常工作所经历的时间叫电机绝缘的寿命。

（2）电机绝缘寿命的影响因素

电机绝缘寿命与所用材料、绝缘结构、绝缘工艺、测试手段、管理水平，以及运行中的机、电、热、化学、环境、水分等因素有关。

（3）电机绝缘的电气性能

电机绝缘的电气性能是指耐电强度、耐电晕性能、介质损失角正切及其增量、绝缘电阻、相对介电系数。影响电机绝缘电气性能的原因来自两个方面。制造过程中的影响因素，包括材料、结构、工艺试验等；运行过程中的影响因素，包括工作电压、场强、工作环境、机械应力、电压频率、工作状况及运行时间等。

电机绝缘的具体要求见有关规范和标准。

5. 低压、高电压电机及其对绝缘的要求

低压电机主要指 500V 以下、机座号 13 号以下、容量（功率）为 0.4kW ~ 180kW 的同步电机、异步电机和专用电机。中小型低压电机小型化的主要措施是提高工作温度，因而要求采用更为耐热的绝缘材料和结构。低压电机的电压不高，决定绝缘结构的主要因素是槽形、嵌线方法、绝缘材料和绝缘工艺。

高压电机一般是指额定电压在 6kV 及以上的交流发电机和电动机，容量为 1000kW 以上者为大型，100kW ~ 1000kW 者为中型。在电机制造中，当额定电压升高时，绝缘所需的费用占全部材料费用的 1/3 ~ 1/2。大电机的发展，除改进导磁材料是一个重要方面外，主要依靠两个方面：采用导体直接冷却（如强迫氢冷或水冷）以及采用新型绝缘材料。

3.2　电机绝缘老化的诊断内容与判定标准

3.2.1　电机绝缘老化

电机在长期运行后绝缘性能渐趋劣化，绝缘结构的老化是各种劣化的综合表征。造成电

机绝缘结构老化的因素很多，称它们为老化因子。电机绝缘老化因子主要有：热因子、电因子、机械因子和环境因子，通常称为 TEOM 因子（Thermal factors, Electrical factors, Mechanical factors and Environmental factors）。在这些因子的综合作用下，绝缘结构产生了各种老化现象。美国、加拿大、日本等国的调查和统计说明，服役期限 10~20 年的电机，绝缘故障显著上升，许多绝缘故障与老化一起发生。

评价绝缘结构状态与老化机理是密切相关的，老化过程与热、电、机械和环境因子紧密联系，而且对电机寿命有很大影响。各种老化因子对绝缘性能的影响表现如下：

1. 电老化

电老化是由绝缘结构上电场分布产生的，主要表现为局部放电、漏电和电腐蚀，产生局部放电的原因是电机内部的电场并非均匀分布。在绝缘层内存在空隙，线圈与铁心之间存在空隙，均会产生电场集中现象，引起局部放电，局部放电能在绝缘层内产生十分微细的树枝状放电途径，并造成放电区域的绝缘腐蚀。不断地放电将使腐蚀孔加深，与其他空隙的桥接使劣化规模扩大，最终导致绝缘的破坏。漏电劣化则是在有电位差的绝缘表面上形成炭化电路（漏电路径），而使绝缘丧失其功能。

旋转电机绝缘层内部气隙的产生过程如图 3-1 所示。

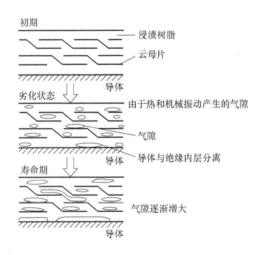

图 3-1　旋转电机绝缘层内部气隙的产生过程

当绝缘结构表面污染或附有异物时，在有电位差的部分产生泄漏电流而发热，使一部分绝缘材料分解形成碳化物。电腐蚀最常见的例子是电晕，通常发生在高压绕组端部或线圈出槽口的地方，这也是由局部电场集中引起的。

2. 热老化

在热的长期作用下的老化称为热老化。热老化是由热因子引起的，绝缘材料在运行中，因长期受热会产生各种物理和化学变化（如挥发、裂解、起层、龟裂等），导致材料变质而劣化。

热老化速度和绝缘受热温度密切相关，在室温下，电机绝缘材料的热老化过程非常缓慢，但随着温度上升，绝缘的热老化速度迅速加快，且温度愈高，老化愈快。热老化速度决定于化学反应速度，后者遵循 Arrhenius 方程

$$v = v_0 \exp\left(-\frac{W_a}{kT}\right) \tag{3-1}$$

式中　v——化学反应速度，即单位时间内发生化学反应的物质的质量；

　　　v_0——常数；

　　　k——玻耳兹曼常数；

　　　W_a——该种化学反应的活化能；

　　　T——绝对温度（K）。

通常认为，由热老化决定的绝缘寿命与其化学反应速度成反比例关系。由此可得绝缘寿命与其温度的关系。试验表明，对于不同类型的绝缘，温度每升高 8℃ ~ 12℃（平均约为10℃），寿命将会缩短一半。

此外，电机由于反复运转和停机，负载变化使绝缘结构反复受到热循环作用，线圈绝缘也会反复机械变形而疲劳破坏。

3. 机械老化

机械老化主要表现为绝缘结构的疲劳、裂纹、散弛、磨损等，它是由起动时电磁力和热应力、运行中的振动、热循环等原因产生。电机起动时，电磁力在线圈绝缘内产生很大的应力，在弯曲和挤压应力反复作用下，线圈绝缘层往往产生疲劳甚至断裂。热老化引起绝缘收缩和绝缘层蠕变收缩将导致绝缘松动，造成了线圈端部和槽内部分的绝缘磨损。由于起动、停机以及负载变化的热循环，在线圈的绝缘层和导线之间因膨胀系数不同而产生热应力，导致绝缘与导线之间剥离而形成空隙，这些空隙又导致局部放电的增加和散热困难。

4. 环境老化

环境老化主要表现为灰尘、油污、盐分和其他腐蚀性物质对绝缘的污染和侵蚀，以及绝缘吸湿或表面凝露。它们会导致绝缘电阻的降低和介质损耗的增加，随着电机老化程度的增加，绝缘对于环境的敏感程度将更加明显；这时环境因子将对电机绝缘老化起催化剂作用。

老化的表征是由于吸湿、变质、污损使绝缘电阻降低、泄漏电流增加和 $\tan\delta$ 增加，由于绝缘层脱壳、剥落、龟裂造成局部放电量增加，其结果都是导致绝缘电气性能、机械性能劣化，剩余耐电压水平和寿命减少，最终导致绝缘结构的破坏。绝缘强度是电机各种性能中最基本的性能之一，而绝缘系统往往是电机内的一个较脆弱的环节。负载条件、运行方式、环境影响、机械损伤都会导致绝缘故障。表 3-1 是电机绝缘劣化因素及产生的劣化征象。

表 3-1　电机绝缘劣化因素及产生的劣化征象

劣化因子	表现形式	劣化征象
热	连续	挥发、枯缩、化学变质、机械强度降低、散热性能变差
	冷热循环	离层、龟裂、变形
电压	运行电压	局部放电腐蚀、表面漏电灼痕
	冲击电压	树枝状放电

（续）

劣化因子	表现形式	劣化征象
机械力	振动	磨损
	冲击	离层、龟裂
	弯曲	离层、龟裂
环境	吸湿	泄漏电流增大、形成表面漏电通道和炭化灼痕
	结露	
	浸水	
	导电物质污损	
	油、药品污损	浸蚀和化学变质

各种老化因子，即热、电、机械和环境影响着任何种类电机寿命，但每个因子所起作用的重要性又因电机种类、运行方式和负载性质而有所区别。通常，小型电机的绝缘主要由温度和环境产生劣化，电和机械应力相对来说不太重要；绕组结构型式为成型绕组的大、中型电机，温度和环境仍起作用，但电或机械应力也是重要的老化因素；特大型电机一般采用棒形绕组，并且工作在如氢气类隋性环境中，受到的是电应力或机械力的作用，可能二者兼有之，温度和环境是次要的老化因素。图 3-2 为高压交流电机绝缘劣化过程。

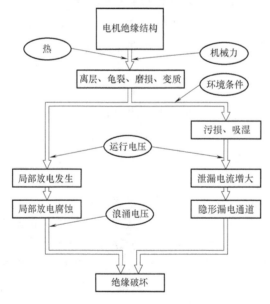

图 3-2　高压交流电机绝缘劣化过程

3.2.2　电气设备绝缘的特征量

电气设备绝缘状态通常是通过几个特征量表示：

1. 局部放电量、放电位置

设备内部绝缘（油、纸）若存在杂质、气泡，它会导致其内部放电，日长月久就可能导致放电部位扩大，最后击穿。因此及早地监测其放电量和放电位置，并及时维修处理，可避免大事故发生。但开始发生放电时，其放电量很小，难以测量及定位。

2. 介质损耗因数（tanδ）

介质损耗因数（tanδ）是表明设备绝缘状态的重要参数之一，当测得设备的 tanδ 大时，说明设备绝缘受潮，电导电流增大或内部有局部放电。设备正常时其 tanδ 值在 0.1% ~ 0.8% 之间。

3. 泄漏电流

对于一些设备不能测量 tanδ 值时，也可用测量泄漏电流方法确定设备绝缘受潮或损坏程度。

4. 设备电容值

设备中若进水时，其电容值会增大；但漏油时，其电容值会减少。规程规定当电容值的偏差超出额定值 −5% ~ 10% 范围时，应停电检查。

上述 4 项特征参数中，局部放电是反映绝缘状态最灵敏的量，其次是 tanδ 值，电容值和泄漏电流也可反映绝缘状况。

3.2.3　电机绝缘诊断内容与诊断项目

对绝缘结构进行诊断，做各项检测和试验的目的都是为了检验绝缘的可靠性，检验绝缘系统是否具有足够的电气和机械强度，是否能胜任各种工况和环境条件下的可靠运行，并推断绝缘老化程度，以及进一步推算出剩余破坏强度和剩余寿命。

1. 绝缘诊断的内容

当前电机的绝缘诊断有离线诊断与在线诊断之分，采用传统的各种电气检测和试验方法仍具有重要诊断价值，这是由于电机绝缘结构大部分的性能仍然用各种电气性能参数来评价的，因此电气诊断仍然是绝缘诊断的主要手段。

电机绝缘的在线检测技术近年来也有了很大进展，如绝缘分解物监测、局部放电监测、绝缘耐热寿命指示器等。但是绝缘在线监测还不能完全取代绝缘诊断，这是由于存在一个技术上的困难，即如何实现隔离或区分电机的工作电压和试验电压，因而很多绝缘试验项目目前还不能在电机运转时进行。

近年来一些新的绝缘诊断设备不断地被开发出来，为绝缘故障的方便、快速诊断和异常的识别创造了条件。

电机绝缘诊断技术的内容体系如图 3-3 所示。

从图 3-3 可知，通过各种试验项目，可以判定绝缘各项性能是否可靠。如能结合电机运行过程、积累的绝缘趋势分析资料和各种诊断软件，便可以较准确地推断出绝缘剩余击穿电压和寿命。

2. 电气特性评价试验 [78,80]

电机电气特性评价试验项目见表 3-2，其各项试验方法一直广泛应用着。有关内容可参考 3.3.1 节。

3. 电机绝缘诊断程序

电机绝缘诊断的试验项目很多，每个试验项目有时又可测定几个参数，因此在绝缘诊断时，确定试验项目的顺序和测定参数是十分重要的。电机绝缘诊断程序如图 3-4 所示。

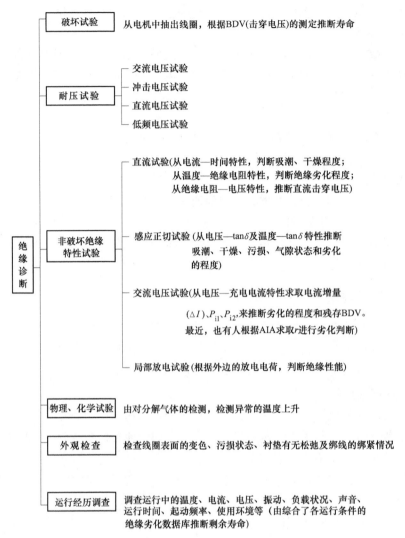

图 3-3　电机绝缘诊断技术的内容体系

表 3-2　绝缘试验项目

序号	试验项目	目的	测定项目以及定义	试验装置
1	绝缘电阻测试试验	绝缘层的吸湿污损程度的判断	绝缘电阻 R_1（1min 值）、R_{10}（10min 值）	绝缘电阻表 1000V
2	直流吸收电流测试试验	绝缘层的吸湿污损程度的判断	极化指数 $$PI = \frac{I_1}{I_{10}} = \frac{R_{10}}{R_1}$$	直流实验装置绝缘电阻表

（续）

序号	试验项目	目的	测定项目以及定义	试验装置
3	交流电流试验	绝缘层内部老化判断	（图：交流电流—施加电压）P_{i_1}　P_{i_2}　E　I_0　I （1）电流激增电压 ● 第 1 次电流激增电压：P_{i_1} ● 第 2 次电流激增电压：P_{i_2} （2）电流增加率 $$\Delta I=\frac{I-I_0}{I_0}\times100\%$$	耐压试验器、交流电流表
4	介质损耗角正切试验（$\tan\delta$ 试验）	绝缘层的吸湿程度的确定、绝缘层内部的老化判定	（图：$\tan\delta$—施加电压）$\tan\delta_E$　$\tan\delta_0$　E_0　E $$\Delta\tan\delta=\tan\delta_E-\tan\delta_0$$	耐压试验器
5	局部放电试验（电晕试验）	绝缘层内部的老化判定	（图：Q_m—V）$E/\sqrt{3}$ 最大放电电荷量：Q_m	电晕试验器、耐压试验器

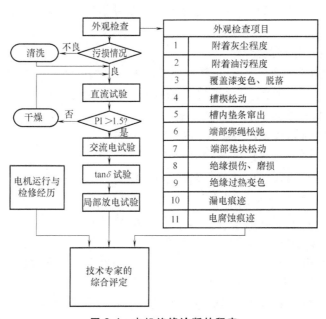

图 3-4　电机绝缘诊断的程序

3.2.4 电机绕组绝缘的有关判定标准

1. 国内目前诊断性试验相关标准的情况

国内目前与发电机定子绕组绝缘系统的诊断性试验相关的标准有 DL/T 596—2021《电力设备预防性试验规程》（下称《预试规程》）和 DL/T 492—2018《发电机环氧云母定子绕组绝缘老化鉴定导则》。另外，与 IEC 等同的关于旋转电机绝缘测试标准和局部放电测试标准目前都在编制中。

《预试规程》广泛用于大型电机检修和预防性试验，由于各项试验的限值比较明确、操作性较强，但试验项目未包括局放、介损增量等诊断性项目，而 DL/T 492—2018 作为老化鉴定导则，补充了这方面的内容。DL/T 492—2018 是在 20 世纪 90 年代初由当时的北京电力科学研究院牵头与全国有关电力研究所、发电厂、制造厂共同完成的，对国内 20 世纪 60 年代中到 20 世纪 70 年代中投运的 42 台发电机进行了大量试验，并参照了日本电力中央研究所对大电机主绝缘的剩余击穿电压与介损、介损增量、交流电流激增率和最大局部放电量直接相关性的研究结果，确定了老化鉴定的试验项目和标准。

DL/T 492 中鉴定项目包括额定线电压下的介损和介损增量、额定线电压下的电容和电容增加率、额定相电压下的最大视在放电量和介电强度试验（交、直流耐电压），根据试验数据的统计分析，给出了各项试验的标准值，对在役发电机进行绝缘老化鉴定和状态评估有很直接的指导意义，在当时及时满足了已投运发电机定子绕组绝缘老化鉴定的需要。

随着电力系统的发展，更高电压等级的新型绝缘系统在汽轮发电机上广泛应用，使得该标准已无法完全满足用户对定子绕组绝缘系统评估的需要。例如，该标准中定子电压等级最高为 15.75kV，而目前最高电压等级是 24kV。另外，测试技术的进步，特别是局放测量技术的进步使测试可以获得更多有用的信息，也可以补充到该导则中。

另外，如前所述，介损测量、局放测量结果的解释需要综合考虑被测绝缘系统本身、测量方法等多方面的信息，而该标准中缺乏这方面的指导信息，对应用时的分析容易造成一刀切的情况。

2. IEEE 诊断性试验相关标准

鉴于 IEEE 标准比较系统，下面对其相关标准做了一些介绍，并重点叙述了标准中根据近些年因绝缘材料、工艺和设计发展需要所做的修订情况。

IEEE 涉及电机定子绕组绝缘诊断性试验包括：

1）IEEE 43—2013 绝缘电阻和极化指数（新绕组和老化绕组）；

2）IEEE 56—2016 交流高压试验（老化绕组）；

3）IEEE 95—2002 直流高压试验（新绕组和老化绕组）；

4）IEEE 286—2000 介损增量试验（新绕组和老化绕组）；

5）IEEE 1434—2016 局放试验（新绕组和老化绕组）。

3. 对电机定子绕组绝缘系统状态评估的建议

目前，对定子绕组绝缘状态评估的诊断性试验有效性有不同的看法。与 20 世纪 80 年代初日本学者通过制造厂实验室研究得到大电机主绝缘的剩余击穿电压与介质损耗因数、介质损耗增量、交流电流激增率和最大局放量等参数间有一定相关性不同，加拿大学者 20 世纪 80 年代末通过对现场四台环氧粉云母绝缘系统电机的诊断性试验和击穿强度试验认为，绝缘的剩余击穿电压与上述参量相关性很小，并且分析了产生不同结论的原因。

1）试验条件的不同：制造厂试验通常用从槽中取出的线棒在实验室进行，用锡箔纸包扎接地，有的研究虽然使用了模拟槽但未使用半导体涂层；而现场诊断试验是对未从槽中取出的整体绕组做试验，即电极是由铜导体、复合绝缘和定子铁心组成，定子线棒表面与铁心间有半导体涂层，接触的完整性取决于涂层的状态以及线棒与槽是否接触紧密。因此，实验室与实际运行情况的相似性很难比较。另外，不同的是端部绕组半导体涂层的影响，因非线性应力控制系统的影响对分析结论的影响是众所周知的，但并未对其影响给出过清晰的考虑。

2）试验对象的不同：制造厂进行诊断试验前，出于试验的目的，对从已运行多年电机取出的线棒进行了严格的老化劣化处理，因此这些线棒可能劣化非常严重，基本没有残余寿命；而现场试验的电机定子绝缘在运行过程中没有明显的劣化现象，介电强度在运行过程中也没有明显降低的迹象。因此，绝缘诊断试验可能对接近于故障的绝缘系统的残余寿命的表征比较好，而对残余寿命比较长的线棒将相对不敏感。

从上述原因分析我们可以得到以下借鉴：

1）如果将在实验室试验得到的结果直接应用到在役电机上进行诊断试验结果的分析判断，理论上缺乏等效性。但实验室结果应可以定性指导现场试验。

2）虽然按照目前诊断性试验技术的情况，无法量化地评估定子绕组绝缘的状态，但对于接近于绝缘失效，即很可能在继续投运后发生绝缘系统故障的电机，应该可以通过比较全面的诊断性试验提前预知。

因此，在对运行时间较长（通常20年以上）或绝缘系统在运行或试验中多次发生异常的电机，应进行全面的诊断性试验，对绝缘系统进行评价，以确定绝缘系统是否接近失效，是否应对其进行处理（局部处理、部分或全部更换）。在利用诊断性试验结果进行绝缘系统评估时应注意以下问题：

1）相似条件（温度、湿度、绕组端部清洁状况等）下进行的交流、直流试验才可以进行相对客观的比较，因此长期诊断试验得到的历史趋势在评估中是最有价值的。

2）诊断试验方案应尽可能包括所有的诊断试验，对于现代的环氧粉云母绝缘，交流试验比直流试验对主绝缘故障更敏感，局放和介损增量试验必须进行。

3）由于环境因素对诊断性试验的结果影响较大，进行各项试验时应充分考虑其影响。

4）评估旋转电机绝缘系统状态不仅需要相对长一段时间的诊断试验结果，而且需要了解类似绝缘系统的特性和经验。

3.3　电机绝缘测试（试验）

绝缘结构的电气试验方法是传统的绝缘诊断技术，其基本原理是通过施加电压方法，诊断绝缘结构是否存在缺陷，是否能承受工作电压和可能产生的过电压。根据施加电压的种类和方法的不同，有不同的试验项目，每一种试验项目，只能检验绝缘结构的某一种性能，因而往往要经过好几个试验才能证明绝缘结构是可靠的，但是有些试验设备比较复杂、比较笨重，现场试验都很不方便，这是电气试验的缺点。但是传统的电气试验方法目前仍是诊断和评价绝缘结构可靠性的主要方法。

3.3.1 大型电机定子绕组绝缘诊断性试验纵览

测量绝缘系统整体性的直接方法是直流、交流和（或）冲击耐电压的击穿强度试验，另外比较客观的方法是通过对绝缘样品的解剖和试验对整体绝缘的状态进行评估，但都是破坏性试验，都不适用于对在役机组进行状态评估。目前，对新机和在役机组普遍采用的诊断性试验主要包括：绝缘电阻及极化指数、直流耐电压及泄漏电流试验、交流耐电压试验、介损增量试验、局部放电试验，另外还有手包绝缘表面对地电位试验、槽放电试验、紫外光检测电晕试验等。

1. 绝缘电阻及极化指数

影响绝缘电阻值的主要因素包括：表面杂质（油污、绝缘表面受潮的粉尘、防晕层等）、湿度、温度、试验电压幅值、剩余电荷。

该试验对于发现绕组脏污和吸潮是非常好的方法，当然也能够发现绝缘裂缝或穿透性绝缘故障。但其也有明显的局限性，由于绝缘电阻值与介电强度没有直接关系，所以如果不是集中缺陷就无法确定绝缘电阻低于多少时绝缘将会失效。而且，该试验无法检查由于成型线圈浸渍不当、热老化或热循环所导致的绝缘发空。另外，对于端部表面积较大的大型或低速电机，绝缘电阻值将受环境影响较大，测量结果可能偏低，其历史趋势对于绝缘系统评价的意义也不大。

2. 交流耐电压试验

交流耐电压试验的目的是发现绕组中的贯穿性缺陷，其基本出发点是：如果绕组在高于运行电压的耐电压试验中未发生故障，当其投入运行时绕组应不会很快发生因绝缘老化而导致的故障。由于交流耐电压试验中绝缘系统的应力分布与运行中相同，因此更易于找到在系统有相对地故障时、非故障相过电压可能导致的定子故障。

耐电压试验的结果是通过或未通过，没有其他评估信息。对于沥青云母绝缘，如果在升压过程中记录泄漏电流，可以绘制出泄漏电流-电压坐标图，得到第二激增点和额定电压下电流增加率等信息，用以判断绝缘劣化的程度。但对环氧粉云母绝缘，该试验的有效性未得到证实。

3. 直流耐电压及泄漏电流试验

在交流耐电压试验中，绝缘系统的应力分布取决于电容，而直流耐电压时电压的分布取决于绝缘系统各部分的绝缘电阻，绝缘电阻小的部位承受电压也低。在老绝缘系统（特别是沥青云母绝缘）中由于易于受潮，交直流承压时应力分布的差别不是很大，而在环氧云母绝缘系统中，由于电阻接近无穷大，因此即使是比较明显的缺陷在交流耐电压试验中也很容易被发现，但在直流耐电压试验中却可能没有任何异常表现。

由于直流泄漏电流受绕组温度和环境湿度影响非常大，因此在大多数情况下其趋势是不确定的，无法进行趋势分析。

4. 介损增量试验

介损增量试验是用于确定高压定子绕组中是否发生局部放电的间接方法，而由于局部放电大小可反映发电机绝缘系统劣化的程度，所以从介损增量试验中可以看出绝缘中是否存在比较普遍的缺陷。介损增量试验原来主要用于制造厂定子绕组和线棒的质量控制试验，以确保在线圈制造过程中浸渍环氧填充饱满，但目前应用在役机组的预防性和检修试验已成为趋势。

介损增量试验的结果会受到绕组防晕层的影响。由于碳化硅半导体在低电压时是高阻，基本没有损耗，但在额定相电压时呈现相对低阻，将产生 I^2R 的损耗，一般为 2%~3%。新机因局放很少，介质损耗因数的测量结果通常很低，测量数值主要取决于防晕层产生的损耗，但在运行多年后，在大多数绕组中局放产生的损耗将超过半导体涂层的介损。

由于槽中线棒松动、半导体涂层故障以及端部绕组爬电的情况下，局放的重复率相对较低或绕组损伤相对较小，所以介损增量试验对这些缺陷不敏感。

另外，由于物理概念上反映的都是绝缘整体空隙情况，介损增量与电容增量有很强的相关性，这一点也被多项试验研究所证实。

理论上，介质损耗因数和介损增量与绝缘系统类型和老化有关，因此，如果绝缘状态良好，周期性试验的结果应该近似，相似的电机测量结果也应该接近，该试验可用于趋势评估。

5. 局部放电试验

局部放电是引起许多定子绕组绝缘故障的原因，也是早期故障的重要信号。因此，局放试验是评估定子绕组状态的很重要的一个诊断性试验，近年来在这方面的研究非常多。

局放脉冲的时间是毫微秒级的，其频谱最高到几百 MHz，使用可以测量高频信号的仪器就可以探测到 PD 脉冲电流。在对整机绕组的 PD 测量中，比较多的是在出线端接 1 组 80~1000pF 高压耦合电容器，其电压输出加在 1 个电阻或电感-电容的测量阻抗上，将 PD 脉冲电流在测量阻抗产生的脉冲电压用示波器显示或录入到其他仪器进行频谱分析。也有的使用高频 TA 作为耦合器。另外，还有用埋置于槽底的射频天线测量局放信号的。

局放试验的关键是被测量 Q_m，即最高局放脉冲的幅值（最大视在局放量），按照测量方法的不同有以下几种单位。

1）pC：实验室使用比较多，比较直观；

2）mV：在示波器和脉冲幅值分析仪（PMA）上读取，PMA 还可以计算每段幅值脉冲的个数；

3）mA：使用工频 TA 在示波器上读取；

4）dB（分贝）：使用频谱分析仪记录脉冲时使用。

目前还没有标准的单位，欧洲倾向于 pC，美国更多地使用 mV 或 dB，我国离线测量中大多也是使用 pC。正是由于耦合和校验方法、仪器特性标准不统一的情况，再加上试验电压、试验接线、试验温度、整体质量、绝缘材料和电机的设计不同，造成了对试验结果比较、分析的困难。

理论上每个 PD 脉冲的幅值与空隙的大小成正比，PD 越大说明该缺陷越大。显然与介损试验相比，介损反映的是绕组整体存在空隙的情况，而最大视在局放量反映的是绕组中最劣化部位的状态。

6. 手包绝缘表面对地电位试验

由于 20 世纪 70~80 年代国产水内冷发电机引线手包绝缘整体性差，线棒端部鼻端绝缘盒填充不满或与引水管搭接处绝缘处理不当等，加之机内漏油严重，造成多起运行中端部短路事故。为检查这类工艺缺陷，1994 年原电力部、机械部联合发出了《汽轮发电机定子绕组端部手包绝缘状态测量方法及判断标准》，该方法在交接和预试中的应用将这类缺陷及时消除，对保证水内冷发电机的安全运行起到很大作用，该方法已列入了 DL/T 596—2021《电力设备预防性试验规程》。

7. 槽放电试验

当槽中线棒表面与铁心没有可靠接触的部位将对地产生电位差，达到气隙起始放电电压时将产生间断或持续的放电，利用电磁探头或超声波探头进行测量，可以检查槽放电的情况。因没有相关标准，目前应用不很多。

8. 紫外光检测电晕试验

用紫外成像仪检查绕组施加额定电压时端部绕组的电晕情况，用于检查防晕层以及端部绑扎工艺的缺陷，可以指导检修工作。

3.3.2 电机绝缘电阻与极化指数

电气设备的绝缘电阻，是指其电气绝缘材料上所施加的直流电压 U 和通过它总的电导电流的比值，即 $R=U/I$。通过测量电气设备的绝缘电阻，可以检查设备的绝缘状态。

1. 定子绝缘的吸收现象

电机定子绝缘属于多层介质，这种多层介质的特性可以粗略地用双层介质来分析，如图 3-5a 所示。当合上开关 K，将直流电压加到绝缘上后，电流表 A 的读数变化，如图 3-5b 所示。开始时电流很大，以后逐渐减小。这个 $i=f(t)$ 曲线称为吸收曲线。当绝缘的电容较大时，这种充电过程很慢，甚至达数分钟或更长。

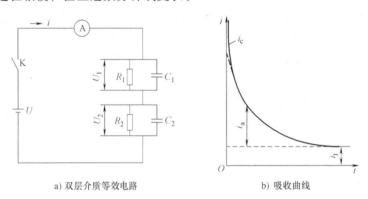

a) 双层介质等效电路　　　　　　　　b) 吸收曲线

图 3-5　双层介质等效电路及吸收曲线

K—开关　U—电源电压　R_1、C_1—第一层介质的电阻和电容　R_2、C_2—第二层介质的电阻和电容

i_c—电容电流　i_a—吸收电流　i_1—泄漏电流

从开始对双层介质充电到层间电压重新分布以前，在外部回路电容电流（充电电流）i_c 的初值较大，但迅速衰减。

2. 绝缘电阻表

（1）绝缘电阻表电压等级的选择

一般额定电压在 500V 以下的电气设备，要选用额定电压为 500～1000V 的绝缘电阻表，额定电压在 500V 以上的电气设备应选用 1000～2500V 的绝缘电阻表。特别注意不要用输出电压太高的绝缘电阻表测量低压电气设备，否则有可能将被测设备损坏。

（2）接线

绝缘电阻表三个接线柱接法如下：

1）"电路"（或线，或 L）与被测物体上和大地绝缘的导体部分相接；

2）"地"（或 E）与被测物体的外壳或其他导体部分相连；

3）"保护"（或屏，或 G）只有在被测体表面漏电很严重的情况下才使用本端子。

（3）测前检查

1）关于绝缘电阻表　使用绝缘电阻表前应对绝缘电阻表进行一次开路和短路试验，检查仪表是否良好：即在未接被测设备时，摇动绝缘电阻表到额定转速，指针应指到无穷大（∞）；然后将"线路"和"地"短接，缓慢摇动手柄，指针应指在零处。否则说明绝缘电阻表有故障。

2）关于被测设备　测试前应将被测设备的电源切断，并接地短路放电 2~3min；对含有大容量电感、电容等元件的电路也应先放电后测量。绝不允许绝缘电阻表测量带电设备的绝缘电阻。

（4）测量

将手摇发电机手柄由慢到快地摇动，若发现指针指零，说明被测绝缘物有短路现象，应立即停止摇动手柄，以免绝缘电阻表过热损坏；若指示正常，则应使转速平稳，且在额定的范围内［一般规定为 120(1±20%)r/min］，等指针稳定后再读数。

（5）测试完毕后的处理

测试完毕后，当绝缘电阻表没有停止转动或被测物没有放电前，不可用手去触及被测物的测量部分，也不可进行拆线工作。特别是测量有大电容的电气设备时，必须先将被测物对地短路放电，再停止手柄转动。这主要是为了防止电容放电损坏绝缘电阻表。

3. 智能型绝缘电阻测试仪

现在已有多种数字型、智能型的绝缘电阻表/绝缘电阻测试仪出现，并得到了广泛应用，由于种类较多，原理也各不相同，难以一一列举，这里以北京四方华瑞测控技术有限公司生产的 BCH2000 型智能双显绝缘电阻测试仪为例进行说明。

BCH2000 型智能双显绝缘电阻测试仪采用嵌入式工业单片机实时操作系统，超薄形张丝表头与图形点阵液晶显示器相结合，该表具有两种电压输出等级（2.5kV 和 5kV），测量电阻量程范围可达 0~200GΩ，电阻量程范围可自动转换、指针与数字完全同步、交直流两用、自动计算各种绝缘指标、各种测量结果具有防掉电功能等特点，是测量大型变压器、互感器、发电机、高压电动机、电力电容、电力电缆、避雷器等绝缘电阻的理想测试仪器。

4. 根据绝缘极化指数判断电机受潮

（1）绝缘吸收比

因为泄漏电流 I_1 与绝缘受潮有关，而吸收电流 I_a 与受潮无关。这两种电流在同等程度上都与绝缘尺寸有关，又都受温度的影响，随着温度的升高，电流增大。所以，这两种电流的比值可作为绝缘受潮的主要指标。当施加电压后（$t \rightarrow 0$）立即测量绝缘电阻，待吸收电流衰减后（$t \rightarrow \infty$）再测量绝缘电阻，于是通过测量两种电流的比值，即测得两种绝缘电阻的比值

$$\frac{R_\infty}{R_0} = \frac{I_a + I_1}{I_1} = 1 + \frac{I_a}{I_1} \tag{3-2}$$

当绝缘结构干燥、清洁和耐电性能良好时，其漏导电流很小，吸收电流则相对较大，而其衰减也较慢，测得的绝缘电阻值，很明显随时间而增大，绝缘吸收比也较大；当绝缘因受潮、老化、沾污时，漏导电流增加很多，大大高于吸收电流初始值，因而绝缘吸收比的值就会下降。根据这一原理，就可利用测量绝缘极化指数进一步判定绝缘结构状况是否正常。

（2）绝缘极化指数的定义

实际上进行上述两项测量是很困难的，根据实际测量的可能性，实际使用中，规定用测量 10min 的绝缘电阻值 R_{10min} 和 1min 的绝缘电阻值 R_{1min} 之比值，定义为极化指数 PI，即

$$PI = \frac{R_{10min}}{R_{1min}} \tag{3-3}$$

（3）极化指数的允许值

根据现场经验，对中、大型电动机来说，$PI > 1.5$ 表示绝缘结构的状态是正常的，$PI < 1.5$ 则表示绝缘结构状态存在缺陷。

采用绝缘电阻值和极化指数两个测量结果一起来判断绝缘结构状况，具有更高的准确性。

5. 试验结果分析

定子绕组绝缘电阻值的大小受端部固定结构、端部绕组表面覆盖漆的状态、特性及表面脏污程度等影响。

（1）污秽对绝缘电阻值的影响

测试品表面容易附着灰尘或油污等污秽物质，这些污秽物质大多能够导电，使绝缘物表面电阻值降低，但这不代表绝缘体的真实情况。针对这一情况，通常要用清扫手段，将绝缘体表面揩拭干净，这样被测试物的绝缘电阻值就会大大提高。

当对电机定子绕组铜线施加直流电压时，则沿主绝缘流过体积泄漏电流和从鼻部起经端部绕组渐开线表面至定子铁心及固定结构件接地部分流过表面泄漏电流。通常，鼻部绝缘较弱，如果端部绝缘表面脏污、潮湿或有穿透性缺陷，则沿端部绝缘表面流过的泄漏电流可能大于流过主绝缘的体积泄漏电流，即端部绕组绝缘表面电阻小于体积绝缘电阻。

（2）湿度对绝缘的影响

当绝缘物在湿度较大的环境中时，其表面会吸收潮气形成水膜，致使其表面电导电流增加，使绝缘电阻显著下降。

（3）测试时间对测试的影响

重复测量时，由于残余电荷的存在，使重复测量时所得到的充电电流和吸收电流比前一次小，造成绝缘电阻假增现象。因此，每测一次绝缘电阻后，应充分放电，做到放电时间大于充电时间，以利于残余电荷放尽。

（4）绝缘电阻与吸收比数值一般不能反映主绝缘存在的局部缺陷

常常见到定子绕组绝缘电阻和吸收比值虽然很高，但在直流耐电压或交流耐电压时仍发生主绝缘击穿现象。如果某一相或某一支路的绝缘电阻或吸收比值与其余相或支路比较有显著差别，说明绝缘存在某种严重缺陷。如果三相绕组绝缘电阻同时降低，表明绝缘表面状态有变化，或脏污或潮湿等。

（5）温度对绝缘的影响

温度上升，许多绝缘材料的绝缘电阻值都会明显下降，因为温度升高使绝缘材料的原子、分子运动加剧，原来的分子结构变得松散，带电的离子在电场的作用下，产生移动而传递电子，于是绝缘材料的绝缘能力下降。可以大致认为，工作温度每下降 20℃，绝缘电阻值升高 1倍。针对这一因素，试验人员应将测试结果换算到同一温度下进行纵横向比较，如果试验数据相差很大，且不合乎试验规程，应根据试验结果，分析绝缘是否有老化或受潮现象。

（6）定子绕组绝缘电阻与绝缘厚度成正比，与绝缘表面积成反比

由于绝缘厚度与电机额定电压成正比，所以绝缘电阻数值大致与电机的额定电压成正比与功率成反比。

（7）长期存放或停运的发电机，定子绕组绝缘最常见的毛病是受潮

沥青云母绝缘特别是环氧云母绝缘，如果没有穿透性缺陷，潮气或水分很难渗透到绝缘的内部，即在绝大多数情况下绝缘受潮只限于表面。因此，通过测量绝缘电阻值及吸收比能够相当灵敏地反映绝缘受潮的程度。

6. 我国关于电机绝缘电阻的测量要求

我国国家标准 GB 50150—2016《电气装置安装工程电气设备交接试验标准》中对同步发电机、交流电动机、直流电机以及中频电机交接试验的绝缘测量做了详细规定，摘要如下（详细内容见附录3.1）。

（1）关于同步发电机及调相机

1）测量定子绕组的绝缘电阻和吸收比，应符合下列规定：各相绝缘电阻的不平衡系数不应大于2；对环氧粉云母绝缘吸收比不应小于1.6；容量为200MW及以上机组应测量极化指数，极化指数不应小于2.0。

2）测量同步电机转子绕组的绝缘电阻，应符合下列规定：转子绕组的绝缘电阻值不宜低于0.5MΩ；水内冷转子绕组使用500V及以下绝缘电阻表（兆欧表）或其他仪器测量，绝缘电阻值不应低于5000Ω；当发电机定子绕组绝缘电阻已符合起动要求，而转子绕组的绝缘电阻值不低于2000Ω时，可允许投入运行；应在超速试验前后测量额定转速下测量转子绕组的绝缘电阻；测量绝缘电阻时采用绝缘电阻表的电压等级，当转子绕组额定电压为200V以上，采用2500V绝缘电阻表；200V及以下，采用1000V绝缘电阻表。

（2）交流电动机

1）测量绕组的绝缘电阻和吸收比，应符合下列规定：额定电压为1000V以下，常温下绝缘电阻值不应低于0.5MΩ；额定电压为1000V及以上，折算至运行温度时的绝缘电阻值，定子绕组不应低于1MΩ/kV，转子绕组不应低于0.5MΩ/kV。1000V及以上的电动机应测量吸收比。吸收比不应低于1.2，中性点可拆开的应分相测量。

注：① 进行交流耐电压试验时，绕组的绝缘应满足本条第一、二款的要求。
　　② 交流耐电压试验合格的电动机，当其绝缘电阻值折算至运行温度（环氧粉云母绝缘的电动机则在常温下）不低于其额定电压1MΩ/kV时，可不经干燥投入运行。但在投运前不应再拆开端盖进行内部作业。

2）测量电动机轴承的绝缘电阻，当有油管路连接时，应在油管安装后，采用1000V绝缘电阻表测量，绝缘电阻值不应低于0.5MΩ。

3.3.3 工频交流耐电压试验

工频交流耐电压试验是一种重要的绝缘试验手段。交流耐电压试验对绝缘的考验非常严格，能有效地发现较危险的集中性缺陷。它是鉴定电气设备绝缘强度最直接的方法，对于判断电气设备能否投入运行具有决定性的意义。这种试验的优点是，试验电压波形与工作电压波形一致，因而试验时在绝缘中的电压分布及击穿特性与电机运行时相同。所以可以通过该试验检出绝缘在工作电压作用下的最弱点及检验绝缘抗游离击穿的可靠程度。

1. 试验电压的选择

试验电压的选择应考虑以下几点：

1）试验电压应高于绝缘最弱点的击穿电压。发电机定子绕组绝缘在运行中，绝缘最弱点的击穿电压应该高于在运行中可能承受的电压。因此，所选择的试验电压值应该高于绝缘中最弱点的击穿电压。

2）试验电压不应低于 U_N。定子绕组接成星形联结的发电机，在运行中当一相接地时，其他两相引出端的稳态电压值将升高到线电压 U_N。由此可知，在任何情况下选择的工频试验电压值至少不应低于 U_N。

3）试验电压不考虑大气过电压的作用。采用现代完善的防雷保护方式和设备，发电机定子绕组绝缘遭受大气过电压侵袭的概率甚低，故不考虑大气过电压的作用。

4）从内部过电压考虑，试验电压不应低于 $1.44U_N$。迄今为止，各国都是在运行经验的基础上确定试验电压值。如：国际电工委员会（IEC）和德国电工协会（VDE）规定电机绝缘的交流预防性试验电压为 $1.5U_N$。美国南加里福尼亚爱迪生委员会采用试验电压值为 $1.58U_N$。美国电气电子工程师学会（IEEE）规定该值等于 $1.25\sim1.5U_N$。我国原水利电力部规定该值等于 $1.3\sim1.5U_N$，即大修前或局部更换绕组后，运行 20 年及以下的发电机或是运行 20 年以上与架空线路直接连接的发电机定子绕组的试验电压值均为 $1.5U_N$；运行 20 年以上不与架空线路直接连接的发电机，试验电压为 $1.3\sim1.5U_N$。

应该指出，大多数发电机通过 $1.5U_N$ 试验电压后，能够保证两次大修之间的安全运行。

2. 试验条件和方法

（1）试验条件

耐电压试验的目的是确定绝缘适于运行的能力。因此，应尽可能使被试绝缘在接近于工作状态的条件下进行这项试验。

1）保持运行污秽状态。当绝缘表面脏污时其击穿电压和表面闪络电压均降低。运行经验表明，如果端部绝缘有缺陷（穿透性缺陷）但未脏污时，能承受住 $1.7U_N$ 工频交流试验电压，但在脏污以后便可能承受不住相电压。由此可知，电机绝缘试验最好是在清除绕组运行脏污以前进行。

2）接近于工作温度。绝缘的击穿电压与温度有关。当绝缘温度由 $15\sim20$℃升高到发电机工作温度时，击穿电压降低 $20\%\sim25\%$。

从上述两种情况知道，脏污和接近于工作温度易使被试绝缘在耐电压试验中暴露缺陷。

3）直接水冷绕组要有内冷水循环方准进行交流耐电压试验。

（2）试验方法

1）耐电压试验通常是分相或分支路进行，其余未试相或未试支路均接地。这样，既检验了对地绝缘，又检验了相间或支路之间的绝缘。

2）试验时应该均匀升压。升压速度要考虑：一方面升压时间应尽可能短，另一方面，在升压过程的任意瞬间能读取仪表指示值，以便一旦发生击穿时能够准确地记录击穿电压数值。

3）试验接线应考虑不会发生谐振和引起电压自激升高的现象。此外，应该用球隙保护被试绕组，防止意外的过电压（例如，错误读表及系统的不正常现象等）。

4）试验电压的波形应该是正弦波。这是因为从电击穿和表面闪络的观点来看，绝缘试验不仅要求一定电压的幅值，而且还要求一定的有效值。如果是其他波形，则不易确定试验电压的峰值与有效值的比值，也难以评价施加的电压的效果。

5）根据上述要求，通常采用如图 3-6 所示的交流耐电压试验接线。试验电源采用线电压。因为相电压可能有三次谐波。如果接线电压有困难（例如，试验设备电源为 220V，而供电电网电压为 380V），可以采用相电压作为供电电源，但必须用示波器连续监视试验电压波形，如果观察的电压波形为明显的非正弦波形，则改为由电网的线电压接入（例如，经过中间变压器连接）。

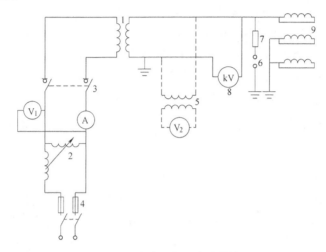

图 3-6　交流耐电压试验接线

1—试验变压器　2—调压器　3—电磁开关　4—熔丝　5—测量变压器　6—保护间隙
7—间隙放电电阻　8—静电电压表　9—被试绝缘

3.3.4　直流泄漏和直流耐电压试验

一般直流绝缘电阻表的测量电压在 2.5kV 以下，比某些高压电机的工作电压要低得多。如果认为绝缘电阻表的测量电压太低，还可以采用加直流高压来测量电气设备的泄漏电流。当设备存在某些缺陷时，高压下的泄漏电流要比低压下的大得多，亦即高压下的绝缘电阻要比低压下的电阻小得多。

测量设备的泄漏电流和绝缘电阻本质上没有多大区别，但是泄漏电流的测量有如下特点：

1）试验电压比绝缘电阻表高得多，绝缘本身的缺陷容易暴露，能发现一些尚未贯通的集中性缺陷。

2）通过测量泄漏电流和外加电压的关系有助于分析绝缘的缺陷类型，如图 3-7 所示。

3）泄漏电流测量用的微安表要比准确精度高。

1. 直流泄漏试验原理

直流泄漏的测量，在原理上和绝缘电阻表测量绝缘电阻的性质相同。而直流耐电压是施加较高的直流电压，能进一步发现绝缘的缺陷。其方法和泄漏电流试验没有什么

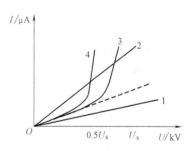

图 3-7　某设备绝缘泄漏电流曲线

曲线 1—绝缘良好　曲线 2—绝缘受潮
曲线 3—绝缘中有未贯通的集中性缺陷
曲线 4—绝缘有击穿的危险

区别，直流耐电压一般是直流泄漏测量做出分析判断之后进行的。在耐电压过程中是要分阶段测量泄漏电流，了解绝缘状态。

直流泄漏及直流耐电压试验时，对发电机的绝缘是按电阻分压的，能够有效地暴露间隙性的缺陷，它比交流耐电压更可有效地发现发电机的端部缺陷，直流试验击穿时对绝缘的损伤程度较小，所需的试验设备容量也小。

对于良好的绝缘结构来说，其泄漏电流和外施电压关系为一直线，即绝缘电阻值基本不变。但当外施电压超过临界值 U_{FR} 后，绝缘结构伏安特性开始上翘，随外施电压的增加，绝缘结构内的泄漏电流很快增加，绝缘电阻值呈下降趋势。当外施电压达到极限值 U_{BK} 时，泄漏电流急剧增加，绝缘发热，损耗增加，导致绝缘热击穿，绝缘电阻降为零，如图 3-8 所示。因此，直流泄漏试验实际上就是绝缘结构在升压过程时的伏安特性试验。

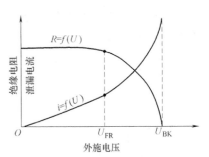

图 3-8　直流耐电压试验曲线

直流泄漏电流大小通常与绝缘结构种类、外施电压大小、试验时的环境温度和绝缘结构的老化、玷污、受潮情况有关。

2. 直流泄漏试验方法

直流泄漏和耐电压试验一般由高压整流设备作为电源，用一只微安表指示泄漏电流，如图 3-9 所示。

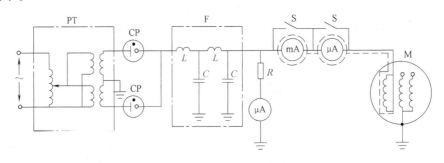

图 3-9　直流泄漏试验线路

PT—调压变压器　CP—高压整流管　F—滤波电路　R—标准电阻　S—开关
M—被试电动机　mA—毫安表　μA—微安表　虚线—屏蔽

直流泄漏试验时，电源应保持稳定，加在被试件上的试验电压应逐步增高，一般施加电压方法是 $0.5U_N$、$1U_N$、$1.5U_N$、$2U_N$、$2.5U_N$…，每一试验电压下保持 1min，待电流稳定时，记录泄漏电流，试验电压可根据绝缘结构的具体情况而定。如在某一试验电压下，电流增加很快，并随时间继续上升，则绝缘有可能被击穿，应引起注意，并应立即将试验电压降下来。

直流泄漏或直流耐电压试验后，被试线圈必须接地。

3. 热态泄漏电流的折算公式

直流泄漏试验应在热态下进行，在任意温度下测得泄漏电流应换算到 75℃ 时的数值。对于 B 级绝缘来说，折算公式为

$$I_{\text{Leak75℃}} = I_{\text{Leakt}} \times 1.6\left(\frac{75-t}{10}\right) \tag{3-4}$$

式中　$I_{\text{Leak75℃}}$——换算到 75℃ 的泄漏电流值（μA）；

　　　I_{Leakt}——在 t℃ 时测得的泄漏电流值（μA）。

4. 直流耐电压试验

直流耐电压试验电压较高，对发现绝缘某些局部缺陷具有特殊的作用，可与泄漏电流试验同时进行。

直流耐电压试验与交流耐电压试验相比，具有试验设备轻便、对绝缘损伤小和易于发现设备的局部缺陷等优点。与交流耐电压试验相比，直流耐电压试验的主要缺点是由于交、直流下绝缘内部的电压分布不同，直流耐电压试验对绝缘的考验不如交流更接近实际。

（1）直流耐电压试验的目的和方法

直流耐电压试验是将外施直流电压逐步升到规定的数值，一般为工频耐电压试验时的 1.6~1.8 倍，看绝缘结构的电气强度是否能承受高电场强度的考验，时间为 1min。

（2）直流耐电压试验应注意的事项

当一种线圈在进行直流耐电压试验时，其余绕组和机壳必须接地。交流定子绕组在中性点可以打开的情况下，应分相作直流泄漏试验。在试验中，如遇下列情况，说明绝缘结构存在缺陷，必须分析原因，消除缺陷。

1）外施电压不变时，泄漏电流随时间而增大者；

2）泄漏电流在额定试验电压时大于 20μA，且各相泄漏电流差别超过 30% 者（对交流电机）；

3）同一相的相邻阶段泄漏电流与外施电压不成比例上升，且超过 20% 者。

5. 直流试验电压与交流试验电压的对应关系

这个问题，直到现在还没有得到满意的结果。对应关系的基本依据是希望交直流电压作用的幅值相等。实际上由于电机的几何结构和绝缘材料的性能不同，出入很大，图 3-10 表示巩固系数与绝缘损伤深度的关系。

巩固系数的定义，为在同一绝缘体上，直流击穿电压与交流击穿电压之比即

$$K_y = \frac{U_{\text{dc.b}}}{U_{\text{ac.b}}} \tag{3-5}$$

式中　$U_{\text{dc.b}}$——直流击穿电压；

　　　$U_{\text{ac.b}}$——交流击穿电压。

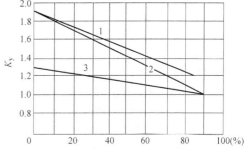

图 3-10　巩固系数与绝缘损伤深度
1—新绝缘，导电槽　2—新绝缘，绝缘槽　3—旧绝缘，绝缘槽

从图 3-10 中可见，新绝缘巩固系数 K_y 随损伤深度的增加而成比例地减少，如曲线 2 所示。对于旧绝缘（运行相当长时间）和新绝缘相比，其 K_y 值相应地减少，但损伤深度在 0~40% 的范围内介质基本不变，损伤深度在 40%~100% 范围内 K_y 值反映逐渐下降（非线性）至 1 及 1 以下。曲线 1 也是新绝缘，只是试验的条件不同，使曲线的斜率减少，在同一损伤深度下 K_y 值偏高。因此可以归纳以下结果：

1）巩固系数 K_y 值，随绝缘的运行小时数增加而减少，直流耐电压对新绝缘在 1.5~2.2

范围内容易发现缺陷；

2）如果新绝缘和旧绝缘松散或缺陷增大，K_y 值相应地减小，这说明直流比交流更容易发现缺陷。

根据我国的具体情况，采用巩固系数 K_y 值在 1.55~2.2 之间较为合理。在发电机检修时，也曾进行过一些试验，但多数是在槽外进行的，分散性也大。如有条件可进行试验，继续积累经验。对发电机绝缘的分析判断具有一定的意义。

因为要想从巩固系数取得严格的交流耐电压与直流耐电压试验的关系比较困难，所以各国都从实际经验出发，制定出交流耐压与直流耐压的对应关系。我国预防性试验中，现采用的对应关系见表 3-3。

表 3-3　电机预防性试验中交流耐电压与直流耐电压的对应关系

工频	$1.3U_N$	$(1.3 \sim 1.5)U_N$	$1.5U_N$ 以上
直流	$2.0U_N$	$2.5U_N$	$3.5U_N$

3.3.5　介质损耗角正切 tanδ（介质损耗因数）及其增量 Δtanδ

1. 介质损耗角正切 tanδ（介质损耗因数）

（1）介质损耗角正切 tanδ 的定义

图 3-11、图 3-12 分别为发电机定子绕组绝缘的等效电路图和简化等效电路图及相量图。

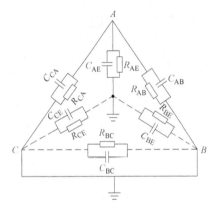

图 3-11　发电机定子绕组绝缘等效电路图

C_{AE}、R_{AE}、C_{BE}、R_{BE}、C_{CA}、R_{CA}——A、B、C
　　　　相对地电容和电阻

C_{AB}、R_{AB}、C_{BC}、R_{BC}，C_{CA}、R_{CA}——AB、
　　　　BC 及 CA 相间电容和电阻

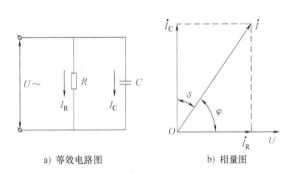

a) 等效电路图　　　　b) 相量图

图 3-12　简化等效电路图及相量图

由图 3-12 可得

$$I_R = \frac{U}{R}, \quad I_C = U\omega C \qquad (3-6)$$

$$\tan\delta = \frac{U/R}{U\omega C} = \frac{1}{\omega CR} \qquad (3-7)$$

$$P = U\frac{U}{R} = U^2\omega C\tan\delta \qquad (3-8)$$

式中　$\tan\delta$——介质损失角正切，其值又称介质损耗因数；

　　　　P——介质损耗。

由式（3-8）可见，如果外加电压和频率一定，定子绕组绝缘结构和形状一定，即电容C和介电常数一定，则介质损耗P与$\tan\delta$成正比，故定子绝缘质量的优劣可直接由$\tan\delta$数值的大小来判断。

（2）测定介质损耗因数$\tan\delta$的作用

介质损耗因数$\tan\delta$是反映绝缘性能的基本指标之一。介质损耗因数$\tan\delta$是反映绝缘损耗的特征参数，它可以很灵敏地发现电气设备绝缘整体受潮、劣化变质以及小体积设备贯通和未贯通的局部缺陷。

介质损耗因数$\tan\delta$与绝缘电阻和泄漏电流的测试相比具有明显的优点，它与试验电压、试品尺寸等因素无关，更便于判断电气设备绝缘变化情况。因此介质损耗因数$\tan\delta$为高压电气设备绝缘测试的最基本的试验之一。

介质损耗因数$\tan\delta$可以有效地发现绝缘的下列缺陷：

1）受潮；2）穿透性导电通道；3）绝缘内含气泡的游离，绝缘分层、脱壳；4）绝缘有脏污、劣化、老化等。

2. $\tan\delta$ 的测量方法

$\tan\delta$的传统测量方法有好几种，如谐振法、变压器电桥法、西林电桥法等，可根据不同的实际情况选用。下面介绍用西林电桥法测量$\tan\delta$的线路和方法。图3-13就是用西林电桥法测量$\tan\delta$的线路。由被测介质电容极板C_X和标准电容C_N构成两个桥臂，一个可调电阻R_3与电阻R_4和电容C_4构成另一对桥臂。外电源通过调压器、试验变压器向电桥两端升压，根据桥路平衡条件，则

$$C_X = C_N \frac{R_4}{R_3} \frac{1}{1+\tan^2\delta_X}$$

如$\tan\delta_X < 0.1$，则可认为

$$C_X \approx \frac{R_4}{R_3} C_N$$

$$\tan\delta_X = R_4 \omega C_4$$

如选定$R_4 = \dfrac{1000}{\pi}\ \Omega$，$f = 50\mathrm{Hz}$，则

$$\tan\delta_X = 0.1 C_4$$

根据C_4电容器的电容值即可知道$\tan\delta_X$的测量值。

介损测试仪的技术发展很快，以前在电力系统广泛使用的QS1西林电桥法正被智能型的介损测试仪取代，新一代的介损测试仪均内置升压设备和标准电容，并且具有操作简单、数据准确、试验结果读取方便等特征。

3. 绝缘结构缺陷与 $\tan\delta$、$\Delta\tan\delta$ 的关系

绝缘材料中介质损耗角正切$\tan\delta$与绝缘材料中的空气含量、温度、试验频率和外施电压有关。如：

1）$\tan\delta$与温度的关系。定子云母绝缘的$\tan\delta$与温度特性受层间胶合剂材质的影响。天然树脂，如虫胶与沥青，在温度升高时明显变软，在$20 \sim 90℃$时$\tan\delta$随温度升高而升高如

图 3-14 所示，而人工合成树脂，如环氧树脂及聚酯树脂，随温度变化较小。某些富树脂绝缘，甚至在 40~100℃ 范围内，tanδ 数值变化也很小。

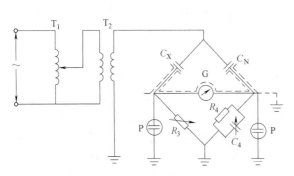

图 3-13 用西林电桥法测量 tanδ

T₁—调压器 T₂—试验变压器 G—检流计 C_X—被测元件
R_4—固定电阻 P—放电管 C_N—标准电容器 虚线—屏蔽

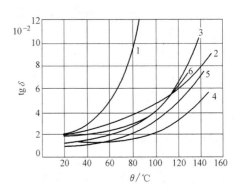

图 3-14 云母绝缘的 tanδ 与温度的关系

1—天然云母 2~6—人工合成树脂

2）tanδ 与电压的关系。tanδ 在电压升高时急增，这是绝缘结构夹杂气孔的主要特征，由于空气电离使介质损耗增加。当电场强度较低时，外施电压对绝缘 tanδ 无影响，在这一区域内的 tanδ 和初值 $tanδ_0$ 相当，随电场加强到某一临界值，绝缘层内夹杂的气体开始电离，tanδ 开始急增。通常将 U_N 和 $0.5U_N$ 外施电压测得 tanδ 的增量 Δtanδ，作为评价绝缘内存在气孔和其他缺陷程度的一个指标，如图 3-15 所示。

$$\Delta\tan\delta = \tan\delta(U_N) - \tan(0.5U_N)$$

新的绝缘结构，特别是经真空压力浸胶工艺处理的整浸电动机，tanδ 的数值都较小，一般为 tanδ = 0.01~0.08。

当绝缘受潮时，漏导电流将增加；绝缘老化时，极化现象将加重，这些都将使 tanδ 和 Δtanδ 增加。因此，定期在同一条件下测定 tanδ 和 Δtanδ，就可以掌握绝缘老化和受潮程度，并可作绝缘的趋势分析。

3）tanδ 与运行时间的关系。定子绝缘随运行时间的增长，气隙含量日趋增多，绝缘逐渐老化，其 tanδ 也相应地增大。

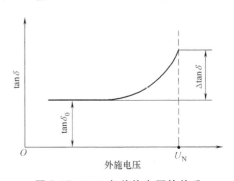

图 3-15 tanδ 与外施电压的关系

合成树脂如环氧树脂云母绝缘在运行的最初若干年，在工作温度作用下，树脂黏合剂进一步固化，绝缘的 tanδ 逐年下降，运行一定时间后 tanδ 开始逐渐升高，标志着绝缘开始老化，如图 3-16 所示。

3.3.6 高压电机定子绕组超低频耐电压试验

在《电气设备交接和预防性试验标准》中规定，电机在交接时，大修前及更换绕组后均应进行检查电机绝缘状况的试验，必须进行交流和直流耐电压试验。目前，我国普遍采用工频交流耐电压试验，而国际上许多先进国家采用超低频耐电压试验。近年来，塑料电力电缆在电网上被广泛应用。0.1Hz 超低频高压试验被用来对其做现场电压试验。因此，超低频电压试验技术得到了迅速发展。目前，已经有商品化的 0.1Hz 超低频试验设备。这无疑给电机定子绕组超低频电压试验创造了更有利的条件。

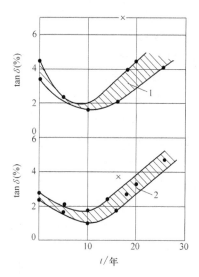

图 3-16 汽轮发电机定子绝缘 tanδ 随运行时间的变化

1—50Hz 2—1kHz

1. 超低频电压试验的优点

电机定子绕组 0.1Hz 超低频电压试验具有以下三个方面的优点：

（1）替代工频及直流电压试验

0.1Hz 电压介于直流与 50Hz 工频电压之间，它既是一种交变特性的电压，同时电压的变化速度比较缓慢。试验经验和理论分析表明，直流试验比较容易发现线圈端部的缺陷，而工频耐电压试验比较容易发现线圈槽部的缺陷。由于 0.1Hz 电压介于直流电压与 50Hz 工频电压之间，所以 0.1Hz 电压应该兼有直流电压与 50Hz 工频电压在发现电机线圈绝缘缺陷方面的优势。

对一台电压为 10.5kV、41.25MW、运行 22 年的水轮发电机定子云母烘卷绝缘，用直流、0.1Hz 及 50Hz 交流电压进行击穿试验。端部、槽部及出槽口绝缘的击穿数量与击穿率见表 3-4。由该表看出，0.1Hz 电压检出端部绕组绝缘缺陷的效果近似于直流电压；50Hz 交流电压检出槽部绝缘缺陷比较灵敏；检出槽口部位绝缘缺陷，0.1Hz 电压和直流电压的效果差不多，而 50Hz 交流电压效果最好。

表 3-4 绝缘击穿数量与击穿率

击穿部位	50Hz 电压	直流	0.1Hz 电压
端部	16/12.7	27/21.4	23/18.2
槽部	10/7.9	4/3.2	7/5.6
槽口	16/12.7	11/8.7	12/9.5

实测表明，0.1Hz 耐电压试验既能发现线圈槽部的缺陷，也能发现线圈端部的缺陷。因此，0.1Hz 耐电压试验既可以替代工频耐电压试验，也可以替代直流耐电压试验。

（2）试验容量小，设备轻巧

对较大容量的高压电机进行工频交流耐电压试验往往需要数百 kVA 的试验变压器、调压器及相应容量的低压试验电源。这些试验设备笨重，移动不便，试验准备工作量大。如果采用 0.1Hz 超低频交流耐电压试验，从理论上讲，试验变压器的容量将减少到工频时的 1/500，用 3~5kVA 的 0.1Hz 试验设备能解决需要工频试验容量数百 kVA 的试验问题。可见，与工频耐电压试验相比，0.1Hz 电压试验容量小得多，试验设备也轻巧方便。

（3）对电机绝缘损伤小

在 0.1Hz 下，电机绝缘内部气隙中的局部放电量比 50Hz 工频时显著减少，理论上讲，0.1Hz 下电机绝缘内部气隙中的局部放电量约为 50Hz 工频下局部放电量的 1/500。有些实测甚至表明，在 0.1Hz 下电机绝缘内部气隙中的局部放电量仅为工频下放电量的 1/3500。运行经验表明，对某些绝缘已经老化的水轮发电机定子绝缘，局部放电会对电机线圈的绝缘造成较大的损伤。由于超低频耐电压试验时局部放电量比 50Hz 工频时显著减小，基本上对绝缘不起什么破坏作用。这样也就相对延长了电机的使用寿命。

2. 等价系数

0.1Hz 超低频试验电压与工频试验电压比较，等效系数 β 值分别为美国取 1.15，瑞典取 1.2，日本取 1.15~1.2，国际大电网会议建议取 1.15~1.2。我国在《电气设备预防性试验规程》中规定：电机定子绕组大修前或更换绕组后进行交流耐电压试验，并规定有条件采用超低频耐电压试验，试验电压峰值为工频试验电压峰值的 1.2 倍，即等效系数 β 为 1.2。

3. 超低频电压试验方法

下面以武汉产生的 MSVLF-80/1.10.1Hz 超低频耐电压试验装置为例简要说明发电机的超低频耐电压试验方法。

连线方法：试验时应分相进行，被试相加压，非被试相短接接地。如图 3-17 所示。

按照有关规程的要求，试验电压峰值可按如下公式确定：

$$U_{max} = \sqrt{2}\beta K U_0$$

式中　U_{max}——0.1Hz 试验电压的峰值（kV）；

　　　β——0.1Hz 与 50Hz 电压的等效系数，按我国规程的要求，取 1.2；

　　　K——通常取 1.3~1.5，一般取 1.5；

　　　U_0——发电机定子绕组额定电压（kV）。

例如：额定电压为 13.8kV 的发电机，超低频的试验电压峰值计算方法：

$$U_{max} = \sqrt{2} \times 1.2 \times 1.5 \times 13.8 \approx 35.1 \text{（kV）}$$

试验时间按有关规程进行。

在耐电压过程中，若无异常声响、气味、冒烟以及数据显示不稳定等现象，可以认为绝缘耐受住了试验的考验。为了更好地了解绝缘情况，应尽可能地全面监视绝缘的表面状态，特别是空冷机组。经验指出，外观监视能发现仪表所不能反映的发电机绝缘不正常现象，如表面电晕、放电等。

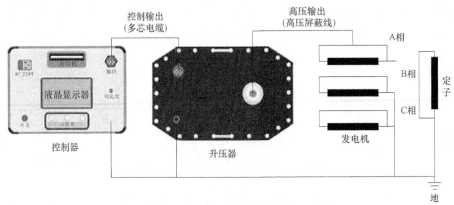

图 3-17　超低频电压试验测量定子的某相连线图

3.3.7　匝间绝缘的检查方法和耐电压试验

1. 匝间绝缘检查和耐电压试验的目的

电动机在制造和维修过程中，必须进行匝间绝缘的检查和耐电压试验，检查的目的是为了发现线圈是否存在匝间短路，而匝间耐电压试验则主要是为了考验电动机在承受高压试验时，匝间绝缘应不发生故障或击穿。

2. 匝间绝缘试验方法

由于电动机的类型和大小不同，匝间绝缘检查和耐电压试验方法也不同，通常的试验方法有下列几种：

（1）短时升高电压试验

这种试验方法通常是整机试验时采用，试验时在电动机上外施一个试验电压，一般为额定电压的1.3倍，试验时间通常为3min，一般在空载时进行。为了解决磁路饱和问题，试验时一般需提高转速和频率，如在规定试验电压下，经过规定的试验时间，电动机的匝间绝缘无闪络和击穿现象，为试验合格。

GB 755—2019 旋转电机　定额和性能中，对短时升高电压试验有下列几项具体规定：

1）额定励磁电流时，空载电压为 $1.3U_N$ 以上的同步电动机，试验电压应等于额定励磁电流时的空载电压。

2）绕线转子异步电动机（大型二、四极电动机除外），试验应在转子静止及开路时进行。

3）四极以上直流电动机，试验电压应使片间电压不超过24V。

4）在 $1.3U_N$ 下，空载电流超过额定电流的电动机，试验时间可缩短为1min。

5）试验电压为 $1.3U_N$ 时，允许同时提高转速和频率，但不应超过1.15倍额定转速或超速试验的转速。

（2）冲击耐电压试验法

多匝线圈或绕组，有条件时应进行冲击耐电压试验，以更可靠地考验匝间绝缘承受过电压的能力，通常在进行冲击耐电压试验后，可以不再进行短时升高电压试验。

冲击耐电压试验通常是采用开口变压器法，其试验方法如下：其试验设备是由一开口变压器和高压脉冲电压发生器组成，试验时将被试线圈套入开口变压器作为变压器二次侧，变压器一次绕组与脉冲电压发生器的放电球隙相串联，开口变压器的铁心上另绕有一个探测线圈，用微安表来监视感应电流，如图3-18所示。

当脉冲电压发生器接通电源后，输出端电压逐渐升高，当电压升高至球隙击穿电压时，球隙被击穿放电，变压器一次侧即流过一个脉冲放电电流，变压器二次侧被试线圈就感应出一个脉冲电压，从微安表的读数即可知道线圈匝间绝缘是否良好。

（3）振荡回路法

这是用高频振荡电压来测试匝间绝缘，试验设备由调压器、试验变压器、放电球隙和桥式电路组成，如图3-19所示。试验时，将两个相同的被试线圈和两个相同的电容器组成一个桥路，桥路和放电球隙构成一个振荡回路。试验时逐步升高电压，试验变压器向桥路充电，当电压升高到球隙放电电压时，球隙放电，桥路上电压降为零，接着继续重复充电和放电，由此产生的高频电压施加于被试线圈上。当两个线圈匝间都正常时，由于阻抗相等，桥路平衡，

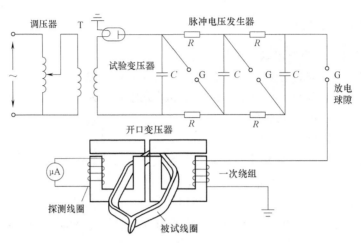

图 3-18　开口变压器法试验匝间短路

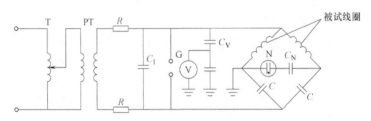

图 3-19　振荡回路法试验匝间绝缘

T—调压器　PT—试验变压器　R—限流电阻　G—放电球隙　V—脉冲电压表　C_V、C_N—分压
电容器　C_1—镇定电容器　N—指示氖灯　C—脉冲电容器

桥路中间指示氖灯中无电流流过，氖灯不亮；若其中一个线圈匝间存在缺陷或短路，由于桥路不平衡，则有不平衡电流流过，氖灯就亮了，指示线圈存在缺陷或有匝间短路。

（4）交流压降法检查匝间短路

同步电动机转子磁极线圈和直流电动机定子磁极线圈匝间短路的检查，可用中频或工频电源交流压降法进行检查。

1）用工频交流压降法检查磁极线圈匝间短路。已经装配完成的直流电动机定子的磁极线圈或同步电动机转子的磁极线圈，在两引出端上，可外施与额定励磁电压相等的交流工频电压，然后用电压表逐个测量每个磁极线圈上的交流阻抗压降，如图 3-20 所示。当每个磁极线圈上的电压都相等时，则表示所有线圈交流阻抗相等，属于正常，无匝间短路；如有某一个线圈压降比其他线圈偏低很多，则表示该线圈存在匝间短路。继续用数字电压表逐匝测量电阻值，就能发现短路匝和短路点。正常时，各线圈上交流工频电压降之差，不应超过 10%。

2）用中频电源检查单个线圈的匝间短路。使用中频电源，频率为 1000～2500Hz，每个线圈上外施电压

$$U_T = 10U_{fN}/2p \text{（V）}$$

式中　U_{fN}——额定励磁电压（V）；

　　　$2p$——电动机的极数。

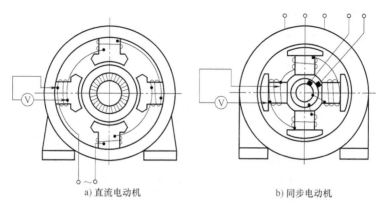

a) 直流电动机   b) 同步电动机

图 3-20   用交流压降法检查磁极线圈匝间短路

将每一线圈逐一通电，施加相同电压，并测量线圈中的电流，如全部线圈测得电流相等，则表示线圈正常；如某一线圈的电流偏大，并超过 50% 以上，则表示该线圈存在匝间故障。用数字式电压表逐匝测量电阻值，可以发现短路匝所在。

3.3.8   绝缘电阻过低的诊断

1. 绝缘电阻的变化

绝缘结构表面在沾积导电性尘埃后，其表面的漏导电流大大增加，造成绝缘电阻值和极化指数的下降。绝缘电阻值是经常波动的，这与电动机的运行温度以及大气中水蒸气含量有关，间断运行与长期不通电的电动机更易受潮。绝缘结构的绝缘电阻—时间特性虽然分散性很大，但是通过绝缘电阻趋势分析，能够判断绝缘结构存在的问题。

大量运行管理实践和试验研究证明，在受潮状态下，当电动机温度上升或略高于环境温度时，绝缘电阻随之上升。在接近电动机工作温度 75℃ 时，绝缘电阻大都远远高于 1MΩ/kV。有些服役时间较短的电动机可比要求值大数百倍，甚至数千倍。当电动机温度降到与电动机所在地的环境温度相等时，绝缘电阻亦随之下降。有些服役时间较长的电动机可降到远低于 1MΩ/kV。这种情况在我国湿热地区如长江中下游流域尤为显著。

2. 绝缘电阻最低值的要求

国内有关文献规定，额定电压为 1000V 及以上的交流电动机，交流耐电压前，定子绕组接近运行温度时的绝缘电阻不应低于 1MΩ/kV；投入运行前，在常温下的绝缘电阻（包括电缆）不应低于 1MΩ/kV。

大量运行管理实践和试验研究证明，不同的绝缘电阻最低值要求对电动机绝缘及寿命有不同影响。以大型泵站电动机为例，大型泵站对电动机绝缘电阻最低要求值的规定不尽相同，多数泵站为 1MΩ/kV，少数泵站为 1.67MΩ/kV 或 3~4MΩ/kV，即 6kV 电动机分别为 6MΩ，10MΩ 或 20MΩ 左右。

值得注意的是，按绝缘电阻 1MΩ/kV 起动电动机，在短期内，例如不到 10 年，很难发现不良后果。10 年后，因"累积效应"导致绝缘击穿故障发生，而且一旦发生就有一定的连续性，就会形成恶性循环，直到电动机绝缘寿命终止。

由于故障有很长的累积时间或潜伏期，不易发现。当电动机发生绝缘击穿故障或绝缘寿命终止时，大家往往将故障原因归咎于较明显的操作过电压和绝缘老化，并因此忽视了绝缘电阻最低要求值与绝缘击穿故障或绝缘寿命的关系。

文献［85］提出以 3MΩ/kV 为最低要求值，因符合我国在常温下测试电机绝缘电阻的实际情况和我国长期形成的不考虑温度系数的习惯，便于操作，易为广大运行管理人员所接受。

3. 绝缘电阻变化规律分析

绝缘结构单纯由于吸潮时，其绝缘电阻值在波动，但从长期趋势来看，其降低值极慢，如图 3-21a 所示；当绝缘结构的绝缘电阻值波动趋势是越来越低，直至无法恢复规定值时，这往往是由于绝缘结构受到污染或存在缺陷（如绝缘磨损等），其变化规律如图 3-21b 所示。所以，应根据绝缘电阻的变化趋势判定电机绝缘状态，而不宜仅根据一次测量值给出结论。

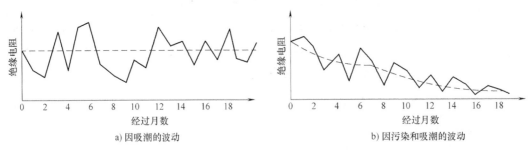

a) 因吸潮的波动　　　　　　　　　　b) 因污染和吸潮的波动

图 3-21　绝缘电阻变化的趋势

3.4　局部放电及其诊断（离线）

在绝缘体中，只有局部区域发生放电，而没有贯穿施加电压的导体之间，这种现象称之为局部放电（Partial Discharge，PD），有时也简称"局放"。局放理论包括对材料、电场、火花特性、脉冲波形的传播和衰减、传感器空间灵敏度、频率响应、标定、噪声和数据解释等的分析。

局部放电与电机定子绕组绝缘状况有着密切的联系。由于电机绝缘介质长期承受热、电、机械应力及环境的影响，导致绝缘发生劣化，使得电机在运行时绝缘产生局部放电。反过来，局部放电又加速了绝缘的劣化，若局部放电继续扩大与发展，最终将导致绝缘被破坏。对高压绕组来说，局部放电现象是一个老化的重要症状。

局部放电通常发生在以下位置：①电机绕组端部并头套处，绕组端电介质本身的孔隙中，这些地方因污染或间隙等方面的设计问题造成表面放电，称绕组端子放电；②定子绝缘表面和铁心之间的孔隙中，称槽放电；③铜导体和对地绝缘的孔隙中；④槽中电介质本身的孔隙中。

当外施电压为交变电压，则局部放电具有重复发生和熄灭的特征。

局部放电将在三个方面破坏绝缘：①放电途径上被加速的离子和电子对放电点周围绝缘的碰撞；②局部放电点周围材料因局部放电产生化学反应，尤其是有机材料会产生这些反应；③局部放电产生辐射（局部放电是非常快的现象，脉冲上升和持续时间都以 ns 计算），紫外线足以破坏有机复合物。

局部放电将严重影响电机绕组寿命，如果能早期检测和监测电机内部微弱的放电，测量局部放电特性，有利于发现绝缘故障的早期征兆，是诊断绝缘故障一种有效方法。

3.4.1　电机局部放电产生机理与特征

在实际的绝缘系统中，绝缘材料的构成是多种多样的。不同材料中的电场强度不同，而且击穿场强也不同。当绝缘体某种材料中局部区域的电场强度达到击穿场强时，就会出现局部放电。有的绝缘系统虽然是由单一的材料做成，但由于在制造中残留的，或在使用中绝缘老化而产生的气隙、裂纹或其他杂质，在这些绝缘的缺陷中往往会首先发生放电。其中最常发生的是气隙放电，因为气体的介电常数很小，在交流电场中，电场强度与介电常数成反比，所以气隙中的电场强度要比周围介质中高得多，而气体击穿场强，一般都比液体或固体低得多，因而很容易在气隙中首先出现放电。经验表明，许多绝缘损坏都是从气隙放电开始的。

在电机中，局部放电可能在铜棒和电机接地的铁心磁钢之间的任何气隙中产生。这些气隙包括：铜棒和绝缘体之间的气隙、绝缘材料内部的气隙、绝缘体与接地铁心之间的气隙。此外，在电机中，线棒的绝缘外层并非都与铁心连接，所以局部放电还会在绕组端部区域发生。对于这些区域来说，当绝缘受潮或表面污染时，会发生表面放电或闪络现象。

电机中的局部放电有很多种类型，其产生机理与特征不完全相同，现分析如下。

1. 内部放电

由于制造工艺上的原因或在长期运行中的电、热、化学和机械力的作用，高压电机定子绕组绝缘体不可避免地会在层间出现气隙。在运行电压作用下，气隙中的场强很容易达到击穿场强，出现绝缘体内部放电。内部放电会产生大量能量很大的带电粒子，这些高能带电粒子以很高的速度碰撞气隙壁，能够打断绝缘体的化学键，造成绝缘材料的表面侵蚀，局部放电产生的局部过热，会造成高温聚合物裂解而使绝缘损坏。通常在运行电压的作用下，气隙首先击穿，形成局部放电，内部局放的电、热、化学和机械力的联合作用，又进一步使气隙扩大，造成绝缘有效厚度减少，使击穿电压进一步降低，最终导致绝缘击穿。

放电特征：

图 3-22 为绝缘内部放电时域波形图。对于工频为 50Hz 的时域信号，其周期为 20ms，可显示外施电压相位变化 360°，即一个周波的放电波形。从图中可以看出相应外施电压正负半周出现的放电脉冲，其幅值、次数大致相同，相位对称。

图 3-23 为绝缘内部放电的三维特征 $\varphi\text{-}q\text{-}n$ 谱图，从图 3-23 也可以看出内部放电正放电脉冲与负放电脉冲，它们的幅值、次数大致相同，相位对称。

图 3-24 为绝缘内部放电的二维 $q\text{-}n$ 谱图。从图 3-24 可以看出，内部放电正、负脉冲的 $q\text{-}n$ 曲线几乎重合，正、负脉冲具有大致相同的放电幅值和放电重复率。

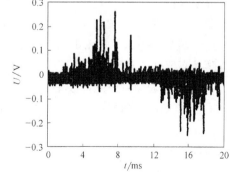

图 3-22　绝缘内部放电时域波形图

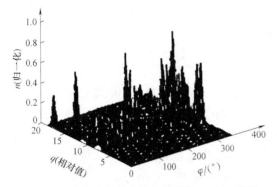

图 3-23　绝缘内部放电的三维特征 φ-q-n 谱图

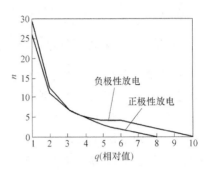

图 3-24　绝缘内部放电的二维 q-n 谱图

图 3-25 为绝缘内部放电的单个放电脉冲波形。通过测量分析可知，其单个脉冲上升沿为 14.5ns，下降沿为 22.5ns。

图 3-26 为绝缘内部放电的幅值谱图。内部放电的能量主要集中在 0~80MHz 之间。

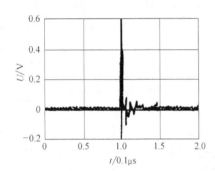

图 3-25　绝缘内部放电的单个放电脉冲波形

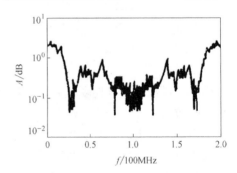

图 3-26　绝缘内部放电的幅值谱图

2. 端部放电

发电机定子绕组端部的连接处，是绝缘的薄弱环节，尽管采取了一系列的措施（如防晕漆涂层和分级防晕层等），仍是绝缘事故的多发区。通常发电机绕组端部采用绑扎或压板结构固定，在运行中由于振动和摩擦使防晕层损坏时，会引起端部表面放电。由于发电机端部电场局部集中，一旦发生端部放电，将对发电机的绝缘产生很大的破坏作用。

放电特征：

图 3-27、图 3-28 和图 3-29 分别为发电机定子绕组防晕层剥落引起表面放电的时域波形图、三维图及 q-n 图。从图中看出：正、负放电脉冲极不对称，正脉冲幅值高，且次数少；而负脉冲幅值低，且次数多。正、负脉冲的 q-n 曲线相交。

图 3-30 为表面放电脉冲波形图。从图形可知，脉冲的上升沿为 4ns、下降沿为 188ns。图 3-31 为表面放电的幅值谱图，由图形可知，放电脉冲的频率分布在 0~10MHz 之间。

3. 槽放电

槽部放电是指线圈主绝缘表面、线棒表面和槽壁之间的放电。其产生的原因是线圈的绝缘体在运行温度下，受热膨胀较小使槽部表面不能和铁心槽壁完全接触，存在间隙。在运行中因振动或摩擦使槽部防晕层脱落，当间隙中的电场超过间隙的击穿场强时，即发生槽放电。槽放电是比电晕放电能量大数百倍的间隙火花放电。槽放电的局部温度可达数百至上千度，放电所产生的高能加速电子对线槽表面产生热和机械力的作用，在短期内可造成 1mm 以上深度的麻坑。放电使空气电离产生臭氧、氮及其氧化物与气隙中的水分子起化学反应，产生腐蚀性很强的硝酸等，引起线棒表面的防晕层、主绝缘、槽楔、垫条等烧损和腐蚀。

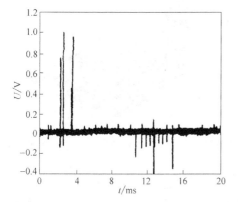

图 3-27　防晕层剥落时表面放电的时域波形图

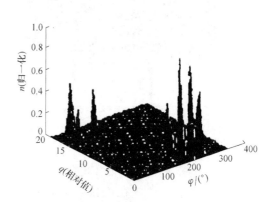

图 3-28　晕层剥落时表面放电的 φ-q-n 谱图

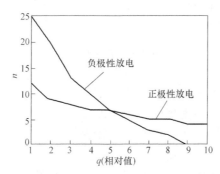

图 3-29　防晕层剥落时表面放电的时域 q-n 二维谱图

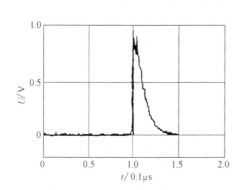

图 3-30　表面放电脉冲波形图

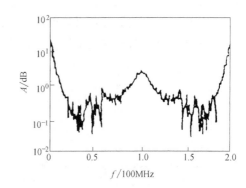

图 3-31　表面放电的幅值谱图

放电特征：

图 3-32 为电机中典型槽放电的时域波形图。图中显示外施电压 5 个周期的放电波形，从图中看出，正放电脉冲的幅值和次数约为负放电脉冲的 2~3 倍。

图 3-33 为电机中典型槽放电的 φ-q-n 特征谱图。从图中也可以看出，正放电脉冲比负放电脉冲的幅值大、次数多。其幅值和次数均为负放电脉冲的两倍。

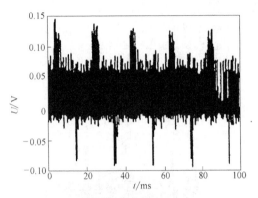

图 3-32　电机中典型槽放电的时域波形图

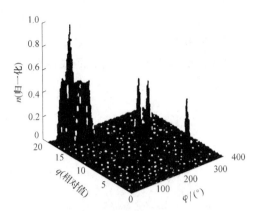

图 3-33　电机中典型槽放电的 φ-q-n 特征谱图

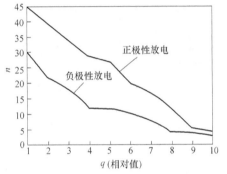

图 3-34　电机中槽放电不同极
性的 q-n 特征谱图

图 3-34 为电机中典型槽放电的 q-n 图。从图中看出，正脉冲 q-n 曲线在负脉冲 q-n 曲线的上方，正脉冲的幅值和次数约为负脉冲的 2～3 倍。

图 3-35 为槽放电单个脉冲波形图。图中该脉冲的上升沿为 15.0ns，下降沿为 19.0ns。

图 3-36 为槽放电脉冲的幅值谱图。从该谱图中可知主频分布在 0～25MHz 之间。

4. 定子绕组股线断裂引起的电弧（火花）放电

当发电机定子绕组在运行中受到电、热、机械力的作用，引起定子线棒股线的疲劳断裂。断裂股线两端由于振动时断时续，形成火花放电，并且随工频电流过零而不断熄灭、重燃，形成电弧放电。这种由断股引起的电弧故障，由于有足够的热量（能量），可使导线熔化，对地绝缘烧毁，一直发展到绝缘破口、导线接地。因此，故障解剖往往找不到断股的证据。断股电弧故障在发展过程中，只要熔化的铜液未喷出，发电机主保护装置就无法感知支路间的电流差，不能动作，因而故障时间长，危害大。

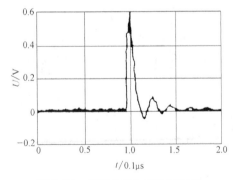

图 3-35　槽放电单个脉冲波形图

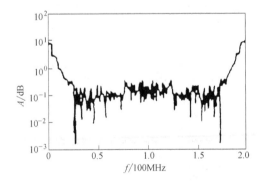

图 3-36　槽放电脉冲的幅值谱图

放电特征：

图 3-37 为发电机定子股线断股电弧放电的时域波形图。其特点是放电不连续、有规则地中断和二次点燃。

断股电弧放电不存在固定的放电间隙，这种放电十分强烈、重复率较低，故对这种类型的放电主要采用频率识别的方法。图 3-38 为发电机定子股线断股电弧放电的频谱图。从图中看出，电弧放电脉冲分布在一个很宽的范围内，在约 4MHz 处有一个很高的峰值。

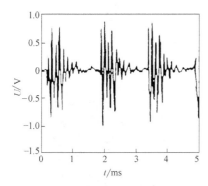

图 3-37　发电机定子股线断股
电弧放电的时域波形图

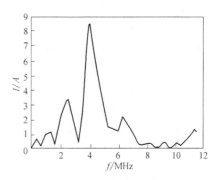

图 3-38　发电机定子股线断股
电弧放电的频谱图

5. 导体和绝缘体间放电

除上述四种放电类型外，还有导体和绝缘体间放电，与内部放电类似，由于制造工艺上的原因或在长期运行中的电、热、化学和机械力的作用，高压电机定子绕组不可避免地会在导体（铜棒）和绝缘之间出现气隙，在运行电压作用下，气隙中的场强很容易达到击穿场强，使导体和绝缘之间出现局部放电现象。这种放电产生的能量使绝缘碳化，逐渐出现树状放电轨迹，最终导致绝缘击穿。

以上五种放电统称为故障放电，大型高压电机的故障放电是加速绝缘老化和损坏，导致事故的主要原因。

3.4.2　电机局部放电特性分析

1. 电机放电典型特征

电机局放的第一个特性是局放信号主要发生在每一周期的第一和第三象限。绝缘系统气隙放电的简单模型可以用电容来等效，在第一象限，当外加电压上升，电容两端的正向电压超过局放起始电压时，气隙开始放电。放电引起的气隙两端累积电荷建立了一个反向电压使气隙内部的电压减小。当气隙两端的电压再次上升到局放的起始电压时局放再次发生，如此循环直到外加电压不再上升。此后，随着外加电压逐步下降，气隙的电压也逐步下降，当气隙的反向电压超过局放起始电压时再次发生局放现象。

电机局放的第二个特性是检测到的局放电压脉冲与外加的电压趋势是反向的。也即在工频的第一象限，局放产生负的、下陷的脉冲；在第三象限，局放产生正的，向上的脉冲。这也可以认为是负极性的局部放电发生在气隙的正电压增加的第一象限；正极性的局部放电发生在气隙的负电压增加的第三象限。这些局部放电，在功率信号上可以检测到从几毫伏至几伏形式的高频脉冲。

电机局部放电的第三个特性是不同类型的放电在各象限的行为表现是不同的。譬如对于线棒松动造成的槽放电来说，局放的正极性放电脉冲明显超过负极性脉冲（最大幅值超过2倍以上，放电重复率超过 10 倍以上）。这是由于放电气隙两端材料的不同造成的。

因此根据局放脉冲的统计特性，如相位—放电量—重复率（φ-q-n）、放电极性—重复率（n-q_+、n-q_-）等图谱，可进行故障诊断，确定放电类型和程度。

2. 故障放电的统计特性

（1）φ-q-n 三维特性

φ-q-n 三维谱图给出了放电幅值、相位、重复率三者之间的关系。它体现了更丰富更直观的放电特征，故有"放电指纹"之称。借助 φ-q-n 三维谱图可以帮助判断放电类型。在三维谱图中，垂直坐标为放电重复率，放电峰值高表示放电重复率高；反之，放电重复率低。平面坐标分别为放电幅值和相位，可以将平面坐标分为 4 个区域，如图 3-39 所示。

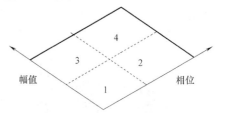

图 3-39　三维谱图的平面坐标区划分

1—正半周、幅值低　2—负半周、幅值低
3—正半周、幅值高　4—负半周、幅值高

根据三维谱图的特征将内部放电、槽放电和表面放电的放电特征归纳于表 3-5。

表 3-5　不同放电类型的三维谱图特征

放电类型	三维谱图特征	放电特征
内部放电	1、3 区放电峰与 2、4 区放电峰单位的位置对称，峰高度大致相等	正放电脉冲与负放电脉冲幅值，次数大致相同，相位对称
槽放电	3 区放电峰多，高；1 区和 2 区边缘放电峰少，矮	正放电脉冲比负放电脉冲的幅值大，次数多
表面放电	3 区放电峰矮，少；2 区放电峰高，多	正、负放电脉冲极不相同，正脉冲幅值高，且次数少；而负脉冲幅值低，且次数多

（2）不同极性的 q-n 谱图

不同极性的 q-n 谱图给出了正、负放电脉冲的放电幅值与放电重复率的对照关系。不同放电类型具有不同的 q-n 谱图。根据 q-n 谱图的特征，把内部放电、槽放电和表面放电的放电特征归纳于表 3-6。

表 3-6　不同放电类型的 q-n 谱图特征

放电类型	不同极性的 q-n 谱图特征	放电特征
内部放电	正、负脉冲的 q-n 曲线几乎重合	正、负脉冲具有大致相同的放电幅值和放电重复率
槽放电	正脉冲 q-n 曲线在负脉冲 q-n 曲线的上方	正脉冲的幅值和次数高于负脉冲
表面放电	正、负脉冲的 q-n 曲线相交	正脉冲幅值高，次数少；而负脉冲幅值高，次数多

3. 电机绝缘放电图形及特点

电机几种局部放电的图形及特点见表 3-7。

表 3-7　电机绝缘局部放电图形及特点

序号	名称	局部放电图形	特点
1	线圈主绝缘内部气隙放电	零点　零点	局部放电脉冲在施加电压的正负半周位置对称，幅值相等，形状似绒团状，图形稳定

（续）

序号	名称	局部放电图形		特点
2	线圈主绝缘与导体间气隙放电			局部放电脉冲在施加电压的正负半周幅值不等，正半周大；相位宽度不等，正半周窄
3	槽放电			局部放电脉冲在施加电压的正负半周幅值不等，负半周大；相位宽度不等，负半周窄
4	线圈端部放电			局部放电图形正负半周不对称，正半周幅值不得多。随外施电压升高，放电量增加快。形成刷形放电后，图形稳定

4. 故障放电脉冲在电机中的传播特性

为了有效测量电机中的故障放电信号，必须了解信号在电机中的传播特性。电机的定子绕组是一个具有分布参数的元件，在结构上有自己的特点。发电机绕组深嵌在定子铁心的槽中，且大容量电机多采用单匝结构，对于不在同一槽中的各线圈及各匝来讲，它们之间的电磁耦合都比较弱，若略去匝间电容的影响，则可以用传输线理论来分析脉冲在绕组中的传播过程，即认为电机绕组具有一定的波阻抗，绕组中的放电脉冲以一定的速度沿绕组传播。

图3-40是一个简化了的定子绕组的等效模型，这个传输线具有串联电感和对地并联电容。局部放电脉冲沿绕组的传播就像行波在传输线上的传播一样，高频会被严重地衰减，绕组的行为像一个低通滤波器，截止频率的高低取决于线圈的长度，在端子上可以探测到较慢的电流脉冲，传播所需的时间取决于放电点到端子的距离，但一些高频成分也可能通过绕组间的电容或互感耦合到端部。

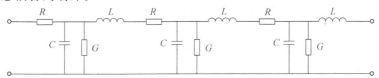

图3-40　电机定子绕组的等效电路

L—绕组单位长度电感　C—绕组单位长度对地电容　R—绕组单位长度电阻　G—绕组单位长度对地电导

图3-41是对一台500MW汽轮发电机定子绕组进行故障放电模拟试验时测得的实际波形。试验采用一个上升时间为5ns的脉冲信号发生器，通过一个耦合电容给绕组线圈注入一个模拟的放电脉冲，并采用一个带宽为540MHz的示波器来观察波形。图3-41中上部的波形为注入点的脉冲波形，下部的波形为在距离注入点一个线圈距离处所测得的波形。从图中可以看出，脉冲显著地展宽。因此，绕组的低通作用是很明显的。

目前，对局部放电信号在电机定子绕组中的传播只有定性的认识，有待做进一步的理论探索和试验研究。

3.4.3　电机局部放电的测量与试验

局部放电的检测通常有两种方法，一种是在电机停止运

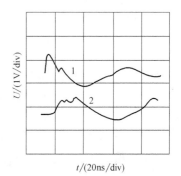

图3-41　一台500MW汽轮发电机
定子绕组故障放电脉冲测试波形
1—注入脉冲波形　2—在相端
测量的衰减脉冲波形

行时进行确定状态下的检测，这种检测方式，由于电机与电网脱离，没有运行期间的各种电磁干扰，可用较简单的设备完成所需测量，这种方式的不足是线圈中的电压应力以及动态机械应力不能真正反映运行中的状态。另一种是电机的在线测量，在这种检测方式下，电力系统或电机运行时产生大量的干扰信号将影响检测，这种干扰信号幅值甚至比所研究的局部放电信号大许多倍，而且常常在频率范围上重叠，因此，消除噪声对在线局部放电测量是至关重要的。下面介绍几种局部放电测量应用的例子。关于局部放电的在线监测将在下一节介绍。

1. 电机离线时局部放电测量

电机离线检测局部放电方法通常是采用脉冲电流法，其基本原理如下：在局部放电时，绝缘两侧电极之间会产生一个瞬时的电压变化，这时如果经过耦合，在测量回路中就会有一个脉冲电流流过，这脉冲电流流过一个测量阻抗时就成为一个脉冲电压波，经过测量就可以测定局部放电的某些基本量，由各种电量表显示出来。

由于大型旋转电机绝缘结构的复杂性，电机状态诊断需要在局部放电测量和数据处理基础上得出的许多诊断项目进行评定。如 IEC（国际电工委员会）出版物 270 中规定的项目包括：最大局部放电量 Q_{max}、平均放电电流 I_m、二次电荷密度 D 以及局部放电次数 N_0。这些特性作为外施电压幅值与相位的函数同类似电机的典型特性进行比较，以便识别出有故障的绝缘系统。有时根据需要，还可以测量绝缘的起始放电电压和放电消减电压。

采用数值测量系统和计算机处理技术，能进行放电数据的统计分析，以分析频率分布和判定相位的脉冲分布为基础，能够得出随机局部放电具有特征性的、可重现的分布图形。

图 3-42 是局部放电测量最基本的原理图，测量系统由施加试验电压和高频电压检测两部分组成。外施电压部分的线路和原理，与交流工频耐电压试验线路完全相同。在高频电压检测部分，局部放电信号由高频耦合电容器上拾取，测量仪表通常采用局部放电电量仪，测量和记录局部放电电荷量 Q_{max}。

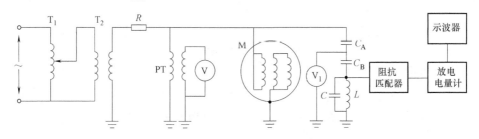

图 3-42　电机局部放电试验线路

T_1—调压器　T_2—试验变压器　R—限流电阻　PT—电压互感器　V—电压表　M—被测电动机
C_A、C_B—耦合电容　L、C—测量回路电感电容　V_1—脉冲峰值电压表

试验施加电压应为 50Hz 实际正弦波，逐步升高，最高升至相电压 U（$U = U_N / \sqrt{3}$）。在试验过程中，记录与试验电压相对应的放电电量，并做出 $Q_{max} = f(U)$ 曲线，如图 3-43 所示。

测得的 $Q_{max} = f(U)$ 曲线上，如 $Q_{max} \leq 1 \times 10^{-8}$C，放电起始电压 U_c 较高，则可认为该电机局部放电是正常的，当放电电量 Q'_{max} 较大，放电起始电压 U'_c 又较低，如图 3-43 中虚线所示，则说明电机局部放电现象较严重，需进一步诊断其原因和放电主要部位。

2. 电机绝缘局部放电计算机测量技术

局部放电检测时测试电路原理图如图 3-44 所示。图中电容 C_C 为高压无晕耦合电容。当电机线圈绝缘存在局部放电时，放电电流流过耦合电容，通过检测该电流，可得到反映局部放电电流的有关参数。

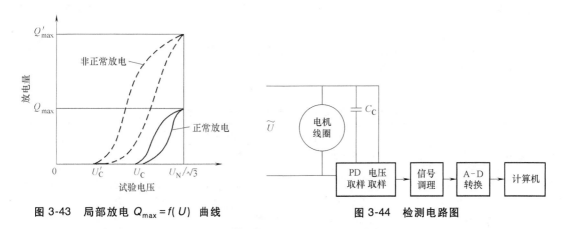

图 3-43 局部放电 $Q_{max} = f(U)$ 曲线   图 3-44 检测电路图

在测量过程中，我们同时记录下外加交流电压和流过耦合电容的电流波形。外加电压为 50Hz 交流正弦波时，耦合电容电流为 50Hz 交流正弦波上叠加高频局部放电脉冲电流，信号调理后 50Hz 交流分量被滤掉，然后对高频局部放电脉冲电流进行分析可得到有关测试结果。

采用该测量方法可得到下列衡量局部放电的具体参数：

1）放电个数 Np（个/周）。根据测试经验，设定作为局部放电脉冲的起始幅值，然后对采样 50Hz 周期内超过起始幅值的脉冲进行计算，可得到放电个数。

2）放电极性。对采样 50Hz 周期内超过起始幅值的脉冲极性进行计算，可分别得到正、负极性的放电个数。实际测试表明，线圈绝缘在一个 50Hz 周波内，正、负极性的放电个数是不相同的，且与绝缘状况密切相关。

3）放电相位。放电相位是线圈绝缘发生放电时，对应于外施交流电压的相角。在一个 50Hz 周波内随着电压瞬时值的提高和降低，放电周期性地发生和熄灭。交流电压幅值越大，在一个周期内放电发生的区域越大，且最大放电幅值增大。

4）起始放电电压。起始放电电压是线圈绝缘刚发生放电时，对应外施交流电压值。局部放电的发生与线圈绝缘内部的局部缺陷有关，当在线圈绝缘上外施一定的交流电压时，如果绝缘层存在气泡、孔隙、裂缝或剥离等部位，它们就会首先被击穿而造成局部放电；且放电强度与外施交流电压大小有关。

5）放电电流 I_{ap}（μA）。它为一个外施交流电压周波内，流动耦合电容的平均放电电流值。该指标是大多数局部放电测试仪器能够得到的值。

6）平均视在放电电荷 Q_p（PC）。将测量得到的平均放电电流对时间进行积分，可得到平均视在放电电荷。

7）最大视在放电电荷 Q_m（PC）。将测量得到最大放电脉冲电流对时间进行积分，可得到最大视在放电电荷。

同时得到多个反映线圈绝缘状况的局部放电参数，从而对绝缘状况进行评价，这是采用常规局部放电测试设备所不能做到的。

由于绕组绝缘局部放电信号的频带通常是很宽的，而计算机数据采样的速率有限，故在局部放电（PD）取样、信号调理过程中必须设置好局部放电信号的分析频段。也就是说，这种方法适于局部放电信号的低频分析法。

诊断实例：由表3-7根据放电脉冲在椭圆上出现位置及特点，可以大致判断存在缺陷的性质。

实例1：现场测试两台电机的局放数据见表3-8。可诊断为主绝缘表面和槽壁的间隙放电。因为由表3-8可知，槽放电时，正负半周内脉冲大小明显不一致，正半周比负半周局部放电的幅值相差在2倍以上。

表3-8 主绝缘表面与槽壁间气隙放电实例

外加电压 /kV	脉冲信号在椭圆上出现的位置	放电量/pC					
		型号					
		TQC5674/2,12MW,6.3kV			JSl27-4,230kW,3kV		
		A 相	B 相	C 相	A 相	B 相	C 相
5	正半周	25300	22151	25300	1250	2000	1250
	负半周	11000	9490	11069	500	500	1000
6	正半周	31600	25300	31640	2000	3500	2250
	负半周	22151	11392	18989	1750	1250	1750

实例2：奥地利某厂对已经运行12年的1台6.3kV发电机定子绕组进行检测后得到下述结果：①绝缘电阻值正常；②自3kV起，损耗系数明显增加；③自2.5kV起，局部放电值增大。局部放电脉冲包络线形状如图3-45所示。显然，根据表3-7，可判定该定子绕组有槽放电。负半周局部放电脉冲幅值比正半周大得多。经拆卸检查，线棒出现剥落形故障。是一种外部电晕防护层电气——机械磨损腐蚀的典型故障。已被局部放电检查结果所证实。

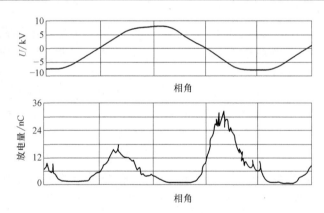

图3-45 奥地利某厂发电机6.3kV绕组B相局部发电包络曲线

3. 采用介质损耗分析仪（电桥法）测定累计放电能量

利用电桥方法测量发电机绕组局部放电能量，在欧美一些国家已作为标准方法在工业中运用，该方法与常用局部放电测量有所不同。通过掌握试样中总的绝缘放电电荷及放电能量，以评价总体绝缘状况。

诊断实例：表3-9示出某厂两台电机（1号为QF2-25-2，10.5kV，31.25MVA；2号为TS550/9-28，10.5kV，18.75MVA）累计放电能量实际测量结果。从表中可见，质量不佳的旧线棒累计放电能量比新线棒超过许多。

表 3-9　累计放电能量实际测量表

被试电机	线棒号[①]	放电量 Q/pC		累积放电能量[②] [J/(pF·Hz)]		tanδ（%）			ΔC （%）
		6kV	10kV	6kV	10kV	在 10kV 下	$\Delta\tan\delta_1$[③]	$\Delta\tan\delta_2$[④]	
1 号	1	2.53×10^4	1.74×10^4	7.6	34.5	7.2	5.7	3.5	11.9
	2	5×10^4	2.7×10^4	8.4	47.5	8.6	7.2	5.7	19
	3	1.1×10^4	9.48×10^4	0.6	14	5.1	2.8	2.0	9.2
	51	2.2×10^4	1.4×10^4	11.14	44	7.7	6.3	4.6	17.2
2 号	148	900	1897	0.48		1.8	0.8	0.4	1.51
	176	2213	6000	0.46		2.1	1.0	0.5	2.27
	206	1581	3004	1.12		1.9	0.6	0.4	1.54
	191	2530	8000	1.41	2.75	1.8	0.7	0.5	1.41
	184	900	2845	0.23		1.4	0.4	0.3	0.85
	027	2845	7000	0.87	3.6	2.9	1.1	0.7	3.59

① 线棒 1、2、3 号及 51 号为质量不佳的旧线棒，线棒 148、176、206、191、184、027 号为新线棒。

② 累积放电能量 [J/(pF·Hz)] 表示单位电容下每 Hz 放电能量。

③ $\Delta\tan\delta_1$ 为 $0.8U_N$ 和 $0.2U_N$ 下之 $\tan\delta$ 差值的百分数。

④ $\Delta\tan\delta_2$ 为相邻 $0.2U_N$ 间隔下的 $\tan\delta$ 差值。

3.4.4　大电机定子绕组超宽频带局部放电现场检测

目前，国内外对于大电机主绝缘的局部放电检测主要有中性点耦合检测法、耦合电容检测法、射频检测法、PDA 检测法、槽耦合器（SSC）检测法。按测量带宽来分，这些检测方法所用的设备可分成窄带和宽带两类系统。窄带系统只对于严重的局部放电（例如火花放电）比较敏感，且不能区分机内和机外放电信号。宽带系统（如 SSC 检测法）检测放电脉冲，采集的局部放电信息很丰富，但要求在定子槽楔下面埋耦合传感器，对于已投入运行的发电机则需要改造定子绕组绝缘结构，令发电厂难以接受。

文献［88］利用研制的超宽频带局部放电微带传感器和相应的检测系统，检测大电机的局部放电，不需要将传感器埋于定子槽楔，不影响原来的定子绕组结构，且现场实测效果良好。试验结果表明，用超宽频带局部放电传感器检测大电机定子绕组的局部放电可有效地检测到大电机的放电情况，为电机主绝缘诊断提供了新依据。

1. 测试系统与检测部位

采用的局部放电检测系统是由超宽频带局部放电传感器、数字示波器、GPIB 卡、同轴电缆及计算机等组成。传感器是一种微带耦合器，利用电磁耦合原理可采集到局部放电产生的电磁波，其实测带宽高达 3GHz。采用的数字示波器是 Tektronix 公司生产的 TDS754A，实时带宽为 500MHz，采样率为 2GHz/s，能捕获 2ns 的单个脉冲。整个系统的实时采样带宽为 500MHz。

现场检测对象是姚孟电厂 2 号发电机组，型号为 QFS-300-2，额定功率为 300MW，额定电压为 18kV，定子绕组采用环氧粉云母 B 级绝缘，于 1980 年投入运行。

现场检测了 3 个不同部位的局部放电，分别为母线室、地线室及励磁端，如图 3-46 中星号所示位置，这 3 个部位是最能表征发电机放电情况的部位。在高压出线端发电机定子绕组局部放电产生的电磁波信号的传输损耗最小，信噪比最大，因此在电机的母线室能检测到定子线棒上发生的局部放电信号；电机内部的局部放电也会经发电机中性点接地线传出，利用耦合传感器在地线室也能检测到局部放电信号；在发电机的励磁端由于机壳的屏蔽作用，难以检测到高频放电，但可检测到由于集电环与电刷间的接触不良而引起的火花放电。

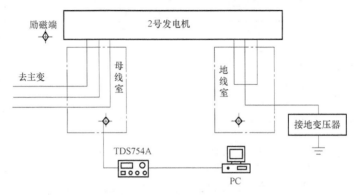

图 3-46　大电机主绝缘局部放电检测系统示意图

2. 现场测量数据及分析

（1）母线室放电信号

将传感器置于母线室可检测到发电机内部的局部放电，现场采集了大量放电波形，发现了一些具有共性的试验现象。图 3-47 是采集到的母线室局部放电信号的典型波形。图 3-47a 是发电机局部放电的时域波形，它包含着丰富的高频分量，整个放电波形呈振荡衰减，包络线呈指数衰减，放电时延约为 500ns 左右，前 2 个脉冲属于纳秒级脉冲，且脉冲幅值接近 300mV。

图 3-47b 是图 3-47a 对应的频域波形。图 3-47b 表明：在 40MHz 左右有一个很强的放电信号，100~130MHz、200~210MHz 及 250~290MHz 均有明显的放电信号。在母线室多次采集放电波形，发现尽管放电信号的时域波形有所差异，但其频域特征分量十分接近。

随着发电机主绝缘的老化，放电特征峰有向高频方向发展的趋势，因此通过检测定子线棒绝缘的超宽频带局部放电，分析其频谱特征，可判断电机主绝缘的老化状态。研究表明，发电机定子绕组放电脉冲的能量越靠近低频段（<25MHz），绝缘性能越好；越靠近高频段（>50MHz），绝缘老化越严重。母线室检测到的局部放电信号的频域波形已包含着很强的高频分量，且高频分量已大大超过 50MHz，这说明该电机的定子线棒绝缘老化已较严重。

（2）地线室放电信号

图 3-48 是在地线室采集到的局部放电信号的典型波形。图 3-48a 为局部放电的时域波形，从中可看出：放电信号的时域波形幅值先增大后减小，最大幅值约为 40mV，其包络线呈橄榄球型；放电时延要比母线室检测到的放电信号的时延长，约为 700ns 左右。图 3-48b 是对应的频域波形，频域分布表明：放电能量基本均匀分布于 30~130MHz，在 210MHz 和 250MHz 左右均有一个小的放电出现。在地线室多次采集信号，得到的放电信号的频率波形很稳定，都具有上述特征。与在母线室检测的信号相比，放电频率分量基本一致，只是其中的高频分量的幅值降低。这是由于定子绕组到地线室的传输损耗较大，传输时延较长，因而放电信号在传播的过程中幅值衰减较大。

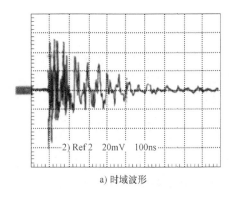

a) 时域波形

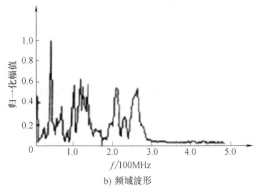

b) 频域波形

图 3-47 母线室检测到的局部放电信号

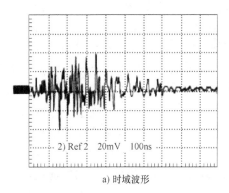

a) 时域波形

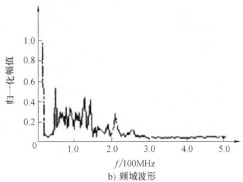

b) 频域波形

图 3-48 地线室检测到的局部放电信号

（3）励磁端放电信号

在远离励磁端，由于电机外壳的屏蔽作用，几乎检测不到放电信号。在靠近励磁端，通过肉眼可直接看到电刷上有明显的火花放电，通过超宽频带局部放电传感器，可检测到放电信号。

图 3-49 是在靠近励磁端采集到的放电信号的典型波形。图 3-49a 表明：放电时域波形时延较短，约为 300ns 左右，幅值约为 50mV 左右，正负脉冲波形基本对称。对应的频域波形表明，放电能量主要集中在 180MHz 以下，在 30～45MHz、60MHz、120MHz 左右有明显的放电峰值。

与在地线室和母线室检测到的信号不同，在励磁端检测到的放电能量分布要集中得多。这是由于所检测的信号主要有两种成分：一种是由于集电环与电刷间的接触不良而产生的火花放电，这部分放电信号频率较稳定，大约在 20～40MHz 间；另一种是定子线棒端部发生的局部放电。由于电机端部机械振动较剧烈，在机械应力的作用下，线棒端部绝缘的电老化程度较严重，因而端

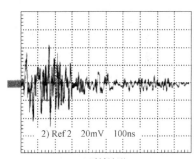

a) 时域波形

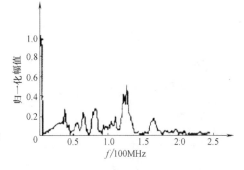

b) 频域波形

图 3-49 靠近励磁端检测到的放电信号

部绝缘内发生的放电较剧烈，且含有较多的高频分量。

3. 现场干扰信号及其对测量的影响

现场可能存在着随机性和周期性两类干扰信号，其中随机性干扰信号包括邻近设备的电晕放电和内部的局部放电信号，这种信号和待测设备局部放电的波形几乎一样，是一种重要的干扰源；变电站普遍存在的电力系统的载波通信和高频保护信号；开关、继电器的断合、电焊操作、荧光灯等产生的随机性脉冲信号。周期性干扰信号包括晶闸管闭合或断开时产生的周期性脉冲信号及无线电广播的干扰。

由于受到现场条件的限制，在现场试验时无法采用实验室研究中常用的干扰抑制手段。为了能正确识别包含在所采集到的局放信号中的干扰信号，需要对发电机运行时现场的空间干扰信号进行检测。从理论上讲，高频信号在传输过程中衰减很大，当信号源较远或信号较弱（如局部放电）时，则在一定距离以外就难以检测到该信号。所以在现场实验研究中，将传感器置于远离发电机的地方（>5m），检测的信号就是空间的干扰信号。

图 3-50 是离检测点大约 20m 处的一个电焊机的突然操作时检测到的信号波形。图 3-50a 时域波形表明，该干扰信号幅值较大，约为 900mV，呈现出 2 个脉冲尖峰；图 3-50b 频域波形表明，该干扰信号的频率分量主要集中在 30MHz 以下，在约 40MHz 和 60MHz 处出现两个峰值。上述特点与真实的放电信号有着很大的差异，因而这种类型的随机性脉冲干扰信号比较容易识别。

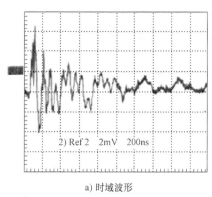

a) 时域波形

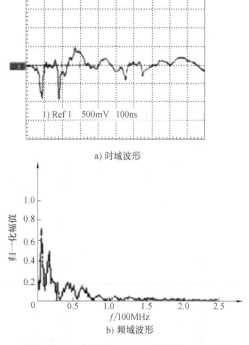

a) 时域波形

b) 频域波形

b) 频域波形

图 3-50　电焊机操作时检测到的干扰信号　　　　**图 3-51　检测到的空间干扰信号**

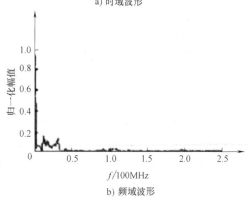

图 3-51 是另一干扰信号的波形。从图 3-51a 可看出，该干扰信号的时域波形幅值较小，只有几毫伏，时延较大，在 ms 级；图 3-51b 频域波形上也没有高频分量，其频域成分集中

于 5MHz 以下，在 20~30MHz 也存在着一小部分频率分量。这种干扰信号，由于其幅值很小，并不会对测量结果有很大影响。

上述检测结果说明将传感器置于母线室、地线室及电机励磁端，能够检测到电机的局部放电信号。因为来自空间的幅值很小的随机性脉冲干扰不会影响测量结果，而幅值很大的脉冲干扰很容易识别。

电机在线局部放电测量方法，将在本章第 3.5 节中详细介绍。

3.4.5　电机局部放电的诊断

1. 利用电磁探头法和槽放电测量仪诊断绕组局部放电

（1）电磁探头法

基本原理如图 3-52 所示。当测量某一槽放电时（包括内部放电、槽放电、表面放电），将绕有探测线圈，内径和定子槽宽相同的 π 型（半圆环）高频磁心（铁淦氧）的电磁探头置于电机铁心上，于是高频磁心和电机定子铁心构成磁闭合回路，磁心的线圈和槽内线圈共同组成变压器结构，槽内线圈为一次侧，磁心上线圈为二次侧。当槽内线圈放电时，此变压器的一次侧中就会出现放电脉冲电流，这一电流就会在二次侧感应出一个衰减振荡的电流波形，其峰值的幅值正比于一次侧流过的脉冲电流。用同轴电缆将二次侧振荡电流信号送到调谐放大器放大后，用峰值表指示，便可测得槽内线圈放电。

为了抑制外界干扰，测量回路应该用调谐回路。试验结果表明，选择谐振频率为 5~6MHz 比

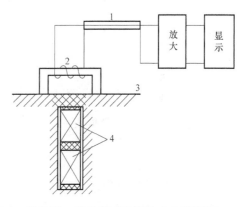

图 3-52　用单电磁传感器（电磁探头）
测局部放电示意图
1—同轴电缆　2—线圈　3—磁心　4—线棒

较合适，脉冲信号衰减较快，并有较高的灵敏度。谐振频率的改变可以通过调整 π 型（半圆环）磁心上的线圈匝数、输入电容值和电缆长度，也可以利用式（3-9）求取磁心上线圈电感 L。

$$L = \frac{Z_0}{\omega} \cdot \frac{1 - \omega C Z_0 \mathrm{tg} \dfrac{\omega l}{v}}{\omega C Z_0 + \mathrm{tg} \dfrac{\omega l}{v}} \tag{3-9}$$

式中　ω——谐振角频率（rad/s）；

$\quad\quad v$——波在电缆中传播速度（m/s）；

$\quad\quad C$——检测器入口电容（F）；

$\quad\quad l$——同轴电缆长度（m）；

$\quad\quad Z_0$——同轴电缆特性阻抗（Ω）。

已知检测器频率、串联电容以及电缆参数，根据式（3-9）即可求出线圈的电感，从而计算出匝数。

实例 3：图 3-53 表示采用电磁传感器法在 5kV 电压对运行 38 年的水轮发电机定子逐槽

测量的局部放电数值。试验结果表明，1~67 号槽的线棒绝缘的局部放电数值较大，其中 64 号槽线棒局部放电数值最大，后来该线棒在直流试验时在 30kV 较低电压下便被击穿。

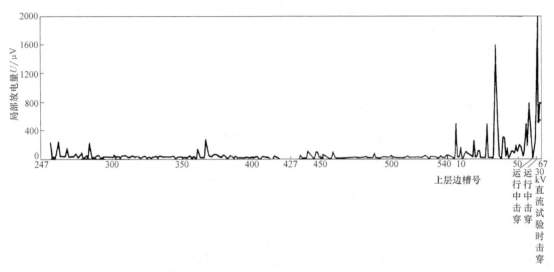

图 3-53　运行 38 年的水轮发电机定子线棒绝缘局部放电的实测曲线

（2）双电磁传感器测量法

单电磁传感器测量法受相邻槽的某些干扰。为了更有效地抑制干扰，可采用两个相同的电磁传感器按差动原理，分别扣于被测线棒所在槽的两侧齿顶，各距两端槽口三段铁心处，如图 3-54 所示。两个电磁传感器经过一个高频变压器与 JF-8001 型局部放电指示器连接。这样，当放置电磁传感器的槽内线棒绝缘发生局部放电或槽放电时，放电脉冲波由放电点向两侧扩散，在每个传感器上产生相位差不多的脉冲振荡信号，这一数值由局部放电指示器直接读出。当其他槽发生放电时，在该槽感应的脉冲通过位于同一方向的两个传感器上引

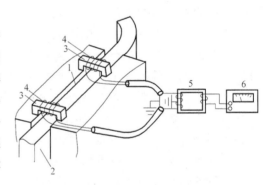

图 3-54　用双电磁传感器逐槽测量定子
线棒绝缘局部放电的接线

1—槽壁　2—线棒　3、4—电磁传感器的铁心、
线圈　5—高频变压器　6—局部放电指示

起相位几乎相差 180°的信号，从而消除相邻槽的干扰信号。如果发电机定子绕组采用双丫联结，可将每个支路紧靠中性点的线棒断开，逐个支路施加相电压，便可测出每槽上层及下层线棒绝缘的局部放电量或槽放电量，从而可以了解每个线棒绝缘的整体性及线棒防晕层与槽之间的接触情况。这种测量方法简单、可靠、易行，经在许多台发电机定子线棒上测量，均取得良好的效果。

实例 4：北美某电站一台 500MW 的发电机定子绕组，采用电磁探头进行局部放电测量。图 3-55 是其响应曲线。从图中可见，线槽 24~26 号，46~48 号的两个区域内幅值很高，其槽部有放电源。图中线槽 9 无线棒。

2. 采用超声探头扫描诊断绕组局部放电

（1）工作原理

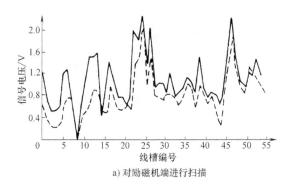

a) 对励磁机端进行扫描

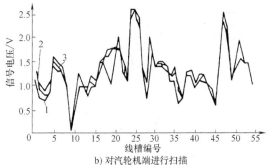

b) 对汽轮机端进行扫描

图 3-55 北美某电站 1 台 500MW 发电机定子用铁氧体磁心探头进行放电测量时的响应曲线

—施加 10kV 电压后立即进行扫描时的曲线　···通电 15min 后进行扫描时的曲线

1—通电 82min 后　2—通电 90min 后　3—通电 100min 后的三条曲线

如图 3-56 所示，超声探测装置是由定向喇叭形扬声器内的压电传感器，将接收的脉冲放电的超声波信号转换为声频信号，再经玻璃纤维管将声频信号给操作人员，谐振频率几十 kHz。对发电机绕组的扫描，可将探测装置装设在可沿发电机膛孔拖动的小台车上，喇叭形扬声器固定在旋转臂上，便可依次对每个线圈进行扫描。

（2）诊断实例

北美某电站一台 500MW 的发电机采用超声探头扫描，取得明显效果。开始，当电压 4kV 时，已发现端部绕组有放电现象；当达到 10kV 时，已在线槽部分的各位置上测出槽孔内低电平放电。表 3-10 列出了扫描时测出的放电点位置，并由检查后，发现损坏情况予以验证。从表中可见，数据线棒在导线叠层附近发现绝缘磨损，这显然是由于线棒振动所致。扫描时发现两个绕组的放电点位于槽孔内。

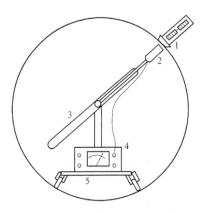

图 3-56 超声探头扫描诊断

1—定子槽　2—探头　3—转臂

4—放大器　5—小台车

表 3-10 超声探头检测出放电点时实际缺陷验证（一台 500MW 发电机定子绕组）

线棒位置	从定子铁心的励磁机端测得的位置		线棒位置	从定子铁心的励磁机端测得的位置	
	超声定位/m	在超声定位点附近观察到的绝缘损坏情况		超声定位/m	在超声定位点附近观察到的绝缘损坏情况
2 下层	1.4 1.8 4.9 5.1 5.3	在 1.2~1.6m、1.8m 和 4.7~5.8m 处，导线叠层发生振动	17 上层	0.3 5.6	在 0.3m 处表面上有油垢；在 0~0.5m 处导线叠层有振动损坏，在 5.6~5.8m 处表面烧伤，在 5.3m 处有皱纹；在 5.0~5.8m 处导线叠层有振动损坏
9 下层	0.2	在 0.2m 处表面上有油垢	43 上层	1.1 1.3 1.4 1.5 5.8	在 1.0、1.1、1.2、1.3、1.6m 处表面上有油垢；整个线棒都有振动损坏且在 3.8~5.8m 处最严重；在 1.1、1.3 和 1.5m 处发现导线叠层有皱纹
1 下层	1.6 4.6 5.0	在 1.6m、4.6m 和 5.0m 处导线叠层有振动			

（续）

线棒 位置	从定子铁心的励磁机端测得的位置		线棒 位置	从定子铁心的励磁机端测得的位置	
	超声定位/m	在超声定位点附近观察到的 绝缘损坏情况		超声定位/m	在超声定位点附近观察到的绝 缘损坏情况
1 下层	1.6～1.8 5.6	1.6～1.8m 处导线叠层有皱纹 和振动；5.7m 处表面烧伤	44 上层	0 1.2～1.5	在 0～2m 处导线叠层有振动
			47 上层	1.1 1.6～1.8	在 1.0～1.2m、1.7m 处导线叠 层有振动；在 1.0、1.2、1.4、1.6 和 1.8m 处有皱纹

3.5 电机局部放电的监测与诊断（在线）

3.5.1 发电机局部放电在线监测技术

目前，大型发电机局部放电在线监测方法主要有以下几种。

1. 中性点耦合监测法

大型电机中性点一般均通过接地电阻、接地电抗器或接地变压器来限制中性点接地电流。由于中性点的对地电位很低，发电机内任何部位的电弧放电都会在中性点接地线内产生相应的射频电流，因而局部放电的监测点，通常都选择在中性点接地线上。

早期美国西屋公司的 Johnson 研制出了用于发电机局部放电在线监测的槽放电探测器（Slot Discharge Detector）。工作原理是由中性点引出放电信号，通过一带通滤波器送入示波器，在示波器荧光屏上显示出信号的时域波形，如图 3-57 所示。利用这种新方法检测到了一些发电机线槽内的线圈松动现象。但实际应用中由于噪声信号的影响，需要有经验的操作人员才能识别局部放电信号，因此难以推广使用。

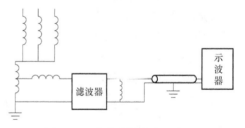

图 3-57 中性点耦合法示意图

2. 便携式电容耦合监测法

20 世纪 70 年代加拿大 Ontario Hydro 公司研制了一种局部放电在线监测装置。监测放电信号时，将三个电容（每个 375pF，25kV）搭接在发电机三相出线上，通过电容检出放电信号。此信号通过一带通滤波器（30kHz～1MHz）引入示波器，显示出放电信号的时域波形。这种方法在加拿大和美国的一些电厂得到应用，先后在 150 台水力发电机和 40 余台汽轮发电机上进行过 5000 余次试验，在当时获得一定的效果。它的缺点仍然是要依靠有经验的操作人员来区分外部干扰信号和内部放电信号，致使这种监测方法的推广受到了一定的限制。

在早期，用于局部放电信号监测的电容传感器容量一般都在 375pF 到 1000pF 范围内，在 1976 年，首次采用了 80pF 的电容作为传感器（见图 3-58）。研究发现采用 80pF 的电容传感器，其等效电路的下限截止频率在 40MHz 左右，而干扰信号分量一般都远远小于该频率，因此采用 80pF 的电容传感器，信号的信噪比较高，可以避免误警现象。而且电容容量小，传感器的体积小，容易安装且寿命高，保证了被测试系统的安全性。据文献介绍，加拿大 Iris 公司的电容传感器已经在上千台机组上使用。80pF 电容传感器以其自身的应用优势也被不少其他研究机构所采用。

近年来，一方面由于技术的进步，同容量电容的体积大大下降；另一方面随着数字信号处理技术的发展，新的抗干扰技术不断出现，大容量电容传感器又重新获得了大家的重视。大容量的电容比起小容量电容在局放信号检测方面灵敏度更高，信号的带宽也更宽。但同时耦合的噪声信号能量也会增加。因此，采用大电容传感器需要有高性能的抗干扰数字处理算法作基础。

图 3-58 80pF 电容传感器

3. 射频监测法

射频监测（Radio Frequency Monitoring）法实际上是对 Johnson 提出的方法的改进。该方法利用高频电流传感器、罗柯夫斯基（Rokowski）线圈或 RC 阻容高通滤波器从发电机定子绕组中性线上拾取高频放电信号，以发现定子绕组内部放电现象。

射频监测仪的工作原理和射频干扰场强仪相同，可以选择测量的中心频率和频带宽度。其输出端连接记录仪和报警装置。当局部放电发生时，其放电电流信号通过中性点接地线流向接地点，通过高频电流互感器耦合到监测回路，射频监测仪就可以监测到局部放电信号的强弱。记录仪用于记录监测过程中射频电流变化，一旦局部放电加剧，超过监测器预警设定值时，报警装置立即发出报警信号。

美国电力研究院 Emery 提出了 RF 监测法，该法的工作原理是利用高频电流互感器从发电机定子绕组中性线上引出放电信号，然后接入无线电噪声表（RIFI 表），进行频谱和时域分析，由有经验的操作人员综合识别干扰信号和内部放电信号，如图 3-59 所示。该法不仅可监测定子绕组绝缘状况，而且同时可监测电机内其他部件引起的电弧缺陷。

英国 Wilson 等采用的 RF 监测法，不同的是不采用 RIFI 表，而采用 RF 放大器，如图 3-60 所示。

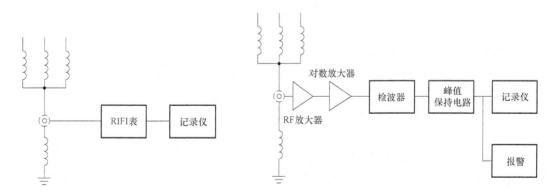

图 3-59 RF 监测法原理图　　　　图 3-60 采用放大器的 RF 监测法示意图

西屋公司早期开发了商用的射频监测仪，其放大器中心频率为 1MHz，带宽为 5kHz，带有报警电路。

由于运行的发电机中电气干扰和噪声比较大，有关研究部门又开发了一种 RFM 噪声消除器。其原理是探测这些噪声源（集电环、接地电刷和高压母线等）何时发生电弧，当探测到噪声源发生电弧时，就遮断 RFM 的输入信号，使这些假报警信号不能进入，这样就能防止假报警的产生，提高了射频监测仪的可靠性。

在国内，上海第二工业大学完成的 SJY-1 射频监测仪。该监测仪在抗干扰和接收器的输入动态范围等性能较西屋有改进，提高了监测的可信度；对测试结果的解释，从原本只限于定子线棒断股拉弧的监测，发展到对低能量的局放的评估，能更有效地发现早期的绝缘缺陷。SJY-1 射频监测仪对发电机绝缘系统评估和监督有积极作用。实践表明，该监测仪在线监测的数据与国内发电机大量采用离线的"电位外移"法的结果十分吻合。接受监测的两台变压器，其绝缘水平的差异，用射频仪也明显地予以反映。近几年来，哈尔滨电机厂、上海电机厂等均将 SJY-1 射频监测仪列为他们的配套产品，最近又为 600MW 以上机组配套 8台，其中包括上海吴泾二电厂两台 600MW 机组和秦山核电站二期工程两台 650MW 机组。

该方法的优点是传感器安装在低压点上，对系统的影响小，同时由于所有的局放信号都会经过中线，所以可以监测到发电机整个范围内的局部放电。缺点是信号的灵敏度比较低，局放信号从局放点传播到中线时已经有了很大的衰减和变形，使信号处理的难度增加。

4. PDA 监测法

PDA 是局部放电分析仪英文名称（Partial Discharge Analyzer）的缩写。PDA 监测法由加拿大 Ontaio Hydro 公司于 20 世纪 70 年代提出，主要用于在线监测水轮发电机内的局部放电。它利用绕组内放电信号和外部噪声信号在绕组中传播时具有的不同特点来抑制噪声。其原理是：若水轮发电机定子每相为双支路（或耦数支数）对称绕组，则在每条支路（在水轮机端部的环形母线上）永久性地安装两个耦合电容器，将两对称耦合电容器的输出信号利用相同长度的电缆引至 PDA 的差分输入放大器。对于外部噪声信号，每相绕组的两个信号耦合电容将产生相同的响应，因而 PDA 的差分放大器无输出，噪声被抑制。对于内部放电信号，由于信号传播距离不同，在到达每相绕组的两个耦台电容器时将出现时延和幅值的差异，差分放大器的输出就是放电信号，如图 3-61 所示。PDA 监测法已被用于国外水轮发电机的在线监测中。

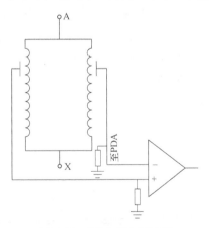

图 3-61 PDA 工作原理图

5. 槽耦合器（SSC）监测法

由于汽轮发电机定子绕组的结构不同于水轮发电机，PDA 监测不能满意地应用于汽轮发电机的在线监测。加拿大 Ontaio Hydro 公司和 Iris Power Engineering 公司于 1991 年将 TGA（Turbine Generator Analyzer，汽轮发电机分析仪）用于汽轮发电机局部放电信号的在线监测。这种方法要求在定子的槽楔下面埋有一特制器件——定子槽耦合器（Stator Slot Coupler, SSC，如图 3-62 所示），利用 SSC 探测每槽的放电脉冲，然后由同轴电缆将放电信号引至电机外部的分析仪器。通过测量脉冲宽度区别干扰和放电，进行双极性脉冲幅值分析、脉冲相位分析、放电位置定位等。SSC 外形很像一长方形温度探测器，在顶部定子绕组与槽楔间，长 50cm、厚 2mm、宽为槽楔宽的特制器件（每台机 6 个，每相 2 个）。它实际上是一个宽频带（10MHz~1GHz）耦合天线，可以探测到脉宽仅为纳秒级的局部放电脉冲，如图3-63所示。当来自于电机外部的噪声信号传至SSC时，其中的高频成分将严重衰减，从原理上讲，利用定子槽耦合器能有效地区别局部放电信号和噪声信号。

至1992年底，已有100余套SSC和TGA投运在加拿大、美国200~800MW氢冷及其发电机、调相机中。经过几年运行后，Stone和Sedding根据电机内外干扰的特性和强弱，针对两种类型电机，采取两种在线监测法，即对水力发电机、同步调相机、高压电动机，干扰来自外部时，采用高压母线耦合器法。其工作原理是，每相装两个相距2m的5~80pF的高压电容耦合器。经TGA数字化比较，噪声和局部放电的识别可简化为哪个耦合器上的脉冲首先被检测。

但是，由于传感器必须安装在发电机内部的缺点也使得该测试方法对于目前大部分已在运行的发电机来说都是不可行的。

此外，根据ADWEL公司的研究，槽耦合器也只对比较靠近传感器的局放有效，该公司研究表明在离传感器30cm处的局部放电，检测到的局放信号已经衰减了50%。一般一台电机内仅安装6~12个SSC传感器，过多的传感器也将大大增加测试系统的费用。

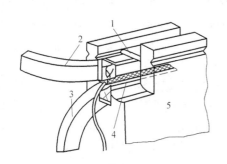

图3-62 定子槽耦合器SSC法

1—槽楔 2—上层绕组 3—下层绕组 4—槽内传感器 5—铁心

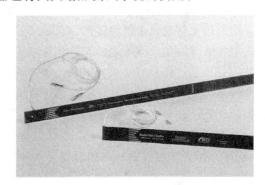

图3-63 SSC传感器

6. 基于埋置在定子槽内的电阻式测温元件导线的监测法（RTD耦合器法）

这种监测方法是以埋置在定子槽内的电阻式测温元件（Resistance Temperature Detector, RTD）导线作为局部放电传感器。根据现行的ANSI标准和IEC标准，每台发电机上都要安装RTD，因此不必再停机安装额外传感器就可进行局部放电测量。

其工作原理是利用RTD宽频带（10~150MHz）作耦合天线，感测放电信号，经RF高频互感器，送入诊断装置，如图3-64所示。

这种监测方法在监测中系统会引入很多电磁干扰，有些噪声来自于外部，而另一些噪声是从发电机内部产生的。由于局放传感器频率特性很宽，可以通过硬件和软件技术区分局放脉冲与噪声脉冲。在硬件上，可以从发电机周围多级传感器上进行数据的同步采集，将母线和转子的潜在噪声源引入测试系统；在软件上，根据在高频范围内局放脉冲与噪声脉冲之间在频率特性和灵敏度方面存在的差别来区分噪声。

7. 超高频（GHz）带空间相位差法

同样用以上这些局部放电在线监测技术，频带上有越来越宽，中心频段有越来越高的趋势。由于局部放电持续时间一般介于 10^{-9}~10^{-7}s 之间，相对应的频域十分宽广，可达到

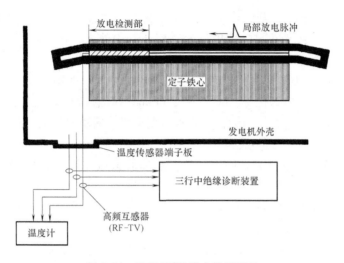

图 3-64　采用 RTD 耦合器原理图

1GHz 范围，如果仅测量和分析 MHz 以下的信号，显然不能全面反映绝缘系统的放电特性本质。所以带宽越宽，采集的局放信息越丰富；频段越高，信号的信噪比也越高。这些都需要有先进的硬件设备和有效地抑制干扰算法为基础，局部放电在线监测技术从窄带到宽带乃至超宽频带，是这一领域技术发展的趋势。

日本大阪大学川田昌武、松浦虔士同关西电力开发一种超高频（GHz）带电磁波空间相位差法，现已在一台运行 27 年 75MW 的环氧云母绝缘发电机上试用。其工作原理如图 3-65所示，由两根接收天线接收局部放电电磁信号的空间相位差，经时域的变换（傅里叶变换），求取两天线信号被检测的时间差 $t_{12} = t_2 - t_1$；即检测 PD，检测系统如图 3-66 所示。

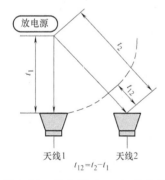

图 3-65　超高频（GHz）带空间
相位差法的原理

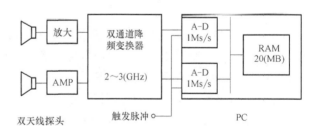

图 3-66　电磁波空间相位差法监测系统

据资料报道，国外利用这些在线监测技术，开发了多种局部放电在线监测装置，用到大型电机乃至中型电机（>4kV）上，取得了良好的经济效益。

8. 辐射电磁波法

图 3-67 利用转子天线探测局部放电示意图。天线所接收的局部放电通过集电环送到信号处理网及分析装置。也有高频天线安装在电机轴的心线的延长线上，由于采用了很高的频段（如 1~6GHz），常见的背景干扰已很小，能明显区分出局部放电。

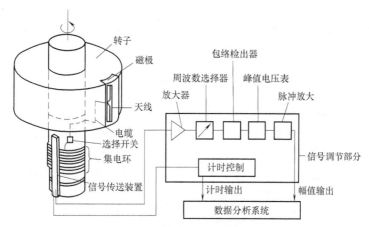

图 3-67 利用转子天线探测局部放电电磁波示意图

3.5.2 信号的传播特性及测试系统的影响

放电信号由放电点经绕组向两端传播时会有形变、延迟，接在绕组两端检测系统得到的放电信息可能受到影响。这些影响除与脉冲特性有关外，还与其在绕组中的传播规律有关。对于确定局部放电点的位置、局部放电量的校订，以及确定电流传感器频率特性来说，脉冲沿绕组的传播特性是十分重要的理论基础。

对放电脉冲沿设备绕组的传播，采用数值仿真和试验研究相结合的方法是分析问题的良好手段。数值仿真方法经济、灵活，可进行比较系统深入的研究；对通过仿真分析得到的结果，可针对性地进行试验验证。这样，既保证了研究的全面性和结果的准确性，又弥补了实验研究成本较高和灵活性差等不足。

1）局放信号是高频信号，由于定子绕组带有较大的感抗，是个复杂的 L-C-R 网络，信号从局放点到达传感器会产生很大的畸变和振荡，从而严重影响测试结果。对于一般试品，国标规定了局部放电的测量和标定方法，但目前的局部放电标定方法对于大型发电机定子的放电量的标定是不合适的。IEEE std P1434 提醒大家注意电机定子局放测试方面结果的不同解释。

2）除了局放信号在传播中的衰减和振荡对测试结果带来严重影响外，不同的测试系统对局放信号的测试结果影响也很大。根据报道，在对一台 4kV 电机的局放检测中，四台商用的宽带局放测试系统都根据 ASTM-D1868 的推荐方法进行视在电荷标定，然而他们对同一局放信号的测试结果用 pC（皮库）表示为 60～1000pC，对同一台电机的测试结果相差了 17 倍。测试系统对测试结果的影响主要是由于不同测试系统的带宽、输入阻抗、输入传感器及传感器的安装位置造成的。

基于上述原因，在分析局放在线测试结果时，还应将测试系统及测试方法放在一起来考虑。测试系统的带宽越窄，其结果差异越大，越不具有可比性，当测试系统的带宽超过一定范围，测试系统间测试结果的差异缩小，可比性增强。此外，就电机的局放测试而言，局部放电量在一段时间内的趋势变化往往更有价值。因此，局部放电在线监测系统应该采用宽带系统且带历史数据比较功能。

此外，由于窄带局放在线监测系统灵敏度低，获得的局放信息量少，往往无法进行局放类型等后续分析，所以本文下面的讨论基于宽带局放在线监测系统。近几年国内外新投入运行的局放在线监测系统一般都是带宽在数百 kHz 以上的宽带监测系统，带历史数据库和分析软件，能对监测到的局放信息给出很好的解释。

3.5.3　在线测试与传统测试方法的结果比较

表 3-11 说明了局放在线测试和传统测试方法之间的比较关系。在第一列的绝缘模型说明了内部铜导体，外部的绝缘表面和绝缘体内气隙的各种模型。第二列说明了系统的绝缘状态。第三、四、五列指出了传统测试方法得到的期望的结果，这些测试方法有绝缘电阻测试，极化指数测试，泄漏电阻测试。第六列包含了由局放测试得到的期望结果。

表 3-11　局放在线采测试和传统测试方法之间的关系

绝缘模型	绝缘状况	绝缘电阻测试	极化指数测试	泄漏电流测试	局放在线监测	
					窄带	宽带
●	好	高	好	线性泄漏电流且很小	测不到局放信号	测不到局放信号
●●	少量内部气泡	较高	较好	稳定的线性泄漏电流	测不到局放信号	可测到少量小的局放信号，正负极性信号平衡
●●●	内部绝缘有分层、裂缝现象	较高	较好	基本线性泄漏电流	基本测不到局放信号	可检测到正负极性平衡的局放信号，传统的方法无法检测到
●●●●	表面污染，需清理	低	差	泄漏电流大，应限制测试电压，有可能在测试时损坏	轻微的局放指示	比较大的正极性局放信号表明绝缘表面有问题
●●●	不能接受，需修理或重绕					比较大的负极性局放信号表明局放发生在绝缘和铜棒之间
✳	接近绝缘击穿，火花放电引起树状碳化结构	很低	很差	很大的泄漏电流，可能在测试中损坏	火花放电指示	局放量很大，有火花放电发生，最后导致永久损坏

传统的测试方法对于前三种绝缘模型的测试结果基本相同，很难区分。对于第三种绝缘模型，绝缘内部已经有分层和裂缝现象，但传统的测试会给出"合格"或"还可以"等错误结论，从而导致绝缘系统在下次安排停机测试前损坏。而宽带局放在线监测系统由于灵敏度高，能检查到绝缘内部气隙存在时的微弱放电信号，从而减少事故的发生。对于"接近击穿"的状态，局放可能使绝缘材料部分碳化从而阻止部分局放的发生，因此会观测到局放程度降低的现象。在这种情况下，传统测试方法能更为精确地反映绝缘状态，但泄漏电阻测试可能导致绝缘击穿。

3.5.4　干扰信号特性及在线诊断的降噪声技术

在线诊断和离线诊断的不同，在于前者有各种各样的噪声充斥在发电机周边，噪声强度往往超出定子绕组发生局部放电时的 100 倍以上。因此，在线监测大型发电机故障放电时，必须考虑各种噪声干扰的影响，尤其是那些与放电信号具有相似特征的脉冲干扰信号，必须采用各种抗干扰手段来抑制噪声干扰对测量结果的影响。

1. 电机在线局放监测时干扰的主要来源

在进行大型发电机故障放电在线监测时，现场的主要干扰来源有：

1) 变电站线路及其他高压设备的电晕放电。它是一种脉冲型的干扰，与待测设备的放电波形几乎一样，是一种重要的干扰源。

2) 除了无线电广播的干扰外，变电站普遍存在电力系统的载波通信和高频保护信号对监测的干扰。它是一种连续的周期性干扰，频率为 30～500kHz。高频通信的每一信道所占的频率虽仅为 4kHz，但由于采取的是频分复用的多路通信方式，故在复合网内的输电线路所传送的常常是多个频率的载波信号。

3) 励磁系统集电环放电、轴接地电刷接触不良引起放电。

4) 晶闸管闭合或开断时产生的干扰。

5) 其他如开关、继电器的断合、电焊操作、荧光灯、雷电等随机性脉冲干扰。

2. 干扰信号特性及抑制方法

（1）窄带干扰抑制

根据窄带干扰的频带分布，可使用模拟滤波器或数字滤波器。

自适应数字滤波系统的基础是 FIR 数字滤波器和自适应算法，系统根据实际情况使滤波器作相应改变，从而达到抑制窄带干扰的目的。小波变换可看作是用带通滤波器在不同尺度下对信号滤波，滤波器的中心频率随尺度因子的缩小而增高，但带宽与中心频率之比恒定，因此滤波器的带宽也相应变宽。小波分析方法可用来抑制窄带干扰。

在频域抑制窄带干扰时，可根据不同情况使用谱线删除、频域开窗或多通带滤波法。由于部分频率分量丢失，放电脉冲波形会有一定变化。

（2）白噪抑制

可用时域平均法来抑制放电检测信号中的白噪。白噪通常认为遵从正态分布，将检测数据按工频周期的整数倍划分为 k 个样本进行平均，则白噪将降为原来的 $1/\sqrt{k}$，受到了抑制。

小波变换具有多尺度、多分辨率的特点，能在时、频两域突出信号的局部特征。数学上采用 Lipschitz 指数 α 表征函数的局部特征。小波变换随尺度 j 的变化与指数 α 有关，此规律在极值上反映得最为明显。对小波变换的极大值，当 $\alpha > 0$ 时，随 j 增大而增大；$\alpha < 0$ 时，随 j 增大而减小；$\alpha = 0$ 时，不随 j 改变。

当信号中混有白噪时，因白噪的 $\alpha = -0.5 - \varepsilon(\varepsilon > 0)$，因此其小波变换极大值随尺度增加而减小，或白噪极大点随尺度增加而减少。可见，大尺度下的极大点主要属于有用信号。消除白噪的做法是：以大尺度下的极值点为基础；根据高一级极值点位置寻找本级对应的极值点，并去除其他极值点，逐级搜索，直至 $j = 1$ 为止；以选择出的极值点重建信号。

图 3-68 是使用自适应小波抑制局部放电检测信号中窄带干扰和白噪的处理结果，可以看出小波处理具有较好的干扰抑制能力。

（3）脉冲干扰抑制

对脉冲干扰有文献报道可使用平衡法或脉冲鉴别法，由于现场实际情况的复杂性，为使这两种方法能实际使用，尚需进一步研究。

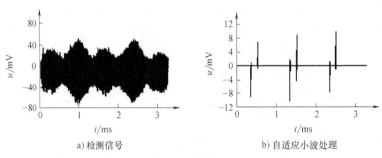

a) 检测信号　　　　　　　　　　b) 自适应小波处理

图 3-68　局部放电检测信号（50pC）的消噪处理

将 UHF（Ultra High Frequency，超高频）检测法与 HF（High Frequency，高频）检测法结合，可以达到既能抑制脉冲干扰、又能给出视在放电量的目的。

在实验室中，检测油中沿面放电的 UHF 和 HF 信号，两者脉冲间的对应性较好；也检测了空气中的电晕放电，HF 法能测得信号，但 UHF 法得不到信号。可知，根据 UHF 测量结果中的脉冲信号来确定 HF 测量结果中的对应脉冲为放电信号，从而达到抑制 HF 法结果中的脉冲干扰（主要是空气电晕）及其他干扰。

3. 在线诊断的其他降噪技术

利用局部放电信号和电磁噪声不同的特征，可采用频率特性法，传感器间比较法以及信号消除法等降噪方法。

（1）频率特性法

当绕组温度传感器作为局部放电之用时，电磁噪声脉冲和局部放电脉冲的频率特性显然不同。图 3-69 示出电磁噪声脉冲和局部放电脉冲的差异。在高频域，电磁噪声的强度较局部放电的急剧降低。因此，这就可能用频域不同的两个带通滤波器检出频率，并根据不同的信号比判断是噪声还是局部放电。实际上，对需要测定的每台发电机，都应选择最佳中心频率和频域进行测定。

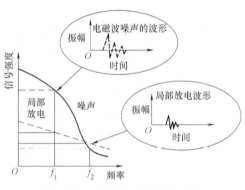

图 3-69　频率特性法降噪原理

（2）传感器间比较法

轴接地电刷等电磁噪声的检测强度对应于传感器的灵敏度比值大体是一定值。另外，放射性电噪声对应于任何传感器的强度比都在 1 左右。所以，这就可以利用传感器间的检测强度比较进行除噪。

（3）同时信号消除法

在需要判断噪声源或噪声传导路线的场合，安装传感器只能检测出噪声。如图 3-70 所示。用局部放电传感器同时检测出各种电磁噪声和脉冲并消去该噪声，就能检测其局部放电脉冲。因此，将此称为同时信号消除法。

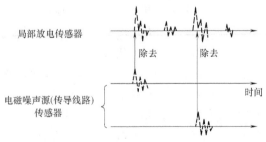

图 3-70　同时信号消除法的除噪原理

开发中的同时信号消除装置，是将噪声传感器安装在以下地点。①轴接地电刷（汽轮机侧转子）；②励磁机集电环（励磁机侧转子）；③分相母线；④放射性（外部）电磁波（发生源不能特定）。

（4）应用

图3-71 示出日本关西电力大阪发电站 3 号机局部放电的测量数据。表明局部放电发生的电压波动大的相位，亦即发生在 $\mathrm{d}v/\mathrm{d}t$ 绝对值大的相位上。除噪后的数据形成两个特定的分布区，所以据此可以判断这是除噪后的正常形态。

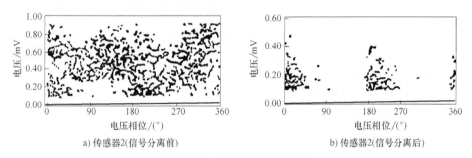

a) 传感器2(信号分离前)　　　　　　　b) 传感器2(信号分离后)

图 3-71　局部放电测定结果

3.5.5　测试数据分析以及对策

对于局放测试来说，测试结果的分析是很关键的。希望从测试的数据中能得出绝缘系统缺陷的具体位置以及当前绝缘的情况。为了得到确切的结果，可能还需要一些其他的辅助测试及检查。

1. 局放测试数据分析、解释及对策

表3-12用来总结测试数据和应采取的对策。根据局放脉冲的统计特性，如相位—放电量—重复率（ϕ-n-q）、放电极性—重复率（n-q_+、n-q_-）等图谱，可进行故障诊断，确定放电类型和绝缘劣化程度。

1）如果正极性的局放脉冲比较明显，表明在绝缘材料外部有潜在的问题。可能是由于绝缘污染而引起了表面放电和闪络，或是绝缘和铁心之间有气隙。这类潜在的问题花费较小的代价即可修复，从而阻止绝缘继续恶化，并可延长设备寿命。

研究资料表明，高达 26% 以上的电气故障在某种程度上都与绝缘材料外部的缺陷有关，所以如果能在故障发生前预先监测到故障先兆，是非常有意义的。

2）如果负极性的局放脉冲比较明显，表明铜导体与绝缘体之间有气隙。这类故障不易修复，用传统方法也较难确定。所以一旦确定这类故障，应持续监测局放发展的情况并考虑安排停机维修。

3）如果正负极性脉冲平衡。基于所介绍的理论，大家知道最可能的是绝缘材料内部的气隙放电，当然在铜导体和绝缘体的接合面处放电与绝缘和铁心间放电大小程度相等的可能性也是存在的，可以通过趋势观测以及其他辅助试验将二者区分开。

表3-12同时也推荐了不同局放测试结果下应采用的对策。根据推荐，当观测到首次明显的局部放电特征时，3~6 个月的趋势要引起重视。在可能的情况下应安装永久的局部放电传感器，以便更好地监测电机绝缘系统的状态。同时可以在线进行一些发电机工况变动试

验以帮助进一步识别和确定局放的类型和位置。

表 3-12　局放数据解释及应采取正确的处理方法

局放测试结果	可能的局放情况及主要成因	短期内处理方法	长期处理方法
轻度或中度局放（频率和幅度）	正常的局部放电 局放刚刚开始 绝缘开始损坏	发现局放后三个月内持续观测局放在线监测系统的监测结果　如果有证据表明绝缘已老化可考虑停机作传统的绝缘阻抗测试	如局放保持同一水平，6个月内持续观测局放在线监测系统的监测结果　如绝缘接近损坏，传统的测试能检测到低的电阻值
局放呈明显增长趋势	局放加剧 绝缘损坏加剧	根据局放增长的幅度比较 1~3 个月内的局放增长幅度　安排工况变动测试	停机时安排传统的阻抗测试　根据局放信号的统计特性，安排不同的检修和维护
正脉冲幅度大于负脉冲 2 倍以上，重复率大于 10 倍以上	绝缘和铁心间的气隙	同上	安排线棒紧固
正脉冲幅度大，次数小，负脉冲幅度小，次数多	线棒端部放电（表面放电或沿面闪络）	同上	安排停机及离线测试；进行线匝末端绝缘增强
明显的负极性脉冲	铜棒和绝缘表面的气隙	同上	安排停机及离线测试，重绕线匝
正负极性脉冲平衡	绝缘体内部的气隙	同上	安排停机及重绕线匝

2. 电机工况变动试验

为了得到确切的结果，可以在停机检修前做一些辅助测试。这些试验主要包括温度变化试验、负载变化试验和湿度变化试验等发电机工况变动试验，见表 3-13。

在温度变化试验中，应尽可能地使电机接近满负载，在测试期间尽可能地保持负载稳定。同时电压也是恒定的。随着温度的增加记录局部放电。如果正极性的局放增加，则问题可能与槽放电或线匝端部表面闪络有关。如果负极性的增加，则根本原因可能与铜棒半导体区域有关。

在负载变化试验中，保持电压与温度的稳定，以轻载起动，并随着负载的增加记录局部放电。如果正极性的增加，则最有可能是线棒松动或是线匝端部的闪络。

最后，在在线测试结果的趋势分析中，应记录湿度和温度。如果局放强度随着湿度而变化，则原因可能是表面放电。

表 3-13　电机工况变动试验与局放类型的关系

参数变化类型	恒定量	可能的情况	备注
负载	温度和电压	在轻负载和重负载时，正极性局放幅度变化表明线槽松动	可在早期发现并加以修复
温度	负载和电压	在温度变化，时局放信号幅度的变化一般表明绝缘内部放电。绝缘带的层之间可能有裂缝出现。在这种情况下，负极性信号可能稍大些	—

（续）

参数变化类型	恒定量	可能的情况	备注
湿度	—	如是表面放电,环境湿度对其幅度和重复频率的影响较大。湿度低时局放脉冲的幅度更大	—
气体压力和类型	—	结果可以用于判断局放类型。低压时表面放电更易出现	在非空气冷却电机中,可以调节气体的不同压力做不同的局放测试
时间(老化)	电压、温度、负载、湿度、气体压力	趋势增长,作负载和温度变化试验。如不相关,再做进一步测试	—

3. 局放在线测试应注意的问题

局部放电监测是一种有效的预防性在线维护测试。在线测试的优点是允许在正常生产时进行设备分析和诊断,根据测试结果可有计划地安排、实施正确的维修方案,从而减少无计划的停机。但也应注意到:

1）许多在线局放检测手段只适用于接近传感器的一小部分电机绕组,特别是窄带系统灵敏度较低,因此应该尽可能地采用宽带在线监测系统。

2）许多局放测试在本质上是相联系的,测试条件对测试结果的影响也很复杂,为了直接比较分析,应确保每次测试都在相近的条件下进行,或比较相近条件下的测试数据。

3）不能期望局部放电检测可以监测电机绝缘系统所有可能发生的问题,对发电机绝缘系统的评估应分析发电机的运行和现场环境状况并结合有效的传统测试手段进行综合诊断。

3.5.6　诊断实例

1. 采用定子槽耦合器的汽轮发电机在线诊断实例

自 1989 年以来,美国和加拿大已有百余台 800MW 以下的汽轮发电机安装 SSC 耦合器和 TGA 表。通常由发电厂运行人员每 6 个月测试一次,每次为 30min。

诊断实例 1: 某电站一台 588MVA、22kV、3600r/min、环氧粉云母绝缘的氢冷燃气轮发电机。在运行中,有功 500MW、无功 260Mvar、22kV 时,经 SSC 和 TGA 表测试局部放电如图 3-72 所示。可见,定子槽的局部放电已超过正常机组局部放电脉冲量的 20 倍。后经停机检查,发现定子线棒受损。经更换,恢复正常。

2. 采用高压母线耦合器在线诊断水轮发电机、同步调相机及高压电动机

对于以外部噪声源为主的一种类型的旋转电机,如水力发电机、同步调相机、高压电动机,使用装在高压母线的耦合电容,经 TGA 分析器、数字化、比较器鉴别,可以实现这类电机局部放电的在线监测。其高压母线耦合电容的安装示意图如图 3-73 所示。其高压电容为 5 ~ 80pF,每相装 2 个,每台机 6 个。至 1993 年,加拿大 4 个电站统计,已有 47 台水轮机组采用这种在线局部放电监测法。

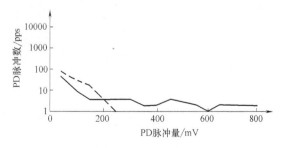

图 3-72　某电站氢冷燃气轮机组在 500MW、260Mvar 下定子槽局部放电

实线—正 PD　虚线—负 PD

从图 3-73 中可见，定子绕组的局部放电，首先是在标有 N 的耦合器检测到至少要 6ns 以后，才能在 F 耦合器处检测到。信号到达的时间差，是由于局部放电脉冲沿母线传播的速度（0.3m/ns）而引起的。同理，来自电力系统的外部噪声，首先是在 F 耦合器上被检测到，6ns 之后才会在耦合器 N 上检测到。这样，噪声和局部放电的识别可以简化为哪个耦合器上脉冲首先被检测到。

诊断实例 2： 某电站一台 160MVA、17kV 氢冷同步调相机，在运行中，经高压母线耦合器和 TGA 仪测试局部放电如图 3-74 所示。经停机检查发现，定子线棒接地壁绝缘因槽放电而被侵蚀。

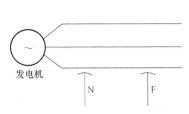

图 3-73　高压母线耦合安装示意图

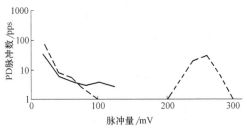

图 3-74　160MW、17kV 氢冷同步调相机局部放电
实线—正 PD　虚线—负 PD

3. RTD 耦合器法诊断试验

1996 年，日本关西电力公司在关西电站 3 号汽轮发电机采用 RTD 耦合器进行局部诊断试验。该机为 600MW、19kV、3600r/min 环氧绝缘的直接氢冷发电机。于 1977 年安装，已运行了 19 年。经离线测量，每相 PD 值为 60PPS 时约为 5000PC。

图 3-75 示出 RTD 热元件，即 PD 传感器位置图。图 3-76 是诊断装置构成图。图 3-76 中，用 5 种类型的传感器或天线作为 PPD 和噪声选道之用。PD 脉冲用射频电流互感器（RF-CT）频带为 10～250kHz，输出阻抗为 50Ω；噪声选通的 3 个传感器 RF-TA 频带为 1～

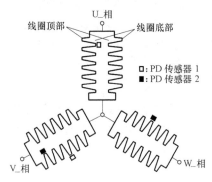

图 3-75　PD 传感器（RTD 热元件）
位置图

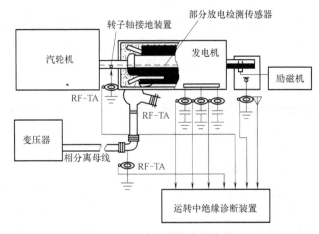

图 3-76　诊断装置的结构图

1000MHz。经现场在线检测，图3-77和图3-78为采用噪声为局部放电脉冲频带差异和多个局部放电传感器脉冲高度相关性，两种干扰抑制技术后的局部放电监测图。

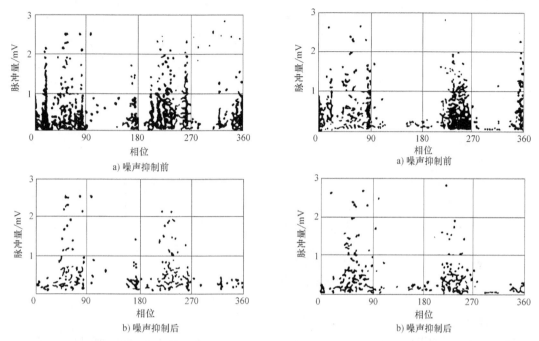

图 3-77　采用频带相关性的噪声抑制　　　　图 3-78　PD 脉冲高度相关性的噪声抑制

4．HSB-X 型发电机局放在线监测系统

本节介绍一种发电机局部放电在线监测系统，提供了一种新的高压电机故障放电在线监测方法，综合现有窄带和宽带两种系统的优势，结合现代信号分析和数据库等数字处理技术，给电站用户进行电机放电故障类型判断、检修维护决策提供故障放电监测结果。

HSB-1 型发电机局放在线监测系统采用高频宽带电流传感器、宽带前置放大电路、窄带信号检波和报警单元、包括 DSP 信号高速采集模块的工控机和高性能服务器等，组成宽带加窄带的系统硬件配置方式（见图 3-79）。

系统的信号源为发电机中性点，在发电机中性线上安装高频宽带电流传感器（TA），在传感器附近配置宽带前置放大电路，传感器的输出信号经宽带前置放大电路进行宽带放大和阻抗匹配后，再利用 50Ω 同轴电缆将信号送往距现场较远的后级窄带处理单元和宽带处理单元分别处理。

窄带处理单元采用了传统的用晶振带通滤波器对信号检波的方法，但比起以前的系统增加了完整的窄带报警参数整定功能，而且还将检波后的窄带信号送往信号数据采集模块，将数字化后的窄带信号送到服务器上的局放信号特征数据库供专家系统分析用。

宽带处理单元将宽带前置放大器送过来的宽带信号经隔离后送到 DSP 高速采样系统。由工控机和服务器对信号进行抗干扰处理和提取特征参数后存入局放信号特征数据库，专家系统根据特征数据库中的宽带和窄带历史数据做出电机绝缘状态的诊断。窄带系统和宽带系统是两套独立的系统，除共享传感器和信号前置放大器外，可独立工作。同时两套系统又作为一个整体，协同工作，增加了系统的可靠性，保证做到系统的漏报率为零，同时也降低了

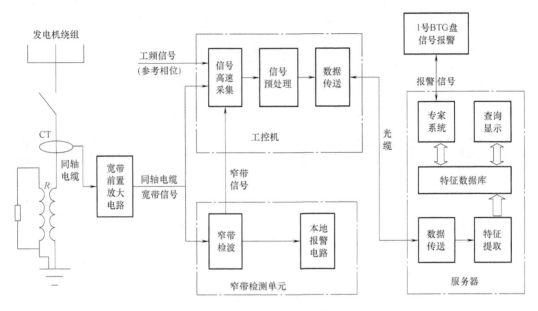

图 3-79　HSB-1 型局放在线监测系统结构图

系统的误报率。

发电机工频电压的相位有助于区分局放信号的来源，将厂内发电机的 AC 供电电源信号引入采样系统进行同步采样，这样以工频电源电压为同步参考信号，可用来区分局放信号来源的 A、B、C 相线。

相比 HSB-1 型发电机局放在线监测系统而言，HSB-2 型发电机局放在线监测系统取消了前端的工控机加数据采集卡的工作模式，采用基于 DSP 芯片的数据采集系统和 ARM 嵌入式系统来完成数据的采集、处理和传输工作。

附录 3.1　GB 50150—2016《电气装置安装工程　电气设备交接试验标准》（交流电机部分）

4　同步发电机及调相机

4.0.1　容量 6000kW 及以上的同步发电机及调相机的试验项目，应包括下列内容：

1. 测量定子绕组的绝缘电阻和吸收比或极化指数；

2. 测量定子绕组的直流电阻；

3. 定子绕组直流耐电压试验和泄漏电流测量；

4. 定子绕组交流耐电压试验；

5. 测量转子绕组的绝缘电阻；

6. 测量转子绕组的直流电阻；

7. 转子绕组交流耐电压试验；

8. 测量发电机或励磁机的励磁回路连同所连接设备的绝缘电阻；

9. 发电机或励磁机的励磁回路连同所连接设备的交流耐电压试验；

10. 测量发电机、励磁机的绝缘轴承和转子进水支座的绝缘电阻；

11. 测量埋入式测温计的绝缘电阻并检查是否完好；

12. 发电机励磁回路的自动灭磁装置试验；

13. 测量转子绕组的交流阻抗和功率损耗；

14. 测录三相短路特性曲线；

15. 测录空载特性曲线；

16. 测量发电机空载额定电压下的灭磁时间常数和转子过电压倍数；

17. 测量发电机定子残压；

18. 测量相序；

19. 测量轴电压；

20. 定子绕组端部动态特性测试；

21. 定子绕组端部与包绝缘施加直流电压测量；

22. 转子通风试验；

23. 水流量试验。

4.0.2 各类同步发电机及调相机的交接试验项目应符合下列规定：

1. 容量为 6000kW 以下、1kV 以上电压等级的同步发电机，应按本标准第 4.0.1 条第 1 款~第 9 款、第 11 款~第 19 款进行试验。

2. 1kV 及以下电压等级的任何容量的同步发电机，应按本标准第 4.0.1 条第 1、2、4、5、6、7、8、9、11、12、13、18 和 19 款进行试验。

3. 无起动电动机或起动电动机只允许短时运行的同步调相机，可不进行本标准第 4.0.1 条第 14 款和第 15 款试验。

4.0.3 测量定子绕组的绝缘电阻和吸收比或极化指数应符合下列规定：

1. 各相绝缘电阻的不平衡系数不应大于 2。

2. 对环氧粉云母绝缘吸收比不应小于 1.6。容量为 200MW 及以上机组应测量极化指数，极化指数不应小于 2.0。

3. 进行交流耐电压试验前，电机绕组的绝缘应满足本条第 1 款、第 2 款的要求。

4. 测量水内冷发电机定子绕组绝缘电阻，应在消除剩水影响的情况下进行。

5. 对于汇水管死接地的电机应在无水情况下进行；对汇水管非死接地的电机，应分别测量绕组及汇水管绝缘电阻，测量绕组绝缘电阻时应采用屏蔽法消除水的影响，测量结果应符合制造厂的规定。

6. 交流耐电压试验合格的电机，当其绝缘电阻按本标准附录 B 的规定折算至运行温度后（环氧粉云母绝缘的电机在常温下），不低于其额定电压 $1M\Omega/kV$ 时，可不经干燥投入运行。但在投运前不应再拆开端盖进行内部作业。

4.0.4 测量定子绕组的直流电阻应符合下列规定：

1. 直流电阻应在冷状态下测量，测量时绕组表面温度与周围空气温度的允许偏差应为 ±3℃。

2. 各相或各分支绕组的直流电阻，在校正了引线长度不同而引起的误差后，相互间差别不应超过其最小值的 2%；与产品出厂时测得的数值换算至同温度下的数值比较，其相对变化不应大于 2%。

3. 对于现场组装的对拼接头部位，应在紧固螺栓力矩后检查接触面的连接情况，并应在对拼接头部位现场组装后测量定子绕组的直流电阻。

4.0.5　定子绕组直流耐电压试验和泄漏电流的测量应符合下列规定：

1. 试验电压应为电机额定电压的 3 倍。

2. 试验电压应按每级 0.5 倍额定电压分阶段升高，每阶段应停留 1min，并应记录泄漏电流；在规定的试验电压下，泄漏电流应符合下列规定：

1）各相泄漏电流的差别不应大于最小值的 100%，当最大泄漏电流在 20μA 以下，根据绝缘电阻值和交流耐电压试验结果综合判断为良好时，可不考虑各相间差值。

2）泄漏电流不应随时间延长而增大。

3）泄漏电流随电压不成比例地显著增长时应及时分析。

4）当不符合本款第 1）项、第 2）项规定之一时，应找出原因，并将其消除。

3. 氢冷电机应在充氢前进行试验，严禁在置换氢过程中进行试验。

4. 在水内冷电机试验时，宜采用低压屏蔽法；对于汇水管死接地的电机，现场可不进行该项试验。

4.0.6　定子绕组交流耐电压试验应符合下列规定：

1. 定子绕组交流耐电压试验所采用的电压应符合表 4.0.6 的规定。

2. 现场组装的水轮发电机定子绕组工艺过程中的绝缘交流耐电压试验，应按现行国家标准 GB/T 8564—2003《水轮发电机组安装技术规范》的有关规定执行。

3. 水内冷电机在通水情况下进行试验，水质应合格；氢冷电机应在充氢前进行试验，严禁在置换氢过程中进行。

4. 大容量发电机交流耐电压试验，当工频交流耐电压试验设备不能满足要求时，可采用谐振耐电压代替。

表 4.0.6　定子绕组交流耐电压试验电压

容量/kW	额定电压/V	试验电压/V
10000 以下	36 以上	$(1000+2U_n)×0.8$，最低为 1200
10000 及以上	24000 以下	$(1000+2U_n)×0.8$
10000 及以上	24000 及以上	与厂家协商

注：U_n 为发电机额定电压。

4.0.7　测量转子绕组的绝缘电阻应符合下列规定：

1. 转子绕组的绝缘电阻值不宜低于 0.5MΩ。

2. 水内冷转子绕组使用 500V 及以下绝缘电阻表或其他仪器测量，绝缘电阻值不应低于 5000Ω。

3. 当发电机定子绕组绝缘电阻已符合起动要求，而转子绕组的绝缘电阻值不低于 2000Ω 时，可允许投入运行。

4. 应在超速试验前后测量额定转速下转子绕组的绝缘电阻。

5. 测量绝缘电阻时采用绝缘电阻表的电压等级应符合下列规定：

1）当转子绕组额定电压为 200V 以上时，应采用 2500V 绝缘电阻表；

2）当转子绕组额定电压为 200V 及以下时，应采用 1000V 绝缘电阻表。

4.0.8　测量转子绕组的直流电阻应符合下列规定：

1. 应在冷状态下测量转子绕组的直流电阻，测量时绕组表面温度与周围空气温度之差不应大于 3℃。测量数值与换算至同温度下的产品出厂数值的差值不应超过 2%。

2. 显极式转子绕组，应对各磁极绕组进行测量；当误差超过规定时，还应对各磁极绕组间的连接点电阻进行测量。

4.0.9　转子绕组交流耐电压试验，应符合下列规定：

1. 整体到货的显极式转子，试验电压应为额定电压的 7.5 倍，且不应低于 1200V。

2. 工地组装的显极式转子，其单个磁极耐电压试验应按制造厂规定执行。组装后的交流耐电压试验应符合下列规定：

1）额定励磁电压为 500V 及以下电压等级，耐电压值应为额定励磁电压的 10 倍，并不应低于 1500V。

2）额定励磁电压为 500V 以上，耐电压值应为额定励磁电压的两倍加 4000V。

3. 隐极式转子绕组可不进行交流耐电压试验，可用 2500V 绝缘电阻表测量绝缘电阻代替交流耐电压。

4.0.10　测量发电机和励磁机的励磁回路连同所连接设备的绝缘电阻值，应符合下列规定：

1. 绝缘电阻值不应低于 0.5MΩ。

2. 测量绝缘电阻不应包括发电机转子和励磁机电枢。

3. 回路中有电子元器件设备的，试验时应将插件拔出或将其两端短接。

4.0.11　发电机和励磁机的励磁回路连同所连接设备的交流耐电压试验，应符合下列规定：

1. 试验电压值应为 1000V 或用 2500V 绝缘电阻表测量绝缘电阻代替交流耐电压试验。

2. 交流耐电压试验不应包括发电机转子和励磁机电枢。

3. 水轮发电机的静止晶闸管励磁的试验电压，应按本标准第 4.0.9 条第 2 款的规定执行。

4. 回路中有电子元器件设备的，试验时应将插件拔出或将其两端短接。

4.0.12　测量发电机、励磁机的绝缘轴承和转子进水支座的绝缘电阻，应符合下列规定：

1. 应在装好油管后采用 1000V 绝缘电阻表测量，绝缘电阻值不应低于 0.5MΩ。

2. 对氢冷发电机应测量内外挡油盖的绝缘电阻，其值应符合制造厂的规定。

4.0.13　测量埋入式测温计的绝缘电阻并检查是否完好，应符合下列规定：

1. 应采用 250V 绝缘电阻表测量测温计绝缘电阻。

2. 应对测温计指示值进行核对性检查，且应无异常。

4.0.14　发电机励磁回路的自动灭磁装置试验应符合下列规定：

1. 自动灭磁开关的主回路常开和常闭触头或主触头和灭弧触头的动作配合顺序应符合制造厂设计的动作配合顺序。

2. 在同步发电机空载额定电压下进行灭磁试验，观察灭磁开关灭弧应正常。

3. 灭磁开关合分闸电压应符合产品技术文件规定，灭磁开关在额定电压 80% 以上时，应可靠合闸；在 30%~65% 额定电压时，应可靠分闸；低于 30% 额定电压时，不应动作。

4.0.15　测量转子绕组的交流阻抗和功率损耗应符合下列规定：

1. 应在定子腔内、腔外的静止状态下和在超速试验前后的额定转速下分别测量。

2. 对于显极式电机，可在腔外对每一磁极绕组进行测量，测量数值相互比较应无明显差别。

3. 试验时施加电压的峰值不应超过额定励磁电压值。

4. 对于无刷励磁机组，当无测量条件时可不测。

4.0.16　测量三相短路特性曲线应符合下列规定：

1. 测量数值与产品出厂试验数值比较，应在测量误差范围以内。

2. 对于发电机变压器组，当有发电机本身的短路特性出厂试验报告时，可只录取发电机变压器组的短路特性，其短路点应设在变压器高压侧。

4.0.17　测量空载特性曲线应符合下列规定：

1. 测量数值与产品出厂试验数值比较，应在测量误差范围以内。

2. 在额定转速下试验电压的最高值，对于汽轮发电机及调相机应为定子额定电压值的120%，对于水轮发电机应为定子额定电压值的130%，但均不应超过额定励磁电流。

3. 当电机有匝间绝缘时，应进行匝间耐电压试验，在定子额定电压值的130%且不超过定子最高电压下持续5min。

4. 对于发电机变压器组，当有发电机本身的空载特性出厂试验报告时，可只录取发电机变压器组的空载特性，电压应加至定子额定电压值的110%。

4.0.18　测量发电机空载额定电压下灭磁时间常数和转子过电压倍数，应符合下列规定：

1. 在发电机空载额定电压下测录发电机定子开路时的灭磁时间常数。

2. 对发电机变压器组，可带空载变压器同时进行。应同时检查转子过电压倍数，并应保证在励磁电流小于1.1倍额定电流时，转子过电压值不大于励磁绕组出厂试验电压值的30%。

4.0.19　测量发电机定子残压，应符合下列规定：

1. 应在发电机空载额定电压下灭磁装置分闸后测试定子残压。

2. 定子残压值较大时，测试时应注意安全。

4.0.20　测量发电机的相序应与电网相序一致。

4.0.21　测量轴电压应符合下列规定：

1. 应分别在空载额定电压时及带负载后测定。

2. 汽轮发电机的轴承油膜被短路时，轴承与机座间的电压值，应接近于转子两端轴上的电压值。

3. 应测量水轮发电机轴对机座的电压。

4.0.22　定子绕组端部动态特性测试应符合下列规定：

1. 应对200MW及以上汽轮发电机测试，200MW以下的汽轮发电机可根据具体情况而定。

2. 汽轮发电机和燃气轮发电机冷态下线棒、引线固有频率和端部整体椭圆固有频率避开范围应符合表4.0.22的规定，并应符合现行国家标准《隐极同步发电机定子绕组端部动态特性和振动测量方法及评定》GB/T 20140—2016的规定。

表4.0.22 汽轮发电机和燃气轮发电机定子绕组端部局部及整体椭圆固有频率避开范围

额定转速	支撑型式	线棒固有频率/Hz	引线固有频率/Hz	整体椭圆固有频率/Hz
3000	刚性支撑	≤95,≥106	≤95,≥108	≤95,≥110
	柔性支撑	≤95,≥106	≤95,≥108	≤95,≥112
3600	刚性支撑	≤114,≥127	≤114,≥130	≤114,≥132
	柔性支撑	≤114,≥127	≤114,≥130	≤114,≥134

4.0.23 定子绕组端部子包绝缘施加直流电压测量应符合下列规定：

1. 现场进行发电机端部引线组装的应在绝缘包扎材料干燥后，施加直流电压测量。

2. 定子绕组施加直流电压值应为发电机额定电压 U_n。

3. 所测表面直流电位不应大于制造厂的规定值。

4. 厂家已对某些部位进行过试验且有试验记录者可不进行该部位的试验。

4.0.24 转子通风试验方法和限值应按现行行业标准 JB/T 6229—2005《透平发电机转子气体内冷通风道检验方法及限值》的有关规定执行。

4.0.25 水流量试验方法和限值应按现行行业标准 JB/T 6228—2014《汽轮发电机绕组内部水系统检验方法及评定》中的有关规定执行。

5 直流电机

（略）

6 中频发电机

6.0.1 中频发电机的试验项目应包括下列内容：

1. 测量绕组的绝缘电阻；

2. 测量绕组的直流电阻；

3. 绕组的交流耐电压试验；

4. 测录空载特性曲线；

5. 测量相序；

6. 测量检温计绝缘电阻，并检查是否完好。

6.0.2 测量绕组的绝缘电阻值，不应低于 0.5MΩ。

6.0.3 测量绕组的直流电阻应符合下列规定：

1. 各相或各分支的绕组直流电阻值与出厂数值比较，相互差别不应超过 2%；

2. 励磁绕组直流电阻值与出厂数值比较，应无明显差别。

6.0.4 绕组的交流耐电压试验电压值，应为出厂试验电压值的 75%。

6.0.5 测录空载特性曲线应符合下列规定：

1. 试验电压最高应升至产品出厂试验数值为止，所测得的数值与出厂数值比较应无明显差别；

2. 永磁式中频发电机应测录发电机电压与转速的关系曲线，所测得的曲线与出厂数值比较应无明显差别。

6.0.6 测量相序，电机出线端子标号应与相序一致。

6.0.7 测量检温计绝缘电阻并检查是否完好，应符合下列规定：

1. 采用 250V 绝缘电阻表测量检温计绝缘电阻应良好；

2. 核对检温计指示值应无异常。

7 交流电动机

7.0.1 交流电动机的试验项目应包括下列内容：

1. 测量绕组的绝缘电阻和吸收比。

2. 测量绕组的直流电阻。

3. 定子绕组的直流耐电压试验和泄漏电流的测量。

4. 定子绕组的交流耐电压试验。

5. 绕线转子电动机转子绕组的交流耐电压试验。

6. 同步电动机转子绕组的交流耐电压试验。

7. 测量可变电阻器、起动电阻器、灭磁电阻器的绝缘电阻。

8. 测量可变电阻器、起动电阻器、灭磁电阻器的直流电阻。

9. 测量电动机轴承的绝缘电阻。

10. 检查定子绕组极性及其连接的正确性。

11. 电动机空载转动检查和空载电流测量。

7.0.2 电压为 1000V 以下且容量为 100kW 以下的电动机，可按本标准第 7.0.1 条第 1、7、10 和 11 款进行试验。

7.0.3 测量绕组的绝缘电阻和吸收比应符合下列规定：

1. 额定电压为 1000V 以下，常温下绝缘电阻值不应低于 $0.5M\Omega$；额定电压为 1000V 及以上，折算至运行温度时的绝缘电阻值，定子绕组不应低于 $1M\Omega/kV$，转子绕组不应低于 $0.5M\Omega/kV$。绝缘电阻温度换算可按本标准附录 B 的规定进行。

2. 1000V 及以上的电动机应测量吸收比，吸收比不应低于 1.2，中性点可拆开的应分相测量。

3. 进行交流耐电压试验时，绕组的绝缘应满足本条第 1 款和第 2 款的要求。

4. 交流耐电压试验合格的电动机，当其绝缘电阻折算至运行温度后（环氧粉云母绝缘的电动机在常温下）不低于其额定电压 $1M\Omega/kV$ 时，可不经干燥投入运行，但投运前不应再拆开端盖进行内部作业。

7.0.4 测量绕组的直流电阻应符合下列规定：

1. 1000V 以上或容量为 100kW 以上的电动机各相绕组直流电阻值相互差别，不应超过其最小值的 2%。

2. 中性点未引出的电动机可测量线间直流电阻，其相互差别不应超过其最小值的 1%。

3. 特殊结构的电动机各相绕组直流电阻值与出厂试验值差别不应超过 2%。

7.0.5 定子绕组直流耐电压试验和电流测量应符合下列规定：

1. 1000V 以上及 1000kW 以上泄漏、中性点连线已引出至出线端子板的定子绕组应分相进行直流耐电压试验。

2. 试验电压应为定子绕组额定电压的 3 倍。在规定的试验电压下，各相泄漏电流的差值不应大于最小值的 100%；当最大泄漏电流在 $20\mu A$ 以下，根据绝缘电阻值和交流耐电压试验结果综合判断为良好时，可不考虑各相间差值。

3. 试验应符合本标准第 4.0.5 条的有关规定：中性点连线未引出的可不进行此项试验。

7.0.6 电动机定子绕组的交流耐电压试验电压应符合表 7.0.6 的规定。

表 7.0.6 电动机定子绕组交流耐电压试验电压

额定电压/kV	3	6	10
试验电压/kV	5	10	16

7.0.7 绕线转子电动机的转子绕组交流耐电压试验电压应符合表 7.0.7 的规定。

表 7.0.7 绕线转子电动机转子绕组交流耐电压试验电压

转子工况	试验电压/V
不可逆的	$1.5U_k + 750$
可逆的	$3.0U_k + 750$

注：U_k 为转子静止时，在定子绕组上施加额定电压，转子绕组开路时测得的电压。

7.0.8 同步电动机转子绕组的交流耐电压试验应符合下列规定：

1. 试验电压值应为额定励磁电压的 7.5 倍，且不应低于 1200V。

2. 试验电压值不应高于出厂试验电压值的 75%。

7.0.9 可变电阻器、起动电阻器、灭磁电阻器的绝缘电阻，当与回路一起测量时，绝缘电阻值不应低于 $0.5M\Omega$。

7.0.10 测量可变电阻器、起动电阻器、灭磁电阻器的直流电阻值应符合下列规定：

1. 测得的直流电阻值与产品出厂数值比较，其差值不应超过 10%。

2. 调节过程中应接触良好，无开路现象，电阻值的变化应有规律性。

7.0.11 测量电动机轴承的绝缘电阻应符合下列规定：

1. 当有油管路连接时，应在油管安装后，采用 1000V 绝缘电阻表测量。

2. 绝缘电阻值不应低于 $0.5M\Omega$。

7.0.12 检查定子绕组的极性及其连接的正确性应符合下列规定：

1. 定子绕组的极性及其连接应正确。

2. 中性点未引出者可不检查极性。

7.0.13 电动机空载转动检查和空载电流测量应符合下列规定：

1. 电动机空载转动的运行时间应为 2h。

2. 应记录电动机空载转动时的空载电流。

3. 当电动机与其机械部分的连接不易拆开时，可连在一起进行空载转动检查试验。

第4章 电机轴承故障诊断

轴承故障是电机的主要故障之一。有资料表明，轴承故障约占电机总故障的 30%~40%。电动机中绝大多数使用滚动轴承，故本章主要对滚动轴承的故障诊断进行分析。首先介绍电机轴承的故障类型及产生原因，分析电机轴承的基本诊断方法，然后分别从轴承的振动机理与故障轴承振动信号特征、滚动轴承的振动测量与诊断技术、电机轴承的诊断新技术与实例分析三部分对电机轴承故障分析与诊断进行研究。

4.1 电机轴承的故障分析与基本诊断方法

4.1.1 滚动轴承典型结构及振动参数

1. 滚动轴承的典型结构

滚动轴承的典型结构如图 4-1 所示，它由内圈、外圈、滚动体和保持架四部分组成。

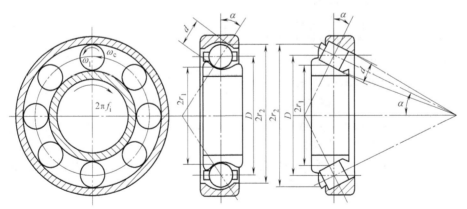

图 4-1 滚动轴承的典型结构

滚动轴承的几何参数主要有：

1）轴承节径 D：轴承滚动体中心所在的圆的直径；

2）滚动体直径 d：滚动体的平均直径；

3）内圈滚道半径 r_1：内圈滚道的平均半径；

4）外圈滚道半径 r_2：外圈滚道的平均半径；

5）接触角 α：滚动体受力方向与内外滚道垂直线的夹角；

6）滚动体个数 Z：滚柱或滚珠的数目。

2. 滚动轴承的特征频率

假设：①滚道与滚动体之间无相对滑动；②承受径向、轴向载荷时各部分无变形；③内圈滚道回转频率为 f_i；④外圈滚道回转频率为 f_0；⑤保持架回转频率（即滚动体公转频率为 f_c）。则滚动轴承特征频率可推得见表 4-1。

表 4-1 滚动轴承特征频率表（假定外圈固定、内圈旋转）

项目	特征频率	备注
内圈旋转频率 f_i	$f_i = N/60$	转轴转速 N，单位 r/min
内外圈相对旋转频率 f_r	$f_r = f_i - f_0 = f_i$	假定外圈固定，内圈旋转
Z 个滚动体通过内圈上一点频率 Zf_{ic}	$\dfrac{1}{2}Z\left(1+\dfrac{d}{D}\cos\alpha\right)f_r$	
Z 个滚动体通过外圈上一点频率 Zf_{oc}	$\dfrac{1}{2}Z\left(1-\dfrac{d}{D}\cos\alpha\right)f_r$	
滚动体在保持架上的通过频率 f_{bc} 滚动体的公转频率 f_{bc} 滚动体上的一点通过内圈或外圈频率 f_{bc}	$\dfrac{D}{2d}\left[1-\left(\dfrac{d}{D}\right)^2\cos^2\alpha\right]f_r$	
保持架旋转频率 f_c 滚动体的公转频率 f_c	$\dfrac{1}{2}\left(1-\dfrac{d}{D}\cos\alpha\right)f_r$	
止推轴承在止推滚道上的通过频率 Zf_{oc}	$\dfrac{1}{2}Zf_r$	在两个滑道上的通过频率相等
止推轴承保持架的回转频率 f_{bc} 止推轴承滚动体的公转频率 f_{bc}	$f_{bc}=\dfrac{1}{2}\dfrac{D}{d}f_r$	f_r——两止推环的相对转动频率
内外滚道的自振频率 f_n	$\dfrac{n(n^2-1)}{2\pi\sqrt{n^2+1}}\times\dfrac{4}{D^2}\sqrt{\dfrac{EIg}{\gamma A}}$	n——振动阶数（变形波数），$n=2$，$3,\cdots$ E——弹性模量，钢材为 210GPa I——套圈横截面的惯性矩，mm^4 γ——密度，钢材为 $7.86\times10^{-6}kg/mm^3$ A——套圈横截面积，$A\approx bh$，mm^2 D——套圈横截面中性轴直径，mm g——重力加速度，g：$9800mm/s^2$ R——钢球半径
钢球的固有频率 f_{bn}	$0.212\dfrac{Eg}{R\gamma}$	

4.1.2 滚动轴承故障的主要形式与原因

滚动轴承在运转过程中可能会由于各种原因引起损坏，如装配不当、润滑不良、水分和异物侵入、腐蚀和过载等都可能会导致轴承过早损坏。即使在安装、润滑和使用维护都正常的情况下，经过一段时间运转，轴承也会出现疲劳剥落和磨损而不能正常工作。总之，滚动轴承的故障原因十分复杂。总体来说滚动轴承的故障现象表现为三大类，一是轴承安装部位温度过高，二是轴承运转中有噪声，三是轴承损伤。

1. 轴承过热

在机构运转时，安装轴承的部位允许有一定的温度，当用手抚摸机构外壳时，应以不感觉烫手为正常，反之则表明轴承温度过高。

电动机的滚动轴承温度超过 100℃ 时，称为轴承过热。一般是由于润滑不良（如润滑油质量不符合要求或变质，润滑油黏度过高）；安装不当（如机构装配过紧（间隙不足），轴承装配过紧），轴承座圈在轴上或壳内转动；负载过大；轴承保持架或滚动体碎裂等原因造成的。

如果发生轴承过热，应从以下几方面查明原因加以排除。

（1）轴承润滑状态不良

当发现轴承过热时，应拆开电动机两端的轴承盖，对润滑脂进行外观检查。由于电动机运行日久，润滑脂太脏有杂质侵入，或已干枯等都会造成轴承过热，应合理选用润滑脂进行更换。

（2）轴承室中的润滑脂过多或过少

轴承室中的润滑脂过多会使轴承旋转部分和润滑脂之间产生很大的摩擦力而发热；过少会引起滚珠在沟槽中干磨发热。最合适的量是使润滑脂占整个轴承室容积的 1/2 ~ 2/3。

（3）轴承安装不当，轴承与转轴、大盖配合不良

在实际中，现场检查轴承安装的情况多数是凭经验检查轴承的径向间隙和轴承内、外套的配合情况。如果轴承径向间隙过大或内、外套配合过松，容易造成跑套；如果间隙过小或内、外套配合过紧，容易使轴承变形。这两种情况都会导致电动机运行时过热。

2. 滚动轴承的损伤

在拆卸、检查滚动轴承时，可根据轴承的损伤情况判断轴的故障及损坏原因。

（1）滚道表面金属剥落

轴承滚动体和内、外圈滚道面上均承受周期性脉动载荷的作用，从而产生周期变化的接触应力。当应力循环次数达到一定数值后，在滚动体或内、外圈滚道工作面上就产生疲劳剥落。如果轴承的负载过大，会使这种疲劳加剧。另外，轴承安装不正、轴弯曲也会产生滚道剥落现象。轴承滚道的疲劳剥落会降低轴的运转精度，使机构发生振动和噪声。

（2）磨损

由于尘埃、异物的侵入，滚道和滚动体相对运动时会引起表面磨损，润滑不良也会加剧磨损，磨损的结果使轴承游隙增大，表面粗糙度增加，降低了轴承运转精度，因而也降低了机器的运动精度，振动及噪声也随之增大。对于精密机械轴承，往往是磨损量限制了轴承的寿命。

此外，还有一种微振磨损。在轴承不旋转的情况下，由于振动的作用，滚动体和滚道接触面间有微小的、反复的相对滑动而产生磨损，在滚道表面上形成振纹状的磨痕。

（3）塑性变形

轴承的滚道与滚子接触面上出现不均匀的凹坑，说明轴承产生塑性变形。其原因是轴承在很大的静载荷或冲击载荷作用下，工作表面的局部应力超过材料的屈服极限，这种情况一般发生在低速旋转的轴承上。

（4）锈蚀

锈蚀是滚动轴承最严重的问题之一，高精度轴承可能会由于表面锈蚀导致精度丧失而不

能继续工作。水分或酸、碱性物质直接侵入会引起轴承锈蚀。当轴承停止工作后，轴承温度下降达到露点，空气中水分凝结成水滴附在轴承表面上也会引起锈蚀。此外，当轴承内部有电流通过时，电流有可能通过滚道和滚动体上的接触点处，很薄的油膜引起电火花而产生电蚀，在表面上形成搓板状的凹凸不平。

（5）轴承座圈裂纹

轴承座圈产生裂纹的原因可能是轴承配合过紧，轴承外圈或内圈松动，轴承的包容件变形，安装轴承的表面加工不良等。

（6）断裂

过高的载荷会引起轴承零件断裂。磨削、热处理和装配不当都会引起残余应力，工作时热应力过大也会引起轴承零件断裂。另外，装配方法、装配工艺不当，也可能造成轴承套圈挡边和滚子倒角处掉块。

（7）胶合

所谓胶合是指一个零部件表面上的金属黏附到另一个零部件表面上的现象。在润滑不良、高速重载情况下工作时，由于摩擦发热，轴承零件可以在极短时间内达到很高的温度，导致表面烧伤及胶合。

（8）保持架损坏

装配或使用不当可能会引起保持架发生变形，增加它与滚动体之间的摩擦，甚至使某些滚动体卡死不能滚动，也有可能造成保持架与内外圈发生摩擦等。这一损伤会进一步使振动、噪声与发热加剧，导致轴承损坏。

3. 电动机轴承过紧或过松

1）若轴承与轴或端盖与轴承外径配合过紧，装配时强力压装或将轴承盖装偏，都会使轴承受到外力作用，造成轴承由于过紧而发热，从而影响电动机的正常运行。

2）电动机在运行中，由于机械部分的振动，或电动机在检修中经过多次拆、装，轴承最容易松动。这样会造成轴承滚珠破损；轴承内圈与轴配合松动，出现内钢圈与转轴相对运动，即"跑内套"；轴承外圈与端盖配合不紧，出现外钢圈与轴承座相对运动，即"跑外套"。由于以上故障，轴承位置不固定，造成定、转子发生摩擦，使电动机局部过热，严重时电动机不能正常运行。

4. 轴承噪声

滚动轴承在工作中允许有轻微的运转响声，如果响声过大或有不正常的噪声或撞击声，则表明轴承有故障。

滚动轴承产生噪声的原因比较复杂，其一是轴承内、外圈配合表面磨损。由于这种磨损，破坏了轴承与壳体、轴承与轴的配合关系，导致轴线偏离了正确的位置，导致轴在高速运动时产生异响。当轴承疲劳时，其表面金属剥落，也会使轴承径向间隙增大产生异响。此外，轴承润滑不足，形成干摩擦以及轴承破碎等都会产生异常声响。轴承磨损松动后，保持架松动损坏，也会产生异响。

5. 电动机的轴承漏油

轴承漏油会造成润滑不良，污损轴承，严重时还可能烧坏轴承。一般可根据不同情况，查明原因并予以排除。

1）沿轴面漏油。由于电动机转动的吸气作用和油槽过长，或顺轴瓦边缘溢出等原因造成轴承漏油，可用油毡阻止吸气，在轴上车制突缘油挡和将轴瓦边缘切成圆角，以防止沿轴面漏油。

2）油环溅油。油环偶尔有不规则的运动，往往带出润滑油，可在油环顶上装一个油封，以阻止带出的油外溢。

3）零件部分损坏、油环有裂缝等原因造成漏油，除临时用铅油、磁漆等涂料进行封堵外，还应及时安排进行修理。

4）立式电动机漏油是由于结构的严密程度不如卧式电动机而造成于言表的，可使用较稠的润滑油或采用特殊装置以防止漏油。

4.1.3 滚动轴承的故障诊断技术

滚动轴承的故障诊断技术主要有振动诊断技术、铁谱诊断技术、温度诊断技术、声学诊断技术、油膜电阻诊断技术和光纤监测诊断技术等，其中，振动、铁谱、温度诊断技术应用最普通，各类诊断技术的分类特点和应用范围见表4-2。

表4-2　诊断技术的分类和选择

类型	简介	特点	应用范围
振动诊断技术	轴承元件的工作表面出现剥落、压痕或局部腐蚀时，轴承运行中会出现周期性的脉冲信号。这种周期性的信号可由安装在轴承座上的传感器（速度型或加速度型）来接收，通过对振动信号的分析来诊断轴承的故障	应用广泛，可实现在线监测，诊断快，诊断理论已成熟	特别适合旋转机械中轴承的故障监测
铁谱诊断技术	轴承磨损颗粒与其工作状况有密切的联系。将带有磨损颗粒的润滑油通过一强磁场，在强磁场的作用下，磨粒按一定的规律沉淀在铁谱片上，铁谱片可在铁谱显微镜上作定性观察或在定量仪器上测试，据此判断轴承的工作状况	机器无须解体；投资低，效果好；能发现轴承的早期疲劳失效；可做磨损机理研究	适用于润滑油润滑的轴承的故障诊断，对于用脂润滑的轴承较困难
油膜电阻诊断技术	润滑良好的轴承，由于油膜的作用，内、外圈之间有很大的电阻。故通过测量轴承内、外圈的电阻，可对轴承的异常做出分析	对不同的工况条件可使用同一评判标准。对表面剥落、压痕、裂纹等异常的诊断效果差	适用于旋转轴外露的场合
光纤监测诊断技术	光纤监测是一种直接从轴承套圈表面提取信号的诊断技术。用光导纤维束制成的位移传感器包含有发射光纤束和接收光纤束。光线由发射光纤束经过传感器端面与轴承套圈表面的间隙反射回来，由接收光纤束接收，经光电元件转换成电信号，通过对电信号的分析处理，可对轴承工况做出评估	光纤位移传感器灵敏度高；直接从轴承表面提取信号，提高了信噪比；可直接反映滚动轴承的制造质量、表面磨损程度、载荷、润滑和间隙等情况	适用于可将传感器安装在轴承座内的机器
温度诊断技术	轴承若产生某种异常，轴承的温度会发生变化。因此，根据温度的变化，可以对轴承的故障进行诊断，但对异常判断的能力很低	诊断简单，对轴承烧伤判断效果较好	适用于机器中轴承的简单常规诊断
声学诊断技术	金属材料由于内部晶格的错位，晶界滑移或者由于内部裂纹的发生和发展，均需要释放弹性波，这种现象称为声发射现象。滚动轴承产生剥落或裂纹时，会产生不同类型的声发射信号，据此可对轴承工况做出评估	诊断快速、简便；可在线监测	近几年来发展的新技术，在轴承工况监测中应用较少

4.2　轴承的振动机理与故障轴承振动信号特征

4.2.1　正常轴承的振动信号特征

正常的轴承也有相当复杂的振动和噪声，有些是由轴承本身结构特点引起的；有些和制造装配有关，如滚动体和滚道的表面波纹、表面粗糙度以及几何精度不够高，在运转中都会引起振动和噪声。

1. 轴承结构特点引起的振动

滚动轴承在承载时，由于在不同位置承载的滚子数目不同，因而承载刚度会有所变化，引起轴心的起伏波动，振动频率为 Zf_{oc}（见图4-2）。要减少这种振动的振幅可以采用游隙较小的轴承或加预紧力去除游隙。

2. 轴承钢度非线性引起的振动

滚动轴承的轴向刚度常呈非线性（见图4-3），特别是当润滑不良时，易产生异常的轴向振动。在刚度曲线呈对称非线性时，振动频率为 f_n，$2f_n$，$3f_n\cdots$；在刚度曲线呈非对称非线性时，振动频率为 f_n，$1/2f_n$，$1/3f_n\cdots$分数谐频（f_n 为轴回转频率）。这是一种自激振动，常发生在深沟球轴承，自调心球轴承和滚柱轴承不常发生。

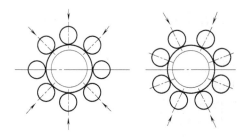

图4-2　滚动轴承的承载刚度和滚子位置的关系

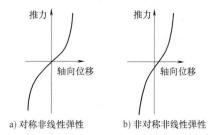

a) 对称非线性弹性　　b) 非对称非线性弹性

图4-3　轴承的轴向刚度

3. 轴承制造装配的原因

（1）加工面波纹度引起的振动

由轴承零件的加工面（内圈、外圈滚道面及滚动体面）的波纹度引起的振动和噪声在轴承中比较常见，这些缺陷引起的振动为高频振动（比滚动体在滚道上的通过频率高很多倍）。高频振动及轴心的振摆不仅会引起轴承的径向振动，在一定条件下还会引起轴向振动。表4-3列出了振动频率与波纹度峰数的关系。表中，n 为正整数，Z 为球（滚动体）数，f_{ic} 为单个滚动体在内圈滚道上的通过频率，f_c 为保持架转速，f_{bc} 为滚动体相对于保持架的转动频率。

表4-3　振动频率与波纹度峰数的关系

有波纹度的零件	波纹度峰数		振动频率/Hz	
	径向振动	轴向振动	径向振动	轴向振动
内圈	$nZ\pm1$	nZ	$nZf_{ic}\pm f_n$	nZf_{ic}
外圈	$nZ\pm1$	nZ	nZf_c	nZf_c
滚动体	$2n$	$2n$	$2nf_{bc}\pm f_c$	$2nf_{bc}$

（2）轴承偏心引起的振动

如图 4-4 所示，当轴承游隙过大或滚道偏心时都会引起轴承振动，振动频率为 nf_n，f_n 为轴回转频率，$n=1$，2，$\cdots$。

（3）滚动体大小不均匀引起的轴心摆动

如图 4-5 所示，滚动体大小不均匀会导致轴心摆动，还有支承刚性的变化。振动频率为 f_c 和 $nf_c \pm f_n$，$n=1$，2，$\cdots$，此处 f_c 为保持架回转频率，f_n 为轴回转频率。

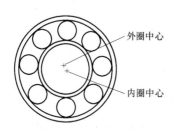

图 4-4　轴承偏心引起的振动

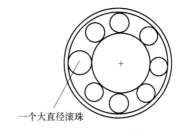

图 4-5　滚动体大小不均匀引起的轴心摆动

（4）轴弯曲引起轴承偏斜

轴弯曲会引起轴上所装轴承的偏移，造成轴承振动。轴承的振动频率为 $nf_c \pm f_n$，$n=1$，2，$\cdots$。此处 f_c 为保持架回转频率，f_n 为轴回转频率。

4. 滚动轴承的声响

滚动轴承在运转时由于各种原因会产生振动，并通过空气振动转变为声音，声音中包含着轴承状态的信息。轴承声响有如下几种：

$$
\text{轴承声音}
\begin{cases}
\text{轴承本质的声音}
\begin{cases}
\text{滚道声}\\
\text{辗扎声}
\end{cases}\\
\text{与制造有关的声音}
\begin{cases}
\text{保持架声音}\\
\text{高频振动声}
\end{cases}\\
\text{与使用有关的声音}
\begin{cases}
\text{伤痕声}\\
\text{尘埃声}
\end{cases}
\end{cases}
$$

所谓轴承本质的声音是一切轴承都有的声音。滚道声是滚动体在滚动面上滚动而发生的，是一种滑溜连续的声音。它与套圈的固有振动有关，频率一般都在 1kHz 以上，并与轴承转速有关。辗压声主要产生在脂润滑的低速重载圆柱滚动轴承中。

保持架声音由保持架的自激振动引起，保持架振动时会与滚动体发生冲撞而发出声音。高频振动声是由加工面的波纹度引起的振动而发出的声音。

在与使用有关的声音中，伤痕声是由滚动面上的压痕或锈蚀引起的，为周期性的振动和声音。尘埃声是非周期性的。

可见，正常的轴承在运转时也会有十分复杂的振动和声响，而故障轴承的声音则更复杂。

4.2.2　故障轴承振动信号的特点

轴承发生故障后，其振动特征会有明显的变化，主要有以下几方面。

1. 疲劳剥落损伤

当轴承零件上产生了疲劳剥落坑后（见图 4-6），在轴承运转中会因为碰撞而产生冲击脉冲。在滚动轴承剥落坑处碰撞产生的冲击力的脉冲宽度一般都很小，大致为微秒级。因力的频谱宽度与脉冲持续时间成反比，所以其频谱可从直流延展到 $100 \sim 500 \mathrm{kHz}$。疲劳剥落损伤可以在很宽的频率范围内激发轴承—传感器系统的固有振动。由于从冲击发生处到测量点的传递特性对此有很大影响，因此测点位置选择非常关键，测点应尽量接近承载区，振动传递界面越少越好。

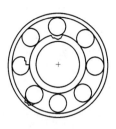

图 4-6 轴承零件上产生的疲劳剥落坑（夸大的方式）

产生疲劳剥落故障的轴承振动信号波形如图 4-7a 所示，图 4-7b 为其简化的波形。T 取决于碰撞的频率，$T = 1/f_{碰}$。在简单情况下，碰撞频率就等于滚动体在滚道上的通过频率 ZF_{ic} 或 Zf_{oc}，或滚动体自转频率 f_{bc}。

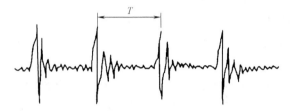

a) 产生疲劳剥落故障的轴承振动信号波形   b) 其简化波形

图 4-7 有疲劳剥落故障轴承的振动信号

2. 磨损

随着磨损的进行，振动加速度峰值和有效值（RMS）值缓慢上升，振动信号呈现较强的随机性，峰值与 RMS 值的比值从 5 左右逐渐增加到 $5.5 \sim 6$。如果不发生疲劳剥落，最后振动幅值可比最初增大很多倍，变化情况如图 4-8 所示。

3. 胶合

图 4-9 为一运转过程中发生胶合的滚动轴承的振动加速度及外圈温度的变化情形。在 A 点以前，振动加速度略微下降，温度缓慢上升。A 点之后振动值急剧上升，而温度却还有

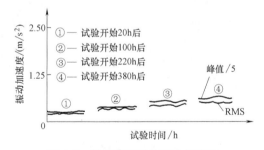

图 4-8 轴承磨损时的振动加速度

些下降，这一段轴承表面状态已恶化。在 B 点以后振动值第二次急剧上升，以致超过了仪

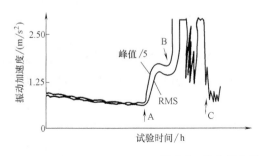
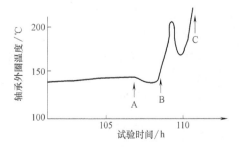

图 4-9 发生胶合时的轴承试验曲线

器的测量范围,同时温度也急剧上升。在 B 点之前,轴承中已有明显的金属与金属的直接接触和短暂的滑动,B 点之后有更频繁的金属之间直接接触及滑动,润滑剂恶化甚至发生炭化,直至发生胶合。从图中可以看出,振动值比温度能更早地预报胶合的发生,由此可见轴承振动是一个比较敏感的故障参数。

4.3 滚动轴承的振动测量与诊断技术

4.3.1 滚动轴承的故障信号的测量与分析

1. 传感器的选择与固定方式

根据滚动轴承的结构特点,使用条件不同,它所引起的振动可能是频率约为 1kHz 以下的低频脉动,也可能是数千赫乃至数十千赫的高频振动。因此,检测滚动轴承振动速度和加速度信号时应同时覆盖或分别覆盖上述两个频带,必要时可以采用滤波器取出需要的频率成分。

滚动轴承的振动属于高频振动,对于高频振动的测量,传感器的固定采用手持式方法显然不合适,一般也不推荐磁性座固定,建议采用钢制螺栓固定,这样不仅谐振频率高,可以满足要求,而且定点性也好,对于衰减较大的高频振动,可以避免每次测量的偏差,使数据具有可比性。

2. 分析谱带的选择

(1)低频段(1kHz 以下)

一般可以采用低通滤波器(例如截止频率 $f_b \leqslant 1kHz$)滤去高频成分后再做频谱分析。由于轴承的故障特征频率(通过频率)通常都在 1kHz 以下,此法可直接观察频谱图上相应的特征谱线,做出判断。由于在这个频率范围容易受到机械及电源干扰,并且在故障初期反映故障的频率成分在低频段的能量很小,因此信噪比低,故障检测灵敏度差,目前已较少采用。

(2)中频段(1~20kHz)

1)高通滤波器 使用截止频率为 1kHz 的高通滤波器滤去 1kHz 以下的低频成分,以消除机械干扰;然后用信号的峰值、RMS 值或峭度系数作为监测参数。许多简易的轴承监测仪器仪表都采用这种方式。

2)带通滤波器 使用带通滤波器提取轴承零件或结构零件的共振频率成分,用通带内的信号总功率作为监测参数,滤波器的通带截止频率根据轴承类型及尺寸选择,例如对 309 轴承,通带中心频率为 2.2kHz 左右,带宽可选为 1~2kHz。

(3)高频段(20~80kHz)

由于轴承故障引起冲击的冲击能量有很大部分分布在高频段,如果采用合适的加速度传感器和固定方式保证传感器较高的谐振频率,利用传感器的谐振或电路的谐振增强所得到衰减振动信号,对故障诊断非常有效。

4.3.2 滚动轴承的简易诊断

利用滚动轴承的振动信号分析故障的诊断方法可分为简易诊断法和精密诊断法两种。简易诊断的目的是为了初步判断被列为诊断对象的滚动轴承是否出现了故障；精密诊断的目的是要判断在简易诊断中被认为出现了故障的轴承的故障类别及原因。

1. 滚动轴承故障的简易标准

在利用振动对滚动轴承进行简易诊断的过程中，通常需要将测得的振值（峰值、有效值等）与预先给定的某种判定标准进行比较，根据实测的振值是否超出了标准给出的界限来判断轴承是否出现了故障，以决定是否需要进一步进行精密诊断。因此，判定标准就显得十分重要。

用于滚动轴承简易诊断的判定标准大致可分为以下三种。

（1）绝对判定标准

绝对判定标准是指用于判断实测振值是否超限的绝对量值。

（2）相对判定标准

相对判定标准是指对轴承的同一部位定期进行振动检测，并按时间先后进行比较，以轴承无故障情况下的振值为基准，根据实测振值与该基准振值之比进行判断的标准。

（3）类比判定标准

类比判定标准是指对若干同一型号的轴承在相同的条件下、在同一部位进行振动检测，并将振值相互比较进行判断的标准。

需要注意的是，绝对判定标准是在标准和规范规定的检测方法的基础上制定的标准，因此必须注意其适用频率范围，并且必须按规定的方法进行振动检测。适用于所有轴承的绝对判定标准是不存在的，因此一般都是兼用绝对判定标准、相对判定标准和类比判定标准，这样才能获得准确、可靠的诊断结果。

2. 振动信号简易诊断法

（1）振幅值诊断法

这里所说的振幅值指峰值 X_P、均值 $\overline{X}$（对于简谐振动为半个周期内的平均值，对于轴承冲击振动为经绝对值处理后的平均值）以及方均根值（有效值）X_{rms}。

峰值反映的是某时刻振幅的最大值，因而它适用于像表面点蚀损伤之类的具有瞬时冲击的故障诊断。另外，对于转速较低的情况（如 300r/min 以下），也常采用峰值进行诊断。

均值用于诊断的效果与峰值基本一样，其优点是检测值较峰值稳定，但一般用于转速较高的情况（如 300r/min 以上）。

方均根值是对时间平均的，因而它适用于像磨损之类的振幅值随时间缓慢变化的故障诊断。

（2）波形因数诊断法

波形因数定义为峰值与均值之比（$X_P/\overline{X}$）。该值也是用于滚动轴承简易诊断的有效指标之一。如图 4-10 所示，当 $X_P/\overline{X}$ 值过大时，表明滚动轴承可能有点蚀；而 $X_P/\overline{X}$ 值过小时，则有可能发生了磨损。

（3）波峰因数诊断法

波峰因数定义为峰值与方均根值之比（X_P/X_{rms}）。该值用于滚动轴承简易诊断的优点在于它不受轴承尺寸、转速及载荷的影响，也不受传感器、放大器等一、二次仪表灵敏度变化的影响。该值适用于点蚀类故障的诊断。通过对 X_P/X_{rms} 值随时间变化趋势的监测，可以

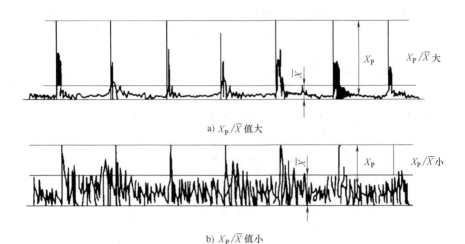

a) $X_P/\overline{X}$ 值大

b) $X_P/\overline{X}$ 值小

图 4-10 滚动轴承冲击振动的波形因数

有效地对滚动轴承故障进行早期预报，并能反映故障的发展变化趋势。当滚动轴承无故障时，X_P/X_{rms} 为一较小的稳定值；一旦轴承出现了损伤，则会产生冲击信号，振动峰值明显增大，但此时方均根值尚无明显的增大，故 X_P/X_{rms} 增大；当故障不断扩展，峰值逐步达到极限值后，方均根值则开始增大，X_P/X_{rms} 逐步减小，直至恢复到无故障时的大小。

（4）概率密度诊断法

无故障滚动轴承振幅的概率密度曲线是典型的正态分布曲线；而一旦出现故障，则概率密度曲线可能出现偏斜或分散的现象，如图 4-11 所示。

（5）峭度系数诊断法

峭度（Kurtosis）β 定义为归一化的 4 阶中心矩，即

$$\beta = \frac{\int_{-\infty}^{+\infty} (x - \overline{x})^4 p(x) \, dx}{\sigma^4} \qquad (4-1)$$

式中　x——瞬时振幅；

　　　$\overline{x}$——振幅均值；

　$p(x)$——概率密度；

　　　σ——标准差。

振幅满足正态分布规律的无故障轴承，其峭度值约为 3。随着故障的出现和发展，峭度

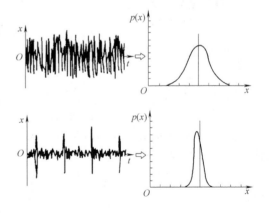

图 4-11 滚动轴承的损伤

值具有与波峰因数类似的变化趋势。此方法的优点在于与轴承的转速、尺寸和载荷无关，主要适用于点蚀类故障的诊断。

峭度系数对轴承早期故障较敏感，轴承一旦发生故障，K_V 值即增大。也就是说当轴承逐步出现滚动表面损伤时，振动信号中必然产生周期性大幅值脉冲。由于峭度系数表达式中分子为 x 的 4 次方，而分母为均方值的二次方，也就是说分母是一个平均量，这就必然导致分子的增加快于分母，K_V 上升很快，反映了故障已出现。峭度系数是振动幅值概率密度函

数陡峭程度的量度，计算时，采样频率及采样点数对计算结果有一定的影响。K_V值的计算是在概率密度函数标准化后进行的，转速或载荷变化虽然也发生变化，但其均值和标准差也随之变化，幅值概率密度函数的形状与原工作状况无太大差别，对轴承故障的发展程度反映不很敏感，所以K_V值变化不大。

英国钢铁公司研制的峭度仪在滚动轴承故障的监测诊断方面取得了很好的效果。有统计资料表明，使用峭度系数和RMS值共同监测滚动轴承振动情况，故障诊断成功率可达到96%以上。

3. 滚动轴承的冲击脉冲诊断法（SPM法）

滚动轴承存在缺陷时，如有疲劳剥落、裂纹、磨损和滚道进入异物时，会发生冲击，引起脉冲性振动。由于阻尼的作用，这种振动是一种衰减振动。冲击脉冲的强弱反映了故障的程度，它还和轴承的线速度有关。SPM冲击脉冲法（Shock Pulse Method）就是基于这一原理。

在无损伤或极微小的损伤期，脉冲值（dB值）大体在水平线上下波动。随着故障的发展，脉冲值逐渐增大。当冲击能量达到初始值的1000倍（60dB）时，就认为该轴承的寿命已经结束。总的冲击能量dB_{sv}与初始冲击能量dB_i之差称为标准冲击能量dB_N。

$$dB_N = dB_{sv} - dB_i$$

可以根据dB_N的值判断轴承的状态：

$0 \leqslant dB_N \leqslant 20dB$　　　正常状态，轴承工作状态良好；

$20dB \leqslant dB_N \leqslant 35dB$　　注意状态，轴承有初期损伤；

$35dB \leqslant dB_N \leqslant 60dB$　　警告状态，轴承已有明显损伤。

冲击脉冲法对使用者的要求较高，初学者在现场使用中往往由于经验不足，对设备工况条件考虑不周造成诊断失误，因此采用此方法进行诊断时应注意有关要求。

4. 滚动轴承共振解调诊断法（IFD法）

共振解调法是利用传感器及电路的谐振，将故障冲击引起的衰减振动放大，从而大大提高故障探测的灵敏度，这是与冲击脉冲法的相同点。险此之外，该方法还利用解调技术将故障信息提取出来，通过对解调后的信号进行频谱分析，可以诊断出故障的部位，指出故障发生在轴承外圈、内圈滚道或滚动体上。

5. 高通绝对值频率分析法

将加速度计测得的振动加速度信号经电荷放大器放大后，再经过1kHz高通滤波器，只抽出其高频成分，然后将滤波后的波形作绝对值处理，再对经绝对值处理后的波形进行频率分析，即可判明各种故障原因。

图4-12为高通绝对值频率分析法的测试分析原理框图。图4-12c给出了振动波形绝对值处理结果。

4.3.3　滚动轴承损伤的特征频率

滚动轴承的精密诊断主要采用频谱分析法。由于滚动轴承的振动频率成分十分丰富，既含有低频成分，又含有高频成分，而且每一类特定的故障都对应特定的频率成分。进行频谱分析之前需要通过适当的信号处理方法将特定的频率成分分离出来，然后对其进行绝对值处理，最后进行频率分析，以找出信号的特征频率，确定故障的部位和类别。

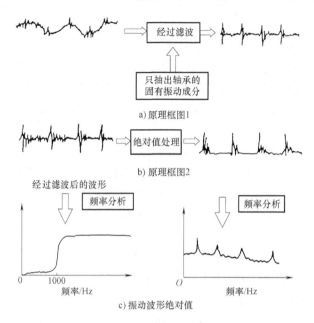

图 4-12 高通绝对值频率分析法的测试分析原理图

1. 轴承损伤类型

（1）轴承内滚道损伤

轴承内滚道产生损伤时，如：剥落、裂纹、点蚀等（如图 4-13 所示），若滚动轴承无径向间隙，会产生频率为 $nZf_i(n=1，2，\cdots)$ 的冲击振动。

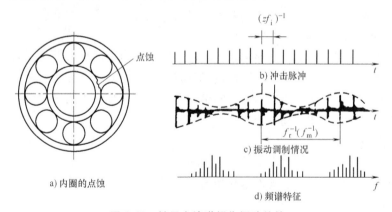

图 4-13 轴承内滚道损伤振动特性

（2）轴承外滚道损伤

当轴承外滚道产生损伤时，如剥落、裂纹、点蚀等（如图 4-14 所示），在滚动体通过时也会产生冲击振动。通常滚动轴承都有径向间隙，且为单边载荷，根据点蚀部分与滚动体发生冲击接触的位置的不同，振动的振幅大小会发生周期性的变化，即发生振幅调制。

（3）滚动体损伤

当轴承滚动体产生损伤时，如剥落、裂纹、点蚀等如图 4-15 所示，缺陷部位通过内圈

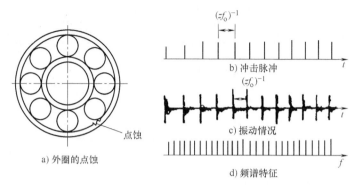

图 4-14　轴承外滚道损伤振动特性

或外圈滚道表面时会产生冲击振动。

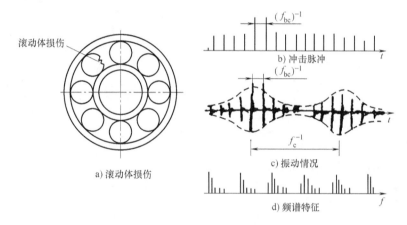

图 4-15　轴承滚动体损伤振动情况

（4）轴承偏心

当滚动轴承的内圈出现严重磨损等情况时，轴承会出现偏心现象，当轴旋转时，轴心（内圈中心）便会绕外圈中心摆动，如图 4-16 所示。

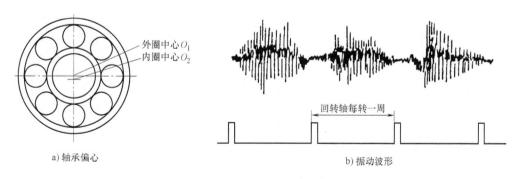

图 4-16　滚动轴承偏心的振动情况

2. 轴承部件损伤特征频率表

与轴承部件损伤有关的特征频率列于表 4-4 中。

表 4-4　轴承部件损伤特征频率表

故障类别	条件	频率	频谱	备注
轴承偏心	—	nf_r		$n=1,2,3,\cdots$
内圈有点蚀	无径向间隙时	nZf_r		$n=1,2,3,\cdots$
	有径向间隙时	$nZf_i \pm f_r$		$n=1,2,3,\cdots$
	有径向间隙时	或 $nZf_i \pm f_c$		$n=1,2,3,\cdots$
外圈有点蚀	—	nZf_o		$n=1,2,3,\cdots$
滚动体有点蚀	无径向间隙时	nZf_b		$n=1,2,3,\cdots$
	有径向间隙时	$2nf_b \pm f_c$		$n=1,2,3,\cdots$

4.3.4　滚动轴承过热故障及处理实例

实例 1：一台新安装的 1250kW 三相异步电动机，试车时发现游隙超过允许值，负载侧温升较高，不得不停机检查处理。由于使用工况为连续定额，且安装拆卸条件差，设计时采用了双侧滚柱轴承，在负载侧另并列一个滚珠轴承起轴向定位作用，润滑采用压注滑脂方式，加油时润滑脂从油嘴压入，通过导孔进入内轴承室上部，而废油则从外轴承室下部的排油孔排出。而实际检查发现，负载侧轴承室内加工错误，导致滚珠轴承悬空随轴同转，失去轴向控制，产生轴游。对这种情况，将轴承室内孔进行了补焊、加工处理。同时，进一步的检查还发现，负载侧外轴承上的油嘴出口，在端盖轴承室的对应位置上并无通路，也就是说，如果向油嘴中注油，既不能进入内轴承盖内，也不能进入外轴承盖内，因此使用一段时间后，两侧的轴承都得不到补充润滑脂，必然导致轴承过热。为此，在轴承室上进行加钻导油孔和内轴承室对应开槽处理，使润滑脂能直接压入内轴承室如图 4-17 所示。改造后既解决了游隙又解决了轴承过热问题。[13]

　　实例 2： 4 台转炉风机用 JK2-500 三相异步电动机，500kW，2975r/min，轴承双侧型号均为 3E222。自投产后不久就连续不断地出现轴承过热烧毁故障，持续长达八、九年。多年来，曾更改轴承结构，更换轴承型号、轴承精度等级、各种润滑脂，后一度使用 C 级精度进口轴承和 3# 锂基润滑脂，但仍故障频繁，原因一直没有查清。为此，整理出这 4 台电动机有记载的 61 次

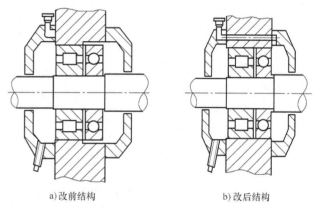

a) 改前结构　　　　　b) 改后结构

图 4-17　1250kW 三相异步电动机轴承改造图

更换轴承的时间记录，统计分析表明，更换轴承后寿命最短的为 6 天，最长的为 666 天，平均使用寿命 127 天。其后对数据分布状态分析时发现其符合威布尔（Weibull）分布，由此怀疑轴承选型时寿命偏低，因此从轴承载荷、极限转速、润滑能力等方面进行计算校核，结论与统计分析结果一致，即该型号电动机转速高，负载大，在没有任何特殊润滑脂条件下，原设计选用的轴承不合理，使用寿命极短。通过一系列试验和调查分析，证实该型号电动机设计上选用的 3E222 轴承必须采用 1# 特种锂基脂做润滑脂，其针入度可达 310~340，而常用的 3# 锂基润滑脂的针入度只有 220~250，显然，前者更适合于高速运转部位的润滑。后来，在检修维护上，规定了轴承型号和润滑条件，并对轴承装配各部件尺寸的加工严格控制，使电动机运行状况得到了显著改善。

4.4　电机轴承的诊断新技术与实例分析

4.4.1　感应电动机轴承故障的检测技术

　　由于轴承故障特征信息直接来源于故障轴承的振动信号，因此基于振动监测的诊断方法较为简单、可靠。下面针对电动机轴承故障时所表现的振动特性，给出一种基于包络分析的感应电动机轴承故障检测方法，将该方法应用于轴承故障检测取得了较为满意的结果。

1. 轴承故障特征信息分析

滚动轴承的故障表现为外滚道缺损、内滚道缺损和滚珠缺损等。轴承故障将产生周期性冲击，这些冲击的频率即为滚动轴承的故障特征频率。不同形式的故障振动特征频率可由下式计算

$$f_o = \frac{Z}{2} f_{rm} \left(1 - \frac{d}{D} \cos\alpha \right) \tag{4-2}$$

$$f_i = \frac{Z}{2} f_{rm} \left(1 + \frac{d}{D} \cos\alpha \right) \tag{4-3}$$

$$f_b = \frac{D}{d} f_{rm} \left(1 - \frac{d^2}{D^2} \cos^2\alpha \right) \tag{4-4}$$

式中　f_o——轴承外滚道故障特征频率；

　　　f_i——内滚道故障特征频率；

　　　f_b——轴承滚动体故障特征频率；

　　　Z——轴承滚珠数；

　　　f_{rm}——电机转速；

　　　d——轴承滚珠直径；

　　　D——轴承节径；

　　　α——接触角。

由于冲击力的宽带性质，它将激起电动机轴承结构与测量传感系统在各自的固有频率上作阻尼衰减振动。因此，从振动传感器得到的信号已经是原始周期冲击信号经过电动机轴承结构系统及传感器系统调制后的响应信号。它包含有轴承故障源信号，轴承结构系统固有振动信号及传感器固有振动信号等。一般来讲，滚动轴承故障特征频率较低，由于低频段信号受到的干扰因素较多，因而利用低频段振动信号诊断轴承故障，常常得不到满意的结果。而高频固有振动信号具有如下特点：一方面它是由轴承故障的低频冲击引起的，另一方面它的幅值受到这种冲击的调制。如果对这一调制的高频振动信号进行解调，就可获得既包含有轴承故障信息，又排除低频干扰，信噪比大为提高的包络信号。再对包络信号进行分析，提取故障特征频率分量，就能诊断出轴承故障。

2. 基于包络分析的轴承故障检测方法

根据上述振动信号的特性分析，这里给出一种基于包络分析的轴承故障诊断算法，其算法流程框图如图 4-18 所示。

图 4-18　轴承故障诊断算法流程框图

从图 4-18 中可知，故障检测算法主要包含两方面的内容，一是滤波器设计，二是基于希尔伯特（Hilbert）变换的包络谱分析。

（1）带通滤波器设计

对于带通滤波器的设计，其通频带的频率范围应选取由轴承损伤故障引起的结构系统共振比较明显的频段。一般可在对振动信号进行全频段分析后加以确定。电动机轴承结构不

同，选取的频段也不同。可以根据不同轴承结构的共振频率灵活选择通带、阻带频率等滤波器参数设计带通滤波器。图 4-19 是用切比雪夫一致逼近法设计的带通滤波器的对数幅频特性曲线。

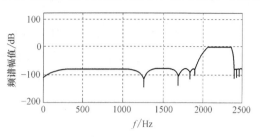

图 4-19　带通滤波器对数幅频特性曲线

（2）基于希尔伯特（Hilbert）变换的包络谱分析

经过带通滤波后的信号，再通过希尔伯特变换进行包络处理。对给定的信号 $x(t)$，其希尔伯特变换定义为

$$\hat{x}(t) = \frac{1}{\pi}\int_{-\infty}^{\infty}\frac{x(\tau)}{t-\tau}\mathrm{d}\tau$$

希尔伯特变换具体实现步骤如下：

1）对 $x(t)$ 作正傅里叶变换得 $X(f)$；
2）$X(f)$ 的正频率部分乘以 $-j$，负频率部分乘以 $+j$，经过这样的移相之后得到 $\hat{X}(f)$；
3）对 $\hat{X}(f)$ 作逆博里叶变换得 $\hat{x}(t)$。

然后以 $x(t)$ 为实部、$\hat{x}(t)$ 为虚部，构造一解析信号

$$x_a(t) = x(t) + j\hat{x}(t) = A(t)e^{j\phi}$$

其中，$A(t) = \sqrt{x^2(t) + \hat{x}^2(t)}$

$\varphi = \mathrm{arctg}\dfrac{\hat{x}(t)}{x(t)}$

$A(t)$ 便是给定信号 $x(t)$ 的包络信号。对包络信号采用高分辨率谱估计算法——MUSIC 算法得到轴承故障特征的 MUSIC 谱，从而实现电机轴承的故障检测。

3. 试验及结果分析

（1）试验系统的建立

试验系统采用如图 4-20 所示的故障诊断方案。电动机选用 Y132M-4 型感应电动机，其同步转速为 1500r/min（25Hz），电动机带动交流发电机；电动机轴承型号为 6308-2RS，滚珠数目 $Z=8$，滚珠直径 $d=15\mathrm{mm}$，节径 $D=65\mathrm{mm}$，接触角 $\alpha=0°$。

振动加速度传感器采用美国 PCB 公司生产的 M603C01 型传感器，其灵敏度为 100mV/g，按垂直径向安装于电动机轴承座盖上，以检测电动机轴承的径向振动。数据采集频率为 5kHz。

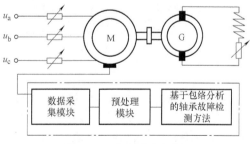

图 4-20　试验测试方案图

（2）试验结果及分析

根据以上试验方案，先将 3 个正常的同型号轴承在不同负载条件下进行试验，实测轴承正常时的数据以作对比分析用，然后在 3 个轴承上分别对轴承外滚道、内滚道以及滚珠设置故障，可按式（4-2）~式（4-3）分别计算轴承故障的特征频率。这里以外滚道为例，在外滚道内侧线切割一条深 5mm，宽 0.5mm 的线槽，模拟外滚道故障。实验时电动机转速为

1444r/min（24.1Hz），轴承外滚道故障时可由式（4-2）得故障特征频率为

$$f_{fault} = f_o = 73.8Hz$$

由以上计算可知，轴承故障特征频率较低，位于低频段。由于这一频率段中干扰噪声多，信噪比低，故不选用低频信号直接作谱分析检测轴承故障。根据上述算法分析，试验结果如图4-21~图4-24所示。

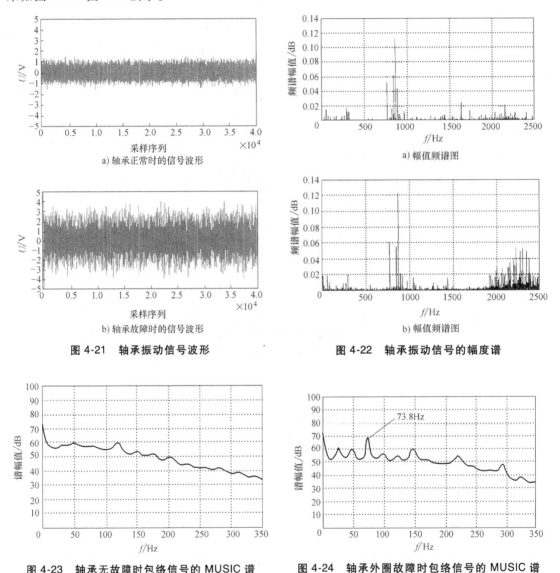

a) 轴承正常时的信号波形

b) 轴承故障时的信号波形

图 4-21　轴承振动信号波形

a) 幅值频谱图

b) 幅值频谱图

图 4-22　轴承振动信号的幅度谱

图 4-23　轴承无故障时包络信号的 MUSIC 谱

图 4-24　轴承外圈故障时包络信号的 MUSIC 谱

从图4-21可看出，轴承发生故障后产生冲击振动，信号的幅值增加。图4-22a和图4-22b分别为图4-21中相应振动信号应用FFT技术分析后的幅值频谱图。从图4-22b中可看出，由冲击振动激起的轴承结构固有振动比图4-22a无故障时有显著增大，固有振动谱峰群的最显著频带为1.9~2.4kHz。因此，选用这一频带进行包络分析，以达到对轴承故障进行诊断的目的。于是，按上述所选频带作为滤波器的通频带设计带通滤波器。滤波器的对数幅频特性曲线如图4-19所示。

按照前述故障检测算法，对振动信号进行带通滤波、希尔伯特（Hilbert）变换得到振动信号的包络信号，对包络信号采用高分辨率谱估计算法——MUSIC（Multiple Signal Classification）算法得到包络信号的 MUSIC 谱，如图 4-23、图 4-24 所示。其中，图 4-23 是轴承无故障时的包络信号 MUSIC 谱，图 4-24 为轴承外圈有故障时的包络信号 MUSIC 谱。

从图 4-24 的包络信号 MUSIC 谱图上可以明显看出，轴承外圈故障特征频率（f_o = 73.8Hz）处的幅度值最大，并且还存在二阶、三阶等高阶特征频率分量，且幅度值呈下降趋势。因此，从包络信号 MUSIC 谱图中寻找是否存在外圈故障特征频率分量及其典型特征，就可诊断轴承是否有外圈（外滚道）损伤故障。

运用上述算法，对轴承内滚道（内圈）故障以及滚动体故障进行类似分析，可得到类似的正确结论。

4.4.2　基于小波变换及经验模态分解的电机轴承早期故障诊断

下面给出一种基于小波变换及 EMD（经验模态分解）的电机轴承早期故障诊断新方法，即将滚动轴承故障振动信号进行小波分解，利用小波变换对冲击奇异点的敏感性及自相关函数提取周期信号成分的特征，找出滚动轴承的工作频率；同时提取低频段的小波系数并对其进行 EMD 分解，得到若干个 IMF，选取某几个感兴趣的 IMF，求其频率特征，使故障特征信息突显出来。

EMD 方法由美国航空航天局 Dr. Huang 于 1998 年提出，他创造性地假设：任何信号都由不同的固有简单振动基本模态组成，每个基本模态可以是线性的，也可以是非线性的，都具有相同数量的极值点和零交叉点，在相邻的两个零交叉点之间只有一个极值点，任何两个模态之间是相互独立的，如果模态之间相互重叠，便形成复合信号。任何一个信号可以用 EMD 方法将基本模态筛选出来。关于 EMD 的详细概念，可参阅相关专业文献。

由于电机轴承故障的振动信号在传递过程中所经环节较多，导致测得的振动信号含有大量的噪声，而且高频振动信号在传递过程中损失更大，因此高频解调方法难以准确发现故障特征频率。图 4-25（只画出前面的 1400 个采样点）是测得的某电机轴承外圈滚道有一处剥落（剥落面积约为 $2.8mm^2$）时振动加速度信号的时域波形（已作归一化处理），电机额定转速是 1100r/min，采样频率为 10kHz，采样点数为 8192。轴承参数是：轴承型号 308，滚子直径 d = 15mm，滚道节径 D = 65mm，滚子数 Z = 8，接触角 α = 0。经计算可知：轴承的工作转频 f = 18.33Hz，外圈故障特征频率为 f_0 = 56.6Hz。显然，从图 4-25 的时域信号中无法看到轴承外圈剥落故障的特征信息。

图 4-26 是该信号的 FFT 变换频谱图（只画出低频段 1~200Hz），图中的主要频率成分有 39Hz、93Hz、146.5Hz，其他频率成分不明显。电机的额定转速虽然是 1100r/min，但由于负载及电网电压的不稳定，实际转速可能会在额定转速附近波动，因此有必要确定转速的真实值。

由于小波变换具有良好的滤波功能，因此利用小波变换滤除测试信号中的高频成分，而保留含有电机转频及故障特征的低频成分。具体方法是采用 db4 小波基对振动信号进行 4 层小波分解，提取第 4 层的近似信号 a_4，其时域波形如图 4-27 所示。从图 4-27 可以看出小波分解后的第 4 层近似系数存在明显的周期成分，其周期是 34 个采样点。

为了在理论上进一步判断其周期性特征，对 a_4 作自相关分析，其自相关曲线如图 4-28

所示。将图 4-28 放大可以方便看出其相关周期为 $\Delta\tau = 34$ 个采样点。根据小波分解理论可知，第 4 层的小波系数的采样频率是原采样频率的 16 分频，即 $10000/16 = 625$Hz。因此，可以计算出测试信号的周期 $T' = 34/625$s，即 $f = 18.38$Hz，这与电机的额定频率 18.33Hz 非常接近。这说明测试时电机转速很稳定，同时也表明由电机旋转运动引起的冲击振动强度较大，占主导地位；而故障特征信息较小，常被背景噪声淹没。

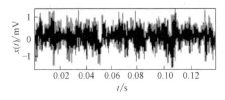

图 4-25　电机轴承外圈剥落时振动
加速度信号的时域波形

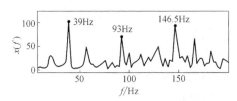

图 4-26　电机轴承外圈剥落时振动
加速度信号的频谱图

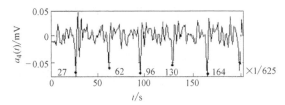

图 4-27　振动信号小波分解的第 4 层近似信号

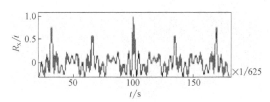

图 4-28　第 4 层近似信号的自相关曲线

根据小波变换理论可知，原振动加速度信号第 4 层小波分解近似系数的频率范围是 $0 \sim 312.5$Hz，高频信号及噪声基本滤除。为了进一步提取轴承外圈故障特征信息，对小波分解得到的第四层近似信号 a_4 再进行经验模式分解，得到 IMF1 ~ IMF6 时域信号如图 4-29 所示。

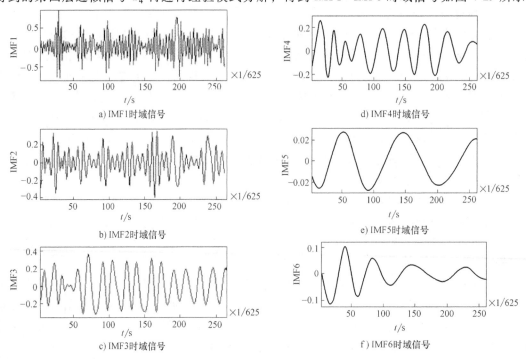

a) IMF1时域信号　　　　　　　　　　d) IMF4时域信号

b) IMF2时域信号　　　　　　　　　　e) IMF5时域信号

c) IMF3时域信号　　　　　　　　　　f) IMF6时域信号

图 4-29　EMD 得到的 IMF1 ~ IMF6 时域信号

分别对 IMF1～IMF4 作频谱分析，得到图 4-30 所示的频谱图。图 4-30a 中，有一条突出的谱线，对应额定转速的 8 倍频（147Hz）；在图 4-30b 中，也有两条突出的特征谱线，幅值较大的（93Hz）对应额定转速的 5 倍频，幅值较小的（57Hz）对应轴承外圈剥落故障的特征频率；在图 4-30c 中，有两条突出的谱线，幅值较大的（39Hz）对应轴承工作频率的 2 倍频，幅值较小的（57Hz）对应轴承外圈剥落故障的特征频率；在图 4-30d 中，

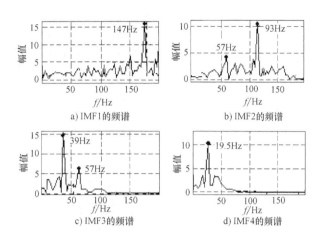

图 4-30　IMF1～IMF4 的频谱图

有唯一的 1 条谱线，经放大显示可知，其对应的频率为 19.5Hz，与轴承的工作转频相近；计算程序由 Matlab 语言编程实现，用该语言进行 FFT 计算时，计算结果比真值稍大，这也是导致误差的原因之一。

为了进一步检验本方法的有效性，对轴承（型号 308）内圈滚道有一处较小的剥落坑（剥落面积约为 2.2mm^2）进行实验，电机转速设置为 500r/min，测试仪器及数据处理方法与上述相同。图 4-31 为振动测试信号的时域波形（只画出前面的 1400 个采样点），图 4-32 是其 FFT 频谱图，图 4-33 是其经小波分解后得到的第 4 层近似信号。对第 4 层的近似信号作 EMD 分解得到 IMF1～IMF6，再分别作各个 IMF 的 FFT 变换。图 4-34 是 IMF1、IMF2、IMF3、IMF6 的频谱图。根据图 4-33，可以计算出电机工作频率的真实值为 $f_0 = 625/(206 - 130) = 8.22$Hz。根据引言中所述的故障特征频率计算公式，当内圈有一处剥落坑时，故障特征频率的理论值为 $f_i = 41.2$Hz。从图 4-32 的 FFT 频谱中，既看不到电机工作频率（8.22Hz）附近的频率成分，也看不到故障特征频率（41.2Hz）附近的频率成分。而在图 4-34c 中，44Hz 频率成分很明显，在图 4-34d 中，7.5Hz 成分也十分突出。在本例中，故障特征的 EMD 方法分析值（44Hz）与理论计算值（41.2Hz）的误差为 2.8Hz，电机工作频率分析值（7.5Hz）与真实值（8.22Hz）的误差为 0.72Hz。由于故障特征信号微弱而背景噪声大，强噪声影响了 EMD 分解的精度，导致计算误差较大。比较图 4-32（FFT 频谱）与图 4-34（EMD 分解后的频谱）可以看出，EMD 分解是一种十分有效的早期故障特征信息提取方法。

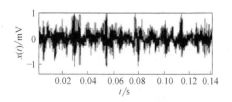

图 4-31　轴承内圈剥落振动
测试信号的时域波形图

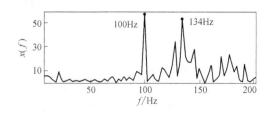

图 4-32　轴承内圈剥落振动测试信号的频谱图

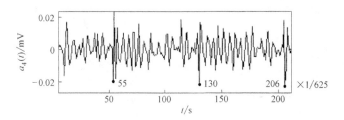

图 4-33　振动信号小波分解的第 4 层近似信号

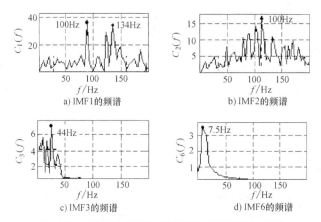

a) IMF1的频谱
b) IMF2的频谱
c) IMF3的频谱
d) IMF6的频谱

图 4-34　IMF1、IMF2、IMF3 及 IMF6 的频谱图

4.4.3　电动机滚动轴承的故障诊断实例

当轴承发生故障时，如内圈、外圈或滚动体出现点蚀、剥落或裂纹等，轴承将产生周期性冲击，这些冲击的频率即为滚动轴承的故障特征频率。由于冲击力的宽带性质，它将激起电动机轴承结构与测量传感器系统在各自的固有频率上作阻尼衰减振动。因此，从振动传感器得到的振动信号已经是原始周期冲击信号经过电动机轴承结构系统及传感器系统调制之后的响应信号。它包含有滚动轴承故障源信号、轴承结构系统固有振动信号以及传感器的固有振动信号等。通常，滚动轴承的故障特征频率较低，从几十 Hz 至几百 Hz；轴承结构系统固有频率约从几 kHz 至几十 kHz；传感器固有频率较高，如压电式加速度传感器的固有频率为数十 kHz 以上。由于低频段信号受到的干扰因素较多，用低频段信号诊断轴承故障，常得不到满意的结果。而高频固有振动信号具有如下特点：一方面它是由轴承故障的低频冲击引起的，另一方面它的幅值受到这种冲击的调制。如果对这一调制的高频振动信号进行解调，就可以获得既包含有轴承故障信息，又排除低频干扰、信噪比大为提高的包络信号。再对包络信号进行谱分析，得到包络谱。根据包络谱的频率成分，就能诊断出轴承的故障。

1. 带通数字滤波与希尔伯特变换

（1）带通数字滤波

从安装在电动机轴承附近的振动传感器（通常选用压电加速度传感器）得到的信号经电荷放大器放大、A/D 转换后送入计算机，然后对它进行带通数字滤波。其通频带的频率范围应选取由轴承损伤故障引起的结构系统共振比较显著的频段。一般可在对振动信号进行全频段分析后加以确定。电动机轴承结构不同，选取的频段也不同。带通滤波器采用有限冲击响应（FIR）数字滤波器，并以切比雪夫最佳一致逼近法来实现。

可以根据不同轴承结构的共振频率灵活地选择通带、阻带频率等滤波器参数，重新设计所需带通滤波器。

图 4-35 是用切比雪夫一致逼近法设计的带通滤波器的对数幅频特性曲线。

（2）希尔伯特变换

经过带通滤波后的信号，再通过希尔伯特变换进行包络处理。关于希尔伯特变换概念已在 4.4.1 中讨论过。

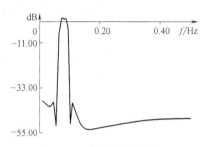

图 4-35 带通滤波器对
数幅频特性曲线

2. 诊断举例一：轴承损伤故障的特征频率

对一台 7.5kV 三相 4 极异步电动机轴承故障进行过诊断分析。电动机转速接近同步转速 1500r/min，其转动频率 $f_a = 25$Hz。电动机的滚珠数目 $Z = 7$，滚珠直径 $d = 17.5$mm，节径 $D = 72.5$mm，接触角 $\alpha = 0°$。

根据轴承损伤的不同部位，可按以下的公式分别计算轴承故障的特征频。

轴承外滚道故障频率为

$$f_0 = \frac{1}{2}Zf_a\left(1 - \frac{d}{D}\cos\alpha\right) = \frac{1}{2}\times7\times25.0\times\left(1 - \frac{17.5}{72.5}\right) = 66.38\text{Hz}$$

轴承内滚道故障频率为

$$f_i = \frac{1}{2}Zf_a\left(1 + \frac{d}{D}\cos\alpha\right) = \frac{1}{2}\times7\times25.0\times\left(1 + \frac{17.5}{72.5}\right) = 108.6\text{Hz}$$

滚动体故障频率为

$$f_b = \frac{D}{d}f_a\left(1 - \frac{d^2}{D^2}\cos^2\alpha\right) = \frac{72.5}{17.5}\times25.0\times\left(1 - \frac{17.5^2}{72.5^2}\right) = 97.54\text{Hz}$$

从以上计算结果可知，轴承故障特征频率比较低。由于在这一频率段中干扰噪声多，信噪比低，故不选用低频信号直接作谱分析来诊断轴承故障。

3. 诊断举例二：轴承外滚道损伤故障的诊断

当轴承外圈滚道发生裂纹、表面剥落、压痕等局部损伤故障后，滚动轴承便产生冲击振动。图 4-36 是电动机轴承外圈滚道有凹坑故障时振动信号的时域波形；图 4-37 则是图 4-36 的振动信号直接做频谱分析后的幅值谱图。

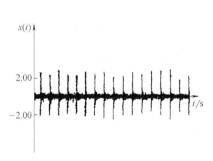

图 4-36 电动机轴承外圈滚道
故障时振动信号波形

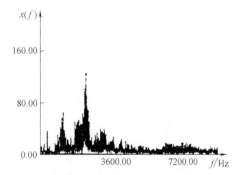

图 4-37 轴承外圈故障振动信号的幅度谱图

图 4-38、图 4-39 分别是轴承无损伤故障时振动信号的时域波形及其相应的幅值频谱图。比较图 4-36 与图 4-38 的波形可以看出，轴承外圈出现损伤故障时发生冲击振动的情形。

从图 4-37 可看出，由冲击振动激起的轴承结构固有振动比图 4-39 无故障时有显著增大，固有振动频率谱峰群的最显著频带为 1.8～2.7kHz（在 0～10kHz 之间）。因此，选用这一频带信号进行包络分析，以达到对轴承故障进行诊断的目的。当然，若要观察更高频率的固有振动，如传感器本身的固有振动，就需要提高采样频率。待分析的频带频率愈高，对数据采集系统最高采样频率要求愈高，其价格就愈贵，所以从经济与实用角度出发，一般选轴承外圈一阶径向固有振动作为分析诊断的频段，其频率约在 1～10kHz 范围内。

图 4-38　轴承无故障时振动信号波形　　　　图 4-39　轴承无故障时振动信号幅值谱图

于是，按上述所选频带（1.8～2.7kHz）作为滤波器的通频带来设计数字带通滤波器。滤波器的对数幅频特性曲线如图 4-35 所示。按照前面叙述的方法，对振动信号进行带通滤波、希尔伯特变换以及作包络谱分析，得到了图 4-40、图 4-41 所示的包络谱图。其中图 4-40 是轴承外圈有故障时的包络谱，图 4-41 是轴承无故障时的包络谱。

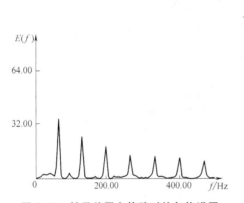

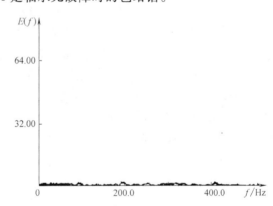

图 4-40　轴承外圈有故障时的包络谱图　　　　图 4-41　轴承无故障时的包络谱图

从图 4-40 的包络谱图上可以明显地看出，轴承外圈故障特征频率（$f_0 = 66.4\text{Hz}$）处的幅值最大，并且还存在二阶、三阶等高阶特征频率分量，其幅值呈下降趋势，而且无调制边带。因此，从包络谱图中寻找是否存在外圈故障特征频率分量及其典型的特征，就可诊断轴承是否有外圈损伤故障。

4. 诊断举例三：滚动体损伤故障的诊断

图 4-42 为 309 轴承一个滚珠上有多个点蚀坑故障时的振动信号波形。从波形可以看到，

当滚动体出现点蚀坑，轴承转动时便产生冲击振动。同时因轴承存在径向间隙并且单边受载，随着转动时滚动体点蚀凹坑所处位置的不同，它产生冲击振动的幅值也会有所不同，即其振幅受滚动体公转频率 f_c 的调制。但主要的还是滚动体故障的冲击振动对轴承结构的固有振动的调制。

按照同样的方法对滚动体故障时的振动信号进行带通数字滤波、希尔伯特变换以及作包络谱分析，得到如图 4-43 所示的包络谱图。

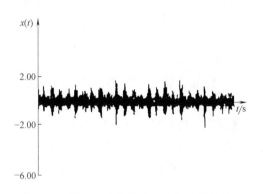

图 4-42 轴承滚动体故障时的振动信号波型

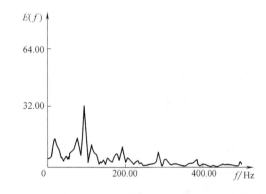

图 4-43 轴承滚动体故障时的振动信号包络谱图

由图 4-43 的谱图上可以看到，轴承滚动体故障特征频率（$f_b = 97.5\,\mathrm{Hz}$）附近的谱峰最高，并且还有二阶、三阶特征频率的分量，其幅值呈下降始势，还存在调制边带，其调制频率与滚动体公转频率有关。所以，从包络谱图中发现是否有滚动体故障特征频率分量及有关特征，就可诊断轴承是否有滚动体损伤故障。

第5章 电动机故障分析

电动机是把电能转换成机械能的设备，也是各行各业应用最广泛的动力设备，即使在发电厂中，大量的辅机基本上都是异步电动机驱动。大型电动机的单台价值可高达百万元，由于运行环境各异，电动机故障率较高，直接造成经济损失。而大型电动机往往又是重要生产过程的动力和重要辅机设备，若其损坏还将中断重要的生产过程，影响安全生产和产品质量，其间接损失是难以估价的。本章及第6、7章，将详细分析电动机故障、故障监测与诊断方法，是全书的重点之一。

本章先简要介绍电动机的结构、分类，阐述电动机故障类型及典型行业电动机各种故障出现的概率、故障产生的原因，然后重点对电动机的各种主要故障进行详细分析。

5.1 电动机的基本结构及原理

关于电机的运行理论在《电机学》教材已有详细介绍[33]，本书不作讨论，但为了读者方便，这里对几种常见电动机的结构作简要介绍。

5.1.1 异步电动机的结构

尽管三相异步电动机的结构型式和种类很多，但在构造上总是由两个基本部分，即不动部分（简称定子）和转动部分（简称转子）所组成。定子与转子之间有空气隙。按转子形式的不同，异步电机又分为笼形异步电机与绕线转子异步电机，其外形如图5-1和图5-2所示。图5-3为笼型异步电动机的结构图。

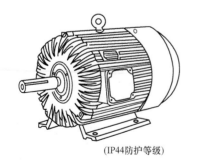

（IP44防护等级）

图 5-1　笼型三相异步电机外形图

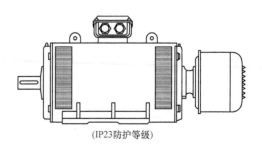

（IP23防护等级）

图 5-2　绕线转子三相异步电机外形图

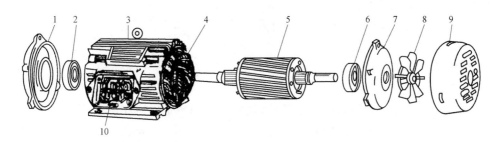

图 5-3 笼型异步电动机的结构图

1、7—端盖 2、6—轴承 3—机座 4—定子 5—转子 8—风扇 9—风扇罩 10—接线盒

1. 定子

定子是由定子铁心、定子绕组和机壳（包括机座、端盖）构成。

1）定子铁心。定子铁心是磁路的一部分，它由 0.5mm 厚的硅钢片叠压而成，片与片之间彼此绝缘，以减少涡流损耗。每张硅钢片的内圆都冲有定子槽，用来放置绕组。硅钢片叠压之后成为一个整体铁心，固定于机座内。对于大中型的异步电动机，为了使铁心中的热量能更有效地散发出去，在铁心中设有径向通风沟（或称为通风道）。

2）定子绕组。定子绕组是电动机的电路部分，由多个线圈连接而成，每个线圈有两个有效边，分别放在两个定子铁心槽内，如我国生产的 100kW 以下的 Y_2 系列异步电动机，定子槽形和转子槽形均采用半闭口槽，如图 5-4 所示。绕组与铁心之间必须有槽绝缘，如果是双层绕组，两层之间还要有层间绝缘。槽内的导线用槽楔固定在槽内，槽楔用竹板或层压板做成。

3）机壳。机壳是电动机结构的组成部分，主要作用是固定和支撑定子铁心。中小型异步电动机一般都采用铸铁机座，也有用铁钢片卷焊而成的。根据不同的冷却方式采用不同的机座形式。

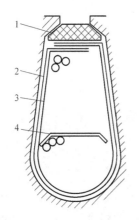

图 5-4 异步电动机定子槽

1—槽楔 2、3—槽绝缘 4—层间绝缘

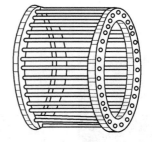

图 5-5 笼型绕组

2. 转子

中小型异步电动机的转子由转子铁心、转子绕组和轴组成。转子铁心也是电动机磁路的一部分，是由硅钢片叠压而成。它与定子铁心、气隙一起构成电动机完整磁路。异步电动机

转子绕组一般采用笼型绕组，如图 5-5 所示。如果采用铸铝转子，一般转子槽不与转轴平行，而是扭斜一个角度，端环上铸有风扇叶片，供电动机内部搅拌空气，使电动机内部的温度均匀。

容量较大的电动机，为加强转子铁心的散热，在转子铁心上留有径向通风沟和轴向通风孔。

转子绕组除笼型外还有绕线式，如图 5-6 所示。它的转子绕组和定子绕组一样都由线圈组成，各个线圈之间按一定规律接成三相绕组。转子绕组所形成的磁极数应与定子相同。为了解决转子绕组与外部控制设备之间的接线问题，在转子非传动端装有集电环，通过电刷装置将内部电路和外部电路联系起来。绕线转子的特点是可以通过集电环和电刷在转子回路中接入附加电阻，用以改善起动性能及调节电动机的转速。

图 5-7 为一组异步电动机的照片。

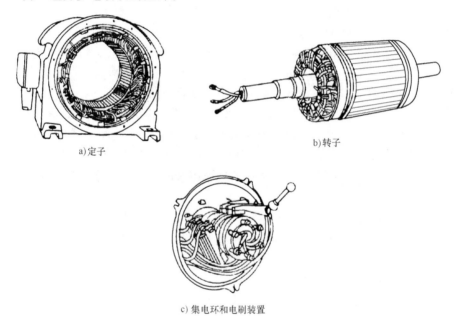

a)定子

b)转子

c)集电环和电刷装置

图 5-6　绕线转子异步电动机的结构图

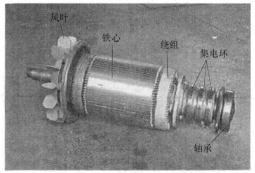

a)定子内部　　　　　b)铸铝笼型转子　　　　　　　c)绕线转子

图 5-7　异步电动机照片

5.1.2　三相异步电动机的分类及性能参数

1. 三相异步电动机的分类

三相异步电动机的分类见表5-1。

表5-1　三相异步电动机的分类表

分类方式	类别		
转子绕组型式	笼型、绕线型		
电压等级/V	380V、3000V、6000~10000V		
电机尺寸	大型	中型	小型
轴中心高 H/mm	>630	355~630	63~315
定子铁心外径 D_1/mm	>990	560~990	125~560
防护形式	开启式（IP11） 防护式（IP22、IP23） 封闭式（IP44）		
安装结构型式	卧式、立式、带底脚、带凸缘		
通风冷却方式	自冷式、自扇冷式、他扇冷式、管道通风式		
工作定额	连续定额、断续定额和间歇定额等		
绝缘等级	热分级 130（B）、155（F）、180（H）、200（N）		
用途与环境	普通、干热、湿热、干燥清洁、化工、船用、防爆、多尘、室外、耐腐蚀、高原等		

2. 电机最高允许温升

电机最高允许温升见表5-2。

表5-2　电机绕组最高允许温升限值（空气冷却）

热分级	130（B）			155（F）			180（H）			200（N）		
测量方法:Th=温度计法, R=电阻法 ETD=埋置检温计法	Th K	R K	ETD K	Th K	R K	ETD K	Th K	R K	ETD K	Th K	R K	ETD K
项号　电机部件												
1a)　输出 5000kW（或 kVA）及以上电机的交流绕组	—	80	85[a]	—	105	110[a]	—	125	130[a]	—	145	150
1b)　输出 200kW（或 kVA）以上但小于 5000kW（或 kVA）电机的交流绕组	—	80	90[a]	—	105	115[a]	—	125	140[a]	—	145	160
1c)　项 1d）或项 1e）[b] 以外的输出为 200kW（或 kVA）及以下电机的交流绕组	—	80	—	—	105	—	—	125	—	—	145	—
1d)　额定输出小于 600W（或 VA）电机的交流绕组[b]	—	85	—	—	110	—	—	130	—	—	150	—
1e)　无扇自冷式电机（IC 410）的交流绕组和/或囊封式绕组[b]	—	85	—	—	110	—	—	130	—	—	150	—

a　高压交流绕组的修正可适用于这些项目，见表10，项4。

b　对200kW（或 kVA）及以下，热分级为130（B）和155（F）的电机绕组,如用叠加法,温升限值可比电阻法高5K。

3. 电机的防护等级

电机的防护等级见表 5-3。

表 5-3　三相异步电动机外壳的防护等级

	级别	含　义
第一位数字	0	无专门防护
	1	能防止大面积的人体(如手)偶然或意外地触及、接近壳内带电或转动部件(但不能防止故意接触) 能防止直径大于 50mm 的固体异物进入壳内
	2	能防止手指或长度不超过 80mm 的类似物体触及或接近壳内带电或转动部件 能防止直径大于 12mm 的固体异物进入壳内
	3	能防止直径大于 2.5mm 的工具或导线触及或接近壳内带电或转动部件 能防止直径大于 2.5mm 的固体异物进入壳内
	4	能防止直径或厚度大于 1mm 的导线或片条触及或接近壳内带电或转动部件 能防止直径大于 1mm 的固体异物进入壳内
	5	能防止触及或接近壳内带电或转动部件 虽不能完全防止灰尘进入,但进尘量不足以影响电机的正常运行
	6	完全防止尘埃进入
	级别	含　义
第二位数字	0	无专门防护
	1	垂直滴水应无有害影响
	2	当电机从正常位置向任何方向倾斜至 15° 以内任一角度时,垂直滴水应无有害影响
	3	与铅垂线成 60° 范围内的淋水应无有害影响
	4	承受任何方向的溅水应无有害影响
	5	承受任何方向的喷水应无有害影响
	6	承受猛烈的海浪冲击或强烈喷水时,电机的进水量应不达到有害的程度
	7	当电机浸入规定压力的水中经规定时间后,电机的进水量应不达到有害的程度
	8	电机在制造厂规定的条件下能长期潜水
	9	当高温高压水流从任意方向喷射在电机外壳时,应无有害影响

4. 电压变动对电动机运行的影响

（1）对转矩的影响

不论是启动转矩、运行时的转矩或最大转矩，都与电压的平方成正比。电压愈低，转矩愈小。要注意的是，当电压降得低到某一数值时，电动机的最大转矩小于阻力转矩，于是电动机会停转。而在某些情况下（如负载是水泵，有水压情况下），电动机还会发生倒转。

（2）对转速的影响

电压变化不大时对转速的影响较小。但总的趋向是电压降低，转速也降低，因为电压降低使电磁力矩减小。

（3）对转差率的影响

电压下降，使电压转速略有减小，转差率增加。但因为异步电机转差率一般都很小，电压下降时，即使转速下降较少，但转差率增加也会比较大。

（4）对效率的影响

若电压降低不是很多，机械损耗实际上基本不变，铁耗差不多与电压平方成正比减少；转子绕组的损耗和转子电流平方成正比增加；电机轻载或空载时，以铁耗影响为主；负载较大时，以铜耗影响为主。电机满载时，若电压下降（铁耗减小），电流增加（铜耗增大），但铜耗影响为主，所以效率有所下降。

（5）对定子电流的影响

定子电流是励磁电流与负载电流的向量和。负载不变时，负载电流的变化趋势与电压的变化相反，即电压升高，负载电流减小，电压降低，负载电流增加。而激磁电流的变化趋势与电压的变化相同，即电压增高，激磁电流增大。而负载状态，定子电流主要由负载电流决定。因此，电压降低，定子电流增加。

（6）对起动电流的影响

定子电流为励磁电流与负载电流的向量和，而起动电流远大于额定电流，这时励磁电流相对很小，可忽略不计，则起动电流与电压成正比变化。

（7）对功率因数的影响

电压从额定电压有所下降，从电网吸取的无功功率有所减小，满载运行时有功功率不变，功率因数有所增加。

（8）对发热的影响

满载运行，有功不变，若电压降低，定转子电流增加，发热增加。相反，电压增加，定转子电流减小，发热减小。但当电压升高较多时，由于磁通密度增加，铁耗大大增加，电机温度会由减小转为增加。

电压变动对电动机运行的近似影响见表5-4。

表5-4　电压变动对电动机运行的影响

电压增减	起动转矩及最大转矩	转差	满载转数	满载效率	功率因数	满载电流	起动电流	温度/℃
比额定电压高10%	增21%	减17%	增1%	增1%	减3%	减7%	增10%	（减4）
比额定电压低10%	减19%	增23%	减2%	减2%	增11%	增11%	减10%	增7

5.2　电动机故障

5.2.1　电动机故障类型与常见异常现象分析

1. 电动机故障类型与故障机理

电动机的运行环境各异，受各种因素（如电源波动、冲击，负载变化，恶劣环境等）影响，电动机长期运行，一些结构、部件会逐渐劣化，逐渐失去原有性能和功能，就会暴露出一些不正常的状态。诊断技术是通过各种检测技术，测定出能反映故障隐患和趋向的参数，从中得到预警信息。进一步通过信息分析，对电动机故障程度和起因有一个准确判断，能及时和有效地对电动机进行维修、排除故障，以实现电动机的预知维修，而不致影响生产。

电动机故障与其征兆之间的关系相当复杂，它们之间并非一一对应，即一种故障可能有多种征兆，同时一种征兆可能会由多种故障产生。进行故障诊断必须掌握电动机故障特征、故障起因、故障机理。故障辨识与分类必须有大量经验积累，形成一个数据库和专家系统后，才有较高的可靠性。同时故障识别必须对诊断对象的种种性能、结构、各种参数非常熟悉。为了能对电动机的故障做出准确的判断，这里先介绍电动机各部分可能产生的故障、故障发生原因、故障最初征兆，了解这些具体内容，将有助于准确诊断各种故障。

表5-5是电动机常见的故障类型与型态。

表5-5　电动机故障类型与型态

电动机部位	故障	故障原因	故障型态
机座	机座振动	1)设计不良 2)安装不良 3)强迫机械振动	振动加大
	机座带电	1)制造问题 2)安装不良	1)温升增加 2)绝缘热分解
	冷却介质流失	1)管道堵塞 2)软管破裂 3)泵故障	1)湿度增加 2)温升增加 3)绝缘热分解
	接地	1)绕组绝缘破损 2)绝缘电阻过低 3)带电导体碰壳	1)机座带电 2)放电
定子铁心	铁心松动	1)压装不紧 2)机械振动 3)压紧部件失效 4)铁心风道压条损坏	1)起动和运行噪声大 2)绝缘磨损 3)振动加大
	局部过热	1)定、转子相摩擦 2)制造与安装中铁心绝缘局部损坏	1)局部升温 2)绝缘热分解
定子绕组	绝缘局部破损	安装、运行中撞坏	局部放电
	绝缘磨损	1)多次起动,定子绕组松动 2)绕组端部支撑环设计、制造不当 3)绕组端部绑扎不紧、槽楔松动 4)铁心松动、电动机振动	1)端部振动加大 2)泄漏电流增加 3)局部放电增加
	绝缘受污染	1)冷却空气湿度过高 2)冷却空气过滤不好 3)轴承漏油 4)风路和端罩漏风	1)绝缘电阻下降 2)泄漏电流增加
	连接线损坏	1)焊接不良 2)振动 3)电流过大	放电
	绝缘裂纹	1)端部固定不良 2)机械振动 3)温度过高,湿度过低	1)绝缘电阻下降 2)泄漏电流增加 3)局部放电增加
	电晕	1)铁心出口处电位梯度过大 2)绝缘层间间隙制造工艺缺陷	1)暗处能看到电晕现象 2)绝缘电腐蚀
	绕组窜位	1)槽楔松、线圈与槽有间隙 2)端部绑扎不紧,绑扎垫块脱落 3)起动时电动力大	

（续）

电动机部位	故障	故障原因	故障型态
定子绕组	匝间短路	1）端部固定不好 2）机械碰撞使绕组变形 3）绕组振动 4）制造缺陷	1）三相电流不对称 2）电动机振动 3）有短路匝线圈温度高
转子本身	铁心、支架松动	1）冲击负载使键连接松动 2）制造缺陷	电动机振动
	支架开裂	1）冲击负载 2）轴系扭振	1）噪声 2）焊缝开裂
	不平衡	1）匝间短路或断条 2）转子零部件脱落 3）转子绕组或端环移位	1）振动 2）噪声
	与定子相摩擦	1）偏心产生的单边磁拉力 2）轴承磨损	1）振动、温升增加 2）电流摆动
转子绕组	接地	1）绝缘损伤 2）过热	1）振动 2）放电
	匝间短路	1）绝缘损伤 2）过热 3）污垢积存	1）电流摆动 2）三相阻抗不平衡 3）振动、绝缘热分解
	断条，开焊	1）设计、制造缺陷 2）焊接不良，长期过载 3）起动次数频繁	1）电流摆动，起动困难 2）振动、转差增加 3）换向火花加大
轴承	温度高	1）润滑不良 2）轴瓦间隙过小	发热
	带电	1）接地不良 2）轴电压过高	轴电流、轴瓦和轴颈上出现电火花，产生麻点
	振动	1）滚动轴承内、外圆和滚动体损坏 2）滑动轴承，油膜振荡	振动
	漏油	密封失效	1）润滑油渗漏 2）润滑脂溢出

2. 各种电动机易产生的故障

不同类型的电动机由于结构不同，运行方式、负载等也不完全相同，其故障部位各有特点。常见电动机易产生的故障见表5-6。

表5-6　常见电动机易产生的故障

电动机类型	结构特点和运行方式	易产生故障
笼型异步电动机	以中、小型为多，结构简单、多自带风扇通风，气隙小。应避免频繁起动	转子偏心、断条、绕组过热
绕线转子异步电动机	以中、大型为多，可串入电阻起动和调速、气隙小	转子偏心、转子匝间短路、开焊、绕组过热

（续）

电动机类型	结构特点和运行方式	易产生故障
大型同步电动机	高压电动机、封闭强制通风为主、连续工作制、起动方式有：全压起动、减压起动、准同步起动和变频起动	绕组端部松动、绝缘磨损、转子结构部件松动脱落、起动绕组开焊、端环接触不良
中型同步电动机	有低压和高压两种、转子多为凸极结构、自带风扇通风、利用起动绕组直接起动	转子结构部件松动、集电环磨损
大型直流电动机	起动和过载力矩大、结构坚实、能承受冲击负载、多数为晶闸管电源供电、封闭强制通风	换向恶化、结构部件松动和断裂、绝缘电阻受环境影响而降低
中、小型直流电动机	调速运行、多为晶闸管电源供电、强制通风	换向器与电刷磨损快、绝缘电阻低
交流调速同步电动机	可逆运行、能承受冲击负载、由变频电源供电、强制通风、结构坚实	转子结构部件松动、扭振现象、失步造成阻尼绕组过热、堵转造成绕组单相过热
交流调速异步电动机	调速运行、允许连续起动、调速方式有串级和变频两种方式、气隙小	转子偏心、转子结构部件松动

3. 电动机常见异常现象分析

（1）电动机温升过高

电动机温升过高的分析如图 5-8 所示的程序。

（2）异步电动机三相电流不平衡

异步电动机三相电流不平衡原因查找方法见表 5-7。

表 5-7　异步电动机三相电流不平衡原因查找方法

序号	原因	查找方法
1	三相电源电压不平衡	用电压表测量三相电源电压
2	匝间短路	1）观察法：绕组发生短路后，在故障处产生高热而使绝缘焦脆。因此，可细心观察绕组外部，有无烧焦之处或嗅到绝缘烧焦气味 2）短路侦察法：线圈有短路，则串在侦察器线圈回路里的电流表读数增大 3）用匝间短路耐电压试验仪的方法
3	绕组断路（或并联支路中一条或几条支路断路）	测量三相电阻：电动机三相电阻的最大差值不得超过三相电阻平均值的3%
4	定子绕组部分线圈接反	将低压直流电通入某相绕组，用指南针沿铁心槽逐槽检查。如果在每个极相组上指南针的指示方向依次改变，则表示接线正确。反之，表明某极相组接反。如果在同一极相组的邻近几个槽，指南针的方向变化不定，说明该极相组有个别线圈接错
5	三相匝数不相等	首、尾串联，测量分段压降。先测量每相电压是否相等，接着测量不正常一相的各相组电压是否相等，最后测量不正常相组的各线圈电压是否相等，就可找到匝数有错误的线圈

（3）异步电动机空载电流偏大的原因

异步电动机空载电流偏大的原因及处理方法见表 5-8。

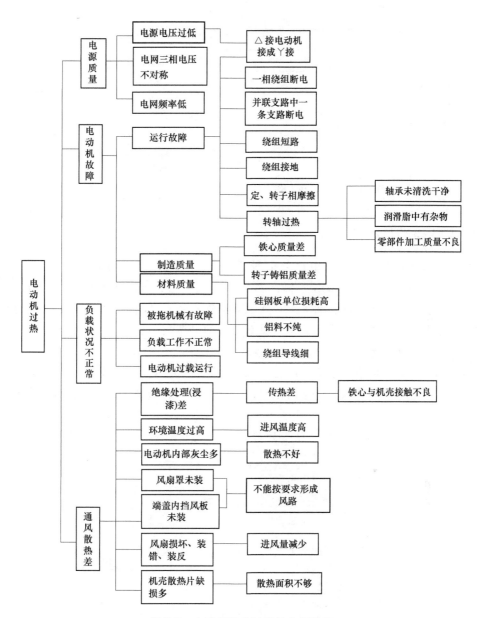

图 5-8　电动机温升过高的分析程序

表 5-8　异步电动机空载电流偏大的原因及处理方法

序号	原　因	处　理　方　法
1	电源电压偏高	降低电源电压
2	定子丫接误接成△接	照铭牌规定改接线
3	转子装错(极数少的转子装进了极数多的定子内)	拆开电动机,换成正确的转子
4	转子直径变小了,气隙偏大	换合格转子,或降低电机功率来使用
5	铁心导磁性能差	改用导磁性能好的硅钢板
6	定、转子铁心错位,铁心有效长度减小	拆开电动机,将定、转子铁心压装到正确位置

（续）

序号	原　因	处　理　方　法
7	定子绕组每圈匝数绕错（少）	按设计数据重绕定子线圈
8	线圈节距嵌错	拆除，重嵌线
9	绕组的线圈组接反	按绕组展开图或接线原理图重接线
10	应串联的线圈组错接成了并联	
11	轴承损坏	换轴承
12	转轴弯造成定、转子相摩擦	拆开电动机，校正转轴
13	风扇装错（如2极电机装上了4、6极电动机风扇）	换风扇

5.2.2　高压电动机故障

在钢铁、石化系统、火力发电厂等很多部门大量使用高压电动机。如在火力发电厂，1台20万kW或30万kW发电机组约需配套500kW及以上的高压电动机15台左右，用来拖动给水泵、风机、磨煤机、排粉机和循环水泵等辅机。高压电动机一般为大容量电动机，往往是大容量重要设备的原动力机，要求其具有更高的可靠性。

1. 钢铁行业高压电动机故障情况统计分析[100]

日本君津炼铁厂，约设置了25000台，总容量达1800MW的电动机。为了保证已使用的电动机设备高水平地稳定运转，降低维修费用，掌握这些电动机状态的最有力的工具就是设备诊断技术。

新日本炼铁公司中不同类型电动机故障发生情况如图5-9、图5-10所示。图5-9为约

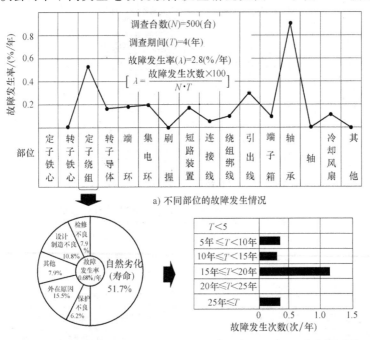

a) 不同部位的故障发生情况

b) 定子绕组不同原因故障发生情况　　c) 自然劣化故障不同运行年限的故障发生情况

图5-9　高压三相感应电动机的故障发生情况

500 台的高压三相感应电动机 4 年间所发生的故障情况。分析这一调查结果可知，故障发生率约为 2.8%/年，尤以定子绕组和轴承的故障较多。图 5-9b 为以起因分类的定子绕组故障。其中以绝缘劣化（寿命）引起的故障为多；由绝缘劣化引起的故障按运行年数分类，则如图 5-9c 中，原资料在统计的 4 年：运行年限在 5 年之内和在 20~25 年之间的电机，没有发生自然劣化的样本。（样本总数也有限（500 台），不是非常大）。其中以运行 15~20 年的设备发生的故障为多。

　　图 5-10 为约 360 台压延用直流电动机故障情况，其分析方法类同于高压三相感应电动机的分析，故障发生率约为 5.9%/年，电枢绕组以及换向器部位的故障较多。换向器部位的故障，多是由于闪络等原因造成，因此从换向器方面入手采取合适的保护方法尤为重要。电枢绕组的故障一般是发生在已使用 20~30 年的电动机上。

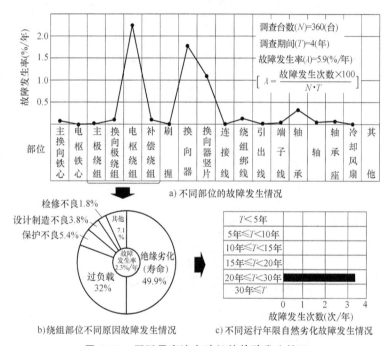

图 5-10　压延用直流电动机的故障发生情况

　　对 0.9MW 以上的大型直流电动机的绝缘寿命分布的调查结果如图 5-11 所示。在图 5-11

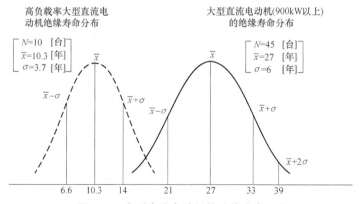

图 5-11　大型直流电动机的绝缘寿命分布

中同时示出了在苛刻的高负载率使用状态下的大型直流电动机绝缘寿命分布的调查结果。电动机不同的负载率，在很大程度上左右了绝缘寿命。

保证电动机安全运行的关键是进行妥善的维修和设备诊断，特别是应实行绝缘劣化（寿命）的诊断。当实行这些措施时，由于电动机的寿命在很大程度上依赖于它的使用状态，因此，根据每个电动机的运行履历及运行状况等实施保全措施，也是很重要的。

2. 发电厂高压电动机故障情况的统计分析

为了分析高压电动机的故障原因，东北电网曾对8个发电厂的高压电动机（同一制造厂生产）的故障次数、部位、性质和运行年限等进行了统计，见表5-9~表5-12。

表5-9　各发电厂高压电动机的故障次数

电厂代号		A	B	C	D	E	F	G	H	合计
使用台数		16	17	10	19	41	14	45	20	182
故障次数	定子	—	—	6	2	—	6	5	7	26
	转子	6	4	1	4	14	—	1	5	35
	合计	6	4	7	6	14	6	6	12	61
故障率(%)		37.5	23.5	70.0	31.5	34.1	42.9	13.3	60.0	33.5

表5-10　发电厂各辅机配套高压电动机的故障次数

辅机名称		磨煤机	排粉机	引风机	送风机	给水泵
故障次数	定子	1	4	5	15	1
	转子	20	2	2	6	4
	合计	21	6	7	21	5
故障率(%)		35.0	10.0	11.7	35.0	8.3

表5-11　高压电动机故障部位及性质

部位	故障性质	故障次数	故障率/%
定子部分	主绝缘烧损	14	23.3
	定子绕组连接线烧损	8	13.3
	定子绕组匝间短路	2	3.3
	定子引线短路	2	3.3
转子部分	转子笼条断裂、开焊	22	36.7
	扫膛	5	8.3
	轴承损坏	7	11.7

表5-12　高压电动机故障次数按运行年限分布情况

运行时间/年		2~5	5~10	10以上
故障次数	定子	7	17	2
	转子	6	15	13
	合计	13	32	15
故障率/%		21.7	53.3	25.0

由表5-9~表5-12可知：

1）8个发电厂用182台高压电动机的故障率达33.5%，说明故障率较高。

2）在诸辅机电动机中，与磨煤机和送风机配套的高压电动机故障率最高。

3）高压电动机的主要故障为转子笼条断裂、开焊以及定子主绝缘烧损。

4）故障出现最多的时间是运行后的5~10年。

应当指出，上述统计结果具有一定的代表性，以上故障在国产电动机中都有不同程度的存在。

5.2.3　电动机发生故障的原因分析

引起电动机故障的原因很多，但总的来说，主要原因有如下方面：

1. 设计制造

电机设计不合理造成某些先天性的不足，引起故障，这种故障往往具有一定的规律性，如果设计人员经常收集电机故障信息，进行统计分析，往往容易找到故障原因，并找到改进措施。制造质量不佳受多种因素的影响，如材料不能满足要求，制造所用的设备、工艺达不到要求，制造过程中相关人员的水平和态度以及管理水平等。

2. 绝缘老化

一方面电动机自然劣化，使用一定期限后，电动机各方面性能均会不同程度的下降。当然绝缘老化又与很多因素有关，如环境条件、电源状态、负载情况等，这部分内容可参考第13章。

3. 运行

电动机运行方面受很多因素的影响，归纳起来有安装地点和周围环境的影响，地基或安装基础的影响。图5-12是这些因素对电动机运行影响的示意图。这些因素造成了对电动机运行的干扰，在极端的条件下使电动机出现故障，甚至无法运行。这些因素对电动机运行的干扰分述如下。

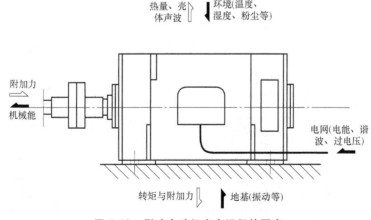

图 5-12　影响电动机安全运行的因素

1）电源的原因。当电压过低时，重载的异步电动机会因堵转而烧毁。快速开关或断路器切断时产生的浪涌电压或操作过电压，会造成过电压击穿，雷击过电压同样会使绝缘系统因过电压而击穿。电源中的谐波分量会造成换向困难和交流电动机谐波转矩的增加。这些都会对电动机运行产生不利的影响。

2）负载性质和负载机械的原因。电动机在轴伸端输出机械功率，必须要满足工作机械要求，包括过渡过程所需加速力矩或制动力矩。但电动机也受到来自工作机械的反作用力和附加力矩的影响，如安装时不对中，联轴节调整不当，以及由于冲击负载引起的扭振等，都会从轴伸端输入附加力和交变力矩，影响电动机运行，使电动机产生振动。

3）安装环境和场所的原因。电动机在运行时，向周围空间发散热量和噪声，但是环境温度、湿度、海拔以及电动机安装场所的粉尘、有害气体、盐雾、酸气等，对电动机的运行也将产生影响。另外，地基或基础不良对电动机运行也有影响。

总之，恶劣的环境和苛刻的运行条件，以及超过技术条件所规定的允许范围运行，往往是直接导致故障的起因。例如电动机因过载会导致温升过高而烧毁；环境湿度过高往往会使绝缘受潮、绝缘电阻降低、泄漏电流增加，甚至发生击穿；湿度过低又常常造成直流电动机电刷噪声和换向火花加大；电网电压过低也会使电动机堵转或过热而烧毁；快速开关动作时的浪涌电压可能会导致绝缘击穿；多次连续起动往往会导致同步电动机起动绕组开焊或断条。

运行条件不适合导致的各种故障，可参见表5-13。

表 5-13　运行条件引起电动机故障

运行条件	条件特性	原　因	引起故障
负载条件	工作机械和工作过程特性	经常过载 起动次数过多 负载机械振动 冲击负载 连续、重载起动	电动机过热、轴承损坏、换向不良 异步电动机过热、断条 轴承损坏、换向不良 转子结构部件松动、疲劳、轴扭振 起动绕组开焊、笼型绕组断条
电源条件	电网或电源特性	电网电压缓慢波动 操作过电压 高次谐波	起动困难、转速不稳、过热 定子绝缘击穿 谐波转矩增加，换向恶化
安装及基础条件	电动机的安装状态	同轴度较差 接触不良 轴承绝缘接地 座脚螺钉松动 基础振动 吊装碰撞	振动大 接头处局部发热 轴电流 机座振动 机座振动 绝缘局部损伤
环境条件	作业场地特点	高温 低温 有害气体	过热、绝缘老化 霜冻 结构件、绝缘腐蚀、氧化膜异常
	地理、气象特点	高湿度 低湿度 海拔>1000m	绝缘吸潮、击穿 电刷噪声、氧化膜不易建立 允许温升降低、换向困难
	污染情况	粉尘、油雾	绝缘电阻降低、电刷磨损加快

运行条件对各类电动机产生的影响和结果是不同的，例如频繁起动对直流电动机影响不大，而同步电动机和异步电动机在通常情况下是不允许的，会产生各种故障；电压降低对直流电动机不致造成过大威胁，但对交流电动机危害甚大；湿度变化、环境污染对交流电动机影响较小，而对直流电动动机会产生很大影响。

4. 电动机的选型不当引起故障原因

电动机的安全运行以正确选型和使用为前提，当电动机在其额定数据和技术条件规定范围内运行时，电动机是安全的；电动机运行超过规定范围，可能会出现不正常征兆，甚至发生事故。电动机的技术条件规定了它的适用环境条件、负载条件和工作制。

电动机选型是最重要的。电动机的类型、结构型号、防护方式、容量和转速的选择，必须根据负载机械的性质、转矩、转速和起、制动与加速要求来确定，电动机的选型必须满足使用要求，特殊用途和运行条件的电动机，必须进行专门设计和特殊工艺处理，以适应特殊要求。

5.2.4 定子绕组的故障分析

从图 5-9 可以看出，定子绕组故障是电动机的主要故障，因此定子绕组故障诊断是电机故障诊断的重点之一。

1. 绕组绝缘磨损

绕组绝缘磨损是由于绝缘收缩和电动力的作用造成的。长期高温作用，绝缘层内溶剂挥发等原因，使槽楔、绝缘衬垫、垫块因收缩而尺寸变小，绑扎绳变得松弛，绕组和槽壁、与垫块、绕组与固定端箍之间都产生了间隙，在起动、冲击负载引起的电动力作用下，将发生相对位移，时间久了就会产生磨损，使绝缘变薄。其伴随征兆是槽楔窜位、绑扎垫块脱落、端部绑扎松弛、端部振动增大，检查时发现绝缘电阻降低、泄漏电流增加、耐压水平明显降低。

绕组制造质量不佳也是电动机绕组绝缘磨损的重要原因。电动机定子绕组制造工艺粗劣，绕组固定不良，因而使电动机定子绕组端部固定的整体性差。其中最突出的是 70 年代末 80 年代初出厂的国产 JSQ-147-6 型 360kW 和 JSQ-158-6 型 380kW 电动机。这些电动机的主要问题是绕组成型较差，且尺寸偏小，所以嵌线后绕组与槽壁间的间隙很大。实际测量最大间隙有 2mm 以上，甚至绕组在槽内悬空。而下层线棒的端部与绑环间也不服帖，绑扎松弛，其间又未填充涤纶毡等适型缓冲材料。绑绳道数少，并且表面刷漆未经过浸渍处理，端部固定整体性差。当电动机频繁起动时，强大的电动力导致绑绳开断、垫块脱落，造成绕组振动松弛，从而使槽口附近绝缘损坏或绕组背部与绑环之间绝缘磨损接地，甚至通过绑环引起相间短路。

2. 绝缘破损

通常是绕组受到了碰撞，或转子部件脱落、碰刮导致绝缘局部损伤，运行时往往表现为对地击穿。

3. 端部引线和连接线的接头开焊

制造质量不佳还表现在高压电动机的引线和连接线的接头焊接不良，在起动次数多、起动电流大、起动持续时间长的情况下，将发生接头过热开焊故障，如图 5-13 中的 3。在某厂统计的 27 台次高压电动机定子故障中，就有 11 台次是接头焊接不良，占 40.7%。例如，某双水内冷发电机组的给水泵电动机（JZK-4000-2 型），第一次起动不成功，第二次起动过程中，当起动电流尚未返回时，差动保护动作跳闸，电动机端部冒烟，拆开端部检查，发现电动机靠水泵侧端部第 52、53、54 槽正上方绕组引线接头烧断，隔槽绕组引线也被烧断。附近定子绕组端部和引线的绝缘层被电弧高温烧焦碳化，整个绕组端部和铁心上积了一层铜沫，端部下方的转子表面均被熏黑。这是因为两次起动冲击，端部引线接头所产生的热量进一步积累，导致接头烧熔断开拉弧，最后导致绝缘击穿烧焦。

4. 匝间短路

高压定子绕组为了减少附加铜耗，通常在股线间需要换位。在制造过程中，绕组的压型和换位工序操作不当时，易造成匝间短路。匝间短路使绕组三相阻抗不相等和三相电流不对称，电流表指针将出现摆动，使电动机振动加大。在短路匝绕组温升较高时，往往会使绕组表面变色或线圈局部过热，绝缘在高温下分解，甚至产生局部放电现象。

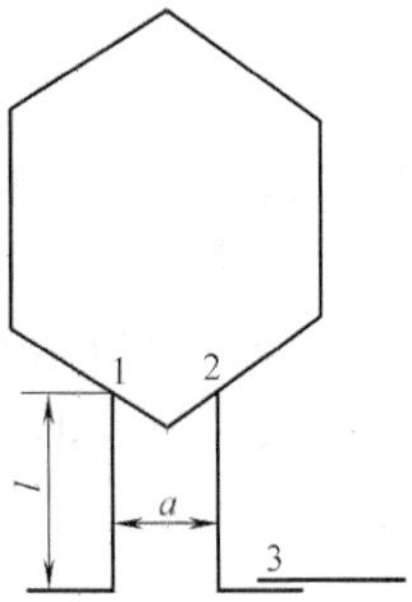

图 5-13　定子绕组示意图

a—引线间距离　*l*—引线长度　1、2—断股位置　3—开焊位置

5. 绕组断股

定子绕组断股多发生在连接线的根部，如图 5-13 中的 1、2。造成断股的原因，一方面是由于制造过程中连线受到反复板、弯，留下了伤痕或裂纹，形成先天性隐患；另一方面是由于端部绕组固定不牢，运行中特别是起动时受电动力（引线间的电动力将达到正常运行时的 25～49 倍）或振动力的作用，而发生疲劳断裂。

定子绕组、连接线和引出线固定不牢不仅是造成绕组主绝缘磨损击穿的主要原因，同时也是匝间绝缘损坏和连接线断股的主要原因之一。

6. 绝缘电阻降低

多数情况是由于绕组吸潮或导电性物质黏结在绕组表面，或渗入绝缘层的裂纹所致。交流电动机定子绕组和直流电动机的电枢、主极、换向极，补偿绕组都会产生这种故障。绝缘电阻降低到不允许程度，一般吹风和清擦已难奏效，往往需拆卸电动机，用专用清洗剂清洗，干燥、浸漆后方能恢复。集电环绝缘层、换向器、换向器 V 形环端部、转子并头套绝缘都是裸露带电导体的对地绝缘，绝缘结构除考虑耐压强度外，还必须考虑一定爬电距离。当爬电距离过短或表面黏结污垢后，这些部分的绝缘电阻值，也往往会低于允许标准。

5.2.5　转子绕组的故障分析：断条和端环开裂

笼型异步电动机特别是高压电动机转子笼条断裂、开焊故障率最高。大量统计表明，在冶金、矿山、电力、石化等行业，电动机转子笼条断裂是普遍现象，研究电动机转子笼条断裂的故障原因及消除方法是当前亟待解决的问题。

1. 转子笼条断裂的特征

笼条、端环断裂的主要征象是电动机起动时间延长，转差差加大，转矩减少，同时也将出现电动机振动和噪声增大，电流表指针出现摆动等现象。除此之外，电动机转子笼条断裂还具有如下一些特征：

1）开焊或断裂一般都是从外笼开始。如未能及时发现和处理，则会很快扩大到整个转子，以致毁坏整台电动机。

2）新电动机笼条断裂发生的起始时间与起动次数直接相关。起动频繁的，笼条断裂发生的时间就早；起动次数少的笼条断裂发生的时间就晚。大多断条是电动机运行 3～5 年开始发生。

3）笼条断裂的发生与笼条在槽内的夹紧程度密切相关，在槽内松动的笼条容易发生断裂。

4）笼条断裂的发生还与笼条和端环的焊接工艺质量密切相关。

5）笼条断裂的断口呈疲劳断口。

6）断条槽的铁心多有局部过热变色及烧损现象。开焊处的端环孔周围也有过热变色及电弧烧伤痕迹。

2. 转子笼条受力分析

根据上述笼条断裂的特征，可以判定：笼条的开焊与断裂主要发生在起动过程中。笼条的断裂应力包括静态和交变两个分量的应力。它由如下几部分组成：

1）热应力。笼条中流过电流便产生热量。笼型各部分材质不均及散热条件不一，使笼型各部分受热不均，从而产生热应力。

在起动过程中，外笼条和外端环中将流过很大的起动电流（其值可达额定电流的5~7倍），由此而产生的损耗可使笼条和端环产生200~300℃的温升，从而使端环产生相当大的热变形，端环的扩张变形将使笼条受到一个静态弯曲应力。有关资料计算表明，此弯曲应力比笼条所受的离心应力约高6倍左右。

2）焊接残余应力。目前，国产电动机转子笼条的焊接多采用手工气焊，焊接温度难以准确控制。由于端环在焊接中局部受热而产生热变形，焊好后因冷却收缩而造成笼条弯曲应力；又由于每根笼条在焊接温度上的差异，此应力的分布极不均匀，可能造成很高的局部高应力。同时，焊接所必需的温度使焊接区域内的端环和导条受到退火处理，从而使材料的机械强度降低。

3）交变应力。根据有关资料介绍，笼条所受的交变应力有两种：①起动过程中的电磁力，这是笼条中的起动电流与转子磁场的作用力。电磁力作用在笼条上，使笼条被压向槽底，并以2倍笼条电流频率脉动。若笼条在槽内固定良好，则此脉动力仅表现为对槽内铜条的脉动压力，对笼条外悬部分不产生作用。但如果笼条在槽内处于悬空状态，则在脉动力的作用下，笼条将产生振动，在笼条的两个固定端（即笼条与端环的焊接处），将附加一个2倍电流频率的脉动应力。②电动机起停过程中的低频循环应力。此循环应力的幅值即为笼条的全部机械热应力，其交变频率即为电动机的起停次数。由于这种应力交变幅值很大，因此是笼条断裂的主要作用力之一。

3. 引起笼条断裂的主要原因（这里主要分析焊接转子，关于铸造转子参见第6.3.1节）

根据现场对事故电动机转子的解剖检查和笼条断裂特征及其受力分析，高压电动机笼条断裂的主要原因有：

1）铜条断裂大多发生在伸出铁心端靠近端环焊接处。断裂的原因是由于长期受热力和电磁力作用而产生疲劳损伤。比如起动过程中铜条上下温差大，热膨胀不匀；双笼型条转子的外笼条铜条电流密度太大，致使在起动瞬时温升超高；起动时铜条的离心力和切向应力作用使铜条受到朝向铁心槽口方向的冲力；双笼型铜条与铁心配合过松致使铜条在槽内发生振动；冷轧铜条在焊接过程中受热退火不匀而使机械强度降低等，这些因素均可引起铜条或端环断裂。

2）产品系列不配套。在目前的高压电动机系列中，一般为连续运转形式。而磨煤机的运行是频繁起停、带负载起动，而且属于冲击负载。现有电动机所具有的特性难以满足这种苛刻要求，这是目前磨煤机电动机笼条发生断裂的主要原因之一。

3）设计和工艺方面的问题。主要有以下几点：

① 电动机的笼条截面和端环的尺寸偏小。如 JSQl58-6 型电动机，外笼条的直径有 $\phi8$、$\phi10$ 和 $\phi12$ 三种，实测和计算得到的冷态一次起动笼条局部温度高达 500℃，计算得到的热应力高达 $800\sim1200kg/cm^2$。国外同容量电动机笼条直径都较大，约 16mm。笼条的电流密度不超过 $1A/mm^2$。

② 笼条在槽内的夹紧度不足。国产双笼电动机笼条与槽之间通常采用 0.2~0.5mm 的配合公差。因此，笼条在槽内除一些支撑点与铁心接触外，其余部分均处于悬空状态，笼条在槽内松动。所以在电磁脉动力的作用下，笼条将承受较大的倍频交变应力，使笼条与铁心磨损，导致间隙增大。国外对笼条在槽内的固定，一般都采用陷形模处理工艺，或槽底用斜楔对槽内笼条进行夹紧处理。

③ 焊接工艺质量差。焊接笼型转子是采用成型裸铜导体，两端与铜端环焊接成绕组回路。笼条的截面多种多样，有圆形、矩形、楔形等各种规格。端环通常钻孔后与对应铜条相连接（见图 5-14）。有些电动机没有钻孔，只是表面相连焊，这种情况特别容易因应力、电磁力等产生裂缝。对于 2 极高速电动机，一般由于端环不是整块铜料锻成，其接焊缝焊接不良，在运行中受热应力容易造成开裂。此时，往往还会因铜甩出而刮伤定子绕组的端部绝缘层，引起相间短路或对地短路。铜条断裂大多发生在伸出铁心端靠近端环焊接处（见图 5-15）。

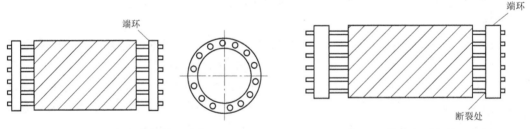

图 5-14　铜条焊接转子结构　　　　图 5-15　笼条断裂部位示意图

国产电动机笼条与端环的焊接，一般都采用手工气焊，很难保证笼条与端环的焊缝 100%熔合。由于焊接过程中端环受热不均，焊口长短不一，造成局部高温和高应力点，这些点往往形成开裂的源点，在运行中，尤其在起动时，导致开焊。

国外对笼条焊接极为重视，近几年基本上都以自动均匀焊取代了逐根的手工气焊，使用最广泛的是感应加热焊和新的气体加热焊。

④ 端环偏心没有找正。在电动机生产中，对端环的偏心、歪扭不作要求。然而，在穿条和焊接过程中，端环最容易变形。端环是紫铜材质的，质量很大，旋转中的离心力很大。偏心、歪扭的端环所产生的离心力将造成笼条断裂或开焊。

⑤ 端环尺寸小。起动时由于端环电流密度大，造成温度上升过高，使端环本来就不高的机械强度下降而发生变形，进而发生断条故障。在现场调查中，发现这种情况颇多。

⑥ 笼条伸出铁心过长。有些电动机转子，特别是双笼型转子，其外端环距铁心的距离竟长达 60mm 以上。在各种应力特别是扭振力矩的作用下，会使整个外笼型在铁心伸出端产生扭曲变形，如图 5-16 所示，从而容易造成断条。在现场调查的双笼型电动机中，这种现

象很普遍。对内笼，由于伸出铁心的长度要短得多，基本没有断条和端环变形现象。

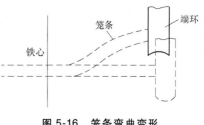

图 5-16 笼条弯曲变形

4）选型和运行不当。现场调查结果表明，电动机笼条断裂事故与选型和运行不当有关。例如，有些电厂对两台电动机拖动 1 台磨煤机的电动机选用了不同型式或不同制造厂生产的电动机，由于这两台电动机的起动特性不同，其中的 1 台过载而烧坏笼条。还有的电厂在厂用电系统电压降低的情况下强行起动电动机，造成笼条断裂。

5）连续起动或起动时间过长。电动机在冷状态下起动一次，笼型温度会高达 200℃ 左右。如果再连续第二次起动甚至第三次起动，笼型温度将会达到不允许的程度，机械强度也降低很多。起动过程中笼型所承受的各种应力，多数已达到允许值，如果超出材料的疲劳强度就会断条。在断条的电动机中，有相当一部分具有连续多次起动的历史。

当电动机因负载机械卡涩或选型不当，使其起动转矩偏小时，都会造成起动时间过长。起动时间过长会使笼型的温度猛增而容易损坏。

6）电动机检修工艺差。有些电厂对断条的修复质量不太重视，使修复后的笼型远不及原来的牢固。重复更换笼条将使转子槽孔尺寸增大，而新换的笼条仍是原来尺寸，使笼条与铁心间的气隙增大。焊接温度高、工艺差，使焊口附近的材质因高温而脆化，机械强度下降。检修时没有认真检查出断条和裂纹、笼条松动等，致使电动机仍带着缺陷运行。

有的笼条经过修理后再次出现故障，主要是焊接质量低劣。其中有的是焊口虚焊，有的是具有残余应力。在起动时的大电流冲击下，在高温、大转矩作用时再次损坏。

7）断条后检修不及时。笼型断条很少时，因对电动机的运转影响不大而难于被发现。当发现电动机在起动时冒火、振动、噪声增大、转速下降等异常时，断条已经比较严重了。有些单位，即使发现了早期断条，以为对运行没有影响而不愿及时停机修理。

笼型断条之后，断条中仍有电流。其电流经两侧铁心流入相邻的笼条，这既增加了相邻笼条的负担，加速了它的断裂，又会烧坏转子铁心。当断条烧豁铁心槽口后，在离心力的作用下，断条会跳出槽口造成定子扫膛并碰坏定子绕组，不少电动机就是这样损坏报废的。可见笼型断条之后若不及时修复，会造成严重后果。

总之，笼型异步电动机在起动时，绕组内短时间流过很大电流，不仅承受很大冲击力，而且很快升温，产生热应力，端环还需承受较大离心应力。反复地起动、运行、停转，使笼条和端环受到循环热应力和变形，由于各部分位移量不同、受力不均匀，会使笼条和端环因应力分布不均匀而断裂。另外，从电磁转矩来看，起动时的加速转矩，工作时的驱动力矩是由笼条产生的，减速时笼条又承受制动转矩，由于负载变化和电压波动时，笼条就要受到交变负载的作用，容易产生疲劳，当笼型绕组铸造质量、导条与端环的材质和焊接质量存在问题时，笼条和端环的断裂、开焊更易发生。

5.2.6 转子绕组的故障分析：绕线转子绕组的击穿、开焊和匝间短路

绕线型异步电动机需通过集电环串入电阻器进行起动和调速，和笼型异步电动机不同的是，它的条形绕组对地（转子铁心）和相间必须是绝缘的，由于转子铁心在设计时大多采用半闭口槽，制造时卷包绝缘的条形绕组，从一端插入槽内后，另一端需弯折、排列成形方

可接线，两端再用并头套连接起来，焊接后由连接线与集电环相接，在这个制造过程中，绝缘层易受机械损伤。而绕线转子绕组在电动机起动时，开路电压较高，当集电环与电刷接触不良时，受过机械损伤的绕组和连接线容易被击穿。

当重载起动或负载较大时，过大的起动电流和负载电流不仅使绕组温度升高，而且也会使并头套发生开焊、淌锡或发生放电现象；另外，转子绕组并头套之间的间隙中，易积存碳粉等导电性粉尘，易产生片间短路现象；绕线转子异步电动机在外接三相调速电阻不等时，转子三相绕组也会出现三相电流不平衡现象，往往出现某相绕组过热现象。

关于绕线转子电动机故障诊断方法参见 6.10 节。

5.2.7　电动机定子铁心的故障分析

1. 定子铁心短路

定子铁心短路大部分发生在齿顶部分，常见于异步电动机和高速大容量同步电动机中。交流电动机定子铁心中磁通是交变的，铁心中的磁滞损耗、涡流损耗及表面磁通脉振损耗都将使铁心发热。为了减少定子铁心的铁损，通常都将定子冲片两边涂有绝缘层以形成隔离层，以减少铁损。因此，大容量的和重要的交流电动机，在定子铁心叠装后必须进行铁损试验，检查硅钢片的质量和铁心是否存在局部过热的短路现象。

由于异步电动机气隙小、装配不当、轴承磨损、转轴弯曲及单边磁拉力等原因，都可能造成定、转子相摩擦，使定子铁心局部区域齿顶绝缘层被磨去，并因毛刺使片间相连，致使涡流损耗增大而局部过热，甚至危及定子绕组。由于局部高温造成绝缘物热分解，能闻到绝缘挥发物和分解物的气味。而电动机此时往往出现空载电流加大、振动和噪声增大，有时能发现机座外壳局部部位温度高，发现以上情况应及时停机检修。

2. 定子铁心松动

定子铁心松动往往是由于制造时铁心压装不紧，或定子铁心紧固件松脱或失效时发生，其主要征象是电磁噪声增加，特别是在起动过程时发出的电磁噪声，振动大是铁心松动的另一征象，铁心松动故障不但使电动机的噪声使人难以忍受，长期存在将导致绕组绝缘因振动大而大大缩短寿命。

第6章　电动机故障的简易诊断

电动机不能正常运行，通常应检查电动机的绝缘电阻、直流电阻、电感、工作电流、温升、转速、响声及气味等。简易诊断主要是不需要借助精密仪器的简单快捷诊断。简易诊断方法有两大类，一是基于人体感观的诊断方法，这方面内容已在第2.2节讨论过；第二是通过常用仪器仪表或其他简单工具诊断，本章将作简要介绍。本章重点是针对电动机的主要故障，分析其诊断方法。电动机绝缘是最重要的性能指标之一，已在第3章专题讨论，本节不专门分析电动机绝缘问题。

本章主要内容包括：电动机定子绕组故障诊断、转子绕组故障及转子不平衡故障诊断、电动机起动困难类故障诊断、电动机转速偏低及带负载能力差的诊断、从电动机电流大小异常诊断电动机故障、电动机过热的故障检测诊断、电动机振动和响声异常的故障诊断、绕线转子异步电动机的故障诊断、同步电动机的故障诊断。

6.1　电动机的故障检测诊断方法

6.1.1　电动机运行前后的检查

电动机故障通常是在起动后及带负载后出现的。首先根据看、听、闻、摸所得到的印象，经过分析再辅以必要的检查，即可做出初步判断，必要时再做专项检查，最后确定故障的性质，从而决定修理的方法。

1. 电动机起动前的检查

为了保证电动机能够正常起动，起动前的检查项目有：

1）使用电源的种类和电压与电动机铭牌是否一致，电源容量与电动机容量及起动方法是否合适。

2）使用的电线规格是否合适、接线有无错误、端子有无松动、接触是否良好。

3）开关和接触器的容量是否合适、触头是否清洁、接触是否良好。

4）熔断器和热继电器的额定电流与电动机的容量是否匹配、热继电器是否已复位。

5）盘车灵活，串动不应超过规定。

6）检查电动机润滑系统：油质是否符合标准、有无缺油现象；对于油质不符合要求的电动机轴承，应用汽油清洗干净后按规定量注入合适牌号的润滑油（脂）；对强迫润滑的电动机，起动前还应检查油路系统有无阻塞、油温是否合适、循环油量是否符合规定要求，经润滑系统试运正常后方可起动电动机。

7）检查传动装置。皮带不得过松或过紧、连接要可靠、无裂伤现象、联轴器螺钉及销子应完整、紧固。

8）电动机外壳是否可靠接地。

9）起动器的开关或手柄是否放在起动位置上。

10）绕线转子电动机还要检查提刷装置、手柄是否在起动位置上、电刷与集电环接触是否良好、电刷压力是否正常。

11）电动机绕组相间及对地绝缘是否良好、各相绕组有无断线。

12）检查各紧固螺栓（地脚、轴承等处螺栓）不得松动。

13）通风系统应完好，通风装置和空气滤清器等部件符合规定要求、通风良好、无堵塞。

14）检查旋转装置的防护罩等安全措施是否良好。

15）电动机周围应清洁干净，不准堆放其他无关物品，做好起动准备并通知其他有关人员。

以上项目不一定每次起动前都要逐项检查，但第一次起动的电动机（包括新安装的和大修后重新安装的）必修仔细检查。在修理部门，为了检查电动机的故障情况，有时也要起动，这时也要注意检查，以免人为地造成新的故障。

2. 起动后的检查

1）起动电流是否正常。

2）电动机旋转方向是否正确。

3）认真查清有无异常振动和声音（应特别注意观察气隙和轴承）。

4）使用滑动轴承时，检查带油环转动是否灵活、正常。

5）起动装置的动作是否正常，是否逐级加速，电动机加速是否正常，起动时间是否超过规定。

6）电流大小与负载是否相当，有无过载现象。

7）有无异味及冒烟现象。

3. 运行中的检查

1）加上负载后，检查有无异常的振动和声音，如发现异常，应停机检查。

2）各部分有无局部过热现象（包括配线在内）。

3）加上负载后有无不正常转速下降现象。

4）电动机的工作状态有无急剧的变化。

5）各部分温升不应超过规定数值，电动机温升规定值、大型电动机的冷却介质与电动机进出口处温度和循环油温等应符合按制造厂规定标准。

6）轴中心高 56mm 以上的三相交流电动机，振动强度不得超过表 6-1 的限值。振动等级分为 A、B 两种，如果未指明振动等级，电机振动限值应符合等级 A 的要求。电动机振动不得超过表 6-1 之规定。

7）交流电动机两倍电网频率振动速度限值；二极感应电动机可能会出现两倍电网频率的电磁振动，对于中心高 $H>132$mm 的二极电动机，当型式试验证明两倍电网频率的振动频率占主导成分时，表 6-1 中的振动强度限值（对等级 A）将振动速度从 2.3mm/s 增加到 2.8m/s，或（对等级 B）从 1.5mm/s 增加到 1.8m/s。

表 6-1　电动机振动的限制要求（有效值）

振动等级	安装方式	56mm≤H≤132mm		H>132mm	
		位移/μm	速度/(mm/s)	位移/μm	速度/(mm/s)
A	自由悬置	45	2.8	45	2.8
	刚性安装	—	—	37	2.3 2.8
B	自由悬置	18	1.1	29	1.8
	刚性安装	—	—	24	1.5 1.8

6.1.2　用常规仪器仪表检测电动机的状态

用仪器仪表检测诊断电动机的项目主要包括：

1）绕组的绝缘电阻（详见3.3节）；2）绕组的直流电阻；3）定子绕组泄漏电流和直流耐电压；4）定子绕组交流耐电压；5）绕线转子绕组交流耐电压，空载电流、工作电流、转速等。

1. 绕组的直流电阻检测

通过直流电阻的测定，可以检查出电动机绕组导体的焊接质量、引线与绕组的焊接质量、引线与接线柱连接质量。从三相电阻的平衡性，可判断出绕组是否有断线（包括并联支路的断线）和短路（包括匝间短路）。

常用380V铜线定子绕组电动机的直流相电阻范围见表6-2。

表 6-2　低压三相电动机定子绕组直流相电阻参考值

电动机额定容量/kW	10	10~100	100
绕组每相直流电阻/Ω	1~10	0.05~1	0.001~0.1

按要求：不小于3kV或不小于100kW，2%其余自行规定。

正常时，绕线直流电阻的三相不平衡度应不超过±3%。

2. 绕组的电感值检测

每相绕组都有自感，还有与其他绕组及转子绕组之间的互感。通过测量各相绕组的电感值，也可判断电动机绕组是否存在匝间短路、转子绕组或导条是否断线或断裂。

电动机正常时，各相绕组的电感不平衡度应小于5%（IEEE标准：≤5%为良好，5%~15%为缺陷，≥15%为故障）。

3. 定子绕组泄漏电流和直流耐电压

对500kW及以上的电动机可按发电机要求进行，500kW以下者自行规定。

4. 定子绕组交流耐电压

大修时或局部更换绕组时试验电压为$1.5U_N$，但不低于1000V。对低压和100kW以下不重要者，可用2500V绝缘电阻表代替。

5. 绕线转子电动机转子绕组交流耐电压

大修或局部更换绕组：不可逆式　$1.5U_k$（>1000V）

$$可逆式 \quad 3.0U_k \ (>2000V)$$

其中，U_k 为转子静止时在定子绕组上加额定电压在集电环上测得的线电压。

6. 空载电流检测

拆除电动机拖动的工作机械或工作机械不带负载时，电动机在正常电源情况下的运行称为空载运行。空载运行时的电流称为空载电流。

在正常情况下，空载电流一般为额定电流的 20% ~ 50%。在电源电压平衡的情况下，三相空载电流的不平衡度不应超过 ±10%。如果空载电流偏大，则应注意气隙是否偏大、是否存在匝间短路，转子是否有轴向移动等。

7. 工作电流检测

工作电流的大小是电动机运行的重要参数，电流如果超过额定值，除了电源电压不正常外，就是电动机本身存在故障，如存在匝间短路、接地等，都会引起电流的增加。

在正常情况下，电动机的工作电流应不大于额定电流，三相电流不平衡度应不超过 ±3%（非行业标准，供参考）。

当环境温度高于或低于规定的温度（一般为 35℃）时，电动机的工作电流应降低或允许升高值见表 6-3。

表 6-3 不同环境温度下允许工作电流

周围环境温度（℃）	额定电流增加（%）	周围环境温度（℃）	额定电流增加（%）
30 以下	+8		
30	+5	45	−10
40	−5	50	−15

电动机的额定电流一般是在环境温度为 35℃ 的情况下定出的。如果环境温度高于 35℃ 时，电动机的散热性能就会显著下降，这是应相应地降低电动机的额定电流使用。

1）周围环境温度 t 低于 35℃ 时，电动机的额定电流允许增加 $(35-t)\%$，但最多不应超过 8% ~ 10%。

2）周围环境温度超过 35℃ 时，则要降低出力，大约每超过 1℃ 电动机额定电流降低 1%。

8. 转速检测

电动机的转速与负载的大小及其本身的故障情况有关。低转速是造成电动机过热的重要原因，因为转速越低，转子与定子绕组中的电流越大。所以，通常规定电动机的转速应不低于额定转速的 95%，如果转速下降严重，则应减少负载，即降低定子绕组电流。

6.1.3 电动机故障诊断的基本技术

通常采用的电动机故障诊断的技术有以下几种类型：

1）电流分析法。通过对负载电流幅值、波形的检测和频谱分析，诊断电动机故障的原因和程度。例如通过检测交流电动机的电流，进行频谱分析来诊断电动机是否存在转子绕组断条、气隙偏心、定子绕组故障、转子不平衡等缺陷。

2）振动诊断。通过对电动机的振动检测，对检测信号进行相关处理和分析，诊断电动机产生故障的原因和部位，并制定处理办法。

3）绝缘诊断。利用相关电气试验和特殊诊断技术，对电动机的绝缘结构、工作性能和是否存在缺陷做出结论，并对绝缘剩余寿命做出预测。

4）温度诊断。用相关温度检测方法和红外测温技术，对电动机各重点部位的温度进行监测和故障诊断。

5）换向诊断。对直流电动机的换向进行监测和诊断，通过机械和电气检测方法，诊断出影响换向的因素和制定改善换向的方法。

6）振声诊断技术（简写为 VA 诊断）。VA 诊断是对诊断的对象同时采集振动信号和噪声信号，分别进行信号处理，然后综合诊断，因而可以大大提高诊断的准确率，因此 VA 诊断受到广泛的重视和应用。对电动机的故障诊断来说，VA 诊断同样具有重要价值。

6.1.4 电动机的诊断过程

电动机和所有的机器一样，在运行过程中有能量、介质、力、热量、磨损等各种物理和化学参数的传递和变化，由此而产生各种各样的信息。这些信息变化直接和间接地反映出系统的运行状态，而在正常运行和出现异常时，信息变化规律是不一样的。电动机的诊断技术是根据电动机运行时不同的信息变化规律，即信息特征来判别电动机运行状态是否正常。

电动机故障诊断过程和其他设备的诊断过程是相同的，其诊断过程应包括异常检查、故障状态和部位的诊断、故障类型和起因分析三个部分。

1. 异常检查

异常检查是对电动机进行简易诊断，是采用简单的设备和仪器，对电动机状态迅速有效地做出概括性评价。电动机的简易诊断具有以下功能：

1）电动机的监测和保护。

2）发现电动机故障的早期征兆和控制趋势。

如果异常检查确认电动机运行正常，则无需进行进一步的诊断；如发现异常，则应对电动机进行精密诊断。

2. 故障状态和部位的诊断

这是在发现异常后接着进行的诊断内容，是属于精密诊断的内容。可用传感器采集电动机运行时的相关状态信息，并用相关分析仪器对这些信息进行数据分析和信号处理，从这些状态信息中分离出与故障直接有关的信息，以确定故障的状态和部位。

3. 分析故障类型和起因

这是利用诊断软件或专家系统进行电动机状态的识别，以确定故障类型和部位。

电动机的精密诊断是对于状态异常的电动机进行的专门性的诊断，它具有下列功能：

1）确定电动机故障类型，分析故障起因。

2）估算故障的危险程度，预测其发展。

3）确定消除故障和恢复电动机正常状态的方法。

6.1.5 电动机常见故障的诊断及处理方法

异步电动机常见故障诊断及处理方法见表6-4。

表 6-4 三相异步电动机故障诊断及处理方法

序号	故障现象	故障诊断	处理方法
1	电动机不能起动	1. 电源未接通	1. 检查电源电压、开关、电路、触头、电动机引出线头,查出后修复
		2. 熔断器熔丝熔断	2. 先检查熔丝熔断的原因并排除故障,再按电动机容量,重新安装熔丝
		3. 控制电路接线错误	3. 根据原理图,接线图检查电路是否符合图样要求,查出错误纠正
		4. 定子或转子绕组断路	4. 用万用表,绝缘电阻表或串灯法检查绕组,如属断路,应找出断点,重新连接
		5. 定子绕组相间短路或接地	5. 检查电动机三相电流是否平衡,用绝缘电阻表检查绕组有无接地,找出故障点修复
		6. 负载过重或机械部分被卡住	6. 重新计算负载,选择容量合适的电动机或减轻负载;检查机械传动机构有无卡住现象,并排除故障
		7. 热继电器规格不符或调得太小,或过电流继电器调得太小	7. 选择整定电流范围适当的热继电器,并根据电动机的额定电流,重新调整
		8. 电动机△联结误接成丫联结,使电动机重载下不能起动	8. 根据电动机上铭牌重新接线
		9. 绕线转子电动机起动误操作	9. 检查集电环短路装置及起动变阻器位置,起动时应分开短路装置,串接变阻器
		10. 定子绕组接线错误	10. 重新判断绕组头尾端,正确接线
2	电动机起动时熔丝被熔断	1. 单相起动	1. 检查电源线,电动机引出线、熔断器、开关、触头,找出断线或假接故障并排除
		2. 熔丝截面积过小	2. 重新计算,更换熔丝
		3. 一相绕组对地短路	3. 拆修电动机绕组
		4. 负载过大或机械卡住	4. 将负载调至额定值,并排除机械故障
		5. 电源到电动机之间连接线短路	5. 检查短路点后进行修复
		6. 绕线转子电动机所接的起动电阻太小或被短路	6. 消除短路故障或增大起动电阻
3	通电后电动机"嗡嗡"响不能起动	1. 电源电压过低	1. 检查电源电压质量,与供电部门联系解决
		2. 电源断相	2. 检查电源电压,熔断器、接触器、开关、某相断线或假接,进行修复
		3. 电动机引出线头尾接错或绕组内部接反	3. 在定子绕组中通入直流电,检查绕组极性,判断绕组头尾是否正确、重新接线
		4. △联结绕组,误接成丫联结	4. 将丫联结改为△联结
		5. 定子转子绕组断路	5. 找出断路点进行修复,检查绕线转子电刷与集电环接触状态,检查起动电阻有无断路或电阻过大
		6. 负载过大或机械被卡住	6. 减轻负载,排除机械故障或更换电动机
		7. 装配太紧或润滑脂硬	7. 重新装配,更换油脂
		8. 改极重绕时,槽配合选择不当	8. 选择合理绕组形式和节距,适当车小转子直径;重新计算绕组参数

（续）

序号	故障现象	故障诊断	处理方法
4	电动机外壳带电	1. 电源线与地线接错,且电动机接地不好	1. 纠正接线错误,机壳应可靠地与保护地线连接
		2. 绕组受潮,绝缘老化	2. 对绕组进行干燥处理,绝缘老化的绕组应更换
		3. 引出线与接线盒相碰接地	3. 包扎或更换引出线
		4. 线圈端部顶端盖接地	4. 找出接地点,进行包扎绝缘和涂漆,并在端盖内壁垫绝缘纸
5	电动机空载或负载时电流表指针来回摆动	1. 笼型转子断条或开焊	1. 检查断条或开焊处并进行修理
		2. 绕线转子电动机有一相电刷接触不良	2. 调整电刷压力,改善电刷与集电环接触面
		3. 绕线转子电动机集电环短路装置接触不良	3. 检修或更换短路装置
		4. 绕线转子一相断路	4. 找出断路处,排除故障
6	电动机起动困难,加额定负载时转速低于额定值	1. 电源电压过低	1. 用电压表或万用表检查电路电压,且调整电压
		2. △联结绕组误接成丫联结	2. 将丫联结改为△联结
		3. 绕组头尾接错	3. 重新判断绕组头尾正确接线
		4. 笼型转子断条或开焊	4. 找出断条或开焊处,进行修理
		5. 负载过重或机械部分转动不灵活	5. 减轻负载或更换电动机,改进机械传动机构
		6. 绕线转子电动机起动变阻器接触不良	6. 检修起动变阻器的接触电阻
		7. 电刷与集电环接触不良	7. 改善电刷与集电环的接触面积,调整电刷压力
		8. 定、转子部分绕组接错或接反	8. 纠正接线错误
		9. 绕线转子一相断路	9. 找出断路处,排除故障
		10. 重绕时匝数过多	10. 按正确绕组匝数重绕
7	电动机运行时振动过大	1. 基础强度不够或地脚螺钉松动	1. 将基础加固或加弹簧垫,紧固螺栓
		2. 传动带轮、靠轮、齿轮安装不合适、配合键磨损	2. 重新安装,找正、更换配合键
		3. 轴承磨损,间隙过大	3. 检查轴承间隙,更换轴承
		4. 气隙不均匀	4. 重新调整气隙
		5. 转子不平衡	5. 清扫转子紧固螺钉,校正动平衡
		6. 铁心变形或松动	6. 校正铁心,重新装配
		7. 转轴弯曲	7. 校正转轴找直
		8. 扇叶变形、不平衡	8. 校正扇叶,校正动平衡
		9. 笼型转子断条、开焊	9. 进行补焊或更换笼条
		10. 绕线转子绕组短路	10. 找出短路处,排除故障
		11. 定子绕组短路、断路、接地连接错误等	11. 找出故障处,排除故障

（续）

序号	故障现象	故障诊断	处理方法
8	电动机运行时有杂音	1. 电源电压过高或不平衡	1. 调整电压或与供电部门联系解决
		2. 定、转子铁心松动	2. 检查振动原因，重新压铁心，进行处理
		3. 轴承间隙过大	3. 检修或更换轴承
		4. 轴承缺少润滑脂	4. 清洗轴承，增加润滑脂
		5. 定、转子相摩擦	5. 正确装配，调整气隙
		6. 风扇碰风扇罩或风道堵塞	6. 修理风扇罩，清理通风道
		7. 转子摩擦绝缘纸或槽楔	7. 剪修绝缘纸或检修槽楔
		8. 各相绕组电阻不平衡，局部有短路	8. 找出短路处，进行局部修理或更换线圈
		9. 定子绕组接错	9. 重新判断头尾，正确接线
		10. 改极重绕时，槽配合不当	10. 校验定、转子槽配合
		11. 重绕时每相匝数不相等	11. 重新绕线，改正匝数
		12. 电动机单相运行	12. 检查电源电压、熔断器、接触器、电动机接线
9	电动机轴承发热	1. 润滑脂过多或过少	1. 清洗后，填加润滑脂，充满轴承室容积的 1/2～2/3
		2. 油质不好，含有杂质	2. 检查油内有无杂质，更换符合要求的润滑脂
		3. 轴承磨损，有杂质	3. 更换轴承，对含有杂质的轴承要清洗，换油
		4. 油封过紧	4. 修理或更换油封
		5. 轴承与轴的配合过紧或过松	5. 检查轴的尺寸公差，过松时用树脂黏合或低温镀铁，过紧时用细纱布进行打磨
		6. 电动机与传动机构连接偏心或传动带过紧	6. 校正传动机构中心线，并调整传动带的张力
		7. 轴承内盖偏心，与轴相摩擦	7. 修理轴承内盖，使与轴的间隙适合
		8. 电动机两端盖与轴承盖安装不平	8. 安装时，使端盖或轴承盖止口平整装入，然后再旋紧螺钉
		9. 轴承与端盖配合过紧或过松	9. 过松时要镶套，过紧时要进行刮削加工
		10. 主轴弯曲	10. 矫直弯轴
10	电动机过热或冒烟	1. 电源电压过高或过低	1. 检查电源电压，与供电部门联系解决
		2. 电动机过载运行	2. 检查负载情况，减轻负载或增加电动机容量
		3. 电动机单相运行	3. 检查电源、熔丝、接触器，排除故障
		4. 频繁起动和制动及正反转	4. 正确操作，减少起动次数和正反向转换次数，或更换合适的电动机
		5. 风扇损坏，风道阻塞	5. 修理或更换风扇，清除风道异物
		6. 环境温度过高	6. 采取降温措施
		7. 定子绕组匝间或相间短路，绕组接地	7. 找出故障点，进行修复处理
		8. 绕组接线错误	8. △联结电动机误接成丫联结，或丫联结电动机误接成△联结，纠正接线错误

（续）

序号	故障现象	故障诊断	处理方法
10	电动机过热或冒烟	9. 大修时曾烧灼铁心,铁耗增加	9. 做铁心检查试验,检修铁心,排除故障
		10. 定、转子铁心相摩擦	10. 正确装配,调整间隙
		11. 笼型转子断条或绕线转子绕组接线松开	11. 找出断条或松脱处,重新补焊或拧紧固定螺钉
		12. 进风温度过高	12. 检查冷却水装置及环境温度是否正常
		13. 重绕后绕组浸渍不良	13. 应采用二次浸漆工艺或真空浸漆措施
11	集电环发热或电刷火花太大	1. 集电环表面不平。不圆或偏心	1. 将集电环磨光或车光、车圆
		2. 电刷压力不均匀或太小	2. 调整电刷压力
		3. 电刷型号与尺寸不符	3. 采用同型号或相近型号保证尺寸一致
		4. 电刷研磨不好,与集电环接触不良或电刷破碎	4. 重新研磨电刷或更换电刷
		5. 电刷在刷握中被卡住,使电刷与集电环接触不良	5. 修磨电刷,尺寸要合适,间隙符合要求
		6. 电刷数目不够或截面积过小	6. 增加电刷数目或增加电刷接触面积
		7. 集电环表面污垢,表面光洁度不够引起导电不良	7. 清理污物,用干净布蘸汽油擦净集电环表面
12	绝缘电阻低	1. 绕组绝缘受潮	1. 进行加热烘干处理
		2. 绕组绝缘粘满灰尘,油垢	2. 清理灰尘,油垢,并进行干燥,浸渍处理
		3. 绕组绝缘老化	3. 可清理干燥、涂漆处理或更换绝缘
		4. 电动机接线板损坏,引出线绝缘老化破裂	4. 重包引线绝缘,修理或更换接线板
13	电动机空载电流不平衡,并相差很大	1. 绕组头尾接错	1. 重新判断绕组头尾,改正接线
		2. 电源电压不平衡	2. 检查电源电压,找出原因并排除
		3. 绕组有匝间短路,某线圈组接反	3. 检查绕组极性,找出短路点,改正接线和排除故障
		4. 重绕时,三相线圈匝数不一样	4. 重新绕制线圈
14	电动机三相空载电流增大	1. 电源电压过高	1. 检查电源电压,与供电部门联系解决
		2. 丫联结电动机误接成△联结	2. 将绕组改为丫联结
		3. 气隙不均匀或增大	3. 调整气隙
		4. 电动机装配不当	4. 检查装配情况,重新装配
		5. 大修时,铁心过热灼损	5. 检修铁心或重新设计和绕制绕组进行补偿
		6. 重绕时,线圈匝数不够	6. 增加绕组匝数

6.2 电动机定子绕组故障的诊断

6.2.1 定子绕组的短路故障

绕组短路是指绕组的线圈导线绝缘损坏,不应相通的线匝直接相碰,构成一个低阻抗环路。绕组短路有相间短路和匝间短路两种。

1. 短路现象

绕组短路后，在短路线圈内产生很大的环流，使绕组产生高热导致绝缘变色、焦脆、冒烟直至烧毁，发出焦味。当短路匝数较多时，引起熔断器熔断。这时，由于转子所受电磁转矩不平衡，使电动机振动，并发出异常响声。

定子绕组的相间短路，将使电动机不能工作。但多数情况是绕组中有一部分线匝短路（称为匝间短路），短路线匝不能工作。虽然电动机能起动，但输出功率下降，电动机的转速将因匝间短路的严重程度不同而相应降低。

2. 短路原因

1）内部原因是电动机绝缘有缺陷，如端部相间垫尺寸不符合要求、垫的位置不正或绝缘垫本身有缺陷容易造成端部相间短路；双层绕组槽内层间绝缘尺寸不符合要求或垫偏，造成相间短路或一相的极相组间短路；导线本身绝缘不良或嵌线时使绝缘损伤容易造成匝间短路。

2）外部原因是运行中出现电动机过载、过电压、欠电压、断相运行等使绝缘老化或损坏造成绕组短路。

① 绝缘受潮。对于那些长期备用的电动机，以及那些长期工作在地下坑道、水泵房等潮湿场所的电动机，容易受潮，使层间绝缘性能降低，造成匝间短路。

② 绝缘老化。电动机使用时间较久或者长期过负载，在热及电场作用下，使绝缘逐渐老化，如分层、枯焦、龟裂、酥脆等都属于老化现象。这种裂化的绝缘材料在很低的过电压下就容易被击穿。

③ 电动机长期运行时聚集灰尘过多，加上潮气的侵入，引起表面爬电而造成匝间短路。

3. 相间短路故障诊断

检查电动机短路故障时，应首先了解电动机的异常运行情况。用绝缘电阻表测量相间绝缘，如果相间绝缘电阻为零或接近零，说明是相间短路，否则可能是匝间短路。

对于相间短路，拆开电动机后，首先检查绕组连接线和引出线的绝缘、端部相间绝缘情况有无明显的损坏。若看不出有明显损坏之处，切勿到处乱撬绕组，避免造成不必要的损伤。可用调压器在短路的两相之间施加低电压通以额定电流，短时间后可用手摸、眼看、鼻闻的方法进行查找，两线圈发热的交叉处就是短路位置。

4. 匝间短路故障诊断

可以从测量三相空载电流的平衡程度及直流电阻的大小来判断。电流偏大、直流电阻偏低的相，就应考虑属于匝间短路故障，之后还应找出匝间短路的部位。寻找故障点的方法很多，下面是其中的几种。

1）观察法。电动机发生短路故障后，在故障处因电流大，会使绕组产生高热将短路处的绝缘烧坏，导线外部绝缘老化焦脆，可仔细观察电动机绕组有无烧焦痕迹和浓厚的焦臭味，据此就可找出短路处。

2）手摸法。将电动机空转20min（对于小型电动机，可将电动机空转 $1\sim2$min），然后停机。迅速打开端盖用手摸绕组端部，若某个线圈比其他线圈热，说明这个线圈有匝间短路现象。若在空转过程中发现有绝缘焦味或冒烟，应立即切断电源。

3）电阻法。利用电桥分别测量三相绕组的直流电阻（也可用电压表电流表法）。电阻值小的相就是短路相（有匝间或极相绕组两端短路现象），但短路匝数较少时，阻值相差不太明显。

4）电流平衡法。如果是丫联结绕组，把各相绕组串入电流表后并联结到低压交流电源的一端，把中性点接到低压交流电源的另一端。如果是△联结绕组需拆开一个端口，再分别将各绕组两端接到低压交流电源上（一般可用交流弧焊机）。如果两相电流基本一样，另一相电流明显大，此相就是短路相。

5）短路侦察器法。短路侦察器法是利用Π型或H型的开口铁心（铁心绕有线圈），将短路侦察器的开口铁心边放在被测定子铁心的槽口上，通入交流电源，如图6-1a所示。使侦察器铁心与被测定子铁心构成磁路，利用变压器原理检查绕组匝间短路故障。这时沿着每个槽逐槽移动，当它所移到的槽口内有线圈短路时，电流表的读数明显增大。如果不用电流表，也可用一根锯条或0.5mm厚的钢片放在被测线圈的另一边槽口，当被测线圈有匝间短路时，钢片产生振动，发出吱吱响声，如图6-1b所示。

如果电动机绕组是△联结及多路并联的绕组，应将△联结及各支路的连接线拆开，才能用短路侦察器测试，否则绕组支路中有环流，无法辨别哪个槽的绕组短路。

对于双层绕组，由于一槽内嵌有不同线圈的两条边，应分别将钢片放在左右两边都相隔一个节距的槽口上测试，才能确定。

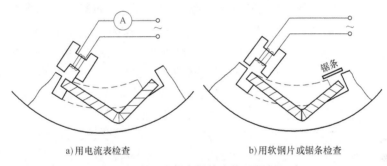

a)用电流表检查　　　　　　　　b)用软钢片或锯条检查

图6-1　用短路侦察器检查绕组匝间短路

6）电压降法。对于极相组间连线明显的电动机，将有短路那一相的各极相组连接成的绝缘套管剥开，从此相引线的两端通入低压交流电源，用交流电压表测量每个极相组接点间的电压降，电压表读数小的那一个极相组就有短路存在。对于大型电动机，各线圈用并头套连接的还可用此法测量出哪个线圈短路，如图6-2所示。

7）用匝间短路测试仪确定匝间短路的方法。当线圈绕组内部发生线圈间短路故障时，会形成短路匝，将明显地改变线圈的电感、电容和电阻等各项参数；一些线圈存在着尚有一定

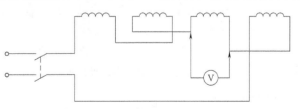

图6-2　电压降法接线图

绝缘程度的匝间绝缘薄弱点，如果没有太高的电压去冲击，其薄弱点就不会被击穿，线圈绕组的电感、电阻和电容等参数在通常情况下也不会出现明显的异常，普通测试时这样的薄弱点就不会被发现。对于这种情形，只有当试验电压超过绝缘薄弱点的耐压值时，才会造成匝间绝缘击穿，产生火花放电，同时其电感L，电容C和电阻R将会明显改变，相应地会改变

冲击试验脉冲电压在绕组中的衰减振荡频率和衰减速率,所产生的曲线与标准曲线也就会出现较大的偏差以至被检测出,并判为不合格品。

5. 故障排除

1) 双层绕组层间短路。可先将线圈加热到130℃左右,使绝缘老化。打开短路故障所在槽的槽楔,把上层边起出槽口,检查短路点情况,并清除层间绝缘,再检查上、下层线圈短路点处的电磁线绝缘有无损坏。把绝缘损坏的部位用薄的绝缘带包好,垫好层间绝缘,再将上层边重新嵌入槽内并进行绝缘处理。若电磁线绝缘损坏较多或多根电磁线绝缘损坏,包上绝缘后已无法嵌入槽内,就要根据情况采取局部修理方法。

2) 绕组端部匝间短路。如果是用电压降法找出短路线圈的,可继续按电压降法接线通以低压交流电,将电压表接在短路线圈两端。此时用划线板或光滑的尖扁竹片轻轻地撬动短路线圈的端部各线圈。如果撬某一线匝时,电压表指针突然上升到正常值,说明短路点即在撬开的匝间位置,只要用绝缘纸垫把此处绝缘垫好,涂漆处理即可。

3) 线圈端部的极相组间短路。可将线圈加热,软化绝缘,用划线板撬开线圈组之间的线圈,清理已损坏的相间三角形绝缘垫,重新插入新的绝缘垫并进行涂漆处理,最后烘干。当短路线圈的绝缘尚未焦脆时,可在短路处垫上绝缘纸,然后涂绝缘漆烘干即可。

4) 绕组连接线或过桥线绝缘损坏引起绕组短路。可解开绑线,用划线板轻轻地撬开连接线处,清除旧套管后套入新绝缘套管,或用绝缘带包扎好,再重新用绑线绑扎。

5) 穿线修复法。如果损坏的线圈数量不多,可用穿线法进行修补。修补时可先将绕组加热到80℃,然后用钳子从槽底或槽面一根一根地抽出损坏的线圈导线,清除槽中杂物,把卷好的新聚酯薄膜青壳纸插入槽内用作新的槽绝缘。这时取一只直径略大于导线并打过蜡的竹签作引线,把新导线随竹签穿入绝缘套内。穿线时就应从新导线的中点开始分头进行,穿线完毕便可进行接线,并作必要的检查和试验,最后进行浸漆烘干。

6) 甩线圈法。将短路线圈导线全部切断包好绝缘,将该线圈原来的两个接头连接起来,跳过该线圈接线。这一方法只可用来应急修理,而跳过的线圈数量一般不得超过一相绕组线圈总数的10%~15%,同时要减轻电动机的负载。

以上方法主要适用于成形绕组,对散嵌绕组一般不太适用。

6.2.2　定子绕组接地故障的诊断

电动机的绕组接地是指电动机的绕组绝缘损坏,线圈导线与铁心或机壳相碰。

1. 接地现象

机壳带电、控制电路失控、电流增大、绕组短路发热,致使电动机无法正常运行。绕组接地后,有时还伴有异常响声、振动等现象。

2. 接地原因

由于嵌线工艺不当,把槽口底部绝缘压破,槽口绝缘封闭不良,槽绝缘损伤等都会引起绕组接地。有时电动机长期过载运行使绝缘老化变脆;导线松动,硅钢片未压紧、有毛刺等原因,在振动情况下会擦伤绝缘;定、转子相擦,使铁心过热,烧伤槽楔和槽绝缘等,都会造成电动机绕组接地。

3. 故障诊断

1) 观察法。通过目测绕组端部及线槽内绝缘物观察有无损伤和焦黑的痕迹,如有就是接地点。

2）验电笔法。用验电笔测试机壳，若验电笔中氖灯发亮，说明绕组与机壳间存在短接或绝缘受损。

3）绝缘电阻表（兆欧表）法。用500V绝缘电阻表测量各相绕组对地绝缘电阻，如果三相对地电阻中有两相绝缘电阻较高，而另一相绝缘电阻为零，说明绕组接地。有时指针摇摆不定，表示此相绝缘已被击穿，但导线与地还未接牢。若此相绝缘电阻很低但不为零，表示此相绝缘已受损伤，有击穿接地的可能。当三相对地绝缘电阻很低，但不为零，说明绕组受潮或油污，只要清洗干燥处理即可。

4）万用表法。可将测量电阻旋转到R×10k高阻档的量程上，把表笔前端金属杆一只表笔与绕组接触，另一只表笔与机壳接触，如果电阻为零，说明已接地。注意人手不要接触表笔前端金属杆，以免测量不准。

5）试验灯法。当接地点损伤不严重，直观不容易发现时，可用试验灯法来检查。可用一只较大功率的灯泡，将两根测试棒通过导线分别接到绕组和外壳，向试验灯泡供以低压直流或24V交流电。如果灯泡暗红或不亮，说明该相绕组绝缘良好；若灯泡发亮或发光，说明该相绝缘已接地。

6）分组排除法（淘汰检查）。若用以上方法都找不出接地点，必须拆开绕组进行分组淘汰检查。首先找出接地相，将该相各极相组之间的连线断开，用绝缘电阻表或试验灯逐组找出接地的极相组，再用同样的方法查找有接地故障的线圈。

7）电压测定法。在有故障的一相绕组上施加适中的直流或交流电压，如图6-3所示。若用交流电源，必须通过隔离变压器使接到电动机上的电源不接地，且电动机转子必须从定子中拉出。此时读出电压U_3和绕组两端至铁心的电压U_1和U_2。如果绕组完全接地，则$U_3 = U_1 + U_2$，从U_1和U_2的比例关系，可求出线圈接地的大致位置。

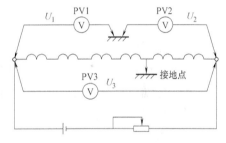

图6-3 电压测定法接线

8）电流定向法。把有故障绕组的两端并在一起接到直流电源的一端，而直流电源的另一端接到电动机的铁心或机壳上，电流由绕组的两端流向接地点。此时将一枚磁针放在槽顶上，逐槽推移，由磁针改变指向的位置就可确定接地的槽号。再将磁针顺槽方向在故障槽号上来回移动，就可大致确定接地点的位置。

9）电流穿烧法。用一台调压变压器分别在各相绕组与地之间加电压，接地点很快发热，绝缘物冒烟处即为接地点。应特别注意小型电动机不得超过额定电流的两倍，时间不超过30s；大电动机为额定电流的20%~50%或逐步增大电流，到接地点刚冒烟时立即断电。

4. 故障排除

排除接地故障时，应认真观察绕组的损坏情况，除了由于绝缘老化、机械强度降低造成绕组接地故障，需要更换绕组外，若线圈绝缘尚好，仅个别部位接地，可只需局部修复。

1）槽口部位接地。如果查明接地点在槽口或槽底线圈出口处，且只有一根导线绝缘损坏，可将线圈加热至130℃左右使绝缘软化后，用划线板或竹板撬开接地点处的槽绝缘。将接地处烧焦的绝缘清理干净，插入适当大小的新绝缘纸板，再用绝缘电阻表测量绝缘电阻。

绕组绝缘恢复后，趁热在修补处涂上自干绝缘清漆即可。若接地点有两根以上导线绝缘损伤，应将槽绝缘和导线绝缘同时修补好，避免引起匝间短路。

2）双层绕组上层边槽内部接地。先将绕组加热到130℃左右使绝缘软化，打下接地线圈上的槽楔，再将接地线圈的上层边起出槽口，清理损伤的槽绝缘，并用新绝缘纸板把损坏的槽绝缘处垫好。同时检查接地点有无匝间绝缘损伤，然后把上层边再嵌入槽内，折合槽绝缘，打入槽楔并做好绝缘处理。在打入槽楔前后，应用绝缘电阻表测量故障线圈的绝缘电阻，使绝缘电阻恢复正常。

对于双层绕组下层边槽内部对地击穿，可采用局部换线法和穿线修复法进行修复。

3）若接地点在端部槽口附近，损伤不严重，在导线与铁心之间垫好绝缘后，涂刷绝缘清漆即可。

4）若接地点在槽的里边，可轻轻地抽出槽楔，用划线板和线匝一根一根地取出，直到取出故障导线为止，用绝缘带将绝缘损坏处包好，再把导线仔细嵌回线槽。

5）绕组受潮引起接地的应先进行烘干，当冷却到60~70℃左右时，浇上绝缘漆后再烘干。

6）若由于铁心凸出，划破绝缘，应将凸出的硅钢片敲下，在破损处重新包好绝缘。

6.2.3 定子绕组的断线故障（三相电动机断相运行）

1. 断线现象

电动机一相绕组开路就不能起动，当正在运行时，若有一相绕组开路，电动机可能继续运行。但电流增大，并发出较大的"嗡嗡"声。若负载较大，可能在几分钟内把尚未开路的两相绕组烧坏。

2. 断线原因

定子绕组断线往往是由于焊接工艺不良，电动机起动时电流过大导致各绕组连接线的焊接头脱焊，电动机引线接头松脱，以及由于电动机绕组的端部在铁心的外端，导线很容易被砸断而造成断线。另外由于绕组短路、接地故障而引起导线烧断造成绕组断线。

上述有些方法主要适用于成形绕组。

3. 故障诊断

1）万用表法。用低阻档的万用表检查各相绕组是否通路，如有一相不通（阻值为无穷大指针不偏），说明该相已断路，为确定该相中哪个线圈断路，应分别测量该相各线圈的首尾端，当哪个线圈不通时，就表示哪个线圈已断路，测量时如有多路并联时，必须把并联线断开分别测量。

2）绝缘电阻表法。如果绕组是丫联结，可将绝缘电阻表的一根引线和中性点连接，另一根引线与绕组的一端连接，如图6-4a所示。摇动绝缘电阻表，若指针达到无限大，即说明这一相绕组有断线；如果绕组是△联结，先将三相绕组的接线头分开，再进行检查，如图6-4b所示。若是双路并联绕组，需把各路绕组拆开后，再按分路进行检查。

3）电阻法。对大型异步电动机定子练级断股的判断，用电桥分别测量三相绕组的直流电阻，如果三相电阻相差2%以上，如某一相电阻比其他两相的电阻大，表示该相绕组有断路或断股故障。

注意：上述方法，对丫联结电动机，可不拆开中性点即可直接测量各相电阻的通、断，

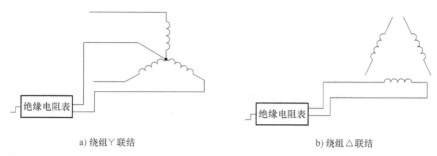

a) 绕组丫联结　　　　　　　　　　b) 绕组△联结

图 6-4　用绝缘电阻表检查绕组断路

如果是△联结，必须拆开△联结的一个端口才能测量各相通断。

4）三相电流平衡法。电动机空载运行时，用电流表测量三相电流，如果三相电流不平衡，又无短路现象，说明电流较小的一相绕组断路，如图 6-5 所示，如果为△联结的绕组，必须将△联结拆开一个端口，再分别把各相绕组两端接到低压交流电源上。如果丫联结，将三相串联电流表后并接到低压交流电源上的一端。这时如果两相电流相同，一相电流偏小，相差在 5% 以上，则电流小的一相有部分绕组断路。确定部分断相后，将该相的并联导体或支路拆开，通路检查找出断路支路的断路点。

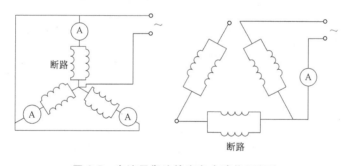

断路

断路

图 6-5　电流平衡法检查多支路绕组断路

4. 故障排除

1）引线和过桥线开焊。若找出断线点是引出线或线圈过桥线的焊接部分脱焊，可把脱焊处清理干净，在待焊处附近的线圈上铺垫一层绝缘纸，以防止焊锡流入使线圈绝缘损伤。此时即可进行补焊，并做好包扎绝缘处理。

2）线圈端部烧断。在线圈端部烧断一根或多根导线时，需把线圈加热到 130℃ 左右，使绝缘软化后，把烧坏的线圈撬起，找出每根导线的端头，用相同规格的导线连接在烧断的导线端点上，并进行焊接、包扎绝缘、涂漆烘干等处理。

3）槽内导线烧断。先把线圈加热到 130℃ 左右，使绝缘软化后打下槽楔。槽内起出烧断的线圈，把烧断的线匝两端从端部剪断（将焊接点移到端部，以免槽内拥挤）。用相同规格和长度合适的导线在两端连接焊好，包好绝缘后将线匝再嵌入槽内，垫好绝缘纸，打入槽楔，涂刷绝缘漆。

4）如果线圈断线较多，应更换线圈，或采取应急措施，把故障的线圈从电路中隔离。其方法是确定断线的线圈，连接断线线圈的起端和终端。这种临时方法只能在无法获得新线圈的情况才可使用。

6.2.4 绕组接错线的故障

电动机定子绕组接线经常出现绕组首、尾接反和嵌线时绕组中个别线圈接反的错误。

1. 故障现象

绕组接线错误，由于接反的绕组中流过的电流方向相反，使电动机的电流增大，三相电流严重不平衡，电动机过热，出现异常响声和振动，电动机的转速降低，甚至不能起动，熔断器熔断。

2. 故障原因

由于嵌线时将个别线圈嵌反，或连接极相组时将首尾接错而造成的。

3. 故障诊断

三相绕组头尾接错的检查，检查头尾之前，先用万用表找出属于每一相绕组的两端，且先随意定好各相头尾端间的标号 U_1、U_2；V_1、V_2；W_1、W_2，就可进行以下检查。

1）灯泡法。将任意两相串联起来接到电压为 220V 的电源上，第三相的两端接上 24V 或 36V 灯泡，如图 6-6a 所示。若灯亮说明第一相的末端是接到第二相的始端，若灯不亮，即说明第一相的末端是接到第二的末端，如图 6-6b 所示，用同样方法可决定第三相的始端和末端。试验时要快，以免电动机内部电流过大时间较长而烧坏。

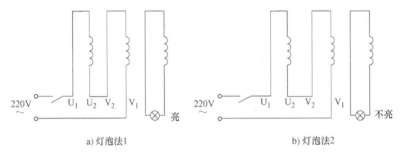

| a) 灯泡法1 | b) 灯泡法2 |

图 6-6 灯泡检查法

2）万用表法。将三相绕组接成Y联结，把其中任一相接到低压 24V 或 36V 交流电源上，在其他两相出线端接在万用表 10V 交流档上，如图 6-7a 所示，记下有无读数。然后改接成如图 6-7b 所示形式，再记下有无读数。

① 若两次都无读数，表示接线正确。

② 若两次都有读数，表示两次都未接电源的那一相接倒了，即图 6-7 的中间一相（即 V_1-V_2）接倒了。

③ 若两次试验中，一次有读数，另

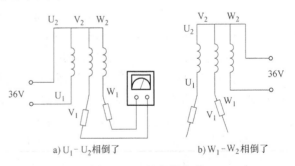

| a) U_1-U_2 相倒了 | b) W_1-W_2 相倒了 |

图 6-7 万用表检查法

一次无读数，表示无读数的那一次接电源的一相倒了。例如，图 6-7a 无读数，即 U_1-U_2 相倒了；图 6-7b 无读数，即 W_1-W_2 相倒了。

如果没有低压交流电源，可用干电池作电源，万用表选 10V 以下直流电压档，两个引

出线端分别接电池的正负极，如电表指针不摆动，说明无
读数，如电表指针摆动，说明有读数，判断绕组始端和末
端的方法同上。

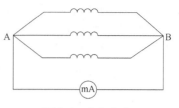

图6-8 毫安表法

3）毫安表法。将三相绕组并在一起，再将万用表调至
0.5mA（5mA）直流档，如图6-8所示。用手慢慢地转动
转子，若表针不动或微动，表示接线是三头相接或三尾相
接；若表针摆动，则表示其中有头尾相接，可调换任意一
相绕组接线再试，直至表针不动或微动为止，接线才为头头相接、尾尾相接。

4）转向法。对于小型电动机不用万用表也可辨别三相绕组的头尾，如图6-9所示。将
每相绕组任取一个线头，把三个线头接到一起并接地，用两根380V电源相线分别顺序接到
电动机的两个引线头上，观察电动机的旋转方向：

若三次接上去，电动机转向相同，则表示三相头尾接线正确；

若三次接上去，电动机两次反转，则表示参与过两次反转的那相绕组接反了；

若第一次U相、V相，第二次V相、W相都反转，V相有两次参与，表示V相接反，
将V相的两个接头对调即可。

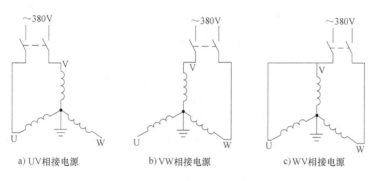

a) UV相接电源　　　　b) VW相接电源　　　　c) WV相接电源

图6-9 用转向法检查

5）直流点极性法。将一相绕组两端接到万用表直流毫安档上，另一相绕组接到电池的
两端（小电动机用一号干电池就行，大电动机最好用
一节蓄电池），如图6-10所示，一般测试中不用开关，
只用导线直接触碰到电池的一个极上，在接通电池的
瞬间，万用表指针正转时，电池负极所接绕组的一端
与万用表正表笔所接绕组的一端为同极性端（即同为
头或同为尾）。若为反转时，表明电池负极所接绕组的
一端与万用表负表笔所接绕组的一端为同极性端。再
将万用表改接到另一绕组的两端试一次即可全部找出
三个绕组的头尾。

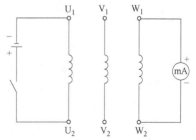

图6-10 直流点极性法接线图

6）交流电压表法。先将任两相绕组按所定头尾串联后接到交流电压表上（可用万用表
交流电压10V或50V档），而另一个绕组接到36V交流电源上。若电压表有指示，表示串联
的两相绕组头尾连接正确；若电压表无指示，表示串联的两相绕组头尾连接错误。这时可任
意对调两相绕组之一的头尾再试，则电压表应有指示。用同样方法再将U_1、U_2接电源，连

接 W_1、V_2，将 V_1、W_2 接电压表，接通电源后电压表有指示，则表示三相绕组头尾均已正确。若电压表无指示，表示 W_1、W_2 接错，只要对调 W_1、W_2 再试电压表应有指示。此时全部找出三相绕组头尾。

也可将两相绕组串接后接到交流电源上（交流电源的电压应比绕组的额定电压低），然后测量第三相绕组电压。如果第三相绕组的电压为零，则两个串联绕组是同名端相连。如果电压表上有读数，即第三相绕组两端电压表示这两相绕组是异名端相接。用同样方法可确定第三相绕组的始、末端。

6.3 转子绕组故障及转子不平衡故障的诊断

6.3.1 笼型转子断条之一：铸造转子

先分析研究铸造转子断条故障，铜条转子故障在后面另行分析。

1. 断条现象

笼型转子部分断条后，电动机虽然能空载起动，但加负载时转速就会立即下降，定子电流会增加或时高时低，并使三相电流不稳定，电流表指针来回摆动，转子严重发热。如果断条较多，电动机会突然停车，且再次送电不能起动。

2. 断条原因

断条故障一般发生在笼条与短路端环连接处，其原因主要如下：

1）电动机频繁起动或重载起动。起动时，转子导条承受很大的热应力和机械离心力，最易使笼条断裂，尤其是二极高速电动机（接近 3000r/min）。

根据计算与测量，起动时，笼条短时温度可达 300℃，温升很快，使笼条机械强度迅速下降。由于电流的趋肤效应，沿笼条高度方向电流分布是不均匀的，因而存在一个大的温差，可达几十摄氏度，使笼条产生热应力。另外，由于漏磁的作用，使笼条产生很大的电磁力，这个力与电流二次方成正比，把笼条拉向槽底，并以电流的 2 倍频率振动，使笼条疲劳断裂。起动频繁或重载起动，使这种作用加剧。

2）冲击性负载的影响。由于冲击性负载（如空压机等）或振动剧烈的机械负载，使笼条和端环在运行时受到冲击和振动而导致断裂。

3）铸造质量不高，笼条与端环连接不牢等。

转子铸铝所用的原料铝不纯，熔铝槽内杂质较多混入铝液中注入转子，在有杂质的地方容易形成断条；铸铝工艺不当，如铸铝时铁心预热温度不够，手工铸铝不是一次浇注完而是中途出现停顿，使先后注入的铝液结合不好，以及铸铝前铁心压装太紧，铸铝后转子铁心涨开，使铝条承受不了过大的抗力而拉断等。

3. 故障诊断

1）电流表法。将定子绕组接成 Y 联结，用调压器加上三相低压电源（一般电压为电动机额定电压的 15%～30%，对于额定电压为 380V 的电动机可降到 100V 左右）进行检查，在一相中串入一只交流电流表，这时用手使转子慢慢地转动，如果电流表只有均匀的微弱摆动，即说明转子笼条是完好的，如果电流表有突然下降或轮流偏转较大的现象出现，即说明转子笼条有断裂。

对于双笼转子，可在电动机带负载的情况下仔细观察，若电流表指针随着两倍转差率的节拍而摆动，并有周期性变化的"嗡嗡"声，说明转子绕组的工作笼中，可能存在断条、缩孔等缺陷。

2）两铁心式断条侦察器法。断条侦察器是利用变压器的原理，将被测转子放在两个铁心上，如图6-11所示用铁心2逐槽移动进行测量，如果毫安表读数减小，说明铁心开口下的转子导条是断条。

3）电磁感应断条侦察器法。用电磁感应法可准确地判定笼型转子断条的槽位，如图6-12所示。如果电流表读数较大，锯条有振动，说明笼条完好；如果电流表读数较小，锯条不振动，说明笼条有断裂等缺陷。

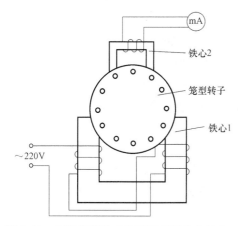

图6-11 用侦察器检查笼型转子断条方法之一

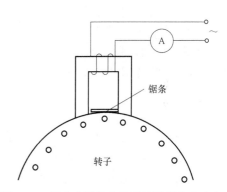

图6-12 用侦察器检查笼型转子断条方法之二

4）大电流铁粉法。用升流器或交流弧焊机施加低电压大电流到笼型转子两端，如图6-13所示。根据电动机的大小调节电流的大小（一般为300～500A），在转子上撒上铁粉。铁粉在磁场的作用下，自动沿槽面均匀排列成行。如果铁粉出现断口或稀疏现象，说明转子有断条或缺陷，这样可以准确找到断口的具体位置。

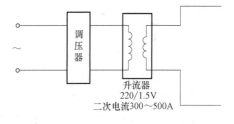

图6-13 用大电流铁粉法检查转子断条

4. 故障排除

1）个别笼条断裂。可用长钻头按斜槽方向将故障笼钻通，清理槽内残铝，插入直径相同的新铝条，再将两端焊好，与端环形成整体，最后进行车削加工。对于直径较大的笼型转子，用钻头垂直转子表面由槽口钻到故障处，使铝条露出金属光泽，再采用氩弧焊接设备，由槽口向槽外补焊断裂处，一直到焊满为止。

2）铸铝笼改铜笼。对于损坏严重的铸铝笼型转子，应将铝笼条全部拆除，换上适当规格的铜条，其方法如下：

① 先车去转子两端的铝端环（用夹具夹紧铁心）。

② 配制足以浸没转子的30%烧碱溶液，并加热到80～100℃。

③ 将铸铝转子置于烧碱溶液中进行腐蚀（温度应保持在80～100℃），直到铝被溶液全部腐蚀完为止。

④ 取出转子，用清水冲洗干净后，立即放入 0.25% 的冰醋酸溶液中煮沸，以中和残余的烧碱，再置于开水中煮 1~2h，取出后冲洗干净，烘干。

⑤ 检查转子槽内和铁心两端是否有残余的铝层、油污等，并予以清除。

⑥ 将选好的铜条插入槽内，并将其与导条焊接好。

6.3.2 笼型转子断条之二：铜条转子

1. 故障的原因

见 5.2.5 节。

2. 故障处理

确定断条后就可进行修理。其修理方法如下：

1) 转子铜条的断条故障大部分是铜条和短路环的焊接处脱焊，此时处理起来比较方便，像广东 HP 发电厂 5 号机 C 给水泵电动机处理那样，先清理，后银焊。当然，清理并不是一件容易做到的事，因电动机运行时间长，转子处灰尘、油渍、青苔等积累较多，因而清理起来相当困难，用手锉，电动磨光机耐心打磨，必须打磨干净，否则无法焊牢。

2) 检查出铜条在转子槽中部发生断裂，则应将断裂的铜条完全打出，然后仔细清理铁心槽内的杂物，再根据槽形尺寸裁出适当的新铜条打入槽内，用银焊将它与端环焊接牢固。之后，用环氧树脂填充转子槽内的气隙，使铜条与铁心凝固成一个整体，这样就可以有效地防止铜条在槽内振动而引起疲劳断裂。

6.3.3 电动机扫膛

电动机扫膛，一般是由于轴承磨损，转子下沉或转轴的挠度过大使转子偏心造成的。应认真检查电动机的轴承和转轴等部件，用塞尺测量定、转子之间的间隙。测量时可用手慢慢地拨动转子，观察不同角度时的间隙变化情况。若在任何角度下总是下部间隙过小，即说明轴承磨损严重，应更换轴承；若总是在某一角度间隙过小，即表明转轴向该方向弯曲或转子偏心，应进行矫直或更换新轴。

当电动机出现扫膛时，切不可简单地将转子外圆车小，这样会增大定、转子之间的气隙，使励磁电流增大，从而造成电动机的运行性能恶化，效率和功率因数降低。

6.3.4 电动机的转子不平衡

电动机经检修后，转子往往不平衡，若不对转子进行校验就组装，会使电动机在运行时产生噪声、转动不平衡、轴承损坏等现象。对于曾拆开修理或更换过转子铁心、绕组、轴等部件的电动机，总装前应对转子进行平衡校验。

在工厂里对于一般小型电动机，大部分工厂是校（调）动平衡，通常是采用加减配重的方法使转子达到平衡，即在较轻的一面适当增加配重或在较重的一面适当减少配重，以调整不平衡量。增加配重的方法包括改铆钉成螺钉，加平衡圈，焊补金属等。但要注意掌握配质量和配重物的牢固可靠。减少配重的方法一般是钻浅孔或铣去一些不影响转子强度的材料。转子加减配重后，都需要重新校验平衡，反复调整，直到转子平衡为止。

6.4　电动机轴承类故障

电动机轴承类故障及其诊断见第 4 章。

6.5　电动机起动困难类的故障诊断

6.5.1　异步电动机不能起动

电动机接通电源后不能起动，一般是由于被拖动机械卡住，起动设备故障和电动机本体等几方面原因，应首先检查确定是哪方面原因造成的。

1. 电源电压问题

当电动机出现不能起动时，可用万用表或验电笔测量送电后电动机接线柱的三相电压。

1）如果三相电压不平衡或断相，说明故障发生在起动设备上；若三相电压平衡，电动机转速较慢并有异常响声，可能是负载过重，拖动机械卡住，应断开电源用手盘动电动机转轴。若转动灵活并均衡转动，说明是负载过重；若转轴不能灵活均衡地转动，说明机械卡阻。

2）如果三相电压正常而电动机不转，可能是电动机本体故障或机械卡阻严重。此时应使电动机与拖动机械脱开（拆除联轴器连接螺钉或带轮上的皮带等），分别盘动电动机和拖动机械的转轴，单独起动电动机，即可确定故障属于哪一方面，再进一步查找故障点，并作相应处理。

3）电源电压过低，或△联结运行的电动机误接成丫联结，且是带负载起动，应检查电源电压及电动机接线情况。

4）如果电动机无响声又不转动，一般是电源未接通，应用万用表检查电动机出线端子处的电压。若无电压或只有一相有电，说明是电源未接通电动机，此时可用电压表由电动机起向外逐级检查，找出故障并排除即可；若电压已送到电动机出线端子上，且三相基本平衡，但电动机还是无响声又不转动，说明电动机内部断线。最大可能是中性点未接上或引出线折断，按绕组断路的检查方法找出断路点，修复即可。

5）电动机接通电源后，发出"嗡嗡"声但不转动，熔断器熔体熔断使电动机断相，应立即断电进行检查，然后更换熔体。

2. 机械方面

1）当拖动机械卡住时，应配合机械维修人员拆开检查拖动机械，排除故障，使其转动灵活。

2）由于轴承损坏而造成电动机转轴窜位、下沉、转子与定子摩擦甚至卡死时，应更换轴承。

3. 起动设备故障

当起动设备故障时，一般应检查开关、接触器各触点及接线柱的接触情况；检查热继电器过载保护触点的闭合情况和工作电流的调整值是否合适；检查熔断器熔体的通断情况，对熔断的原因分析后，应根据电动机起动状态的要求重新选择熔体；若起动设备内部接线错误，应按照原理图改正接线。

4. 电动机本体故障

当电动机本体故障时，应检查定子绕组有无接地、轴承有无损坏。如果是绕组接地或局部匝间短路时，电动机虽然能起动，但会引起熔体熔断而停止转动，短路严重时电动机绕组很快就会冒烟。

1）如果电动机的绕组断路，应进一步找出断开点，并重新连接好。检查绕组有无断路，可用绝缘电阻表、万用表或试灯法进行试验。

2）用绝缘电阻表检查绕组对地绝缘电阻，如果绕组接地，绝缘电阻表指示为零，应找出接地点进行修复。

3）用短路侦察器检查定子绕组，若有短路故障，一般应重新绕制绕组。

4）经过重新绕制绕组的电动机，如果内部绕组首尾接错，应检查判定三相绕组的首尾，并进行正确的连接。

6.5.2 通电后断路器立即分断或熔断器熔体很快熔断

如果电动机连续出现刚一合闸，熔体就熔断，应作以下检查。

1. 起动、保护设备方面

1）熔体选择过小，首先检查熔体的额定电流是否与电动机容量相匹配，一般熔体的额定电流计算式为

$$熔体的额定电流 = (1.5 \sim 2.5)电动机额定电流$$

2）断路器的过电流脱扣器的瞬时动作整定值太小，一般调整瞬时动作整定值即可。

2. 电机方面

1）若丫联结电动机误接成△联结，电动机虽然转动但声音不正常，熔体很快就熔断。

2）定子绕组接地，可用绝缘电阻表、万用表或试灯法检查各相定子绕组对地的绝缘电阻。若绝缘损坏，绝缘电阻表、万用表的指示为零，串联灯泡亮，应进一步找出接地点。找出接地点后，在接地点垫上绝缘纸，涂上绝缘漆，并通电试验。

3）定子绕组相间短路，用绝缘电阻表测量定子绕组各相间的绝缘电阻，若绝缘电阻表指针为零，应进一步查出短路点，并排除故障。

4）定子绕组反相，应检查定子三相绕组的首尾与规定的接线顺序是否一致，如果相反，应予以改正。

3. 电源方面

电动机电源接线松脱，造成单相起动，开关和电动机之间的连线短接，机械部分卡住，也会造成熔体熔断。

4. 负载方面

1）负载卡住

2）电动机在重载下起动，而起动方法又不合适，使起动时间过长或不能起动，应根据电源容量、电动机容量及起动时的负载情况，重新选择起动方法，这种情况只发生在电动机新安装后第一次试运。

6.5.3 正反向运转的三相异步电动机不能反转

装有反向开关的异步电动机，有时将开关扳向"反转"位置，电动机旋转方向仍不改

变，应检查开关的接线是否正确，接触是否不良。若未发现故障，应进一步检查电动机是否断相，特别是空载或轻载电动机，断相运行与正常运行很难区分。

由于电动机的换相开关是通过改变电源相序，以改变旋转磁场方向而使电动机反转的。若运行中的电动机某相的熔体熔断，使电动机变为单相电动机，这时即使改变电源相序，而旋转磁场仍然不能改变，因此电动机也就不能反转。

6.5.4　电动机不能直接起动

当电动机的容量大于变压器容量的30%时，若直接起动，由于起动电流很大（为额定电流的4~7倍），会造成线路过负荷，使保护装置跳闸。如果大电动机直接起动，将会使电网电压下降，影响线路中其他电气设备的正常工作。因此，大容量电动机是不能直接起动的，一般采用以下几种起动设备：

1）星—三角起动器。起动时将手柄扳向"起动"位置，使绕组呈丫联结，这时起动电压为 $1/\sqrt{3}$ 额定电压。当转速接近额定转速时，再扳向"运行"位置，使绕组改接为△联结，电压恢复额定值，此时电动机正常运行。

2）自耦变压器起动器。起动时将手柄扳向"起动"位置，电源经过自耦变压器降压，在转速稳定后，切除自耦变压器，此时电动机在额定电压下正常运行。

3）电阻、电抗降压起动。起动时将一定值的电阻或电抗串接到电动机定子回路中，使起动电压下降到一定值，待转速稳定后，切除电阻、电抗，使电动机在额定电压下正常运行。

6.6　电动机转速偏低及带负载能力差的诊断

1. 故障现象

1）异步电动机起动后转速低于额定转速。

2）电动机带负载不能起动或加上负载转速急剧下降。

2. 原因分析

（1）负载过重

对常用的笼型异步电动机，起动转矩通常只有额定转矩的1.5~2倍，如果负载所需的起动转矩超过了电动机的起动转矩，那就不能起动了。

造成负载过重的原因可能是电动机容量选择过小。在选择合理的情况下，应从以下几方面去查找。

1）被拖动的机械有卡阻故障。

2）传动装置安装不合理。

电动机与工作机械常采用联轴器、传动带、齿轮等传动装置。如果传动装置安装不合理，就会产生一个很大的附加阻力矩，使电动机不能起动。对不同的传动方式，安装技术要求是不同的。对联轴器传动，要求电动机转子轴与工作机械轴的中心尽量在一条直线上；对带传动，应使两轴尽量平行；对齿轮传动，应使齿轮啮合良好。

负载过重，要求电动机输出转矩增加。为满足功率的平衡，电动机转速必然下降。

（2）电动机一相断线

电动机一相断线包括两种情况：一是外部断线（或断一相电源），二是电动机内部绕组一相断线。对丫联结与△联结的电动机情形有所区别，分别见图6-14。从中可以看出，对丫联结电动机，无论外部还是内部一相断线，如图 6-14a、图 6-14b 的 W 相，完好的 U、V 相加一线电压 U_{UV}，流过的是同一电流 I（其电流值是相当大的），不能形成旋转磁场，所以不能起动。

对△联结电动机，外部断线后，绕组 UV 和绕组 VW、WU 也是加了同一电压 U_{UV}，流过各绕组的电流基本上同相位的，不能形成旋转磁场，也不能起动。但对△联结的内部一相断线，绕组 UV、UW 形成一开口三角形，三相电压分别加于 UV、UW 绕组，能形成旋转磁场，但由于只有两相绕组参加工作，电动机的功率低了 1/3。在这种情况下，如果负载很重，电动机将不能起动；如为轻负载，电动机还能起动，但将引起其他不良影响。

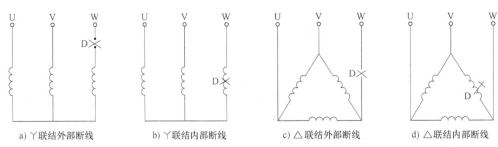

a) 丫联结外部断线　　b) 丫联结内部断线　　c) △联结外部断线　　d) △联结内部断线

图 6-14　电动机一相断线示意图

如果电动机在运行过程中一相断线，电动机仍能运转，但转速将明显降低。这是因为电动机一相断线后，变成了单相运行，单相电流产生的磁场是大小变化，空间方向不变的磁场，可以认为是两个旋转方向相反，大小相等的旋转磁场。当电动机已在旋转，由于惯性力加强了正方向的旋转磁场，从而使电动机仍能按原来的旋转方向继续进行。但因为是单相运行，所以电动机的功率已大大下降。

理论计算表明，若要维持电动机工作电流不变，电动机的输出功率下降值应为：

1）对于丫联结电动机内部，外部一相断线，或△联结电动机外部一相断线，电动机输出功率为额定功率的 58%。

2）对于△联结电动机内部一相断线，电动机输出功率为额定功率的 67%。

功率下降，电动机转速必然下降。

（3）接线错误

如将定子绕组的△联结误接成丫联结。

（4）电动机的机械故障

电动机本身如有卡阻等机械故障，也可能使电动机无法起动。例如电动机轴承磨损、烧毁，润滑脂冻结，灰尘杂物堵塞等，都会使摩擦力阻力增加，转动不灵活，尤其是使用△-丫起动，起动转矩只有全压起动的 1/3，遇到这种机械卡阻就更不容易起动了。

更严重的是，转子与定子相摩擦时接通电源后，电动机会发出强烈的"嗡嗡"声响，转子根本不能起动，如不立即断开电源，电动机就会烧毁。造成这种故障的原因：

1）轴承内套与电动机转轴长期磨损不保养，使径向间隙加大。

2）定子绕组的某一部分发生短路或断路，使气隙中的磁场严重不对称，转子受力也不对称，转子被拉向一侧，于是气隙磁场更不对称，加剧了转子被拉向一侧的力量。久而久之，使转子与定子相擦。

（5）电源电压低

电源电压降低后，电动机的电磁转矩按电压平方值的比例下降，转速亦降低。

电动机的电磁转矩与电压的二次方成正比。因此，电压过低将使电动机输出机械转矩大大降低。当这一转矩小于工作机械的起动转矩时，电动机将不能起动。因此，应提高电源电压。

（6）电源频率偏低

在通常情况下，电动机转子的转速略低于同步转速，即

$$n = (1-s)n_0 = (1-s)\frac{60f_1}{p}$$

式中　f_1——电源频率；

　　　　p——磁极对称；

　　　　n_0——同步转速；

　　　　s——转差率。

一般情况下，$f_1 = 50Hz$，空载时 $s \leqslant 0.5\%$，满载时 $s = 1\% \sim 5\%$。

显然，电源频率降低，直接影响到电动机的转速。

（7）定子绕组匝间短路

绕组中有一部分线匝短路称为匝间短路。短路线匝不能工作，虽然电动机能起动，但输出功率下降了，电动机的转速将因匝间短路的严重程度不同而相应降低。（关于电动机绕组匝间短路的详细内容见第6章6.2节）

（8）定子绕组内部断线

异步电动机的每相绕组一般由多个绕组串联或并联而成，如果其中的并联绕组断线，使这一绕组不能工作，则转速也降低。绕组断线的原因是：由于焊接质量不高，经多次弯折而断线。多数情况是由于短路、接地等故障产生的高热，大电流（电动力增加）而造成。（关于电动机绕组内部断线的详细内容见第6章6.2节）

（9）笼型转子断条

笼型转子断条是笼型异步电动机常见故障。断条以后，转子导体内感应的总电流小了，并且不对称，使得电磁转矩下降，转速降低。（关于电动机笼型转子断条的详细内容见第6章6.3节）

（10）电源容量不足

电动机起动时会产生很大的起动电流。此电流，一方面使供电线路的电压损失加大，另一方面使电源设备输出电压下降。常用的电源，一是来自电网，经配电变压器供电；另一是自备柴油发电站供电。对变压器来说，大电流将使内部压降加大，输出电压下降，导致断路器跳闸、熔丝熔断，电动机不能起动。对发电机来说，大电流使去磁作用增加，在励磁电流供不上的情况下，发电机输出电压也将大大降低，导致电动机不能起动。为了保证电动机的正常起动，一般来说，允许直接起动的单台电动机的容量不能超过变压器容量的 $20\% \sim 30\%$，不能超过发电机容量的 $10\% \sim 15\%$，否则需采用减压起动。

（11）起动方式的选择或接线不正确

减压起动的基本出发点是降低起动电流，但同时会使起动转矩降低。如果起动电压过低

（如△-Y起动），起动转矩降低了2/3；自耦减压起动器抽头位置选择不合适，起动电压过低；起动器内部接线错误或者触头接触不良等，都有可能使电动机不能起动。

（12）电动机控制电路有故障

用接触器、磁力起动器、断路器等开关直接起动的电动机，一般都是通过自控电路控制开关的电磁铁使开关动作的。如果控制电路有故障，开关合不上，则电动机也不能起动。

（13）支路压降过大

带负载起动时，若测得的电源母线电压正常，而在电动机出线端电压过低，说明电动机支路压降过大，应更换截面较大的导线，且尽可能减小电动机与电源间的距离。

6.7 从电动机电流大小异常诊断电动机故障

6.7.1 电动机空载电流偏大或偏小

1. 空载电流偏大

电动机的空载电流一般为额定电流的 20%～50%。若空载电流偏大，应进行以下检查：

1）定子绕组的相电压是否过高。可用交流电压表测量电源电压，若经常超出电网额定电压 5%，应调整电源电压。并检查是否将Y联结错接成△联结。

2）电动机的气隙是否过大。可用内、外卡尺测量定子内径和转子外径。

3）绕组内部接线是否错误。如将串联绕组并联，应予以改正。

4）修理时改用其他槽楔，可能使空载电流增大，可改用原规格的槽楔。计算并更换绕组。

5）定、转子铁心在轴向是否未对齐。可拆开电动机的端盖进行观察，如发现未对齐，应进行调整。

6）装配质量不合格、轴承润滑不良，这样将增加电动机本身的机械损耗、增大空载电流。应重新按要求装配，并清洗轴承添加润滑脂。

7）重新绕制定子绕组时匝数不足或内部极性接错，应重绕制定子绕组并核对极性。

8）铁心质量过少；铁心材料不合格。

9）绕组内部短路或接地，应找出故障点并进行排除或进行绝缘处理。

2. 空载电流偏小

对于修复后的电动机空载电流偏小可能是以下原因引起的：

1）定子绕组的线径太小，应选用与原绕组线径相同的电磁线。

2）接线错误，将△联结错接成Y联结，应改正接线。

3）定子绕组内部接线错误，如将两个并联绕组错接或串接。

6.7.2 电动机运行时三相电流不平衡

电动机起动后，测量三相空载电流，若某一相电流与三相电流表平均值的差超过三相平均值的±10%，即可认为三相空载电流不平衡度超过了允许值。这时，应首先检查电动机三相电源电压是否平衡，若电源电压是平衡的，则故障在电动机内部，应进行以下检查：

1）各相定子绕组首尾或定子绕组中部分线圈接反，应进行纠正。

2）重绕的电动机各相定子绕组匝数相差较大，用电阻电桥测量各相绕组直流电阻，若电阻值相差较大，说明线圈匝数有误，应进行重绕。

3）定子绕组匝间短路或接地，应找出故障点，并予以排除。

4）多路并联定子绕组有个别支路断线，应找出断线处，重新焊接，并做好绝缘包扎。

5）定子引出线极性接错，应纠正接线。

6.7.3 带负载运行时电流表指针不稳

带负载运行时电流表指针不稳的原因：

1）电源电压不稳，同一电源线上有频繁起动或正、反转的电动机。

2）笼型转子开焊或断条。

6.8 电动机过热的故障检测

电动机正常运行时温升稳定，并在规定的允许范围内。如果温升过高，或与在同样工作条件下的同类电动机相比，温度明显偏高，就应视为故障了。

电动机运行时温升过高，不仅使用寿命缩短，严重时还会造成火灾。电动机过热往往是电动机故障的综合表现，也是造成电动机损坏的主要原因。电动机过热，首先要寻找热源，即是由哪一部件的发热造成的，进而找出引起这些部件过热的原因。

如发现电动机温升过高，应立即停机处理。温升过高原因如下：

1）负载过大。若拖动机械皮带太紧和转轴运转不灵活，可造成电动机长期过载运行。这时应会同机械维修人员适当放松皮带，拆开检查机械设备使转轴灵活，并设法调整负载，使电动机保持在额定负载状态下运行。

2）工作环境恶劣。如电动机在阳光下曝晒，环境温度超过40℃，或通风不畅的环境条件下运行，将会引起电动机温升过高。可搭简易凉棚遮荫或用鼓风机、风扇吹风，更应注意清除电动机本身风道的油污及灰尘，以改善冷却条件。

3）电源电压过高或过低。电动机在电源电压变动-5%～+5%以内运行，可保持额定容量不变。若电源电压超过额定电压的5%，会引起铁心磁通密度急剧增加，使铁损增大而导致电动机过热。具体检查方法是可用交流电压表测量母线电压或电动机的端电压，若是电网电压的原因，应向供电部门反映解决；若是电路压降过大，应更换较大截面的导线和缩短电动机与电源的距离。

4）电源断相。若电源断相，使电动机单相运行，短时间就会造成电动机的绕组急剧发热烧毁。故应先检查电动机的熔断器和开关状况，然后用万用表测量前部电路。

5）由于笼型转子导条断裂、开焊或转子导条截面太小，使损耗增加而发热，可在停机后测试转子温度，查找故障原因并予以排除。

6）电动机起动频繁或正反转次数过多，应限制起动次数，正确选用过热保护或更换适合生产要求的电动机。

7）三相电流严重不平衡，应检查定子绕组相间或匝间短路，定子绕组接地情况。

8）轴承润滑不良或卡住，应检查轴承室的温度是否明显高于其他部位；检查润滑脂是否太少或干枯。

9）通风系统发生故障，是因风路堵塞或散热片积灰太多、油垢太厚而影响散热。

10）转子与定子铁心相摩擦，产生连续的金属撞击声，会引起局部温升过高，应抽出转子检查，找出故障原因进行排除。

11）采用轴流式风扇的电动机，若风扇旋转方向反了，也会造成电动机过热。

12）传动装置发生故障（摩擦或卡涩现象），引起电动机过电流发热，甚至使电动机卡住不转，造成电动机温度急剧上升，绕组很快被烧坏。

13）重绕的电动机由于绕组参数变化，将会造成电动机在试运行时发热，可测量电动机的三相空载电流，若大于正常状态的空载电流值，说明匝数不足，应予以增加匝数。

14）外部接线错误，△联结的电动机误接成Y联结。虽然可以起动并带负载运行，但负载稍大使电流超过额定电流引起发热；若Y联结电动机误接成△联结，空载时即可超过额定电流而无法运行。

6.9 电动机振动和响声异常的故障诊断

6.9.1 振动异常诊断

噪声起因于振动，由于振动频率的不同，或让人觉得是噪声，或让人觉得只是振动。振动的起因有如下几种。

1. 电磁振动

如果切断电源，振动就消失，这是电磁振动。

2. 机械振动

断开电源后振动不立即消失，则是机械振动。可按下述顺序来查明原因。

1）拆开与工作机械的连接。拆开与工作机械的连接后运转时，如果不正常振动消失，则原因是连接部分没有连接好。皮带套到带轮上时要注意轴的平行度、皮带同轴的直角度、皮带的张力，把皮带与转轴的连接工作做好。

2）检查底座和安装底脚。即使单独运转也查不出不正常振动的原因时，使用力矩扳手、普通扳手等检查基础螺栓、电动机安装螺栓是否松动，如有松动将它拧紧。

3）转子没有平衡好。若根据上述顺序查不出振动的原因，要考虑是否转子没有平衡好。对于绕线转子，经过长年累月运行后，由于线圈绝缘老化、绑带松弛等会造成转子平衡变差。假如振动的原因是由于转子不平衡，则振动状态随着转速而异，而且它的振动值多半没有再现性。将转子拆卸开用肉眼观察检查，并用检查手锤敲击绑带，听其声音辨别是否存在问题。

6.9.2 声音不正常

电动机发出的声音大致可分成电磁噪声、通风噪声、轴承噪声和其他接触噪声等。监听这些噪声的变化，大多数能将事故在未形成前检查出来。

1. 轴承噪声

注意滚动轴承声音的变化。如果经常监听轴承的声音，即使细微的声音变化也能辨别出来。监听声音可以使用在市场购买的听音棒（棒的一端安装有共鸣器），也可以使用旋具或单根金属棒判断轴承的声音。

1）正常声音。没有忽高忽低的金属性连续声音。

2）保持架声音。由滚柱或滚珠同保持架旋转所产生轻的"唧哩唧哩"声音，含有与转速无关的不规则金属声音。这种声音如在添加润滑脂后，变小或消失，对运行没有影响。

3）滚柱落下的声音。这是卧式旋转电动机中发生的、在正常运转时听不见的、转速低时可听得到的、在将要停止时特别清楚的声音。产生这种声音的原因是旋转到位于靠近顶部非负荷圈处的滚柱靠着本身重力比仍在旋转的保持架早落下来的缘故。"壳托"样声音对运转无妨碍。

4）"嘎吱嘎吱"声。"嘎吱嘎吱"声多数是在滚柱轴承内发出的声音。这种声音同负载无关，它是由于滚柱在非负载圈内不规则运行所产生，并且与轴承的径向间隙、润滑脂的润滑状态有关，长期不使用的电动机重新开始运转的阶段，特别是在冬季润滑脂凝固时容易出现。"嘎吱嘎吱"声多在添加润滑脂后就会消失。出现"嘎吱嘎吱"声而没有同时出现异常的振动和温度时，机器仍可照常使用。

5）裂纹声。这是轴承的滚道面，滚珠、滚柱的表面上出现裂纹时发出的声音，它的周期同转速成比例。轴承裂纹可分为四类：疲劳裂纹（在安装中接触不良，受力部位的接触不均匀产生）；破损裂纹（轴承的安装、拆卸不当，没有必备的工具，直接进行敲击，从而产生裂纹）；振动裂纹（轴承在使用的过程中受到较大的冲击而引起的裂纹）；硬脆裂纹（轴承在制造的过程中质量不佳、材料内部缺陷、热处理硬度过高而引起的裂纹）。轴承发生裂缝时，必须在发展到过热、烧结以前就迅速地更换。

6）尘埃声。这是在滚道面和滚柱或滚珠间嵌入尘埃时发出的声音，声音大小无规则，也与转速无关。尘埃声发生后应将轴承部件拆开，清洗干净，同时清除润滑脂注入口的污垢、润滑脂注射枪的污垢等，以便消除再引起堵塞的因素。这是很重要的。

2. 电磁噪声

一般的电动机内部总是或多或少地有电磁噪声判断电机电磁噪声的方法：当切断电源时噪声消失，则该噪声是电磁噪声。当电磁噪声较平时大时，应考虑下述因素。

1）气隙不均匀。因气隙不均匀产生的电磁噪声，它的频率为电源频率的2倍，应该从轴承架的偏移、基础地基下沉导致底座变形、轴承的磨损等方面去检查。

2）铁心松动。运行中的振动、温度忽高忽低引起热胀冷缩等会使铁心的夹紧螺栓、直流电动机磁极的安装螺栓等松动，造成铁心容易振动，电磁噪声增加。对付的方法是用扳手查明各紧固部位的紧固状态，用检修手锤之类等敲击各有关部分发出的声音来查明各紧固部件的紧固状态。

3）电流不平衡。三相感应电动机的电流不平衡与气隙不均匀的情况相同，发生频率为电源频率2倍的电磁噪声。电流不平衡的起因有电源电压不平衡，线圈的接地、断线、短路或者是转子回路阻抗不平衡，接触不良等。因此，应对这些方面进行检查。

4）高次谐波电流。近年来，应用晶闸管的电力电子产品（晶闸管调速装置等）增多。电流中含有许多高次谐波分量，使电源波形畸变；感应电动机内有高次谐波电流流过，会使它的温度上升、发生磁噪声等。这种不正常的温度和电磁噪声同时发生时，可用示波器测量电压、电流波形检查电机异常。

3. 转子噪声

转子发生的噪声通常是风扇声、电刷摩擦声，偶尔会发生像敲鼓那样大的声音。这是在骤然起动、停止，特别是频繁进行反接制动、再生发电制动时，由于它在加、减速度时产生转矩，使铁心和轴的配合松动，与键严重擦碰而发生。

4. 同工作机械的连接部分

1）联轴节或带轮的轴瓦与轴的配合太松。如果同轴的配合太松，由于转矩的脉动使得联轴节或带轮与键严重擦碰而发出噪声。可测定轴和联轴节或带轮的直径尺寸查明原因，尺寸精度测定到0.01mm。

2）联轴节螺栓的磨损、变形。一旦联轴节螺栓的套筒外表面被磨损而变形，或者联轴节螺栓和套筒间的间隙变大，就会在转矩脉动的影响下发出擦碰声。此时要拔出联轴节螺栓并进行检查。

3）齿轮联轴节里的润滑油不足和牙齿磨损。由于漏油等原因造成润滑油不足使牙齿磨损，啮合状态变差，就会发生擦碰等不正常声音。

4）皮带松弛、磨损。皮带受张力小时容易被磨损，如果皮带与带轮之间出现打滑，就会发出不正常声音。应检查皮带的张力、磨损程度，然后采取必要措施，如更换皮带、调整其张力等。

异常的振动与响声，一时也许对电动机并无严重的损害，但时间一长，将会产生严重后果，因此一定要及时找出原因，及时处理。首先应检查周围部件对电动机的影响，然后解开传动装置（联轴器、传动带等），使电动机空转。如果空转时不振动，则振动的原因可能是传动装置安装不好，或电动机与工作机械的中心校准不好，也可能是工作机械不正常。如果空转时，振动与响声并未消除，则故障在电动机本身。这时，应切断电源，在惯性力的作用下电动机继续旋转，如果不正常的振动响声立即消失，则属于电磁性振动。应按上面叙述的原因一一查找，而后排除。

6.9.3 实例：电动机空载电流不平衡引起振动剧烈的诊断

1. 事故现象

某厂电工对电动机进行检修保养，检修后通电试运转时，发现一台Y系列15kW、4极交流电动机的空载电流三相相差20%以上，振动比正常剧烈，但无"嗡嗡"声，也无过热冒烟，电源电压三相不平衡度小于0.5%。

2. 事故原因分析

影响电动机空载电流不平衡的原因是：

1）电源电压不平衡。

2）定子转子磁路不均匀。

3）定子绕组短路。

4）定子绕组接线错误。

5）定子绕组断路（开路）。

经现场观察，电源三相电压不平衡度小于0.5%，因此不会因电压不平衡引起三相空载电流相差20%以上。另外，仅定子与转子磁路不平均，也不会使三相空载电流相差20%以上。其次，定子绕组短路还会同时发生电动机过热或冒烟等现象，可是本电动机既不过热，又未发生冒烟，可以断定定子绕组无短路故障。关于绕组接线错误，对于以前使用正常，只进行一般维护保养而未进行定子绕组重绕，不会存在定子绕组连线错误的问题。经过以上分析和筛选，完全排除了前4种原因。

　　若定子绕组接线正确，定子绕组每相所有磁极位置是对称的，一相全部断电，转子所受其他两相的转矩仍然是平衡的，电动机不会产生剧烈振动。但本电动机振动比平常剧烈，而此剧烈振动是由转子所受转矩不平衡所致，因此可断定三相空载电流相差20%以上，不是由于定子绕组整相断路所致。如果V、W相绕组在a处断路，三相负载电流仍然U相大，V、W两相小，并且此时转子所受转矩不平衡，电动机较正常时振动剧烈。这是因为，在a处不发生断路时，双路绕组在定子内的位置是对称的；若b处发生断路，原来定子绕组分布状态遭到破坏，此时转子只受到一边的转矩，所以发生振动。

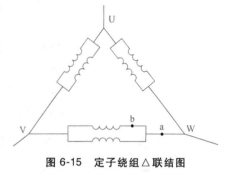

图6-15　定子绕组△联结图

　　从以上分析可以确定，这台电动机的故障是定子双路并联绕组中有一路断路，引起三相空载电流不平衡，并使电动机发生剧烈振动如图6-15所示。

6.10　绕线转子异步电动机故障的诊断

6.10.1　绕线转子电动机集电环火花过大

　　1）电刷在刷握内配合不当引起电动机集电环火花过大，应进行修整，使电刷在刷握内能自由滑动。若电刷在刷握内配合过紧，可适当地将电刷磨去一些；若电刷在刷握内配合过松，应调换新电刷。为了保证新电刷与集电环接触紧密，必须研磨电刷与集电环的接触弧度，并在轻载状态下运行1h。

　　2）刷握离集电环表面的距离过大，使电刷与集电环间接触倾斜、不稳，引起电动机集电环火花过大。应调整距离保持2~4mm，使刷握的前后两端和集电环表面的距离相等。

　　3）刷握松动，应紧固刷握松动的螺栓，使电刷与集电环垂直接触。

　　4）电刷与集电环接触压力过小，引起电动机集电环火花过大。应调整电刷压力，保持在15~25kPa。但在实际工作中，只要将电刷的压力调整到不冒火花、在刷握内不跳动、摩擦声很低就行了。为保持各组电刷弹簧压力均匀，其误差应不超过10%，一般只要用手指试提一下各电刷的软引线，即可感觉到各个电刷压力是否均匀。

　　5）当电刷磨损超过新电刷长度的60%时，即使调整弹簧也不能保持正常压力，应及时更换电刷。

　　6）若电刷工作振动较大，使刷握压指和电刷顶部的压板往往会发生疲劳断裂，应经常检查电刷的工作情况。

6.10.2　绕线转子电动机集电环损伤、外圆变形、裂纹

　　1）损伤。由于电刷排列不均匀、电刷牌号不对、电刷硬度过高及电刷含有杂质等原

因，使集电环表面损伤。若表面有斑点、刷痕、轻度腐蚀，应用油石或细锉在集电环转动的情况下轻轻研磨，直到故障消除为止，然后用细砂纸在集电环高速旋转下抛光，便可继续使用；若表面有凹凸度、槽纹深度大于1mm，损伤面积超过集电环表面的 20%~30%，应进行车削，使其偏心度在 0.05mm 以下，并用 00 号砂纸抛光，最后将砂纸涂一层凡士林油在集电环高速旋转下进一步细抛光，使表面呈现金属光泽，即可继续使用。

2）外圆变形。集电环外圆呈椭圆形时，会引起电刷跳动，此时电刷与集电环由滑动接触变成跳动分离状态，产生弧光烧伤集电环工作表面，应按 1）项的方法车削外圆。

3）裂纹。集电环若出现裂纹，应更换新品。

4）腐蚀。由于电刷材质较硬，集电环工作表面积污和粗糙，使刷压过大、接触不良、转子振动、每排电刷电流分布不均匀。当电刷和集电环通过电流时，便会由于电解作用而产生电腐蚀现象，并随周围环境的污染程度加重而腐蚀作用加剧，造成集电环急剧磨损。应经常检查集电环工作情况，并改善环境，防止腐蚀性气体进入。

6.10.3　绕线转子电动机的电刷冒烟

1）电刷硬度太高，磨损集电环表面，使表面出现粗糙凹痕。解决方法是更换符合要求的电刷，如果凹痕太深，应检修或更换集电环。

2）电刷与集电环接触不均匀，使集电环表面有细小的凹痕。应调整电刷与集电环的接触面，保证接触均匀。若凹痕较深，应检修集电环。

3）火花过大，烧伤集电环表面，应在排除火花后检修集电环。

4）电刷中有金刚砂或硬质磨粒，使集电环表面出现粗细、长短不一的线状痕迹。应更换新电刷，并修理集电环。

5）集电环呈椭圆形或运行中产生机械振动，使集电环表面被火花烧出电刷痕迹。应针对具体情况进行处理。

6.10.4　电刷或集电器间弧光短路

1）电刷上脱落的导电粉末覆盖绝缘部分，或在电刷架与集电器部位的空间飞扬，形成导电通路。应加强维护，及时用压缩空气或吸尘器除去积存的电刷粉末，可在刷架旁加一隔离板（2mm 厚的绝缘层压板），用平头螺钉固定在电刷架上，将电刷与电刷隔开。

2）胶木垫圈或环氧树脂绝缘圈破裂，应更换集电环上各绝缘垫圈。

3）环境恶劣、有腐蚀性介质或导电粉尘，应改善环境条件。

6.10.5　绕线转子绕组故障的诊断

1）旋转法。首先将转子绕组与集电环的连接处拆开，使转子绕组呈开路状态，再将三相电流通入定子绕组，如果转子发生旋转，且速度又较高（不会达到额定转速），即说明转子绕组中有短路故障。

2）短路侦察器法。检查转子绕组短路故障，找出短路处。检查方法与检查定子绕组一样。

3）观察法。绕组接头松动一般出现在绕组的引出线与集电环连接处的螺钉松动或脱焊，只要仔细观察即可发现。

4）感应法。检查转子绕组短路。首先将转子绕组开路，在定子外施适当的电压（50%~70%额定电压）。如果电动机发出不正常的"嗡嗡"声，且三相定子电流不平衡，即说明转子绕组存在短路。此时，用手慢慢地转动转子，使定子上的电流表指针摆动。当转子转动一周时，其摆动的次数与电动机的极数相等，如果测量转子的三相开路电压（分别测量三个集电环与转子中性点间电压），电压较低的相就是短路相。

另外，感应法还可以检查绕线转子异步电动机定子绕组短路故障：定子绕组开路（△联结也要拆开），在转子上施加50%~70%转子开路电压，接上电流表慢慢地转动转子，也会产生上述现象。此时，定子三相开路电压不平衡，电压较低的相就是短路相。

6.10.6　绕线转子电动机在起动电阻切除后转速降低

切除绕线转子电动机的起动电阻后转速降低，主要是由于集电装置配件产生故障所引起的。当出现故障时，应查明其配件运行情况，并根据具体情况作相应的处理。

1）电刷压力不足或集电环接触面不光滑，使电刷与集电环接触不良而产生火花，造成电动机转速下降。应调整电刷压力，修磨电刷和集电环接触面，改善接触条件。

2）电动机某相转子绕组与集电环连接处的紧固螺栓松动或脱落，使绕组与集电环的连接线断开，造成电动机转速降低。解决方法是拆开电动机进行检修，紧固螺栓，保证转子绕组与集电环可靠连接。

3）举刷手柄未拨到预定位置，使集电环短路装置的触头接触不良，或转子电路一相断路。解决方法是将举刷操作手柄到位，并定期检查集电环短路装置的触头。

4）所拖动机械运转不平衡或轻微卡住，使电动机卡滞，造成电动机在起动电阻切除后转速降低。应会同机械维修人员检修拖动机械，使转轴转动灵活。

6.10.7　绕线转子异步电动机转子开路故障

三相异步电动机中不论是笼型转子还是绕线转子异步电动机，转子开路时都不能工作的。若发现绕线转子电动机的转子开路时，其转子也能转动，这是一种不正常的现象，说明该电动机的转子部分有问题。

1. 故障原因

经过分析研究，总结出绕线转子异步电动机转子开路时转的故障原因主要有以下三个方面：

1）集电环短路。由于集电环制造质量低劣，而使集电环上2个或3个铜环在内部短路，这相当于转子单相开路或没有开路，所以通电时电动机仍然会转动。

2）转子绕组接线错误。在进行转子绕组内部接线时，如果发生接线错误，使转子线圈在内部接成短路，那么当电动机通电时，虽然转子开路，但转子绕组中还会产生感应电流，所以电动机仍然会转动。

3）转子铁心有问题。如果转子铁心在压装过程中压得过紧，即叠压系数过大，导致片间绝缘降低，甚至损坏片间绝缘，使片与片之间导通，这样就在转子铁心内部形成一个较大的涡流，从而会导致电动机转子开路转。如果转子冲片质量较差，毛刺过大，或者转子外圆车削时吃刀量过大，都可能会使冲片间相通，导致转子铁心的涡流增大，从而造成转子开路转。

2. 检查与处理步骤

绕线转子电动机转子开路时转故障的检查与处理可按以下步骤进行：

1）首先检查集电环是否短路。取下电刷，用万用表电阻档测量集电环上的三个铜环是否连通，如果连通应更换集电环，否则说明集电环没有问题。

2）其次检查转子绕组是否有接线错误。取出转子，将转子绕组各连接点全断开，重新装配好后再通电，如果转子不再转动，说明转子绕组接线有错误，应重新正确接线，否则说明不是转子绕组接线错误。

3）最后检查转子铁心问题。如果以上两方面都没有问题，那么就是转子铁心有问题。处理方法：更换新转子或对转子铁心进行重新迭装。对转子铁心进行重新迭装，首先应将转子绕组拆除，然后将转子冲片从轴上取下，再重新迭片、嵌线。

6.11 同步电动机故障的诊断

6.11.1 同步电动机不能起动

同步电动机不能起动的原因及解决方法如下：

1）定子绕组的电源电压过低，起动转矩太小。若是减压起动，应适当提高电源电压，以增大起动转矩。

2）定子绕组开路，应检查修复开路绕组。

3）所拖动机械转轴转动不灵活，有卡涩现象，使电动机转轴负载过重。应检修所拖动的机械或使电动机轻载起动。

4）定子绕组的电源电路或控制电路有缺陷或接线错误。应检查电源和控制电路，并消除缺陷和纠正接线。

5）转子上起动绕组断路或各铜条的连接点接触不良，应检查起动绕组的各连接点。

6）起动笼条或连接处接触不良，应检修起动绕组起动端环和铜排的连接处。

7）轴承损坏或端盖螺栓松动，使端盖与机座产生位移，转子下沉与定子铁心相摩擦。应更换轴承或紧固端盖螺栓，使定、转子之间的气隙保持均匀。

8）电动机的起动转矩较低，不足以起动所传动的机械设备，应使电动机空载起动或减载起动，必要时更换较大容量的电动机。

6.11.2 起动后转速不能上升到正常转速，并有较大的振动

其原因和解决方法如下：

1）励磁系统发生故障，不能投入额定励磁电流。应检查并排除励磁系统故障，测量励磁电流是否符合要求。

2）励磁绕组有部分匝间短路。应检修或更换短路线圈，可只在励磁回路中通入额定励磁电流，用直流电压表测量各励磁绕组的电压降，以找出故障绕组。

3）励磁绕组的接线错误或绕制方向错误和匝数不对。应检查励磁绕组的接线方式、绕制方向和匝数，并纠正过来。

6.11.3　同步电动机异步起动后投励牵入同步困难

电动机投励牵入同步的条件是转子转速略低于定子旋转磁场的转速即同步转速。当转子通入励磁电流时，转子转速应不低于同步转速的95%。

1）励磁装置投励环节投入过早，会使转子转速与同步转速相差较大，造成电动机牵入同步困难。应在转子转速接近同步转速时，用转差投励或时间投励方式将直流加入励磁绕组，使电动机牵入同步运行。

2）交流电源电压降过大，同步电动机起动后励磁装置强励环节未工作，或者交流电源电压正常而励磁装置有故障，不能投入额定励磁电流，使牵入同步的转矩太小而不能牵入同步。应检查强励磁环节及励磁装置并排除故障。

3）同步电动机在起动过程时直流未加入。如果励磁绕组开路，因为它的匝数较多，定子旋转磁场将会在其上感应产生高电压，对转子的绝缘极为不利。如果励磁绕组短路，可能会使电动机在半同步转速附近稳定运行，甚至无法牵入同步。处理方法是拆开电动机进行检查，找出绕组故障点予以排除。对于部分匝间短路可在励磁电路中通入额定励磁电流，用直流电压表测量各励磁绕组的电压降，电压降小的即是短路绕组，一般需要重新绕制。

6.11.4　同步电动机异常噪声

产生原因和解决办法如下：

1）励磁绕组松动或产生位移，应检查绕组固定情况，排除松动和位移现象。

2）励磁绕组绕制错误、接线错误或匝间短路，应检修或更换绕组，改正接线错误。

3）定、转子之间的气隙不均匀，应适当调整定、转子的安装位置，使气隙均匀。

4）转子不平衡，应对转子进行动、静平衡试验，并使转子保持平衡。

5）所拖动机械转动不正常，应检查所拖动机械的工作情况，并排除不正常现象。

6）电动机底座固定不牢或底座强度不够，应使电动机可靠固定在底座上或进一步加强底座基础。

7）轴承支座安装不良，应重新安装，并保持牢固。

8）转轴弯曲，应校直或更换转轴。

6.11.5　同步电动机运行中振动过大

同步电动机运行中振动过大，与异步电动机运行时振动过大有很多相似之处，可参阅异步电动机中有关排除方法。

1）励磁绕组松动或有位移，引起转子不平衡而产生振动，应检查励磁绕组的固定情况。发现有松动时，拧紧其紧固螺栓，并对转子做静平衡或动平衡校验，消除机械不平衡而引起的振动。

2）励磁绕组有匝间短路，绕制错误或接线不正确，应检查线圈有无短路、绕制或接线错误，并检修或更换短路绕组。

3）定、转子之间的气隙不均匀，引起运行中振动过大，应调整定子或转子的安装位置，保证气隙均匀，使气隙不均匀度不超过气隙平均值的5%。

4）转子不平衡，应将转子做静平衡试验或动平衡试验。

5）底座固定情况不良或基础强度不够，应检查底座固定情况或基础是否振动。

6）机座或轴承支座安装不良，应检查机座或轴承支座的安装情况。

7）所带的机械设备不正常，应检查所传动的机械设备。

6.11.6 同步电动机运行时温升过高

同步电动机运行时温升过高，与异步电动机有很多相似之处，可参阅异步电动机关于温升过高的处理方法。

同步电动机的转子有励磁绕组，若转子励磁绕组的电流过大，会使绕组铜耗增加，造成励磁绕组过热。如果转子励磁绕组电流减小，定子绕组电流将会增大，因此造成定子绕组发热。应调整励磁电流，使同步电动机在额定功率因数和恒励磁状态下运行。如果调整后仍不能达到要求，可能是由于转子励磁绕组匝间短路造成的。

6.11.7 凸极同步电动机转子故障

故障原因及解决办法如下：

1）阻尼端环与连接板接触不良。由于接触电阻增大，使局部发热，造成连接板烧熔，有时会出现电火花。应紧固螺栓并加防松垫圈。

2）阻尼条沿轴向窜动。由于阻尼条在槽内固定不牢引起轴向窜动，严重时会造成阻尼条开焊或断裂。应使阻尼条在槽内很好地固定，或更换阻尼条插入槽内，重新焊接在端环上。

3）阻尼条开焊或断裂。由于频繁起动电动机，同步电动机失磁运行，焊接不良等造成的，在开焊处有金属变色氧化的痕迹，使电动机起动困难或不能起动。应减少起动次数，经常检查运行情况，按工艺要求进行焊接，防止开焊或断裂。

4）磁极绕组在磁铁上松动。由于垫在磁极线圈上的绝缘板老化收缩；固定线圈的螺钉松动；极身绝缘老化、损伤；线圈下部铁心中弹簧未压上或弹簧失效等造成的。若不及时处理会因电动机转子振动，而导致线圈匝间短路或对地击穿。应查明同步电动机转子磁极线圈的匝间短路点。可在线圈内通入交流电进行检查，根据线圈的发热程度来判断，并针对具体情况予以排除。

5）端环变形、断裂。由于阻尼条在槽内固定程度不一致和端环强度不足使端环变形；在电动机频繁起动和冲击负载作用下，端环受热胀冷缩和离心力的作用，使端环断裂。对于端环变形可加热后校正，而断裂的端环需沿断纹两侧切出坡口，进行补焊。

6.11.8 励磁系统故障

1. 同步电动机起动时晶闸管励磁装置投不上励磁，导致起动失败

起动失败原因及解决办法如下：

1）连锁回路触头闭合不良，应检查连锁回路是否良好。

2）整流桥中主回路个别晶闸管误触发，使电动机有时能起动，有时不能起动。应检查主回路晶闸管及触发板，并更换损坏元件。

3）同本节中第4点的（1）~（5）的分析与处理方法。

2. 晶闸管励磁装置运行中突然失磁，使同步电动机跳闸停机

同步电动机跳闸停机原因及解决办法如下：

1）整流回路故障，应检查整流回路及元件是否良好。

2）触发回路无脉冲输出，应检查触发回路、触发板，可更换触发板再试。

3）同步电源、控制电源无电压，应检查同步电源、控制电源电压是否正常。

4）给定电源开路，应检查给定电源有无输出电压。

5）续流二极管击穿，使整流电流短路，并威胁晶闸管元件，应检查续流二极管是否完好。

3. 晶闸管励磁装置投励磁过早，使电动机堵转

电动机堵转原因及解决办法如下：

1）主回路晶闸管所需的触发功率太小，受外界干扰而误导通。解决办法是在主回路晶闸管控制极与阴极之间并联一个 $0.1\sim0.22\mu F$ 的电容，或更换触发功率大些的晶闸管。

2）主回路晶闸管正向额定电压降低，导致正向转折，应更换晶闸管。

3）励磁回路导线与动力线平行敷设，引起干扰，应使励磁回路导线与动力线分开敷设。

4）触发板失调或锯齿波发生器元件损坏，应检查触发板，更换损坏元件后再试。

5）移相插件中的开关晶闸管短路或失控，应检查、更换晶闸管。

4. 晶闸管自动励磁装置无直流输出

无直流输出的原因及解决办法如下：

1）给定回路及元件开路，应检查给定回路及元件是否开路。

2）负反馈电路及元件开路，应检查负反馈电路及元件是否开路。

3）给定电源中稳压管击穿或开路，应检查稳压管是否良好。

4）主回路晶闸管或触发板损坏，无脉冲输出，应检查主电路晶闸管及触发板是否良好，用示波器观察波形是否符合要求和更换触发板件再进行调试。

5）励磁回路开路或接触不良，使回路电流小于晶闸管的维持电流，即使励磁装置正常，晶闸管也无法导通。应检修励磁回路是否良好。

5. 晶闸管励磁装置励磁不稳，直流表计抖动幅度较大

原因及解决办法如下：

1）移相插件中电压负反馈失常，应检查调节给定电位器，可能是调节输出直流无阻尼作用。应更换插件再试，并检查电压负反馈回路是否良好。

2）由于电源相序接错，导致主回路与触发脉冲不同步，造成直流表计从零到整定值大幅度摆动或时有时无。应检查、纠正电源相序。

3）由于电压负反馈环节接触不良，元件虚焊或给定电位器等电源回路接触不良，使直流表计摆动变化无规律，而调节给定电位器可使输出为零。应检查电压负反馈环节、给定电位器及各电源电压是否正常。

4）由于晶闸管导通角不一致，引起励磁脉动成分较大，使直流表计明显抖动。应重新调试励磁装置，使晶闸管导通角保持一致。

第7章　电动机定子绕组故障的精密诊断

定子绕组故障是电动机的常见故障，第6章主要介绍了电动机故障的简易诊断方法，利用简单方法，很快得出电动机故障与否的结论。虽然简单实用，但主要适用于已发生的、明显的故障，对比较轻微的早期故障/异常，或比较复杂的故障，则需要用更复杂的诊断方法。本章将介绍电动机的精密诊断，所谓精密诊断，是指要借助于专门仪器，或利用特殊的算法，能够诊断电动机的早期潜伏性故障。针对定子绕组类故障，本章主要内容包括：基于不平衡电流的模糊诊断方法、基于定子电流相位的诊断方法、基于定子负序视在阻抗的诊断方法、基于相关分析的诊断方法、基于瞬时功率分解算法的定子绕组诊断方法、基于派克矢量和模糊神经网络定子绕组匝间短路诊断方法和基于负序分量融合的定子绕组匝间短路诊断。

7.1　定子绕组故障精密诊断技术概述

7.1.1　定子绕组短路类故障诊断

由于电动机定子绕组故障的复杂性，特别是电动机其他非正常运行状态的影响，使得电动机定子绕组故障诊断特别是早期匝间短路故障诊断相当困难，本章综合分析国内外电动机有代表性的故障诊断方法，一些方法虽然不能说非常完备，甚至有些方法仍有商榷之处，但总体看这些方法基本上反映了当前国内外电动机定子绕组故障诊断的最高水准。

第7.2节基于模糊理论和定子不平衡电流检测法，提出了电动机定子故障的"模糊诊断"方法，建立了电动机故障诊断的模糊推理算法和诊断规则，借助试验电动机取得了与实际情况较为一致的诊断结果。这种方法将模糊理论与领域专家知识结合起来，不需要建立确切的故障模型，即可进行故障诊断；由于直接选取不平衡电流作为特征信号，可方便地实现定子故障的在线监测；具有较强的通用性和实用性。

第7.3节以电流分析法为基础，通过对定子绕组故障的分析，提出了新的判定定子绕组故障的特征参量——三相电流之间的相位差，并用实验给予验证。在此基础上，以电流分析法为主，采用多种特征参量对定子绕组故障进行诊断。该方法直接选取定子电流作为特征信号，可方便地实现定子绕组故障的在线监测。

第7.4节基于多回路数学模型，对异步电动机定子绕组匝间短路故障瞬变过程做了数字仿真，并完成了相关试验。通过分析仿真与试验结果，对各种故障特征量的灵敏度与可靠性进行探讨，指出定子负序视在阻抗是最可靠兼具良好灵敏度的定子绕组匝间短路故障特征量。以此为基础，提出了一种异步电动机定子绕组匝间短路故障检测新方法，该方法以定子负序视在阻抗滤波值作为匝间短路故障特征量，并应用神经网络技术根据电动机当前运行参数确定适当的故障检测阈值。

第7.5节分析了感应电动机定子绕组短路故障时的振动特征及定子电流的频谱特性，指出由于受电动机固有不对称等因素的影响，单纯利用振动谱分析或定子电流信号频谱分析（MCSA）诊断定子绕组短路故障，较难得到准确可靠的诊断结果；提出了一种基于相关分析的感应电动机定子故障诊断方法，能有效提取电动机定子故障时的特征信息，利用该方法可提高故障识别的精度。

第7.6节分析了电压不平衡、电压及负载的动态变化在故障负序电流检测中的表现；揭示了电动机的负序感抗受电动机自身固有不对称、铁磁饱和程度以及转子漏抗、转子几何静偏心的影响而非常数；提出了一种基于瞬时功率分解算法（IPDT）的感应电动机定子绕组故障诊断方法，导出了故障负序电流的近似表达式；利用该方法可消除非故障因素产生负序电流的影响。

第7.7节介绍了一种基于派克矢量和模糊神经网络的定子绕组匝间短路故障在线诊断方法。通过频谱分析提取故障特征因子并综合考虑负载、三相输入电压不平衡度的变化情况，构建基于模糊神经网络的短路匝数诊断模型，试验结果证实了该方法的有效性。

第7.8节提出基于负序分量融合方法的定子绕组匝间短路诊断方法，应用多源信息融合理论，对电动机定子电压、电流负序分量用利萨茹（Lissajous）方法进行融合，形成负序利萨茹图形；提取并分析了图形特征量与负序电参量之间的数学关系，通过基于模型的仿真分析及故障电动机试验论证，对负序利萨茹图形可反映的故障特征量变化规律进行了研究；提出利用负序利萨茹图形倾角作为故障特征分量进行电动机定子绕组匝间短路故障诊断新的方法。

7.1.2　定子绕组过热故障诊断

定子绕组过热是一个电动机保护的问题，典型的保护方案是根据电动机定子电流正负序分量形成等效热电流，将其提供给电动机热模型，进而实现反时限过热保护，这实质上就是定子绕组的过热监测与诊断。

值得指出，电动机冷却系统故障（如冷却风扇断裂、通风孔道堵塞）会导致电动机散热不良，这将影响电动机热模型的准确性，最终影响定子绕组过热监测与诊断的准确性。文献［292］较好地解决了这一问题，其基本原理如图7-1所示，电动机等效电路模型用于计算电动机损耗（计及趋肤效应）；电动机热模型用于定、转子温度估计，即热监测；电动机定、转子磁场模型用于转速估计，估计转速 ω_{rc}；电动机磁场凸极模型用于准确计算转子转速，计算转速 ω_{rud} 是通

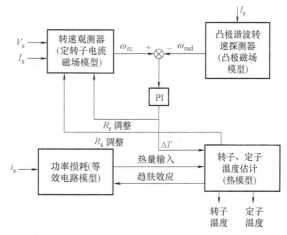

图 7-1　电动机热监测及热模型参数调整原理

过对定子电流作谐波分析获得的，它与电动机参数无关。根据 ω_{rc} 与 ω_{rud} 之差调整电动机热模型参数，并进一步准确估计电动机定、转子温度。仿真及试验结果均证明该方法是正确的。

上述方法均是以电动机热模型为基础的，这类方法的最大缺点在于电动机热模型参数的确定非常困难。另外，使用这类方法对电动机定、转子热状态实现准确监测过于复杂。

另一类方法是基于电动机温度场有限元的分析，计算极为复杂，实时性很差，尚未得到广泛应用。通过在电动机适当部位安装温度传感器进行直接测温，也可实现电动机热监测，但是温度传感器的安装、维护困难，这就妨碍了它在工业界的应用。

采用参数辨识技术成功实现了对电动机转子的热监测，其基本思路是：首先，根据异步电动机定子电压、电流、有功功率及转子转速直接辨识电动机转子电阻，随后根据金属电阻与其温度之间具有严格线性关系这一原理，间接计算电动机转子温度，进而实现在线监测[293,186,189]。这种方法同样也适用于定子热监测。对于转子转速，可采用人工神经网络进行估计，并不需要安装转速传感器。这种基于参数辨识技术的电动机热监测方法简捷、实用，具有广阔的发展前景。

7.2 基于不平衡电流的模糊诊断方法

在分析电机定子故障机理的基础上，选取定子不对称电流作为监测信号，研究定子故障的模糊诊断方法，较方便地实现对电机故障的在线监测与诊断[104]。

7.2.1 定子故障的模糊诊断方法

1. 故障机理分析及其数学描述

电机发生故障的类型取决于电机的种类及其工作环境，但不论哪类故障，都有其一定的发展机制，即从最初的缺陷发展成为故障，也就是说每一种故障都有其早期征兆。一般来说，引起定子故障的主要因素是匝间绝缘破坏、匝间短路等。定子绝缘的常见故障是由于相对地或相对定子壳体的初始故障所引起，超过一定限度，这种故障就发展成为相对地短路故障。同样，由于绕组端部灰尘积累、潮湿、相间绝缘损坏或老化会引起相间高电阻而逐渐导致相间短路故障。特别地，当绕组绝缘老化、损坏发展至一定程度时，必然会同时出现高电阻接地故障和相间高电阻短路故障。

虽然定子故障大多呈现振动加剧和温升加剧的趋势，但这类现象所暗示的初始故障大都是局部绝缘老化、破坏等，在电测参数中表现为产生不平衡电流和局部放电现象。将系统在故障期间所表现出来的全部电量和非电量参数变化现象称作故障征兆 s，一组故障征兆的集合称为故障征兆集 S_j：

$$S_j = \{s_1, s_2, \cdots, s_n\}$$

产生这些故障征兆的原因称为故障模式，所有故障原因的集合称为故障模式集 M：

$$M = \{M_1, M_2, \cdots, M_m\}$$

每一故障模式 M_i 对应一组故障征兆 S_j，它们之间常常是一种非线性模糊对应关系。根据模糊关系原理建立 M 与 S_j 之间的关系矩阵见表 7-1。

表 7-1　建立 M 与 S_j 之间的关系矩阵

W_{ij}		S_j			
		S_1	S_2	...	S_n
M	M_1	W_{11}	W_{12}	...	W_{1n}
	M_2	W_{21}	W_{22}	...	W_{2n}
	$\vdots$	$\vdots$	$\vdots$	...	$\vdots$
	M_m	W_{m1}	W_{m2}	...	W_{mn}

为便于实现在线监测，通过考察电动机中线电流 I_0、定子不对称电流 E 及其变化率 E_c 等电测参数，来研究定子故障诊断。取故障征兆集为

$$S = \{I, I_c, I_0\}$$

这是一个三维状态模糊集，其中 I、I_c、I_0 进行模糊处理后又存在正大（PB）、正中（PM）、正小（PS）三种模糊状态，在理论上组成 27 种故障征兆，构成 S 集合群 $P = \{S_j\}$，$j = 1, 2, \cdots, 27$。

初步地，定子故障模式集 M 设为

$$M = \{M_i\}, i = 1, 2, 3, 4, 5$$

式中　　M_1——单相断路故障；

M_2——定子绕组不对称故障；

M_3——高电阻相间短路故障；

M_4——单相高电阻接地故障；

M_5——三相电源不对称故障。

其中，定子绕组不对称故障可用来说明匝间短路故障。

2. 模糊诊断规则

假定，定子的任一故障模式 M_i 与故障征兆集合群 P 的关系为

$$M_i \subseteq P = \{S_j\} \qquad i = 1, 2, \cdots, 5 \qquad j = 1, 2, \cdots, 27$$

那么，电动机定子故障诊断问题就化为确定 P 中的某个元素 S_j 在多大程度上隶属于 M_i 的问题。若以 $\mu M_i(S_j)$ 表示某故障征兆集 S_j 对某故障模式 M_i 的隶属度，则模糊诊断规则为

1）求出故障征兆集 S_j 对全部故障模式的隶属度 $\mu M_i(S_j)$；

2）根据最大隶属度原则确定产生故障征兆集 S_j 的最大可能的故障模式 M_i。

这里的隶属度计算采用加权平均算法。

首先，给定典型的故障模式 M_i，确定相应的标准征兆集 S_j，显然：

$$\mu M_i(S_j) = \max \mu M_i(S_j), \quad i = 1, 2, \cdots, 5。$$

若特征集 S_j 中具有 S_1、S_2、$\cdots$、S_m 个特征，可根据经验和统计规律给每个特征赋予相应的权值 $W_{j'}$（$j' = 1, 2, \cdots, m$）。然后，根据检测结果确定任一特征集 $S_j = \{S_j\}$（$j = 1, 2, \cdots, n$）。其中，各特征所具有的权值分别为 W_j（$j = 1, 2, \cdots, n$）。

在 $S_j = S_{j'}$ 时，W_j 取 $W_{j'}$ 的值，否则 W_j 取零值，相关系数均取为 $C_j = C_{j'} = 1$。因此，任一特征集 S_j 对给定故障模式 M_i 的隶属度为

$$M_i(S_j) = \sum_j C_j W_j \Big/ \sum_{j'} C_{j'} W_{j'}$$

其算法流程图如图 7-2 所示。

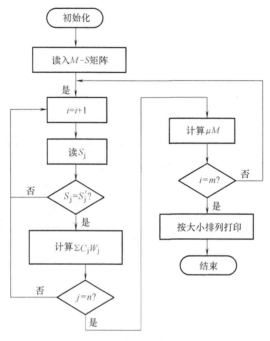

图 7-2　隶属度计算流程图

显然，$\mu M_i(S_j)$ 的取值区间为 $[0，1]$。一般情况下，根据上式计算出特征集 S_j 对各种故障模式 M_i 的隶属度，然后根据最大隶属度原则确定所发生的故障模式。

7.2.2　试验与分析

借助于异步试验电动机，根据运行经验和统计试验结果，建立模糊关系矩阵见表 7-2。

表 7-2　M-$S_{j'}$ 模糊关系矩阵

$W_{ij'}$		$S_{j'}$								
		I			I_e			I_0		
		PB	PM	PS	PB	PM	PS	PB	PM	PS
M	M_1	0.8	0.2	0.1	0.2	0.5	0.3	0.6	0.1	0.1
	M_2	0.1	0.1	0.7	0.5	0.2	0.1	0.1	0.2	0.4
	M_3	0.1	0.1	0.7	0.4	0.2	0.1	0.1	0.1	0.6
	M_4	0.7	0.2	0.1	0.1	0.1	0.7	0.5	0.2	0.1
	M_5	0.2	0.6	0.4	0.7	0.1	0.1	0.1	0.2	0.5

情况 1：模拟断相运行，检测定子不平衡电流和中线电流，并进行模糊化处理后结果为 $I_0 = \text{PB}$，$I = \text{PB}$，$I_e = \text{PM}$。

根据模糊关系矩阵和模糊推理算法，该故障征兆集对各种故障模式的隶属度为 $\mu M_1 = 0.665$、$\mu M_2 = 0.167$、$\mu M_3 = 0.167$、$\mu M_4 = 0.481$、$\mu M_5 = 0.138$。

根据最大隶属度原则，该故障属于模式 M_1，即为单相断路故障；可见诊断结果与实际情况一致。

情况 2：同时设置故障 M_3、M_4 并存的情况，这种情况在绝缘老化、损坏，绕组受潮或积尘时最有可能发生。此时，检测不平衡电流，得模糊化处理结果为：$I = PB$，$I_c = PS$，$I_0 = PB$；相应的，求出该征兆对各种故障模式的隶属度分别为 $\mu M_1 = 0.586$、$\mu M_2 = 0.130$、$\mu M_3 = 0.125$、$\mu M_4 = 0.704$、$\mu M_5 = 0.138$。

根据上述原则，该故障属于模式 M_4，即相对地高电阻短路故障，显然，这时出现了漏诊情况，即对不平衡电流影响较小的相间高电阻短路故障被漏诊。

由此可见，当发生单个故障时，本方法可有效地给出正确的结果。当两个或多个故障并存时，应用上述法则首先只能找出影响最为严重的故障，这是由于不平衡电流检测器的输出信号由两种或多种故障时的不平衡电流信号叠加而成，淹没了影响较小的故障电流信号。此时，处理问题的方法有两种：①对被检出的故障进行必要的维修处理后，再利用所述方法依次诊断出对电动机影响次之、较小的故障模式。一般来说，定子初始故障经过维护性修理后，由同类故障机理造成的不同的故障状态将随着主要故障模式的消除而消失。②应结合其他的故障征兆，如局部放电检测等，以构成三维模糊关系矩阵来判断所发生的故障模式。这种方法需要进一步研究，以求选取适合的且便于在线检测的故障征兆。

7.2.3　结论分析

在剔除了非典型特征和不易测特征情况下，以定子不对称电流及其变化率和中线电流为特征，借助模糊理论和专家经验，可方便地实现定子早期故障的预测诊断。借助异步试验电机进行单个故障判别时，取得了与实际情况较为一致的诊断结果。这种方法的优点在于：

1）将模糊理论与专家经验相结合，反映了故障的不确定性特征，较好地解决了故障诊断中模糊性问题。

2）采用不平衡电流作为特征信号，易于检测，特别适用于在线监测，且使故障特征容易分辨。

3）通用性较强，只需要修改或建立相应的模糊关系矩阵，即可用于其他设备或工业过程的故障诊断。

这一方法用于实时诊断时的准确性依赖于模糊关系矩阵的可信度，而模糊关系矩阵的建立较强地依赖于专家经验。因此，在构成实际诊断系统时，模糊关系矩阵应具有自学习功能，并能根据不同的电机情况进行在线自动整定。

该方法的缺点是不能同时诊断两种或多种模式并存的故障。因此，新的用于辅助诊断的故障特征信号的选取、检测和分类方法值得进一步研究。

7.3　基于定子电流相位的诊断方法

运行实践表明，定子绕组匝间、相间短路故障最明显的标志是绕组出现局部过热，相电流的对称性破坏，转矩降低，声音异常（蜂鸣声）和振动加剧。下面以电流分析法为基础，通过对定子绕组故障的分析，提出新的判定定子绕组故障的特征参量——三相电流之间的相位差，并用试验给予验证。在此基础上，以电流分析法为主，采用多种特征参量对定子绕组故障进行诊断。

7.3.1 故障分析

交流电动机的定子绕组一般均采用在时间及空间上相差120°电角度的三相对称分布绕组，这样设计的绕组能使三相对称电流产生的气隙磁场达到基本正弦分布的要求。这是因为，当定子单个线圈或单个支路通电时，气隙磁场的分数次和低次谐波很强。而相绕组通电时，组成相绕组的各个线圈磁通势波形中的分数次和低次谐波相互抵消，使相绕组总磁通势的波形主要为基波。

当电动机处于正常状态时，对称的三相绕组的连接消除了3倍数次谐波。电动机定子电流特征频率表达式为

$$f_s = (6k \pm 1)f \quad k = 0,1,2,3,\cdots$$

即在对称的三相绕组中，$n = 3k$ 次谐波的合成磁动势等于零，$n = 6k+1$ 次谐波是正相旋转磁动势，$n = 6k-1$ 次谐波是反相旋转磁动势。但是由于制造工艺等原因，实际的电动机绕组不可能完全对称，或是由于电网的因素，导致电流谱图中会出现2次和3次谐波。

当电动机定子绕组发生匝间或相间短路时，这种对称性遭到破坏，呈现在气隙磁场中的是较强的空间谐波，定子电流中的是较强的时间谐波，即高次谐波明显增强。表现为定子电流有效值的增大和三相电流的不对称性。定子电流中的偶次谐波和奇次谐波会因三相绕组失去对称性而有所增强。图7-3和图7-4分别为Y90L-4型电动机在正常状态和绕组匝间短路状态时的电流谱图（定子绕组每槽线数为63匝，短路匝数为5匝）。从图中可以看到，故障后1、3、5、7次谐波分别增加了6.92dB、14.99dB、5.92dB和16.44dB。此外，在基波两侧出现频率分别为25Hz和75Hz的边频带，它对应气隙偏心故障特征分量 $[f' = f \pm (1-s)f/p$，其中 s 为转差率，p 为极对数$]$。这说明定子绕组故障时，将引起气隙磁场畸变，从而引起或多或少的动偏心。

Hz	50.00	100.00	150.00	250.00	350.00
Dwr	58.21	20.06	29.39	28.16	11.90

Hz	50.00	100.00	150.00	250.00	350.00
Dwr	65.12	17.81	44.38	34.08	28.34

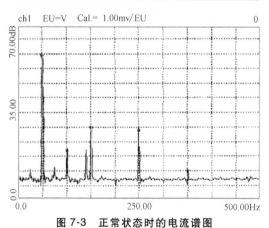

图 7-3　正常状态时的电流谱图

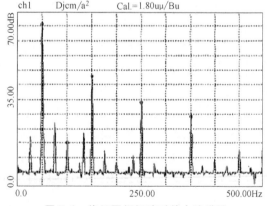

图 7-4　绕组匝间短路时的电流谱图

电动机发生定子绕组短路故障时，绕组的自感、互感将发生变化。电感的大小一般随短路匝比的增加而降低。由于故障时，绕组分布和气隙磁场已不再对称，高次谐波的作用大大增强，只考虑基波的影响是不行的。在故障状态下，电感参数的计算必须考虑高次谐波的影响。表7-3为一台绕线转子异步电动机定子绕组在正常和有两匝线圈短路情况下，自感对应

于不同的最高次谐波的计算数据。绕线式电动机，定转子槽数比为 $Z_1/Z_2 = 36/24$，极对数 $p = 2$，双层叠式绕组，每槽线数为 81 匝。

表 7-3 异步电动机定子绕组两匝线圈短路时自感变化

最高次谐波	1	3	5	7	17
正常时相自感 L_n/L_1	0.0804 1	0.0838 1.042	0.0837 1.042	0.0839 1.043	0.0845 1.048
短路时相自感 L_n/L_1	0.0529 1	0.0606 1.146	0.0614 1.160	0.0615 1.162	0.0619 1.170

表中 L_n 为计及定子电流高次谐波作用时的定子绕组自感，L_1 为仅考虑定子基波电流作用时的定子绕组自感。

从表 7-3 可以看出，正常状态下的电感计算如果只考虑基波，影响并不会太大，但在故障状态下，如果仅考虑基波影响则会导致不能允许的偏差。

综上所述，电动机定子绕组发生匝间短路时，定子电流中的高次谐波明显增强，绕组的自感、互感发生变化，从而最终导致三相电流之间的相位差亦发生变化。因此，提出新的判别定子绕组短路故障的特征参量——三相电流之间的相位差。

7.3.2 试验分析

采用互相关分析法测量定子电流之间的相位差。因为互相关函数能刻划两个样本信号之间的相关或相似程度。它不但提供频率信息，而且给出两信号之间的相位信息。用互相关函数测量电流之间的相位差，测量精度高、时间短。但它对硬件要求较高，即要求有两路 A/D 同步进行信号采集。本试验采用具有多通道处理能力的 CRAS 系统。

图 7-5 和图 7-6 分别为 Y90L-4 型电动机在绕组匝间短路前和短路后，A 相电流与 B 相电流的互相关函数。从图中可以看出，其相位差由 6.48ms 变为 7.73ms，即相位差由故障前的 116.1°变为故障后的 139.1°（注：横坐标每格：$k = 15.63/5 = 3.126$。所以图 7-5 中：$2.073k = 6.48$；图 7-6 中：$2.47k = 7.73$）。

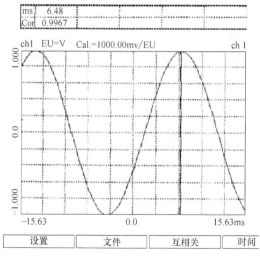

图 7-5 匝间短路前 A、B 相电流的互相关函数

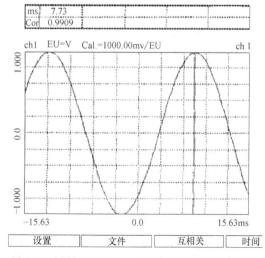

图 7-6 匝间短路后 A、B 相电流的互相关函数图

图 7-7 和图 7-8 分别为电动机处于正常状态和绕组匝间短路状态时，三相电流的相量图。在正常状态时，三相电流之间的相位差接近 120°，而故障时会偏离 120°。有关数据见表 7-4。因此，可通过测量电动机运行时的三相电流之间的相位差偏离 120° 的度数作为特征参量之一来判别定子绕组故障。

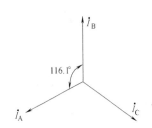

图 7-7 正常状态下三相电流的相量图

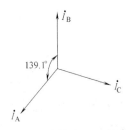

图 7-8 绕组匝间短路状态下三相电流的相量图

表 7-4 定子绕组匝间短路有关相位数据

	正常状态 $I_A = 2.3A, I_B = 2.3A, I_C = 2.4A$		故障状态 $I_A = 3.7A, I_B = 3.2A, I_C = 2.1A$	
	相位差	偏离 120° 的度数/(°)	相位差	偏离 120° 的度数/(°)
A、B	6.45ms 116.1°	3.9	7.73ms 139.1°	19.1
A、C	6.84ms 123.1°	2.3	6.90ms 124.2°	4.2
B、C	6.71ms 120.8°	0.8	5.36ms 96.5°	23.5

7.3.3 仿真分析

将定子三相电流、定子绕组中性点电压、三相功率因数及定子三相电流之间的相位差视为特征参量，建立异步电动机多回路模型进行仿真。

1. 绕组短路故障时

1）三相电流的对称性遭破坏，故障相电流恒为最大；故障相电流的大小与故障部位无显著关系，但非故障相电流的大小与故障部位有关；定子三相电流，随故障的匝比的增大而增大，谐波幅值随故障程度的加深而增大。

2）中性点电压随故障部位变化而变化，随故障的匝比的增大而增大。

3）三相功率因数对称性遭破坏，三相的功率因数随故障部位变化而变化，随故障程度的加深使一非故障相的功率因数减小，而使另一非故障相的功率因数增大。

4）三相电流之间的相位差的对称性遭破坏，随故障部位变化而变化。若一相发生故障，另外两非故障相之间的相位差偏离 120° 最大，且随故障程度的加深而明显增大。

5）跨相故障时，上述不对称性表现更为严重。

2. 绕组接地故障

1）三相电流不对称程度较绕组匝间短路时的更为严重。

2）接地故障相的电流恒为三相中最大，且大于正常值。

3）中性点电压随故障部位的变化而有显著变化。

4）三相功率因数不对称，随故障部位变化而变化。

5）三相电流之间的相位差不对称（偏离 120°），随故障部位变化而变化。

6）各参量的变化与接地电阻值有关系。

定子绕组跨相故障或绕组接地故障都有很强的突发性和破坏性，而它们往往是由匝间短路引起的。因此，在电动机定子绕组发生匝间短路期间就要能检测到，并采取相应措施。

7.3.4 电动机其他故障与定子电流相位的关系

上述分析可知，通过监测三相电流的不对称性、三相电流之间的相位差偏离120°的度数、三相功率因数的不对称性及中性点电压，即可判断电动机定子绕组故障的有无；由不对称程度可判定故障程度。这一结论获得的前提是电动机发生其他故障时这种对称性不被破坏。下面的分析将证明这一前提是正确的。

1. 转子绕组故障仿真

转子 A 相绕组短路时的仿真数据见表 7-5。

表 7-5 转子 A 相绕组短路时的仿真数据

故障程度/%	0	12.5	25	37.5	50	62.5
I_A/A	12.37	12.27	11.72	11.71	11.51	11.13
I_B	12.37	11.74	11.72	11.57	11.52	10.93
I_C	12.37	12.15	11.72	11.68	11.50	11.09
U_0	0.001	12.1	0.01	3.31	0.36	4.68
$\cos\varphi_A$	0.751	0.701	0.762	0.611	0.553	0.524
$\cos\varphi_B$	0.751	0.712	0.672	0.610	0.554	0.529
$\cos\varphi_C$	0.751	0.730	0.672	0.615	0.554	0.540
$\cos(\varphi_{AB}-120°)$	0	0.72	0	0.07	0.07	0.34
$\cos(\varphi_{AC}-120°)$	0	2.46	0	0.29	0.07	1.08
$\cos(\varphi_{BC}-120°)$	0	1.74	0	0.36	0	0.74

转子绕组跨相故障的仿真数据见表 7-6。

表 7-6 转子绕组跨相故障的仿真数据

故障部位	正常	a:50%→b:50%
I_A	12.37	7.045
I_B	12.37	7.051
I_C	12.37	7.046
U_0	0	0.886
$\cos\varphi_A$	0.751	0.247
$\cos\varphi_B$	0.751	0.246
$\cos\varphi_C$	0.751	0.246
$\cos(\varphi_{AB}-120°)$	0	0.06
$\cos(\varphi_{AC}-120°)$	0	0.06
$\cos(\varphi_{BC}-120°)$	0	0

分析仿真数据可得：

1）故障时定子三相电流有效值减小，但其对称性不变。

2）三相功率因数随故障程度的加深而降低，但其对称性不变。

3）三相电流之间的相位差基本保持在120°，即对称性不变。

4）定子中性点电压受故障影响较小。

2. 三相电压不对称时的仿真

分析仿真数据可得：

1）故障时定子三相电流对称性基本不变。

2）三相功率因数对称性基本不变。

3）三相电流之间的相位差基本保持在120°，即对称性不变。

4）定子中性点电压受故障影响较大。

事实上，当电动机发生偏心故障时，上述对称性仍基本保持不变。

A相电压波动，B、C相电压不变时的仿真数据见表7-7。

表 7-7 A相电压波动，B、C相电压不变时的仿真数据

波动程度/%	0	5	10	15	20
I_A	12.38	12.00	11.79	11.49	11.20
I_B	12.37	12.31	12.23	12.16	12.09
I_C	12.38	12.13	11.83	11.63	11.39
U_0	0.045	5.20	10.38	15.57	20.75
$\cos\varphi_A$	0.750	0.756	0.762	0.768	0.744
$\cos\varphi_B$	0.750	0.752	0.753	0.755	0.756
$\cos\varphi_C$	0.750	0.743	0.736	0.728	0.720
$\cos(\varphi_{AB}-120°)$	0	0.34	0.78	1.15	1.60
$\cos(\varphi_{AC}-120°)$	0	1.13	1.46	3.45	4.66
$\cos(\varphi_{BC}-120°)$	0	0.79	0.68	2.30	3.06
电流不对称程度/%	0	1.32	2.34	3.40	4.28
三相功率因数不对称程度/%	0.9	1.9	2.98	3.99	

由上述见：可通过监测三相电流的不对称性、三相电流之间的相位差偏离120°的度数、三相功率因数的不对称性、中性点电压的大小等参量来判断电动机定子绕组故障的有无；由不对称程度判定故障程度。但必须确定一个判定故障有无的门限值，经大量仿真数据表明，仅当三相电流的不对称程度大于8%，且三相电流之间的相位差偏离120°的最大值超过7°时，方可判定有定子绕组短路故障。

7.4 基于定子负序视在阻抗的诊断方法

以定子负序视在阻抗，即定子负序电压与定子负序电流幅值之比作为故障特征量对异步电动机定子绕组匝间短路故障进行检测，该方法对供电电源不对称具备鲁棒性[106,107]。

基于多回路数学模型，对异步电动机定子绕组匝间短路故障瞬变过程做数字仿真，并进行了相关试验。通过对仿真与试验结果进行分析，指出定子负序视在阻抗是较可靠且兼具良好灵敏度的定子绕组匝间短路故障征兆。以此为基础，提出一种异步电动机定子绕组匝间短

路故障检测新方法，该方法以定子负序视在阻抗滤波值作为匝间短路故障特征量，进而应用神经网络技术根据电动机当前运行参数确定适当的故障检测阈值。

7.4.1　定子绕组匝间短路故障的仿真

现场经验表明，异步电动机定子绕组匝间短路故障大多发生于定子相绕组的首端第一个线圈。故假定定子 A 相绕组首端第一个线圈发生匝间短路故障，如图 7-9 所示，并且定子三相绕组Y联结（对于其他情况，处理方法类似）。对一台 Y100L-2 型三相笼型异步电动机（具体参数详见附录）进行定子绕组匝间短路故障数字仿真，以遴选兼具良好灵敏度与可靠性的匝间短路故障特征量。灵敏度是指故障特征量对于故障本身敏感，而可靠性则指故障特征量对于负载变化、供电电源波动等其他因素是鲁棒的。

假定异步电动机定子三相绕组Y联结，供电电源幅值不对称且按式 7-1 规律变化。图 7-10、图 7-11 分别表示电动机在空载、满载且定子 A 相绕组 1 匝金属性短路（$R_g = 0$）情况下的定子三相电流，具体仿真结果示于表 7-8、表 7-9。

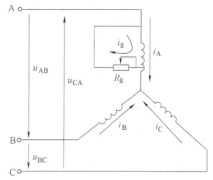

图 7-9　定子 A 相绕组匝间
短路故障示意图

$$\begin{cases} u_A = 1.1 \times 220\sqrt{2}\sin(100\pi t) \\ u_B = 220\sqrt{2}\sin(100\pi t - 2\pi/3) \\ u_C = 0.9 \times 220\sqrt{2}\sin(100\pi t - 4\pi/3) \\ u_{AB} = u_A - u_B \\ u_{BC} = u_B - u_C \end{cases} \qquad (7\text{-}1)$$

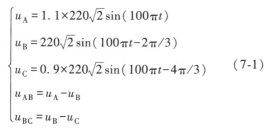

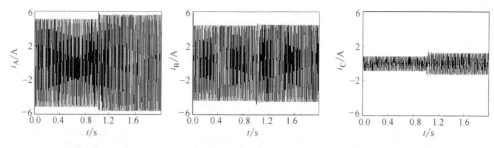

图 7-10　电动机在空载，A 相绕组 1 匝金属性短路情况下的定子电流

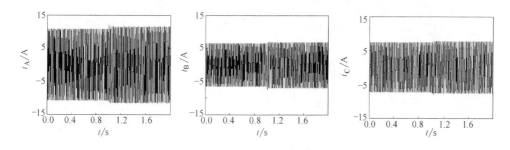

图 7-11　电动机在满载，A 相绕组 1 匝金属性短路情况下的定子电流

表 7-8 电动机空载时定子 A 相绕组 1 匝金属性短路时的仿真结果

内容	故障前	故障后	变化率/%
定子负序视在阻抗/Ω	10.7604	9.8720	-8.26
定子 A 相电流基波分量幅值/A	5.1476	5.6056	8.90
定子 A 相电流三次谐波分量幅值/A	0.0993	0.1049	5.64
定子负序电流/A	0.9634	1.0501	9.00
定子 A 相与 B 相电流相位差/(°)	176.4	176.4	0.00
定子 B 相与 C 相电流相位差/(°)	18.0	19.8	10.00

表 7-9 电动机满载定子 A 相绕组 1 匝金属性短路时的仿真结果

内容	故障前	故障后	变化率/%
定子负序视在阻抗/Ω	10.8023	9.8429	-8.88
定子 A 相电流基波分量幅值/A	10.7024	11.4308	6.81
定子 A 相电流三次谐波分量幅值/A	0.0949	0.0975	2.74
定子负序电流/A	0.9597	1.0532	9.74
定子 A 相与 B 相电流相位差/(°)	136.8	138.6	1.32
定子 B 相与 C 相电流相位差/(°)	77.4	75.6	-2.33

假定异步电动机供电电源幅值与相位均不对称并按式 7-2 规律变化。图 7-12 表示电动机在满载且定子 A 相绕组 1 匝金属性短路 ($R_g = 0$) 情况下的定子三相电流，具体仿真结果示于表 7-10。

$$\begin{cases} u_A = 1.1 \times 220\sqrt{2}\sin(100\pi t) \\ u_B = 220\sqrt{2}\sin(100\pi t - 2\pi/3 + \pi/30) \\ u_C = 0.9 \times 220\sqrt{2}\sin(100\pi t - 4\pi/3) \\ u_{AB} = u_A - u_B \\ u_{BC} = u_B - u_C \end{cases} \tag{7-2}$$

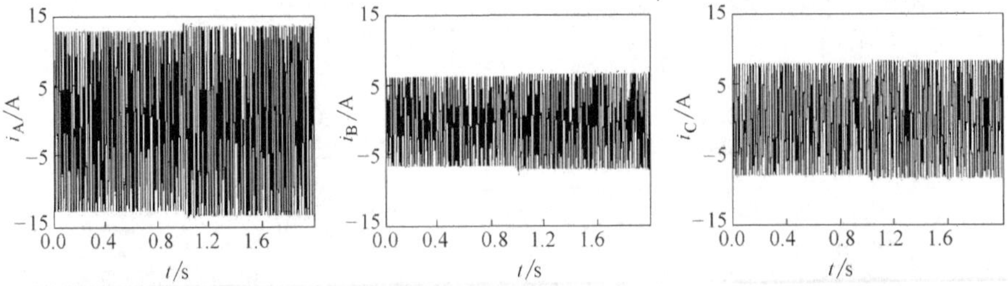

图 7-12 电动机在满载，A 相绕组 1 匝金属性短路情况下的定子电流

对上述仿真结果进行分析，可概括出以下结论：

1）伴随电动机负载变化、供电电源波动，定子电流基波分量幅值显著变化，参见图 7-10~图 7-12 与表 7-8、表 7-9、表 7-10。因此，定子电流基波分量幅值不宜作为定子绕组匝间短路故障特征量。

表 7-10　电动机满载定子 A 相绕组 1 匝金属性短路时的仿真结果

内容	故障前	故障后	变化率/%
定子负序视在阻抗/Ω	10.8029	10.1611	-5.94%
定子 A 相电流基波分量幅值/A	12.3964	13.1503	6.08%
定子 A 相电流三次谐波分量幅值/A	0.1521	0.1549	1.84%
定子负序电流/A	1.5391	1.6363	6.32%
定子 A 相与 B 相电流相位差/(°)	153.0	153.0	0.00%
定子 B 相与 C 相电流相位差/(°)	48.6	48.6	0.00%

2）定子电流三次谐波分量幅值伴随电动机负载变化而变化，在正常情况下，电动机从满载到空载时其变化率为 4.43%，与定子绕组匝间短路故障所导致的变化率在数值上是相当的，参见表 7-8、表 7-9。伴随供电电源波动，定子电流三次谐波分量幅值亦显著变化，参见表 7-9、表 7-10。加之异步电动机实际供电电压三次谐波背景噪声的影响，不宜将定子电流三次谐波分量作为定子绕组匝间短路故障特征量。

3）在正常情况下，当电动机从空载到满载时定子负序电流的变化率仅为-0.38%，这表明定子负序电流对于电动机负载变化具备鲁棒性，参见表 7-8、表 7-9。但定子负序电流伴随供电电源波动而显著变化，因此不宜将其作为定子绕组匝间短路故障特征量，参见表 7-9、表 7-10。

4）在供电电源不对称情况下，定子三相电流本身即不具备相位对称关系，并且伴随电动机负载变化、供电电源波动，定子三相电流相位差显著变化，参见图 7-10～图 7-12、与表 7-8～表 7-10。另外，表 7-10 数据显示，定子绕组匝间短路故障并非必然导致定子三相电流相位差发生变化。因此，第 7.3 节的方法存在一定的局限性[106]。

5）在正常情况下，当电动机从空载到满载时定子负序视在阻抗的变化率仅为 0.39%，这表明定子负序视在阻抗对于电动机负载变化具备鲁棒性，参见表 7-8、表 7-9。表 7-9、表 7-10 数据显示，在电动机正常时，尽管供电电源波动，但定子负序视在阻抗基本恒定，这表明定子负序视在阻抗对于供电电源波动具备鲁棒性。因此，将定子负序视在阻抗作为定子绕组匝间短路故障特征量是可行的。

假定异步电动机定子三相绕组丫联结，供电电源幅值不对称且按式 7-1 规律变化。图 7-13 表示电动机在空载、定子 B 相绕组 3 匝金属性短路（$R_g = 0$）情况下的定子三相电流。定子负序视在阻抗在匝间短路故障发生前后的数值分别为 10.7628Ω、12.0047Ω，变化率则为 11.56%。

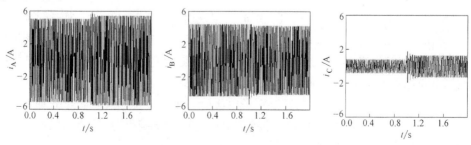

图 7-13　电动机在空载，B 相绕组 3 匝金属性短路时的定子电流

结合图 7-10、表 7-8 可知，定子负序视在阻抗这一故障特征与短路匝数、短路位置有关，其相互关系尚待深入研究。但可以肯定，定子负序视在阻抗这一故障特征对于匝间短路故障本身的反应是灵敏的。这进一步表明：将定子负序视在阻抗作为定子绕组匝间短路故障特征量是切实可行的。

另外，对于多对极异步电动机，文献［300］以其定子电流中频率近似为 $(1/p)f_1$，$(2/p)f_1$，$(3/p)f_1$，……的分数次谐波分量作为匝间短路故障特征量。为评定其可行性，对一台 3kW、380V、50Hz、2 对极 Y100L2-4 型三相异步电动机进行定子绕组匝间短路故障数字仿真。假定异步电动机供电电源按式（7-2）规律变化，图 7-14 表示电动机在满载且定子 A 相绕组正常及金属性短路（$R_g=0$）故障情况下的定子 A 相电流自适应滤波频谱。

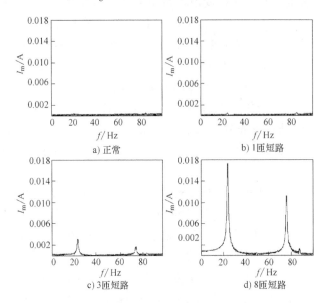

图 7-14　电动机满载，A 相绕组正常及故障情况下的定子 A 相电流频谱

根据图 7-14 可知，在 1 匝、3 匝金属性短路情况下，定子电流 25Hz、75Hz 谐波分量非常微弱以致无法予以可靠检测，在金属性匝间短路匝数达到 8 匝时，该故障特征方得以强化。这表明，相对于异步电动机定子负序视在阻抗，以异步电动机定子电流分数次谐波分量作为匝间短路故障特征量，灵敏度欠佳，参见图 7-12 与表 7-9。

7.4.2　定子绕组匝间短路故障实验

对丫联结的 Y100L-2 型异步电动机进行试验，接线图如图 7-15a 所示。为进行匝间短路实验，对电动机定子三相绕组做了改动，引出一些附加抽头，如图 7-15b 所示（以 A 相为例）。

图 7-16a 表示电动机在满载且定子 B 相绕组 6 匝经过渡电阻短路情况下的定子负序视在阻抗，过渡电阻阻值为 1.791Ω，匝间短路环电流为 5A。

对一台实际电动机而言，定子电压、定子电流中均含有谐波分量，它们将对基波分量形成调制，从而导致定子负序视在阻抗随时间波动。这对定子绕组匝间短路故障检测是不利的，为此对其做数字低通滤波处理，结果如图 7-16b 所示。

需要指出，这里采用单工频周期滑动窗快速傅立叶变换计算定子负序视在阻抗，采用数

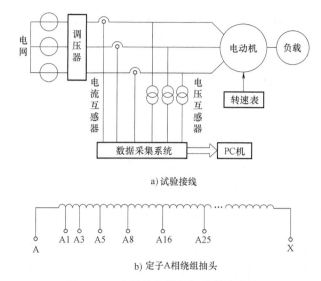

a) 试验接线

b) 定子A相绕组抽头

图 7-15　定子绕组匝间短路故障试验

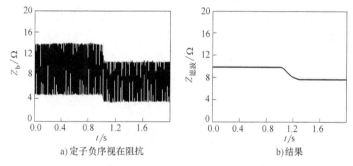

a) 定子负序视在阻抗　　　　　　　b) 结果

图 7-16　定子负序视在阻抗

字递推滤波算法进行数字低通滤波，以满足实时性要求。

附录 Y100L-2 型异步电动机参数：频率、50Hz、丫联结、额定功率：3kW、额定电压：380V、额定电流：6.1A、额定转差率：4%、定子相数：3、磁极极数：2、定子槽数：24、转子槽数：20、线圈匝数：40、定子绕组：单层同心式、线圈节距：1-12，2-11。

7.5　基于相关分析的诊断方法

由于受电动机固有不对称等因素的影响，单纯利用振动谱分析或定子电流信号频谱分析（MCSA）诊断定子绕组短路故障，往往不能得到准确可靠的诊断结果。基于相关分析的感应电动机定子故障诊断方法，能有效提取电动机定子故障时的特征信息，利用该方法可提高故障识别的精度。试验结果证实，基于相关分析得到的谱特征可以作为感应电动机定子绕组短路故障诊断的依据[90,108-109]。

7.5.1　基于相关分析的故障检测算法

1. 定子短路故障时的振动特性分析

感应电动机定子绕组短路时，在绕组短路环中形成故障回路电流 i_d，如图 7-17 所示，通过定转子之间的气隙，将产生磁动势为 f 的脉振磁场，考虑到其主要受基波分量的影响，忽略高次谐波，此附加脉振磁动势可表示如下

$$f = F_m \cos(\omega t) \cos(p\theta) \qquad (7\text{-}3)$$

式中　ω——三相电流的基波角频率；

　　　p——电动机的极对数；

　　　θ——定子机械角度。

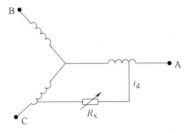

图 7-17　定子绕组短路限流电路

对于结构完全对称的理想电动机，其气隙磁密 B 正比于磁动势 f 与常值气隙磁导 u_0 的乘积；然而实际中，电动机由于制造及安装等原因，总会存在诸如转子不平衡、不对中等不同程度的结构不对称，由电动机结构不对称使得气隙磁导发生变化。

由于定子绕组短路使得电动机结构不对称，因此当定子出现短路故障时，其电磁脉振力波中应当有表 7-11 中所示的频率分量。电磁力波作用于电动机的定子和转子，使电动机产生振动，其振动特性与电磁力特性、电动机的转频以及电动机的固有振动频率等因素有关。

2. 定子短路故障电流特性

定子故障产生结构不对称而引起气隙磁场发生改变，这种变化将会在定子电流中感应出故障特征谐波分量，其表达式为

$$f_{st} = f_0 \left\{ \frac{n}{p}(1-s) \pm k \right\} \qquad (7\text{-}4)$$

式中　f_0——三相电流基波频率；

　　　s——转差率；

　　　$n = 1, 2, 3, \cdots$；

　　　$k = 1, 3, 5, \cdots$；

　　　p——电动机的极对数。

表 7-11　电磁力波频率分量

频率分量
0
2ω
$2\omega_r$
ω_r
$2\omega + \omega_r$
$2\omega - \omega_r$
$2(\omega + \omega_r)$
$2(\omega - \omega_r)$

注：ω_r 为转子旋转角速度（rad/s）。

由上式可知，利用定子电流信号的频谱分析（MCSA）可较为便捷地检测定子故障，但故障特征谐波分量随转差率 s 而改变，且通常与转子偏心故障在电流中感应出来的谐波相混淆，不仅如此，频谱分析时受频率分辨率不高的影响，故障特征谐波很难准确提取。因此，利用 MCSA 方法不能对定子绕组短路故障做出较为严格的诊断。

3. 基于相关分析的故障检测算法

电动机定转子振动时的振动谱与电动机的转频 f_r 有关，其变化规律与电流谱中的故障特征谐波的变化不完全一致。当电动机定子短路故障时，其振动谱中有与电流谱中具有相同的特征频率分量 $2f_0$，根据相关分析原理，在其相关谱中应有表征其故障的特征谱，其具体分析算式为

$$C_{xy}(f) = \frac{P_{xy}(f)}{\sqrt{P_{xx}(f) P_{yy}(f)}}, \quad 0 \leqslant C_{xy}(f) \leqslant 1 \qquad (7\text{-}5)$$

式中　P_{xy}——电流信号与振动信号的互功率谱；

P_{xx}——电流信号的自功率谱；

P_{yy}——振动信号的自功率谱；

C_{xy}——两信号的相关谱，其幅值的大小表示两信号的相关程度；

$C_{xy}=0$ 表示两信号不相关；

$C_{xy}=1$ 表示两信号完全相关。

相关谱函数本质上表达两种信号的相似性，同时也是两种信号线性相关的一种度量。当振动谱与电流谱具有相同的谐波分量时，在其特征频率处其幅值增强，反之减弱。利用这一特性，能准确提取表征定子绕组故障的故障特征分量，有助于定子故障的可靠诊断。

7.5.2 基于电流、振动及相关分析的诊断结果对比分析

1. 实验系统的建立

实验系统采用如图 7-18 所示的故障诊断方案。电动机选用 Y132M-4 型感应电动机，其同步转速为 1500r/min（25Hz），电动机带动交流发电机及负载。定子绕组线圈之间接可调短路电阻 R_x，模拟线圈绝缘下降造成的非金属性短路，同时也可限制实验时的短路电流，以保护电机不至完全破坏。

振动加速度传感器采用美国 PCB 公司生产的 M603C01 型传感器，其灵敏度为 100mV/g，按垂直径向安装于电动机定子上，以检测

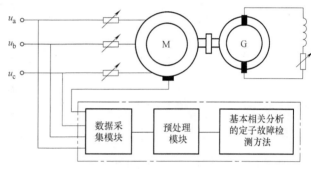

图 7-18　实验测试方案

电动机的径向振动。低通滤波器截止频率为 200Hz，数据采集频率为 5kHz。

2. 实验结果及分析

根据上述实验方案，在电动机 A、C 两相之间接电阻 $Rx=6.8k\Omega$，模拟电动机定子短路故障。电动机在正常和故障情况下运行，转速为 1444r/min（$f_r=24.1Hz$），转差率 $s=3.73\%$。同时采集电动机定子三相电流信号及振动信号，依据上述算法分析，实验及分析结果如下：

（1）基于电流的诊断

图 7-19a、图 7-19b 分别为电动机正常运行和定子短路故障时，对 A 相电流利用 MUSIC（Multiple Signal Classification）算法得到的 MUSIC 谱图，从图中可看出，故障发生后，

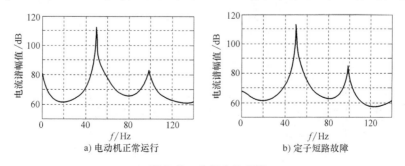

a) 电动机正常运行　　　　　　　　b) 定子短路故障

图 7-19　A 相电流频谱

100Hz的谐波幅值略有上升，由于其受到负载及供电品质的影响，如果仅此作为故障判据，显然得到的结果将是不准确的。

（2）基于定子径向振动的诊断

图7-20a、图7-20b分别为电动机正常运行和定子短路故障时定子径向振动加速度频谱图。图7-20a中，振动谱主要包含的频率分量见表7-12。

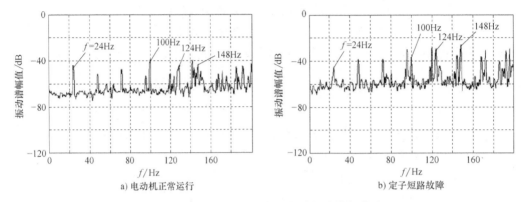

a) 电动机正常运行   b) 定子短路故障

图 7-20　电动机定子径向振动加速度频谱图

表 7-12　振动谱中主要包含的频率分量

频率分量	2ω	$2\omega_r$	ω_r	$2\omega+\omega_r$	$2(\omega+\omega_r)$
频率/Hz	100	48	24	124	148

由此可知，电动机无故障时其振动谱中包含有表7-11所示的谐波分量，其原因主要是由于电动机自身结构固有的不对称引起的。图7-20b中，在100Hz等相应谐波处，其幅值略有增大，这与前述理论分析的结果基本一致。由此说明，如果仅以此作为故障判据，其诊断的结果是不可靠的。

（3）基于相关分析的诊断

图7-21a、图7-21b分别为电动机正常运行和定子短路故障时由式（7-5）得到的相关频谱图。从图中可看出，在100Hz处，电动机故障时与正常时相比，其相关函数幅值有显著增加，约为电动机无故障时的3倍，而在其他频率分量处，由于其对故障的表征不具有一致性，即不相关，幅值减弱。因此，将相关谱中100Hz频率分量及其幅值作为电动机定子绕组短路故障时的故障特征，以此为故障诊断的判据，特征更为明显，有利于故障的可靠识别，这与理论分析的结果完全一致。

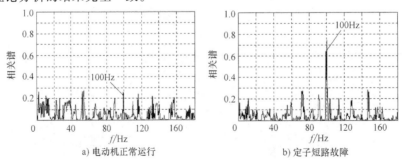

a) 电动机正常运行   b) 定子短路故障

图 7-21　定子电流信号与振动信号的相关谱

在相同负载（$s = 3.73\%$）条件下，改变 A、C 两相间调节电阻 R_x 的阻值，模拟故障的严重程度，R_x 值越小，两相间的绝缘程度就降低，故障越严重。图 7-22 为 $R_x = 33\text{k}\Omega$ 时的相关谱图，从图中看出，由于 R_x 增加，故障减弱，在 100Hz 处，其幅值减小，由此说明，故障程度增加，其特征频率的幅值也增加。

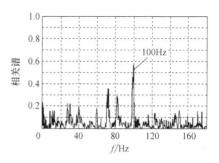

图 7-22　$R_x = 33\text{k}\Omega$ 时，电流信号与振动信号的相关谱

从上述试验及分析的结果看，采用相关分析，确实能有效提取定子绕组故障的故障特征，克服了单纯利用振动谱分析或定子电流频谱分析的不足，同时也为电动机故障诊断中利用信息融合的思想提供了一条思路。

7.6　基于瞬时功率分解算法的定子绕组诊断方法

对于普通电动机来讲，由于电动机自身固有不对称及电源不平衡的影响，给电动机故障诊断带来困难，为了消除电动机固有不对称及供电不平衡的影响，下面提出一种基于瞬时功率分解技术（Instantaneous Power Decomposition Technique，IPDT）的定子绕组故障检测方法，利用 IPDT 计算实时的正序和负序电流，消除其他非故障因素产生负序电流的影响，通过检测负序电流，实现对定子绕组的故障诊断[110-111]。

7.6.1　基于 IPDT 的异步电动机定子故障检测算法

1. 瞬时功率分解技术（IPDT）

IPDT 的基本思想是：根据 Park 变换及能量转换理论，利用二维系统下的"正序功率"和"负序功率"，求解在二维系统下的正序和负序电流及电压分量。

设同时采样的电动机定子的三相瞬时电流为 (i_a, i_b, i_c)、瞬时电压为 (v_a, v_b, v_c)；首先将三相电流利用 Park 变换从 a，b，c 坐标系转换为二维的 α，β 坐标系，公式为

$$\begin{bmatrix} i_\alpha(k) \\ i_\beta(k) \end{bmatrix} = \frac{2}{3} \begin{bmatrix} 1 & -1/2 & -1/2 \\ 0 & \sqrt{3}/2 & -\sqrt{3}/2 \end{bmatrix} \begin{bmatrix} i_a(k) \\ i_b(k) \\ i_c(k) \end{bmatrix} \tag{7-6}$$

对三相瞬时电流 (i_a, i_b, i_c)，设置其同频同相且平衡的三相单位正弦参考电压 (u_a, u_b, u_c)，其 Park 变换为

$$\begin{bmatrix} u_\alpha(k) \\ u_\beta(k) \end{bmatrix} = \frac{2}{3} \begin{bmatrix} 1 & -1/2 & -1/2 \\ 0 & \sqrt{3}/2 & -\sqrt{3}/2 \end{bmatrix} \begin{bmatrix} u_a(k) \\ u_b(k) \\ u_c(k) \end{bmatrix} \tag{7-7}$$

其中，$k = 0, 1, \cdots, N_s - 1$。$N_s$ 为每一工频周期内的采样数。则由式（7-6）、式（7-7）可得瞬时实功率 $p(k)$ 和瞬时虚功率 $q(k)$ 为

$$\begin{bmatrix} p_\alpha(k) \\ p_\beta(k) \end{bmatrix} = \begin{bmatrix} u_\alpha(k) & 0 \\ 0 & u_\beta(k) \end{bmatrix} \begin{bmatrix} i_\alpha(k) \\ i_\beta(k) \end{bmatrix}$$

$$\begin{bmatrix} q_\alpha(k) \\ q_\beta(k) \end{bmatrix} = \begin{bmatrix} -u_\beta(k) & 0 \\ 0 & u_\alpha(k) \end{bmatrix} \begin{bmatrix} i_\alpha(k) \\ i_\beta(k) \end{bmatrix}$$

由此进一步得到在一个整周期内的平均功率为

$$P_\alpha = \frac{1}{N_s} \sum_{k=0}^{N_s-1} p_\alpha(k)$$

$$P_\beta = \frac{1}{N_s} \sum_{k=0}^{N_s-1} p_\beta(k)$$

$$Q_\alpha = \frac{1}{N_s} \sum_{k=0}^{N_s-1} q_\alpha(k)$$

$$Q_\beta = \frac{1}{N_s} \sum_{k=0}^{N_s-1} q_\beta(k)$$

式中　P——有功功率；

Q——无功功率。

P_α，P_β，Q_α，Q_β 在恰当的坐标轴上可分解为相对于正序电流的"正序功率"和相对于负序电流的"负序功率"。在二维系统中，"正序功率"定义为

$$\begin{cases} P_{\alpha p}^i = P_\alpha + P_\beta = P_{\beta p}^i \\ Q_{\alpha p}^i = Q_\alpha + Q_\beta = Q_{\beta p}^i \end{cases} \tag{7-8}$$

"负序功率"定义为

$$\begin{cases} P_{\alpha n}^i = P_\alpha - P_\beta = -P_{\beta n}^i \\ Q_{\alpha n}^i = Q_\alpha - Q_\beta = -Q_{\beta n}^i \end{cases} \tag{7-9}$$

式中，下标"p"和"n"分别表示正序和负序，上标 i 表示功率来源于电流。

由式（7-8）、（7-9）即可得负序及正序电流为

$$\dot{I}_n = P_{\alpha n}^i + jQ_{\alpha n}^i = I_{nx} + jI_{ny}$$

$$\dot{I}_p = P_{\alpha p}^i + jQ_{\alpha p}^i = I_{px} + jI_{py}$$

类似地，对三相瞬时电压（v_a，v_b，v_c），设置其同频同相且平衡的三相单位正弦参考电流，同理分析可得，负序电压及正序电压为

$$\dot{V}_{sn} = P_{\alpha n}^u + jQ_{\alpha n}^u = V_{snx} + jV_{sny}$$

$$\dot{V}_{sp} = P_{\alpha p}^u + jQ_{\alpha p}^u = V_{spx} + jV_{spy}$$

式中，上标 u 表示功率来源于电压。

通过上述分解技术，可求出相应的正负序电流与电压分量。值得注意的是，IPDT 算法本身摆脱了供电谐波的影响，但由于转子的旋转以及电流的波动也会影响检测结果，因此为了消除这种影响，计算时必须要用多个周期的采样数据。

2. 电压不平衡对定子故障检测的影响

在对称系统中，IPDT 算法求得的正序电压分量 V_{sp}、正序电流分量 I_p、负序电压分量 V_{sn} 以及负序电流分量 I_n 之间是互相独立的。因此，对于正常电动机的负序阻抗为

$$Z_{hn} = \frac{\dot{V}_{sn}}{\dot{I}_n} = \frac{V_{snx}+jV_{sny}}{I_{nx}+jI_{ny}} = R_{hn}+jX_{hn}$$

当电动机定子绕组故障时，由 IPDT 求得的总负序电流 I_n 应为电压不平衡时的 V_{sn} 产生的负序电流 I_{sn} 及定子绕组故障时产生的负序电流 I_{fault} 之和，即

$$\dot{I}_n = \dot{I}_{sn}+\dot{I}_{fault}$$

因此，定子故障所产生的负序电流为

$$\dot{I}_{fault} = \dot{I}_n - \dot{I}_{sn} \tag{7-10}$$

负序电流 I_{fault} 的幅值大小表征了故障的严重程度。

式（7-10）中由供电电压不平衡引起的负序电流为

$$\dot{I}_{sn} = \frac{\dot{V}_{sn}\sin(\theta_n)}{X_{hn}} = \dot{V}_{sn}\sin(\theta_n)\left[\gamma_0+\gamma_1\dot{V}_{sn}+\gamma_2\sin(2\phi_n)+\gamma_3\cos(2\phi_n)+\gamma_4 I_{px}+\gamma_5 I_{py}^2\right] \tag{7-11}$$

式中　$\dot{I}_{sn}$——由供电电压不平衡引起的负序电流。

　　X_{hn}——定子与转子的漏抗之和，与电动机绕组的耦合特性及负载有关。

其中，负序阻抗角 $\theta_n = \arctan(X_{hn}/R_{hn}) = \arctan(V_{sny}/V_{snx}) - \arctan(I_{sny}/I_{snx})$，电压不平衡相角 $\phi_n = \arctan(V_{sny}/V_{snx})$；正弦和余弦项表明由于转子静偏心导致电抗随 Φ_n 变化；I_{px} 表征电抗随负载的变化；I_{py} 与 I_{px} 正交，表明电抗受磁饱和的影响。式（7-11）表明，由供电电压不平衡产生的负序电流可用电动机正常时的负序电抗来描述。同时说明电动机的负序电抗受电动机自身固有不对称、铁磁饱和程度以及转子漏抗、转子几何静偏心的影响而不为常值。

3. 电动机的非线性特性对定子故障检测中的影响

事实上，研究表明：电动机无故障时，在三相供电电压平衡（$\dot{V}_{sn}=0$）条件下运行，实际测得的负序电流 $\dot{I}_n$ 也不为 0，它随负载及电压的变化而变化，其主要是由于电动机铁磁的饱和程度发生改变、电动机结构自身固有不对称等原因造成的。为了消除负载及电压变化对负序电流的影响，必须知道负序电流随负载及电压的变化特性，由 IPDT 算法可知，正序电流分量 I_{px} 随供电电压变化，控制着电动机的有功负载，正序电流分量 I_{py} 与供电电压正交，主要控制着铁磁饱和的影响。由于负序电流值一般较小，因此可近似认为电动机正常时的负序电流为 I_{px} 及 I_{py} 的二阶非线性函数，即

$$I_{1vn} = \alpha_0+\alpha_1 I_{px}+\alpha_2 I_{px}^2+\alpha_3 I_{py}+\alpha_4 I_{py}^2 \tag{7-12}$$

式（7-12）中 α 参数及式（7-11）中的 γ 参数称为电动机的负序电流特征参数。

因此，由定子绕组故障而产生的负序电流为

$$\dot{I}_{fault}^* = \dot{I}_n - \dot{I}_{sn} - \dot{I}_{1vn} \tag{7-13}$$

于是故障负序电流最终表达式为

$$\dot{I}_{fault}^* = \dot{I}_n - \dot{V}_{sn}\sin(\theta_n)\left[\gamma_0+\gamma_1\dot{V}_{sn}+\gamma_2\sin(2\phi_n)+\gamma_3\cos(2\phi_n)+\gamma_4 I_{px}+\gamma_5 I_{py}^2\right] - (\alpha_0+\alpha_1 I_{px}+\alpha_2 I_{px}^2+\alpha_3 I_{py}+\alpha_4 I_{py}^2) \tag{7-14}$$

式（7-14）即为利用 IPDT 故障检测算法求解电动机定子故障时的负序电流表达式。求解故障负序电流 $\dot{I}_{fault}^*$，关键是如何识别电动机的特征参数 α 与 γ。将故障负序电流 $\dot{I}_{fault}^*$ 作为表

征定子故障的特征参数，消除了电压不平衡、负载和电压的变化及电动机固有不对称时产生负序电流分量的影响，有利于定子故障的准确诊断。

7.6.2 实验验证及结果分析

1. 实验系统的建立

为了验证上述定子短路故障诊断方法的有效性，实验中采用如图 7-23 所示的故障诊断方案。电动机选用 Y132M-4 型感应电动机，电动机带动交流发电机及负载；定子 A、B 相绕组线圈之间接可调短路电阻 R_x，模拟线圈绝缘下降造成的非金属性短路，同时也可限制实验时的短路电流，以保护电动机不至完全破坏，如图 7-24 所示。

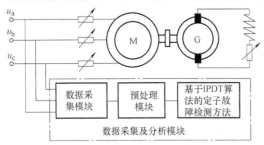

图 7-23　基于 IPDT 的故障检测方案

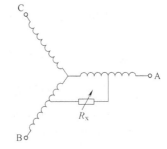

图 7-24　定子绕组短路限流电路

2. 电动机负序电流特征参数的识别

电动机的负序电流特性受供电电压不平衡、电压及负载的变化而发生变化。式（7-11）、（7-12）中，电动机特性参数 γ、α 描述了供电电压不平衡、电压及负载的变化对负序电流的作用。因此，准确估计出电动机的特征参数 γ、α 是定子故障诊断的关键。采用最小二乘自适应估计算法（RLS）估计其值，其方法可分为两步：首先，电动机无故障时，在负载及电压不变条件下，使电动机的供电电压三相不平衡，估计 γ 参数；然后，在电压平衡条件下，改变电动机负载及电压，估计 α 参数。具体的参数识别方法如图 7-25 所示。

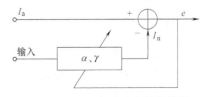

图 7-25　RLS 自适应参数估计器

在电动机正常情况下，由式（7-14）可知，负序电流 $\dot{I}_{\text{fault}}^{*}$ 为 0，由 IPDT 算法可得到估计器输入量（I_n、V_{sn}、I_{px}、I_{py}、ϕ_n、θ_n），采用最小二乘自适应算法，以 I_n 为期望输入，估计权值参数 γ、α，实测数据计算可得负序电流表达式为

$$\dot{I}_{\text{fault}}^{*} = \dot{I}_n - \dot{V}_{sn}\sin\theta_n \left[0.4671 + 7.8279\dot{V}_{sn} + 0.1510\sin(2\phi_n) - 0.1235\cos(2\phi_n) + \right.$$
$$\left. 0.0475I_{px} - 0.0354I_{py}^2 \right] - (0.2151 + 0.0020I_{px} + 0.0024I_{px}^2 - 0.0016I_{py} - 0.0015I_{py}^2) \quad (7-15)$$

特征参数 γ、α 描述了电动机负序电流受电压及负载变化的影响，反映的是电动机的一种特性，对于同一类电动机，在相同的工况下，在定子绕组故障的识别中都是适用的。

3. 实验结果及分析

根据上述算法及实验方案，以负载的变化为实验条件，研究动态负载对负序电流的影响。在电动机正常和故障情况下，电动机接入普通三相电网，同时采集电动机定子三相电流及电压信号，依据上述算法分析。

模拟电动机定子短路故障，在电动机 A、B 两相之间接电阻 $R_x = 33\text{k}\Omega$，与电动机无故障时进行比较。

（1）消除负载非线性影响

图 7-26、图 7-27 为两种情况下的总负序电流 I_n 及 I_{fault}^* 随负载变化的特性曲线。可以看出，I_n 随负载的增加而增大，这对于选择故障判决的阈值是很困难的；而消除负载及非线性特性的影响后 I_{fault}^* 基本不受负载变化的影响；短路故障时，其值在 60mA 附近，大约为电动机无故障时的 60mA/25mA = 2.4 倍，与将总负序电流 I_n 作为故障判别指标比较，阈值的选取较为容易且分辨率更高。

在 A、B 两相之间接电阻 $R_x = 33k\Omega$，输出负载电流为 12.9A（转差率 $s = 2.4\%$）。消除电动机的非线性特性后，负序电流 I_{fault}^* 与在相同负载条件下电动机正常时 I_{fault}^* 的特性比较，如图 7-28 所示。

由图 7-28 可知，在相同负载条件下，消除电动机非线性特性的影响后，电动机有故障时的负序电流 I_{fault}^* 比电动机无故障时的值大，其比值也在 2.4 倍左右，差别较为明显，容易判断电动机故障，这在图 7-27 中也是显而易见的。

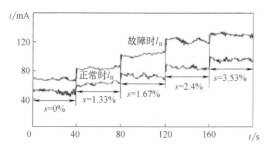

图 7-26　电动机故障与正常时，总负序电流 I_n
随负载变化的特性

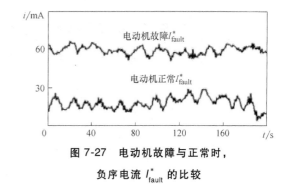

图 7-27　电动机故障与正常时，
负序电流 I_{fault}^* 的比较

（2）负序电流与故障严重程度的关系

在相同负载（$s = 3.53\%$）条件下，改变 A、B 两相间调节电阻 R_x 的阻值，模拟故障的严重程度，R_x 值越小，两相间的绝缘程度降低，故障越严重。图 7-29 表明，故障负序电流 I_{fault}^* 随 R_x 的减小而增大。由此说明，故障程度增加，负序电流 I_{fault}^* 越大。

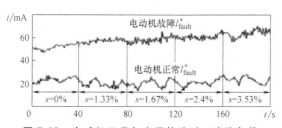

图 7-28　电动机正常与定子故障时，消除负载
及非线性影响后 I_{fault}^* 随负载变化的特性

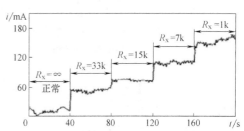

图 7-29　在相同负载条件下（$s = 3.53\%$），
I_{fault}^* 随故障程度的变化特性

从上述分析结果看，故障负序电流 I_{fault}^* 只与故障的严重程度有关，受负载的变化影响小。在改变供电电压的情况下，使电动机在三相电压不平衡以及电压变化的条件下运行，运用上述算法分析，可得到类似的实验结果。

4. 故障特征指标及其阈值的设置

实验结果表明，故障负序电流 i_{fault}^* 只与故障的严重程度有关，受负载及电压变化的影响较小。电动机在负载及电压变化的工况下运行，根据负序电流 i_{fault}^*，可准确地识别电动机定子短路故障。因此，可将故障负序电流 i_{fault}^* 作为识别定子故障的故障特征。由于负序电流的产生是一个很复杂的过程，受到多种因素的影响，为准确识别定子短路故障，防止故障误报，设置故障电流 i_{fault}^* 的阈值为无故障时 i_{fault}^* 的 1.4 倍，这里负序电流阈值为 35mA。对不同型号的电动机，由 IPDT 算法分析，其阈值也不相同。

7.7 基于派克矢量和模糊神经网络定子绕组匝间短路的诊断方法

下面介绍一种基于派克矢量和模糊神经网络的定子绕组匝间短路故障在线诊断方法，通过频谱分析提取故障特征因子，并综合考虑负载、三相输入电压不平衡度的变化情况，构建基于模糊神经网络的短路匝数诊断模型[112]。

7.7.1 由派克矢量法确定故障程度及位置

电动机定子三相电流 (i_A, i_B, i_C) 派克矢量 (i_D, i_Q) 的表达式为

$$\begin{cases} i_D = (\sqrt{2/3})\, i_A - (1/\sqrt{6})(i_B - i_C) \\ i_Q = (1/\sqrt{2})(i_B - i_C) \end{cases} \tag{7-16}$$

电动机理想供电时，三相电流的派克矢量为

$$\begin{cases} i_D = (\sqrt{6}/2)\, i_+ \sin(\omega t) \\ i_Q = (\sqrt{6}/2)\, i_+ \sin(\omega t - \pi/2) \end{cases} \tag{7-17}$$

$$M = \sqrt{i_D^2 + i_Q^2} \tag{7-18}$$

式中　i_+——正序电流幅值（A）；

　　　M——i_D，i_Q 的模（A）。

由式（7-18）可知，i_D，i_Q 的模的几何轨迹是以原点为中心的圆如图 7-30a 所示。

供电电流异常时，除含有正序分量外，还有其他成分，式（7-17）不成立。相应的几何轨迹将发生畸变，不再是圆。因此，通过鉴别定子电流在不同故障下派克矢量模轨迹的形状，可确定故障的存在及位置。

电动机定子绕组存在短路故障时，供电电流不平衡。定子绕组无

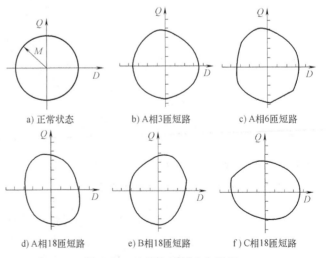

a) 正常状态　　　b) A相3匝短路　　　c) A相6匝短路

d) A相18匝短路　　　e) B相18匝短路　　　f) C相18匝短路

图 7-30　定子电流派克矢量图

中线时，电动机电流为正、负序分量总和，这时派克矢量模的轨迹为椭圆，其长轴长度正比于正、负序电流幅值之和，而短轴正比于两幅值之差。图 7-30b~图 7-30f 为试验测得的某电动机定子绕组短路匝数及短路相不同时派克矢量模的轨迹。

由图 7-30b~图 7-30f 看出：定子绕组存在短路故障时，定子电流的派克矢量模轨迹变成椭圆，形状随短路线圈匝数的增加而变，椭圆长轴的方向与短路故障相有关，椭圆的长轴指向故障相。因此，可根据椭圆的形状和长轴的方向确定短路位置并估计短路线圈匝数。由于电动机实际输入电压存在不平衡以及电动机结构不对称（如气隙），其模轨迹不是标准的椭圆。

7.7.2 匝间短路故障特征因子的提取

上述派克矢量法能估计电动机匝间短路故障的严重程度，但对短路线圈的具体匝数不能确定且未考虑负载变化、三相输入电压不平衡的影响。为较精确地诊断出短路匝数，对短路时电流派克矢量模的频谱进行分析，提取匝间短路故障特征因子。

电动机定子绕组匝间短路时，电流异常，含有正、负序分量，相应的派克矢量模的几何轨迹为椭圆，此时，派克矢量的模包含交、直流分量，它们的存在与电动机短路故障直接有关，图 7-31a、图 7-31b 分别为短路故障时电流派克矢量模的几何轨迹及电流派克矢量模的时域频谱图。由图可见，电流派克矢量模除含直流分量外，还含有两倍于基频（$2f_1$）的交流分量，此 $2f_1$ 频谱成分的交流幅值与故障程度（即短路匝数）有关，

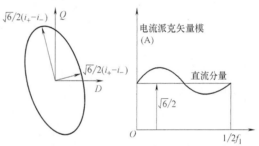

a) 电流派克矢量模的几何轨迹　　b) 电流派克矢量模的时域频谱

图 7-31　短路故障时电流派克矢量模

短路匝数越多，频谱分量的幅值越大如图 7-32 所示。为了更好地表征匝间短路严重程度，选取该频谱分量幅值与直流分量的比值作为故障特征因子 Q。Q 越大，短路匝数越多。

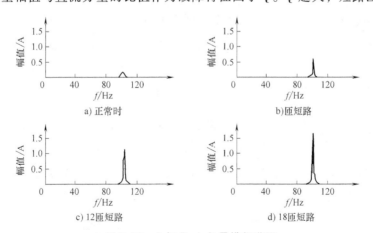

a) 正常时　　　　　　　　　　　　b) 匝短路

c) 12匝短路　　　　　　　　　　　d) 18匝短路

图 7-32　A 相 Park 矢量模频谱图

从理论分析和实验结果还可以进一步得出：Q 相同，电动机负载或三相输入电压不平衡度不同，其对应的短路匝数也不一样。因此，实际操作过程中应尽量在同一负载状态下比较，并注意电源是否平衡。

7.8 基于负序分量融合的定子绕组匝间短路的诊断

7.8.1 负序分量融合的数学方法及图形特征的提取

实际运行的电动机由于制造工艺、现场供电电源不平衡性等因素，导致正常运行的电动机也会存在负序电流分量，影响基于定子电流负序分量进行定子绕组故障诊断的准确性。因此，定子匝间短路故障特征量的提取往往以对电动机固有不对称度、电源不平衡度及负载变化等因素具有鲁棒性为原则。通过对瞬时负序电压和电流标幺值的利萨茹融合图形特征量进行提取，可以得到多个描述定子绕组匝间短路的故障特征量，其蕴含的信息更为丰富，将这些参量融合分析，可以得到比传统单一诊断方法更具鲁棒性的故障特征及判断方法。文献 [117，138]

设负序电压、电流分量的时域信号为

$$\begin{cases} u_n = x = B\cos(\omega t + \psi_{nu}) \\ i_n = y = A\cos(\omega t + \psi_{ni}) \end{cases} \tag{7-19}$$

令 φ_n 等于相电压和相电流的相位差，即 $\varphi_n = \psi_{nu} - \psi_{ni}$，将式（7-19）中的 ωt 消去，并取各分量标幺值，可得

$$\frac{x^2}{B'^2} - \frac{2xy}{A'B'}\cos\varphi_n + \frac{y^2}{A'^2} - \sin^2\varphi_n = 0 \tag{7-20}$$

如图 7-33 所示，式（7-20）在笛卡尔坐标平面内轨迹为一中心位于原点的椭圆，定义式（7-20）为负序电压、电流的利萨茹方程，由方程绘制的平面图为椭圆形状，称为负序分量利萨茹图形。

x 轴的最大值 L_{xmax} 为负序电压幅值 B，y 轴的最大值 L_{ymax} 为负序电流幅值 A，因此负序利萨茹图形的外接矩形的横纵轴边长之比代表负序视在阻抗的大小，即

$$|Z_n| = \frac{L_{xmax}}{L_{ymax}} \tag{7-21}$$

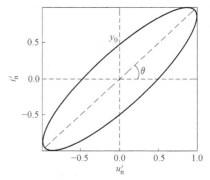

图 7-33 负序电参量利萨茹图形

纵轴截距与外接矩形纵轴边长之比代表了视在阻抗角的大小：

$$\varphi = \arcsin(y_0/L_{ymax}) \tag{7-22}$$

利用坐标旋转公式将式（7-20）转换至标准坐标系下，经过计算可得负序利萨茹图形倾角：

$$\theta = \arctan\frac{(A^2 - B^2) + \sqrt{((A^2 - B^2)^2 + 4A^2B^2\cos^2\varphi)}}{2AB\cos\varphi} \tag{7-23}$$

7.8.2 负序利萨茹图形诊断方法的仿真分析

根据 GB/T 15543—2008《电能质量三相电压允许不平衡度》的规定：三相电压的不平

衡度允许值为2%，短时不平衡度不得超过4%。设正常时电动机定子侧电源三相电压经过低通滤波之后的信号为

$$
\begin{cases}
u_a = \sqrt{2} \times 220 \times (1+0.01)\cos\omega_1 t \\
u_b = \sqrt{2} \times 220 \times \cos\left(\omega_1 t - \dfrac{2\pi}{3}\right) \\
u_c = \sqrt{2} \times 220 \times (1-0.01)\cos\left(\omega_1 t + \dfrac{2\pi}{3}\right)
\end{cases}
\tag{7-24}
$$

式（7-24）的电压不平衡度为0.58%。分别仿真分析电动机满载及1/3负载运行时，正常、定子绕组3匝短路、5匝短路的情况，并对仿真结果进行负序电参量的利萨茹融合，融合时以电动机正常运行下的负序电压和负序电流为基准值，分析结果见表7-13。

表7-13　三相电压不平衡度为0.58%下负序利萨茹图形特征参量

短路负载	载荷	L_{xmax}/L_{ymax}	y_0/L_{ymax}	$\theta/(°)$	S_{ns}	L_{xmax}	L_{ymax}
0	1/3 载荷	0.988	0.498	44.999	1.546	1.010	1.000
	满载	1.00	0.494	44.687	1.516	0.997	1.000
3	1/3 载荷	0.769	0.847	69.881	4.019	1.295	0.999
	满载	0.751	0.843	69.884	4.117	1.327	0.999
5	1/3 载荷	0.289	1.000	87.402	9.030	3.453	0.999
	满载	0.295	1.000	87.590	8.815	3.383	0.999

由表7-13可见，负序利萨茹图形的椭圆面积S_{ns}和y轴最大值L_{ymax}虽然随着故障程度的加剧均显著变化，但其受负载变化的影响也较大，因此不适合作为故障特征量进行故障诊断。负序利萨茹图形特征参量中代表了负序视在阻抗的L_{xmax}/L_{ymax}，以及负序阻抗角的y_0/L_{ymax}特征参量受负载变化的影响相对较小。与负序阻抗相比，由负序利萨茹图提取的特征参量倾角θ对负载变化更具鲁棒性。

由于在融合过程中采取了标幺值的方法，也就消除了电动机本身结构不对称的影响。因此，仿真分析中主要考虑电源品质变化时电动机不同工况运行下负序利萨茹图形特征量的变化规律，将分析结果列入表7-14中。

表7-14　电源品质变化时电动机在不同工况运行下的负序利萨茹图形特征量

电源品质		L_{xmax}/L_{ymax}	y_0/L_{ymax}	$\theta/(°)$	L_{xmax}	L_{ymax}
三相电压	0.58%	1.000	0.494	44.687	0.997	1.000
不平衡度	1.54%	0.989	0.463	45.434	2.682	2.659
特征量变化率/%		-1.154	-6.835	1.672	168.77	165.87

由表7-14可见，随着电源不对称度的增大，椭圆外接矩形边长及椭圆面积均显著变化，不具备鲁棒性。而椭圆的外接矩形比值L_{xmax}/L_{ymax}，纵轴截距与纵轴最大值之比y_0/L_{ymax}及椭圆倾角θ在电动机正常运行时，随着供电电源不对称度的大幅增大，变化率较小，因此这三个特征量均可作为故障特征量。而实际在线监测系统中，观测负序利萨茹图形的倾角变化最为直观，且定子匝间短路时，利萨茹图形倾角变化显著，对故障变化敏感，因此采用负序利萨茹图形倾角作为故障特征量进行电动机定子绕组匝间短路故障的识别与诊断。同时，由

于利萨茹融合图形中包含了负序电压的信息，通过负序电压的变化可以直接反映电源不对称度对电动机运行状态的影响。

7.8.3 定子匝间短路试验及利萨茹融合的诊断

1. 定子绕组匝间短路试验方案

试验电动机为一台2极3相50Hz，3kW星形联结笼型异步电动机Y100L2-4，其基本参数为定子内径为98mm，线圈匝数为34，定子槽数为36；转子导条数为32；气隙平均半径为0.3mm；定子铁心长度为120mm，定子单相电阻为1.77Ω；额定电压为380V，额定功率为3kW，额定电流为6.8A，额定效率为82.6%，额定转速为1420r/min，额定功率因数为0.81。通过厂家订做，对电动机u相绕组做了改动，引出了部分附加抽头。

将电动机作为动力源驱动某液压系统试验台，分别进行空载及10MPa负载运行下，电动机正常、3匝短路、5匝短路试验。采用课题组研发的同步信号获取装置测取三相实时电压和电流信号，信号标定关系为$i_s = 12.5i_c$，$u_s = 12.5u_c$，其中i_s、u_s分别为实际的电流、电压值，i_c、u_c分别为采集卡测到的电流、电压读数。

2. 定子绕组匝间短路试验及分析

定子绕组匝间短路试验的电压、电流信号，通过低通滤波之后，应用对称分量的实时计算方法，求取正序、负序电压和正序、负序电流。为了便于进行融合分析，以异步电动机正常空载运行时的负序电压和负序电流为基准，将其他工况下的电压、电流数据进行归一化处理，求取其标幺值进行利萨茹融合。

通过基于虚拟仪器的液压系统状态监测软件对试验数据进行分析，以0.25s为一个检测周期，对负序电压、电流标幺值数据进行利萨茹融合，形成负序分量利萨茹图形，如图7-34所示。

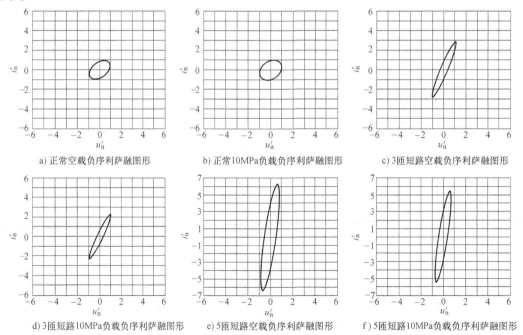

a) 正常空载负序利萨茹图形　　b) 正常10MPa负载负序利萨茹图形　　c) 3匝短路空载负序利萨茹图形

d) 3匝短路10MPa负载负序利萨茹图形　　e) 5匝短路空载负序利萨茹图形　　f) 5匝短路10MPa负载负序利萨茹图形

图7-34　不同故障程度下负序利萨茹图形

由融合图形可见，随着定子匝间短路程度的加剧，绕组负序电流分量大幅增大，而在相同的故障程度下，随着负载增大，负序电流分量略有减小，因此负序电流对负载变化不具鲁棒性。

由负序利萨茹图形特征计算方法可以得到表 7-15 所示的不同故障严重度下的利萨茹图形主要特征参量。

由表 7-15 中负序利萨茹图形所提取的故障特征量可见，对应于负序视在阻抗的特征量 L_{xmax}/L_{ymax} 和对应于负序阻抗角的特征量 y_0/L_{ymax} 作为匝间短路故障特征量时，均对负载变化具有一定的鲁棒性，但是负序利萨茹图形倾角随着故障严重度的增大其变化更为显著，且基本不受负载变化的影响，与负序视在阻抗和阻抗角相比，L_{xmax}/L_{ymax} 和 y_0/L_{ymax} 对负载变化具有更好的鲁棒性，与仿真分析的结论一致。

表 7-15　利萨茹图形主要特征参量

载荷	短路匝数	$\theta/(°)$	L_{xmax}/L_{ymax}	y_0/L_{ymax}
空载	正常	44.2657	1.000	0.838
	3 匝短路	65.665	0.414	0.950
	5 匝短路	83.7073	0.193	2.782
10MPa 负载	正常	44.3661	0.982	0.873
	3 匝短路	65.871	0.468	0.979
	5 匝短路	83.4717	0.215	2.976

7.8.4　结论

1）采用电压、电流标幺值进行融合，可排除电动机固有不对称的影响，同时更大程度地减少了电源不对称的影响。

2）对负序分量利萨茹融合图形特征量的提取，可以得到多个描述定子绕组匝间短路的故障特征量，其蕴含的信息更为丰富，使得到的结论更为准确可靠。

3）通过图形特征量的提取，得到了比传统单一诊断方法更具鲁棒性的新的故障特征量，即利萨茹图形倾角 θ，不仅可对定子匝间短路故障进行诊断，通过图形倾角的动态变化还可观测故障的演变过程。

第8章 电动机转子故障的精密诊断

第 6 章介绍了简易诊断方法，可以简单诊断电动机转子绕组比较明显的故障。由于转子绕组故障特征的复杂性，对转子绕组比较轻微的早期故障，第 6 章的简易诊断方法是相当困难的，必须进行更深入的研究，用更精密的诊断方法。其关键主要有三方面：一是找新的特征量；二是降噪，提高微弱特征信号的识别能力；三是新的诊断方法。

本章从不同的方面介绍了电动机转子故障的各种诊断技术，主要包括基于起动电流的时变频谱诊断转子绕组故障、利用起动电流中特定频率分量进行诊断、利用失电残余电压进行诊断、基于电磁转矩小波变换的诊断、基于定子单相瞬时功率信号频谱的诊断、基于随机共振原理的转子断条诊断、基于定子电流 Hilbert 变换解调处理的诊断方法、基于 Petri 网的电动机故障诊断方法、电动机故障的逻辑诊断方法、多传感器数据融合方法进行电动机故障诊断、转子断条与定子绕组匝间短路双重故障诊断、时变转速运行状态下电动机转子断条故障诊断、变频器供电电动机转子断条故障诊断、感应电动机气隙偏心故障及其诊断。

8.1 概述

转子断条是笼型异步电动机常见故障之一。研究表明，当发生转子断条故障时，在定子电流中将出现 $(1-2s)f_1$ 频率的附加电流分量（s 为转差率，f_1 为供电频率），因而这一频率的电流分量可以作为转子断条故障的特征分量。因为定子电流信号易于采集，所以基于快速傅里叶变换（FFT）的定子电流信号频谱分析方法被广泛应用于转子断条故障的在线检测。

但是，由于异步电动机转子绕组故障的复杂性，仅基于定子稳态电流的诊断仍有相当的局限性。主要表现在：

1）大型异步电动机在轻微故障时诊断仍有困难。当转子有轻微故障时，定子电流中故障频率分量的大小相对于基波频率分量的比值很小，若电动机运行于轻载时其比值更小；而且由于大电动机转差率 s 很小，于是 $(1-2s)f_1$ 和 f_1 更加接近，这给信号处理（如自适应陷波）带来困难，使得诊断灵敏度下降。

2）负载波动影响。电动机所拖动的负载有时不平稳，使定子电流发生畸变，这就导致在频谱图上难以直观地看出有无故障频率分量。

3）电动机中其他不对称的影响。电动机并非平时我们假想的理想电动机，不可避免地存在一定的不对称，即使在正常运行状态下，目前常规的各监测量特别是定子电流中也存在各种谐波分量。因此，转子绕组故障诊断技术还需要深入的研究。

本章重点对转子绕组故障的精密诊断方法和最新监测与诊断技术进行研究。这些检测与诊断方法在某些方面具有一定的优势，基本反映了当前国内外异步电动机转子绕组故障诊断的水平。

第8.2节研究了笼型异步电动机起动过程中转子故障特征量——$(1-2s)f_1$分量进行诊断。因为电动机起动过程中，转速增加，s变化，则$(1-2s)f_1$可远离电网基频，使故障特征易于识别。

第8.3节在8.2节的基础上提出，利用电动机起动过程中定子电流中某一固定频率电流分量的变化情况进行故障诊断。对转子绕组故障的异步电动机在起动过程中，定子电流中的故障特征量是一个从50Hz到0再回到接近50Hz的曲线，也即在一般的频率点上，将两次出现峰值，试验表明，能对故障诊断产生最优效果的频率为21Hz左右。

第8.4节对电动机失电后定子绕组的残余电压进行分析，并将其用于诊断电动机转子断条故障。该方法的优点在于：对电动机进行故障诊断不受电源不完善的影响（如电源电压三相不对称等）；它是从电动机本身进行测试，不受负载的影响，甚至可在电动机空载状态下完成。另外，这一方法还可以避免由于饱和引起电动机磁化特性非线性的影响。

第8.5节提出一种运用电磁转矩信号对感应电动机转子断条故障进行检测的新方法。对电动机起动电磁转矩信号进行复值小波变换，根据分析小波在特定中心频率条件时信号瞬时频率与其对应小波脊线的关系，提取出故障特征转矩频率变化规律，实现转子故障的可靠检测。

第8.6节给出了一种基于定子单相瞬时功率信号频谱分析的诊断笼型异步电动机转子故障的新方法。异步电动机定子单相瞬时功率信号中含有的信息量丰富，该方法首先把单相瞬时功率信号中的直流分量过滤掉，然后利用快速傅里叶变换观察信号频谱图中是否存在$2sf_1$故障特征量来判断笼型转子有无故障，具有故障特征信息多、诊断灵敏度高、对采样分辨率要求低的优点。

第8.7节给出了基于随机共振（SR）理论的异步电动机转子断条早期故障检测新方法。现场采样获得的电动机故障信号通常会含有很多噪声，传统的方法是对故障信号消噪后进行分析，但在消噪的同时会丢失一些有用信息。该方法是通过选择合适的系统参数，使非线性系统发生随机共振，将一部分噪声能量转化成信号能量，达到异步电动机转子断条早期故障检测的目的。

第8.8节给出基于定子电流Hilbert变换解调处理的诊断方法。此法通过对电动机定子电流信号作Hilbert变换解调处理，以调制信号的频谱中是否存在$2sf_1$频率的故障特征分量，来诊断转子有无断条故障。

第8.9节给出基于Petri网的电动机故障诊断方法。本节应用Petri网理论建立电动机故障诊断模型，该模型只需经过简单的矩阵运算即可实现电动机故障的快速离线诊断。

第8.10节分析电动机故障的逻辑诊断方法。电动机的动态性能是其电磁、振动和声学过程的总体反映，在电动机的各个主要功能部件之间存在着紧密的电磁和机械联系，它们的状态互相影响。某部件的损坏在其他诊断相关部件中会引起条件故障。所有故障都将引起相应参数的变化，而参数的变化可以通过试验监测。逻辑诊断就是在对故障充分分析的基础上，确定诊断试验项目和监测参数，再根据试验结果对电动机的状态作出判断。

第8.11节介绍基于多传感器融合的方法进行电机故障诊断。应用多传感器数据融合方法的主要目标是通过对多个传感器的数据融合得到比单个数据条件下更精确、更确定甚至在单个数据条件下无法得到的系统信息。

第 8.12 节分析转子断条与定子绕组匝间短路双重故障诊断方法。笼型异步电动机在发生转子断条与定子绕组匝间短路时，其故障特征往往是相互交织、相互影响，对笼型异步电动机转子断条与定子绕组匝间短路双重故障进行研究，防止因故障特征的交织而误诊。

时变运行是电动机驱动系统另一种常见的工作状态。在这种时变转速运行状态下，MCSA 方法的应用条件遭到破坏并由此造成该方法诊断非常困难。第 8.13 节对时变转速运行状态下电动机转子断条故障诊断方法进行研究，给出了一种基于定子电流 Park 矢量模的二次方信号离散小波分析的转子断条故障诊断新方法。

第 8.14 节对变频器供电的电机转子断条故障诊断进行研究。目前，基于 MCSA 的变频器供电笼型电动机故障诊断大都是采用变频器输出侧电流开展研究。在工业现场，用于控制或保护的电流互感器常安装在变频器供电侧，电流信号获取非常方便。因此，当笼型电动机由变频器供电时，采用变频器供电侧电流替代传统的电动机定子电流作转子断条故障分析，避免了重复安装电流互感器的麻烦。

气隙偏心是异步电动机比较常见的问题，限于篇幅不单独列章讨论，在第 8.15 节对异步电动机气隙偏心故障及其诊断进行研究。

8.2 基于起动电流的时变频谱诊断转子绕组故障

三相异步电动机正常对称运行时，定子电流中只含有电网频率 f_1（$=50$Hz）的基波电流（忽略高次谐波）。如果异步电动机转子导条与端环焊接不良或者发生断裂等故障之后，定子电流中便含有频率为 $(1-2s)f_1$ 的附加分量电流，其中 s 为转差率。

采用频谱分析的方法，通过分析稳态运行时定子电流的频谱，以是否存在 $(1-2s)f_1$ 频率分量，来判断异步电动机转子有无故障。实测结果表明，这种检测方法是有效的。而且能比较方便地在线检测出运行中的笼型异步电动机转子轻微故障，而不必停机抽出转子检查。这样，生产部门就可以事先做好修理的准备并安排好检修计划，及时加以修复，避免直到电动机损坏严重时才被迫停机，影响生产。

但是，正如上面所说，稳态运行作谱分析时，其中特征电流分量的频率与基频非常接近且量值很小（约比基频小两个数量级）。双笼型异步电动机在稳态运行时，转子电流主要流经下笼，若仅上笼有少数几根断条，它所造成的转子不对称并不明显，因而在定子电流中感应出的 $(1-2s)f_1$ 分量非常小。而进行谱分析时，若 $(1-2s)f_1$ 分量过小往往会因 f_1 分量的泄漏而被淹没，使得诊断灵敏度下降。另外，电动机所拖动的负载不都是平稳的，例如电厂的球磨机，运行时负载波动大；有的是传动系统出现了故障，如齿轮啮合不好等。这些机械负载的摆动使定子电流发生畸变，反映在频谱图上常表现为电网频率 f_1 的各种调制成分，这些调制成分的谱峰大多分布于主频 f_1 的两侧。图 8-1 是一台球磨机电

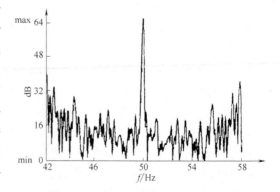

图 8-1 电动机稳态运行时电流频谱图

动机稳态运行时定子电流频谱图，从图上难于直观地看出有无 $(1-2s)f_1$ 这一故障特征量，也就无法直观地判断转子是否有断条故障。

为克服稳态运行时作谱分析方法的不足，下面采用对异步电动机起动过程的定子电流作时变频谱分析的方法进行故障诊断[118]。

8.2.1 转子绕组故障对起动电流时域波形的影响

在异步电动机起动过程中，转差率 s 是在不断变化的，由转子不对称所感应的 $(1-2s)f_1$ 分量的频率也是不断地变化。假设起动时间足够长，于是把整个起动时间分成若干个时段，然后分别对每个时段的定子电流信号作谱分析（FFT），除起动开始和起动结束的两个时段外，其他时段内 $(1-2s)f_1$ 分量的频率可以远离 f_1 频率分量，对谱分析的分辨率要求大大降低，因此有利于对转子有无断条作出正确的判断，克服了稳态运行时作谱分析方法的第一点不足。

关于起动过程中 $(1-2s)f_1$ 电流分量的大小如何变化，可采用多回路法进行分析（详见第 2 章）。试验室一台 7.5kW 四极三相异步电动机（JO$_2$-51-4）转子分别有一根导条产生高阻接头（假定 $r_b' = 3r_b$）和有一根断条时，定子电流中 $(1-2s)f_1$ 分量与 f_1 分量之比 I_{2s}/I_1 随转差率 s 变化的曲线如图 8-2 所示。

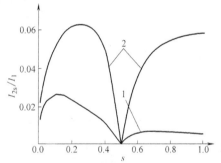

图 8-2 I_{2s}/I_1 随转差率 s 变化的曲线

曲线 1—高阻接头 曲线 2—导条断裂

由图 8-2 可以看出，当 $s=0.5$ 时，$(1-2s)f_1$ 分量为零。在转差率 s 的不少区段，I_{2s}/I_1 值比稳定时大，特别是当导条断裂后，如曲线 2，除 $s=0.5$ 附近外，其他 s 处的 I_{2s}/I_1 都比稳态运行区大得多。而且在起动过程中 $(1-2s)f_1$ 分量随 s 变化而变化。所以，对起动过程的定子电流作谱分析，故障特征量信息丰富，诊断灵敏度高，弥补了稳态运行时作谱分析方法的第二点不足。

异步电动机拖动负载时的运动方程式为

$$M - M_z = J\frac{\mathrm{d}\Omega}{\mathrm{d}t} \tag{8-1}$$

式中 J——转动惯量；

  Ω——电动机旋转的角速度；

  M——电动机的电磁转矩；

  M_z——负载转矩。

由式（8-1）可以看出，只有电磁转矩 M 大于负载转矩 M_z，拖动系统才能起动并加速旋转起来。像鼓风机、水泵这类负载，起动阻转矩较小，而与之相配的异步电动机起动转矩倍数一般均能满足起动要求（即 $M>M_z$）；像球磨机这类转动惯量大而且阻转矩较大的负载，选择与之相配的电动机时就已选起动转矩倍数较大的电动机，例如双笼型或深槽式异步电动机。总之，异步电动机拖动负载起动过程中，始终满足了 $M>M_z$，因此不会出现稳定运行时那样的摆动，这就克服了稳态运行时作谱分析方法的第三点不足。

8.2.2 利用起动电流的时变频谱诊断转子绕组故障

通常，小型异步电动机起动时间不到 1s，而大中型异步电动机带负载起动时间较长，例如电厂的球磨机电动机、排粉机电动机等，这些数百千瓦高压电动机起动时间大约为 3 ~ 10s，有的起动时间更长些。

如果将整个起动时间分成若干时段，然后对每一时段作谱分析。具体实现时是将整个起动过程的一相定子电流信号进行数据采集，采集频率 f_s 固定，而 f_s 的选取与要分析的频率范围和分辨率有关。然后对数据进行分段处理，各段数据允许重叠，由此获得的频谱是随时间变化的，因此称之为时变频谱，简称时变谱。

下面以实验室 7.5kW 四极三相异步电动机实测结果为例加以说明。该电动机转子有一根导条用钻头钻断。试验时通过降低定子电压以延长起动时间。测试系统框图如图 8-3 所示。

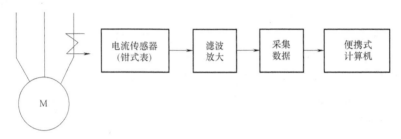

图 8-3　测试系统框图

测试过程是：通过电流传感器将起动过程的定子电流信号送到数据采集器，信号先经滤波和放大，然后经 A/D 转换把数据传送给计算机，再由计算机进行处理。

本试验的数据分成 13 段，进行时变谱分析的结果如图 8-4 所示。

由图 8-4 的时变频谱图可以看出，起动初始时，$(1-2s)f_1$ 的频率与 f_1 分量（50Hz）靠近，见图 8-4 中最前面的一条曲线；随着转速的增加，即 s 的减小，$(1-2s)f_1$ 分量逐渐远离 f_1；当 s 接近 0.5 时，$(1-2s)f_1$ 分量幅值减小；当 s 小于 0.5 之后，$(1-2s)f_1$ 分量的幅值开始增加，并且随着 s 的进一步减小，$(1-2s)f_1$ 分量频率逐渐向 f_1 频率靠近；当起动快结束时，即 s 较小时，$(1-2s)f_1$ 分量幅值又变小，并与 f_1 靠得很近。显然，

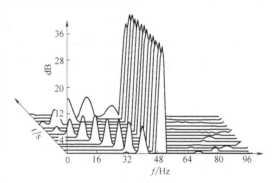

图 8-4　转子有一根断条时的时变频谱图

$(1-2s)f_1$ 分量幅值的变化规律与图 8-4 中曲线 2 变化规律基本相符；而 $(1-2s)f_1$ 分量频率的变化规律是，当 s 由 1→0.5→0 变化时，$|(1-2s)f_1|$ 频率则由 f_1（50Hz）→0→f_1（最后接近 f_1，但 $<f_1$）变化。例如：Y90S-4 为额定转速 n_N 为 1400r/min 时，对应额定转差率 S_N 为 0.0667，当电源频率 $f_1 = 50$Hz 时，若电动机在额定状态运行，故障特征分量的频率应为 43.333Hz（对转差率很小的大型异步电动机，故障特征量的频率更接近 50Hz）。所以，可以发现在异步电动机起动过程中，随着时间的变化，故障频率应该从 50Hz 到 0Hz，再从 0Hz 到接近 50Hz 的一个过程（频率前的负号表示相移，以 f_{2s} 的绝对值表示），如果起动时

间比较长，就可以在起动过程的时频图上观察到这一现象，如图 8-4 所示。因此，若从时变频谱图上观察到符合上述变化规律的频谱峰群，它就是转子存在故障的特征量，就可确诊电动机转子有故障。

其实，从诊断转子有无故障的角度，没有必要测试起动的全过程，只测试起动过程的大部分时间即可，关键是从时变频谱图上能否观察到符合转子故障特征量变化规律的谱峰群。

下面再举一个实测例子。图 8-5 是某电厂一台球磨机电动机起动过程定子电流时变频谱图，从图中很明显地看到转子故障特征 $(1-2s)f_1$ 分量。该电动机经解体检查断条严重，于是将该电动机拆下等待修理，换上一台备用新电动机。对新换上的电动机进行起动电流测试，它的时变频谱图如图 8-6 所示。

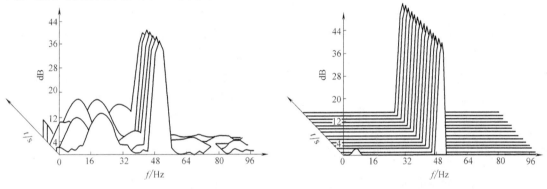

图 8-5　球磨机电动机定子电流时变频谱图　　　图 8-6　新电动机的变频谱图

从图 8-6 上看不到有转子故障特征量——$(1-2s)f_1$ 分量，说明这台电动机转子没有故障。

8.3　利用起动电流中特定频率分量进行诊断

第 8.2 节能以图解形式直观地反映出电动机转子故障与否，如图 8-4 和图 8-5 所示。上面理论分析已经证实，对转子绕组故障的异步电动机在起动过程中，定子电流中的故障特征量 (I_{2S}) 的频率 $(f_{2S}=(1-2s)f_1)$ 是一个从 50Hz 到 0 再回到接近 50Hz 的曲线（电动机进入稳定状态，故障特征量的频率也相对稳定在接近基频的某一值），也即在一般的频率点上，将两次出现峰值。在实际测量中如监测起动电流中某一最佳频率电流成分的变化，能产生对故障诊断更为有效的信息，而且对整个系统的处理将更为方便。试验表明，能对故障诊断产生最优效果的频率为 21Hz 左右。图 8-7 给出 Y90S-4 异步电动机两根断条时，定子起动电流中频率为 21Hz 电流成分随起动时间变化的曲线（其横坐标为时间，纵坐标为 21Hz 电流分量的幅值）。本曲线由电动机实测数据处理得到，因为该电动机起动时间很短，这里采用减压起动，以

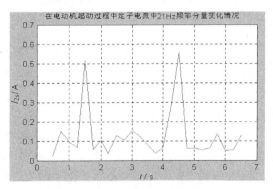

图 8-7　连续两根断条电动机起动电流中 21Hz 分量变化曲线（实测数据）

增加起动时间；仿真数据同样也可得到类似的形式。

从图 8-7 中可以很清楚地看出整个起动过程，该电流分量有两个明显的峰值。其大小在 0.5 安培以上，而其他期间该电流均在 0.15A 以下（峰值大致为其他时间之值的 3~4 倍以上），这使得其后的故障诊断变得简单、实用[119]。

8.4 利用失电残余电压进行诊断

文献 [119] 对电动机失电后定子绕组的残余电压进行分析，并将其用于诊断电动机转子断条故障。这方法的突出优点在于：因为在失电状态下（即没有电源）进行测量，因而对电动机故障诊断不受电源不完善的影响（如电源电压三相不对称、电压波动等）；而且它是从电动机本身进行测试，不受负载的影响（如负载大小、负载性质、波动情况等），甚至可在电动机空载状态下进行（由于空载状态下，电动机转子绕组中几乎没有电流，其故障状态不能通过电磁关系反映到定子绕组的电流中，因此基于定子电流的诊断方法是一般不能在空载状态下进行诊断的）。另外，这一方法还可以避免由于饱和引起电动机磁化特性非线性的影响。

8.4.1 异步电动机失电残余电压

对无故障的异步电动机，定子、转子均对称。定子通电，其合成磁动势 F_1 在气隙中形成旋转磁场，该磁场切割定子绕组，在定子绕组中形成感应电动势，其定子回路电压方程为

$$\dot{U}_1 = -\dot{E}_1 + \dot{I}_1 Z_{1\sigma}$$

旋转磁场切割转子绕组，在转子绕组中形成感应电动势，产生感应电流，转子电流产生磁动势 F_2，F_2 与 F_1 共同作用形成异步电动机的气隙合成磁动势。不论电动机转速如何，由转子电流产生的转子基波旋转磁动势与由定子电流所产生的定子基波旋转磁动势的转速相等（即两者没有相对运动），设其转速为 ω_0，转子的转速为 ω_r，转子以 $\Delta\omega$ 转速相对旋转磁场旋转，$\Delta\omega = \omega_0 - \omega_r = s\omega_0$，$s$ 为转差率，转子电流的频率为 sf_1。

异步电动机突然失去外加电源电压后，定子电流 I_1 突然降为零，定子电流产生的旋转磁动势 F_1 也降为零，但因匝链定转子绕组的磁通不能突变，所以对转子来说，在转子回路中产生瞬时感应电流，抵消定子电流突然消失引起磁通的变化，以维持磁通不突变，这一电流按转子绕组时间常数衰退，是缓慢变化的直流电流。转子绕组合成电流产生的磁通与转子相对静止，对定子绕组则以 ω_r 转速旋转，定子绕组中感生电动势 $\dot{E}_1$ 的频率为 $(1-s)\omega_0$，$\dot{E}_1$ 即为异步电动机的定子端失电残余电压，简称失电残压。一般工程上测量线电压较方便，所以这里失电残压指线电压，以 U_{res} 表示。随着转子绕组直流电流的衰减和电动机转速的下降，失电残压 U_{res} 的幅值不断减小，频率也不断下降。

在异步电动机失电前后，机端电压的频率将发生突然变化，如失电前电动机运行的转差率为 $s = 0.05$；失电后，机端电压的频率将由 50Hz 突然下降至 47.5Hz。

当电动机从工作电源脱离时，定子电流立即减少到零。在定子绕组中感应电压的电源只有转子电流。对于没有断条的完好电动机，在定子脱离电源后，转子导条电流在定子绕组中产生的磁动势（MMF）主要为正弦波，理论上 MMF 在定子绕组中的感应电压除基波外不含

有特征谐波成分；但当转子有一根或更多的断条时，转子MMF波形将偏离理想电动机时的正弦波形，直接影响定子绕组中的感应电压。通过对定子断电后感应的线电压进行测量并进行FFT变换，可以看到在定子中由于转子断条而出现的额外谐波。

8.4.2　电动机断电后机端感应电压中的频率成分

电动机电源切除后，由于转子导条电流产生的磁动势（MMF）分布中包含下列成分：

$$F_r \cos(npx)$$

式中　p——电动机极对数；

n——谐波次数；

x——转子的位置角。

当电动机无故障时，转子导条电流产生的磁动势中只含有基波以及由转子导条上离散电流分布引起的谐波，这种谐波是可以预测的。主要谐波次数为

$$n = k(R/p) \pm 1 \tag{8-2}$$

式中　$k = 1, 2, 3\cdots$；R是转子导条数。

磁动势产生磁通：

$$\phi = \Phi \cos[np(x + \omega_r t) + \varphi] \tag{8-3}$$

式中，ϕ、Φ、φ分别为磁通的瞬时值、最大值、初相角；ω_r为转子速度。

即转子导条电流产生的磁动势中只含有基波以及由转子导条上离散电流分布引起的谐波。当电动机无故障时，这些谐波分量相对很小，所以在定子绕组中感应的电压中引起的谐波分量相对于基波来说较小。

对于故障电动机，由于转子断条引起MMF发生畸变，定子绕组的感应电压中引起相应谐波分量，在定子线电压中，这些谐波的主要成分的次数由下式给出。

$$l = 6m \pm 1, \quad m = 0, 1, 2, 3\cdots \tag{8-4}$$

它们可在定子绕组感应的线电压中被检测出来。这些特殊谱线的大小取决于断电的瞬间转子导条电流的幅值。

研究显示，即使完好的电动机，定子失电残压中也存在$6m \pm 1$次谐波中的某些成分，这主要是由于电动机固有的定子和转子的不对称引起的，当然这些分量相对基波来说，其幅值是很小的。

8.4.3　仿真计算

以Y90S-4三相感应电动机为例进行仿真计算，Y90S-4的主要技术数据如下：额定功率为1.1kW，额定电压为380V，额定电流为2.7A，4极，定子24槽，转子22槽。

根据多回路法，对转子绕组故障（断条、端环开裂）进行处理（处理过程中所涉及的矩阵均不降阶，便于对比分析）（详见第2章）。求得电动机转子绕组故障后阻抗矩阵参数，然后根据上述方法进行计算，求得电动机端电压。

图8-8为电动机失电后定子端电压波形。可以看出，转子绕组故障后，失电残压的波形发生畸变。

图8-9是图8-8对应的频谱。为表达方便，将横坐标由频率（Hz）改为相对基波的谐波

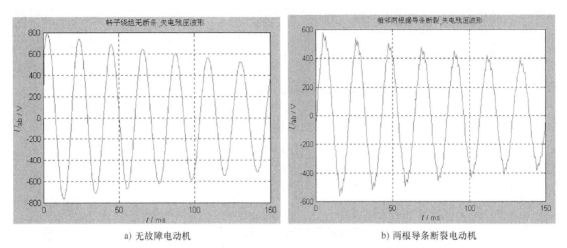

a) 无故障电动机　　　　　　　　　　　　b) 两根导条断裂电动机

图 8-8　电动机失电后定子端电压波形（仿真）

次数，但要注意失电残压中的"基波"并不是失电前所谓的基波，而是失电残压中的主频信号，其频率不是 50Hz，而且此"基波"的频率还随时间增加而减小，图 8-9 中的谐波"次数"是相对于这种基波而言的。

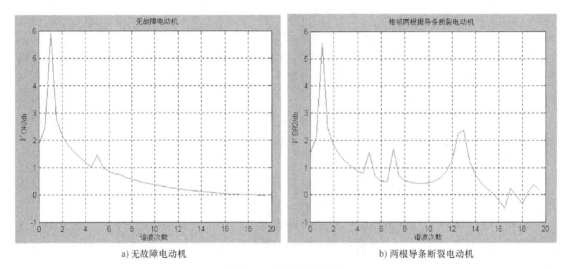

a) 无故障电动机　　　　　　　　　　　　b) 两根导条断裂电动机

图 8-9　失电残压频谱

上面已提到，即使完好的电动机，也存在 $6m\pm1(m=1，2，3\cdots)$ 次谐波中的某些成分（幅值很小）。图 8-9a 中除基波外，有一个幅值很小的 5 次谐波分量。

然而，对于转子绕组故障的电动机，由于转子 MMF 畸变，只要符合 $6m\pm1$ 次的谐波均有可能在定子线电压中出现。比较图 8-9 可清楚地看出，转子断条后，失电残压中，5 次、7 次、13 次谐波分量明显增强。5 次、7 次、13 次谐波正是满足式（8-4）的谐波成分。

8.4.4　实测数据分析

对两台 Y90S-4 小型三相异步电动机进行实测（良好电动机甲和连续两根断条电动机乙），图 8-10 为两台电动机失电前后定子端电压波形。其幅值是经传感器变换后的毫伏值

（图中失电前的幅值约为537V）图中两电动机失电后端电压幅值不相等是由于失电瞬间电源相位不同引起的，但总体上看是从失电前的电压开始衰减的。

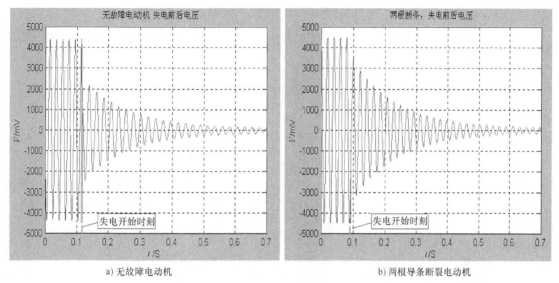

a) 无故障电动机

b) 两根导条断裂电动机

图 8-10 电动机失电前后定子端电压波形（实测）

图 8-11 是从图 8-10 中取出的失电残压的前几个周期波形的局部频谱图 8-11a、图 8-11b 图中，图 8-11a 均对应无故障电动机，图 8-11b 对应连续两根断条电动机。同样，将横坐标由频率（Hz）改为相对基波的谐波次数（同样，这里的基波不是50Hz）。

虽然实测小型电动机由于存在各种不对称引起的杂散谐波（大型电动机这种谐波会大大减小），但比较图 8-11 可见，转子断条故障后，失电残压中，5 次谐波、7 次谐波分量明

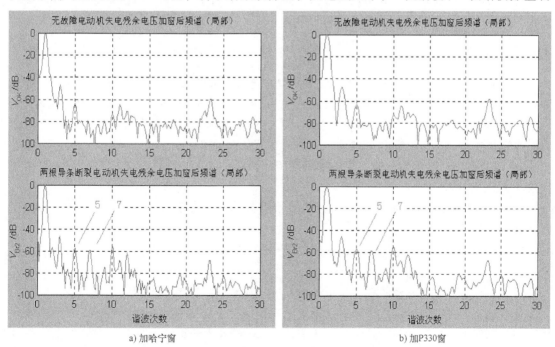

a) 加哈宁窗

b) 加P330窗

图 8-11 实测电动机失电残压加窗后的频谱

显增强，这些均为符合式（8-4）的谐波分量。事实上，根据式（8-4），故障后一些较高次谐波分量将有可能增加，如 13 次、17 次、19 次谐波等，但由于受测量时所用的隔离传感器的频率特性的限制（工频信号电压传感器），这些更高次谐波变化不明显。

另外，图中 23 次谐波比较大，是因为它同时满足式（8-2）和式（8-4），又不是 3 的整数倍次谐波（线电压中不应有 3 的整数倍次谐波）。

另外，为了抑制主频信号泄漏，信号频谱分析时宜加窗处理，图 8-11a 为加哈宁窗后的频谱，图 8-11b 为加 P330 窗后的频谱。

为了分析准确，截取的失电残压时域信号应尽可能靠前，即尽可能取失电残压时域波形中最前面的波进行分析，这是因为随转子电流衰减，转子断条对失电残压的影响将很快减小。图 8-12 为从图 8-10 中截取的失电后第 16-20 周电压的频谱，从图中已很难看出断条与不断条的失电残压的明显区别。同时截取信号应尽可能从信号第一个过零

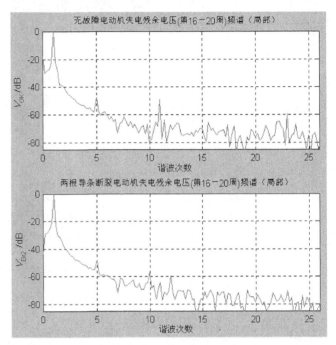

图 8-12　图 8-10 中失电后失电残压第 16-20 周的频谱

点开始，而从正向过零点或负向过零点开始对其分析没有影响，截取波形应取周期的整数倍，否则会使频谱分析产生较大的误差。

8.4.5　结论

1）运行中的电动机在失电后，定子绕组有感应电压（失电残压）产生；电动机转子绕组故障后，在失电残压中会引起额外频率分量，利用这种频率分量可以诊断电动机转子绕组故障。

2）故障特征谐波成分可预先进行理论计算，所以实际应用中为进行更准确的诊断，可将失电残压的频谱与历史数据（频谱）进行对比，从而做出诊断。

3）利用失电残压故障诊断不受电源不完善的影响（如电源电压三相不对称，含有各种谐波，电压波动等）。

4）利用失电残压故障诊断是从电动机本身进行测试，不受负载的影响（如负载大小、负载性质、波动情况等）。

5）应尽可能取失电残压中前面的波进行分析，否则转子断条对失电残压的影响将很快衰减。

另外，试验中受传感器频率特性限制，实际上还有较高次谐波未能反映出来。

值得提出的是，转子绕组故障后定子失电残压中会引起频率为 $6m \pm 1$ 的频率分量，分量大小与失电时刻有关。但是，是否每一个服从 $6m \pm 1$ 的频率分量均会存在，它们的幅值各为多少等均有待进一步研究。

8.5　基于电磁转矩小波变换的诊断

当感应电动机转子发生断条故障时，转子绕组不对称运行将会使转子旋转磁场引入负序分量，该负序旋转磁场和定子旋转磁场相互作用将会使电磁转矩信号中引入 $2s$ 同步转速的脉动分量。电磁转矩包含了电动机定转子全部磁链和电流的相互作用，其对电动机转子故障非常敏感，理论上，电磁转矩信号是转子本体电流之外最能反映转子故障特征的参数。但由于该分量与转差率 s 及电网频率 f_s 有关，如果只是对电动机稳态运行时的电磁转矩进行相应的频谱分析，则电网频率的波动、电动机负载波动等引起的转差率 s 波动都会与转子故障特征混淆，即检测到该谐波分量的存在也难以判断条故障与否。

下面给出一种基于电动机起动电磁转矩信号分析的转子故障诊断方法。该方法通过对电动机起动电磁转矩信号进行复值小波变换，根据信号瞬时频率提取算法，得到故障特征转矩在电动机起动过程中频率变化规律，克服电网频率及电动机负载波动等因素的影响，实现转子故障的可靠检测。同时，对应尺度上小波系数模能够反映该故障特征转矩在电动机起动过程中的幅值变化规律，将其作为故障严重程度指标来判断转子断条根数将具有较好的应用前景[122-123]。

8.5.1　感应电动机电磁转矩的计算

1. 电磁转矩计算模型

由于利用电流模型计算磁链需要转子速度和位置等参数，采用基于电压模型的磁链辨识方法。

将相坐标系下电压变换到 α-β-0 坐标系下

$$\begin{cases} v_\alpha = \sqrt{\dfrac{2}{3}}\left(v_a - \dfrac{1}{2}v_b - \dfrac{1}{2}v_c\right) = -\sqrt{\dfrac{1}{6}}\left(v_{ca} + v_{ba}\right) \\ v_\beta = \sqrt{\dfrac{2}{3}}\left(\dfrac{\sqrt{3}}{2}v_b - \dfrac{\sqrt{3}}{2}v_c\right) = \sqrt{\dfrac{1}{2}}\left(-v_{ca} + v_{ba}\right) \end{cases} \tag{8-5}$$

电动机在没有中线的星形联结或者三角形联结时，定子三相电流有 $i_b = -(i_a + i_c)$ 成立，即可得到 α，β，0 坐标系下的电流公式为

$$\begin{cases} i_\alpha = \sqrt{\dfrac{2}{3}}\left(i_a - \dfrac{1}{2}i_b - \dfrac{1}{2}i_c\right) = \sqrt{\dfrac{3}{2}}\,i_a \\ i_\beta = \sqrt{\dfrac{2}{3}}\left(\dfrac{\sqrt{3}}{2}i_b - \dfrac{\sqrt{3}}{2}i_c\right) = -\sqrt{\dfrac{1}{2}}\left(i_a + 2i_c\right) \end{cases} \tag{8-6}$$

由此可得到 α-β-0 坐标系中电动机定子磁链

$$\begin{cases} \psi_a = \displaystyle\int (v_a - Ri_\alpha)\,\mathrm{d}t \\ \psi_\beta = \displaystyle\int (v_\beta - Ri_\beta)\,\mathrm{d}t \end{cases} \tag{8-7}$$

根据 α-β-0 坐标系中电动机的电磁转矩方程

$$T_{em} = p(\psi_\alpha i_\beta - \psi_\beta i_\alpha) \tag{8-8}$$

即可计算出电磁转矩。

式（8-7）与式（8-8）中　p 为电动机极对数，R 为定子电阻。

因此，可以通过对电动机终端两路线电压、两路相电流的采集来计算电磁转矩，从而使该方法做成非入侵式。也可以直接表示为

$$T_{em} = \frac{p\sqrt{3}}{6}\{(2i_C + i_C) \times \int [V_{CA} - R(i_C - i_A)]dt - (i_C - i_A) \times \int [-V_{BA} - R(i_C + 2i_A)]dt\}$$

$$(8-9)$$

文献［123］指出，故障状态下的电磁转矩可以基于对称电动机模型来计算。

2. 数据采集及电磁转矩计算结果

试验对一台小型三相感应电动机分别在转子正常、一根断条及连续两根断条运行时电压电流进行采集。电动机参数为 $P_N = 370W$，$U_N = 380V$，$I_N = 0.7A$，$n_N = 1400r/min$，电网频率为 50Hz。试验为电动机空载起动过程。

电磁转矩包含了电压、电流间的相位信息，其计算必然要求四路电压、电流信号同步采样。对采集数据进行软件同步，同时忽略电动机起动过程中趋肤效应及温度变化的影响，即假定电动机定子电阻在起动过程中恒定不变。

图 8-13~图 8-18 分别给出了电动机在转子正常、一根断条及连续两根断条运行时起动定子相电流和电磁转矩波形。

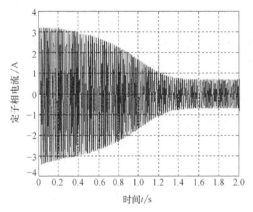

图 8-13　电动机正常时起动定子相电流

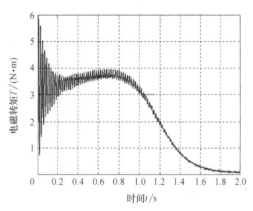

图 8-14　电动机正常时起动电磁转矩

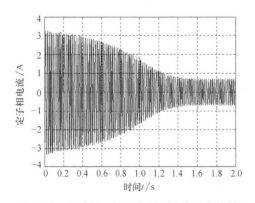

图 8-15　电动机一根断条时起动定子相电流

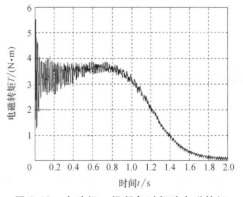

图 8-16　电动机一根断条时起动电磁转矩

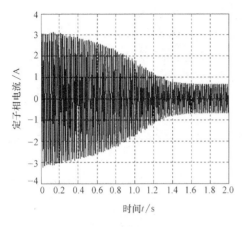

图 8-17 转子连续两根断条时起动定子相电流

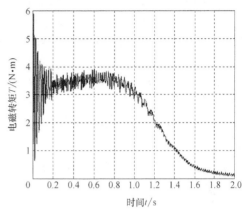

图 8-18 转子连续两断断条时起动电磁转矩

从这些图中可以看出，由于工频电流的影响，正常电动机和故障电动机的起动电流波形差别很小，尤其是在转子轻微故障即一根断条时，电流波形更难体现转子故障。从电磁转矩波形看出，电动机正常运行时，起动转矩中只有暂态工频分量，接近稳态时为一直流分量，由于电动机为空载，所以稳态转矩接近为零。当电动机转子发生一根及连续两根断条时，电磁转矩中则含有相应的谐波分量，即对应的转子故障特征，该特征转矩分量在暂态工频分量衰减结束后表现非常明显，且电动机在轻微故障即一根断条时，相对于正常电动机，该谐波分量也能直观地凸现出来。同时，该谐波转矩幅值在电动机连续两根断条时要比一根断条时的幅值大，也说明了用该谐波转矩幅值对电动机故障程度进行分析的正确性。

8.5.2 基于复值小波变换的转子断条故障检测

转差率在电动机空载起动过程中的变化规律为 $1 \rightarrow s \rightarrow 0$，所以电磁转矩中由转子发生断条故障引入的 $2s$ 同步速的脉动转矩分量在电动机起动过程中的频率变化规律为 $100\text{Hz} \rightarrow f \rightarrow 0\text{Hz}$。根据信号瞬时频率提取原理，对电磁转矩信号进行复值小波变换，选择相应的尺度变换初值，即可以提取出转子故障特征。由于 Morlet 小波在时频域均具有良好的紧支性，采用 Morlet 复值小波，其时域形式为

$$g(t) = \mathrm{e}^{\frac{t^2}{2}} \mathrm{e}^{j\omega_0 t} \tag{8-10}$$

离散化小波系数计算公式为

$$W(a, kT_s) = \frac{T_s}{2\sqrt{a}} \sum_n Z(nT_s) \overline{\widetilde{\psi}\left(\frac{kT_s - nT_s}{a}\right)} \tag{8-11}$$

小波脊线提取的具体计算流程如下：

1）取尺度初值 a_0，$a = a_0$，$k = 0$。

2）根据式（8-11）计算 $Z(k)$，$Z(k+1)$ 两点对应的复值小波系数。

3）计算 $a_1 = \dfrac{\omega_0}{D_b \psi(k)}$（$D_b$ 为差分算子）。

4）若 $\left| \dfrac{a_1 - a}{a} \right| < \varepsilon$，（$\varepsilon$ 为设定的小的正数），$a_r(k) = a$；否则 $a = a_1$，返回步骤（2）。

5）$a=a_r(k)$，$k=k+1$，重复步骤（2），直至完成所有需要计算的点。

为了快速准确地检测出转子故障特征，在计算过程中作如下处理：

1）因 Morlet 小波在时频域具有较强的紧支性，离散化计算小波系数时，取计算点左右 25 个工频周期代替所有时间点，从而减少计算量。

2）选定 $\omega_0=2\pi$ 时，此时尺度 a 对应于频率 $f=1/a$，即小波尺度的倒数恰好反映信号频率随时间的变化规律。

3）分析计算结果，控制使 $a_r(k)\leqslant 0.14$，即时间计算到 1.6s 电动机基本达到稳态运行为止。

图 8-19~图 8-21 分别给出了电动机正常、转子一根断条以及连续两根断条运行时起动电磁转矩信号中故障特征提取的结果。

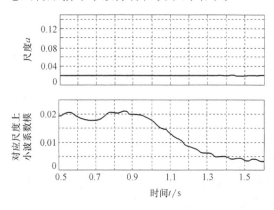

图 8-19　电动机正常时，起动电磁转矩特征提取结果

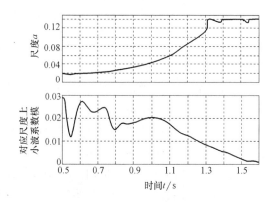

图 8-20　转子一根断条时，起动电磁转矩特征提取结果

由图 8-19 的上图可以看出，电动机正常运行时，电磁转矩信号中没有随时间变化的频率分量，尺度 $a=0.02$ 对应频率为 50Hz，即电磁转矩信号基本体现为电网频率。图 8-20、图 8-21 上图所示当电动机转子出现一根及连续两根断条时，电磁转矩则含有相应的时变频率分量，且该分量频率变化趋势与起动电磁转矩中断条故障特征分量变化规律相一致，在尺度 $a=0.02$ 时，脊线出现轻微抖动，这是因为起动转矩中的工频分量所致，在电动机接近稳态运行时，脊线偶尔出现凹槽，则是由电动机速度波动引起的转差率 s 抖动引

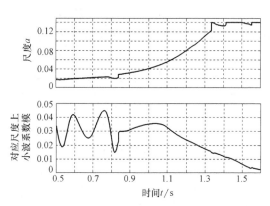

图 8-21　转子连续两根断条时起动电磁转矩特征提取结果

起的。一般情况下，电网频率及电动机负载在电动机起动过程中的波动带来的谐波转矩频率变化规律不可能与转子断条故障引起的特征转矩频率变化规律一致，所以通过比较正常电动机和故障电动机起动过程中故障特征转矩对应的频率变化规律，可以克服电网频率及电动机负载波动带来的影响，能够准确判断出电动机转子断条故障。

由于小波系数的模值反映了信号能量大小，所以图 8-20、图 8-21 中对应尺度上的小波系数模值则反映了该故障特征转矩在电动机起动过程中的幅值变化规律，即随着暂态波动分量的衰减完毕逐渐衰减到零的过程。在电动机轻微故障即一根断条时同样能够给出该特征转矩幅值变化规律，证实了电磁转矩相对于定子电流具有更好地突出转子断条故障特征的能力。另外，图 8-21 中转子连续两根断条时的小波系数模值比图 8-20 中转子一根断条时大，但由于小波基的有限长会造成信号能量的泄漏，使信号的能量-频率-时间分布很难准确地定量给出，因此两者并非严格的线性关系，但将小波系数模作为评估转子故障严重程度的指标仍具有较好前景。

8.6　基于定子单相瞬时功率信号频谱的诊断

异步电动机定子单相瞬时功率信号中含有丰富的信息。下面给出一种基于定子单相瞬时功率信号频谱分析的诊断笼型异步电动机转子故障的新方法[126]。该方法首先将单相瞬时功率信号中的直流分量过滤掉，然后利用快速傅里叶变换，分析信号频谱图中是否存在 $2sf_1$ 故障特征量来判断笼型转子有无故障，具有故障特征信息多、诊断灵敏度高、对采样分辨率要求低的优点。

8.6.1　单相瞬时功率法

假设电动机电源是理想的三相正弦交流电压，并且电动机本身结构是对称的。这样，正常运行的电动机的相电流将是理想的正弦波。设电动机相电压和相电流分别为（以 A 相为例）：

$$u_{A(t)} = U_m \cos(\omega t)$$
$$i_{A(t)} = I_m \cos(\omega t - \phi)$$

式中　ϕ——电动机的功率因数角。

则 A 相的瞬时功率为

$$P_{A(t)} = u_{A(t)} \cdot i_{A(t)} = \frac{1}{2} U_m I_m \cos\phi + \frac{1}{2} U_m I_m \cdot \cos(2\omega t - \phi) \tag{8-12}$$

由式（8-12）可以看出，正常运行时单相瞬时功率信号中含有直流分量和 2 倍频分量，其中的直流分量与负载平均水平相关。

笼型转子故障后，定子电流中将被调制出 $(1 \pm 2s)f_1$ 的频率分量。设 A 相电流为

$$i_{Af(t)} = I_{mf} \cos(\omega t - \phi_f) + I_{1-2s} \cos[(1-2s)\omega t - \phi_{1-2s}] + I_{1+2s} \cos[(1+2s)\omega t - \phi_{1+2s}]$$

式中　I_{mf}、I_{1-2s}、I_{1+2s}——基频分量、$(1-2s)f_1$ 分量、$(1+2s)f_1$ 分量电流的幅值；

　　　ϕ_f、ϕ_{1-2s}、ϕ_{1+2s}——基频分量、$(1-2s)f_1$ 分量、$(1+2s)f_1$ 分量电流的滞后角度。

这时 A 相瞬时功率为

$$\begin{aligned} P_{Af(t)} = &\frac{1}{2} U_m I_m \cos\phi_f + \frac{1}{2} U_m I_{mf} \cdot \cos(2\omega t - \phi_f) + \\ &\frac{1}{2} U_m I_{1-2s} \cdot \cos[2(1-s)\omega_t - \phi_{1-2s}] + \frac{1}{2} U_m I_{1+2s} \cdot \cos[2(1+s)\omega_t - \phi_{1+2s}] + \\ &\left[\frac{1}{2} U_m I_{1-2s} \cdot \cos(2s\omega_t + \phi_{1-2s}) + \frac{1}{2} U_m I_{1+2s} \cdot \cos(2s\omega_t - \phi_{1+2s})\right] \end{aligned} \tag{8-13}$$

由式（8-13）可以看出，故障后单相瞬时功率信号较故障后电流信号含有更丰富的信息

量，并且与正常运行时的单相瞬时功率信号相比，故障后单相瞬时功率信号中除了直流分量和 2 倍频分量外，还含有 $2(1\pm s)f_1$ 分量和 $2sf_1$ 分量，$2(1\pm s)f_1$ 分量和 $2sf_1$ 分量都可以作为诊断转子故障的特征量。直流分量与负载平均水平相关，在信号预处理中叠加一个与其大小相近的负的直流分量，即可将其部分或完全过滤掉，剩下的 $2sf_1$ 分量远离 $2(1\pm s)f_1$ 分量和 2 倍频分量，使得 $2sf_1$ 分量不会因两者的泄露而被淹没。可通过检测 $2sf_1$ 分量来判断笼型转子有无故障。

8.6.2　仿真与试验结果分析

笼型断条故障的情况比较复杂，即使断条数相同，随着笼型断条在转子上的位置不同，也能组合出多种故障情况，这就使得不同的故障可能出现相同的结果。为简单起见，我们仅考虑最有可能发生的故障，即相邻导条断裂的情况。这也是与笼型故障的实际情况相符合的，因为笼型断条后，相邻导条上的电流增大，在电磁力与热应力的作用下，使其成为最可能断裂的导条。

以一台 75kW 的电动机（型号为 JO$_2$-92-6）为例对笼型一根断条、连续两根断条、连续 3 根断条、连续 4 根断条作了数字仿真，并用一个 1.1kW 的电动机（型号为 JO$_2$-21-4）对笼型一根断条、连续两根断条、连续 3 根断条作了试验。其结果分别如图 8-22 和图 8-23 所示，其中图 8-22a 是两根导条断裂时的频谱图；图 8-22b 是导条断裂根数和故障特征分量 $2sf_1$ 与 2 倍频分量幅值之比的对应关系。

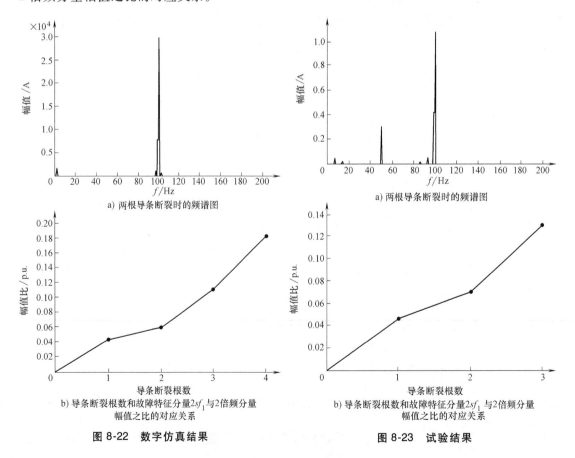

图 8-22　数字仿真结果　　　　　　　　图 8-23　试验结果

由图 8-22、图 8-23 可以看出：

1）笼型故障后，单相瞬时功率频谱图中出现了明显的 $2sf_1$ 分量，该分量可以用来判断笼型转子有无故障。

2）虽然仿真和试验用的两台容量不同的电动机，导条断裂根数和故障特征分量 $2sf_1$ 与 2 倍频分量幅值之比大概都为 $N\times(34.5)\%$，其中 N 为导条断裂根数，该比值可以用来诊断故障的严重程度。

3）图 8-23a 中出现的 50Hz 分量是因为在笼型断条后的定子电流中含有直流分量，反映在单相暂态能量中就是 50Hz 分量，它对故障诊断没有影响。该直流分量可能是由于电动机结构不对称造成的（试验用电动机是一台淘汰的旧电动机。经频谱分析，正常稳态运行的定子电流中也含有明显的直流分量，这也说明该电动机本身结构的不对称）。

8.7 基于随机共振原理的转子断条诊断

电动机定子电流信号中一般都含有大量的噪声。传统方法是在故障分析之前，首先进行信号消噪处理。消噪主要采用硬件滤波和软件滤波两种方法。硬件滤波主要是设计一些滤波器电路，以滤除信号中的噪声频率成分。软件滤波是在程序中设计一些数字滤波器，通常都是基于 Fourier 变换的一些方法。如：FFT 分析、倒谱分析、短时 Fourier 分析、Wigner 分布等。但是，电动机各种早期故障表现在定子电流中大多是非稳态的或突变的弱信号，无论是采用硬件滤波还是采用基于 Fourier 变换的软件滤波方法，其结果在降低噪声的同时也展宽了波形，平滑甚至可能抹去信号中包含故障特征的弱突变信息。此外，旋转机械干扰和噪声的能量一般集中在低频段，传统方法不可能将噪声彻底滤除。

其实，噪声并不总是降低系统的性能，在一定的条件下，噪声也有助于信号的检测。利用随机共振理论可以将噪声的能量转化为信号能量，为转子断条早期故障检测提供了另外一种模式。

下面给出一种基于随机共振（SR）理论的异步电动机转子断条早期故障检测新方法。该方法是通过选择合适的系统参数，使非线性系统发生随机共振，把一部分噪声能量转化成信号能量，达到异步电动机转子断条早期故障检测的目的。与传统方法相比，可以不用对信号进行消噪处理，避免了预处理过程中早期故障特征信号的丢失，缩减了处理环节，同时提高了检测准确性。随机共振（SR）的基本原理请参见有关文献[130]。

最初的转子断条诊断是对稳态的定子电流直接进行频谱分析，根据频谱中有无 $(1-2s)f_1$ 频率分量来判断有无转子断条。由于转子断条轻微时，$(1-2s)f_1$ 频率分量的幅值相对于 f_1 频率分量的幅值及 s 都非常小，$(1-2s)f_1$ 与 f_1 这两个频率十分接近。因而用 FFT 直接进行频谱分析时，f_1 频率分量的泄漏会淹没 $(1-2s)f_1$ 频率分量。从而使检测 $(1-2s)f_1$ 频率分量是否存在变得十分困难。

笼型异步电动机转子断条时的定子电流信号可以看成是调制信号，其调制信号频率为 f_1，而调制频率为 $2sf_1$。用希尔伯特变换将故障信号进行解调，继而对该调制信号作频谱分析，并根据频谱图中是否存在 $2sf_1$ 频率分量判断转子有无断条故障。

利用 SR 理论对转子断条故障信号的检测可按照以下步骤完成：

1）提取异步电动机某一相定子电流信号。

2）对其进行 Hilbert 变换实现信号解调。

3）送入随机共振系统，选择合适的系统参数使系统产生随机共振，再对系统输出信号进行频谱分析。

为验证该检测方法的功效，进行转子断条试验，试验接线图如图 8-24 所示。试验电动机采用一台 Y100L-2 型三相异步电动机（3kW、380V、50Hz、1 对极）和一台 Y100L1-4 型三相异步电动机（2.2kW、380V、50Hz、2 对极）。

图 8-25 为 Y100L-2 型转子发生一根断条异步电动机在满载情况下的定子 A 相电流波形及相关分析。

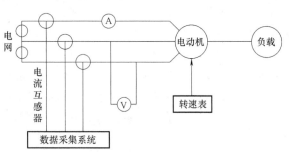

图 8-24　试验接线图

试验时，定子 A 相电流幅值为 6.088A，转差率为 0.0336，从图中可以看出由于定子电流中存在大量的噪声，因此 $(1-2s)f_1$ 分量完全被噪声淹没。对定子电流 Hilbert 变换解调后进行频谱分析（见图 8-25c）可以看到噪声已将频率为 $2sf_1$ 解调故障信号完全淹没。将此解调后的信号送入随机共振系统输入端，选取系统参数 $a=0.01$，$b=1$，对系统的输出信号进行频谱分析后结果如图 8-25d 所示，解调后故障信号的频率为 3.3997Hz，即转子断条故障频率 $(1-2s)f_1$ 为 46.6Hz。

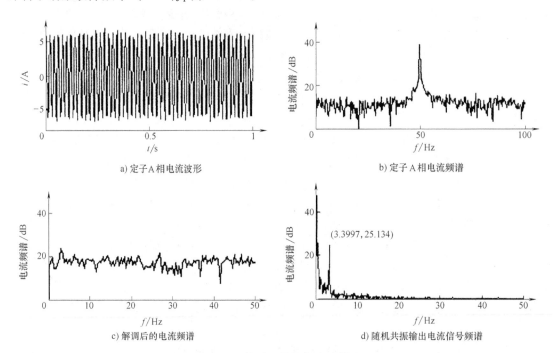

a) 定子A相电流波形

b) 定子A相电流频谱

c) 解调后的电流频谱

d) 随机共振输出电流信号频谱

图 8-25　转子一根断条试验结果

图 8-26 为 Y100L-2 型转子发生两根断条异步电动机在满载情况下的定子 A 相电流波形及相关分析。

定子 A 相电流幅值为 6.099A，转差率为 0.038，同样由分析结果可知解调后的故障信号频率为 3.7Hz，即转子断条故障频率 $(1-2s)f_1$ 为 46.2Hz。

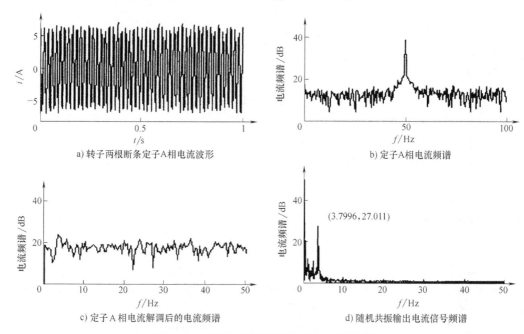

a) 转子两根断条定子A相电流波形　　　　　b) 定子A相电流频谱

c) 定子A相电流解调后的电流频谱　　　　　d) 随机共振输出电流信号频谱

图 8-26　转子相邻两根断条的试验分析结果

8.8　基于定子电流 Hilbert 变换解调处理的诊断方法

由于电动机转子断条会在定子绕组中产生 $(1\pm2s)f_1$ 的故障特征分量，若对定子电流信号进行幅度解调处理，就能得到反映断条故障特征的 $2sf_1$ 频率的调制信号，再对解调后信号作谱分析，如果在其谱图上存在 $2sf_1$ 频率分量，那么就可判断转子有断条故障。

本节介绍通过对电动机定子电流信号作 Hilbert 变换解调处理，然后以调制信号的频谱中是否存在 $2sf_1$ 频率的转子断条故障特征量，来诊断电动机转子有无断条故障[115,119]。

8.8.1　Hilbert 变换解调原理

信号解调既可通过硬件实现，也可通过软件实现。在此介绍利用 Hilbert 变换原理进行解调。

给定信号 $x(t)$，其 Hilbert 变换定义为

正变换
$$\hat{x}(t) = \frac{1}{\pi}\int_{-\infty}^{\infty} \frac{x(\tau)}{t-\tau}\mathrm{d}\tau \qquad (8-14)$$

反变换
$$x(t) = -\frac{1}{\pi}\int_{-\infty}^{\infty} \frac{\hat{x}(\tau)}{t-\tau}\mathrm{d}\tau \qquad (8-15)$$

式（8-14）和式（8-15）称为 Hilbert 变换对。将 $x(t)$ 和它的希尔伯变换 $\hat{x}(t)$ 结合起来组成一个复值信号

$$x_\mathrm{a}(t) = x(t) + \mathrm{j}\hat{x}(t) \qquad (8-16)$$

上式称为 $x_\mathrm{a}(t)$ 的解析信号。

该解析信号的幅值相位表达式为

$$x_a(t) = A(t) e^{j\varphi(t)}$$

式中
$$\begin{cases} A(t) = \sqrt{x^2(t) + \hat{x}^2(t)} \\ \varphi(t) = \arctan\left[\dfrac{\hat{x}(t)}{x(t)}\right] \end{cases}$$

而幅值 $A(t)$ 便是给定信号 $x(t)$ 的包络，即调制信号。

Hilbert 变换具体实现的步骤为：

1) 对给定信号 $x(t)$ 作正傅里叶变换得 $X(f)$；

2) 对 $X(f)$ 的正频率部分乘以 $-j$，负频率部分乘以 $+j$，经过这样的移相之后得到 $\hat{X}(f)$；

3) $\hat{X}(f)$ 作逆傅里叶变换得 $\hat{x}(t)$。

8.8.2 诊断实例分析

例1：一台 7.5kW 四极三相异步电动机，转子有一根断条的，对其稳态运行时的定子电流信号利用 Hilbert 变换作解调处理，其调制信号的频谱图见图 8-27。由于运行时负载较轻，电动机的转差率 s 为 0.005，故其 $2sf_1 = 0.5$Hz，在图 8-27 中最高谱峰正是位于 0.5Hz 处，所以该频率分量为转子断条故障的特征分量。

这种方法比传统的直接对定子稳态电流信号作谱分析方法具有明显的优点，传统的方法因主频率 f_1 分量比 $(1\pm2s)f_1$ 频率分量大得多，并且因转差率 s 小，使得 $(1\pm2s)f_1$ 与 f_1 很接近，在作谱分析时一方面需提高分辨率，另一方面往往会因主频率分量的泄漏，而把 $(1\pm2s)f_1$ 分量淹没掉。当然可采取加窗函数以减少泄漏，或用自适应滤波把主频分量 f_1 消除等措施加以克服。而本方法作谱分析时不涉及主频率分量 f_1 的影响问题，容易取得满意效果。

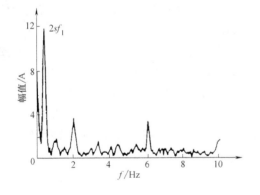

图 8-27　转子一根断条时定子电流调制信号的频谱图　　图 8-28　磨煤电动机转子有断条的频谱图

例2：这是一台磨煤电动机的实测例子。电动机容量为 550kW，额定电压为 6kV，额定转速为 985r/min，电动机运行时定子电流小于额定电流。图 8-28 是电动机定子电流解调后调制信号的频谱图。

从图 8-28 可以看出，在频率 1.125Hz 处的谱峰最高，而 1.125Hz 频率与电动机实际运行转差率 s 得出的 $2sf_1$ 频率基本相符，根据这一故障特征量可以诊断电动机有转子断条故障。该电动机经解体后笼条与端环有多处开焊。

例3：这也是一台 550kW 磨煤机驱动电动机，额定电压为 6kV，额定转速为 985r/min。图 8-29 是其定子电流解调处理后调制信号的频谱图。谱图上在 $2sf_1$ 频率处未发现明显的谱峰。因此，可以判断该电动机转子没有断条。该电动机运行时定子电流不稳，电流表指针摆动大，在谱图上 8.5Hz 处谱峰很高，说明其定子电流调制现象是由机械负载波动或机械传动系统的故障引起的，而不是转子断条引起的。该电动机在数月后大修解体时未发现有断条故障。

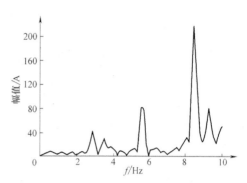

图 8-29　磨煤电动机定子电流调制信号的频谱图

综合上述可见：通过对电动机定子电流作 Hilbert 变换解调处理，说明以调制信号的频谱中是否存在转子故障特征量——$2sf_1$ 频率分量，来诊断转子有无断条故障的方法是可行的，并为实测结果所验证。另外，这种故障特征提取方法尤其适用于电动机运行时负载波动较大的电动机的故障诊断。

8.9　基于 Petri 网的电动机故障诊断方法

本节应用 Petri 网理论建立电动机故障诊断模型，该模型只需经过简单的矩阵运算即可实现电动机故障的快速离线诊断。与传统的电动机故障诊断人工智能方法相比，具有简单直观，诊断速度快，准确度高的优点。并用搜集到的实例进行了验证，表明该诊断方法是迅速、准确的[131]。

8.9.1　基于 Petri 网的电动机故障诊断模型

Petri 网系统以研究系统的组织结构和动态行为为目标，着眼于系统中可能发生的各种变化和变化间的关系，并不关心变化发生的物理和化学性质，只关心变化的条件及发生后对系统的影响。Petri 网的这种观点可简单地归结为典型的"if-then"结构的产生式规则，也即为规则的前提—规则的结论表示方式。

Petri 网模型方法从规则的前提—规则的结论的观点来分析和描述系统结构和系统行为，在将实际系统抽象化的同时，保持了模型与模型对象在逻辑上的一致性，这是 Petri 网建模方法广泛用于各类系统建模和分析中的重要原因。

用 Petri 网的电动机故障诊断需要有大量的经验积累，形成一个尽量覆盖所有电动机故障类型的故障类型及其征兆数据库，用 Petri 网理论建立的电动机故障诊断模型才有较高的可靠性与实用性。文献［131］根据相关资料，得出了表 8-1 所示电动机常见故障及其征兆表。并由此表根据 Petri 网建模的一般方法提出了一种电动机故障诊断 Petri 网模型，如图 8-30 所示。需要说明的是，随着有关电动机故障方面的经验积累与更新，上述模型可以方便地进行修改。

图 8-30 的 Petri 网模型包含 15 个位置用来分别表示故障征兆和故障类型，其中令牌的有无表示是否有该故障征兆或者是否为该类型的故障；7 个变迁用来表示故障征兆与故障类型的对应关系。

表 8-1　电动机常见故障及其征兆

故障类型	故障征兆						
	定子绝缘电阻	绝缘分解	振动	定子电流	噪声	放电	三相阻抗
定子铁心绝缘损坏	正常	有	大	正常	大	正常	正常
定子绕组绝缘故障	小	正常	正常	正常	正常	正常	正常
笼型断裂或开焊	正常	正常	大	脉动	大	正常	正常
转子轴承故障	正常	正常	大	正常	大	正常	正常
定子绕组匝间短路	正常	正常	大	不对称	正常	正常	正常
转子绕组接地	正常	正常	大	正常	正常	有	正常
转子绕组匝间短路	正常	有	大	脉动	正常	正常	不平衡

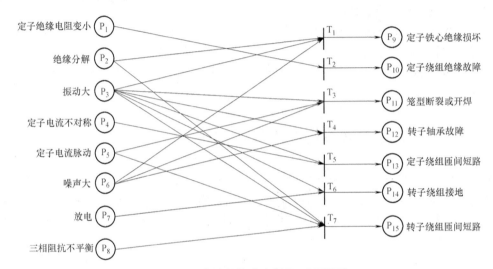

图 8-30　电动机故障诊断 Petri 网模型

该模型的输出矩阵 O (m, n) 和输入矩阵 I (m, n) 分别为：

$$O(15,7)=\begin{bmatrix} 0 & 0 & 0 & 0 & 0 & 0 & 0 \\ 0 & 0 & 0 & 0 & 0 & 0 & 0 \\ 0 & 0 & 0 & 0 & 0 & 0 & 0 \\ 0 & 0 & 0 & 0 & 0 & 0 & 0 \\ 0 & 0 & 0 & 0 & 0 & 0 & 0 \\ 0 & 0 & 0 & 0 & 0 & 0 & 0 \\ 0 & 0 & 0 & 0 & 0 & 0 & 0 \\ 0 & 0 & 0 & 0 & 0 & 0 & 0 \\ 1 & 0 & 0 & 0 & 0 & 0 & 0 \\ 0 & 1 & 0 & 0 & 0 & 0 & 0 \\ 0 & 0 & 1 & 0 & 0 & 0 & 0 \\ 0 & 0 & 0 & 1 & 0 & 0 & 0 \\ 0 & 0 & 0 & 0 & 1 & 0 & 0 \\ 0 & 0 & 0 & 0 & 0 & 1 & 0 \\ 0 & 0 & 0 & 0 & 0 & 0 & 1 \end{bmatrix} \quad I(15,7)=\begin{bmatrix} 0 & 1 & 0 & 0 & 0 & 0 & 0 \\ 1 & 0 & 0 & 0 & 0 & 0 & 1 \\ 1 & 0 & 1 & 1 & 1 & 1 & 1 \\ 0 & 0 & 0 & 0 & 1 & 0 & 0 \\ 0 & 0 & 1 & 0 & 0 & 0 & 1 \\ 1 & 0 & 1 & 1 & 0 & 0 & 0 \\ 0 & 0 & 0 & 0 & 0 & 1 & 0 \\ 0 & 0 & 0 & 0 & 0 & 0 & 1 \\ 0 & 0 & 0 & 0 & 0 & 0 & 0 \\ 0 & 0 & 0 & 0 & 0 & 0 & 0 \\ 0 & 0 & 0 & 0 & 0 & 0 & 0 \\ 0 & 0 & 0 & 0 & 0 & 0 & 0 \\ 0 & 0 & 0 & 0 & 0 & 0 & 0 \\ 0 & 0 & 0 & 0 & 0 & 0 & 0 \\ 0 & 0 & 0 & 0 & 0 & 0 & 0 \end{bmatrix}$$

该模型比较简单，变迁的发射没有外部逻辑条件的干预，只要变迁是可以发生的，就是可以发射的，故设变迁发射条件列向量 $R(n) = [1\ 1\ 1\ 1\ 1\ 1\ 1]^T$。

有了上述矩阵后，由与故障征兆对应的初始标识状态 $M_0(m)$，计算即可得到网络新的标识状态 $M'(m)$[131]，$M'(m)$ 中与故障类型相对应的位置有令牌（该位置的矩阵元素为1）即说明为该故障类型的故障，从而完成电动机故障诊断。

8.9.2　诊断实例

例1：某工厂一台 2.5kW 的电动机，在检修中发现有两相之间的绝缘电阻只有 0.1MΩ，各相对地（机座）绝缘电阻都为 0.1~0.2MΩ，未发现其他异常情况。

诊断：故障征兆为定子绝缘电阻变小，可得初始标识状态为 $M_0(m) = [1\ 0\ 0\ 0\ 0\ 0\ 0\ 0\ 0\ 0\ 0\ 0\ 0\ 0\ 0]^T$，经计算 $M'(m) = [0\ 0\ 0\ 0\ 0\ 0\ 0\ 0\ 0\ 1\ 0\ 0\ 0\ 0\ 0]^T$，诊断为定子绕组绝缘故障。实际情况为电动机轴承润滑油甩出后，粘在定子绕组上，形成油泥，长时间腐蚀绕组和相间绝缘，使绝缘纸老化，造成定子绝缘电阻降低。属定子绕组绝缘故障。

例2：某台 J2108 型对开单色胶印机的主电动机（JZT251-4，7.5kW 电磁调速异步电动机）在运行中出现了不正常的振动和异常响声。

诊断：故障征兆为振动和噪声大，可得初始标识状态为 $M_0(m) = [0\ 0\ 1\ 0\ 0\ 1\ 0\ 0\ 0\ 0\ 0\ 0\ 0\ 0\ 0]^T$，经计算 $M'(m) = [0\ 0\ 0\ 0\ 0\ 0\ 0\ 0\ 0\ 0\ 0\ 1\ 0\ 0\ 0]^T$，诊断为转子轴承故障。将电动机拆开检查，发现轴承有不同程度的磨损。属转子轴承故障。

例3：某电厂一台风机振动异常，且有异味产生，定子电流来回摆动，经测量三相阻抗不平衡。

诊断：故障征兆为振动大，绝缘分解，定子电流脉动，三相电阻不平衡，可得初始标识状态为 $M_0(m) = [0\ 1\ 1\ 0\ 1\ 0\ 0\ 1\ 0\ 0\ 0\ 0\ 0\ 0\ 0]^T$，经计算 $M_0'(m) = [0\ 0\ 0\ 0\ 0\ 0\ 0\ 0\ 0\ 0\ 0\ 0\ 0\ 0\ 1]^T$，诊断为转子绕组匝间短路。实际情况为转子绕组匝间短路。

8.10　电动机故障的逻辑诊断方法

电动机的动态性能是其电磁、振动和声学过程的总体反映，在电动机的各个主要功能部件（包括定子、转子、铁心、气隙、轴承组件）之间存在着紧密的电磁和机械联系，它们的状态互相影响。某部件的损坏（直接故障）在其他诊断相关部件（如果第一个部件的故障引起第二个部件确定的故障，这两个部件是诊断相关的）中会引起条件故障。条件故障包括气隙中电磁场均匀性被破坏，定子绕组电流中出现高次谐波，气隙磁动势不均匀等。所有故障都将引起相应参数的变化，而参数的变化可以通过试验监测。逻辑诊断就是在对故障充分分析的基础上，确定诊断试验项目和监测参数，再根据试验结果对电动机的状态做出判断[134]。

8.10.1　逻辑诊断方法

电动机的状态可以用参数和特征的集合来描述，设：向量 $X(x_1, x_2, \cdots, x_n)$ 为外部激励输入，向量 $Y(y_1, y_2, \cdots, y_m)$ 为电动机的动力学指标，$Z(z_1, z_2, \cdots, z_k)$ 为参数或特征向量，则试验结果 $R = f(X_g, Y_g, Z_g, t)$ 为以某种形式（表格、表达式等）给出的正常状态的模型。该模型表征诊断试验结果与激励、动力学指标及状态参数之间的关系。

运行实践表明，在故障初期，电动机的主要动力学指标仍保持原值，只有明显损坏时它们才显著变化。考虑到这一点，在正常激励下，当出现第 i 类故障时，故障模型为 $R_{s(i)} = f(X_g, Y_g, Z_{s(i)}, Z_{s(j/i)}, t)$。其中 $Z_{s(i)}$ 表征第 i 类故障下损坏部件的状态变化；$Z_{s(j/i)}$ 表征 i 类故障导致的第 j 类条件故障引起的其他部件的状态变化。所以，当第 i 类故障出现时，电动机中的故障集为

$$S = \{ S(i), S(j/i) \}$$

故障集及条件故障集可以用相应的诊断参数或特征的集合来描述：

$$Z = f(Z_g, Z_{s(i)}, Z_{s(j/i)})$$

根据故障的诊断参数，可以确定相应的诊断试验，假设诊断参数和试验结果都只有"0"和"1"两种取值，则可以建立电动机状态的具有逻辑性质的数学模型——布尔矩阵。表 8-2 为由各种故障下不同诊断试验的结果组成的布尔矩阵。

表 8-2　电动机故障诊断的布尔矩阵

电动机故障集{S}	监测试验集{π}					
	π_1	π_2	$\cdots$	π_i	$\cdots$	π_n
$S(1)$	$R_{1(1)}$	$R_{2(1)}$	$\cdots$	$R_{i(1)}$	$\cdots$	$R_{n(1)}$
$S(2)$	$R_{1(2)}$	$R_{2(2)}$	$\cdots$	$R_{i(2)}$	$\cdots$	$R_{n(2)}$
$\vdots$	$\vdots$	$\vdots$	$\cdots$	$\vdots$	$\cdots$	$\vdots$
$S(j)$	$R_{1(j)}$	$R_{2(j)}$	$\cdots$	$R_{i(j)}$	$\cdots$	$R_{n(j)}$
$\vdots$	$\vdots$	$\vdots$	$\cdots$	$\vdots$	$\cdots$	$\vdots$
$S(n)$	$R_{1(n)}$	$R_{2(n)}$	$\cdots$	$R_{i(n)}$	$\cdots$	$R_{n(n)}$

用布尔矩阵建立最小的诊断试验集就是找到最小的列集合，使得在每一行中至少有一列为"1"。例如，对于故障 $S(i)$ 最小试验集记为

$$T_i = \{ \pi_i, \pi_j, \cdots \}$$

完成这些诊断试验可以确定相应的故障，并可以依据试验结果做出推论：

$$\exists\, \pi_i \in \overline{I}(R \neq 0) \lor Z_i = 1 \rightarrow S(i)$$

即某试验（π_i）结果不为 0 或某诊断参数 $Z_i = 1$，则发生了故障 $S(i)$。

8.10.2　电动机的典型故障分析

1. 定子绕组的匝间或相间短路故障

图 8-31 给出了交流电动机在发生定子绕组的匝间或相间短路故障时的诊断模型，故障部件对其他部件的作用用箭头表示，而短路环流的作用用虚线表示。匝间和相间短路的基本标志是绕组局部过热，各相电流不对称，噪声和振动加剧。但是只有在故障的终了阶段，短路环流达到一定数值，即电动机就要退出运行时这些现象才表现得非常明显。在故障初期需用参数的变化来诊断。

定子绕组的匝间或相间短路将引起下列参数的变化：

（1）三次谐波电流的不对称

已知定子每相绕组的磁动势是空间分布不变，随时间变化的各次谐波的总和

$$F_\varphi = \sum_{v=1,3,5} F_{\varphi v} \sin\omega t \cos v\alpha$$

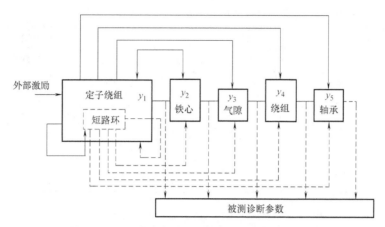

图 8-31　定子绕组匝间或相间短路故障的诊断模型

正常情况下，由于三相绕组对称，三次谐波的电流产生的总磁动势为 0。当出现匝间或相间短路时，三相中谐波产生的磁动势不对称，在气隙中出现了频率为基波 3 倍（$3f_1$）的磁动势，它沿基波的方向旋转，并在绕组中产生频率为 $3f_1$ 的电动势

$$E_{v=3} = 4.44 w_1 K_{v=3} 3f_1 \phi_{v=3}$$

在故障情况下，绕组中形成的短路环导致三次谐波发生局部补偿，致使故障绕组中三次谐波减小。随着故障的发展，三相电流的不对称程度加剧，气隙中三次谐波的合成磁通量增加，导致非故障绕组中三次谐波电流的增加。

（2）故障相参数的基波减小

在同步电动机中短路环流可用感性负载等效，它将引起定子的附加电枢反应，并对基波激磁磁通产生影响。尤其在空载条件下，这种现象尤为明显。因为故障电动机在空载运行时，定子相电流为 0，电枢反应只由短路电流引起。电枢反应产生的磁动势幅度为

$$F_{ak} = \frac{m\sqrt{2}}{\pi} w_k \frac{1}{p} I_k$$

式中　w_k——在故障绕组中的短路匝数；

　　　I_k——短路环中的电流。

在短路情况下，短路环流具有电感特性，它引起的电枢感应磁通对激磁磁通产生纵向去磁作用。因此在给定的激励下绕组中的感应电动势将减小。

对 18.5kW 同步电动机（△联结）和 12.8kW 同步发电机（丫联结）所做的匝间和相间短路试验结果表明，匝间短路使故障绕组 C、B 相的三次谐波电流减小（发生局部补偿），发生相间短路的 A、B 和 B、C 相的三相谐波电流减小，同时未损坏绕组中的三次谐波电流增加。同步电动机中在给定的短路环流下，基波将比正常绕组中的数值减少 15%，同时相电压减少 3%。

（3）振动和噪声参数的变化

通过试验，确定了定子绕组匝间和相间短路对振动幅度、速度、加速度、噪声平均水平及各参数谐波成分的影响。表 8-3 中列出了某 18.5kW 电动机部分试验数据，表 8-4 中给出的是振动加速度波形的处理结果。

表 8-3 定子绕组匝间和相间短路时振动和声学参数的变化

振动和声学参数	空载条件						负载条件				
	正常	C 相匝间短路，短路环流/A			A、B 相相间短路，短路环流/A		正常情况	C 相匝间短路，短路环流/A		A、B 相相间短路，短路环流/A	
		15	30	45	15	30		15	30	15	30
振动幅度 A/mm	45	55	60	65	55	60	100	120	130	120	150
振动速度 v/(mm/s)	2	3	3.7	4.8	3.5	4.6	3	3.5	4.5	4	5.3
加速度 a/(mm/s^2)	4	5.5	7.5	9	6	9	5	6.5	8	6.5	9.2
噪声水平 L/dB	58	69	72	76	69	72	57	60	68	60	64

表 8-4 振动加速度傅里叶级数各系数的绝对值之和

傅里叶级数各系数的绝对值之和	定子绕组状态				
	正常	匝间短路时的短路环流/A		相间短路时的短路环流/A	
		15	40	15	40
$\sum a_k$	26	56	104	53	140
$\sum b_k$	24	52	119	60	165

2. 转子断条故障

对同步电动机因转子断条引起的故障进行了试验研究，采用在转子槽中钻孔的方法模拟故障，测量相电流和谐波成分的波动。试验表明与基波相电流相比，三次谐波的波动幅度要大 2.5 倍，这是对笼型同步电动机进行故障监测的最有效特征。

3. 转子轴偏心故障

轴偏心会破坏相电流的对称性，影响定子绕组电压和并联支路电流分配的均匀性，并导致附加谐波的出现，而且谐波幅度相对于基波不均匀地增加，同时差动杂散感抗和输入阻抗 Z_k 增加。在气隙均匀的情况下，相电压中的三次谐波分别为 0.47%（A）、0.42%（B）、0.47%（C），而在偏心率 $\varepsilon = 75\%$ 时，三次谐波将不均匀地增长许多倍，达到 5%（A）、4.1%（B）、8.1%（C）。

8.10.3 逻辑诊断方法的试验

每一个参数或特征 Z_i 可以借助相应的试验 π_i 监测，针对上述故障类型，为进行逻辑诊断，应进行下列试验：

π_1——定子绕组（电压或电流）中三次谐波（Z_1）的监测；

π_2——三次谐波脉动量（Z_2）的监测；

π_3——某相绕组三次谐波局部补偿（Z_3）的监测；

π_4——两相绕组间三次谐波局部补偿（Z_4）的监测；

π_5——相参数中基波成分减少与否（Z_5）的试验测试；

π_6——各部件振动幅度（Z_6）的监测；

π_7——振动速度（Z_7）的监测；

π_8——振动加速度（Z_8）的监测；

π_9——平均噪声水平（Z_9）的监测；

π_{10}——振动速度 $v(t)$、加速度 $a(t)$ 各次频谱系数绝对值之和（Z_{10}）的分析试验；

π_{11}——噪声 $L(t)$ 的各次频谱系数绝对值之和（Z_{11}）的测试；

π_{12}——定子绕组阻抗（Z_{12}）的测试。

在故障集中暂时只考虑上面已述及的几类故障：

S_ε 为气隙不均匀；S_{br} 为转子断条；S_{sc} 为定子绕组匝间短路；S_{sp} 为定子绕组相间短路。

针对上述故障和诊断试验，电动机的布尔矩阵见表 8-5。在行和列的交叉点上用数字"1"和"0"示出了实际监测结果，"1"代表参数在相应的试验中对故障肯定响应，"0"则相反。"x"表示无关项。

表 8-5　原始布尔矩阵

故障集	诊断试验集 π											
	π_1	π_2	π_3	π_4	π_5	π_6	π_7	π_8	π_9	π_{10}	π_{11}	π_{12}
S_ε	1	0	0	0	0	1	x	x	1	x	x	1
S_{br}	0	1	0	0	0	1	x	x	1	x	x	x
S_{sc}	0	0	1	0	1	1	1	1	1	1	1	x
S_{sp}	0	0	0	1	1	1	1	1	1	1	1	x

不难看出，为进行故障诊断需做的试验由下列各式确定：

$$\pi(\varepsilon) = \{\pi_1, \pi_6, \pi_9, \pi_{12}\}$$

$$\pi(br) = \{\pi_2, \pi_6, \pi_9\}$$

$$\pi(sc) = \{\pi_3, \pi_5, \pi_6, \pi_7, \pi_8, \pi_9, \pi_{10}, \pi_{11}\}$$

$$\pi(sp) = \{\pi_4, \pi_5, \pi_6, \pi_7, \pi_8, \pi_9, \pi_{10}, \pi_{11}\}$$

利用上面各式中列举的所有试验诊断相应故障比较烦琐，也不经济，应建立最小诊断试验集。如前所述，在矩阵中找到最小列组合，使每一行中至少有一个"1"。试验 $\pi_1 \sim \pi_4$ 监测的都是相参数中的三次谐波，所不同的只是需分析的变化规律，所以可以只用一种试验，例如在矩阵中只保留 π_1，这样布尔矩阵可简化为表 8-6 的形式。

表 8-6　化简后的布尔矩阵

故障集	诊断试验集								
	π_2	π_5	π_6	π_7	π_8	π_9	π_{10}	π_{11}	π_{12}
S_ε	1	0	1	x	x	1	x	x	1
S_{br}	1	0	1	x	x	1	x	x	x
S_{sc}	1	1	1	1	1	1	1	1	x
S_{sp}	1	1	1	1	1	1	1	1	x

在该布尔矩阵中最小诊断试验集的解为

$$T_{\min} = \{\pi_1\} \cup \{\pi_6\} \cup \{\pi_9\}$$

虽然试验 π_6 和 π_9 对上述故障都能给出肯定的结果，但由于在没对布尔矩阵化简时，它们已经是最小试验集的解（也就意味着对多种故障，它们的表现一样），现有的研究水平很难根据 π_6 和 π_9 的试验结果具体确定故障类型，但用监测振动和声学指标变化的试验，可以对技术状态做出粗略诊断，即如果 π_6 和 π_9 的试验结果不为"0"，则电动机中存在矩阵中所示的四种故障之一，即

$$\pi_i \in \pi_{6,9}(R \neq 0) \rightarrow S_\varepsilon \cup S_{br} \cup S_{sc} \cup S_{sp}$$

然后，可以采用相参数中的三次谐波分量进行精密诊断，因为它的变化特点唯一地与故障类型相对应。这样在最简布尔矩阵基础上得到的最小试验集就只包含一个试验 π_1，即

$$T_{min} = \{\pi_1\}$$

根据 π_1 的试验结果可以得到下面对诊断类型的判断依据：

$$\pi_1(R \neq 0) \cup (Z_1 = 1) \rightarrow S_\varepsilon$$
$$\pi_1(R \neq 0) \cup (Z_2 = 1) \rightarrow S_{br}$$
$$\pi_1(R \neq 0) \cup (Z_3 = 1) \rightarrow S_{vs}$$
$$\pi_1(R \neq 0) \cup (Z_4 = 1) \rightarrow S_{sp}$$

在上述研究结果的基础上提出并实现了诊断算法，算法的程序框图如图 8-32 所示，试验表明用该算法可以迅速对电动机的状态做出判断，并在故障初期确定故障类型。

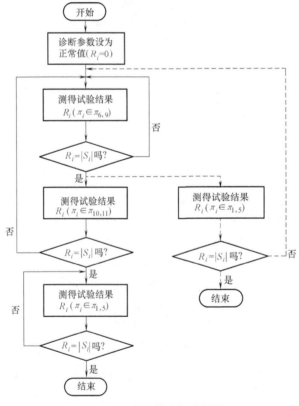

图 8-32　诊断算法程序框图

8.11　多传感器数据融合方法进行电动机的故障诊断

8.11.1　多传感器数据融合与电动机的故障诊断

1. 多传感器数据融合用于电动机故障诊断

多传感器数据融合是个概念框架，在应用上可以看成是对多源数据经过各种整合方法融

合起来以估计或者预测系统状态的过程。其关键在于数据（信息）是"多个"同源或者异源的、同质或者异质的数据。应用多传感器数据融合方法的主要目标是通过对多个传感器的数据融合得到比单个数据条件下更精确、更确定甚至在单个数据条件下无法得到的系统信息。

数据融合在不同的应用领域有着完全不同的方法，同时也有着不同的模型。对于电动机的故障诊断，系统的不确定性表现在模型及运行环境的影响，所以构造的融合系统将针对这些不确定性的因素而设计。融合可以在传感器级、特征级或者决策级进行，而不同融合级的选择将主要考虑实现成本和融合性能的平衡比较。不同融合级的融合方法也不同。在传感器级，针对模型的不确定性，可以用数量形式的算法来估计或者预测电动机状态，比如 Kalman 滤波。对于特征级的融合，更多的来源于模式分类或者识别的方法。对于决策级，主要是基于各种不确定性测度的方法，比如 Bayesian 规则、证据理论和模糊决策等。

电动机故障诊断中应用数据融合方法，目的是通过利用多个传感器的信息来减少或者消除单个传感器的信息不确定性。也就是一个基于多传感器数据融合的电动机故障诊断系统的原型将可能应用各种可用的物理传感器监测电动机运行状态，同时通过这些状态做出诊断[134-135]。JDL 数据融合模型如图 8-33 所示。

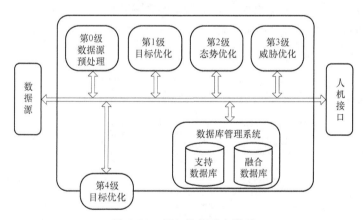

图 8-33 JDL 数据融合模型

2. 融合诊断系统分析

传统的故障诊断系统大多基于单参数特征，存在很大的不确定性，有时难以获得正确的诊断结果。在一个电动机故障诊断系统中，可以测量或者观测的参数其实不止一个，不同的参数或者观测量通过数据融合方法能够为故障诊断提供更多的信息，从而提高故障诊断系统的性能。这样一个基于数据融合的故障诊断系统可以称为融合诊断系统（fusion diagnosis system，FDS）。

在一个融合诊断系统的实践中，如何选择融合系统结构以及融合方法，以及在哪个（些）阶段实现融合是关键问题，而这些都必须针对电动机故障诊断这个对象而定，因为电动机的复杂性和诊断系统的投入成正比，从而决定融合诊断系统（FDS）应该如何实现。

从数据融合的概念可知，一个融合系统的结构完全可能是并联、串联或者混联的，或者是嵌套的。这些结构的特点决定了系统的复杂程度和实现的难易程度。对于一个中小型电动机的 FDS，因为在传感器精度或者特征提取方面并没有很多的选择余地，因此选择最简单的串联结构并且在决策级上实现融合将是一种简单经济的选择。

融合方法的选择与数据来源以及融合的目的有关。对于一个决策级融合的 FDS，融合方法是基于不确定性测度的方法。这些方法包括概率论、证据理论、模糊集、可能性理论、粗糙集等不确定性理论。应用这些方法的共同点就是要把检测到的故障特征与各种故障之间相关联的程度，用相应的不确定性测度描述出来，才能实现融合诊断。所以不管选择何种融合方法，对于故障来源的不确定性的建模是实现融合的另一个关键问题。

8.11.2　电动机融合诊断的系统结构

根据前一节的分析，故障诊断完全可以看成是一个决策过程。根据 Byington 和 Garga 以及数据融合的概念，一个电动机融合诊断系统的结构如图 8-34 所示。

在图 8-34 结构中，测量值是指物理传感器测量到的参数，如电动机定子电流、振动信号、温度、润滑油成分和负载等。它们分别用相关的方法进行处理和特征提取。形成的特征向量作为下一步的信息源，这些特征与电动机的一些故障相关，并可以分别映射到电动机故障空间。电动机故障空间是相同性质的故障集合，其子空间包括不同类型的故障。比如，转子故障空间包括转子断条、端环断裂、偏心和轴承故障等。特征通过专家知识或者基于知识的算法与故障空间相关联。每个特征可能与多个故障空间相关联，不确定性测度将用来描述这些关联的不确定性。

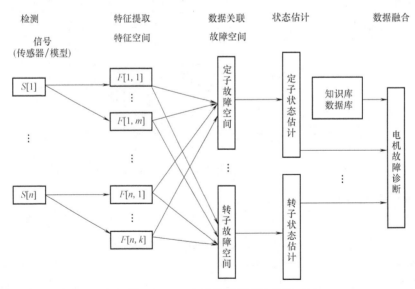

图 8-34　一个融合诊断系统结构

电动机主要的故障可以粗略分为
1）定子故障空间；
2）转子故障空间；
3）轴承故障空间；
4）轴故障空间。

而电动机故障所表现出来的症状大致有：

1）不平衡气隙电压和线电流；

2）转矩脉动增大；

3）平均转矩减小；

4）效率降低；

5）过热；

6）振动。

故障症状通过合适的方法检测并用相应的方法提取，表示为故障特征。单个故障特征可能并不表示具有某个故障从而导致不确定性。特征与故障空间通过不确定性测度相互关联，不确定性测度可能表示为一个特征由某种故障引起的概率或者可能性。通过特征向量与故障空间的相互关联，实现用不确定性测度对故障发生不确定性的建模。而故障诊断就是用数据融合的方法将这些不确定性信息整合成相对确定的诊断结果。

8.11.3　电动机融合诊断算法实例

融合诊断系统在不同的阶段算法实现也不同，而且算法的复杂程度也不一样。这里只针对决策融合用简单转子故障实例进行说明。采用的融合方法是 Dempster-Shafer 的证据理论。

故障电机通过电流和振动传感器监测。针对以下 4 种故障组成的故障空间（f_1，f_2，f_3，f_4）进行研究，$f_1 \sim f_4$ 分别对应着转子断条、转子端环断裂、气隙不均匀以及轴承磨损。通过对定子电流以及振动传感器数据的特征分析和提取，得到电流传感器对故障特征的基本概率赋值分别为 $m(f_1 f_2) = 0.6$，$m(f_1 f_2) = 0.3$，振动传感器对故障特征的基本概率赋值分别为 $m(f_1 f_3) = 0.4$，$m(f_4) = 0.5$。根据 Dempster-Shafer 组合公式融合两个传感器对故障的支持程度，得到表 8-7，其中 Θ 表示未知的情况，第一行表示电流传感器数据对故障特征的支持程度，第一列表示振动传感器数据对故障特征的支持程度。

表 8-7　融合诊断实例

$\{f_1, f_2\} = 0.6$		$\{f_3, f_4\} = 0.3$	$\{\Theta\} = 0.1$
$\{f_1, f_3\} = 0.4$	$\{f_1\} = 0.24$	$\{f_3\} = 0.12$	$\{f_1, f_3\} = 0.04$
$\{f_4\} = 0.5$	$\{f_4\} = 0.30$	$\{f_4\} = 0.15$	$\{f_4\} = 0.05$
$\{\Theta\} = 0.1$	$\{f_1, f_2\} = 0.06$	$\{f_3, f_4\} = 0.03$	$\{\Theta\} = 0.01$

在表 8-7 中 Dempster 组合存在空集，反映出证据冲突，把冲突的基本概率赋值重新分配，得到 $m(f_1) = 0.24 / (1 - 0.3) = 0.343$，$m(f_3) = 0.171$，$m(f_4) = 0.286$。从而判断故障最大可能是 f_1，即转子断条。

从上面的例子可以看出，单纯从某个传感器得到的故障特征可能无法判断故障的真正原因，尤其是当故障特征不是那么明显或者反映多种故障可能的时候。将多个传感器的信息进行融合，可以减少这种不确定性。

8.12　转子断条与定子绕组匝间短路双重故障诊断

笼型异步电动机在发生转子断条与定子绕组匝间短路时，其故障特征往往是相互交织、相互影响的，仅仅应用单一故障检测方法检测笼型异步电动机定转子故障，可能导致故障误判。因此，需要对笼型异步电动机转子断条与定子绕组匝间短路双重故障进行研究[136]。

8.12.1　定转子双重故障的故障特征的相互交织性

基于多回路数学模型，对一台 2 极、三相、50Hz、3kW 笼型异步电动机（Y100L-2 型）进行数字仿真，这里假定电动机为理想电动机。

应用多回路数学模型对电动机转子断条与定子绕组匝间短路故障进行数字仿真。仿真结果表明，笼型异步电动机存在转子断条故障时，在定子电流中除了出现频率分别为 $(1-2s)f_1$、$(1+2s)f_1$ 的边频分量外，还将出现负序电流，且其数值随着转子断条故障的进一步发展而增大，参见图 8-35。

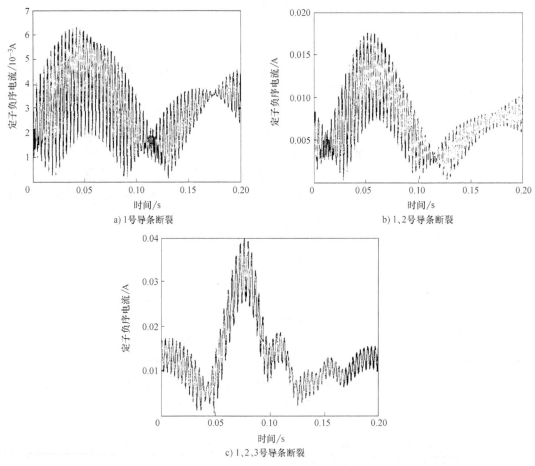

图 8-35　电动机满载且 1、2、3 号导条持续断裂时定子负序电流

需要指出，此处"负序电流"的成因在于：在应用通常的负序电流算法（如单工频周期滑动窗快速傅里叶变换方法）计算定子负序电流时，定子三相电流不同频率分量彼此之间相互作用，例如，A 相电流 f_1 频率分量、B 相电流 $(1-2s)f_1$ 频率分量与 C 相电流 $(1+2s)f_1$ 频率分量相互作用，导致计算结果出现"负序电流"。这表明，文献 [137] 提

出的定子绕组匝间短路在线检测方法——定子负序电流方法可能将转子断条故障误诊为定子绕组匝间短路故障。

另一方面，笼型异步电动机存在定子绕组匝间短路故障时，定子电流中除了出现负序分量外，还将出现 $(1-2s)f_1$、$(1+2s)f_1$ 边频分量，且其数值伴随匝间短路故障严重程度的加剧而增大，参见图 8-36。这归因于异步电动机定、转子之间的双边电磁感应关系：以 $(1-2s)f_1$ 分量为例，匝间短路故障发生后，定子三相负序电流（基波）联合产生负序基波磁动势，它相对于转子以速度 sn_1（伪同步速）反向旋转，与之对应的转子感应电流频率为 sf_1，它所产生的转子磁动势相对于转子以速度 sn_1 反向旋转，相对于定子以速度 $(1-2s)n_1$ 正向旋转，于是在定子绕组中感应 $(1-2s)f_1$ 电流分量。也正是基于此因，该分量数值甚小。但是，由于匝间短路形式众多，可以推断，某些形式的匝间短路故障将引起较大的 $(1-2s)f_1$、$(1+2s)f_1$ 边频分量。以上分析表明，在这种情况下，转子断条在线检测方法——定子电流信号频谱分析方法可能将定子绕组匝间短路故障错误地解释为转子断条故障，在 XT 电厂即发生过类似事件[136]。

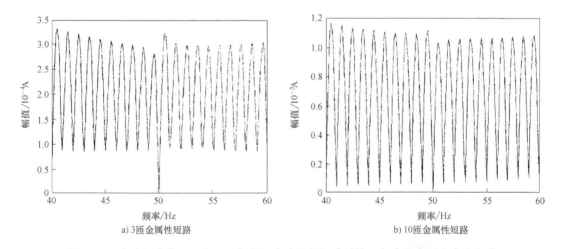

a) 3匝金属性短路　　　　　　　　　　b) 10匝金属性短路

图 8-36　电动机满载，且定子 A 相绕组发生匝间短路时的 A 相电流自适应滤波频谱

以上分析表明，笼型异步电动机存在转子断条与定子绕组匝间短路故障时的故障征兆是相互交织的，而转子断条与定子绕组匝间短路故障均属于渐进性故障，在工程实际中，笼型异步电动机存在双重故障是有一定概率的。

8.12.2　双重故障仿真分析

针对 Y100L-2 笼型异步电动机进行双重故障仿真研究，这里假设电动机首先发生转子断条故障，一段时间之后再发生定子绕组匝间短路故障。

图 8-37 表示电动机满载且 1 号转子导条断裂时，定子 A 相绕组发生 1 匝、3 匝金属性短路情况下的仿真结果，图 8-38 表示电动机满载且 1，2 号转子导条断裂时，定子 A 相绕组发生 1 匝、3 匝金属性短路情况下的仿真结果，具体数据示于表 8-8。类似地可以得到空载时的上述双重故障的仿真数据见表 8-9（在以上各图中，定子 A 相电流频谱为自适应滤波频谱；在表 8-8、表 8-9 中，定子三相电流相位差根据互相关函数方法求出）。

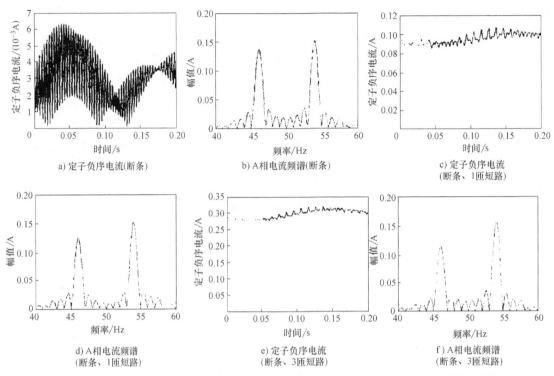

图 8-37　电动机满载，且 1 号导条断裂，定子 A 相绕组金属性匝短路情况下的仿真结果

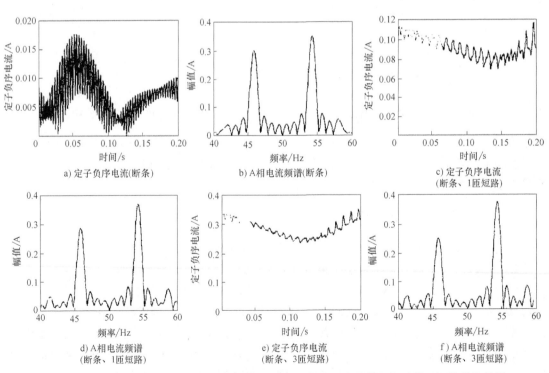

图 8-38　电动机满载，且 1、2 号导条断裂，定子 A 相绕组金属性匝短路情况下的仿真结果

表 8-8　电动机满载且双重故障情况下的仿真数据

故障情况	定子负序电流平均值/A	定子电流$(1-2s)f_1$分量幅值/A	定子 A、B 相电流相位差/(°)	定子 B、C 相电流相位差/(°)
正常	0	0	119.7	119.7
1 号导条断裂	0.003	0.138	119.7	119.7
1 号导条断裂 1 匝短路	0.095	0.126	123.3	116.1
1 号导条断裂 3 匝短路	0.297	0.115	126.9	110.7
1,2 号导条断裂	0.007	0.303	119.7	119.7
1,2 号导条断裂 1 匝短路	0.092	0.290	123.3	117.0
1,2 号导条断裂 3 匝短路	0.286	0.252	126.9	110.7

表 8-9　电动机空载且双重故障情况下的仿真数据

故障情况	定子负序电流平均值/A	定子电流$(1-2s)f_1$分量幅值/A	定子 A、B 相电流相位差/(°)	定子 B、C 相电流相位差/(°)
正常	0	0	119.7	119.7
1 号导条断裂	2.11e-5	3.11e-3	119.7	119.7
1 号导条断裂 1 匝短路	0.088	4.77e-3	128.7	116.1
1 号导条断裂 3 匝短路	0.274	0.016	141.3	103.5
1,2 号导条断裂	2.47e-5	5.67e-3	119.7	119.7
1,2 号导条断裂 1 匝短路	0.074	6.16e-3	126.9	117.9
1,2 号导条断裂 3 匝短路	0.235	0.030	138.6	108.9

8.12.3　转子断条与定子绕组匝间短路双重故障的研究

对上述仿真结果进行分析，可以概括出以下规律：

1) 笼型异步电动机存在双重故障时，定子电流中将出现负序分量；在相同负载、相同形式转子断条故障情况下，其数值（平均值）伴随匝间短路故障严重程度的加剧而增大；在相同负载、相同形式匝间短路故障情况下，其数值（平均值）基本不受转子断条故障严重程度的影响；另外，在相同形式双重故障下，其数值（平均值）与电动机负载状况基本无关；值得注意的是，不同于匝间短路单一故障情况，双重故障下，定子负序电流为 $2sf_1$ 频率调制信号，这一点在电动机满载时尤为明显。

2) 笼型异步电动机存在双重故障时，在定子电流中将出现频率分别为 $(1-2s)f_1$、$(1+2s)f_1$ 的边频分量；在相同负载、相同形式匝间短路故障情况下，其幅值随着转子断条故障的进一步发展而增大；在相同负载、相同形式转子断条故障情况下，其幅值亦受匝间短路故障严重程度的影响，但这种影响不确定；在相同形式双重故障情况下，其幅值随着电动机负载的增加而增大。

3) 根据表 8-8、表 8-9 可知，笼型异步电动机存在双重故障时，定子三相电流相位对称性遭到破坏，且其不对称程度伴随匝间短路故障严重程度的加剧而增大；在相同形式匝间短路故障下，这种不对称程度与电动机负载状况有关；另外这种不对称程度基本不受转子断条故障严重程度的影响。自然，定子三相电流幅值对称性也不再成立。尚需注意：定子三相电流相位对称性遭到破坏纯粹是由于匝间短路故障导致，转子断条故障发生与否对此并无影响。

8.12.4 双重故障试验的研究

在进行数字仿真研究的同时，对笼型异步电动机转子断条与定子绕组匝间短路双重故障做了试验研究。此处给出笼型异步电动机空载且1，2号导条断裂时定子B相绕组3匝经过渡电阻短路情况下的试验结果，即图8-39、表8-10。出于设备安全考虑，采用一过渡电阻将匝间短路环电流限制在5A。

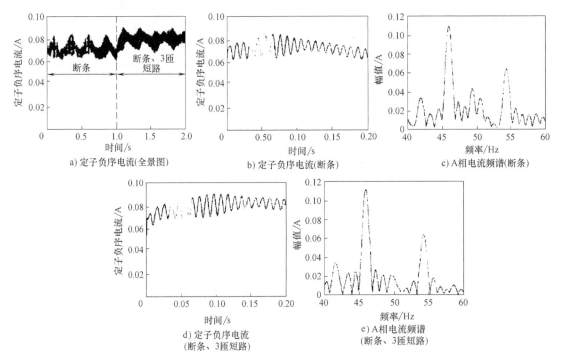

图 8-39　笼型异步电动机空载，且1、2号导条断裂，定子B相绕组3匝经过渡电阻短路情况下的试验结果

表 8-10　笼型异步电动机空载且双重故障情况下的试验数据

故障情况	定子负序电流平均值/A	定子电流$(1-2s)f_1$分量幅值/A	定子A、B相电流相位差/(°)	定子B、C相电流相位差/(°)
正常	0.070	0.018	117.0	124.2
1、2号导条断裂	0.072	0.110	117.0	124.2
1、2号导条断裂+3匝短路	0.079	0.111	117.0	124.2

根据图8-39、表8-10可知，试验结果与上文仿真分析所得规律基本吻合。所不同的是，由于本身所固有的非对称性，实际电动机在正常运行时其定子电流即体现一定数值的负序分量、$(1-2s)f_1$、$(1+2s)f_1$边频分量。另外，由于匝间短路是经过渡电阻而非金属性的，属于轻微故障，故仅仅导致定子负序电流微弱变化，而定子三相电流相位差并未受到影响。这说明，就故障特征灵敏度而言，定子负序电流优于定子三相电流相位差。

8.13　时变转速运行状态下电动机转子断条故障的诊断

从本质上说，MCSA（电机电流信号特征分析）是以傅里叶变换（FFT）为数学基础的诊断方法，当电机平稳运行时，电流信号近似为平稳信号，MCSA方法具有较好的诊断性能。

相比于稳态，时变运行是电机驱动系统另一种常见的工作状态。在这种时变转速运行状态下，MCSA方法的应用条件遭破坏并由此造成该方法诊断非常困难。

结合Park矢量变换兼具解调制作用的优良性能，以及离散小波变换（DWT）在时-频两域都具有表征信号局部特征的能力，文献［138］提出一种基于定子电流Park矢量模的二次方信号离散小波分析的转子断条故障诊断新方法。所提方法的核心思想是对定子电流Park矢量模的二次方信号做DWT，继而通过小波分解高频信号波动演变及能量变化情况判断故障发生与否。

8.13.1　变转速对转子断条故障特征影响的分析

假设笼型电动机由理想三相电源供电，A、B、C三相电流 $i_a(t)$、$i_b(t)$、$i_c(t)$ 表达式如式（8-17）所示，式中，I_m 为电流基波分量最大值，基波角频率 $\omega = 2\pi f$。电动机发生转子断条故障时，转子电路电气不平衡将导致定/转子之间气隙磁场畸变，最终在定子绕组中感生出一系列与转子断条故障有关的谐波分量 $(1\pm2ks)f$，$k = 1$，2，3，$\cdots$，k 取1时，定子电流 $i_{af}(t)$、$i_{bf}(t)$、$i_{cf}(t)$ 表达式见式（8-18）。式中，I_l、I_r 分别为左、右边频带谐波分量最大值，φ_l、φ_r 分别为对应的初始相位角。

$$\begin{cases} i_a(t) = I_m\cos(\omega t) \\ i_b(t) = I_m\cos(\omega t - 2\pi/3) \\ i_c(t) = I_m\cos(\omega t + 2\pi/3) \end{cases} \tag{8-17}$$

$$\begin{cases} i_{af}(t) = I_m\cos(\omega t) + I_l\cos\left[(1-2s)\omega t - \varphi_l\right] + I_r\cos\left[(1+2s)\omega t - \varphi_r\right] \\ i_{bf}(t) = I_m\cos\left(\omega t - \dfrac{2\pi}{3}\right) + I_l\cos\left[(1-2s)\omega t - \dfrac{2\pi}{3} - \varphi_l\right] + I_r\cos\left[(1+2s)\omega t - \dfrac{2\pi}{3} - \varphi_r\right] \\ i_{cf}(t) = I_m\cos\left(\omega t + \dfrac{2\pi}{3}\right) + I_l\cos\left[(1-2s)\omega t + \dfrac{2\pi}{3} - \varphi_l\right] + I_r\cos\left[(1+2s)\omega t + \dfrac{2\pi}{3} - \varphi_r\right] \end{cases} \tag{8-18}$$

采用Park变换，可将三相定子电流从 (a, b, c) 三维坐标变换到二维坐标，并得到如式（8-19）所示的定子电流Park矢量表达式，以及如式（8-20）所示的Park矢量模的二次方表达式。

$$i_f(t) = \sqrt{\dfrac{2}{3}}\left[i_{af}(t) + i_{bf}(t)\,\mathrm{e}^{\mathrm{j}(2\pi/3)} + i_{cf}(t)\,\mathrm{e}^{-\mathrm{j}(2\pi/3)}\right] = \sqrt{\dfrac{3}{2}}\left[I_m\mathrm{e}^{\mathrm{j}\omega t} + I_l\mathrm{e}^{\mathrm{j}[(1-2s)\omega t - \varphi]} + I_r\mathrm{e}^{\mathrm{j}[(1+2s)\omega t - \varphi]}\right]$$

$$\tag{8-19}$$

$$|i_f(t)|^2 = \dfrac{3}{2}(I_m^2 + I_l^2 + I_r^2) + 3I_mI_l\cos(2s\omega t + \varphi_l) + 3I_mI_r\cos(2s\omega t - \varphi_r) + 3I_lI_r\cos(4s\omega t + \varphi_l - \varphi_r)$$

$$\tag{8-20}$$

式（8-18）和式（8-20）分别从时域角度刻画了转子断条故障发生时单相定子电流信号

以及 Park 矢量模平方信号频率成分结构。$i_{af}(t)$、$i_{bf}(t)$、$i_{cf}(t)$ 频谱中包含着频率成分 f 和 $(1\pm2s)f$；由于 I_1、I_r 都远远小于 I_m，因此 $4sf$ 的幅值远远小于 $2sf$ 的幅值，所以，在 Park 矢量模的二次方信号谱分析中将单一的 $2sf$ 谐波分量作为转子断条故障特征频率。从实际应用的角度，如果能排除产生 $(1\pm2s)f$ 或 $2sf$ 的其他因素，那么根据 $i_{af}(t)$、$i_{bf}(t)$、$i_{cf}(t)$ 中是否存在 $(1\pm2s)f$，或根据 $\left| i_f(t) \right|^2$ 中是否存在 $2sf$，即可对电动机健康状态做出确认。上述原则构建了稳态 MCSA 诊断转子断条故障理论基础。

当驱动足够大负载的电动机系统稳定运行时，转速 n 基本恒定，这时，可以很容易地确定出 $(1\pm2s)f$ 或 $2sf$，并据此做出故障识别。但是，当转速 n 变化从而导致转差值 s 不再固定时，准确确定特征频率在频谱中的位置变得相当困难甚至不可能。

为了说明上述现象，提供稳态和时变转速运行状态下转子 1 根断条故障电动机试验结果分别如图 8-40 和图 8-41 所示，对应的试验电动机参数见表 8-11。图 8-40 是故障电动机稳定运行时的定子电流时域波形（电动机转速任意选取为 1460r/min）、电流 FFT 频谱和 Park 矢量模的二次方信号 FFT 频谱。图 8-41b 中，故障特征频率为 47.33Hz 和 52.67Hz 分别位于基频 50Hz 左右两侧；而图 8-41c 中，故障特征频率则表现为单一谱线 2.67Hz。由于电动机转速恒定，上述频率成分在图中清晰可见。

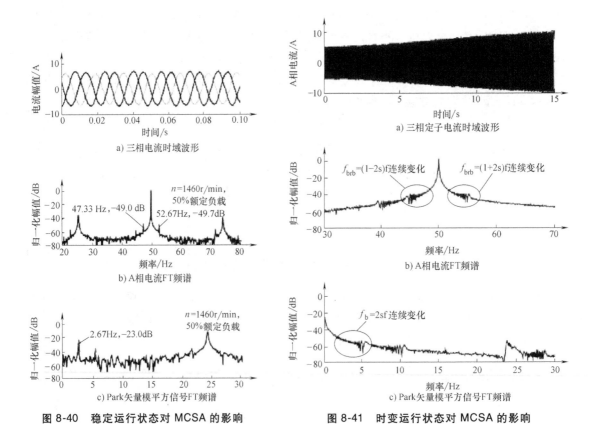

图 8-40　稳定运行状态对 MCSA 的影响　　　图 8-41　时变运行状态对 MCSA 的影响

图 8-41 是时变转速运行状态下的三相定子电流时域波形以及其对应的 FFT 频谱和 Park 矢量模的二次方信号 FFT 频谱。对比图 8-41a 和图 8-40a 可以看到：时变运行状态下，电流幅值连续变化；图 8-40b 中基频 50Hz 左右两侧两条明显的谱线在图 8-41b 中分别"变成"

了频率成分模糊不清的频带；图 8-40c 中 0Hz 右侧的单一谱线 2.67Hz 在图 8-41c 中也被频带所取代。由于转差值 s 不固定，在图 8-41b 或图 8-41c 中看不到（$1\pm2s$）f 或 $2sf$ 谱线的存在，从而无法对电动机健康状态做出评判。

8.13.2　基于 Park 矢量模的二次方信号离散小波分析的故障诊断方法

1. 诊断系统构成及诊断步骤

故障诊断系统如图 8-42 所示，包括数据采集及预处理、故障特征提取、故障识别和诊断 3 个部分。数据采集及预处理的主要功能是对原始电流信号消噪、A/D 采样以及构造 Park 矢量模的二次方函数。诊断步骤如下：

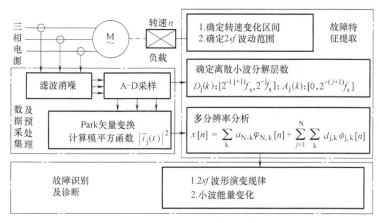

图 8-42　故障诊断系统图

1）根据采样频率 f_s 计算 DWT（Discrete Wavelet Transform，离散小波变换）分解层数以及与各分解层相对应的频带范围；

2）根据电动机转速变化始末转速确定转差值 s 变化区间以及与之对应的 $2sf$ 分布范围；

3）根据与 $2sf$ 对应的小波分解信号波动及能量变化情况进行电动机健康状态判断。

2. 试验系统及实验过程

试验系统主要由电源、试验电动机、电动机负载、数据采集板等组成。试验电动机包括用于参照的无故障电动机和带有 1 根转子断条的故障电动机各 1 台，两台电动机型号相同，铭牌参数如表 8-11 所示。数据采集板由调理电路、DSP 数据采集卡构成。

表 8-11　试验电动机参数

参数	数值	参数	数值
额定功率/kW	3.0	额定转速/(r/min)	1420
额定电压/V	380	频率/Hz	50
额定电流/A	6.8	极对数	2

在试验过程中，对无故障电动机和故障电动机分别测试，并使电动机在加速和减速两种状态下缓慢运行，转速变化范围分别为［1420、1497］r/min 和［1497、1420］r/min。定子电流信号采样频率为 4kHz，采样时间为 15s。对测得的数据运用所提算法做离线分析，为降低频带重叠影响和改善小波滤波特性，分析过程中选用 db-45 高阶母小波。

8.13.3 诊断方法的性能分析

根据上面所述步骤，首先得到 $f_s = 4\text{kHz}$ 时的小波分解信号频带范围见表 8-12，电动机转速与 $2sf$ 的对应关系见表 8-13。从表 8-13 可见，转速在 [1497、1420]r/min 之间连续变化时，$2sf$ 在 [0.20、5.33]Hz 之间变化。对照表 8-12 和表 8-13 可知，反映上述变化过程的信号波动主要分布在小波分解 d9~d12 层。这意味着，为判断电动机健康状态，应着重研究 d9~d12 层信号演变规律。

表 8-12　小波分解信号频带范围

分解层	频率范围/Hz	分解层	频率范围/Hz
d_5	125~62.50	d_9	7.82~3.91
d_6	62.50~31.25	d_{10}	3.91~1.96
d_7	31.25~15.62	d_{11}	1.96~0.98
d_8	15.63~7.82	d_{12}	0.98~0.49

表 8-13　故障特征频率理论值

转速/(r/min)	转差 s	$2sf$/Hz	转速/(r/min)	转差 s	$2sf$/Hz
1497	0.0020	0.20	1470	0.0196	1.96
1493	0.0049	0.49	1441	0.0391	3.91
1485	0.0098	0.98	1420	0.0533	5.33

1. 电动机加速运行时的诊断性能

图 8-43 和图 8-44 分别为无故障电动机和故障电动机在 [1420，1497]r/min 转速范围内加速运行时定子电流 Park 矢量模的二次方信号以及与之对应的小波分解高层信号图谱。

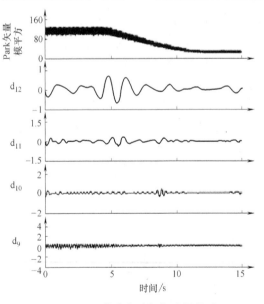

图 8-43　无故障电动机加速运行时
Park 矢量模平方信号小波分解

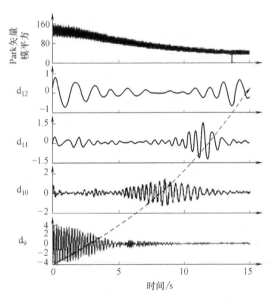

图 8-44　故障电动机加速运行时
Park 矢量模的二次方信号小波分解

在图 8-43 中，各层小波分解信号波形波动细微且平稳，表征了电动机处于健康状态的事实。相比之下，图 8-44 中的信号波形出现了明显波动，初步判断电动机存在着转子断条故障，这与电动机实际健康状态也是相符的。

电动机转速从 1420r/min 开始缓慢增加到 1497r/min，对应着 2sf 从 5.33Hz 开始逐渐减小到 0.20Hz。在图 8-44 中，该过程具体表现为 d9~d12 各层信号的明显波动，以及随着转速逐渐升高，该波动从 d9 层开始逐层穿越 d10、d11 向 d12 层的逐渐演变。具体来说，当转速从 1420r/min 逐渐增加到大约 1441r/min 时，2sf 从 5.33Hz 变化到大约 4.0Hz。在此期间，d9 层的信号出现了非常明显的波动。此后，随着时间推移及转速上升，转差 s 逐渐减小，2sf 也逐渐减小，并分别表现为 d10~d12 小波分解层的信号波动。其中，d10~d12 分解层对应的转速区间分别为 [1441，1470]r/min、[1470，1485]r/min、[1485，1493]r/min。这样，对于上述局部转速区间以及电动机从额定转速到接近空载转速（1493r/min）的近似全运行过程，根据对应小波分解层上的信号波动以及 2sf 的波动演变情况，都可以对电动机健康状况做出初步判断。

进一步地结合图 8-43、图 8-44，并对照表 8-14 可以看出：在电动机加速运行过程中，相比于无故障电动机，与故障电动机对应的 d9~d12 各层小波分解信号都表现出较明显的能量增加。定性分析与小波能量分析结果相互佐证，即可确定相应转速范围内电动机确实存在着转子断条故障。进而表明：电动机加速运行时所提出的故障诊断方法是有效的。

表 8-14　电动机加速运行时的 Park 矢量模的二次方信号小波能量

能量带	E12	Ed11	Ed10	Ed9	Ed8	Ed7
无故障电动机	0.2137	0.1081	0.0770	0.1720	0.1012	2.1139
故障电动机	0.2804	0.3354	0.4064	1.1863	0.6783	1.1100
能量带	Ed6	Ed5	Ed4	Ed3	Ed2	Ed1
无故障电动机	1.9274	3.2549	0.3335	0.8752	0.9348	0.6145
故障电动机	1.8974	3.4433	0.9605	0.7796	2.7148	0.7826

2. 电动机减速运行时的诊断性能

图 8-45 和图 8-46 分别为无故障电动机和故障电动机在 [1497，1420]r/min 范围内减速

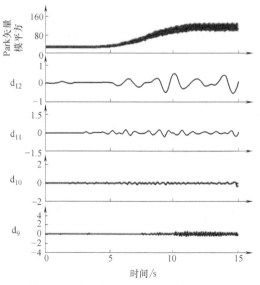

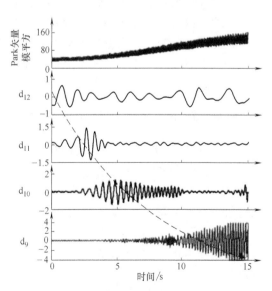

图 8-45　无故障电动机减速运行时 Park
矢量模的二次方信号小波分解

图 8-46　故障电动机减速运行时 Park
矢量模的二次方信号小波分解

运行时定子电流 Park 矢量模的二次方信号以及相应的小波分解高层信号图谱。图 8-46 中，d9~d12 各层小波分解信号波形稳定，这与电动机实际健康状况完全符合。与上面类似的分析过程，可以得出电动机减速运行时所提出的诊断方法也同样有效。

8.14　变频器供电电动机转子断条故障诊断

8.14.1　问题的提出——电动机变频器供电电流基本特征

变频器供电的笼型异步电动机定子电流有三种获取方式：变频器输出侧（电动机定子电流）、变频器逆变电路输入侧和变频器供电侧。目前，基于 MCSA 的变频器供电笼型异步电动机故障诊断大都是采用变频器输出侧电流开展研究。事实上，由于变频器中电力电子开关频繁关断作用以及变频装置中电磁干扰（electromagnetic interference，EMI）和电磁兼容（electromagnetic compatibility，EMC）干扰的影响，定子电流会受到严重的噪声污染，突出表现为电流信号中明显含有较多的高次谐波。如果采用该信号作故障分析必须对信号进行繁琐的预处理，但供电侧电流的频率总是等于 50Hz 且基本上不受噪声信号干扰，从图 8-47 所示的变频器供电侧和输出侧电流时域波形可清晰地看出两者的差别（横坐标为采样点）。

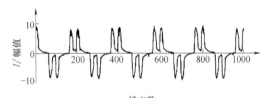

a) 变频器输出侧电流(电动机定子电流)

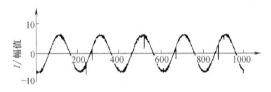

b) 变频器供电侧电流

图 8-47　变频器供电侧与输出侧电流

在工业现场，用于控制或保护的电流互感器常安装在变频器供电侧，电流信号获取非常方便。因此，当笼型异步电动机由变频器供电时，采用变频器供电侧电流替代传统的电动机定子电流作转子断条故障分析，避免了重复安装电流互感器造成的成本浪费，降低了数据处理的软、硬件开销，且可以方便地构成非侵入式电动机运行状态监测系统[139]。

8.14.2　转子断条故障时变频器供电的电流变化特征

在如图 8-48 所示的脉宽调制（Pulse Width Modulation，PWM）电压型变频驱动系统中，i'_a、i'_b、i'_c 为变频器整流电路输入电流（即变频器供电电流）；i_a、i_b、i_c 为变频器逆变电路输出电流（即电动机定子电流）。

设 f 为供电电源角频率；f_s 为正弦调制波频率（即变频器输出基

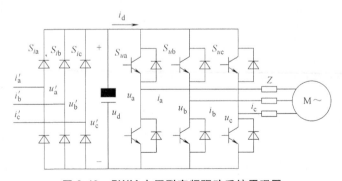

图 8-48　PWM 电压型变频驱动系统原理图

波频率）。分析可知[139]，当电动机无故障时，变频器 A 相供电电流 $i'_a(t)$ 主要包含电源频率 f，电源频率 f 的（$6n\pm1$）倍谐波；电源频率 f 的边频带成分 $f\pm2f_s$、电源频率 f 的（$6n\pm1$）倍谐波的边频带成分（$6n\pm1$）$f\pm2f_s$、与载波频率有关的高次谐波分量 $i_h(t)$。

根据调制理论，当笼型异步电动机出现转子断条故障时，电流、转速、转矩都将受到周期性的扰动影响，该扰动同时对定子三相电流信号 $i_a(t)$、$i_b(t)$、$i_c(t)$ 进行幅值和相位调制，并从变频器输出侧向变频器输入侧传递。如果只考虑电源频率 f 对应的故障特征频率，可以得到笼型异步电动机转子断条故障时变频器供电电流 $i'_f(t)$（即变频器整流电路输入电流）中增加了 $f\pm2sf_s$ 频率成分。因此，可根据 $i'_f(t)$ 频谱中是否存在 $f\pm2sf_s$ 频率成分及其幅值大小可判断转子断条故障发生与否和故障严重程度。

8.14.3　基于变频器供电的转子断条故障诊断方法

1. 基于 Hilbert 变换的变频器输入电流包络线提取

考虑变频器 A 相供电电流 $i'_f(t)$，$i'_f(t)$ 进行 Hilbert 变换。以 $i'_f(t)$ 为实部，$i'_f(t)$ 的 Hilbert 变换为虚部，构造如式（8-21）所示的解析信号 $z(t)$，并求得如式（8-22）所示的解析信号 $z(t)$ 的包络线 $e(t)$：

$$z(t) = i'_f(t) + \mathrm{j}HT\big[\,i'_f(t)\,\big] = Ie^{j(2\pi ft-\alpha)} + I_f e^{j[2\pi(f\pm2sf_s)t-\alpha]} = Ie^{j(2\pi ft-\alpha)}\big[\,I + I_f e^{\pm j4\pi sf_s t}\,\big] \quad (8\text{-}21)$$

$$e(t) = \big|\,z(t)\,\big| = \big|\,I + I_f e^{\pm j4\pi sf_s t}\,\big| \quad (8\text{-}22)$$

由式（8-22）可知，在采用 Hilbert 变换提取解析信号 $z(t)$ 包络线过程中，基波频率 f 分量被转换为直流分量 I，因此在包络线 $e(t)$ 的 FFT 频谱中将不会出现基波频率 f 分量，也即消除了该频率成分频谱泄露的影响，这使得故障特征频率 $2sf_s$ 的识别变得非常容易。这时，根据包络线频谱中是否存在 $2sf_s$ 特征频率及其幅值大小就可以判断故障发生与否及严重程度。为改善频谱质量，可构造特征信号 $E(t) = e^2(t) - \mathrm{mean}\big[\,e^2(t)\,\big]$，以 $E(t)$ 代替 $e(t)$ 做 FFT 频谱分析。

2. 基于变频器供电电流 Hilbert 解调制的空载电动机转子断条故障诊断

该方法由数据采集、故障电流解调制、频谱分析、故障特征频率计算和故障识别诊断 5 个主要部分组成。主要原理是：对经过预滤波处理的变频器供电电流信号 $i'_f(t)$ 作 Hilbert 解调制分析，构造基于 $i'_f(t)$ 包络线的解析信号 $E(t)$ 并求 $E(t)$ 的 FFT 频谱；同时根据变频器设定频率 f_s 和对应的电动机实际转速 n 计算转差率 s 和故障特征频率 f_b，然后将 f_b 与已经得到的电流频谱作比较分析，根据电流频谱谱线中是否存在故障特征频率 f_b 确定转子断条故障发生与否，原理图如图 8-49 所示。

8.14.4　试验验证

1. 试验装置及数据采集

试验装置由电源系统、电动

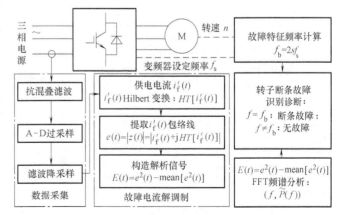

图 8-49　故障诊断原理图

机拖动系统、数据采集系统、数据处理中心 4 部分组成。电源系统包括西门子 M440 变频器和工频电源；电动机拖动系统包括试验电动机和直流发电机负载；数据采集系统由 TBC300LTP 型电流互感器、自制调理电路、DSP 数据采集卡构成。试验电动机是 3 台额定功率为 3kW，额定电压为 380V，额定电流为 6.8A 的笼型异步电动机，其中 1 台无故障电动机用作试验参照，另 2 台电动机分别带有 2 根、3 根连续断条故障，用于算法验证。

在试验过程中，变频器设定频率 $f_s = 50Hz$。首先在空载、25%、50%、75%、100% 额定负载时采集无故障电动机变频器供电侧电流数据，然后换上 2 根、3 根转子断条故障电动机，重复相同的试验步骤。表 8-15 为电动机测试状态和相应的故障特征理论值。数据采集采用过采样方法，过采样后的信号经过 8 阶切比雪夫低通滤波器数字滤波并降采样，最后得到采样时间 30s、采样频率为 4kHz 的待分析信号。

表 8-15　电动机测试状态和相应的故障特征理论值

电动机类型	负载(%)	转速 $(r \cdot min^{-1})$	转差率(%)	$2sf_s$	$(1 \pm 2s)f_s$/Hz
无故障	空载	1498	0.0013	0.13	—
2 根断条	空载	1498	0.0013	0.13	49.87；50.13
3 根转子断条故障	空载	1498	0.0013	0.13	49.87；50.13
	25	1480	0.0130	1.3	48.7；51.3
	50	1459	0.0270	2.7	47.3；52.7
	75	1438	0.0410	4.1	45.9；54.1
	100	1420	0.0530	5.3	44.7；55.3

2. 变频器供电电流信号 FFT 频谱分析

图 8-50 对应无故障电动机空载以及 3 根连续断条故障电动机在空载、25%、50%、75% 和 100% 额定负载运行时的变频器供电电流 FFT 频谱。通过比较分析，可以看出：当电动机在 100% 额定负载运行时，f_b 谱线清晰可见，随着负载降低，f_b 逐渐向基频 f 靠近，且幅值

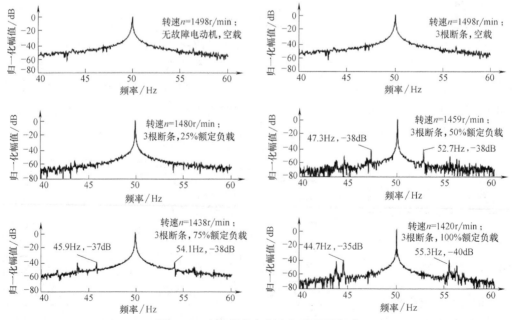

图 8-50　变频器供电电流信号 FFT 频谱

逐渐减小。由于 f 频谱泄露的影响，在 25% 额定负载时，f_b 谱线已经看不清楚；在空载情况下，f_b 谱线完全被 f 频谱泄露所湮没，采用 MCSA 方法无法诊断转子断条故障。

3. 变频器供电电流 Hilbert 解调制信号 FFT 频谱分析

图 8-51 为空载运行时，无故障电动机、2 根和 3 根转子断条故障电动机的变频器供电电流 Hilbert 解调制信号的 FFT 频谱。由于电动机空载运行时故障特征频率 $2sf_s$ 只有 0.13Hz，且幅值较小，为便于识别，图中对频谱做了细化处理。由图 8-51 可见，试验结果与理论分析结果完全一致：由于消除了变频器供电频率 f 频谱泄露的影响，故障特征频率 $f_b = 2sf_s$ 清晰可见，因此该方法是有效的。在故障严重程度不同的电流频谱图中，f_b 在频谱中的位置不变（都是 0.13Hz），但是其幅值随着故障严重程度增加而增大，即 3 根断条时的故障特征频率幅值 -45dB 要大于 2 根断条时的故障特征频率幅值 -50dB，从而验证了所提出的方法对不同严重程度断条故障都能做出有效诊断，性能稳定。

为进一步评估所提出的方法在全负载范围内诊断转子断条故障的性能，对 3 根连续断条故障电动机在 25%、50%、75%、100% 额定负载状态下进行测试，并与无故障电动机 100% 额定负载状态运行时得到的变频器输入电流频谱图作对比分析，如图 8-52 所示。从图中明

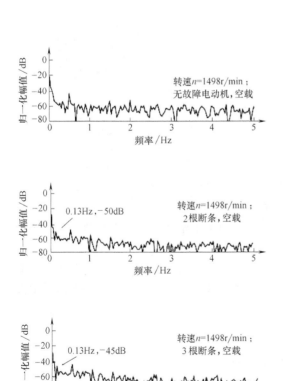

图 8-51　空载时变频器供电电流包络线
解析信号 FFT 频谱

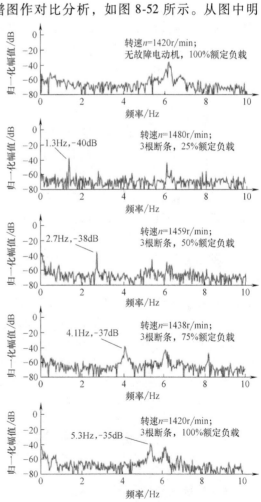

图 8-52　不同负载时变频器供电电流
包络线解析信号 FFT 频谱

显看出：在各种负载状态下，采用所提出的方法均能清晰地识别出转子断条故障的特征频率 $2sf_s$，而且 $2sf_s$ 的幅值随着电动机负载增大而逐渐增大。

8.15　感应电动机气隙偏心故障及其诊断

感应电动机很多机械故障大多与气隙偏心有关，限于篇幅关于偏心故障不展开分析，主要对当前国内外关于感应电动机气隙偏心故障及其诊断的主要方法作简要介绍[140]，分析国内外感应电动机气隙偏心故障的研究状况，包括基于电动机电流信号分析的偏心检测、不平衡磁拉力和振动三个方面的内容。关于感应电动机气隙偏心故障及其诊断不单独列章，放在本章分析。

8.15.1　电动机气隙偏心

无论是转子刚度不足还是轴承磨损或安装误差，都容易导致气隙偏心。感应电动机气隙偏心轻则使气隙磁场产生畸变，恶化电动机各项性能指标；重则定转子相擦，电动机烧毁。因此，对感应电动机进行故障研究，探索故障诊断的有效渠道显得尤为重要。

电动机的气隙偏心可以分为两种基本情况：一种是静态偏心，指定、转子不同心，转子以自身几何轴心为旋转轴；另一种是动态偏心，指定、转子不同心，但转子以定子的几何轴心为旋转轴，如图 8-53 所示。其他一些复杂的偏心都是这两种基本类型的组合。电动机气隙偏心的模型是研究的出发点，发展至今，可归纳为静态偏心、动态偏心、混合偏心和轴向变化偏心这四类。

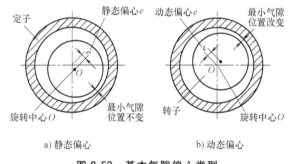

图 8-53　基本气隙偏心类型

目前，各类有关电动机偏心故障的研究内容，主要包括采用电流状态监测等方法的偏心检测、不平衡磁拉力和振动分析三个方面。国外对电动机气隙偏心的研究较早，早在 20 世纪初就出现了对气隙偏心和不平衡磁拉力的相关研究。包括定子绕组感应电动势的不均匀分布，齿部磁密饱和，转子受到的磁拉力以及偏心造成的额外铁耗、铜耗等。

电动机容量的增大以及安全性和可靠性要求的不断提高使得电动机拖动系统的故障诊断和预测变得越来越重要，而在所有常见的故障中，很多与气隙偏心有关。本节针对感应电动机气隙偏心研究中的有关问题，介绍了国内外所取得的进展，并提出了研究中存在的问题，展望今后的发展方向。

8.15.2　基于电动机电流信号分析的偏心检测

1. 电动机电流信号分析

基于传统磁动势和磁导波的方法得到当电动机存在气隙偏心时，定子绕组中会形成一些特定频率的电流分量，并通过试验进行了验证，为之后气隙偏心故障的检测研究提供了行之有效的方法。与偏心有关的频率分量可表示为

$$f_{h} = \left[(kR \pm n_{d}) \frac{1-s}{p} \pm \nu \right] f \qquad (8\text{-}23)$$

式中　f——电源基波频率；

　　　R——转子槽数；

　　　s——转差率；

　　　p——极对数；

　　　k——任意整数；ν 为电源谐波阶数（$\nu = 1$，2，3…）；

　　　n_{d}——偏心阶数，静态偏心时 $n_{d} = 0$，动态偏心时 $n_{d} = 1$，2，3…

2. 感应电动机多回路模型

为了深入研究交流电动机内部不对称时的运行问题，我国学者高景德、王祥珩提出了以单个线圈为分析单元的交流电动机多回路理论。同时，德国学者 Kulig 等在研究汽轮发电机故障瞬态电流时也提出了类似多回路的计算方法。交流电动机多回路理论为偏心电动机的电流信号分析提供了方便，成为后续理论分析的主流方法。

基于多回路理论的感应电动机模型表述如下，列出电动机的电压方程和磁链方程：

$$V_{s} = R_{s} I_{s} + \frac{d \boldsymbol{\psi}_{s}}{dt} \qquad (8\text{-}24)$$

$$V_{r} = R_{r} I_{r} + \frac{d \boldsymbol{\psi}_{r}}{dt} \qquad (8\text{-}25)$$

$$\boldsymbol{\psi}_{s} = L_{ss} I_{s} + L_{sr} I_{r} \qquad (8\text{-}26)$$

$$\boldsymbol{\psi}_{r} = L_{rs} I_{s} + L_{rr} I_{r} \qquad (8\text{-}27)$$

式中　$\boldsymbol{V}$——回路电压矩阵；

　　　$\boldsymbol{R}$——回路电阻矩阵；

　　　$\boldsymbol{I}$——回路电流矩阵；

　　　$\boldsymbol{\psi}$——回路磁链矩阵；

　　　$\boldsymbol{L}$——回路自感或互感矩阵。

下标"s"表示定子，下标"r"表示转子。为了进行瞬态分析，还必须列出以单个定、转子回路参数表示的转矩方程

$$T_{e} = T_{l} + J \frac{d\omega}{dt} \qquad (8\text{-}28)$$

$$\frac{d\theta}{dt} = \omega \qquad (8\text{-}29)$$

式中　T_{e}——电磁转矩；

　　　T_{l}——负载转矩；

　　　J——转子的转动惯量；

　　　ω——转子机械角速度；

　　　θ——转子机械角位移。

在系统呈线性的情况下，电磁转矩可以用磁共能表示为

$$T_{e} = \left. \frac{\partial W_{co}}{\partial \theta} \right|_{I_{s}, I_{r} = \text{const}} \qquad (8\text{-}30)$$

其中，

$$W_{co} = \frac{1}{2}(I_s^T L_{ss} I_s + I_s^T L_{sr} I_r + I_r^T L_{rs} I_s + I_r^T L_{rr} I_r) \tag{8-31}$$

联立式（8-24）~（8-31），选择 $x = \begin{bmatrix} I_s & I_r & \omega & \theta \end{bmatrix}^T$ 为状态变量，可化成标准的状态方程形式，采用四阶 Runge-Kutta 方法即可求解该微分方程组。

采用多回路法分析电动机气隙偏心故障的关键是准确计算回路参数，尤其是电感参数。关于交流电动机电感参数的计算，可参见有关专门文献［3］。

有了以上研究基础之后，可将静态气隙偏心体现在电感矩阵的计算中，建立了笼型感应电动机静态气隙偏心下的瞬态模型，比较无偏心和静态偏心下的起动性能差异。

8.15.3　振动分析及监测

1. 不平衡磁拉力

不平衡磁拉力的产生有很多原因，从本质上来说，主要是因为电动机中磁路或电路的不对称。电动机定、转子的不同心是导致不平衡磁拉力的常见因素。另外，材料磁化不均匀和绕组不当也会产生不平衡磁拉力。

不平衡磁拉力的简化计算模型包括解析法模型和有限元模型，这些模型都认为气隙沿轴向是不变化的，并且解析法模型采用的是线性磁路。英国学者 Dorrell 在不平衡磁拉力方面做了深入研究。Dorrell 针对基于线性磁路的解析模型做了改进，提出了考虑饱和的非线性模型。

2. 振动

电动机的振动研究十分复杂，涉及电磁、机械等多个方面。由于转子的偏心引起的不平衡磁拉力是电动机产生振动的一个重要因素，国内外这方面也有相关的研究。Cameron 等人［141］通过理论分析得出了大型感应电动机气隙静态偏心和动态偏心时的特定频率的振动信号，并且在试验中得到了验证，为通过振动检测来判断感应电动机偏心情况提供了依据。Dorrell 等［142］指出将电流信号分析和观测低频振动信号结合可以清楚地判断混合偏心中静态偏心和动态偏心的变化。

3. 偏心故障监测新技术

通过考查定子电流和振动来判断电动机气隙偏心的方法，易受其他故障信号干扰，随着信号处理和计算机技术的迅猛发展，电动机的故障诊断方法越来越多，将多种先进的诊断方法结合起来，准确有效地监测气隙偏心，也是未来偏心检测的发展方向。

第9章 发电机故障分析

发电机的可靠运行一向是维系电网不间断供电的基本保证。发电机运行故障/事故是当前我国发展电力工业方面存在的重要问题之一，一些恶性事故给国民经济带来了巨大损失，因此，必须对发电机故障及其诊断方法进行研究，以有效地预防故障的发生，同时为实现发电机状态维修建立基础。本章主要对同步发电机故障进行分析，主要包括发电机故障统计分类、故障机理、故障原因、故障特征和故障诊断概况。

9.1 发电机故障的有关统计

1. 早期全国发电机故障的统计及分析

表9-1系1980~1987年间我国发电机事故率（台次/100台）统计[9]。表9-2及表9-3分别为1984~1987年全国发电机事故按容量及运行年限分类的统计表。虽然数据较早，但仍有一定的参考价值。

表 9-1 1980~1987 年间我国发电机事故率统计（台次/100 台）

年份	每百台事故/（台次）	事故率（%）	年份	每百台事故/（台次）	事故率（%）
1980	51	3.08	1984	25	1.38
1981	47	2.7	1985	43	2.28
1982	48	2.77	1986	97	4.83
1983	46	2.57	1987	101	4.92

表9-2及表9-3为发电机事故按部位及原因分类表。

表 9-2 发电机事故按部位分类表（台次）

序号	发电机事故部位	年份				累计
		1984	1985	1986	1987	
1	定子绕组绝缘击穿	2	5	13	14	34
2	定子绕组相间短路	8	7	2	9	26
3	定子绕组端部接头、引线接头过热	—	2	4	4	10
4	定子铁心烧伤	—	2	1	1	4

（续）

序号	发电机事故部位	年份				累计
		1984	1985	1986	1987	
5	发电机内部氢气爆炸或起火	1	—	1	3	5
6	发电机漏氢	2	1	13	13	29
7	定子绕组漏水	—	—	10	6	16
8	转子绕组引水导线断裂、拐角漏水	2	4	4	5	15
9	转子其余部分漏水	—	1	16	5	22
10	转子绕组接地或匝间短路	1	3	4	4	12
11	转子绕组极间连线断裂	1	—	—	—	1
12	转子绕组过热	1	—	—	—	1
13	转轴磁化	—	—	1	—	1
14	负序电流损伤转予	—	4	1	1	6
15	异步起动损伤转子	1	1	—	2	4
16	联轴器螺钉断裂	—	1	1	1	3
17	密封瓦温度高、零件磨损	—	—	1	3	4
18	发电机滑油	—	—	1	2	3
19	电刷、集电环冒烟	—	3	4	9	16
20	发电机失磁异步运行	3	3	5	4	15
21	水冷发电机断水	1	—	1	2	4
22	其他	2	6	14	13	35
总计		25	43	97	101	266

表 9-3　发电机事故按原因分类表（台次）

序号	发电机事故部位	年份				累计
		1984	1985	1986	1987	
1	绝缘老化	2	6	4	11	23
2	硅钢片断裂、压圈松动、绝缘垫条外移损坏绝缘	1	2	1	3	7
3	定子线棒振动、磨损绝缘	2	1	—		3
4	定子引水管破裂、水电接头焊接不良、空心导线断裂漏水	3	1	4	3	11
5	定子绕组端部接头、引线接头焊接不良	—	2	1	1	4
6	定子端盖密封垫、引出线、冷却器、密封瓦等漏氢	1	1	7	9	18
7	定子线棒绝缘引水管内部闪络	—	1	—	—	1
8	转子绕组引水导线拐角疲劳断裂、水电接头焊接不良、绝缘管裂纹	3	5	7	1	16
9	转子振动大	—	1	—	—	1
10	转子绕组匝间短路	—	—	1	—	1

（续）

序号	发电机事故部位	年份				累计
		1984	1985	1986	1987	
11	转子绕组极间连线断裂	1	—	—	—	1
12	转子超速	—	1	1	2	4
13	转子通风孔或空心导线堵塞	1	—	—	1	2
14	转子护环键甩出	—	1	—	—	1
15	励磁机联轴器螺钉断裂	1	1	—	—	2
16	密封瓦磨损	—	—	1	—	1
17	电刷接触不良、碳粉堆积	—	3	1	6	10
18	密封油管,法兰等焊接不良	—	—	2	1	3
19	水冷发电机断水	—	—	—	1	1
20	非同期并列	1	—	—	3	4
21	发电机内氢气未排净	1	—	—	1	2
22	定子绕组相间短路	1	—	—	3	4
23	制造质量不良	2	6	24	22	54
24	维护管理不当、误操作	3	6	27	19	55
25	其他	2	6	16	13	37
总计		25	43	97	101	266

由表 9-2 可见,在定子故障中,以定子绕组绝缘击穿和相间短路为最多,属定子故障的48.4%;其次是漏氢、漏水,占定子故障的 36.3%;其他故障仅占定子故障的 15.3%。

在转子故障中,以漏水为最多,占转子故障的 55.2%;其次是电刷、集电环冒烟,占转子故障的 23.8%;发电机失磁异步运行,占 22.4%;转子绕组接地或匝间短路,占17.9%;负序电流损伤转子,占 8.95%。

2. 1986~1993 年东北电网 200MW 及以上汽轮发电机故障统计分析[151]

至 1993 年底,东北电网（即东北电力集团公司所辖,下同）投运的 200MW 及以上容量的汽轮发电机已达 46 台,总计 9900MW。其中,200MW 机组 42 台,300MW 机组 3 台、600MW 机组 1 台。现就 1986~1993 年期间,这些发电机发生的故障作一统计分析。

需要说明的是,首先,本章所指的"故障"是指可靠性统计中的第 1~4 类非计划停运,不考虑第 5 类非计划停运（即计划停运延期）。因而这里统计的"故障"和电力系统安监部门考核的"事故"略有区别。

（1）故障概况

在 1986~1993 年期间发生故障（非计划停运）共 153 次。平均故障率为 0.62 次/（台·年）。平均非计划停运系数为 0.7%。平均非计划停运延续时间为 99.72h/次。各年统计数字见表 9-4。

从表 9-4 可看出,1992 年是情况最差的一年,是 1986 年以来 8 年期间在连续好转的总趋势下发生逆转的一年。这一年故障次数最多,主要集中在新投运的 TBB-220-2Ey3 型机的励磁系统。还有就是受 QFSN-200-2 型机漏氢问题的影响。至于停运时间过长,则是由于

表 9-4 全网历年发电机组故障统计（200MW 及以上机组）

项目	1986	1987	1988	1989	1990	1991	1992	1993
非计划停运次数/（次）	11	24	21	22	16	14	27	18
运行台年数/（台·年）	17	19.50	25	28.25	32.25	38.58	43.25	44.75
平均故障率/[次/（台·年）]	0.65	1.23	0.84	0.78	0.49	0.36	0.62	0.40
非计划停运时间/h	616.6	3518.6	2069.7	2054.9	1096.8	467.0	4439.85	994.42
平均非计划停运系数（%）	0.41	2.06	0.95	0.83	0.39	0.138	1.17	0.254
平均非计划停运延续时间/（h/次）	56.1	146.6	98.6	93.4	68.5	33.4	164.4	55.25

1991 年底投运的一台国产 200MW 机组曾因定子线棒受到损伤，部分更换线棒时处理不彻底而酿成相间短路事故，遂决定全部更换线棒时又受到制作整套新线棒工期的影响，而使修复时间拖长达 94 天。可喜的是，1993 年情况有很大好转。这主要是各电厂贯彻反事故技术措施，大力消除设备隐患的结果。

（2）故障分类

1）这些故障按发生的形态分类，可列表 9-5 加以比较。从表中可知，由于漏氢量增大而被迫停机次数最多，占 8 年来故障总次数的 26.8%。由于转子失磁而引起跳闸的故障占总次数的 15.7%。

表 9-5 按故障形态分类的故障次数比较

故障形态	1986	1987	1988	1989	1990	1991	1992	1993	合计
定子绕组相间短路	—	1	2	2	2	—	2	—	9
转子失磁跳闸	3	4	3	2	3	2	6	1	24
内冷水断水跳闸或停机	—	—	3	3	2	2	3	2	15
漏氢量增大	4	4	3	3	6	2	11	8	41
定子出口短路	—	—	—	—	—	—	—	1	1
定子绕组接地	—	1	1	—	—	—	—	—	2
定子出口接地	—	—	—	1	—	—	1	—	2
转子绕组两点接地	—	—	1	—	—	—	—	—	1
定子绕组漏水	1	7	3	2	—	—	2	—	15
氢爆起火	—	—	—	—	—	—	—	1	1
集电环冒火	—	2	—	1	—	—	1	—	4
过电压跳闸	—	—	1	—	—	—	1	1	3
振动增大	—	—	2	—	—	—	—	—	2
轴承甩油	—	—	—	—	2	—	—	—	2
轴瓦过热或振动大	—	—	—	2	—	2	—	—	4
副励磁机扫膛	—	1	1	—	—	—	1	—	3
转子绕组漏水	—	—	—	1	—	—	—	—	1
机内涌入密封油	1	—	—	3	—	—	—	—	4
密封油压不足	1	—	1	2	—	—	—	1	5
其他	1	4	—	1	—	4	1	3	14
总计	11	24	21	22	16	14	27	18	153

定子绕组相间短路事故发生 9 次，加上定子出口（出线套管与封闭母线连接处）短路事故 1 次，共发生 10 次，占总次数的 6.5%，也是相当惊人的。此类故障，一旦发生，设备损坏严重，修复时间长，经济损失巨大，应该成为预防工作的重中之重。

2）按发生的部位分类，这些故障见表 9-6 加以比较。

表 9-6　按故障发生部位分类的故障次数比较

故障发生部位	1986	1987	1988	1989	1990	1991	1992	1993	合计
定子绕组及引线	—	9	5	4	3	—	2	—	23
出线套管、出线罩及出口	1	2	—	1	—	—	2	1	7
转子绕组	—	—	2	—	1	—	—	—	3
集电环及电刷	—	2	—	1	—	—	1	—	4
主励磁机、副励磁机	1	4	3	—	—	—	—	—	8
励磁调节器、灭磁开关及励磁回路	2	2	2	2	3	5	7	2	25
轴承	—	—	1	2	2	2	2	—	9
密封瓦及密封油系统	3	3	3	7	4	2	6	7	35
氢冷器及氢系统	—	—	—	2	—	1	1	4	9
机外内冷水系统	1	—	4	3	2	4	5	2	21
其他	2	2	1	—	1	—	1	2	9
总计	11	24	21	22	16	14	27	18	153

3. 1993～1995 容量为 300MW 及以上发电机发生事故及故障统计分析[43]

据 1993～1995 年不完全统计，容量为 300MW 及以上发电机（包括不同冷却方式的汽轮发电机与水轮发电机）发生事故及故障总共 138 台次，其中发电机本体故障为 53 台次，励磁机系统为 45 台次，其他辅助设备等为 40 台次，详见表 9-7。

由表 9-7 可以看出，发电机定子内冷水系统的事故与故障较为突出，发生 29 次，占发电机事故总台次的 54.7%。关于励磁机系统及机组其他设备的事故原因本书不作详细分析，可见其他材料。

表 9-7　300MW 及以上机组事故与故障概况

项目	事故总台次	占事故总台次的百分比%	事故与故障原因	事故次数
发电机本体	53	38.4	①发电机定子内冷水系统断水、堵塞、引水管破裂等	29
			②定子绕组空芯导线漏水	4
			③转子绕组空芯导线漏水	7
			④定子绕组端部松动	4
			⑤定子绕组绝缘不良	2
			⑥定子端部线圈存有金属异物	1
			⑦转子绕组严重匝间短路	1
			⑧其他	5

（续）

项目	事故总台次	占事故总台次的百分比%	事故与故障原因	事故次数
励磁系统	45	32.6	①MK断路器挂闸不好,机械断裂	4
			②励磁调节器元件损坏	8
			③转子集电环环火	4
			④整流柜温度高	2
			⑤主励振动大,副励定子绝缘烧损	2
			⑥主、副励磁机不同心	1
			⑦失磁原因不明	14
			⑧其他	10
其他设备	40	28.9	因断路器、互感器、电缆、变压器等设备引起的机组停电	40

（1）300MW 及以上发电机本体事故原因分析

300MW 及以上发电机本体事故及故障统计分析见表 9-8。

表 9-8　1993~1995 年 300MW 及以上发电机本体事故统计

项目	事故台次	占发电机本体事故总台次的百分比%
定子水回路断水	14	26.40
定子水回路堵塞	9	16.98
定子引水管破裂等	5	9.43
定子空芯铜线中残留水引起绝缘胀裂	1	1.88
定子空芯铜线断裂漏水	4	7.54
转子空芯铜线漏水	7	13.20
定子绕组绝缘不良	2	3.77
定子端部固定松动	4	7.54
定子端部存在异物	1	1.88
其他	6	11.30

表 9-8 说明：

1）定子内冷水系统事故中断水事故为 14 台次，占发电机事故总台次的 26.4%，定子回路堵塞事故为 9 台次，占事故总台次的 16.98%。

2）定子空芯铜线破裂漏水事故在两台机组（QFS-300-2）上共发生 4 台次，其中同一台机组 1993~1994 年因厂家空芯铜线质量问题而发生 3 次事故。

3）由于定子端部松动，在 3 台机组上发生 4 台次事故，其中 2 台机组型号为 QFS-300-2 型，另一台为按美国西屋公司设计的 QFN-300-2 型。

4）定子绝缘事故共 2 次，一次发生在型号为 QFS-300-2 的汽轮发电机上，另一次发生在型号为 TS1260/200-48 的水轮发电机上。这表明 300MW 汽轮发电机的绝缘事故率有明显下降。

（2）定子内冷水系统事故的原因分析

1）定子内冷水堵塞事故原因

① 内冷水过滤网结构不合理，造成过滤网破裂，使杂物进入定子水路引起堵塞；

② 厂家管理不严，做线棒分相水压试验时，橡皮封堵遗留在进水三通内，造成水路严重堵塞；

③ 安装及检修中，没有及时清除过滤网后面的杂物而引起定子内冷水堵塞；

④ 内冷水过滤网清扫不及时，造成过滤网上因杂物而堵塞内冷水；

⑤ 内冷水 pH 值不合格，造成因氧化铜而堵塞水流。

2）定子内冷水断水事故原因

① 运行维护不当，造成水箱水位过低，使定子内冷水流量偏小，运行中发电机断水保护动作停机；

② 运行中水量波动大，造成断水保护动作；

③ 定子内冷水泵无安全阀，水路汽化中止流量；

④ 定子水泵振动大，水泵辅助接触器不良而引起断水；

⑤ 定子引水管相碰破裂；

⑥ 定子断水保护压力取样点因设计错误造成机组人为断水。

3）定子引水管破裂原因

① 引水管之间相碰或引水管与外壳相碰，运行中因振动而造成引水管破裂；

② 制造中因检验不严，将部分有质量问题的引水管（如有沙眼隐患）用于机组上；

③ 制造、安装及检修时，工作不慎致使引水管受外伤，造成发电机运行时破裂。

4. 1998~2002 年 100MW 及以上发电机保护运行情况与分析

据文献［152］提供的数据，1998~2002 年 5 年运行中，100MW 及以上发电机保护（含发电机变压器组，以下简称发变组）共动作 3416 次（含不正确动作 103 次），这说明，发电机故障或异常运行的概率还是相当高的。

9.2 同步发电机的故障分析

发电机绕组的故障类型主要有：定子绕组相间短路，定子绕组一相匝间短路，定子绕组单相接地，转子绕组一点接地或两点接地，转子励磁回路励磁电流消失。发电机的不正常运行状态主要有：由于外部短路引起的定子绕组过电流，由于负载超过发电机额定容量而引起的三相对称过负载，由外部不对称短路或不对称负载引起的发电机负序过电流和过负载，由于突然甩负载引起的定子电流过电压，由于励磁回路故障或强励时间过长引起的转子绕组过负载，由于汽轮机主汽门突然关闭引起发电机逆功率等。这些故障和不正常运行都和发电机绕组破坏有着直接的联系。

1. 定子绕组故障分析

同步发电机定子绕组内部故障主要包括同支路的匝间短路、同相不同支路的匝间短路、相间短路和支路开焊等。同步电机定子绕组内部故障是发电机中常见的破坏性很强的故障，其很大的短路电流会产生破坏性严重的电磁力，也可能产生过热而烧毁绕组和铁心。故障产生的负序磁场可能大大超过设计允许值而造成转子的严重损伤。定子绕组的单相接地也是发电机最常见的一种故障，通常指定子绕组与铁心间的绝缘破坏。通过定性和定量分析故障电流后，机组需要设置相应的保护。

定子故障通常都是定子绕组绝缘损坏引起的。定子绕组绝缘损坏通常有绝缘体的自然老化和绝缘击穿。当发电机端口处发生相间短路时，发电机可能出现4~5倍于额定电流的大电流，急剧增大的短路电流和产生的巨大的电磁力和电磁转矩，对定子绕组、转轴、机座都将产生极大的冲击而损伤，巨大的冲击力将直接损坏发电机定子端部线棒，使其严重变形、断裂，造成绝缘损坏。由外部原因引起的绕组绝缘损坏也很常见，如定子铁心叠装松动、绝缘体表面落上磁性物体、绕组线棒在槽内固定不紧，在运行中因振动使绝缘体发生摩擦而造成绝缘损坏；在发电机制造中因下线安装不严格造成的线棒绝缘局部缺陷、转子零部件在运行中端部固定零件脱落、端部接头开焊等都可能引起绝缘损坏，从而进一步造成定子绕组接地或相间短路故障。

2. 转子绕组故障分析

发电机转子绕组故障的表现形式主要为匝间短路和接地故障。

（1）匝间短路

国内运行的大型汽轮发电机组中大多数都发生过或存在转子线圈匝间短路故障。由于绕组绝缘损坏造成转子绕组匝间短路后，会形成短路电流，从而形成局部过热点。在长期运行下，局部过热点又会进一步引起绝缘损坏，导致更为严重的匝间短路，形成恶性循环的局面。转子匝间短路同时会引起磁通的不对称和转子受力不平衡现象，而引起转子振动；定子绕组每相并联支路的环流；主轴、轴承座及端部磁化。同时较大的短路电流可能会导致转子接地故障发生。

故障原因：发电机转子通常包括多个磁极线圈，线圈引线和阻尼绕组等，具有较大的转动惯量。由于离心力的作用，在运行中线匝绝缘的移动，转子绕组端部的热变形，线匝端部垫块松动或护环绝缘衬垫老化，小的导电粒子或碎物进入转子线匝端部和转子通风沟等均有可能导致转子绕组匝间短路发生。通常可以根据下面这些特征较准确地识别转子线圈是否发生匝间短路故障：①振动幅值增大；②风温提高；③在励磁电压不变的条件下，励磁电流增大；④励磁电流增大，而无功变小或不变。

（2）接地故障

发电机转子绕组的接地故障包括一点接地和两点接地。转子绕组接地是指励磁绕组绝缘损坏或击穿而使励磁绕组导体与转子铁心相接触。发电机转子一点接地是一种较为常见的不正常的运行状态。励磁回路一点接地故障对发电机一般不会造成危害，因为发电机发生转子绕组一点接地故障时，励磁电源的泄露电阻（对地电阻）很大，限制了接地泄漏电流的数值，但如果再有另外一个接地点，即发生两点接地故障时会形成部分线匝短路，这是一种非常严重的短路事故。近几年来，国内大型发电机由转子绕组接地所引起的严重运行事故并不少见。转子两点接地在控制屏上一般表现为励磁电流及定子电流增大，励磁电压及机端出口电压下降，功率因数上升（甚至进相），并伴有剧烈的振动等现象，这时应做事故紧急停机处理。

两点接地故障的危害有：①发电机励磁绕组发生两点接地之后，绕组部分被短接，使得绕组直流电阻变小，励磁电流增大；若短路匝数较多，会使发电机磁路中主磁通减少，使得机组向外输出的感性无功减少，引起机端出口电压下降，同时定子电流可能会急剧上升。②由于绕组短接的磁极磁动势减小，而其他磁极的磁动势则未改变，转子磁通的对称性受到破坏，转子上出现了径向的电磁力，因此引起机组的振动。振动的程度与励磁电流的大小及短接线圈的多少有关，在多极水轮机上振动尤其严重。此外，汽轮发电机励磁回路两点接地，还可能使轴系和汽机磁化。③当转子发生两点接地之后，两点之间构成回路，一部分励磁绕组被短接，两接地点之间将可能流过很大的短路电流，电流产生的电弧可能会烧坏励磁线圈及转子本体，甚至引发火灾。故障原因：当发电机组运行时，转子在不停地运转，使线圈受到较大的离心力作用，经过长期的运行后，会使转子绕组产生轻微地松动而使绕组的绝缘受到损伤。同时线圈内通过励磁电流，由于热效应作用，会加速转子绕组绝缘的老化变质。此外，长时间的运转，空气中的灰尘及其他污垢会积附在绕组上面。检修时检修人员不小心将异物自转子大盖的网孔中掉入而损伤绕组的绝缘。

3. 不对称运行的影响

发电机是根据三相电流平衡对称的工况下长期运行的原则设计制造的。一般情况下同步发电机所带三相负载均为对称，即使有小容量的单相负载，如照明负载等，也会均匀地分配在三个相中。但同步发电机在运行时会遇到不对称运行的问题，如发电机带有大功率的单相电炉、电力机车这一类负载；输电线路由于雷击、狂风而断线使一相断开或发生不对称短路时。当三相电流对称时，其所合成的旋转磁场与转子是同方向且转速相等的即旋转磁场相对于转子来说是静止的，旋转磁场的磁力线不会切割到转子。当三相电流不对称时，即在发电机中会有正序、负序、零序三组对称分量电流产生，不对称运行的物理本质在于所接负载不对称产生不稳恒磁场，磁动势幅值要发生变化，不能合成一个稳定的旋转磁动势，分析需要按正、负、零序分解。

不对称运行对发电机本身的影响：①引起转子过热。不对称运行时的负序电流所产生的负序磁场对转子有两倍同步速相对速度，将在转子的励磁绕组、阻尼绕组以及转子表面感应电流，这些电流将在相应的部分引起损耗和发热，特别是隐极机的励磁绕组，散热条件差容易因过热而烧坏。②引起附加交变力矩并产生振动。负序电流产生的负转磁场对转子以两倍同步速做相对运动，这时候负序磁场和转子励磁磁场作用，产生100周/s频率的振动，随之还会伴生出强烈的噪声，长时间的振动会造成发电机的材料出现疲劳损伤和机械损伤。

4. 机端突然短路的影响

同步发电机的突然短路是电力系统的最严重的故障。虽然短路过程所经历的时间极短（通常约为0.1~0.3s），但对电枢短路电流和转子电流的分析计算却非常重要。三相突然短路电流远大于稳定短路电流的宏观能量物理解释：三相电流短路后，从暂态过渡到稳态，从大规模的能量交换到小规模能量交换，电枢反应重组适宜当前需要的能量场规模，在暂态过程中要释放能量，将其消耗在电阻上。

在短路电流中，包含了许多自由分量使短路电流大大增加。由于定子非周期分量的存在，使包络线对横轴不对称，因而最大瞬时值进一步加大。当短路电流发生在转子d轴与定子绕组某一项轴线重合时，该项出现最大冲击电流，其值可达20倍额定值以上，对发电机设备的机械强度危害性是很大的。突然短路时冲击电流将同时产生很大的电磁力与电磁转矩。

电磁力对发电机的影响：定子绕组槽内部分固定可靠性高，但端接部分紧固条件比槽内差，在突然短路的强大电磁力的冲击下，端接部分很容易受损伤；电磁转矩对发电机的影响：突然短路时气隙磁场变化不大，而定子电流却增加很多，于是将产生巨大的电磁转矩。

由于定、转子绕组中都有周期性和非周期性电流，因此，由它们的磁场相互作用而产生的电磁转矩比较复杂，总起来说，该电磁转矩可分为单向转矩和交变转矩两大类。这些转矩都随相关的电流一起衰减，它们对发电机危害最严重的情况发生在突然短路的初瞬，在不对称突然短路时，所产生的电磁转矩更大，可达额定转矩的 10 倍以上。它们对定子绕组的直接破坏在前面已有提及。

9.3 电机故障的机理、征兆和诊断方法

表 9-9 示出电机故障、机理、征兆和诊断方法（离线和在线）。

表 9-9 电机故障、机理、征兆和诊断方法[60]

部件	故障	原因	早期征兆	离线诊断	在线诊断
定子绕组	绝缘故障	1）年久的沥青云母绝缘严重分层脱壳及局部放电老化 2）环氧粉云母绝缘定子线棒端部成型不规整	绝缘热解劣化 局部放电 端部绕组振动	电气:绝缘电阻 预防性试验:交流电流 $\tan\delta$ UR 相关性 $(r, R_c, R_a/R_D)$ 电位外移法(GC 仪) 局部放电、介质损耗 电磁探头法 槽放电法、超声法 绝缘自动诊断装置 绝缘巡回诊断车 谐振式测振仪	过热监测仪 火焰电离监测器(FID) 磨损监测仪 中性点耦合法(SDD) 高压母线电容耦合器 射频(RF)监测法 PDA 监测法 定子槽耦合法(SSC) RTD 耦合法 GHZ 空间相位差法 加速度测振系统 绝缘评价专家系统
	导线断股	电磁振动附加温升 放电腐蚀 端部固定不良、疲劳	电弧		RF 监测
	导线堵塞	维护不当,除盐水不合格 结构和安装工艺缺陷	温升 发电机过热		常规温度监测 过热监测装置 光导纤维监测冷却系统温升
	漏水	焊接不良 引水管磨损及制造质量不良 引水管接头施工不良		真空及水压检漏 接头绝缘表面电位 氟利昂检漏 线棒电容试验法 端部绕组电位移法	湿度传感器诊断仪
	槽楔松动	绝缘材料的收缩凝固		目检、锤击 脉冲锤传感器监测仪 波纹板弯形仪	
定子铁心	铁心局部过热	1）硅钢片加压过紧,绝缘损坏 2）加压过松,交变应力导致振动,使绝缘损坏 3）外部金属体落入,硅钢片短路	温度升高 绝缘热解	预防试验:铁心试验 谐振频率法 环形探头测量漏磁通	过热监测仪

（续）

部件	故障	原因	早期征兆	离线诊断	在线诊断
定子铁心	铁心松动	1）组装压力不够 2）机械振动过大 3）铁心风道隔片故障	局部故障 绝缘热解	目测 敲击 超声波法测压紧度	过热监测仪
转子绕组及本体	接地	1）绝缘磨损，漏水 2）集电环引线，电刷损坏 3）金属粉尘焊渣短路 4）频繁起动热变形	振动 接地电流 绝缘热解	交流烧穿法 直流压降法 直流电阻法 直流大电流法 接地电流分布法	振动在线监测仪 振动诊断专家系统
	匝间短路	制造方面：端部固定不牢，垫块松动运行方面： ①承受离心力等动态应力 ②起动时残余塑性变形 ③水冷转子堵塞，局部过热	气隙磁通 波形畸变 杂散磁通 振动 环流 过热 绝缘热解	单开口变压器法 双开口变压器法 交流阻抗法和功率损耗法 直流电阻法 空载及短路特性试验 1）电压降分布法及计算法 2）交流磁通分布法 3）行波法及神经网络	微分探测线圈动测法 环流探测法 行波及神经网络法 1）转子温升新型装置（光电耦合、光学测量无线电传送、旋转电感参比计算） 2）过热监测
	气隙偏心	安装缺陷 轴承故障	气隙磁通波形畸变，杂散磁通振动，环流摩擦引起过热		电容气隙传感器 电流频谱法 振动监测仪
	异步电机转子断条	频繁起动，电磁扭力冲击	定子电流出现$-2sf$边谱		电流频谱法
冷却系统	漏氢	1）端罩和机座结合面密封不严 2）制造质量，结合面砂眼 3）端盖与密封瓦座装配不良 4）定子引出线套密封不严 5）焊接不良，阀门不严	氢压降低	严密性试验 漏氢检测涂料法	漏氢监测仪 漏氢检测系统
	漏水及冷却水软件故障	材料缺陷 运行中冲击 振动	温度升高 线棒过热 绝缘热解	同定子绕组漏水检查	
励磁系统（换向器、集电环、电刷）	换向器故障	维护不当，安装不当过负载过热 辅助磁极不起作用 空气潮湿和污染	电刷冒火		紫外火花检测器
	集电环故障电刷故障	维护不当，电刷安装不当 绝缘故障	冒火 电刷电流不均		火花辐射能集电环状态监测器 集电环电刷热状态监测

（续）

部件	故障	原因	早期征兆	离线诊断	在线诊断
励磁系统（换向器、集电环、电刷）	无刷励磁系统接地	过负载，离心力大，冲击	接地电流		光耦合接地监测器
	整流元件损坏	过负载 元件质量不佳 冲击离心力	基波1~2倍频增大		旋转整流器检测器 模式识别旋转整流器微机监测器
轴承	不同心	与原动机不同心 轴承间隙不当 负载不均	振动 润滑油中有杂质	振动仪 化学分析	振动监测系统
	放电	接地电刷故障 轴承座绝缘损坏	轴电压变化 杂散磁场振动	测振仪	轴电压监测仪 振动监测系统

9.4 同步发电机故障诊断的研究概况

1. 研究现状

当前，世界上一些国家采用和正在研制的发电机状态检测和诊断系统内容比较广泛，包括定子绕组、铁心、转子、氢油水系统及机组轴系等各方面。

世界上已开发及安装使用的发电机在线监测器有20种，例如发电机工况监测器（SEVM）、氢气露点监测器（HDM）、定子冷却水电导率计（SCW）和氢气漏入水中监测器（HLM）等。德国有24台大型发电机永久性地安装了无线电频率监测器。意大利ENEL公司至今已在4台汽轮发电机上安装了定子绕组端部振动监测器，法国容量为1120MW和1650MW的所有核电发电机安装有定子绕组端部振动监测器。韩国研制开发了发电机在线局放诊断系统（GODS），安装在1000MW汽轮发电机上[75]。

结合我国电力工业发展现状、电机制造水平及近若干年大型发电机多发性事故的特点，对容量为200MW~300MW及以上的汽轮和水轮发电机，有必要有选择地采用以下状态监测系统：

定子绕组绝缘监测—无线电频率监测器（RFM）

① 发电机过热监测—发电机状态监测器（GCM）；

② 定子绕组端部振动监测器（SEVM）；

③ 转子绕组匝间短路监测器（RSTD）；

④ 氢冷发电机漏氢监测器（HLOM）；

⑤ 氢气漏点监测器（HDM）；

⑥ 汽轮发电机扭振监测器（STOM）。

目前，以上的监测和诊断系统，有的已在国内研制和应用，有的功能和质量上尚存在一些问题，有待进一步改进和完善。

2. 研究内容

（1）信号采集与信号分析

1）传感技术。由于汽轮机组工作环境的特殊性（高温、高压、高转速、高应力），所以在汽轮机组故障诊断系统中，对传感器的性能要求很高。目前，对传感器的研究，主要是提高传感器性能的可靠性、开发新型传感器，以及研究如何诊断传感器故障以减少误诊率和漏诊率等方面的问题。当前，许多学者正在研究利用多传感器信息融合技术来诊断故障，提高对故障的分辨率。本书主要讨论传感器的应用，详见第 6 章。

2）信号分析与处理，在信号分析与处理研究领域中，最具有吸引力的是振动信号的分析与处理。汽轮机组故障诊断系统中的振动信号处理大多采用快速傅里叶变换（FFT）。FFT 的思想在于将一般时域信号表示为具有不同频率的谐波函数的线性叠加，它认为信号是平稳的，所以分析出的频率具有统计不变性。FFT 对很多平稳信号的情况具有适用性，因而得到了广泛的应用。但是，实际中的很多信号是非线性、非平稳的，所以为了提高分辨精度，新的信号分析与处理方法成为该领域的重要研究课题。目前，正在研究的信号分析与处理的方法有变时基 FFT、短时基 FFT、时—频分析、Winger 变换、小波变换、全息谱分析、延时嵌陷分析、信号的分维数计算等。

（2）故障机理

故障机理研究是故障诊断领域中的一个非常基础而又必不可少的工作。目前，对汽轮机组故障机理的研究主要从故障规律、故障征兆和故障模型等方面进行。

汽轮机是大型旋转机械，振动信号是其主要也是非常重要的特征信号。因此，汽轮机组的故障研究总是从振动信号入手，并从振动信号中提取故障征兆，从而建立起故障征兆集合和故障集合之间的映射关系。

目前，研究汽轮机组故障机理方法有现场试验法、实验室模拟研究法和计算机仿真法。

现场试验方法是在实际机组上模拟具体的故障，对故障信号进行在线检测，提取故障的征兆。这种研究方法具有征兆—故障关系明确、故障状态的逼真度高等优点。但是，这种研究方法也有其不足之处，如信号的背景噪声大、危险性大和费用高等。

实验室模拟研究方法是先建立发电机的物理模型，即模拟试验台。然后，在模拟试验台上人为地模拟出机组的故障，在模拟故障状态下检测故障信号，提取故障特征，从而建立起故障征兆与故障之间的映射关系。该方法克服了现场试验法的缺点，是目前广泛采用的故障研究方法。但是，该方法也有其缺点，主要表现在故障状态的逼真度有所降低、模拟的故障范围受到限制、试验台的造价高等方面。

计算机仿真法目前是研究旋转机械故障机理和故障行为的常用方法。该方法是先建立描述设备状态和行为的数学模型，再开发出相应的仿真软件，然后对一些典型故障进行数值仿真。其优点为不受现场和实验室的条件限制；能定量地建立故障状态和故障特征之间的关系；能反复模拟不同的边界条件（环境条件）和初始条件下的故障形态和故障特征。该方法的困难之处是数学模型的建立以及如何验证数学模型的准确性。

（3）诊断策略

汽轮机组是一个复杂的机电系统，其故障特征集合与故障集合之间的映射关系非常复杂。机组在运行过程中，可能出现多个故障，所以如何根据检测到的故障特征来诊断出机组的故障是研究人员非常关心的问题，这个问题也就是诊断策略。

在汽轮机组故障诊断领域，常用的诊断策略有对比诊断、逻辑诊断、统计诊断、模式识别、基于灰色理论的诊断、模糊诊断、专家系统和基于人工神经网络的诊断。目前，研究比较多的是后几种诊断策略，其中人工神经网络和专家系统的应用研究是这一领域的研究热点。

（4）诊断方法

诊断方法的研究一直是故障诊断领域的重点。目前，在汽轮机组故障诊断领域中，主要的诊断方法有振动诊断法、噪声诊断法、热力学诊断法、红外诊断法、声发射诊断法和无损检测诊断法等。

汽轮机振动是其重要的（也是主要的）特征信号。因此，振动诊断方法是汽轮机的常用诊断方法。机械振动势必会产生噪声，噪声信号中包含了机组的丰富的状态信息，因此噪声诊断法也可用于诊断汽轮机组的故障。机组动静碰磨、转子裂纹等故障可用声发射诊断法进行诊断。

在诊断发电机剩余寿命和部件缺陷时，主要用无损检测诊断法。目前，用到的无损检测技术主要包括硬度测定法、电气阻抗法、超声波法、组织对比法、结晶粒变形法、显微镜观察测定法和 X 射线分析法等。

（5）在线诊断系统的研制与开发

在线诊断系统的研制与开发，实际上是对上述各研究领域的成果进行集成，这种集成，既包括硬件方面的集成，也包括软件方面的集成。在线诊断系统在现场投入使用后，可对汽轮机组的状态和故障进行在线诊断与分析。

第10章 发电机定子故障的诊断

本章分析发电机定子故障及其诊断方法，主要包括：发电机定子绕组短路故障分析、发电机定子绕组匝间短路故障诊断、发电机定子绕组接地故障诊断、发电机定子绕组导线断股故障诊断等内容。

10.1 定子绕组短路故障

发电机定子绕组短路故障主要指相间短路和匝间短路，其中定子绕组相间短路事故是发电机绝缘事故中最严重的一种。发生相间短路时，急剧增大的短路电流和伴随产生巨大的电磁力和电磁转矩，对定子绕组（特别是其端部）、转轴、机座都将产生极大的冲击和损伤。本节主要分析发电机定子绕组相间短路故障。

相间短路往往先由某一相定子绕组绝缘受损，对地击穿而引起。但由单相接地发展成相间短路却既有绝缘方面的问题，也有其他方面的问题。大型发电机容量大，电压高，冷却方式复杂，对冷却介质的要求较高。发生相间短路，除了与定子绕组的绝缘结构及成型质量有关外，还与定子绕组端部固定结构耐受持久振动、保持整体刚度的能力，与抵御瞬间冲击的能力密切相关。同时绕组主绝缘的状况，还要受到内冷水的运行条件、氢气的质量、密封油是否侵入机内造成污染等因素的制约。

定子绕组相间短路事故造成巨大损失的后果是不言而喻的。这种情况在国产200MW汽轮发电机上表现得最为突出。这些机组的相间短路事故，发生在定子绕组励侧端部的引线之间，或引线与线棒末端的接头之间；也有的发生在汽侧端部的线棒末端，两相邻的异相接头之间。下面首先分析发电机定子绕组短路产生的原因、时间与位置，然后提出预防措施。

10.1.1 定子绕组短路故障的原因

1983~1992年的10年间，在14台国产QFSN-200-2型及QFQS-200-2型200MW氢冷发电机上共发生过19台次定子绕组相间短路事故，造成定子线棒严重烧损并波及铁心损伤，其中除4次是由于端部留有金属异物外，其他分别有以下特征：

1）事故大都发生在投运不到2年的发电机上，运行不到1年即发生事故者9台次（最短者不到1个月），占事故总台次的47.4%；2年及以上6台次，占事故总台次的31.61%。其余1~2年为4台次，占21%。

2）事故大都发生在定子端部绕组没有压板固定的鼻端线圈或引线处。

3）事故发生在引线绝缘固化工艺不良，即脱壳严重的手包绝缘与模压绝缘搭接处。

4）事故发生在定子水电接头绝缘盒处。该处在施工时未按设计要求将模压绝缘伸进盒内，造成模压绝缘终端铜线露于绝缘盒外，而盒内环氧泥又未充满或极少。

5）短路部位处于定子绕组电位较高（最高或次高）部位。

6）事故大都发生在机内氢气湿度大、漏油严重或有结露的机组。

事故频繁发生的主要原因是制造工艺质量问题。

据不完全统计，1993～1995 年，国产 300MW 发电机有 6 台次因定子端部线棒固定绑扎不良、水电接头绝缘盒制造质量不良等原因引发了相间短路事故。

1. 端部绝缘工艺质量差

定子绕组端部绝缘制造工艺质量差所导致的先天性绝缘缺陷是造成定子绕组端部短路故障的根本原因。对国产 200MW 汽轮发电机，常见的有：

1）鼻端绝缘存在弱点。线棒主绝缘在末端与绝缘盒搭接处，未加包绝缘带即伸入盒内或只包两层绝缘带，成为鼻端绝缘弱点；水盒接出引水管水嘴处的锥形绝缘层也未深入绝缘盒内，易出现缝隙，成为鼻端的另一绝缘弱点。

2）引线接头处绝缘存在缺陷。多数发电机的故障部位在端部引线接头脱壳严重的手包绝缘与模压绝缘搭接的区域内。手包绝缘固化工艺不良，绝缘分层严重，导线间填充又不严实，引线绝缘的整体性差，电气强度降低。

3）端部绑扎用涤玻绳绝缘，处理工艺差。涤玻绳脏污、除铁不净、干燥不彻底、浸胶不透、固化不彻底，运行中受油污侵蚀和在氢气中湿度超标，遇到机内结露的不利情况下，绝缘水平将显著降低。耐电压试验证明，这种工艺处理不良的涤玻绳的击穿电压小于发电机的额定电压，结果在不同相位的涤玻绳之间形成无数条闪络小桥。

故障实例 1：某电厂 7 号发电机定子相间短路事故。

1987 年 1 月 8 日，D 电厂 7 号发电机于运行中励磁机侧端部 A、B 两相引线处发生相间短路。事故修复后仅运行 574h，于同年 5 月 2 日在同一位置上又发生了相间短路。

短路故障点位于 A 相 40 号下层线棒与 B 相 19 号上层线棒拐弯处的引线间。引线之间相距约 22～26mm。该部位为线棒模压绝缘与手包绝缘的搭接区，手包绝缘股线间的填充物（云母带）极不严实，个别空心导线之间的间隙达 10mm 以上。

第一次短路事故发生前，发电机带有功负载为 180MW，无功负载为 62Mvar，定子电流为 7000A，氢压为 0.285MPa，内冷水压为 0.085MPa。事故后检查发现，A 相 40 号线棒股线全部烧断，B 相 19 号线棒烧断 20 股，励磁机侧 C 相 3 号和 7 号槽上层线棒水接头烧断，2、4、5、6 号及 8 号槽上层线棒水接头烧伤成孔洞。此外，距水接头 140mm 对应的内端盖上也有电弧烧伤痕迹。第二次短路事故发生在并网后 1min，当时带有功负载仅为 3MW，无功负载为 15Mvar，定子电流为 500A，氢压为 0.21MPa、内冷水压为 0.09MPa，氢温较低。经检查，又是 A 相 40 号线棒铜线烧断 23 股，B 相 19 号线棒烧断 20 股。

故障实例 2：某发电机 4 号机发生严重的相间短路事故。

1989 年 1 月 21 日某发电机 4 号机发生严重的相间短路事故，短路点位于励侧端部时钟 1 点的位置，一处在上层 10 号引线线棒与 A 相首端引线接头处的手包绝缘段，另一处位于其后的下层 31 号引线线棒与 C 相首端引线接头处手包绝缘段。两者前后相对击穿，导线烧断。在短路点两侧的 9 号、11 号鼻端也严重烧损，对应的内盖表面有大量的熔铜渣粒。

不仅如此，励侧还有 13 根线棒移位，15 个绝缘盒破损，7 个绝缘支架开裂；汽侧有 13 根线棒移位，14 个绝缘盒裂开，8 个绝缘支架裂缝。

该机之所以能在上述部位发生击穿短路，是下列因素综合作用的结果：①引线线棒与引线接头处的手包绝缘未固化密实，该段绝缘层有分层现象；②含水分的油烟进入机内，布满端部绝缘表面，并渗透到手包绝缘分层之间；③引线线棒的股线在进入接头盒之前未固化成一整体，也未充填即包缠绝缘带，无法限制股线的振动磨损，如个别股线原来就有缺陷，易发展成断股；④引线线棒与引线的接头处，既无压板紧固，又无其他支撑，抗振能力差，成为事故的温床；⑤氢气湿度大（常压下 7.8g/m³），氢温（入口 31℃）、内冷水温（入口 25℃）低，在引水管及绝缘表面结露，降低绝缘强度。

至于在短路点以外，还造成端部如此大面积损坏，充分说明固定结构存在着先天弱点。

故障实例 3：某热电厂的 11 号发电机发生相间短路事故。

1992 年 3 月 26 日某热电厂的 11 号发电机发生相间短路事故。故障点位于励侧端部时钟 9 点位置、A、B 两相引线首端的手包绝缘段上。该处前后两引线相对面上，各烧出一个坑。位于后侧的 A 相引线，实芯导线烧断 17 股，空芯导线及水接头未烧损。此外，励侧端部左侧及左下侧附近部件和导风板下半部全部被熏黑，但没有线棒移位及绝缘盒损坏情况。

这台机是 1989 年 9 月 30 日出厂，是某电机厂将端部改为 27 块压板固定的第一台 200MW 发电机。机上留有不少改进前的遗痕：上、下层线棒鼻部接头用同一水盒焊接上、下层 12 根空芯导线；压板是等宽 80mm 的长方形压板；绝缘盒无方向性、无边缘突棱。解体中发现引线接头手包绝缘段整体性差，分层现象明显；端部积油且油中很脏。

分析事故的原因可能是由于 B 相引线接头处渗水，致使绝缘强度降低，表面电位升高，通过前后引线间的绑绳，又将相间电压加在 A 相引线的手包绝缘段上。最后因该处绝缘强度承受不住而被击穿短路。

2. 发电机结构不合理

发电机结构不尽合理，散热性能不佳，绝缘老化加速，引起故障。发电机绝缘快速老化的原因是多方面的，主要在设计、制造、工艺及运行等方面。

故障实例 4：湖南省某水电站 3 台发电机定子绕组事故的分析。

湖南省某水电站（3×20MW）机组系奥地利某公司 KAPLAN 贯流式发电机组。3 台机组型号均为 SV 420/40-180，出力为 20MW，定子电流为 1221A，出口电压为 10.51kV，定、转子绕组绝缘等级为 F 级，定子铁心由 0.5mm 厚的高级硅钢片半搭接叠装而成。定子绕组采用条式双层波绕组。其主绝缘为 F 级环氧粉云母材料。铁心槽底，层间半导体隔板，槽楔板，线棒与槽壁的气隙间采用半导体硅橡胶填充。端部固定采用氯丁橡胶带（浸环氧胶）分别将上、下层线棒端部绑扎在支持环上。

（1）故障现象

1991 年 11 月起，3 台机组相继投产发电。从 1999 年 6 月 1 号机发生定子线棒烧损事故至 2004 年初，3 台机组的定子绕组已累计发生 6 次主绝缘事故，见表 10-1。

事故发生后对发电机进行了全面的检查，发现 1 号机的 A 相 227 槽、B 相 195 等 4 个槽，C 相 233 槽铁心有轻度或严重的腐蚀。B 相 202 等 4 个槽、C 相 154 槽下层线棒槽口处有白色粉状物。从故障更换下来的 231 槽、195 槽的线棒可观察到明显的击穿点，已发生严重的主绝缘表面腐蚀现象，线棒槽部区域上游段防晕层完全损坏，中段防晕层相对上游段略

表 10-1　历年来电站发生的定子绕组事故情况

机组编号	故障时间	事故情况
1 号	1999 年 6 月	231 槽上层线棒在上游侧槽部槽口处发生线棒主绝缘击穿
	2001 年 7 月	195 槽上层线棒在上游侧槽部槽口处发生线棒主绝缘击穿
	2003 年 6 月	C 相 74 槽下层线棒端头与极间连接线（跳线）接头处起弧烧断
2 号	2003 年 6 月	222 槽下层定子线棒在上游侧槽部槽口处发生线棒主绝缘击穿故障
	2003 年 6 月	203 槽定子上层线棒与下层线棒并头套处开焊
3 号	2002 年 2 月	B 相 188 槽上层线棒与中心点汇流排连接板焊接处开焊拉弧引起与之相邻的 C 相 187 槽上层线棒短路烧断，189 槽、187 槽靠上游侧并头套及线棒端头股线均被电弧严重烧伤

轻，下游段槽口有 30~40cm 防晕层尚未受损，且未发生电腐蚀。

2 号机 A，B，C 相均有多个槽发生隔板、铁心或硅橡胶腐蚀，其中 209 槽线棒脱落 1 块槽楔板（已处理），定子线棒上游端槽部及槽口处放电和腐蚀现象严重，线棒与铁心槽壁普遍存在 0.3~1.0mm 的间隙，约有 1/3 的线棒槽口有白色粉状物，约有 1/5 的线棒槽口处槽壁铁心有黑点、毛刺、啃齿及槽楔松动、硅橡胶老化和线棒松动等现象。

（2）事故原因分析

对发电机绕组多次事故进行现场检查，不难确认发电机的主绝缘已发生明显的老化，且导致了铁心腐蚀，特别是发电机定子绕组上游侧槽口端部已发生严重的热腐蚀和电腐蚀现象。发电机主绝缘（定子绝缘）在长期的运行过程中，要受电、热、机械和环境等应力因子的联合作用，其机械性能和介电性能逐渐变坏，电气强度降低，即所谓的老化，最终导致绝缘击穿。据统计这类事故大约已占发电机事故总数的 1/3。主绝缘老化是多因子应力同时作用的结果。电应力来自于电场，热应力来自于电场的热效应，机械应力来自线棒端部的振动，热机械应力则来自于发电机的频繁起动。而机组运行 13 年就发生如此程度的老化，认为主要原因如下：

1）发电机定子铁心长和定子内径之比为 1.3/4.3 = 0.302，比国内外同类型机组要细长，这种细长发电机散热效果很差。再加上定子铁心上未设计径向通风沟，造成定子温度沿轴向分布不均匀。转子磁轭上没有均匀布置的通风孔，导致风道窄、风阻大，影响发电机的散热效果。根据测量结果，其定子铁心上、下游侧的温差为 15℃，有时达到 20℃，从而产生了严重的热腐蚀。

2）磁极极靴外形不佳。最小气隙 δ_{min} = 9mm，最大气隙 δ_{max} = 37.15mm，$\delta_{max}/\delta_{min}$ = 4.13，远大于通常规定的 1.5，导致谐波磁动势增大。电站附近的冶炼厂和化工厂也是严重的谐波源。谐波的存在，使定子线棒的附加损耗明显增大而导致机组温度升高，产生电腐蚀。

3）发电机组转动惯量小，稳定性差，振动大，使得铁心线棒容易松动，磨损绕组外层绝缘，会导致绕组接头处导线疲劳断股拉弧，烧伤发电机绝缘。另外，发电机端部固定不牢，使得其端部的整体稳定性差。特别是铁心槽与线棒间填充的半导体硅橡胶老化而失去弹性，导致线棒的振动和磨损进一步加剧，危及发电机的绝缘。

4）线棒采用含铅 40%、锡 60% 的铅锡焊焊接，容易造成接头受热熔化导致拉弧损坏绝缘而短路。

5）由于本站为径流式电站，库容量较小（仅为 1972 万 m^3），又因本地电网容量小，电站在电网中经常承担调峰任务，频繁地开停机产生的热机械应力对主绝缘造成不利影响。

3. 鼻端水盒结构不易保证焊接质量

将上下层线棒的 12 根空芯导线一起套入一个水盒的结构，不仅施工难度大，而且不易保证焊接质量持久牢靠。运行中一旦发生水盒漏水，抢修恢复困难，往往因此而延长非计划停运延续时间。

故障实例 5：某电厂的 2 号发电机发生相间短路事故。

1988 年 1 月 25 日某电厂的 2 号发电机发生相间短路事故，抢修后投运不久，又于 1988 年 2 月 24 日发生第二次相间短路事故。这两次事故主要是由定子线棒接头漏水所引起的。两次事故前都从机内排放出含油的软化水，说明机内不仅进油，而且内冷水系统有漏泄。经分析认为第 1 次事故是由于漏水使 B 相 27、26、25 处接头绝缘降低，而造成匝间短路，短路弧光使集水盒熔铜喷溅到内端盖表面，并蔓延到其下方的 C 相引出线接线板，造成 B、C 相短路。该机的第二次事故也是由漏水引起的，推断是从 28 号上层引线线棒与引线的接头（C 相）对邻近的弓形引线（A、B 相）放电而引起的。由于引线线棒与引线的接头未经固定，缺乏抗振能力，加上第 1 次事故后该接头已受到短路电流的冲击，抢修时又未采取加固措施，致使恢复运行不久，该接头空芯导线极有可能损伤漏水。加之上次事故的短路点就在附近，遗留的金属熔渣和碳粉不易清除干净，这些不利因素都会促成相间击穿的发生。

4. 定子端部线棒固定结构单薄

端部采用 18 块压板固定的发电机，每根线棒在每一侧渐伸线部分只受到 3 或 4 块压板的作用，实际上受到紧固作用的长度只占渐伸线全长的 20% 左右。在线棒末端振幅最大处，则有占总数 1/3 数量的鼻端未受到压板固定，处于悬空受振状态。结果，投入运行一段时间后，水盒在焊接薄弱处出现裂缝，水盒接口附近空芯股线疲劳断裂，空芯、实芯股线相互磨断或磨漏，引水管与汇水管接头螺母松动等。

引线接头的固定，同样也十分单薄。在时钟 11 点、1 点位置的引线接头，前后所连接导线连续弯曲，在其延伸达 1005mm 范围内竟没有一个固定点。即使是延伸长度最短的时钟 5 点、7 点处的引线，固定也很差，有的用手即可扳动。

此外，支撑压板的绝缘支架也存在着强度不足、材质易裂的缺点，过渡引线的固定方式由于过分单薄，夹板螺帽经常松脱、掉落。

这些情况说明，原有端部固定结构不能有效遏制端部线棒及引线的频繁振动，使原已存在的绝缘弱点在运行中不断扩大，以致无法避免绝缘击穿事故。更有甚者，一旦发生相间短路，这种单薄的固定结构还无法抵御强大电磁力的冲击，最终造成大面积的损坏。

故障实例 6：某发电厂的 1 号发电机发生相间短路事故。

1987 年 10 月 2 日某发电厂的 1 号发电机发生相间短路事故。其原因主要是线棒鼻端绝缘存在缺陷，线棒主绝缘层末端未伸入绝缘盒内，搭接处仅靠装盒时挤出的环氧泥抹平来填补；其次是汽侧 28、25、10 号线棒的端部接头均未被压板压住，9 号线棒的端部只被压板压住一半。结果，接头在长期悬空受力作用下，绝缘盒两端出现裂缝。又加上端部受到油雾的污染，致使 28 号绝缘盒在与线棒搭接处产生裂缝后，导体经涤玻绳、压板紧固螺杆对绝缘支架的固定支座放电，引起另两相对地电位升高，25 号鼻端对内盖起弧，最后酿成 9、10 号鼻端相间击穿。

5. 端部遗留异物

被遗留在机内的异物是指在定子或转子制作、装配过程中，在现场安装或者在大修施工期间，由于管理制度不完善，责任制不健全，检查验收不认真，致使工作中产生的剩余边角碎料、零配件及施工用工器具未被彻底消除干净而被遗留在机内的废弃之物。在 HS、FE、TL 等厂投运的国产 200MW 机组上都曾先后发现遗留在定子端部的锯条、螺杆、焊条等物，这些异物有的已造成短路事故，有的已损伤绝缘。

故障实例 7 DA 电厂 6 号发电机相间短路事故。

该发电机为 1987 年 12 月产品，1988 年 11 月并网发电。1989 年 9 月 19 日累计运行 5062h 后发生 A、C 相间短路。当时发电机带有功负载为 200MW，无功负载为 80Mvar，氢压为 0.29MPa，内冷水压为 0.1MPa，进、出口氢温分别为 34℃ 及 43℃。短路部位在励侧端部渐开线 A 相上层 16、17 号线棒与上下对应的 C 相下层 28、29 号线棒间。故障区无垫块也无绑绳，四根线棒局部烧熔长度分别为 65mm、100mm、120mm 及 160mm，故障中心距定子槽口及鼻部绝缘盒分别为 400mm 及 500mm。根据故障点顶部端罩表面、周围线棒表面、支架绑环与通风道内采集的固体残留物成分分析知道，残留物中含铁量达 10.58%。检查还发现，机内励侧的通风隔板上有一长为 100mm，直径为 12.7mm 的钢管。

根据短路故障部位残留物成分分析看出，这次事故的直接原因是机内遗留金属性铁磁物体在运行中磨损定子绕组端部绝缘，导致绝缘损坏而发生击穿。

故障实例 8 某电厂 6 号发电机励侧发生相间短路

1990 年 7 月 16 日，某电厂 6 号发电机励侧发生相间短路，其主要原因是一个 M8 的螺杆（长 20mm）将两根异相线棒绝缘磨破而导致击穿，事故是在投运后仅半年发生的。

金属异物造成的故障可以从故障位置、故障前机组运行状态、继电保护动作情况、线棒主绝缘及股间绝缘检查及金属异物的正确检查结果来判断，该类故障往往有明显的特征。

1）金属异物引起故障的位置一般在发电机定子两侧端部渐开线处，其中又以结构复杂、检修和检查内容多的励侧为多数，且多在两侧顶部 12 点钟位置（包括 1 点钟和 11 点钟位置）和下部 6 点钟位置附近。此处一般为制造、现场安装和大修时外来金属异物最易掉落的位置，也是端部固定元件运行中掉落后最容易被窝藏的地方。

2）定子端部出槽口直线段、鼻端和渐开线三个地段，按运行中承受的电磁力和扭矩来看，出槽口直线段和鼻端最为薄弱，其中前者承受电磁力最大（比较图 10-1 和图 10-2）。根

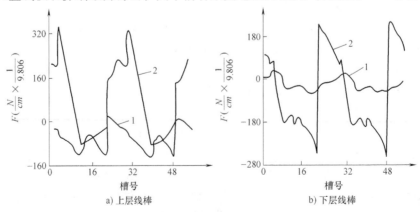

图 10-1 定子出槽口直线段电磁力分布

1—径向 2—周向

据国产 300MW 汽轮发电机计算结果，出槽口直线段和渐开线部分电磁力分布如图 10-1、图 10-2 所示。

发电机在运行中通常出线槽口及鼻端容易发生绝缘磨损和铜线疲劳断裂，而在渐开线处因金属异物造成的故障损坏处有时无绑绳、垫块及垫条，该处也见不到线棒磨损痕迹。

该类故障与线棒机械磨损、铜线疲劳断裂或股间短路的主要差异在于：后者运行中发电机氢压往往会明显下降，内冷水箱含氢量增大以及漏

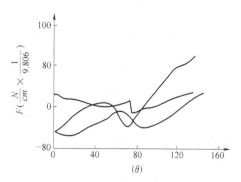

图 10-2　定子绕组端部渐开线电磁力分布

氢检测仪有较大指示；解剖主绝缘及股间绝缘不正常。而国产水氢氢发电机定子铜线断裂后运行中具有上述异常特征时，往往可以提前停机处理，避免更严重的相间短路事故发生，如 F 电厂 2 号机、S 电厂 8 号机、SA 电厂 1 号机，均因氢压下降或内冷水箱有氢气而安排停机，减少了电厂的损失，其中原因为鼻端接头、过渡引线接头或槽口铜线断裂。而金属异物所发生的故障，故障前运行较正常，不出现氢压下降等现象。

3）金属异物引起的故障常有突发性。由于金属异物窝藏的位置一般离定子铁心或机壳有一定距离，往往接地保护还未动作，而大小差动保护已动作跳闸。故障前后绝缘材料产生烟气，有时还伴随有绝缘缺陷和对机壳距离最近的鼻端接头的放电现象（包括接头间对烧），容易将此位置烧损的原因与其他故障混淆。

4）当机内铁质金属结构没有被电弧烧伤时，可用原子吸收法对残留物的各元素进行测定判断。因金属异物一般体积较小，正确的检测方法是先用磁铁吸出残留物后测定。

5）机内遗留金属异物后的运行时间取决于金属异物体积的大小，短的十几天，长的 $1 \sim 2$ 年，说明一旦机内存有金属异物，一般在大修间隔内是无法保证安全运行的。D 电厂 6 号机掉入的叉口扳手有效体积为 $16.6cm^3$，后用相同体积的铜管（$18.48cm^3$）在模拟磁场中试验表明，试验时间仅几十分钟时，金属体温度即高达 $260 \sim 280℃$，后果十分严重。

6. 氢气湿度大

氢冷发电机中的氢气湿度过高会在发电机内部产生结露现象。结露一旦发生，轻则发电机内金属部件产生锈蚀，重则使发电机定子和转子绕组受潮，影响绝缘性能。特别是水-氢-氢冷却的发电机，当定子内冷水温度低于氢气中水分的露点时，在定子绝缘引入管外表面会产生结露，严重时会发生单相对地闪络或相间短路，烧坏发电机端部绕组。表 10-2 为几台发电机发生短路事故时的氢气湿度值。

表 10-2　发电机短路时氢气湿度值

项目	冷氢湿度/℃	运行氢压/MPa	机外绝对湿度/(g/m^3)	机内折算湿度/(g/m^3)	相对湿度/(%)
D 电厂 7 号发电机	15	2.1	$6 \sim 7$	$18.6 \sim 21.7$	100
J 电厂 4 号发电机	28	2.8	7	26.6	≈ 100
H 电厂 1 号发电机	$28 \sim 30$	2.9	6.8	26.5	≈ 100

氢气湿度高，易使机内产生结露现象，降低了气体的介电强度，也使带有制造缺陷的定子绕组端部的绝缘水平进一步降低，往往成为短路事故发生的诱发因素。近几年，在额定电

压为 15kV 以上的发电机，多次发生绕组端部短路事故，例如：

1）据 1991 年报道，国内 102 台水-氢-氢冷却的 200MW 发电机已经有 11 台、15 台次发生端部短路事故。

2）某电厂的 1 号发电机于 1993 年 6 月 22 日在运行中发生定子相间短路。分析认为，事故的原因是该机端部绝缘存在缺陷，鼻端绝缘为沥青云母带包扎，绝缘整体性差，模压绝缘与手包绝缘搭接不良，绝缘盒充填不满；此外，该机的氢密封瓦向发电机内漏油，机内氢气湿度超标。在绝缘薄弱或缺陷处，由于氢气湿度较大，导致绝缘破坏，发生相间短路击穿。

3）某发电厂的 2 号发电机，于 1987 年 12 月并网发电，1988 年 1 月 25 日在正常运行中突然发生定子绕组端部相间绝缘击穿烧损事故，B、C 相间端头短路，在励磁机侧 5 点钟位置，绕组水接头、水盒和过渡引线烧毁，事故的当时，发电机内氢气纯度达 99.7%，机内氢气绝对湿度为 32.4g/m³。

4）某热电厂的 11 号发电机，于 1989 年 6 月并网发电，1992 年 3 月 26 日正常运行中氢压为 0.29MPa、氢纯度为 97.2%、机内氢气绝对湿度为 34g/m³，突然发电机纵差动保护、差动速断保护同时动作，发电机和变压器主开关、灭磁开关跳闸，造成事故停机。发电机解列后检查发现，故障点在励磁机侧 9 点钟位置，定子绕组端部 A、B 相相间短路，A 相烧断 17 根股线，B 相烧断 11 根股线。

5）某发电厂的 5 号发电机，于 1991 年 12 月 31 日并网发电，1992 年 4 月 16 日在系统无任何异常情况的正常运行中，发电机内氢气绝对湿度 32.24g/m³，励磁机侧 B、C 相相间定子绕组端部绝缘短路击穿，A 相定子绕组引出线水接头对端盖内护板放电，定子绕组端部严重烧损变形，定子绕组全部更换，大修费约 200 万元。

7. 发电机因密封系统不良，导致发电机内进油情况严重

发电机因密封系统不良，导致发电机内进油情况较为普遍，进油会使发电机定子、转子部件上形成油腻（垢），以致影响发电机的绝缘、散热与安全运行。例如：

1）某电厂的 1 号、2 号发电机，为了防止发电机内积油，在定子端部冷热风交界的风道上钻了 φ12mm 的泄油孔，由此可知进油的严重情况。

2）某发电厂 4 号发电机，在大修中查出鼻端有 25 处绝缘弱点，拆开绝缘盒后发现都与进油有关。

3）某发电厂 8 号发电机，在大修中发现，定子膛内气隙隔环的橡胶元件大部分已被覆盖在表面的油层胀大变形。

4）某发电厂的 1# 发电机于 1994 年 5 月 15 日发生了定子绕组相间短路事故。分析认为，这次事故属于典型的绝缘性质的事故，事故后检查过渡引线并联块的绝缘盒，盒内绝缘填料不满，过渡引线铜线有外露，部分接头绝缘不良，运行中发电机内油污及氢气湿度大等情况形成爬电接地而导致相间短路。

综上所述，先天性绝缘缺陷是导致定子绕组端部短路故障的根本原因，端部固定不牢、遗留异物、氢气湿度过大、漏油等缺陷，是诱发和扩大端部短路故障损坏程度的重要原因。

10.1.2　定子绕组短路故障发生的位置

通过对发电机定子绕组 19 次短路事故分析，发现除 4 次因端部遗留金属异物外，其余均具有明显的绝缘故障特征，即短路部位均在两侧高电位绝缘薄弱处，见表 10-3。

表 10-3　短路故障位置

位置	电厂及机号			
	D 电厂 7 号发电机	H 电厂 1 号发电机	H 电厂 2 号发电机	J 电厂 4 号发电机
发生短路的位置（按时钟位置）	励磁机侧 3 点钟（两次短路位置相同）	汽机侧 10 点钟	励磁机侧 5 点钟（两次短路位置相同）	励磁机侧 1 点钟

10.1.3　防止定子绕组短路的对策

1. 设计与产生方面

（1）消除定子绕组端部绝缘的薄弱环节

1）做好引线线棒接头绝缘。

2）改进端部线棒鼻部接头绝缘。

3）加强端部线棒鼻部引水管接头绝缘。

（2）改进定子绕组端部的固定工艺结构

1）改进定子端部绕组的固定方式。

2）加固引线线棒接头。

3）加固绕组鼻部接头。

4）加固端部连线及过渡引线。

5）加固定子端部绕组背部绝缘支架。

6）改进固定结构部件的锁固方式。

7）改进定子绕组水接头工艺结构。

2. 运行维护方面

（1）严格检查定子端部绕组中的异物

大型发电机遗留金属异物的事故在国内常有发生，给电网带来不少损失，应引起有关部门的高度重视。

从发电机定子端部结构及运行条件来看，励侧端部是定子最为薄弱的环节，该处包括有手包绝缘的鼻端接头及引线，其绝缘水平远低于线棒直线模压部分，容易发生击穿事故。此外，发电机在运行时，端部线棒出槽口及鼻端部位承受较大的电磁力和扭矩，容易出现绝缘磨损故障，加之端部有支架、绑环、绑绳及压板等固定部件，造成空间狭窄，局部存有异物很难发现。一旦发生金属异物的故障，很容易与其他故障混淆，特别在故障后没有找到金属异物的情况下，一般容易将事故原因归结于绝缘或磨损等事故，从而使修复措施不能对症下药，也不能真正吸取事故教训。

从管理角度看，定子端部遗留异物问题，主要是管理制度不严，检查清理不彻底造成的。因此，为杜绝这种现象，应加强管理，严格执行规章制度，在制造、安装和检修过程中，认真对端部绕组夹缝、上下层线棒间隙进行检查，必要时应用内窥镜逐一进行仔细检查，消除事故隐患。

防止机内遗留金属异物的防范措施主要有以下几点：

1）在国产 200～300MW 汽轮发电机中，有的端部固定结构薄弱，运行中常出现压板、端部支架、引线及汇水环固定用的螺母、螺栓松动、脱落的异常现象，给发电机安全运行带来严重威胁；有的端部绕组还出现 100Hz 固有频率的整体模态，加剧了绕组的振动。对于大型发电机生产时制造厂应逐台进行定子端部绕组固有频率测量，采取有效措施使之在合格范围内。端部紧固件应逐个检查，并采用合理的防松止退结构，如锁片由单锁改为双锁锁片等。出厂前应由专人彻底检查，消除加工后的遗留金属异物。

2）安装及大修时要建立严格的现场管理制度，防止锯条、螺钉、螺母、工具等金属杂物遗留在定子内部，特别应对端部线圈的夹缝、上下层渐开线线棒之间做详细检查，必要时在安装和大修后借助内窥镜对肉眼无法观察到的部位逐一进行认真检查。

3）对新安装机组一般投运一年后做第一次大修时，应将检查端部紧固件（如压板紧固的螺栓和螺母、支架固定的螺母和螺栓、引线夹板的螺栓、汇水管所用卡板和螺栓等）是否松动、脱落，以及铁心边端硅钢片有无断裂等作为主要检查内容。因为运行后制造工艺不良而引起的上述缺陷最容易在第一次大修中暴露出来。

4）加强对工作人员的安全教育，用事故实例说明小小金属异物给发电机带来的严重后果。

（2）严格控制发电机内氢气湿度

氢冷发电机氢气湿度超标，常常成为定子绝缘击穿和导致转子护环产生起始裂纹的诱因。

在近期颁发的《发电机运行规程》中，对发电机内氢气的湿度、温度等参数进行了严格的规定，要求发电机内氢气混合物的绝对湿度不得超过 $10g/m^3$；向机内充氢时，新鲜氢气在常压下测量的绝对湿度不大于 $2g/m^3$。然而，目前国内大型氢冷发电机的氢气湿度普遍高于该要求值，对机组的安全运行造成威胁，为机组突发性故障造成恶劣的环境因素。表 10-4 列出了某省 7 台 200MW 发电机组氢气绝对湿度的情况。可见 7 台机组的平均湿度与部颁要求值相差较大，其中 7 号机组机内氢气的绝对湿度已达 $31.6g/m^3$，约为部颁要求值的 3.2 倍。

表 10-4　某省 200MW 机组氢气绝对湿度情况表

机组代号		1	2	3	4	5	6	7	平均值	部颁要求值
机内氢气绝对湿度 /(g/m³)	机外测量值	1.91	3.3	4.04	5.27	5.7	7.13	7.9	5.04	2.5
	折算至机内	2.76	13.2	16.16	21.08	22.8	28.52	31.6	20.16	10
氢站新鲜氢气绝对湿度 /(g/m³)	机外测量值	2.78	3.29	3.45	4.23		6.33	3.99	4.01	2
	折算至机内	11.12	13.16	13.8	16.9		25.3	16.0	16.04	8

面对我国氢气湿度的现状，首先要统筹安排，在采取临时措施改善老电厂氢气湿度的同时，要从根本上想办法最终解决氢气湿度的问题。

（3）提高检修和运行管理水平

1）防止运行中密封瓦向机内进油

要防止发电机内进油，关键在于平衡阀的性能要好，油封结构要完善，氢侧回油路径要畅通无阻。油封箱的自动补排油装置和远方油位信号显示及就地油位指示要保证正确可靠。另外，密封油的油质必须确保干净，无水分和杂质，大修后起动前提前进行油循环滤油，不合格决不迁就，宁可延长检修周期也不能降低对油质的要求。

2）防止密封油中带水

在大修中，按规定标准严格调整汽封间隙，运行中严格控制汽封气压，防止油中进水。加强透平油管理，确保油质合格。做到透平油油质净化经常化、制度化。它不但是压差阀和平衡阀连续可靠运行的必备条件，同时也对整个汽轮机组的安全稳定运行有重大意义。

3. 开展在线监测和诊断技术的研究

为保证发电机的安全可靠运行，最近10多年世界一些国家都开展了在线监测和诊断技术的研究，并逐步推广应用。主要项目有：

1）定子绕组绝缘监测；

2）发电机内过热监测与诊断；

3）定子绕组端部振动监测；

4）氢冷发电机氢气湿度及漏氢监测等。

有的项目国内已开始研究并将研究出的监测和诊断系统用于发电机，但还需要不断完善。

10.1.4 采用表面电位法查找定子端部绝缘缺陷

用表面电位法检查发电机定子绕组端部绝缘缺陷具有灵敏度高，能有效地检出局部缺陷和端部微渗漏水等一系列优点，多年来在各电厂获得广泛应用。它与制造厂及有的电厂采用的局部泄漏电流法各具特点。两种方法在检出绝缘缺陷的有效性、实用性各方面都能提供较可靠的依据。

表面电位法试验接线分正、反（包括反接电流法）两种。所谓正接线，即绕组铜线处加直流试验电压，包裹锡箔的接头处经100MΩ电阻串接微安表接地。该方法主要优点为测量速度快，对人身与设备较为安全，当定子通水加压状态下做试验同时可以校验空芯铜线有无渗漏现象，因而通过试验既检查了绝缘状况又能发现空芯铜线的质量问题，故适合正常大修中采用。与反接线相比，要求试验设备容量大。所谓反接线即定子于绕组经100MΩ电阻串接微安表接地，在包裹锡箔的测量接头处加压，该方法优点是试验设备容量小，不易受定子端部脏污程度的影响（一般情况下端部脏污不影响正接线时的测量结果），试验时要求定子引水管不通水，此种接线适合事故抢修中应用（即当端部严重脏污时），与正接线相比，其测量速度慢，同时更应注意采取严格的安全措施。

发电机定子水内冷绕组施加直流电压 U 后测试等效电路如图10-3所示。

测量端部绕组各点电位（或取其电阻上压降）可用内阻不一的电压表，其中包括不吸取电路功率、内阻较高的静电电压表。实际试验证明，采用静电电压表测量电位时发现端部接头绝缘缺陷的灵敏度大大下降，在诊断方面有时甚至造成误判断，达不到试验目的。目前，已有内阻为100MΩ的专用电压表，替代电压指示相同的静电电压表，该电压表精确度与静电电压相等，使用极为方便可靠。

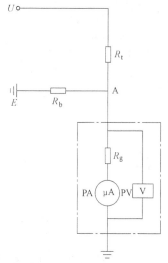

图10-3 测试等效电路图

R_t—待测部位绝缘的体积电阻

R_b—待测部位绝缘的表面电阻

E—接地点（铁心） R_g—测试时

的串接电阻（100MΩ）

PV—静电电压表 PA—微安表

下面就本内容给出了实例，本实例中包括 43 台国产 200~300MW 汽轮发电机的试验结果，归纳以下特点：

1）在试验中，除个别机组端部绕组接头等处完好外，绝大部分机组存在缺陷，在 U_N 试验电压下，有一台 200MW 机组最高表面电位达 15kV，其中严重的占所测部位总数的 83%，而大部分电位在 10kV 以上，经处理后该机组电位均在 2kV 以下。国产 200、300MW 机组经表面电位法试验所发现的制造质量问题与两次原电力部调查组涉及的定子端部绝缘设计、施工工艺与材质选择存在缺陷完全相符，即有的厂家采用绝缘性能不佳的沥青云母绝缘带及玻璃黄蜡布带作为手包引线的绝缘；有的厂家虽然采用环氧粉云母绝缘带，而没有严格执行边包绝缘边刷无溶剂胶的工艺，烘焙工艺也控制不严，造成手包绝缘分层，整体性差；有的手包绝缘与模压绝缘搭接不良出现缝隙，鼻部绝缘盒有的填料不满，个别机组绝缘盒有裂纹，引水管锥体绝缘及线棒侧模压绝缘未伸入盒内出现露铜；有的厂家在锥体部分采用不适宜的玻璃漆布带或沥青云母带。以上制造缺陷加之运行中漏油和氢气湿度大，降低了绝缘水平，严重者引起短路事故。

2）严重的放电烧伤与表面电位值的关系。某电厂 7 号机（200MW）事故后检查，非故障的励磁机侧在 22 号、25 号、30 号及 39 号线棒引水管锥体根部（包括绑扎的涤玻绳附近），存在严重的放电烧伤痕迹，该部位绝缘呈深褐色，放电通道明显，是事故前的危险先兆区域，而发生短路的汽机侧，事故不是在相邻的 1 号和 54 号线棒接头处产生，而是在相距约达 260mm 的 2 号及 53 号线棒间（39 号与 40 号线棒接头间也有放电烧伤），原因为高电位的 1 号及 54 号接头绝缘以往已作处理，次高电位的 2 号及 53 号接头未作处理，绝缘除本身有缺陷外，包扎用的涤玻绳工艺也存在问题，解剖检查发现松散变软，绳芯呈棕黑色，击穿强度很低，短路通过涤玻绳放电所引起。后对该机做表面电位试验，运行中有放电烧伤痕迹的接头，表面电位均在 11kV 以上，见表 10-5。

表 10-5　运行中严重放电烧伤与表面电位试验值关系（串 100MΩ 电阻，并接静电电压）

侧别	槽号	表面电压值/V	绝缘电阻/MΩ	外观检查情况
励磁机侧（非故障侧）	23	11000	5	引水管锥体根部有严重放电痕迹，锥体绝缘未伸入绝缘盒内，绝缘松散、不均匀、锥体绝缘内有油
	25	12000	25	引水管锥体根部露铜，缝隙达 2mm，绝缘未伸入绝缘盒内，绝缘松散不均、锥体绝缘内有水珠油
	38	12000	4	引水管锥体根部有严重放电痕迹，绝缘未伸入绝缘盒内，绝缘松散、不均匀以至锥体绝缘内有水珠
	39	11000	4	引水管锥体根部有严重放电痕迹，绝缘未伸入绝缘盒内，绝缘松散不均匀

由表 10-5 可知，对于国产 200MW 水氢氢汽轮发电机组，当串接电阻（R_3）为 100MΩ 而表面电位达 $70\%U_N$ 以上时，应设法处理方可投入运行，特别处在相邻位置的接头表面电位值到 $70\%U_N$ 时，发生事故的概率更大，因为在这些机组中一般端部加固用的涤玻绳往往因油污及氢气湿度大构成爬电途径，以至局部氢气环境被放电颗粒气体所污染，最后导致在正常条件下能承受足够电气强度而相距位置甚远的两处产生短路后果。

3）有些发电机接头重新处理绝缘后，因干燥不彻底有时出现表面电位升高现象，故绝缘重新处理后，应保证有足够的烘干时间方可进行试验。

4）有些端部绝缘盒由于制造中存在先天质量缺陷，同时运行中接头被油浸入后。表面电位有升高的现象，而擦油污后电位有所下降，对于这些部位虽经擦洗，电位值也在标准范围内，遇到这种情况也应重新处理绝缘以保证运行中不出现严重表面电位升高。为了准确及较灵敏地发现绝缘缺陷，对于接头绝缘盒等测量部位要求在不清洗状态中进行试验的目的就在于此。

5）根据对35台发电机试验结果的统计分析，发现绝缘有缺陷的达30台（检出率为85%），其中缺陷部位为接头引水管锥体、接头盒部、手包绝缘引线接头及过渡引线并联块等，而大部分为引水管锥体部位绝缘有缺陷，表面电位严重的为0.7~1.0倍试验电压。

经处理后，绝缘正常的有22台发电机（占总数的78.5%），表面电位在1000V以下；6台（占总台数21.5%）在2000~3000V。运行机组绝缘正常时表面电位应在1000~3000V范围内。

10.2 发电机定子绕组匝间短路故障的诊断

定子绕组内部短路（包括匝间短路、相间短路）是同步电机中一种常见的破坏性很强的故障。按照国标GB 14285—2016继电保护和安全自动装置技术规程规定，应装设定子绕组匝间短路保护，实际情况是大型发电机（特别是汽轮发电机）很多不装设匝间短路保护。当发生匝间短路时，发电机持续被匝间短路电流损伤，定子铁心严重烧坏，直到故障发展到相间短路，纵差保护才动作。国内也发生过因没有匝间短路保护而严重烧坏机组的实例[153]。

总体来说，发电机定子绕组匝间短路的保护或诊断都是比较困难的，这主要是因为两个方面原因，一是电机绕组结构方面：大型汽轮发电机组，为了装设匝间短路保护（高灵敏单元件横差、不完全纵差或裂相横差），中性点侧应引出6个或4个端子，这给电机制造增加了麻烦；另一是保护方法方面：对于中性点侧只引出3个端子的发电机，要实现定子绕组匝间短路保护，对国内外同行来说都是一个难题。目前，采用的以转子2次谐波电流为主判据的匝间短路保护必须尽快淘汰；纵向基波零序电压的匝间短路保护亦非完善方案，虽然它被英国同行用来弥补已运行发电机缺少匝间短路保护的不足，但在整定计算和原理设计上均存在缺陷，美国已明确表示不推广使用[152]；第三方面是缺少准确的计算数据，现有的匝间短路保护由于整定不当、装置有缺陷等原因，误动率居高不下。

发电机定子绕组匝间短路故障的诊断需要准确的故障特征计算数据。因此，本节将重点分析发电机定子绕组匝间短路的内部电流计算以及故障特征。

10.2.1 发电机绕组匝间故障检测的新型探测线圈

由于电流互感器的体积及重量等原因的限制，很多发电机不具备设计安装定子分支电流互感器的条件。例如，国内大多数大型汽轮发电机在中性点侧只引3个端子，如图10-4所示，只能安装相电流互感器，无法配置零序电流型横差保护、不完全纵差保护和裂相横差保护等水轮发电机常用的匝间短路主保护，而具备安装条件的完全纵差保护仅能反应定子绕组的相间短路，造成定子匝间短路故障较大的动作死区；而励磁绕组匝间短路故障后，定子三相电流仍为对称的基波,与正常运行时相比变化不大,相电流互感器基本无法反映励磁绕组匝间短路的故障特征,限制了基于定子相绕组内部不平衡电流监测原理的应用[188]。

研究表明,发电机定子绕组内部短路或是励磁绕组匝间短路后出现的同相不同分支间的不平衡电流,主要是由于气隙磁场中的非奇数次空间谐波引起的,从理论上讲这些空间谐波磁场在发电机绕组正常情况下是不存在的,是发电机绕组内部不对称故障的一种重要特征。为此,清华大学孙宇光博士提出了一种放置于气隙中(可固定于发电机定子内圆的槽口或者槽楔处)的新型探

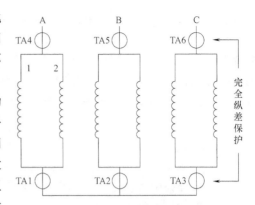

图 10-4　汽轮发电机的常见出线方式和主保护配置图

测线圈[188],通过特殊的布置及连接方法,能够对气隙磁场的这些故障附加谐波感应出电动势,但并不反映正常运行情况下以空间基波为主的磁场,由此可检测出各种绕组内部的不对称故障,并根据感应电动势的频率区分出定子故障与转子故障,在此基础上可对发电机定子和励磁绕组匝间短路故障实现有效的保护或监测。

该新型探测线圈,要根据发电机定子绕组的不同形式而采取不同的布置及连接方法。下面在常见的 60° 相带整数槽绕组发电机中,对新型探测线圈进行论述及分析。

1. 由两个线圈串联组成的新型探测线圈(形式 1)

如图 10-5 所示,在相邻两极的对应位置下,布置两个相同的短距线圈 11′ 和 22′(可以分别固定在定子内圆的槽口或者槽楔处),并将这两个线圈正向串联构成探测线圈,图 10-5 中的 P 表示极对数。

理论上,发电机正常运行及机端外部故障情况下气隙磁场只存在空间基波及少量奇数次谐波。如图 10-5a 所示,由于线圈 11′ 与 22′ 相距 1 个极距(τ),空间基波磁场在这两个线圈产生的磁链大小相等、方向相反,不会在探测线圈中感应出电动势,同理其他空间奇数次谐波也不会在探测线圈中感应出电动势。

在多对极发电机中,定子或转子绕组发生内部故障后,气隙磁场中还会出现偶数次或分数次的谐波磁场。如图 10-5b 所示,空间 2 次谐波磁场在线圈 11′ 和 22′ 内

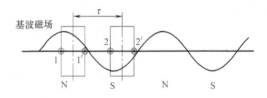

a) 空间基波磁场

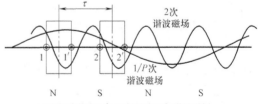

b) 空间分数次(1/P)及偶数次(2次)谐波磁场

图 10-5　各种气隙磁场对新型探测线圈形式 1〔(由两个线圈串联组成)的作用(P = 2)〕

产生的磁链大小相等且方向相同,两线圈正向串联后交变磁链相加而不会抵消;而空间分数次谐波磁场在线圈 11′ 和 22′ 内产生的磁链大小并不相等,其和也不可能恒为 0。所以这些故障附加的空间谐波磁场会在探测线圈中感应出交流电动势。

在励磁绕组匝间短路故障中,励磁电流中的主要成分是直流分量,其产生的偶数次

（常见的 1 对极汽轮发电机）或者分数次谐波（多对极的水轮发电机）的空间磁场都随转子一起旋转，相对探测线圈（固定于定子）的转速为同步速，就会在探测线圈中感应出含有相同次数时间谐波的电动势。例如，常见的 1 对极汽轮发电机，励磁电流会产生 2 次、4 次等故障附加次数的空间磁场，在两个短距线圈中感应出大小相等、方向也相同的偶次谐波电动势，所以探测线圈中出现了偶次谐波电动势，开路电压频率为 $2f_0$（f_0 为基波频率）；而多对极的水轮发电机，励磁电流会产生 $1/P$、$2/P$ 次等分数次谐波空间磁场，在两个短距线圈中感应出的分数次谐波电动势大小相等但相位不同，所以探测线圈会出现相应的分数次谐波电动势，开路电压频率为 f_0/P。

发生定子内部短路故障后，定子电流也会产生各种空间谐波磁场（包括各种偶数次和分数次谐波磁场），由于定子电流产生的这些磁场与探测线圈的转速与磁场谐波次数成反比，与定子电流谐波次数成正比，所以在探测线圈感应电动势只有基波及其他奇数次时间谐波。

2. 由单个线圈构成的新型探测线圈（形式 2）

在多对极发电机上，可以将上面论述的探测线圈中的两线圈 11′ 和 22′ 的节距增大为整距，实际上等效为一个节距为 1 对极的线圈 AA′，如图 10-6 所示。

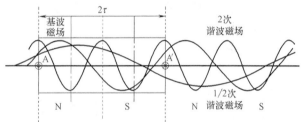

发电机正常运行及各种故障情况下，气隙磁场基波和各种空间谐波对探测线圈形式 2 的作用与形式 1 类似。略有区别的是，形式 2 的探测线圈只反映气隙磁场故障附加谐波中的分数次谐波，理论上不受 2、4 次等偶数次谐波磁场的影响。

图 10-6　新型探测线圈形式 2（节距 1 对极的单个线圈 AA）的示意图（$P = 2$）

上述应用于 60° 相带整数槽绕组发电机的新型探测线圈，将布置方法略加修改（需要在 1 个单元发电机的空间范围内布置），就可以推广到分数槽绕组绕组的电机中。

3. 试验与分析

上文分析表明，采用上述特殊方法布置的新型探测线圈，在发电机正常运行时没有感应电动势，而在定子内部短路和励磁绕组匝间短路的情况下会感应出不同频率的交流电动势，从理论上为同步发电机定子和励磁绕组匝间故障的在线检测提供了一条新途径。

在试制的一台十二相整流同步发电机上，布置了新型探测线圈，而且在绕组内部特制了一些抽头，并引到外部面板上，进行定子绕组内部短路和励磁绕组匝间短路试验，并记录探测线圈端口的电压波形。试验结果都表明，开路的探测线圈端口电压具有以下特点：

1）在发电机正常运行以及机端外部故障情况下，探测线圈端口电压几乎为 0；

2）在发电机内部发生不对称故障情况下，探测线圈会对气隙磁场的故障附加谐波磁场感应出电动势；

3）在励磁绕组匝间短路故障情况下，1 对极发电机的探测线圈开路电压频率为 $2f_0$（f_0 为基波频率），包括 2、4 等偶数次谐波；而在多对极发电机上，探测线圈开路电压频率为 f_0/P（P 为发电机的极对数），包括各种分数次谐波；

4）无论 1 对极还是多对极发电机，定子绕组匝间或相间短路故障情况下，探测线圈开路电压频率都为 f_0，包括基波及 3、5 等奇数次谐波。

10.2.2　定子绕组匝间短路对发电机定转子径向振动特性的影响

对于同步发电机定子绕组匝间短路故障，在常规的监测与诊断系统中，着重测量分析发电机电参数变化情况，没有考虑绕组故障对发电机径向振动的影响；而考虑发电机径向振动特征主要局限于诸如转子不对中、不平衡等机械故障，例如转子两倍频振动可初步判断转子对中不好，转子工频振动可初步判断转子弯曲。但发电机作为一个整体，绕组故障将引起气隙磁场畸变，产生不同于正常运行时的气隙电磁力波，从而激起发电机定转子径向振动。因此研究绕组故障的发电机定转子径向振动特征，将为此类故障机理研究开辟新的思路，还为此类故障诊断提供更加全面的征兆，从而提高故障诊断的灵敏度和精度，保证发电机安全可靠运行。

文献［90］首先分析气隙磁场变化特征，计算得到气隙磁密、气隙磁导和气隙磁场能的表达式，然后得到作用于转子的不平衡电磁力特性和作用于定子的脉振电磁力特性以及定转子振动特征。并实测了 MJF-30-6 型模拟发电机定子绕组匝间短路时定转子径向振动信号，与理论分析结果基本吻合。

1. 定子绕组匝间短路时的气隙磁场分析

在发电机正常运行时，气隙磁动势为

$$f(\alpha,t)=F_{s}\cos(\omega t-p\alpha)+F_{r}\cos\left(\omega t-p\alpha+\psi+\frac{\pi}{2}\right) \tag{10-1}$$

式中　p——极对数。

$$\omega=2\pi f=p\omega_{r}=2\pi pf_{r}$$

式中　ω——电角频率；

　　　f——电频率；

　　　ω_{r}——转子机械角频率；

　　　f_{r}——转子机械频率；

　　　α——定子机械角度；

　　　ψ——发电机内功角。

当定子绕组发生匝间短路故障时，将在短路环中产生附加环流 I_{d}，如图 10-7 所示。

正常的电枢反应磁场为一旋转磁场，与转子同步旋转，而短路环中附加环流产生的磁场为一以短路匝绕组轴线为中心的脉振磁场，脉振频率为额定的电频率（50Hz）。忽略高次谐波，此脉振磁动势可表示为

$$f_{d}(\alpha,t)=F_{d}\cos(\omega t)\cos(p\alpha)$$

定子绕组匝间短路时，气隙磁动势可近似表示为

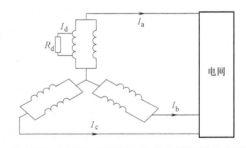

图 10-7　用于仿真匝间短路的定子绕组示意图

$$f(\alpha,t)=F_{s+}\cos(\omega t-p\alpha)+F_{s-}\cos(\omega t+p\alpha)+F_{s3}\cos(3\omega t-p\alpha)+$$

$$F_{r}\cos\left(\omega t-p\alpha+\psi+\frac{\pi}{2}\right)+F_{r2}\cos2\left(\omega t-p\alpha+\psi+\frac{\pi}{2}\right) \tag{10-2}$$

2. 转子振动特性分析

分析作用于转子的电磁力有两种方法，一是电磁力的磁密公式计算法：先通过气隙磁动

势和磁导，求得气隙磁密 $B(\alpha,t)$，然后利用公式 $q(\alpha,t)=B^2(\alpha,t)/2\mu_0$ 求得转子表面单位面积或定子内圆表面单位面积的径向电磁力（其中：μ_0 为空气磁导率），此分布的径向电磁力同时作用于发电机定子铁心和转子上，对空心圆柱形定子产生弹性圆柱壳体的振动，而对转子的振动则取决于此分布电磁力沿转子外圆周的合力。

磁拉力在 X 轴上的分力 F_X 和在 Y 轴上的分力 FY 为

$$\begin{cases} F_X = \dfrac{\partial W}{\partial X} = \dfrac{RL}{2}\int_0^{2\pi}\dfrac{\partial\Lambda}{\partial X}f^2(\alpha,t)\,\mathrm{d}\alpha \\[2mm] F_Y = \dfrac{\partial W}{\partial Y} = \dfrac{RL}{2}\int_0^{2\pi}\dfrac{\partial\Lambda}{\partial Y}f^2(\alpha,t)\,\mathrm{d}\alpha \end{cases} \tag{10-3}$$

式中　R——定子内圆半径；

L——气隙轴向长度；

Λ——气隙单位面积磁导。

经推导可知

1）当 $p>1$ 时，如只考虑气隙磁导的 1 次分量，得出 FX，FY 为常量，不引起转子振动；但考虑气隙磁导的 p 次分量，得出 FX，FY 中包含频率为 pf_r（即频率 f）的交变力，引起转子频率为 pfr 的径向振动，由于气隙磁导的 p 次分量较小，故频率为 pfr 的转子径向振动量较小。

2）当 $p=1$ 时，考虑气隙磁导的 1 次及高次分量，得出 FX，FY 由一常量和频率为 fr（此时 $f=fr$）的交变分量组成，将引起转子频率为 fr 的径向振动。

3．定子振动特性分析

发电机气隙磁密为

$$\begin{aligned} B(\alpha,t) &= \Lambda(\alpha,t)f(\alpha,t) \\ &= B_{s+}\cos(\omega t-p\alpha)+B_{s-}\cos(\omega t+p\alpha)+B_{s3}\cos(3\omega t-p\alpha)+ \\ &\quad B_r\cos[\omega t-p\alpha+\psi+(\pi/2)]+B_{r2}\cos2[\omega t-p\alpha+\psi+(\pi/2)] \end{aligned} \tag{10-4}$$

式中，$B_{s+}=\Lambda(\alpha,t)F_{s+}$；$B_{s-}=\Lambda(\alpha,t)F_{s-}$；$B_{s3}=\Lambda(\alpha,t)F_{s3}$；$B_r=\Lambda(\alpha,t)F_r$；$B_{r2}=\Lambda(\alpha,t)F_{r2}$。

则作用于定子内圆表面的脉振电磁力为

$$q(\alpha,t)=\frac{B^2(\alpha,t)}{2\mu_0} \tag{10-5}$$

此分布的脉振电磁力对空心圆柱形定子产生弹性圆柱壳体的振动，经推导得出：

1）基波磁密，将产生脉振频率为 $2f$ 的电磁力作用于定子内表面。

2）2 次谐波磁密，将产生脉振频率为 $4f$ 的电磁力；并与基波磁密相互作用，产生脉振频率为 f、$3f$ 的电磁力。

3）3 次谐波磁密，将产生脉振频率为 $6f$ 的电磁力；与基波磁密相互作用，将产生脉振频率为 $2f$、$4f$ 的电磁力；与 2 次谐波磁密相互作用，将产生脉振频率为 f、$5f$ 的电磁力作用于定子内表面。

4）由于定子匝间短路首先引起负序磁场，然后通过气隙在转子绕组感应附加的 2 次谐波电动势，再通过气隙在定子绕组中感应附加的 3 次谐波电动势。因此，由转子绕组 2 次谐波电流产生的气隙 2 次谐波磁密 B_r2 和由定子绕组 3 次谐波电流产生的气隙 3 次谐波磁密 B_s3，与基波磁密相比，幅值较小。定子绕组故障前后，频率为 $2f$ 的定子振动变化量相对较大。

4．定转子振动特征的试验分析

试验电机为动模实验室 MJF-30-6 模拟隐极发电机，参数如下：额定容量为 30kVA；额定电压为 400V；额定转速为 1000r/min，由 Z2-91 型直流电动机拖动，发电机转子采用落地式滑动轴承支承、两端无端盖；极数为 6；相数为 3；定子槽数为 54；定子绕组每相 2 个并联支路；共引出 12 个接头，A 相第一条支路 2%、5%、10%、20%、40% 部分引出 5 个抽头，A 相第二条支路和 B 相第一条支路分别在 2%、5%、10% 引出 3 个抽头，共计 11 个抽头，可模拟定子绕组短路故障转子槽数：分度槽为 42，利用槽为 30（每极大齿占 2 槽）。

试验测试接线如图 10-8 所示，发电机并网负载运行，在 A 相绕组第一条支路的 5%、10% 抽头间串联一滑线变阻器，设此支路电流为 I_{a1}，经滑线变阻器的分支电流为 I_d，则可模拟定子一条支路匝间短路 $(I_d/I_{a1}) \times 5\%$。发电机并网负载运行，$P = 10\text{kW}$，$Q = 4\text{kvar}$，励磁电流 $I_f = 1.30\text{A}$。

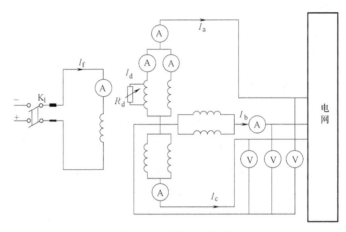

图 10-8　试验测试接线

振动传感器安装如图 10-9 所示，1 为 Bently 光电传感器，测取发电机转速，同时也作为振动信号整周期采样时的触发信号；2、3 为北京测振仪器厂的 CD-21 型速度传感器，测试发电机定子垂直方向和转子轴承座水平方向振动信号，灵敏度为 30mV/mm/s。采用整周期采样方式，每周期采样 128 点。

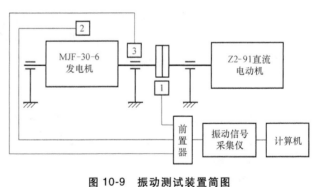

图 10-9　振动测试装置简图
1—Bently 光电传感器　2、3—CD-21 型速度传感器

图 10-10a、图 10-10b 分别为发电机正常运行和 A 相一条支路短路 3% 时的 A 相电压频谱图，故障发生后，虽基波幅值略有下降，但 3 次谐波幅值从 6V 上升为 10V。图 10-11a、图 10-11b 分别为发电机正常运行和 A 相一条支路短路 3% 时的励磁电流频谱图，故障发生后，100Hz 的谐波幅值从 0.012A 上升为 0.0145A。图 10-12a、图 10-12b 分别为发电机正常运行和 A 相一条支路短路 3% 时的转子水平方向振动速度频谱图。故障发生前后，基本没有变化。与理论分析结果（P = 3）基本一致。

图 10-13a、图 10-13b 分别为发电机正常运行和 A 相一条支路短路 3% 时的定子垂直方向振动速度频谱图。故障发生前后，各频率对应的振动速度见表 10-6 所示（$f = 50\text{Hz}$），频率

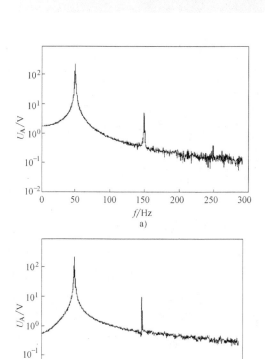

图 10-10　A 相电压频谱图

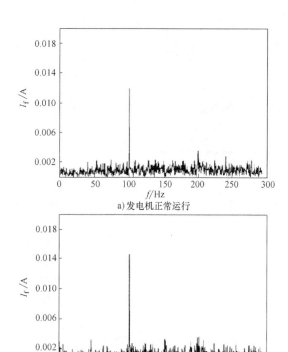

图 10-11　励磁电流频谱图

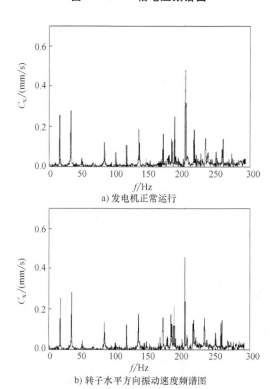

图 10-12　转子水平方向振动速度频谱图

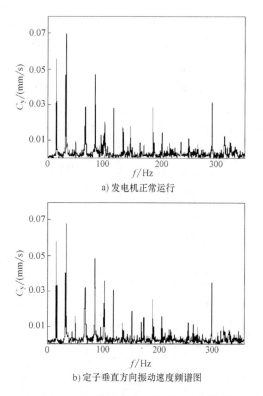

图 10-13　定子垂直方向振动速度频谱图

为 $2f$ 的振动速度变化最明显，故障发生前后从 0.02mm/s 增加到 0.035mm/s，而其他频率对应的振动速度变化较小，与理论分析结果基本一致。

表 10-6　定子垂直方向振动速度

运行状态	振动速度/（mm/s）					
	50Hz	100Hz	150Hz	200Hz	250Hz	300Hz
正常运行	0.009	0.02	0.019	0.015	0.01	0.03
A 相一条支路短路 3%	0.015	0.035	0.02	0.016	0.012	0.035

10.2.3　基于混沌神经网络的发电机定子绕组匝间短路故障的诊断

联想记忆是人工神经网络的重要应用之一。通过对样本模式的训练，可使其成为网络的稳定吸引子。网络能够从不完整的、模糊的、畸变的输入模式中联想出存储在记忆中的某种完整的、清晰的模式。然而，在实际工程中经常会碰到样本模式在状态空间分布得较接近或者发生部分重叠的情况，如匝间短路故障由于短路匝数相差不多而导致故障程度只有微小差异；此外，还经常会碰到样本模式中含有不完整或发生变异的信息。在这种情况下，应用传统的 Hopfield 神经网络实现联想记忆比较困难。

混沌神经网络由若干个混沌神经元组成，而每个混沌神经元又由两个彼此间相互耦合的混沌振荡子组成。利用改进的 Hebb 算法设计权值连接矩阵，与 Hopfield 网络相比提高了联想记忆的成功率与容错能力。因而在发电机定子绕组匝间短路故障的智能诊断中可以得到较好的应用。有关混沌神经网络模型请参见相关文献 [154]。

通常发电机由于长期受到潮湿、绝缘老化、机械振动和机械损伤等原因的影响，其定子绕组内部会发生匝间短路故障。运行经验表明，发电机定子绕组内部故障破坏性很强，需要尽早发现并进行处理。

对中性点发生匝间短路的情况。如图 10-14 所示，将发电机定子绕组匝间短路故障作为混沌神经网络记忆和辨识的样本模式，这里只讨论发电机定子绕组一条支路（A 相第一条支路）上有个线圈发生了对中性点的短路故障，相当于图中通过一根导线经过渡电阻 r_{gd} 把故障点 K 与中性点 O 连接起来。设 A 相第一条支路从故障点 K 开始到中性点 O 的匝数占该条支路匝数的百分比为 $\alpha\%$ 且发电机空载运行，表 10-7 列出了故障特征量在各种短路匝比下的数值，其中 $3U_0$ 为发电机零序电压的基波分量，$I_{0\text{-}0}$ 为发电机中性点连线电流。

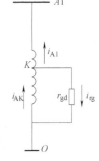

图 10-14　匝间短路示意图

表 10-7　匝间短路时故障特征量在各短路匝比下的数值

α	I_{A1}	I_{A2}	I_{A3}	I_{B1}	I_{B2}	I_{B3}	I_{C1}	I_{C2}	I_{C3}	$3U_0$	$I_{0\text{-}0}$
10	447.8	269.5	196.4	58.3	40.8	95.7	183.2	44.5	170.6	177.7	841.8
30	1439.5	781.9	661.3	88.3	79.3	130.2	262.7	76.4	227.8	501.7	2240.6
50	2136.6	1131.4	1006.6	106.1	97.6	128.1	295.4	104.6	232.7	729.4	3223.1
70	4226.7	2176.3	2050.6	129.2	111.6	113.2	305.9	143.3	201.1	1411	6138
90	8095.9	41111.0	3985.3	80.5	56.0	62.1	211.9	142.9	91.1	2670	11603

将表10-7所列的特征量归一化处理后作为混沌神经网络的学习样本,由改进的Hebb算法得到神经元相互间的连接权值。耦合振荡子参数选择为,$a=4.0$,$b=3.995$,$\varepsilon=0.01$,这时耦合振荡子处于混沌状态。对表10-7所列各种匝间短路故障,应用混沌神经网络进行故障诊断。以$\alpha=30$的情况为例,神经网络在诊断初期进入混沌状态,经过了动态联想记忆的搜索后,在$n=4$时刻故障得到了正确辨识,此时网络逃离混沌处于清醒状态,等待下一次搜索,这与人类真实的记忆过程非常相似。

为研究混沌神经网络的容错性,同样在$\alpha=30$的故障情况下,采用带有15%噪声的样本信息作为网络的输入,在$n=29$时网络仍然可以从动态记忆中正确搜索到此种故障。表10-8列出了噪声比不同时联想记忆的成功率,可以看出当噪声占标准样本的25%时,网络的联想成功率仍高达92%。

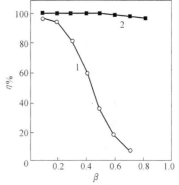

表10-8　噪声比不同时联想记忆的成功率

噪声占标准样本百分比	0.05	0.10	0.15	0.20	0.25	0.30
联想记忆成功率	100%	100%	100%	98%	92%	75%

图10-15比较了Hopfield网络(采用Hebb算法)与混沌神经网络(采用改进Hebb算法)在进行故障诊断时的存储性能,曲线1表示Hopfield网络,曲线2表示混沌神经网络。图中横坐标为网络存储容量β,其物理意义为$\beta=M/N$,其中M为存储样本数,N为神经元数目;纵坐标为诊断成功率$\eta\%$。Hopfield模型在β超过0.2后就急剧下降,表明样本丢失很严重;而混沌神经网络模型可以保持较高的存储性能。

图10-15　混沌神经网络与Hopfield
网络存储性能比较

1—Hopfield网络　2—混沌神经网络

10.3　定子绕组接地诊断

10.3.1　定子绕组接地故障

发电机定子绕组接地,它的危害虽然没有相间短路那么严重,但是它可能发展成相间短路,而且首先对铁心造成巨大威胁。对大型机组来说,容量大,电压高,结构复杂。定子绝缘的任何损害,后果都是很难预料的。接地故障若能及时被发现,将极大地降低发电机内部短路故障的发生概率;若能进一步诊断出发电机定子绕组接地故障发生的位置,将为故障后的处理带来方便。

汽轮发电机定子绕组接地事故发生的部位,一般多在定子线棒的槽部,尤其是在槽口。因为定子线棒由槽内伸向槽外的过渡区,即槽口附近,是定子线棒最容易受到机械损伤的部位,也是运行条件比较恶劣的部位。也有的接地事故发生在定子线棒的端部或引线上(对端部的结构件、护板、引线固定件、机壳等放电)。那主要是因为该处绝缘存在局部缺陷或绝缘受到其他异物损伤的缘故。

从历年来发生接地事故的事例中看出,原因主要来自下列几方面:

1)由于在制造过程中遗留的绝缘缺陷或异物所引发;

2）运行中冷却条件恶化或运行温度失控而使绝缘过热；

3）铁心压装质量差，运行中叠片松弛，或边端的铁心压指偏斜而使叠片松动，致使绝缘受到磨损；

4）运行年限过长，绝缘已老化。

中性点不接地的发电机的单相接地电流等于三相定子绕组对地电容电流值。而与主变压器成单元连接的大型发电机，发生单相接地时的故障接地电流，则是指包括定子绕组、出线封闭母线、变压器低压绕组在内的整个发电机电压系统的三相对地的电容电流值。此电流的数值并不大。虽然如此，如果这一电流超过允许的安全电流值（13.8~15.75kV 级为 2~2.5A；18kV 及以上级为 1A），接地电流的电弧将会烧伤铁心叠片层，甚至把铁心烧出熔坑，扩大损坏范围。对此，发电机的中性点必须采用消弧线圈接地方式加以补偿，以减小接地电流。同时还应使定子接地保护的保护区达到 100%，而且动作于跳闸。

近年来，在新投入运行的大型发电机上，已陆续发生一些危及定子绝缘的接地事故。下面介绍的这一实例，原因虽比较单一，也不涉及绝缘本身问题，但因为损失巨大，教训却极为深刻，值得借鉴。

10.3.2　实例分析：国产600MW发电机定子绕组接地事故

HS 电厂 3 号机系原哈尔滨电机厂产 600MW 汽轮发电机，是引进美国西屋电气公司技术，优化设计制造的首台 QFSN-600-2YH 型发电机。1996 年 1 月投入运行。1998 年 3 月 16 日凌晨该机起动，4 时 58 分并网，6 时 40 分带负载 120MW。事故前已带负载 460MW，运行参数正常，无任何异状。3 月 16 日 8 时 18 分，发电机变压器组出口断路器事故跳闸。经检查，"发电机定子 95% 接地保护" 动作，"发电机定子 100% 接地保护" 信号显示。经检验，发变组保护装置及二次回路正常，保护定值正确。用 ZC-37 型专用绝缘电阻表测定子绕组整体绝缘电阻，结果为零。拆开出线端及中性点连接点，测外部绝缘电阻为 1250MΩ/850MΩ；测机内各相绝缘电阻：A、B 相均在 1000MΩ 以上，C 相为零。

1. 发电机损坏情况

氢置换后，从入孔进入机内，闻到浓烈的绝缘烧焦气味；在定子槽口发现不少铝合金碎块和一块 4mm×4mm×6mm 的三角形四面体的钢块。

抽出转子后详细检查，看清定子及转子均已受到严重损伤。

1）在解体过程中，刚一拆开端盖，即捡到一钢质碎块。转子抽出后，定子腔内除有大量铝合金碎块外，又先后捡到多个扁圆形、长条形及不规则形状的钢块，前后合计共达 8 块。最大块约为 63mm×32mm×25mm，最小块约为 10mm×10mm×20mm。此外，还发现几个扭曲变形的铜垫圈。上述碎块中有 3 块扁圆件系固定转子绕组引线夹板的螺钉头部，有 5 块系夹板破裂的碎块。

2）定子铁心腔内表面遍布撞击伤痕。伤痕形态多种多样：有的是三角形坑，有的是圆形坑，有的已把通风沟砸伤而闭合。砸伤处面积在 5mm×5mm 以上者达 340 多处，励侧比汽侧严重。详细统计见表 10-9。

3）定子腔内 1~9 号气隙隔环已严重损坏。定子槽楔也大多被撞击损坏。

4）定子铁心齿顶，在励侧数起的第 1 风区内，有 3 处已烧熔。在烧熔最重的 36 号槽与 37 号槽之间的齿顶，堆积的烧熔块状物高达 20mm，面积为 30mm×20mm。与此处相邻的上

表 10-9 定子铁心膛内表面伤痕统计

风区编号	伤痕数量	砸伤面积/mm²	砸伤深度/mm
1	17	15×15	4~10
	87	5×5	3~5
2	30	15×10	2~7
3	35	15×10	2~8
4	68	15×10	2~10
5	38	15×10	3~6
6	61	15×10	3~6
7	26	15×10	3~12
8	18	15×10	3~10
9	43	10×10,5×5	3~9
10	4	5×10	1~2
11	2	2×2	1

层线棒的绝缘已烧焦脱落，成为 C 相定子绕组的接地点。

5）转子槽楔上的风斗，除位于靠近汽侧的第 10、11 风区内的损伤较轻外，其余 9 个风区内的风斗都无一幸免地被撞击损坏，铝合金碎块大量脱落。转子槽楔总共失去质量达 37.8kg。掉落的风斗碎块、屑末已进入转子进风区的楔下垫条的缝隙及转子绕组的通风孔道。

6）转子运回制造厂后，扒下励侧护环检查。查清 1 号大齿上转子绕组引线的轴向夹板的两个固定螺钉中，有一个螺钉已失去螺钉头，只剩螺杆；夹板仅被另一个尚属完好的螺钉固定在转轴上。2 号大齿上转子绕组引线的轴向夹板，则因两个螺钉均已失去螺钉头而脱落。总之，共有 3 个螺钉头和 1 个夹板均已和转子脱离而被甩出。这些，正好和解体过程中捡到的碎钢块完全吻合。

2. 事故原因分析

（1）转子绕组引线的固定结构。

国产 600MW 发电机转子绕组采用氢内冷方式，转子绕组的引线采用氢内冷的硬铜引线。引线从第 1 套线圈（最小套）引出后的固定方式是，在圆弧部分使用一个径向夹板和一个轴向夹板加以固定，每个夹板再用两个螺钉将其固定于转轴；在直线部分则使用槽楔将其固定于引线槽内，如图 10-16 所示。

上述夹板及其固定螺钉位于转子绕组端部的出风区。

（2）定子绕组接地的原因。

这台机定子绕组 C 相接地是由于固

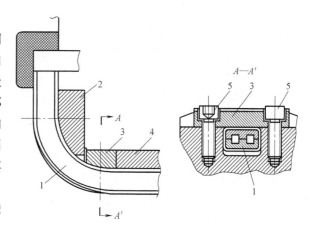

图 10-16 转子绕组引线的固定方式

1—转子绕组引线 2—径向夹板 3—轴向夹板
4—引线槽楔 5—轴向夹板固定用的螺钉

定转子绕组引线的轴向夹板及其螺钉头断裂脱落后，甩入气隙，撞击定子铁心，致使铁齿短路熔化，烧损定子绕组的主绝缘而造成。固定转子引线的轴向夹板的材质为30Cr，其上的螺钉为 M16×40 的内六角特殊螺钉，材质为 35CrMo，采用铜垫圈翻边方式锁紧。在 2 号大齿上引线的轴向夹板的螺钉（共两个）均已在头部与螺杆断裂，致使两个螺钉头、两个锁紧垫圈及该处的夹板与转轴分离。在 1 号大齿上，引线的轴向夹板的螺钉也有一个头部断裂，即有一个螺钉头及其锁紧垫圈与转轴分离。这样，共有 3 个螺钉头、3 个垫圈、1 个脱落的夹板，在离心力和转子出风的推动下，沿转子端部的出风槽甩出，进入发电机气隙。

在气隙内，这些高强度的零件被高速旋转的转子吸附、甩落、撞击定子铁心。随即又弹回，撞击转子表面。同时，从转子槽楔风斗上损坏掉落的铝合金碎块又参与了这种定转子之间往返撞击的过程，致使定子铁心腔内表面、转子风斗上出现大面积的砸伤痕迹。

定子铁心齿顶受到严重砸伤后，叠片间绝缘漆受损而被短路。铁心严重过热使齿顶熔化。相邻的定子线棒因其主绝缘被烧焦损伤而接地。

（3）螺钉断裂的原因。

从螺钉材质看，经调质处理后，其机械性能完全满足设计要求；从螺钉承受的应力值比较，这台机在超速 $1.2n_N$ 时的实际安全系数并不低于原型机。

可见，在结构设计及材质选用上，均未发现有何问题。唯独在螺钉内六方及螺钉根部的加工上与原设计偏差较大。

该螺钉（如图 10-17 所示）内六方深度设计为 10mm。而断裂的 3 个螺钉头的六方深度都超过 13mm，超差 3mm 以上，其不同的内六方深度见表 10-10。

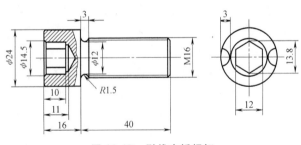

图 10-17　引线夹板螺钉

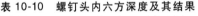

表 10-10　螺钉头内六方深度及其结果

内容	螺钉头内六方深度/mm	后果
1 号大齿上引线夹板的螺钉	13.5	断裂
	10.3	未断
2 号大齿上引线夹板的螺钉	13.1	断裂
	13.1	断裂
设计尺寸	10.0	—

由于螺钉头部内六方深度超过 13mm，使螺钉头承载面的有效尺寸大为缩小，结果造成该处承受的应力大大增加。从现场捡到的一个断裂的螺钉头断裂面看到如图 10-18 所示，断裂面位于螺杆缩颈的部位，断裂面中心还有一 $\phi 5$ 左右的圆孔。说明螺钉根部并非实心，此断裂面并不是实心断面。螺钉头因内六方加深而使底部减薄，更由于底部存在内孔致使螺钉头承载面更加缩小，承受的应力过度增加。

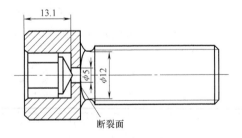

图 10-18　断裂的螺钉头

其次，螺钉在加工时，其根部空刀槽部的圆角没有达到设计的 1.5mm，只有 1.0mm。特别是根部有明显的切削刀痕，在交变负载作用下，使应力集中而萌生裂纹。裂纹发展的结果，最后导致断裂。

再次，从螺钉尾部丝尖上出现研痕，夹板与轴上的平台仅为局部接触这些事实看出，转轴上的螺孔深度也未达到设计尺寸。实际上夹板并未被螺钉紧固压紧，因此运行中作用在螺钉头上的离心力就成为低周脉动负载，使螺钉不得不承受一种交变应力。

总之，螺钉头不仅因内六方过深，底部存在内孔，使其承受应力大增，而且因螺钉根部空刀槽圆角减小，使应力集中系数增大。再加上加工面粗糙，加工刀痕形成疲劳源。结果使得螺钉在高平均应力和低周脉动应力的共同作用下发生疲劳断裂。

10.3.3　直流电桥法寻找定子绕组接地故障

以诊断一台 50MW 双水内冷汽轮发电机定子绕组接地故障为例，探讨发电机定子绕组接地故障的诊断方法。

1998 年 7 月 5 日，四川某电厂 1 号发电机在运行中定子绕组绝缘击穿，发出定子绕组一点接地信号。停机检查，A 相对地绝缘电阻仅为 250Ω，揭开端盖检查未发现异常。为了尽快查找到故障点，决定用大电流将击穿点烧穿查找，结果接地电阻反而变成高阻（50kΩ），并且未观察到有任何放电现象，抽转子后进一步寻找发电机定子绕组接地点位置。

1. 直流电桥法原理

直流电桥法测量发电机定子绕组接地故障的原理如图 10-19 所示。

将电桥的测量端子 X_1 和 X_2 分别接定子故障相的首端和尾端，故障相两侧的定子绕组构成电桥的两臂，用可调电阻箱构成电桥的另两臂，外施直流电源。当电桥平衡时，则有

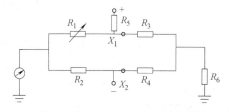

$$R_2 R_3 = R_1 R_4$$

$$R_2 X r = R_1 (L-X) r$$

图 10-19　直流电桥法原理接线

所以

$$X = \frac{R_1}{R_1 + R_2} L \tag{10-6}$$

式中　X——从定子绕组首端至故障点的距离（m）；

　　　L——每相定子绕组总长度（m）；

　R_1、R_2——电桥桥臂电阻（Ω）；

　　　r——定子绕组每米长度的电阻（Ω）。

用直流电桥法计算确定的故障位置与实际故障位置或多或少总有偏差，通常只能判断故障点的大概位置。这种方法只能称"粗测"，为找到确切的故障点位置，必须采用直观确定故障点位置的方法进行"细测"，这就是故障定位。

2. 直流电桥法寻找定子绕组接地故障实例

试验采用图 10-19 所示接线，电桥桥臂 R_1、R_2 采用可调电阻箱，固定 R_2 为 30000Ω，R_1 作为可变电阻，电桥另两臂由故障相 A 相故障点两侧的定子绕组电阻构成，外施直流电压。调节 R_1 电阻，当检流计指针为零时电桥平衡，读取 R_1 电阻值为 3708Ω。将故障相 A 相总长度算出后，用式（10-6）即可确定故障点位置。

该机定子总共 42 槽，每相由 28 只线棒串联组成，其中上下层各 14 只。每个上层线棒长度为 3.506m，下层线棒长度为 3.830 m。A 相绕组首端出线的连线长度为 4.500m，尾端出线端连线长度为 1.000m，A 相绕组中间端连线长度为 3.100m。A 相绕组线圈总长度为

$$(3.506+3.830)\times14+4.500+1.000+3.100=111.304m$$

代入公式（10-6）进行计算，得 A 相首端距离故障点位置

$$X=\frac{3708}{30000+3708}\times111.304=12.243m$$

扣除首端出线端连线长度

$$12.243-4.500=7.743m$$

从首端数第 1 只线棒为下层，第 2 只线棒为上层，扣除第 1、2 只线棒长度 7.743 - 3.506 - 3.830 = 0.407 m。

由此可知，初步判断故障位置应在从首端数的第 3 只线棒上，具体应在第 2 槽下层线棒励端位置。由于线圈内存在换位，实际长度可能存在误差，导致计算的故障点位置存在误差。

10.3.4　单开口变压器法寻找定子绕组接地故障

1. 单开口变压器法原理

该方法是在发电机定子绕组接地相对地施加交流电压，用单开口变压器跨接在定子相邻齿上，轴向移动单开口变压器，通过测量单开口变压器线圈感应电动势的变化来判断定子绕组接地故障位置。

单开口变压器法测试原理如图 10-20 所示，在单开口变压器上绕制线圈，当定子绕组中通以交流电流时，便会在定子铁心中产生磁通，该磁通流经槽齿、铁轭和空气隙闭合，因为空气隙的磁阻较大，故该磁通较小。但当开口变压器线圈置于定子铁心槽齿上构成闭合回路时，流经槽齿、铁轭和开口变压器铁心闭合的磁通就大，该磁通在开口变压器线圈上便感应电动势。该电动势大小与定子绕组通过的电流密切相关，当定子绕组未发生接地故障时，开口变压器在定子线槽上沿轴向移动时，同槽的感应电动势应基本一致。当线槽中线圈存在接地点时，同一槽中的上下层线圈总电流在接地点处要发生变化，闭合回路的磁通也要发生相应变化。用该方法逐槽检查，便可确定定子绕组接地点位置。

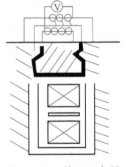

图 10-20　单开口变压器法测试布置图

2. 实际试验接线

仍以上述四川某电厂发电机为例。试验接线如图 10-21 所示，T 为调压器，T1 为电压互感器（10000V/200V，高压侧为 300mA，代替试验变压器用于升压），R 为水阻（约 85kΩ），当接地电阻 R_g 降低时，用水阻起限流作用。定子绕组回路电流与 R_g 有关，本次试验通入 200mA 电流，此时外施电压为 125V。开口变压器上用 ϕ0.29mm 铜丝绕制 2200 匝线圈，其感应电动势用真空管毫伏表测量。单开口变压器置于定子嵌线槽上，跨接定子相邻两齿构成闭合磁路。

3. 试验结果及分析

该机定子绕组每相由两个部分组成，其故障槽 A 相连接顺序如图 10-22 所示。

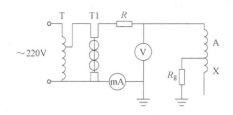

图 10-21 开口变压器法试验接线

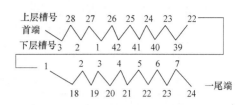

图 10-22 A相线圈连接槽号顺序

1）从 A 相首端通入电流 200mA，首端对地电压为 125V，B、C 相不加压，开口变压器跨接相邻齿，从励端至汽端移动开口变压器，其线圈感应电动势测试结果见表 10-11。

表 10-11 开口变压器线圈感应电动势的测试结果

槽号	感应电动势/mV	槽号	感应电动势/mV
1	6.0~8.0	22	1.6~2.1
2	58.0~69.0	23	1.8~2.2
3	70.0~78.0	24	2.4
4	2.5~5.0	25	2.4
5	3.0~5.0	26	2.0
6	6.0	27	3.0~4.0
7	6.0~7.0	28	56.0~60.0
18	2.0~2.5	39	4.5~5.2
19	2.0~2.2	40	4.5
20	2.0~2.4	41	3.8~4.0
21	1.8~2.1	42	2.2~3.0

从 A 相线圈连接图和开口变压器感应电动势测试结果可知，从首端开始，3 号、28 号、2 号槽对应开口变压器感应电动势较高，从 27 号槽开始，对应开口变压器线圈感应电动势很小，接近为零，且在同一槽内移动开口变压器时其感应电动势基本不变，说明故障点在 2 号槽下层汽端槽口或 27 号槽上层汽端槽口处。

当 A 相绕组故障点在 2 号槽下层汽端槽口或 27 号槽上层汽端槽口时，假设从首端通入电流为 I，A 相所在槽上下层线圈电流总和情况见表 10-12。

表 10-12 A相所在槽上下层线圈通入电流总和情况

槽号	感应电动势/mV	槽号	感应电动势/mV
3	I	23	0
28	I	39	0
2	I	22	0
27	0	18	0
1	0	19	0
26	0	20	0
42	0	4	0
25	0	21	0
41	0	5	0
24	0	6	0
40	0	7	0

由表 10-12 可知，开口变压器线圈感应电动势与对应槽定子绕组中通入电流情况一致。

2）从 A 相尾端对地通入电流 200mA，加压 125V，开口变压器跨接定子相邻齿，从励端至汽端移动开口变压器，B、C 相仍不加压，开口变压器线圈感应电动势测试结果见表 10-13。

表 10-13　开口变压器线圈感应电动势测试结果

槽号	感应电动势/mV	槽号	感应电动势/mV
1	130.0	22	130.0
2	80.0	23	130.0
3	70.0	24	130.0
4	48.0	25	50.0
5	42.0	26	44.0
6	42.0	27	36.0
7	32.0	28	30.0
18	24.0	39	32.0
19	34.0	40	40.0
20	40.0	41	44.0
21	48.0	42	50.0

由表 10-13 可知，从尾端开始，24 号、23 号、22 号、1 号槽对应开口变压器线圈感应电动势均为 130.0mV，其余槽对应感应电动势约为 30.0~80.0mV，24 号、23 号、22 号、1 号槽对应感应电动势高是定子绕组上下层电流叠加的结果，其余槽仅在上层或下层绕组中有电流，2 号槽上下层绕组均属相绕组，而感应电动势较低，说明接地点在 2 号槽下层汽端槽口或 27 号槽上层汽端槽口处。

当 A 相绕组故障点在 2 号槽下层汽端或 27 号槽上层汽端槽口时，假设从尾端通入电流为 I'，A 相所在槽上下层线圈电流总和情况见表 10-14。

表 10-14　A 相所在槽上下层线圈电流总和情况

槽号	总电流/mA	槽号	总电流/mA
24	$2I'$	2	I'
7	I'	18	I'
23	$2I'$	1	$2I'$
6	I'	39	I'
22	$2I'$	40	I'
5	I'	41	I'
21	I'	25	I'
4	I'	42	I'
20	I'	26	I'
3	I'	27	I'
19	I'	28	I'

由表 10-13、表 10-14 可知，开口变压器线圈感应电动势与对应槽定子绕组中通入电流情况基本一致，28 号槽对应开口变压器线圈感应电动势略为偏小。

将 2 号槽下层和 27 号槽上层之间的并头套解开，分别测量 A 相两段绕组对地绝缘电阻，

A 相首端至 2 号槽下层对地为 1100Ω，27 号槽上层至 A 相尾端对地为 10000MΩ，说明接地点在 2 号槽下层汽端槽口。将 2 号槽线圈拔出后检查，发现汽端槽口绝缘表面已炭化，其原因系绝缘表面电腐蚀造成的。

综上可见：对于发电机定子绕组接地故障，可以先采用绝缘电阻表测量绝缘电阻，然后用直流单臂电桥测量接地点的接地电阻。未抽转子前外施交流电压观察定子端部是否有放电现象，用电桥法粗略估算定子绕组接地故障位置。若尚未找到接地点或用电桥法判断出的接地点位置在槽部，则抽出转子后采用单开口变压器法寻找。实践证明，电桥法存在误差，本次接地点位置误差约为一只线棒长度，单开口变压器法寻找发电机定子绕组接地故障能够准确定位，且灵敏度较高。

10.3.5 发电机定子绕组接地现场应急查找实例

这里介绍新疆某电厂发生的一起发电机定子绕组绝缘降低的查找及处理方法，供参考。

1. 事故现象

新疆某电厂是一个老厂，建于 1966 年，总装机容量为 4×6000kW，4 台发电机型号均为 TQC5466/2，额定输出电压为 6.3kV，上海发电机厂生产。1# 发电机计划 2004 年 12 月 6 日~24 日大修，在进行发电机热状态下直流耐电压试验时（按照试验规定先做直流耐电压试验，后做交流耐电压试验。直流耐电压试验电压按照要求为发电机额定值的 2.5 倍时，换算到一次电压为 15750V，时间要停留 1min），B、C 两相顺利通过了试验要求。在进行 A 相耐电压试验过程中，试验电压达到了规程规定的耐电压值，当耐电压时间到 30s 时，试验设备击穿灯亮，试验设备自动断开了试验电源。当时考虑到，存在有电压波动或其他外部原因引起试验设备自动掉闸的可能。经再次升压试验，试验电压升到接近 8000V 时，试验设备又自动掉闸。

前后两次耐电压试验不成功，初步判断发电机 A 相定子绕组绝缘已经下降。由于发电机定子绕组绝缘处理劳动强度大，技术要求高，因此决定再次对发电机定子绕组进行耐电压试验，以便彻底排除外部原因造成的试验失败，保证试验结果的可靠性。

试验前，对发电机的引出线进行了彻底的清扫，将出线电流互感器的连接线也拆除，以缩小试验的范围。再次对 A 相升压试验时，试验电压升到 7500V 时，发电机 A 相定子绕组绝缘再次出现击穿现象。这个时候就可以断定是发电机定子绕组 A 相绝缘不合格。

2. 故障点查找

在发电机定子绕组两端安排多人采取看或听的办法以查找故障点，结果试验多次均未发现。但在多次试验过程中，发现击穿电压一次比一次低。最后试验电压升到 5000V 时就击穿了。由于发电机故障点的绝缘未被完全破坏，当用 2500V 绝缘电阻表测量绝缘电阻时，还有很高的阻值，因此就为查找故障点带来了很大困难。初步决定利用电容器放电来查找故障点，这种试验的特点是：电压高，电流小，对试验设备没有太大的损害。这种试验方法需要一个保护球隙、一个 10kV 电容器、一个高电压硅堆。可是现场无高电压硅堆，后用交流试验仪对发电机进行试验，电压升到 5000V 时，交流试验仪保护动作自动断开了电源。然后，对发电机摇测绝缘电阻，用 2500V 绝缘电阻表测量，绝缘到零；用 500V 绝缘电阻表测量，还有 0.5MΩ 的绝缘电阻值。

最后利用电焊机进行查找，将电焊机的输出线一端接到发电机引出线的 A 相上，另一端对地点碰。一开始将电焊机的电流调为 160A，无反应，又将电流调到 260A 再对地相碰时，结果故障点暴露出来了。

3. 故障处理

TQC5466/2 型号的发电机，定子内部共有 54 槽，为双迭绕组，其中 1—9 槽的上层和 28—36 槽的上层都是 A 相绕组。故障点暴露在第 6 槽的中间部位。根据查阅资料显示，此类故障多发生于发电机槽口处，此次故障点的部位出乎意料。将第 6 槽上层从槽中取了出来，使用 2500V 绝缘电阻表测量绝缘电阻，绝缘电阻为 2500MΩ 以上。此时再利用直流发生器对发电机 A 相进行升压试验，电压升到 12600V，泄漏电流为 3μA，证明故障点在此。

最后更换有故障的线棒。由于每一个线棒都由六层扁铜线并接而成，每一层都有层间绝缘。因此，在处理焊接后的接头层间绝缘时先用云母将每一层绝缘隔开，再用瓷粉及胶木粉和绝缘清漆胶合后，浇灌在每一层中间，利用热风机烘干后，再用玻璃丝带每一层缠绕，最后用绝缘漆将处理过的部位喷刷多遍，再次进行烘干。一切都恢复原状后，用 2500V 绝缘电阻表测量绝缘电阻为 2500MΩ 以上。又对发电机 A 相进行直流耐电压试验，按照规程要求局部更换定子绕组并修好后，做额定电压的 2.5 倍，即 15750V。按照规定进行了试验，试验结果非常好，泄漏电流只有 3μA。同时再对 B、C 相进行耐电压试验，与 A 相进行比较，试验结果符合规程规定要求。

10.3.6　发电机定子绕组单相接地故障的定位方法

对发电机定子单相接地故障进行故障定位，能够扩展目前定子单相接地保护的功能，有利于尽早发现和排除接地故障。文献［156］提出了一种针对中性点经配电变压器高阻接地的发电机定子单相接地故障定位方法。由基波零序电压起动故障定位功能，根据发生单相接地故障后故障相机端对地电压最低的特点，判断出故障相别。进一步利用故障位置与发电机零序电压、故障相的相电压、对地电容以及接地故障过渡电阻之间的关系，计算出具体的故障位置，其中接地故障过渡电阻值由外加 20Hz 电源定子单相接地保护计算得到。此故障定位方法简单易行，无需另外增加设备。动模试验结果验证了此故障定位方法的正确性和有效性。

1. 定子单相接地故障过渡电阻的计算

目前，外加 20Hz 电源定子单相接地保护仅应用于中性点经配电变压器高阻接地的发电机，这种保护与接地故障位置无关，只能计算接地故障过渡电阻值，但准确地计算出接地过渡电阻值是进行故障定位的前提。已运行的外加 20Hz 电源定子单相接地保护中采用的导纳判据没有考虑中性点接地装置参数的影响，即认为配电变压器的漏阻抗很小，可以忽略不计，激磁阻抗很大，认为开路，这样的接地过渡电阻计算结果将存在较大误差。实际上，配电变压器的激磁阻抗并非无穷大，漏抗也会产生压降，为准确地计算出接地过渡电阻值，需考虑采用配电变压器参数的 T 形等效电路，如图 10-23 所示。

在图 10-23 中，R_1'、X_1' 与 R_2、X_2 分别是一、二次侧绕组的漏阻抗，R_m'，X_m' 是激磁阻抗，各参数为 20Hz 下折算

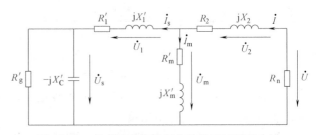

图 10-23　考虑配电变压器参数的 T 形等效电路

到二次侧的值，其中 $R_1' = R_2 = R_k/2$，$X_1' = X_2 = X_k/2$；R_k，X_k 是配电变压器短路阻抗。

由 5 个工频周期的采样点，即以 10Hz 为基频，提取 2 次谐波 20Hz 电压 $\dot{U}$ 和电流 $\dot{I}$ 分量。二次侧计算的定子对地导纳为 $Y = \dot{I}_s/\dot{U}_s$；$\dot{U}_s = \dot{U} - \dot{U}_2 - \dot{U}_1$；$\dot{I}_s = \dot{I} - \dot{I}_m$；$\dot{U}_2 = \dot{I}(R_2 + jX_2)$；$\dot{U}_1 = \dot{I}_s(R_1' + jX_1')$；$\dot{I}_m = (\dot{U} - \dot{U}_2)/(R_m' + jX_m')$。

折算到一次侧的接地过渡电阻值为 $R_g = n^2/\mathrm{Re}(Y)$，n 为配电变压器变比。

为验证上述算法，在秦山核电二期 2 号机上做了发电机定子单相接地故障试验。发电机主要参数为额定电压为 20kV，额定容量为 650MW，发电机定子每相对地电容理论值 $0.237\mu F$。中性点经 DDBC-50/20 型树脂胶注干式变压器接地，变比为 20kV/0.865kV，配电变压器二次侧接 6.5Ω 电阻，中间电流互感器为 10A/5A，分压电阻为 3/1。

计算结果证明，不考虑配电变压器参数影响时，接地电阻的计算结果误差很大，尤其在接地电阻小于 1kΩ 时，接地电阻的计算误差更大，这样的计算结果用于故障定位将会带来很大的偏差。所以，需要考虑配电变压器参数的影响。

2. 故障定位方法

目前，基波零序电压保护虽不具备计算接地故障过渡电阻的功能，但发电机机端各相对地电压大小的变化与故障位置和故障相有密切关系。当发电机中性点经高阻 R_n（折算到一次侧）接地时，A 相 α 位置（α 为故障点到中性点的匝数占一相串联总匝数的百分比）经过渡电阻 R_g 发生接地故障，如图 10-24 所示，发电机三相绕组电动势分别为 $\dot{E}_a$、$\dot{E}_b$、$\dot{E}_c$，机端三相对地电压认 $\dot{U}_{ag}$、$\dot{U}_{bg}$、$\dot{U}_{cg}$，三相绕组对地电容分别为 C_a、C_b、C_c、中性点零序电压为 $\dot{U}_0$。

由

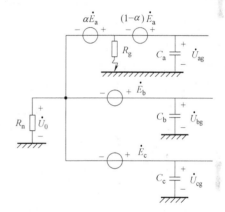

图 10-24　发电机单相接地故障

$$\frac{\dot{U}_0}{R_n} + \frac{a\dot{E}_a + \dot{U}_0}{R_g} + (\dot{E}_a + \dot{U}_0)j\omega C_a + (\dot{E}_b + \dot{U}_0)j\omega C_b + (\dot{E}_c + \dot{U}_0)j\omega C_c = 0$$

可得

$$a = -\left[j\omega C_a\dot{E}_a + j\omega C_b\dot{E}_b + j\omega C_c\dot{E}_c + \dot{U}_0\left(\frac{1}{R_n} + \frac{1}{R_g} + j\omega C_\Sigma\right)\right]\left(\frac{\dot{E}_a}{R_g}\right)^{-1} \tag{10-7}$$

$$\dot{U}_0 = -\frac{\dfrac{a\dot{E}_a}{R_g} + j\omega C_a\dot{E}_a + j\omega C_b\dot{E}_b + j\omega C_c\dot{E}_c}{\dfrac{1}{R_n} + \dfrac{1}{R_g} + j\omega C_\Sigma} \tag{10-8}$$

式中，$C_\Sigma = C_a + C_b + C_c$。

当发电机绕组的三相电动势和对地电容对称时，有

$$\alpha = -\dot{U}_0 \left(\frac{1}{R_n} + \frac{1}{R_g} + j\omega C_\Sigma \right) \left(\frac{\dot{E}_a}{R_g} \right)^{-1}$$

$$\dot{U}_0 = -\frac{\alpha \dot{E}_a}{\dfrac{R_g}{R_n} + 1 + j\omega C_\Sigma R_g}$$

故障定位的具体步骤如下：

1）由基波零序电压定子接地保护检测出有接地故障发生；

2）比较发电机三相对地电压的大小判断故障相，基波有效值最小的为故障相；

3）由外加 20Hz 电源定子接地保护计算出接地故障的过渡电阻值；

4）由式（10-7）计算故障点位置；

5）如果基波零序电压保护没有动作，而外加 20Hz 电源保护计算的接地故障过渡电阻值较低，相应保护动作，那么接地故障发生在发电机的中性点附近。

在许继电气有限公司动模试验室 30kVA 模拟发电机上做了单相接地故障定位试验，发电机每相绕组对地电容为 0.0381μF，发电机中性点经 6.077kΩ 电阻方式接地，接地电阻值小于发电机的三相对地容抗。在 A 相绕组不同的位置经不同的过渡电阻进行了接地故障试验，表 10-15 给出了故障相的判别和故障位置计算的结果。可以看出，发生单相接地故障时，A 相电压最低，由机端三相对地电压的大小关系能够正确判断出故障相别是 A 相，同时故障位置的计算结果也与实际故障位置很接近，误差较小。

表 10-15　发电机定子单相接地故障定位试验结果

过渡电阻/kΩ	U_{ag}/V	U_{bg}/V	U_{cg}/V	故障相判别	故障位置及误差/（%）		
					实际值	计算值	误差
0（金属性接地）	225.60	240.3	246.0	α	5	5.05	1.00
	212.30	247.3	253.7	α	10	10.60	6.00
	144.60	300.4	294.5	α	40	39.45	1.38
	0.02	414.4	414.6	α	100	99.98	0.02
5.432	230.30	237.3	239.2	α	5	4.35	13.00
	226.10	243.8	246.5	α	10	10.22	2.20
	189.70	266.8	266.9	α	40	39.65	0.86
	114.50	315.0	324.0	α	100	100.85	0.85
11	231.90	234.8	239.2	α	5	5.19	3.80
	228.70	242.6	244.2	α	10	11.78	17.80
	205.10	257.7	257.9	α	40	41.05	2.63
	155.40	286.4	292.2	α	100	101.81	1.81

对上述试验，将定位需要的过渡电阻值人为地制造些偏差，当偏差在考虑中性点配电变压器参数影响的外加电源定子单相接地保护计算的接地故障电阻值误差范围内时，故障定位的偏差变化不大。

10.4　定子绕组导线的断股

10.4.1　定子绕组故障及原因分析

1. 故障统计分析

20 世纪 70 年代后，国内外 200MW 及以上直接冷却汽轮发电机大量投入运行，某些机组由于定子绕组端部和引线固定结构不佳，造成绕组鼻部及引出线较大的切向和径向振动，产生疲劳断裂，在发电机定子绕组故障中占有相当大的比例，经对 34 台汽轮发电机的统计，定子绕组断股故障达 30 次，占 88.24%，200MW 以上达 24 台，占 70.59%。

2. 100MW 及以下发电机沥青云母绝缘线棒的断股分析

沥青云母绝缘线棒在电场、电磁力和温度场作用下，股间绝缘和主绝缘逐渐老化。其中同槽同相的上层线棒所承受的电磁力是下层线棒的三倍。

通常，容量为 100MW 及以下容量发电机定子绕组采用 360°换位。这种换位方式使端部绕组产生附加横向和径向漏磁场，它建立附加电动势。就上层和下层线棒比较，上层线棒的附加电动势远高于下层线棒，附加电动势在导线内产生环流，并引起附加损耗和温升，距槽楔愈近的导线，附加温升愈高。

解剖结果及计算表明，发电机定子绕组线棒棱角电场强度最大，随着导线圆角半径降低，最大电场强度增高。同槽同相的上层线棒，距槽楔最近尤其是位于棱边的导线，承受的电磁力最大，温度最高，电场强度最大，于是首先发生老化。

老化的过程如下：局部放电产生的热、离子雪崩和化学效应，使上层线棒靠槽楔的导线逐步失去股间绝缘（沥青胶合剂），棱角处云母绝缘逐渐变成粉末。导线表面出现铜绿 $Cu(NO)_3$，导线与主绝缘之间出现间隙，脱壳，失去整体性。在电磁力作用下，上层线棒以 2ω 速度进行切向和径向运动时，松散的导线便彼此相互摩擦，进一步磨掉残余的股间绝缘，造成导线短路。在短路部位产生附加损耗与温升见表 10-16，使主绝缘局部加速老化。导线相互摩擦，使导线自身磨细、磨断。在换位编花处导线应力比较集中，在电磁力作用下，便可能发生疲劳断裂。断裂的导线将直接触及主绝缘，使主绝缘厚度日趋变薄，电气强度降低，甚至在工作电压下发生击穿。导线的断口常常形成尖端，造成局部电场强度集中，加速附近主绝缘的电老化甚至击穿。图 10-25 表示发电机定子绕组线棒导线断股形成过程。

表 10-16　发电机定子绕组导线短路引起的附加损耗与温升

各项参数	发电机类型			
	汽轮发电机	汽轮发电机	汽轮发电机	水轮发电机
功率/MW	278	235	75	60
电压/kV	24	18	10.6	13.8
频率/Hz	60	60	50	60
排间短路损耗/W	3530	2860	507	92
两股导线短路时引起附加损耗/W	13	15.6	1.3	0.7
四股导线短路时引起附加损耗/W	116.5	141.1	11.4	6.3
排间短路时温升/℃	—	—	150	110
两股导线短路时引起温升/℃	16	19.5	<5	<5
四股导线短路时引起温升/℃	145	180	14	10

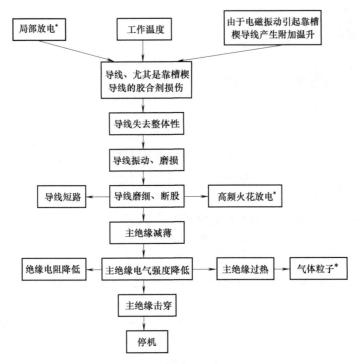

图 10-25　发电机定子绕组线棒导线断股形成过程

注：*表示可以检测

3. 200MW 发电机环氧热固性云母绝缘线棒的断股

200MW 汽轮发电机定子线棒的断股。哈尔滨电机厂在 1972～1982 年 2 月间生产的 QFQS-200-2 型汽轮发电机，在定子绕组端部结构设计上存在严重的缺陷，表现在定子绕组端部切向和径向，特别是鼻部及弓形引线的固定不牢，整体性差，导致 10 余台发电机在运行中由于电磁振动造成鼻部及弓形引线疲劳断裂漏水引发相间短路事故。这种故障的起因、形成及发展流程图如图 10-26 所示。

4. 300MW 汽轮发电机定子线棒断股

部分 300MW 汽轮发电机定子线棒断股的主要原因也是端部线棒固定结构和工艺不良，整体性差，运行中端部绕组特别是鼻部振动大，导致线棒及固定部件松动、磨损，股线疲劳断裂、漏水，甚至拉弧烧坏绝缘，引发定子相间短路事故。如果定子绕组端部振频处于或趋近于双倍工频共振范围，且呈椭圆振型，将会使线棒松动、磨损及疲劳损坏过程加速。

故障实例 9： SH 电厂 QFN-300-2 型汽轮发电机故障

电机状况：SH 电厂 6 号发电机系上海电机厂引进美国西屋公司制造的 QFN-300-2 型 300MW 全氢冷汽轮发电机，于 1988 年 12 月投运发电。该机定子共 30 槽，绕组为单丫联结。冷氢经轴流式高压风扇励端进汽端出。定子线棒每侧有两双排玻璃丝包实心股线，在两双排股线间设有 7 根互相绝缘的薄壁矩形镍铜通风管，用以冷却定子绕组。通风管与股线之间有排间绝缘。线棒股线除在槽部进行 360°换位外，在鼻部分组进行换位。汽励两侧通风管端部均包半导体玻璃带作均压处理，并将其中一根通风管与并头套间接一均压电阻以防通风管电位悬浮。

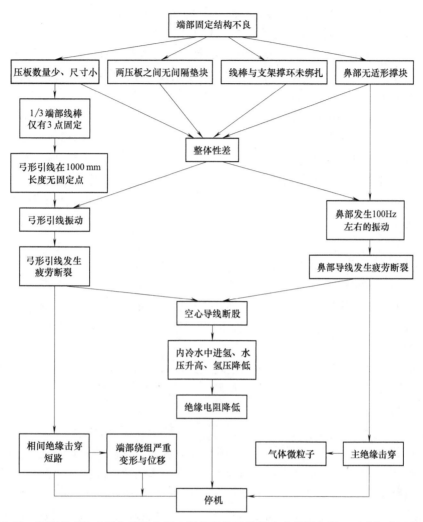

图 10-26 QFQS-200-2 型汽轮发电机定子端部弓形引线疲劳断裂起因、形成与发展流程图

故障现象：1994 年 11 月该机第一次发生了定子相间短路事故，检查发现定子汽侧有一根线棒端部烧断，6 根线棒的并头套严重烧损，通风管及股线多数烧熔。经检修，更换了 24 根线棒并对损坏较轻的线棒进行了局部处理。修复投运后仅两个月于 1995 年 2 月再次发生定子相间短路事故，事故仍发生在汽侧，除一根线棒并头套烧断外，有 9 根线棒的并头套通风管部分烧熔，股线烧伤，烧损情况比第一次更为严重。为此，不得不更换了全部定子绕组，端部采用了新的加固措施并对定子铁心进行了紧固。

事故分析：事故发生的主要原因是定子绕组端部固定不良，特别是鼻部整体性差，运行中在端部电磁力作用下由于振动过大，导致股线疲劳断裂，拉弧烧损绝缘，引发相间短路事故。同时，股线与通风管因严重磨损使股管间绝缘急剧下降，当通风管端部半导体均压层脱壳失效后，股线与通风管间出现较大电位差而导致股管间绝缘击穿短路而引起环流，更加重了股线的烧损。

故障实例 10：Y 电厂 3 号发电机故障

Y 电厂 3 号发电机系比利时 ACEC 公司制造的 TCC1480 型、全氢冷汽轮发电机，额定容量为381MW，1985年12月并网发电。该机于1987年7月进行的首次检查性大修发现A相引出线水平部位与线棒的渐开线相连接处的导线断54股。1997年5月第五次大修时再次发现励端B相线棒导线断62股，有4组导线全部断裂，长度达320mm，解剥发现断股长度达210mm，并有多节熔断的铜线和铜渣。在励侧端部引线，固定弓形引线的夹件及上层线棒的渐开线部位多处出现黄粉。

分析认为，定子端部出现导线严重断股的主要原因有三：一是定子绕组端部振动大，自振频率接近2倍频（汽端自振频率为93.6~98Hz，励端为95~103.8Hz）。端部为椭圆振型，励端引出线有多处位置频响函数峰值在100~120Hz范围内。二是固定弓形引线的绝缘夹件设计不合理，夹件固定螺栓的止动结构设计不完善，夹件与弓形引线间的适形材料未垫好。第三，定子线棒鼻部导线股间绝缘固化工艺较差，整体性不好，运行后绝缘磨损并出现黄粉同时引起导线断股。

10.4.2　断股故障征兆与诊断

1. 断股故障征兆

采用通常的测量绕组绝缘电阻、直流耐电压和交流耐电压试验方法很难检出导线断股故障，因为每个线棒导线数量达几十根以上，如果只断1~2根，则电阻变化不会很大，用电桥方法也很难测出。

导线断股时，常常在断头之间间隙产生间歇式电弧，即工频电流每次过零时电弧熄灭。这些间歇性电弧伴随高频信号，通过在发电机中性点与零序互感器之间的"射频电流互感器"测取该高频信号。

因此采用流经定子中性点引线的射频RF电流的测量，可检测电弧征兆。同时这种电弧与定子绕组中其他RF源（局部放电、干扰源等）有区别，这种电弧是不连续、有规律的断开（过零时熄灭）和重燃，起弧状态会引起发电机定子绕组的谐振，且电弧产生的RF测量值是发电机负载函数。图10-27是美国对7台运行的大型发电机（500~750MVA）测定的RF频谱。图10-28是另一台有起弧的发电机有一个数量级较大增长，且该机负载由520MW减小到500MW时，平均的中性点RF电流值随之降低。

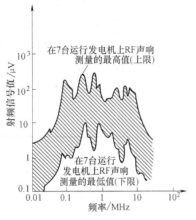

图 10-27　大型汽轮发电机中性点
引线上一般 RF 频谱

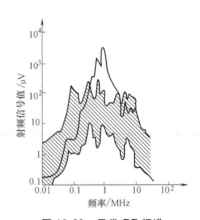

图 10-28　异常 RF 频谱

2. RF 监测系统

图 10-29 示出在线 RF 监测系统原理图和接线示意图。图中固定频率监视仪的谐振频率是股线起弧状态引起的谐振频率，可根据定子线棒端部线匝的电感和槽电容确定，对于容量为 600~850MVA 的发电机，谐振频率为 1MHz。这一系统可在线测量发电机定子绕组线棒导线有无损坏或断股。

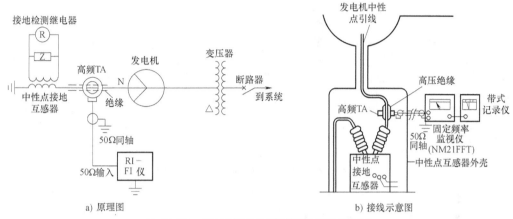

a) 原理图　　　　　　　　　　　　　　b) 接线示意图

图 10-29　RF 监测系统原理图和接线示意图

3. 诊断实例

在美国及加拿大已安装这种 RF 监测系统，已成功进行过多次断股的早期发现。

故障实例 11： 美某电站一台 800MVA 的汽轮发电机，经全面检查发现定子绕组完好，并测其显著不同负载下射频频谱如图 10-30 所示。该两频谱的数值和形貌相似，说明那时这台发电机无起弧状况，从固定频率监视仪指示出低的 RF 值（100μV 以下），如图 10-31 所示。大约经 2 个月运行后，该 RF 值由正常值 100μV 增到 3000μV 以上，故对 RF 频谱作了复制，显见频谱也发生了很大变化。如图 10-32 所示，由于 RF 的高值经解列该发电机进行检查并进行不同负载下的 RF 频谱测量也证明与负载的相关性（见图 10-33）。最后决定停机，对定子绕组的检查，发现有 16 根线圈股线裂损，其中 6 根有起弧迹象，经检修后该机恢复正常。

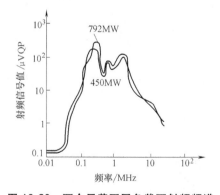

图 10-30　两个显著不同负载下射频频谱

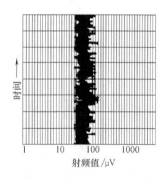

图 10-31　正常情况下 RF 监视仪指示 100μV 以下

10.4.3　基于电阻差别的断股分析

监测发电机定子绕组直流电阻（简称电阻）是诊断发电机定子绕组线棒有无断股和接

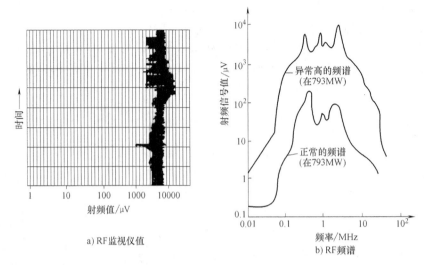

a) RF监视仪值

b) RF频谱

图 10-32　异常情况下 RF 监视仪值和 RF 频谱

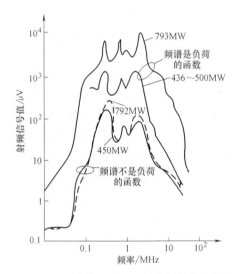

图 10-33　异常情况时 RF 频谱与负载相关性

头焊接质量好坏的有效监测措施。

影响电阻差别 $\Delta R(\%)$ 大小，除绕组两端引出线长短不同外，对开路隐患而言，有以下 5 个因素：

① 定子绕组接头的结构；

② 线棒的股线数；

③ 线棒股线的断股数；

④ 组成相或分支绕组的线棒数；

⑤ 相或分支绕组内接头脱焊或断股的线棒数。

因此，要做到从监测的电阻数据中诊断绕组接头和线棒的导电情况，以及对监测结果正确的分析和诊断，就必须掌握发电机定子绕组的结构和接头的结构。只有这样才能从电阻的监测数据中分析出切合实际而又合理的结论。

　　文献［157］通过对发电机定子绕组的结构和接头的结构进行分析计算，指出：有关规程中规定的发电机定子绕组相或分支的电阻差别 $\Delta R(\%)$，在校正了由于引线长度不同而引起的误差后，控制在不大于电阻最小值的 2%，这个规定没有区别发电机的容量大小和定子绕组结构以及接头结构各异的实际情况。实践证明，特别是大容量的发电机定子绕组的开路隐患即使已经发展到相当严重的程度，其电阻差别 $\Delta R(\%)$ 也不会超过 2%。因此，应根据本单位发电机定子绕组的实际情况，确定发电机定子绕组电阻差别 $\Delta R(\%)$ 的控制数值，特别是对相或分支绕组串联的线棒较多，其接头又是整体式结构的，电阻差别 $\Delta R(\%)$ 更应从严掌握，绝不能因电阻差别 $\Delta R(\%)$ 在 2% 以下就认为绕组没有问题。

　　为更好地监测和诊断发电机定子绕组的开路隐患，必要时可甩开绕组两端引出线和极相组连线进行分段监测，这样可在断股或接头脱焊的情况下，使电阻差别 $\Delta R(\%)$ 反映的数值更大，使开路隐患暴露的更为明显，限于篇幅，有兴趣的读者可参考文献［157］。

10.4.4　防止导线断股措施

　　1）改善与提高定子绕组线棒导线在制造厂内的胶化和成型工艺，确保在运行中不松散，主绝缘与股间绝缘之间不分离、不脱壳和无气隙。

　　2）QFS-300-2 型及 QFSN-300-2 型汽轮发电机以及已经出现过断股故障的进口 300MW 容量等级汽轮发电机，应加强端部渐开线及鼻部的切向和径向固定，确保在运行中及出口短路过渡过程中不发生危险的振动，振动值不超过 $125\mu m$，不发生有害的变形。

　　另外，文献［158］根据现场经验，提出防止定子绕组断股的一些处理方法：

　　a. 所有断股的导线，采用对同样规格的铜线进行搭接银焊的方法，焊接后测量直流电阻，合格后方可进行下一道工序。

　　b. 重新制做云母盒，采用人造云母片，烘干压制冷却而成（软云母盒）。

　　c. 原云母盒内充填料为云母粉 50%、石棉粉 50%，用 1380 环氧树脂复合及搅匀。而这次处理采用 2 倍的 6101 环氧树脂与 1 倍的 651 固化剂混合，再与烘干后的 200 目石英粉混合成"环氧泥"。

第11章 发电机转子故障的诊断

转子绝缘是发电机比较薄弱的环节，转子绕组绝缘下降，将可能引起两大类故障，一是一点或两点接地，二是转子绕组间短路（匝间短路、相间短路等）。当发生一点接地时，虽然暂时运行无危险，但这种情况是很不安全的。若在一点接地故障未消除前，转子绕组的另一点又发生接地故障时，则构成短路，有可能使转子绕组、铁心以及护环烧坏。转子绕组匝间短路是发电机的一种较常见故障，轻微的匝间短路，并不会明显影响机组的运行，经常被忽略，但如果故障继续发展，将会使转子电流显著增加，绕组温度升高，无功出力降低，电压波形畸变，机组振动并出现其他机械故障。

因此，进行发电机转子绕组故障的诊断与早期预报十分必要。本章在上一章分析了定子绕组故障诊断的基础上，进行转子绕组故障诊断的研究，重点对转子绕组接地故障、绕组匝间短路进行分析、诊断，采用多种方法进行转子绕组故障检测与识别。

11.1 转子绕组接地故障

转子绝缘是发电机比较薄弱的环节，因为它不仅运行温度高，而且转速也高，转子绕组受强大离心力作用，容易相互摩擦，引起绝缘损伤，同时冷却空气还可能将炭灰、粉尘、油污和水汽等带入转子并存积在绕组端部和槽口等部位使绝缘电阻值下降。转子绕组出现绝缘下降时，必须高度重视并且及时加以消除，如果不及时采取措施，将引起转子绕组的一点或两点接地。当发生一点接地时，由于没有短路电流流过绕组，虽然暂时运行无危险，但这种情况是很不安全的。若在一点接地故障未消除前，转子绕组的另一点又发生接地故障时，则构成短路，有可能使转子绕组和铁心以及护环烧坏。因此，预防和制止绕组绝缘下降，将有利于发电机组的安全运行。

11.1.1 转子绕组接地故障的类型

汽轮发电机转子绕组绝缘由两部分组成，即匝间绝缘和主绝缘（包括转子端部绕组对护环的绝缘）。氢内冷转子绕组匝间绝缘通常用环氧玻璃布板刷胶与铜线粘接在一起，气体外冷或水内冷发电机转子绕组匝间绝缘通常用环氧玻璃布板或复合纸垫条，外包薄膜粘带。

转子绕组的接地故障是指绕组回路的某一点或某一部分已失去绝缘性能，即与转轴本体间的绝缘电阻为零（金属性接地），或保持低电阻接触。

发电机转子电压一般为数百伏，因而转子绕组的绝缘电阻也较低，然而转子是承受热负载和机械负载的部件，保证转子绕组有足够的电气绝缘强度和机械强度无疑是设计制造和运行维护的重要问题。

1. 按接地的程度分

按接地的程度分可分为金属性接地和非金属性接地。根据发电机运行要求，冷却方式不同的转子绕组，其绝缘电阻的最低允许限值也不一样。转子绕组的绝缘电阻低于某一数值称为"接地"，或再低于某一数值称为"金属性接地"，不好规定一个明确的界限。一般认为，绝缘电阻低于 2kΩ 为非金属性接地，而再低于 500Ω 则为金属性接地。

2. 按转子绝缘故障性质分

按转子绝缘故障按性质，发电机转子接地故障分为稳定接地和不稳定接地两种。

1）稳定接地　当转子绕组发生绝缘损坏后，其绝缘电阻与转速、温度等均无关，绝缘电阻值一般为 0。这种故障较易查找和处理。

2）不稳定接地　不稳定接地有高转速接地、低转速接地、高温时接地、与转速和温度均有关的综合情况接地等。

① 高转速接地。当发电机转子静止或低速旋转时，转子绕组的绝缘电阻值 R 正常。但随着转速 n 升高，绝缘电阻数值逐渐减少降低，或达到某一转速时突然降至最低值（下降至零或接近于零）。这种情况大多数是由于在离心力的作用下，线圈被压向槽楔底面和护环内侧，致使有绝缘缺陷的线圈接地。一般这类故障点多发生在槽内或端部绕组的顶部，即槽楔和护环下的线匝上，如图 11-1 中曲线 a 所示。

② 低转速接地。即发电机转子低速或静止时绝缘电阻降至最低值，但随转速上升又逐渐增大，或在转速升至某一数值时突然增至正常范围内，如图 11-1 中曲线 b 所示。此种故障部位多在转子槽的底部。

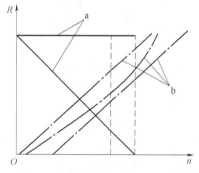

图 11-1　不稳定接地的几种类型

③ 随温度变化的接地。发电机在低负载状态转子绕组温度较低时，绝缘电阻在正常范围。但随负载增加，绝缘电阻即逐渐下降到最低值。此种情况的故障点多在转子绕组两端。这是因负载增长，绕组温度增高后沿轴向向两端膨胀，导致端部线圈与中心环接触。

④ 与转速和温度均有关的接地。转子绕组的接地与离心力和受热增长同时有关联，这种接地就必须在一定转速和温度的综合作用下才可能发生。所以，这种接地均与转速和温度有关。某种意义上说是属于以上三种情况的综合。

3. 按引起因素分

1）转子绕组过热，绝缘受到损坏导致的接地故障。

2）转子绕组至集电环的引线及导电螺钉绝缘损坏，电刷支架固定螺杆绝缘损坏及励磁机故障接地等。

3）冷却器漏水。导电粉尘、焊渣等掉入转子绕组引起的严重匝间短路和接地故障。

4）制造工艺粗糙形成的局部缺陷，或转子在运输过程中绝缘受潮、脏污等原因引起的绕组接地故障。

5）老式结构的转子（如绕组主绝缘外敷保护钢甲），运行中因热膨胀和机械作用损伤了绝缘，导致对地击穿。

4. 按接地可能的部位分

1）集电环接地；

2）引线或导电杆接地；

3）线圈在槽内接地；

4）线圈在槽口接地；

5）线圈在端部接地等。

11.1.2 转子绕组接地的原因

转子绕组由于主绝缘损坏导致接地的原因多种多样，但从转子接地故障统计资料来看，主要有以下几个方面：

1. 制造质量不良

制造质量不良是导致事故和故障的主要原因，例如：

1）某发电厂的 6 号发电机，QFQS-200-2 型于 1984 年 12 月投入运行，1987 年 12 月在运行中发现转子一点接地信号，停机检查系转子一点接地，未进行处理。3 天后起动，投入两点接地保护。带 5MW 负载时，两点接地保护动作，发电机跳闸。经检查，发电机转子汽侧 9 号槽及励侧 15 号槽口处各有一点接地，形成两点接地故障。分析认为，接地的原因是制造质量不良，工艺粗糙。

2）华能某电厂的 1 号发电机，QFQS-200-2 型于 1993 年 11 月投入运行，1995 年 12 月 22 日 0：00 带有功负载 150MW、无功负载 30Mvar，转子电流 1250A，转子电压 233V。0：40，发出"转子接地"光字牌信号，运行人员按规定投入两点接地保护，在调平衡时，两点接地保护发出信号，此时发电机有明显振动，5W、6W、7W 振动由 0.023mm 上升到 0.046mm，最大时达到 0.048mm，8W、9W 的振动也明显上升。降有功至 130MW、无功至 20Mvar，接地信号即消失，振动也有所下降。分析认为转子两点接地故障的原因是由于 25、26 号槽端部转弯处上层线匝与护环间绝缘受损，且出厂时 25、26 号槽可能就有轻微匝间短路，运行中，使该处的匝间绝缘进一步劣化，导致匝间绝缘短路。匝间绝缘破坏，造成转子产生的磁场不对称，导致大轴振动变大。随着故障的发展，在转子高速旋转时，25、26 号槽端部最外层线匝由于离心力作用而紧贴在绝缘烧焦的护板上，当负载增大时，转子线圈膨胀，25、26 号槽汽端部最外层线匝相当于对护环短路，因而使得转子发出两点接地信号。当负载减小时，转子线圈相对膨胀也减小，护板烧焦部分对 25、26 号槽汽端部最外层线匝显示一定的绝缘，因而使得转子间断性地发出两点接地信号。

对接地故障的处理方法是，更换有关部位的绝缘材料。具体做法是：将汽侧护环下 25、26 槽线包间的绝缘碳化物以及 25、26 槽第 1 匝至第 4 匝间的绝缘碳化物清除干净，并用吸尘器反复吸 3~5 遍，然后用清洗剂清洗 2~3 遍后换上新的绝缘层和绝缘垫块。将原先松动的 6 块绝缘垫块进行更换和位置调整，并使松紧程度恰当。

3）某发电厂的一台 100MW 汽轮发电机，在试运中转速达 2300r/min 时，出现了转子接地现象，当转速降低到 1700r/min 时，接地现象消除。分析认为产生接地现象的原因如下：

① 实际部件与厂家原设计图样不符。如图 11-2 所示，原设计有上异形块，现改用几条薄绝缘片，为防止垫片串动，并对 A_3 弯板头处弯长一点，加上工艺不佳凸凹不平，同时无

上异形块，使得转子引线上部有空凹间隙。

② 由于安装盖板时是用锤打进去的，在左侧安顶丝时，认为卡一点 A_3 弯板还能起固定作用，造成打透。

③ 忽视装盖板与顶丝的配合，完工后没做进一步检查，而受打击痕迹处实际破坏了引线的绝缘，在出厂做试验时又未被发现。

这种缺陷只有在试运行中，转子达到某种转速时，由于受旋转离心力的影响才会暴露出来。

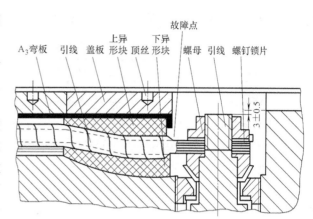

图 11-2　转子引线示意图

对此接地故障的处理方法如下：

1）由厂家换上一块上异形块。

2）重新换 A_3 弯板。将 A_3 弯板缩短并弯成 90°角，使转子恢复出厂标准。

处理后，投入运行一直正常。

2. 检修质量不高

检修质量不高是产生接地故障的重要原因，例如，某发电厂的 1 号发电机（型号 QFSS-200-2）于 1986 年 12 月 17 日进行大修后，起机前的试验发现转子绕组一点接地的现象。

根据利用引水管分点测对地电压的结果分析认为，接地故障是汽侧 5 号引水管绝缘破损引起的，其故障部位如图 11-3 所示。

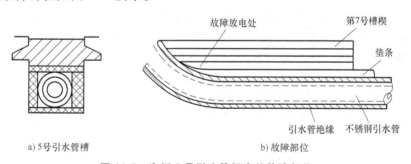

a) 5 号引水管槽　　　　　　　　　　b) 故障部位

图 11-3　汽侧 5 号引水管拐弯处故障部位

接地故障点的处理方法是：由于引水管绝缘破损部位深入在转子端部里侧，无法重新包缠绝缘。便采取加垫隔离的办法进行处理。先按槽宽切一长条 0.8mm 厚的环氧玻璃布板加垫在槽楔下，并深入到里侧后向上弯曲伸出，遮住接地点。然后将里侧第 7 号槽楔换用一块长度缩短为 10mm 的新槽楔。封门槽楔锯短 5mm，即总长度减少 15mm。处理后，在通水情况下，绝缘电阻由原来的 4Ω 上升到 200kΩ，升速过程及定速后的绝缘电阻均为 150kΩ，说明接地故障已经消除。

3. 遗留导电金属车削物或渣粒等杂物

这也是导致转子绕组接地故障的原因之一。例如，某发电厂的 1 台氢冷汽轮发电机，QFSN-300-2 型于 1993 年 3 月正式并网发电，投入运行仅半年，转子即频繁地出现不稳定接地信号。发电机升速时测得的转子绝缘电阻值见表 11-1。

表 11-1　转子绝缘电阻实测数值表

转速/(r/min)	0	200	320	500	650	750	950	1000	1250	1500	2040	2200~3000
R/Ω	500M	200M	200M	1M	10	5	1	1	0.1	0.25	0.5	0

由表中数据可见，转子静止及低转速时，转子绝缘电阻值正常，但转速达 650r/min 时，绝缘电阻迅速降低，至 2200r/min 时已降至零值。显然，接地故障的出现与转速有关，即与绕组所受的离心力大小有关，属于动态不稳定接地。

根据测试结果分析，转子接地故障由未清除干净的金属细屑或粉尘引起的。在通电流的情况下被烧断或烧除。

抽出转子，拔下励侧护环后，发现第 17 号槽第 3 段槽楔绝缘垫条下，有一长 31mm、直径约 0.33mm 的铜屑形成的接地点，在其两端一转子铜线与槽壁上有残留的点电弧黑灰色放电痕迹，经揩拭后未见任何麻点，仍呈光滑表面。

消除故障后，装好转子，经耐电压试验合格，重新并网运行，满负载稳定运行至今。证明故障检查及处理是成功的。

4. 氢气湿度过大

氢气湿度过大对转子主绝缘不利，如某台国产 200MW 氢冷发电机，当氢气温度低至 20℃ 时，氢气湿度过大，出现接地，当氢气温度提高后，接地现象消失。

11.1.3　转子绕组稳定接地故障的查找方法

转子回路发生接地故障时，应首先对转子绕组外部连接回路进行检查，依次排除外部回路接地的可能性以后，再检查转子绕组本身的接地故障部位。

检查转子绕组接地点的测试方法，可根据稳定接地和不稳定接地两种情况分别叙述。

当转子励磁回路发生一点稳定接地时，首先应将励磁回路进行分段检查，测量转子绕组以外的励磁回路是否接地。当判定接地点在转子绕组时，可先用万用表测量其接地电阻值，若接地电阻较高（大于 50Ω）时，可采用灯泡烧成接地电阻低于 50Ω。其接线如图 11-4 所示。在图 11-4 中，电流表 A 用来监视烧穿接地点电流，灯泡 D 作限流和在烧穿时发亮信号用，熔断器 RD 作保护用。

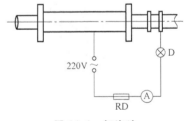

图 11-4　灯泡法

用工频电流将接地点烧穿，使接地电阻降至 50Ω 以下，当测得接地电阻为 50Ω 以下的稳定接地时，可用如下方法查找：

1. 直流压降法（电压表法）

采用直流压降法，能确定接地点的接地电阻值，以及接地点在转子绕组中距 1 极集电环或 2 极集电环的大概距离。发电机在静止或转动状态下均可进行测量。其接线如图 11-5 所示。

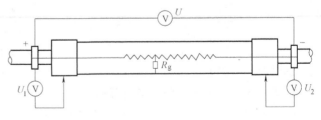

图 11-5　电压表法测转子绕组接地

在转子绕组两端集电环上施加直流电压，用电压表测量正负集电环间电压 U，正集电环对地电压 U_1，及负集电环对地电压 U_2，计算接地点的接地电阻值如下

$$R_g = R_v \left(\frac{U}{U_1 + U_2} - 1 \right) \tag{11-1}$$

式中　　U——两集电环间电压（V）；

　U_1、U_2——正、负集电环的对地电压；

　　　R_g——接地点电阻（Ω）；

　　　R_v——电压表内阻（Ω）。

如为金属性接地故障，$R_g \approx 0$，可按式（11-2）、式（11-3）计算出接地点对正、负集电环的大致距离，或占转子绕组总长的百分比。

$$l_+ = \frac{U_1}{U_1 + U_2} \times 100\% \tag{11-2}$$

$$l_- = \frac{U_2}{U_1 + U_2} \times 100\% \tag{11-3}$$

应注意，如发电机处于旋转状态，应采用铜网刷直接接触到集电环上进行测量，测得的正集电环对地电压 U_1 及负集电环对地电压 U_2 之和不应大于两集电环间的电压 U，否则应查出造成误差的原因。

进行这项试验时还要注意电压表内阻的选择。否则，能引起较大的测量误差而影响试验结果的准确度。如为非金属性接地，在确定接地点位置时，可用高内阻电压表（$R_v > 10^6 \, \Omega$ 数字式电压表较为适宜），以减少测量误差。根据测量结果，以公式（11-1）算出接地电阻 R_g，当其值大于 R_v 的 5% 时，应考虑测量表计的分流作用所引起的误差并加以校正。

测试时，如发电机处于正常运行状态，应保持转子电流不变，并停用转子两点接地保护。

另外，在转子有通风孔的情况下，厂内还经常在对绕组通直流电后，通过风孔测量每个线圈的对地电压，这样可以准确地确定接地点所在的线圈及位置。例如，河北某电厂（沙岭子电厂）#2 机转子发生接地故障后，用万用表测量对地电阻仅为 20Ω 左右，为稳定接地、确定接地点位置、节约时间，以便尽快修复，我们在转子两集电环上用直流焊机加 100A 左右的直流电，其试验接线如图 11-6 所示。

测量两极电压时发现，1 极电压非常小，只有零点几伏，2 极电压相差很多，由此可判定故障在 1 极，且接近集电环的可能性很大。通过风孔测量每号线圈，发现 1 极 1 号电压最小，故确定为 1 号线圈。

测量 1 极 B 点电压为零点几伏，从 1 极 1 号线圈风孔测量顶匝对地电压，测量 A 点（每一风孔）时电压反向，且数值很小接近为零，故确定接地点在 A 点与 1 极集电环之间，并靠近 A 点，故障点应在励端护环下。

在没有护环发生接地的情况下，可以更方便测定接地点的位置。在两集电环上通直流电，用电压表测两集电环的对地电压，哪个极的电压值小，说明接地点就在电压小的那个极；分别测量每个线圈的对地电压，比较电压值，可确定有问题的线圈号，再用电压表测量有问题线圈每匝的对地电压，当电压表指示值为零（或接近于零）时线匝即为接地的线匝。

在图 11-7 中，R_{ab}——转子绕组电阻（$R_{ab} = R_1 + R_2$）；R_{ag}——集电环 a 至接地点电阻（$R_{ag} = R_1 + R_g$）；R_{bg}——集电环 b 至接地点电阻（$R_{bg} = R_2 + R_g$）；R_g——接地点电阻 $[R_g = 1/2(R_{ag} + R_{bg} - R_{ab})]$。

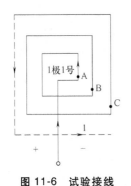

图 11-6　试验接线

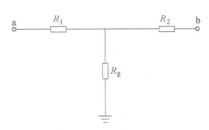

图 11-7　直流电阻法测量结果示意图

2. 直流电阻法（直流电阻比较法）

在停机状态，可用双臂电桥测量转子绕组的直流电阻和正、负集电环对地的直接电阻，然后通过计算确定转子绕组接地点的大致位置。测量结果如图 11-7 所示。

由图可知，接地点距正集电环及负集电环的距离 l_1 及 l_2 各为

$$l_1 = l \frac{R_1}{R_{ab}} \tag{11-4}$$

$$l_2 = l \frac{R_2}{R_{ab}} \tag{11-5}$$

式中　l——转子绕组总长度。

事实上，R_1 及 R_2 数值很小，如 R_g 稍大时，由于测量误差，其计算结果往往不易达到要求的准确度。这就需要在测量时将接线的接地端连接牢固，先用万用表粗测电阻的大致数值，然后用电桥测量，再根据转子绕组线圈的结构图计算每套线圈长度及转子绕组总长度，最后算出接地点的位置。

例：对某电厂一台 200MW 汽轮发电机转子绕组接地故障检查中，用双臂电桥测得

$$R_{ab} = 0.1717\Omega；\quad R_{ag} = 0.1347\Omega；\quad R_{bg} = 0.1695\Omega$$

则

$$R_g = \frac{1}{2}(0.1347 + 0.1695 - 0.1717) = 0.06625\Omega$$

可见，转子绕组属于金属性接地故障，接地点距正、负集电环间的电阻分别为

$$R_1 = R_{ag} - R_g = 0.06845\Omega$$

$$R_2 = R_{bg} - R_g = 0.10325\Omega$$

接地点距正集电环的距离为

$$l_1 = l \frac{R_1}{R_{ab}} = l \frac{0.06845}{0.1717} \times 100\% = 39.9\% l$$

以上两种方法，皆用测试接地点的电气距离来计算其轴向位置，往往因测量误差较大，不易得到准确结果，仍给检修工作带来很大不便。例如，测试一台 TB-100-2 型 100MW 汽轮发电机转子绕组的接地故障，其转子绕组全长为 3670.8m，如考虑测量误差为 ±0.5%，则长度误差将达 ±18.35m，已超过该型发电机的转子本体长度（8.55m），真可谓"失之毫厘，差之千里"了。因而，电压表法及直流电阻法仅适于测定接地点的大致位置及测量时无大

的直流电源的场合。

3. 直流大电流法

如果接地电阻值为几欧以下的稳定接地时，可用大电流查找，接线图如图 11-8 所示。

1）接地点轴向位置的确定。采用在转子轴上施加大的直流电流以查找绕组接地点的轴向和周向位置，是转子绕组接地故障检测和修理工作中常用的行之有效的方法。在转子本体两端轴上通以较大的直流电流（数值见表 11-2），则沿转子的轴向电位分布如图 11-8 中曲线Ⅰ所示。转子绕组及集电环的电位则与接地点的电位相同，如曲线Ⅱ所示。测量时将检流计 G（或量程不大于 0.1mV 的毫伏表）的一端接于任一集电环上，另一端接探针。将探针沿转子本体做轴向移动，当检流计指示为零时，即为接地故障点沿轴向的位置。

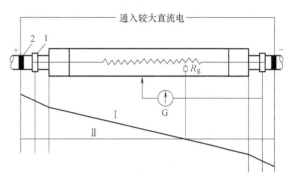

图 11-8　直流大电流法测量轴向接地点
1—集电环　2—卡环

在实际测量过程中，接近故障点的一段距离内，检流计可能均指示零值或最低值，即呈现零值区或不灵敏区。零值区或不灵敏区的大小取决于试验时所施加的电流值大小及检流计的灵敏度。试验时，如零值区或不灵敏区过大，影响检修工作时，只要加大试验电值，必要时更换灵敏度较高的检流计，零值区或不灵敏区即能缩小。

通常，在满足测量灵敏度要求，使零值区或不灵敏区达到最小的前提下，考虑转轴单位长度的电阻值及现场设备条件（能提供的试验用直流电源容量），根据发电机容量不同来选择试验电流的数值是合理的。建议采用表 11-2 的试验电流数值。

表 11-2　试验电流参考表

发电机容量/MW	≤50	100~300	>300
试验电流/A	200~500	500~1000	1000~1500

应注意，进行以上试验一般可采用备用励磁机或直流电焊机作直流电源。在后一种情况下，用两台及以上电焊机并联运行可产生较大的直流电流，但这种做法将给电源电压的调整和稳定带来许多不便和困难。

为了防止大电流引入时因接线不牢固，接触电阻大而烧伤转轴的连接部位，应制做通流容量合适的专用卡环固定在转轴两端，将直流电源引线用螺栓压接到卡环上。

2）接地点周向位置的确定。转子绕组接地点的轴向位置确定后，为了检测出接地线圈所在的线槽，需测出接地点的周向部位。为此，在接地点轴向位置所对应的周向断面的转子大齿（磁极表面），沿径向通以 300~500A 的直流电流。与轴向检测法一样，将检流计 G 的一端与任一集电环连接，另一端用探针沿周向断面方向移动，如图 11-9 所示。

试验时可先后沿转子两个半圆周

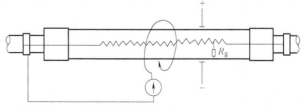

图 11-9　直流在电流法测量接地点的周向位置

方向进行。如接地点不是单一的，则应将直流电源引线端改接到与磁极表面呈垂直方向的小齿上继续进行试验，测出检流计指示为零的点。最后检测出的轴向与周向的交点即为接地点。

进行这项试验时，同样要注意大电流引线与转轴表面接触应良好，否则易使转轴表面与引线的接触部位烧伤。

以上试验方法是在未拔下转子护环时采用。如接地点已确定并拔下故障一侧或两侧的护环后，可用 6~12V 直流电源（蓄电池或直流电焊机）直接加到集电环两端，测量故障线槽内绕组线圈的各匝导体对地电位分布，即可找出接地线匝。

还应指出，在某些特定情况下，不取下护环亦可找出接地线匝。

以上皆为转子绕组存在一点接地时的检测方法。如果存在两点及以上的多点接地故障时，上述测试规律将随接地点间距离及接地点的电阻值大小而有所变化。此时，应先测量转子绕组的直流电阻，如其结果较正常值有显著变化时，再在拔下转子护环后，在集电环两端加直流电压，测量绕组各匝对地电位，以测出接地点。

11.1.4 转子绕组不稳定接地点的查找方法

对于查找不稳定接地点的测试，因不稳定接地的状况不同，可采用不同的方法将不稳定接地变成稳定接地后，再用查找稳定接地点的方法测试。

1）转子绕组的接地仅与转速有关 对于转子绕组随温度而变化的不稳定接地，可将其绕组通入较大的直流电，使其受热膨胀至接地状态时，采用直流压降法测量，然后再采用查找稳定接地点的方法测试。

2）转子绕组的接地仅与温度有关 对于转子绕组随温度而变化的不稳定接地，可将其绕组通入较大的直流电，使其受热增长（膨胀）至接地状态（接地温度）时，亦采用直流压降法测量其接地电阻。然后，再采用查找稳定接地点的方法测试。

3）转子绕组的接地与转速和温度有关 对于转子绕组随转速和温度而变化的不稳定接地，可将转子绕组在转动下加热，并用直流压降法测量其接地电阻。在发生接地的转速和温度下，加交流烧成稳定接地（施加电压应不超过转子绕组的额定电压，电流以接地电阻的大小而定，一般为 3~10A）再进行测量。

上述三种情况中，如有烧不成稳定接地的状态时，就要在接地情况下，采用直流压降法测量接地电阻，并计算接地点距集电环的大概距离，然后检修将接地点消除。

11.1.5 某厂 300MW 发电机两次转子一点接地的分析

某电厂 1 号机系哈电产 QFSN-300-2 型汽轮发电机，1992 年出厂，1993 年 4 月 1 日投入运行。这台电机投运后不久，发生的转子不稳定接地故障原打算"烧"成稳定性金属接地，以便对症处理。但出乎意料的是，设想中的不稳定的接地金属物并未被烧结在接地点上，而是意外地被烧断或烧掉了，转子绕组的对地绝缘反而被恢复了。重新投运 7 个月后，又出现第二次转子接地故障。

1. 第一次转子接地

（1）故障现象与跟踪分析

该发电机 1993 年 4 月 1 日投入运行，1993 年 8 月进行小修。小修后并网运行不久，

8月29日转子接地保护信号显示。当时保护定值为10kΩ。

接地信号显示后，将定值调为5kΩ。9月23日该机因故解列。解列后，接地信号又出现。但在停机过程中将转速降至1100r/min时，接地信号消失。9月24日，将该机集电环上电刷拆除后，在盘车转速下用500V、1000V绝缘电阻表测绝缘电阻，转子绕组本身为500MΩ，外部励磁回路也如此。表明在低转速下不存在接地现象。

9月28日机组起动，在集电环电刷未装入，转速达3000r/min时，测出转子绕组对地电阻在30~60Ω间摆动。并网后，将接地保护定值调到0.5kΩ时，来过三次信号，后均消失。又调定值到2kΩ、5kΩ时，接地信号时有时无。后调到2kΩ，信号无。9月29日又来信号。最后定值调到0.5kΩ，信号未出现。说明在高转速状态下，转子接地现象已多次出现，即使在接地保护不灵敏定值下保护信号也一再显示。

9月30日测集电环两极间电压及对地电压：$U_{+-}=223V$，$U_{+E}=206V$，$U_{-E}=15.5V$（当时$I_f=1850A$，$P=300MW$，$Q=80Mvar$）。表明接地点位置靠近负极集电环，约占绕组总长的7%。

1993年国庆期间停机。当时按所测U_{+-}、U_{+E}、U_{-E}值估算接地电阻约为50kΩ。遂投入运行维持到1993年12月。

1993年12月24日当起机过程中在800r/min下测转子对地电阻时，用1000V绝缘电阻表为0Ω，用万用表为20kΩ。1993年12月25日在接地保护定值为"0.5kΩ、0s"时，接地信号显示。1993年12月30日接地信号又显示几次。按所测的U_{+-}、U_{+E}、U_{-E}估算，接地电阻为2.5kΩ。直到1994年1月13日，接地信号频繁出现。这些情况说明，接地故障已有所发展。在接地保护定值最不灵敏的0.5kΩ这一档，动作已确定无疑。至于接地信号为何出现后又消失，后来查明是由于保护装置的接地线只接至大轴上的接地电刷，而接地电刷当时并未真正接地。当接地电刷真正与"地"连接后，接地信号就一直存在，不再消失了。

1994年1月14日停机一天后，1月15日机组起动。在升速过程中用万用表测转子绕组对地电阻，见表11-3。

表 11-3　升速过程中转子绕组对地电阻

$n/(r/min)$	600	1000	2000	2040	2600	2800	3000
R/Ω	4k	0	4	2M	0	100	0

并网后，从1994年1月15~20日，接地信号频繁出现，无一定规律。这一现象同样也与保护装置接地线未真正接地有关。改进接线后，接地信号持续显示。由此表明，当这台机当转速升至1000r/min以上时，转子绕组出现金属性接地。

1994年2月5日，再次利用机组起动机会实测不同转速下转子绕组的对地电阻，见表11-4。

表 11-4　运行中不同转速下转子绕组的对地电阻

$n/(r/min)$	100	300	500	750	950	1000	1250	1500
R/Ω	50M*	200M**	1M**	<5*	1△	1△	0.1△	0.25△
$n/(r/min)$	1750	2040	2250	2400	2600	2750	2900	3000
R/Ω	>50M*	0.5M*	0**	0△	0△	0△	0.1△	0△

注：　*　使用250V绝缘电阻表，　**　使用500V绝缘电阻表，　△　使用万用表。

表11-4中1750r/min下对应的测值可能有误。从两次升速过程中测值来比较，出现接地的转速有从1000r/min降至750r/min的趋势，即接地金属物质量似有变轻的趋势。或者可设想为该金属物一端与转子线圈导线相连，另一端与槽楔的距离越来越近，只需750r/min的离心力即可使其与槽楔碰触。

另外，再从两次升速过程测值看出，当升速至2040r/min时，接地电阻突然升高，而在低于和高于此转速时，接地电阻等于零或接近于零。好像该金属物在2040r/min的离心力作用下会发生和槽楔分离的现象。可以说，此种不稳定的金属接地，不仅表现为低于750~1000r/min时不接地，而且即使在高于750~1000r/min时也不是稳定接地，甚至在2040r/min时，接地点反而会脱开。

（2）将不稳定接地"烧"成稳定接地

为使这台机的不稳定接地转变成金属性稳定接地，以便为消除接地创造条件，1994年2月11日至2月12日对转子绕组与地之间通入交流电流，拟将不稳定的接地点"烧成"稳定的接地点。

1）"烧"接地点的接线如图11-10所示。

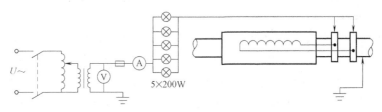

图11-10 "烧"接地点的试验接线

2）选定通入交流电流的适当转速。在空转状态下先测降低转速过程中转子绕组对地电阻的变化，其变化情况见表11-5。再测空转状态下升高转速过程中转子绕组对地电阻的变化，其变化见表11-6。

表11-5 降低转速过程中转子绕组对地电阻的变化

$n/(r/min)$	2200	1460	1015	750	540	503
R/Ω	0*	0*	0*	0*	0△	0△
$n/(r/min)$	410	378	350	325	300	250
R/Ω	0△	15k△	40k△	100k△	500k△	100M*

注：* 使用250V绝缘电阻表，△ 使用万用表。

表11-6 空转状态下升高转速过程中转子绕组对地电阻的变化

$n/(r/min)$	410	495	530	660	860
R/Ω	>500k△	3△	3.5△	>500k△	5△

注：△ 使用万用表。

转速860r/min与以前多次测定的出现接地的转速范围750~1000r/min相符。遂选定在此转速下通入交流电流，控制不超过5A，将设想中的金属物与接地点烧结在一起。

3）按图11-10接线，当转速达860r/min时，使用铜网刷向集电环和大轴施加交流电压220V，调整电流为4.65A。通电4.5min后，测转子绕组对地电阻为0.2Ω/（万用表）。在此期间，转速未能保持恒定，已由860r/min上升至1400r/min。

然后，在维持上述施加交流电源的条件下，逐渐降低转速，监视电流表指示。当转速降至 250r/min 时，电流在 4.65A 上下波动几次；降至 180r/min 时，电流又波动几次；降至 160r/min 时，电流表指针有较大摆动：在 4.3~5.0A 的范围内，再降至 150r/min 时，电流由 4.65A 突然降至零。

为核实转子绕组对地绝缘状况，在保持上述施加交流电源条件下（调压器不动，此时电源电压已升至 228V；电流为零），逐渐升高转速，同时检测对地电阻值，其结果见表 11-7。由表 11-7 可知，说明在高转速下转子绕组对地绝缘电阻逐渐升高，原先不稳定的接地现象已完全消失。

表 11-7　施加交流电源条件下，转速与对地电阻的关系

$n/(\text{r/min})$	390→1600	2000	2400	2500→3000
$R/\text{M}\Omega$	电压、电流均无变化	4 *	100 *	500 * *

注：* 使用 250V 绝缘电阻表，** 使用 500V 绝缘电阻表。

以后又利用停机消除缺陷的机会，拆去集电环上电刷，降转速时复测，从 3000r/min 至 1000r/min，转子绕组对地的电阻均达 500MΩ（用 500V 绝缘电阻表测）。

2. 第二次转子接地

这台机的第一次转子接地故障（不稳定接地）在 1994 年 2 月间被"烧"掉消失之后，投入运行经过 7 个月，到 1994 年 9 月又出现第二次转子接地故障。

1994 年 9 月 17 日，运行中这台机转子接地信号显示。检查保护装置，动作正确，定值为 10kΩ、2.5s，是上次接地故障消失后恢复此定值的。用万用表测励磁电压：$U_{+-}=220\text{V}$，$U_{+E}=210\text{V}$，$U_{-E}=7.5\text{V}$。此测值与第一次接地故障发生时所测值相近。接地点靠近负极集电环。当日卸负载解列后，在降转速过程中测整个励磁回路绝缘电阻，为 185MΩ。说明不加励磁电流时，接地消失。

次日，机组起动。在未加励磁电流时，转子绝缘良好。但并列后刚带负载 20MW，转子接地信号即出现。$U_{+-}=130\text{V}$，$U_{+E}=120\text{V}$，$U_{-E}=5\text{V}$，估算接地电阻为 200kΩ，将保护定值由 10kΩ 改为 0.5kΩ，接地信号仍一直显示。

9 月 19 日，负载增大，$P=180\text{MW}$，$Q=80\text{Mvar}$ 时，$U_{+-}=170\text{V}$，$U_{+E}=161\text{V}$，$U_{-E}=7\text{V}$，估算接地电阻为 59.5kΩ，说明接地故障的出现与励磁电流密切相关。励磁电流大时接地电阻值减小。

表 11-8 是在不同励磁电流下，用万用表（内阻 5000kΩ）测算出的转子绕组对地电阻值。由表看出，在低负载下励磁电流不大时，接地电阻趋于较小的稳定值。同时，接地点靠近负极集电环，其间距离约占整个绕组长度的 3.8%。

表 11-8　不同励磁电流下转子绕组的接地电阻值

$P/$ MW	$Q/$ Mvar	$I_f/$ kA	$U_{+-}/$ V	$U_{+E}/$ V	$U_{-E}/$ V	R_E 估算值/ kΩ
110	65	1.41	130	124.9	5	3.85
70	40	1.21	127	121.9	5	3.94
0	0	1.0	105	100.9	4	4.77
（解列后）		1.0	104	100	3.9	4.81

解列后，在3000r/min空转下，用绝缘电阻表测得整个励磁回路对地绝缘电阻为零。拆除集电环上电刷后，测得转子绕组对地绝缘电阻为零，而外部励磁回路对地绝缘电阻为80MΩ，说明接地点确实在转子绕组本身。

（1）查清接地与转速的关系

在不同转速下，测转子绕组对地电阻值见表11-9。

表11-9　不同转速下转子绕组对地电阻值

降转速过程	$n/(\text{r/min})$	3000	2700	2500	2300	2250*	1700
	R/Ω	0.4~100	42	55	130	≥20kΩ	350MΩ
升转速过程	$n/(\text{r/min})$	1950	2100	2600	2800	2900	2950	3000
	R/Ω	350M	350M	4k	4.8k	4.8k	78	88
再次降转速	$n/(\text{r/min})$	2700	2650	2400~2300	2250	2100*	2000	1950	1850
	R/Ω	46	43	100~170	170	>>20k	35M	60M	110M

注：* 表明接地信号消失。

从表11-9可以看出故障又有发展，即使在不加励磁电流的空转状态下，接地并未完全消失，而是在高转速下接地又要出现。于是发生了与这台机第一次接地故障相类似的情况：都是转子绕组的不稳定接地；都是在高转速下出现接地；接地点都在靠近负极集电环处。

为了进一步查清接地出现时的转速，再次复测升转速过程中转子绕组的对地电阻，见表11-10。

表11-10　不同转速下转子绕组对地电阻

第一次升速	$n/(\text{r/min})$	1500	1900	2200	2500
	$R/\text{M}\Omega$	350**	380**	410**	420**
	$n/(\text{r/min})$	2650	2700	2900	2950
	R/Ω	20M**	0**	0~50△	0~50△
第二次升速	$n/(\text{r/min})$	1750	1900	2100	2500
	$R/\text{M}\Omega$	480**	500**	>200**	500**
	$n/(\text{r/min})$	2550	2600	2650	2800	2950
	R/Ω	50M**	20M**	5M**	90△	75△

注：** 使用500V绝缘电阻表，△ 使用万用表。

从表11-10中可以看出两次升速过程测试结果重复性很强，足以说明接地出现在2600~2800r/min范围。

（2）与第一次接地故障比较

第一次接地故障出现的转速，开始是在1000r/min左右，后来降至750r/min左右；低于750r/min时，接地消失，高于750~1000r/min时，接地出现。这次接地故障出现的转速却提高了，在升速至2600~2800r/min范围时出现接地。由于这两次出现接地故障的转速都是在升速过程中测得的，故有可比性。

据此可以认为，构成接地故障的金属物的质量，第二次比第一次要大。而且很可能是在同一地点，是上次未被烧净的遗留的金属物在作祟。如果上次烧去的是弯曲起来的一小段线状物的话，现在再次造成接地的则可能是遗留下来的更粗、更重的一大段金属线状物。

（3）人为烧穿接地点

为给消除接地创造条件，这次同样需要将在高转速下才出现的接地点，用人为烧穿的方法将其转变成稳定的接地点。不同的是，这次并不存侥幸心理，并不希望取得像上次那样意外的结果。

1）烧穿试验的接线与图11-10基本相同。考虑到烧穿电流先按5A控制，故串联在回路里的灯泡先用2×500W并联。

2）首先在降转速过程中，将交流电源加在转子绕组对地之间，控制交流电流在5A以内。调好后保持调压器不动，监视降转速时的电流变化，其变化结果见表11-11。整个过程中灯泡始终明亮，说明在350~3000r/min全都接地。但在<350r/min范围，当降到180r/min时，用绝缘电阻表测绕组对地绝缘电阻却达到500MΩ。说明低于350r/min直到静止停下以前，仍存在某一转速下脱开接地的情况，需要继续烧穿。

表 11-11　降速过程中的电流变化

n/(r/min)	3000	2750	2550	2200	2000	1850	1650	1450
U/V	242	242	242	242	242	242	242	243
I/A	4.8	4.8	4.85	4.75	4.75	4.75	4.73	4.73
n/(r/min)	1250	1050	850	650	560	400	350	<350
U/V	243	243	243	243	243	243	243	未测
I/A	4.73	4.73	4.73	4.7~4.75	4.74~4.75	4.75	4.75	

3）再次在低转速下，继续烧穿。维持调压器不动，监视交流电流的变化，其变化结果见表11-12。停止加压后，测得绕组对地电阻为零。

表 11-12　低转速下的电流变化

n/(r/min)	550	350	300	280	260	240	220	200	180	170	160	157
U/V	240	240	240	240	240	240	240	240	240	240	240	240
I/A	4.75	4.75	4.75	4.75	4.75	4.75	4.75	4.75	4.7	4.7	4.7	0①
n/(r/min)	155	150	145	135	130	120	113	93	83	68	45	
U/V	240	240	240	240	240	240	240	240	240	240	240	
I/A	4.6~4.7	4.6	4.6	4.6	4.6	0②	4.6③	4.6	4.6	4.6	4.6	

① 灯灭随即又亮　② 灯灭　③ 灯又亮。

4）为使接地点彻底稳定，第三次对绕组与地之间施加交流电压，并把烧穿电流增大至不超过10A。为此，将接线中串联的灯泡改为4×500W并联。

在操作过程中，实际U=240V，I=9.35A。在盘车转速下，用铜网刷同时接触集电环与大轴表面。每接触3~5s，断开一次，共6次，最长一次达7~8s。后测对地电阻确为0Ω。至此，这台机1994年出现的第二次不稳定转子接地已转变成金属性稳定接地，为消除该接地点创造了有利条件。

（4）查找接地点确切部位

这台机转子绕组采用的是气隙取气、槽部导线中间铣孔的氢内冷通风方式。转子槽楔上留有通风孔。所以，使用探针从通风孔插入槽内导线间进行触试查找比较方便。

通过集电环向转子绕组施加直流电压为 6V。再用小量程欧姆计，借助探针测每个通风孔内导线对地电压。先从励侧起，沿周向一孔一孔地测。测完第一排孔，再沿周向测第二排孔。最终找到电压为零的位置是：位于周向第 17 槽，从励侧数起第 2 风区的第 3 个通风孔的顶匝导数处。即负极面（对应里侧集电环）的第 1 套线圈的顶匝导线，如图 11-11 所示。

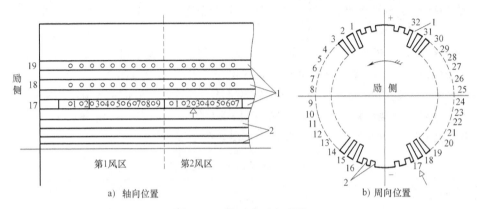

图 11-11　接地点确切部位

1—嵌线槽　2—阻尼槽　⟵—故障部位

（5）查明造成接地故障的原因

扒下转子励侧护环，退出第 17 槽励侧第 1~4 段槽楔及楔下垫条后，终于发现造成接地故障的原因，原来是一条长约 31mm、粗约 0.325mm，并非圆截面的细铜丝。这一条铜丝附着在楔下垫条的底面，并从垫条上铣出的孔伸出，向上延伸至槽楔的底面，向下则与顶匝导线接触，构成了接地的通路。

铜丝与顶匝导线表面接触处，出现长约 4.5mm、宽约 1mm 的黑色痕迹。该处距转子本体励侧槽口为 1050mm，如图 11-12 所示。

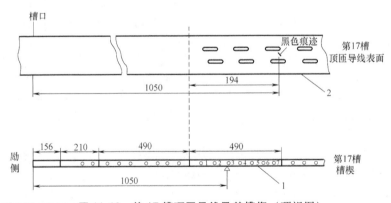

图 11-12　第 17 槽顶匝导线及其槽楔（顶视图）

1—第 4 段槽楔　2—第 4 段槽楔下的顶匝导线

铜丝与楔下垫条（厚 15mm）底面接触处，出现明显的压印痕，长达 14mm。且其中有小半段凹痕较深，长为 4mm，宽为 0.2mm，已呈黑色（垫条底面系深棕色滑移层）。楔下垫条底面如图 11-13 所示。

对故障的元凶——细铜丝，单独通以交流电流 9.3A（与烧穿试验时最后所加的电流值相同），持续 40s，手摸不热。可见当时试验时通电最长 7~8s，并不熔断，两者相符。这条铜丝显然是在制造装配过程中，在嵌完导线后放入楔下垫条前或在放入垫条时被带入槽内的。当时带入的铜丝可能是弯曲或卷曲的，一端与顶匝导线碰触，另一端尚未与槽楔接触。投运后仅 5 个月（运行 4 个月，小修近 1 个月），铜丝末端甩出，碰及槽楔造成第一次不稳定接地故障。经通入交流电流 5A，烧断铜丝末梢，而使接地消失。再运行 7 个月，残留未清

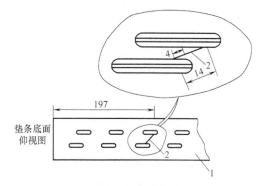

图 11-13　第 17 槽第 4 段槽楔下垫条底面的压印痕
1—深棕色滑移层　2—故障部位

除的铜丝（比烧断的末梢要粗）经多次起停而被甩直、伸展，以致碰触槽楔，又造成第二次不稳定接地故障。经过通入交流电流 5~9.35A，终使接地点连通，构成金属性稳定接地。

将铜丝取出后，放入楔下垫条，打入槽楔。测集电环与大轴间绝缘电阻为 550MΩ（500V 绝缘电阻表）。套上护环后，测得转子绕组对地绝缘电阻为 600MΩ。至此，这台机第二次接地故障完全消除。

11.1.6　典型实例一：SM 发电公司发电机转子接地分析

SM 发电有限公司装机容量为两台 100MW 机组，采用 110kV 的电压接入系统，发电机为北京重型电机厂生产的 QFS-100-2 型汽轮双水内冷发电机，其主要参数：容量为 100MW，电压等级为 10.5kV，额定电流为 6473A，转速为 3000r/min，功率因数为 0.84，双丫联结，1999 年 9 月投产，最近一次大修为 2003 年 10 月。2005 年 7 月 14 日早 8 时 17 分，集控室 2 号机预告信号屏打出"发电机一点接地保护"信号。

1. 原因查找与分析

（1）停机前的检查

经对一次回路进行清扫及沿电缆进行全面检查，未发现转子外回路有绝缘损坏现象，用压缩空气对转子集电环处进行彻底清扫，经多次吹扫，转子接地情况未见好转，正负极对地电压仍保持原测量值。根据检查结果，确认接地点在发电机转子内部。

将发电机转子一点接地二次回路中的仪表测量回路与一次回路断开，转子接地未消除，保护仍动作，测量转子正负极对地电压分别为：正极对地电压 2V，负极对地电压 204.6V，正负极间电压 206.7V，测量点为转子集电环处。将转子一点接地保护回路中的刀开关断开后，转子一点接地保护复归，初步说明保护装置动作正确。为了进一步检验保护装置动作的正确性，在灭磁开关处断开转子一点接地保护用的刀开关，将电阻箱接入转子保护回路校验保护装置，在电阻为 10kΩ 时，转子一点接地保护动作，动作正确。

（2）机组解列后的检查

将转子进线电缆全部解开，用 500V 绝缘电阻表测得电缆绝缘电阻为 500MΩ，二次回路绝缘电阻为 150MΩ，进一步排除了外部回路接地故障。

在盘车状态，检查集电环外观无异常，对集电环及通风孔进行清扫后，用万用表测得转子集电环对地电阻值为 0.566MΩ。停机后，用撬杠撬转子集电环正极引线，并随时监测正

极对地电阻值，正极对地电阻没有变化，确诊接地点在转子内部。同时对发电机引线处及集电环处进行彻底的清理，并对集电环及引线清理后用无溶剂胶进行涂刷，清理后测量绝缘电阻上升为 8MΩ（规程规定为 0.5MΩ）。即在停机状态下，故障消失。决定开机冲转，在各种转速下检查转子绝缘。在升速过程中对转子绝缘电阻进行监视，在 1000r/min 时用万用表测量绝缘电阻为 60kΩ；在 1200r/min 时用万用表测得绝缘电阻为 3kΩ。将转速降到 0，再用 250V 绝缘电阻表测量，绝缘电阻为 0.4MΩ，断发电机转子内冷水后，用 250V 绝缘电阻表测得绝缘电阻为 0.5MΩ。再进行升速，测量短引线对地阻值，在转速升至 3000r/min 的过程中，测量短引线对地电阻值不稳定，判断转子接地为动态接地。

采用在正负极间加交流电流进行冲击的方法将动态接地变为永久性接地。分别采用 5A、10A、15A 交流电在不同转速下进行反复冲击，同时用万用表监视转子对地电阻。经多次冲击后，将转速降到零，测得短引线对地电阻为 18.8Ω，长引线对地电阻为 18.5Ω，转子已成稳态接地。采用交流电冲击时，应注意电流最大不宜超过 15A，并随时监视转子对地电阻。

用直流压降法试验判断转子接地位置，试验方法如图 11-5，在正负极间加电压为 54.5V，电流为 362A，测得正对地电压为 25.5mV，负对地电压为 54.5V；初步判断转子接地在正极附近。

抽出转子后，用轴流法查找接地点的轴向位置，试验方法参考图 11-8。采用直流电焊机给转子通直流电流。用检流计查找转子接地位置，显示接地的位置在小护环下面。采用该方法时为保护检流计，应在检流计回路中串电阻箱，根据检流计指针调节电阻箱大小。

2. 故障处理

将转子小护环拔下，外部检查引水管无渗漏水痕迹，用撬杠撬小护环下的引线，同时用万用表监视，发现接地电阻有明显变化，将固定引线的上部绝缘板取出，发现绝缘板下部有明显的碳黑，闻孔内有焦糊味，确诊接地位置就在短引线的拐角处。

短引线是穿过转子中心孔，然后拐到转子表面，由于制造厂将引线穿好后，在固定引线时，未将引线外部用绝缘板把引线与转子内孔表面分开，同时在灌环氧树脂时上部没有灌实，使得引线上部绝缘在拐角处与转子中心孔内壁靠近，发电机运行时，在离心力的作用下引线绝缘与转子中心孔内壁摩擦，导致绝缘磨损，出现动态接地。

将对轮、轴套、集电环拔下，用自制工具将故障引线抽出，并清理短引线在转子中心孔内的绝缘材料。包扎引线绝缘，穿引线、做引线试验，测得引线对地绝缘 1550MΩ，测转子绕组对地绝缘 100MΩ，对引线进行交流耐电压 3600V、1min 合格后，进行引线绝缘固化。回装轴套、集电环、对轮，做转子绕组试验：测绝缘电阻为 1550MΩ、直流电阻为 0.162Ω、交流阻抗为 10.28Ω、交流耐电压为 1000V、1min 合格，进行水压试验合格后，回装风扇及小护环，转子修理工作完毕。点炉，冲转，测转子绝缘电阻、交流阻抗测试合格后，升压至额定电压测试轴电压正常，机组并网。

11.1.7 典型实例二：JZ 厂国产 200MW 发电机转子两点接地

1. 故障现象

JZ 厂 1 号发电机是原哈尔滨电机厂产 QFQS-200-2 型汽轮发电机。转子氢内冷：槽部侧面铣槽通风；端部一路通风。1979 年出厂，1983 年投入运行。运行中因振动问题和转子过热，于 1987 年送回制造厂返修。经过全部更换转子绕组绝缘（导线未更换）后恢复运行。

但运行不到一年，1988 年 8 月 25 日 20 时零 7 分，"励磁回路接地"信号出现。切换备用励磁机后，接地信号仍持续出现。当时将一点接地保护定值由 5kΩ（即绝缘低于 5kΩ 时保护装置动作）降到 2kΩ，接地信号仍不返回。

当天晚上，利用该机低谷消缺停机机会（汽机问题），全面清扫集电环，未发现外部励磁回路有接地点。测正、负集电环对地电阻：$R_{+E} = 310\Omega$，$R_{-E} = 82.8\Omega$。测得接地点在转子绕组内，该接地点距负集电环约占绕组全长的 21.1%。

次日该机起动，投入两点接地保护后并列运行。但发现励磁电压不稳，在 240～250V 之间波动。并列仅 1min，保护动作跳闸。当时怀疑两点接地保护误动，又第二次并列。并且将两点接地保护装置重调平衡，一并投运。经过 4h 运行，两点接地保护再次动作跳闸。在此期间励磁电压时有波动。

停机后抽出转子。测转子绕组对地电阻仅为 0.7Ω。轴上通以 300A 直流电流，用检流计测出接地点位于汽侧槽口附近，靠里侧。

扒下汽侧护环，发现故障处不在槽口，而在汽侧端部第 1、2 套线圈横向部分顶部，位于负极大齿中心线偏左约 90mm 处，如图 11-14 所示。

2. 设备烧损情况

1）顶匝导线损坏较重，范围波及第 1、2 两套线圈，而以第 2 套线圈顶匝导线烧损最重。第 2 套线圈的顶匝导线（每匝导线由上、下两股开槽的导线组成）的上、下股导线均出现裂缝。上股是横向裂缝；下股纵横向裂缝都有，纵向裂缝更突出。而且下股导线沿纵向裂缝向内塌陷；上股导线裂缝处则向上翘起，致使上、下股间的通风道变形缩小。上、下股线在通风孔出口边缘的外表面上，对应地均有一块红色过热区，面积约 $1.5cm^2$。上、下股间的通风道内还发现有一粒铜渣，约米粒大小，如图 11-15 所示。

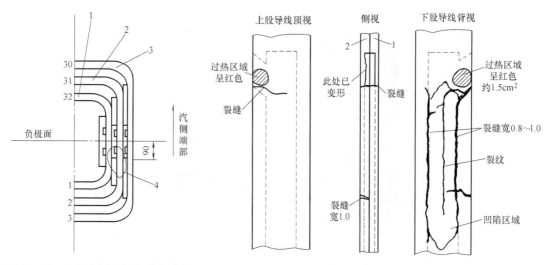

图 11-14 转子汽侧端部的故障范围
1—第 1 套线圈 2—第 2 套线圈
3—第 3 套线圈 4—故障范围

图 11-15 第 2 套线圈被烧损的顶匝导线
1—上股导线 2—下股导线

2）第 1 套线圈的顶匝导线的上、下股也出现裂缝，不过比第 2 套线圈的顶匝导线稍轻一些。上股导线有一横向裂缝，如图 11-16 所示。

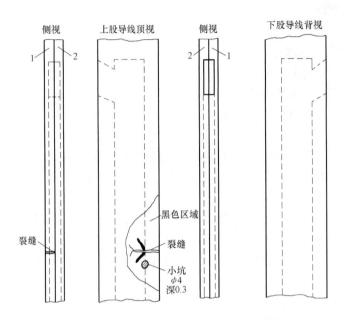

图 11-16　第 1 套线圈被烧损的顶匝导线

1—上股导线　2—下股导线

3）第 1 套线圈与第 2 套线圈之间的横向垫块，在故障围内顶部已严重烧焦，有的烧出缺口，有的已和覆盖其上绝缘瓦炭化黏结在一起。第 2 套线圈与第 3 套线圈之间的横向垫块，在故障范围也在顶部烧成黑色，尚未烧出缺口，如图 11-17 所示。

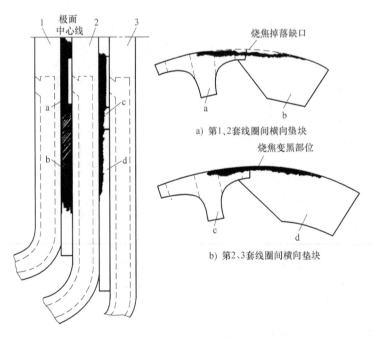

图 11-17　端部线圈间被烧损的横向垫块

1—第 1 套线圈　2—第 2 套线圈　3—第 3 套线圈

4）与故障区域相对应，护环下绝缘瓦在此部位被烧焦。上层瓦（靠近护环，厚为 3mm）烧出较大的孔洞；下层（靠近端部线圈，厚为 4mm）烧出两个较小的孔。而且下瓦向上突起变形，其里表面与横向垫块 a（见图 11-17）的缘烧焦部分已粘连在一起。如图 11-18 所示。

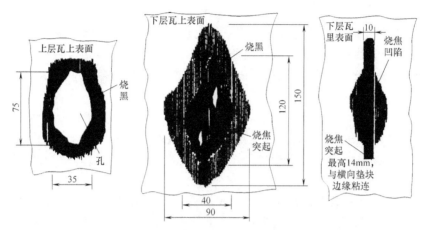

图 11-18　护环下绝缘瓦被烧损实况

5）在汽侧护环的内表面上，对应于故障区域，烧出熔化结点两处，突出于内表面。其周围是过热区，出现无规则的裂纹群，如图 11-19 所示。

3. 事故原因分析

1）这是一起由一点接地发展而成两点接地的典型事故。接地点均发生在转子绕组端部顶匝导线与护环之间。顶匝导线与护环之间的两层绝缘瓦（共厚 7mm）被烧焦，显然是因导线本身的严重过热而造成的。导线不仅有纵、横向裂缝，使载流截面急剧减小，而且双股凹形导线构成的通风道，因塌陷而受阻，使冷却条件大大恶化。结果，顶匝导线严重过热，将紧靠的绝缘瓦烧焦、穿孔而接地。

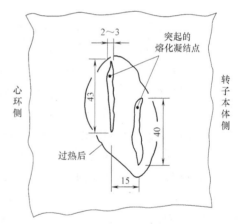

图 11-19　汽侧护环内表面的烧痕

2）汽侧端部第 1 套线圈和第 2 套线圈在横向部分的顶匝导线都存在上述严重的缺陷。由此而造成过热烧损的过程中，首先有一套线圈的顶匝导线通过烧焦的绝缘瓦接通护环，形成一点接地。在一点接地情况下又坚持运行（投入两点接地保护），使受损的绝缘继续劣化，仅延续 4h，就在此烧损范围内，又使另一套线圈的顶匝导线烧透绝缘瓦，与护环接通，构成第二个接地点。此时，两点接地正好短路 10 匝导线。直流电流经过这两处接地点的弧光在护环内表面烧出两个烧熔的结点，并将绝缘瓦烧出孔洞，把临近的绝缘垫块烧出缺口。

3）顶匝导线本身何以会存在如此严重的缺陷？估计可能与一年前这台机转子返厂大修更换转子绝缘时，施工工艺不当，导线有可能受到机械损伤。

11.1.8　典型实例三：ET 水电站发电机转子不稳定接地

2011 年 3 月 11 日、3 月 14 日、3 月 18 日 ET 水电站发电机组监控系统 3 次报 4 号机组励磁故障，现场检查均为4号机组励磁系统转子接地故障报警[189]。当机组发生转子一点接地故障报警后，应根据接地保护装置和现场实际进行确认，排除装置误报。在确认报警属实后，应及时对转子绕组一、二次回路分别进行必要的检查和试验，预防发生转子两点接地故障产生严重后果。

ET电站机组转子励磁回路的构成从励磁柜内软连接至磁极绕组分为5个部分：2根磁极铜牌构成的封闭母线；正、负极各6根励磁电缆；电刷架、螺纹槽电磁环；励磁大线；磁极。根据发生故障现象的不同，应对转子各部进行检查，并分别在静态和动态下做相应试验，以查明故障并予以解决。

（1）外观检查

1）励磁软连接及励磁回路检查。检查发现励磁软连接至1、42号磁极间的励磁回路无放电痕迹或变形现象，各电气连接螺栓及固定线夹螺栓无松动，励磁回路上没有导致接地的金属异物。

2）磁极上下端及磁极引线连接部位检查。检查转子磁极上下端无放电痕迹或变形现象，转子磁极引线连接螺栓及连线金属压板，固定螺栓无松动，磁极绕组、磁极连线上未发现导致接地的金属异物。

（2）测试检查

外观检查完毕后，对励磁软连接至1、42号磁极间励磁回路和励磁绕组回路分别进行试验检查。看是否有放电、闪络现象。

1）励磁大线正、负极对地绝缘电阻测试。用绝缘电阻表在励磁软连接处分别对励磁大线正、负极进行2500V对地绝缘电阻测试，读取15s和60s数值。试验过程中各部位均无放电闪络现象，励磁大线正、负极对地绝缘电阻值均符合《电力设备预防性试验规程》要求。

2）励磁绕组回路对地绝缘电阻测试。用绝缘电阻表在1、42号磁极处对励磁绕组回路进行1000V对地绝缘电阻测试，读取15s和60s数值。试验过程中各部位均无放电闪络现象，励磁绕组回路对地绝缘电阻值均符合《电力设备预防性试验规程》要求。

3）转子励磁回路对地绝缘电阻测试。回装挡风板后，在励磁软连接处对转子励磁回路进行1000V对地绝缘电阻测试，读取15s和60s数值。转子励磁回路对地绝缘电阻值符合《电力设备预防性试验规程》要求。

（3）开机检查

1）转子绕组升速过程中绝缘电阻测量。手动开机，转速从0%~100%额定转速变化过程中，在励磁软连接处对转子励磁回路进行1000V升速绝缘电阻测试。转子励磁回路对地绝缘电阻值符合《电力设备预防性试验规程》要求。

2）发电机零起升压中轴电压测试。发电机零起升压，机端电压为额定电压时，在上导大轴处测试轴电压，测试值为143mV，与以前测试数据相比较无明显变化。

（4）结论

ET水电站4号机组为转子全方位的分析处理，在可见部分仔细检查，没有发现明显的破损；在机组静止状态下，转子绝缘良好，无法按照常规的方法加大转子电流进行击穿试验，而在带负载高速运转时又无法准确定位。结合故障信号、现象和试验分析可得，ET电厂转子一点接地属于动态不稳定接地。

对于动态不稳定接地，由于发生的偶然性和不确定性，且发生报警现象后再没有重现，因此很难确定动态不稳定接地的原因。为了防止一点接地发展成为两点接地，所以需要全面排查。目前，4 号机组运行稳定。

11.1.9　发电机转子接地故障监测系统

目前，在国内投运的大型发电机中，故障的发现和处理均由转子接地保护装置来实现，一点接地保护动作于信号，两点接地保护动作于跳闸，而无法具体提供转子绕组对地绝缘变化情况[162]。由于转子对地绝缘的损坏是一个比较漫长的发展过程，如果能在线监测发电机转子绕组对地绝缘的变化，及时发现薄弱环节，提供故障点位置和危害程度等信息，进行有针对性的分析，则有利于合理安排机组检修时间，提高检修质量和效率，减少不必要的突然停机，以便更合理地处理问题。

1. 检测原理[163,164]

转子绕组对地故障检测原理如图 11-20 所示。

监测系统的输入数据为转子绕组负极对地电压及正极对地电压 U_1、U_2（开关 S_1、S_2 均断开）或 U'_1、U'_2（开关 S_1、S_2 其中之一闭合）。忽略限流电阻 R_m 的影响时，通过选择开关 S_1 或 S_2 闭合，便可计算出转子绕组在任意位置的对地电阻，从而实现转子绕组对地绝缘的在线监测。绝缘电阻 R 及其对应位置 K 的计算公式见式（11-6），其大小与励磁电压无关。

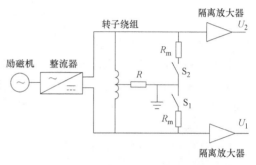

图 11-20　转子绕组对地故障检测原理图
R—转子对地绝缘电阻　R_m—限流电阻

$$
\begin{cases}
R = \dfrac{K-K'}{K'} \cdot R_m \\[2mm]
K = \dfrac{U_1}{U_1+U_2} \quad （S_1 \text{ 闭合}） \\[2mm]
K' = \dfrac{U'_1}{U'_1+U'_2}
\end{cases}
$$

$$
\begin{cases}
R = \dfrac{K'-K}{1-K'} \cdot R_m \\[2mm]
K = \dfrac{U_1}{U_1+U_2} \quad （S_2 \text{ 闭合}） \\[2mm]
K' = \dfrac{U'_1}{U'_1+U'_2}
\end{cases}
$$

$$(11\text{-}6)$$

当 R 小于等于一点接地保护整定值 R_{e1} 时，可判断出励磁绕组发生一点接地故障，记录故障电阻 R_1 及故障位置 K_1，监测系统发出一点接地故障信号。若进一步发展为两点接地故障，可确定出第 2 个故障点的接地电阻 R_2 及位置 K_2 如下：

$$R_2 = \frac{RR_1}{R_1 - R}$$

$$\tag{11-7}$$

$$K_2 = \frac{(K-K_1)(R_1+R_2)}{R_1} + K_1$$

式中　R、K——发生两点接地故障后的等值电阻及其对应的位置。

目前，所使用的两点接地保护装置均在动作后跳闸于回路，使机组解列灭磁。这种方法在发生轻微两点接地故障并未危及机组安全时，势必造成不必要的突然停机，减少机组的使用寿命。下面介绍一种新的判别方法，即根据故障点耗散功率的大小判断是否跳闸，并在装置的设计中得以实现。跳闸判据见公式（11-8）。

$$R_2 \leqslant \frac{(K_2-K_1)^2 U_0^2}{P_e} - R_1 \tag{11-8}$$

式中　P_e——耗散在故障点的极限功率。

由式（11-8）可知，允许机组继续运行的第2个故障点接地电阻的最小值随第2个故障点位置而变化，故根据一点接地信息就可建立1个转子绕组两点接地故障的判据文件，并确定跳闸范围如图11-21所示。为可靠地保护机组，图中取 $|K_2-K_1| = 0.05$。

2. 系统结构

整个发电机转子接地故障监测系统由上位机和信号检测器构成。信号检测器安装在现场，实时检测数据并存储数据，通过通信串口接受上位机的指令并返回检测数据。上位机根据检测原理向信号检测器发出检测指令，根据信号检测器返回的检测数据进行发电机转子接地故障的分析和判断。信号检测器的基本结构如图11-22所示。

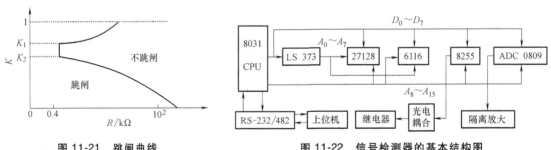

图 11-21　跳闸曲线　　　　　　　图 11-22　信号检测器的基本结构图

监测软件的框图如图11-23所示，软件的主要功能包括：实时显示主要的电气参数如发电机的有功、无功、电压、频率等，根据故障录波器输入的数据显示系统故障前后主要电气量的变化并作分析；显示监测装置的原理图，实时显示开关 S_1、S_2 的位置、采样数据 U_1、U_2、U_1'、U_2'、绝缘电阻 R 及其位置 K，显示发生一点接地故障时的接地电阻 R_1 及故障位置 K_1，显示发生两点接地故障时第2个故障点的接地电阻 R_2 及位置 K_2，并在发生一点接地故障时，警告信号灯变红，同时音响信号动作，若进一步发生两点接地故障，则屏幕上可显示跳闸曲线、故障点在跳闸平面的位置，进而直观地给出故障危险程度的概念，当接地点耗散功率超过极限时，装置发出跳闸信号，待事故处理后，转子接地保护恢复使用；显示转子各测点的温度，当温度越限时，启动声光报警信号等。

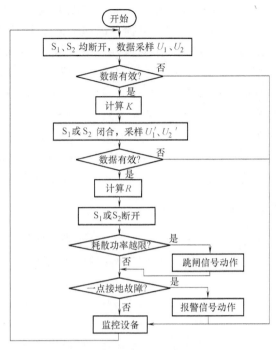

图 11-23 监测软件的框图

11.2 发电机转子绕组匝间短路分析

转子匝间短路是同步发电机常见的一种电气故障,近年来对该故障的报道屡见不鲜,三峡发电机在机组检修中就曾发现转子匝间短路;而仅中国广东省在 2009~2011 年,就已经有十余 400~1000MW 等级的发电机出现了转子匝间短路故障,在 2010 年就已确认发生了 5 起[190]。

轻微的短路故障不会给发电机带来严重的后果,但若无法实现故障的早期诊断,任其不断恶化,会引起励磁电流的增加、输出无功能力的降低以及机组振动的加剧。故障还有可能恶化为发生在励磁绕组与转子本体之间的一点或两点接地故障,严重时还可能会烧伤轴颈、轴瓦,给发电机组及电力系统的安全稳定运行带来巨大的威胁。由转子匝间短路故障引起损失的例子也不胜枚举,20 世纪 90 年代中国某火电厂 4 台 300MW 发电机中就有 3 台因转子匝间短路等原因最终导致大轴磁化,其中 2 台还烧坏护环;2002 年某核电站 2 号发电机组在更换 C 相主变后的起机过程中,由于转子匝间短路在主变事故冲击下发展为接地故障,机组被迫停机检修;2005 年凤滩水电站 6 号发电机的转子匝间短路故障还引起了主保护的动作。

国内外专家学者对这一课题进行了大量的研究。20 世纪 70 年代由英国学者阿尔布莱特(Albright)首先提出了探测线圈法。这种方法是在定、转子之间气隙中定子上固定一只"探测线圈",利用该探测线圈上感应的电动势波形是否发生畸变而分析、判断转子绕组是否存在匝间短路,并显示故障槽的位置。柯努里(Conolly)等人开发了一种在线监测器。这种始终和探测线圈连在一起的监测器能显示出匝间短路的发展过程。拜尔斯(Byars)研制了另一种在线监测器，他把监测器输出波形与延迟半个周期的波形相加，这样除了对称分量外，其他都被抵消了。20 世纪 70 年代至 80 年代，国内相继发展了发电机转子绕组匝间短路检测课题的研究，这一时期主要采用阿尔布莱特（Albright）的探测线圈法。20 世纪 90 年代，该方法有了一些进展，但也只是用计算机取代了示波器，计算和对比等都由计算机来完成。计算机只是对数据信号进行管理和计算而没有任何信号处理的意义。近年来，又提出了一些方法，例如，励磁电流判别法，定子环流判别法，RSO 重复脉冲检测法等。

另外，国内有些方法如：开口变压器法、交流阻抗和功率损耗法、直流阻抗法、微分线圈动测法、空载及短路特性试验法、两极电压平衡试验、绕组分布电压测量、冲击脉冲法试验、红外热成像法等大多数都已经在现场中应用了多年，并且积累了一定的经验。

11.2.1　发电机转子绕组匝间短路原因

现场运行经验表明，发电机转子绕组匝间短路故障多发生在绕组端部，尤其是在有过桥连线的一端居多。造成发电机转子绕组匝间短路故障的原因很多，总体上可分为制造和运行两大方面。

1. 设计制造方面

（1）设计不够合理

有的转子结构设计不够合理，如端部弧线转弯处的曲率半径偏小，致使外弧翘起，运行中在离心力的作用下，匝间绝缘被压断，造成了匝间短路。

（2）制造质量不良

1）转子端部绕组固定不牢，垫块松动。发电机运行中由于铜铁温差引起的绕组相对位移，设计上未采取相应的有效措施。

2）有的转子绕组在制造时所应用的匝间绝缘材料材质不良，含有金属性硬刺，绕组铜导线加工成形后的倒角与去毛刺不严格，运行中在离心力的作用下刺穿了匝间绝缘，造成匝间短路。

3）端部拐角整形不好和局部遗留褶皱或凸凹不平；匝间绝缘垫片垫偏、漏垫或堵孔（直接冷却的绕组通风孔）；绕组导线的焊接头和相邻两套线圈间的连接线焊口整形不良；制造工艺粗糙留下的工艺性损伤；转子护环内残存加工后的金属切屑等异物。

4）有的转子线匝局部未铣风孔或风量不合格造成严重过热引起匝间短路。

例如，某电厂 6 号发电机，QFQS-200-2 型大修时发现转子磁化，绕组匝间短路，其原因是因线匝局部未铣通风孔，造成绝缘严重过热所致。返制造厂检修时，除发现因线圈的匝间绝缘漏缺、破损造成匝间短路，使转子磁化外，还发现由于安放转子匝间绝缘垫条时错位，致使通风孔堵塞，在制造厂作转子风孔的风量测试时，发现风量不合格的达 40% 之多，造成转子槽部线圈严重过热老化，尤其以第 3 热风区为最严重。导致该转子已不能运行，不得不将线圈全部更换。

（3）金属异物引起匝间短路

金属异物引起匝间短路的故障比例较高，这里举两例。

1）一台 QFQS-200-2 型侧面铣槽斜流通风的氢直接冷却转子，在制造厂下线完毕并装好槽楔、热套护环之前，加工转子本体两端的固定卡环槽时，车削下的金属屑残留在端部绕组的缝隙中未认真进行清理。发电机运行后 5 号及 6 号两套线圈上层面匝之间发生严重金属性短路（该机转子共有 16 套线圈，每套 10 匝），共短路 20 匝，造成运行中发生阵发性的剧烈振动。取下护环检查发现，5 号及 6 号线圈靠近端部拐角处两顶匝的铜线均被烧伤，该处还残留着一块铜合金熔块。此外，还烧透了对应部位护环内侧的两层 5.5mm 厚的环氧玻璃布扇形绝缘瓦，与护环粘连接地。

检查还发现，第三风区（热风区）部分槽的槽衬绝缘隆起堵孔，使该区的 448 个出风孔堵塞了 176 个，仅 22 号槽的 14 个出风孔就堵塞了 12 个，其中 7 个已被环氧类物牢牢堵死。

2）YB 发电厂 3 号发电机系水氢氢冷却方式的 600MW 汽轮发电机。1998 年 3 月正式投运。同年 6 月进行中修，除更换转子励侧引线夹板螺栓外，在电气试验中查出转子绕组存在匝间短路，短路点在 A 极第八套线圈 5~6 匝之间。匝间短路原因是制造厂在下线过程中清理不彻底，残留一底面直径约 3mm 高 1mm 半球形金属颗粒。

2. 运行方面

1）绕组端部残余变形引起匝间短路

有的发电机在运行中长期受电、热和机械应力的作用，绕组端部发生残余变形、致使转弯处线匝沿径向参差不齐，匝间绝缘磨损、脱落，发生匝间短路。冷态起动机组，转子电流突增，由于钢铁温差使绕组铜线蠕变留下的残余塑性变形和积累，导致匝间绝缘和对地绝缘的损伤。

2）运行中高速旋转的转子绕组承受着离心力等多种使其移位变形的动态应力。

3）多种原因导致的内冷转子绕组堵塞，造成局部严重过热，使匝间绝缘绕损。

4）氢气湿度过大引起线圈短路

氢气湿度过大有时对端部线圈之间绝缘造成极严重的后果。例如，某台国外的 200MW 氢冷发电机，由于油污、灰尘及水气的影响，使其端部线圈短路。

像转子绕组接地故障的分类一样，不随转子的转动状态和运行工况而变化者称稳定性匝间短路；随转子的转动状态或运行工况的改变而变化者称为不稳定或称动态匝间短路。

11.2.2 转子绕组匝间短路的分类

转子绕组匝间短路按照短路是否随着转子的转动状态和运行工况发生变化，可以分为稳定性匝间短路和不稳定性匝间短路（或称为动态匝间短路），其中动态匝间短路又占多数。

就故障发展的过程可以分为三个阶段：萌芽期、发展期和故障期。

萌芽期：转子绕组匝间出现初始异常征兆，机组运行还未受到影响，发电机组振动、励磁电流、机组无功及轴电压等均符合正常运行工况。故障表现为局部过热、匝间以稳定的高阻短路或匝间绝缘间存在油污、漆片等污染物。发展期：机组运行已经出现异常，匝间短路基本或已经具备稳定特征。发电机运行状况下出现振动增大、机组励磁和无功受到影响，但运行工况限制尚未突破。故障期：绕组匝间绝缘已经出现明显的严重短路征兆，发电机组振动超标、无功严重降低（励磁电流超过额定要求）、转子温度高等异常运行工况，已危及发电机组的安全运行，甚至包括已经促发转子接地等故障的发生。因此，这种状态下要求机组立即停机进行故障处理和全面检修。

发电机转子绕组匝间短路故障诊断的目的是尽可能在故障的萌芽期和发展期准确地诊断出稳定性匝间短路和动态性匝间短路，分析故障发生的原因并确定故障发生的部位和严重程度。

11.2.3 转子绕组匝间短路引起的气隙磁场畸变

发电机转子绕组发生匝间短路时会引起气隙磁通的畸变、转子绕组交流阻抗的降低、机组的振动加剧、定子绕组中出现各次谐波成分、在转子的轴上感应出轴电压和轴磁通，转子励磁电流增加，同时由于转子绕组的波阻抗发生变化，会引起转子上的行波发生反射。

1. 气隙磁通的分布

发电机的转子线圈通过直流电时，气隙磁通的漏磁通具有方向性，当发电机正常运行时，对应转子槽号的一对极的漏磁通分布曲线应该是相同的，只是反向而已。由于漏磁通的大小正比于流过转子槽的电流大小，因此线槽的磁通波形波峰值大小正比于该槽内的有效转子线圈安匝数。当一极某线槽的线圈出现匝间短路时，该线槽的漏磁通波形的波峰值将降低，而另一极同线槽的漏磁通波形峰值不变。比较两者可发现匝间短路出在哪一极，第几号线槽的线圈存在匝间短路。当另一极对应槽的线圈也存在同样的匝间短路，则应和该机组的历来情况或典型的漏磁通曲线进行比较。

2. 微分探测线圈法的应用

微分探测线圈法将一静止的探测线圈装在电机气隙处。探测线圈的直径比转子一个齿宽小，通常装在定子的铁心的空气隙表面，漏磁探头伸入气隙的固定空间位置。根据气隙磁场计算和现场实测表明，探测线圈距转子表面距离越小，测量到的感应电压就越高，即灵敏度就越高。

气隙探测线圈检测技术在大型汽轮发电机中已经广为应用，但对检测波形的处理和分析方法上目前国内外尚未形成统一的标准。国内机械行业标准判定匝间故障的方法是直接采用探测线圈的电压进行计算；美国西屋公司将探测线圈的感应电动势积分得出磁通波形，再用于分析和判断；日立公司的判定原则是两极对应点的电压波形幅值的比值在 0.95～1.05 之内，即认为正常，否则可能存在匝间短路；英国原 GEC 公司是采用电动势波形谐波分析的方法，即认为正常时只存在奇次谐波，当匝间短路时则出现偶次谐波。

3. 微分探测线圈法存在的问题

微分探测线圈法在发电机带负载运行时诊断的灵敏度会降低，同时难以实现一次定位，对于轻微的匝间短路有时候也难以检测到。

气隙磁通密度波形的畸变因数在气隙磁通密度过零处最小。当发电机开路时气隙磁通密度在正交轴线处过零，随着负载的增加，过零从正交轴线逐渐超前于磁极，因此在发电机负载大小使气隙波形过零点对应于绕组短路匝位置时，采用气隙波形检测的匝间短路才有最大的灵敏度。因此，微分探测线圈法在发电机空载或是三相短路时，效果很好，但是发电机带负载运行时灵敏度会降低。

由于漏磁通曲线的过零点会随着负载的变化而有变化，因此微分探测线圈法在线检测转子绕组匝间短路时，难以实现一次定位，宜选取不同的负载点，从而实现对匝间短路的准确判断和定位。

在文献［204］中，研究了漏磁通过零点对于匝间短路诊断灵敏度的影响。对于一个两极发电机转子，在一个极下的 4 号线圈及另外一极的 6 号线圈中均存在短路匝。在 25% 的额定负载时，6 号线圈的短路特征很明显，而 4 号线圈的故障特征却不明显。而当负载为 70% 的额定负载时，4 号线圈的故障被放大，而 6 号线圈的故障却被缩小，如图 11-24 所示。

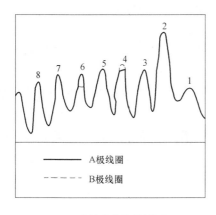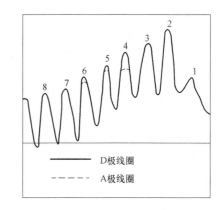

a) 25%额定负载漏磁通波形　　　　　　　　　　b) 70%额定负载漏磁通波形

图 11-24　不同负载水平下漏磁通波形

为了便于匝间短路的检测和判别，在发电机正常运行或进行新电机特性试验时，应将各种负载下各线槽的漏磁通的典型曲线储存于计算机中。建议典型曲线中的负载取空载、25%、50%、70%、85%和100%的额定负载。

微分探测线圈法有时候对于轻微的匝间短路故障灵敏度不是很高。1995 年 2 月 24 日，在某核电站 900MW 的 2 号机组大修后，发电机组升负载至 40%时，检测发电机转子气隙探测波形的第 29 槽波形为短波峰，怀疑气隙探测波形出现异常。经原 GEC 公司进行专项研究分析后，认为波形特性与负载方式有关，这种工况下的波形属于正常状态。经过 8 年来的检测波形对比分析，2 台发电机气隙探测波形未有异常变化。由机组第六次大修 RSO（重复脉冲法）试验认为发电机转子绕组存在匝间绝缘异常，到 2002 年 3 月 12 日 2 号发电机发生转子接地故障（同时存在匝间短路），机组起停和正常运行期间的气隙波形没有显著变化。这说明采用波形对比或录波图计算的方法对发现轻微匝间短路很困难。

微分探测线圈法的应用，最大的问题是要在发电机的定转子气隙之间安装一个探测线圈，而我国在运行中的发电机上大多都没有安装。

4. 微分探测线圈的实际应用

实验室的模拟发电机在发电机的定转子气隙中安装了两个微分探测线圈，当发电机转子绕组发生匝间短路时，对应于不同的负载，可以得到不同的漏磁通波形。

11.2.4　转子绕组匝间短路引起的振动变化

振动噪声监测是故障诊断的主要方法之一，旋转机械发生故障时一般都会在振动量上体现出来。对于运行的发电机组来说，明显超过其允许幅值的振动，将会导致转子集电环和电刷磨损加剧以及产生环火，使机组连轴器不能正常工作，严重时将会导致机组密封系统的破坏，连接部件松弛和应力增大，并危及发电机的基础部分，对发电机及发电机周围的建筑物产生灾难性后果，同时振动加剧又是机组发生事故的前兆。因此，对发电机的振动进行检测，是保证发电机正常运行的有效手段，也是发电机故障诊断的有效方法之一。

同步发电机的振动一般分为机械振动和电磁振动，而在实际运行中两者往往混在一起，互相影响。要实现用振动量来诊断故障必须先区分是哪一种振动类型。从故障的原因上来看，对于每种故障而言，又可以分为激振力和支撑刚度两个原因。

1. 转子绕组匝间短路引起振动的原因分析

转子绕组匝间短路引起振动的原因，一是电磁拉力的不平衡，二是转子本体发热的不对称。

汽轮发电机正常运行时，对于隐极机忽略转子开槽的少许不均匀外，磁通密度 B 以及定、转子气隙之间幅向力 F 的分布均匀而对称，在运行中不会产生超过标准允许的振动幅值。一旦在转子槽中出现了转子绕组匝间短路时，幅向力 F 的平衡被破坏，传送到转子轴上的振动幅值就可能超过允许值。

转子与定子之间的电磁力可以表示为

$$F = \frac{B^2 S}{25} \times 9.806 \times 10^{-14}$$

式中　B——气隙密度；

　　　S——转子的表面积。

对于一定容量和尺寸的转子，转子的表面积 S 为一个常数，由于 $B \propto AT \cdot \Lambda$，其中 AT 为安匝数，Λ 为磁导，对于隐极发电机气隙是均匀的，因此 Λ 为一个常数，因此 $F \propto (AT)^2$。

图 11-25 为转子磁密的分布图，当安匝不变时，两极的磁密面积不变，但是沿着转子外延气隙的分布却不均匀，设正常时转子的磁力为 F，短路匝的磁力为 F'，则 $\Delta F = F - F'$ 即为不平衡力。这个力和转子一起旋转，引起振动。磁拉力不平衡引起的振动对凸极式转子的影响最为突出，即使短路匝数不多，也可能引起很大的振动。而对于隐极机，如果一个极短路匝数不多，或者两个极短路匝数相差无几时，两个极面的磁通密度分布相差不大，引起的振动比较轻微，在运行中有时几乎没有反应。在图 11-25 中，实线是正常运行时转子磁密分布，虚线为 1—1′槽的绕组存在匝间短路时转子磁密分布。

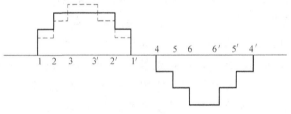

图 11-25　转子磁密分布

转子绕组匝间短路不仅会产生不平衡的磁拉力，同时当两个极面上发生短路的匝数相差很大时，两极线圈中产生的热量不等，出现温差，将使转子线圈和转子本体的热膨胀出现不对称现象。最终使转子出现沿径向或是轴向质量不平衡，导致振动增大。对于凸极机，由于散热条件好，影响不大，对于隐极机，由于转子散热条件差，因发热不均造成的影响比较大。

实验室的试验电机为四极隐极机，不管短路匝处于大齿附近还是远离大齿，其作用在转子上的不平衡电磁力都较两极转子大，因此振动相对于两极机而言要大。

2. 转子绕组匝间短路引起的振动特性

转子绕组匝间短路产生的不对称电磁力将会引起转子的振动；不对称电磁力的频率为转子磁极对数乘上转子的工作频率，对于两极发电机转子而言，就是转子的工作频率；普通强迫振动占主要成分，也就是振动的频率为 $f_p = \dfrac{pn}{60}$，n 为转子的转速。不平衡电磁力引起转子振动的特点：振动随着励磁电流的增大而增大，没有时滞。同时转子局部受热，而产生热弯曲，造成不平衡振动，因此振动中除了随励磁电流而立即增大的振动分量以外，还有随时间而增大的成分，振动的改变往往滞后于励磁电流的改变，时差约为 $20\sim30\text{min}$ [174]。

引起不平衡电磁力的因素很多：发电机转子线圈局部短路（匝间短路或是接地）、空气间隙不均匀、转子中心位置偏移、定子铁心组装不均匀，形成的磁路中的磁阻大小不一等原因。而引起转子的热弯曲也有多种情况：发电机转子绕组线圈冷却水路局部堵塞，使转子冷却不均；发电机转子存在裂纹；发电机转子套装零件失去紧力；转轴材质不均，线膨胀稀疏存在差别；转轴上内应力过大等。

基于以上所说的原因，即振动特性与振动原因之间的复杂对应关系，同时当短路匝数很少或者是两极短路匝数相差无几时，运行中将不会出现振动过大的情况，因此振动量的监测一般只是作为转子绕组匝间短路诊断的辅助判据。

表11-13 为马头电厂 #4 机组故障时各轴承振动的情况，从表中看出 #6 轴承振动在三个方向异常经过试验和现场检查发现转子励侧第 18 号槽短路 13 匝以及汽侧第 7 槽短路 2 匝。从数据来看证明了转子绕组匝间短路比较严重时，轴承上将会有异常的振动[175]。

表 11-13　事故前后各轴承振动通频值　　　　单位：μm

轴承	方向	1号	2号	3号	4号	5号	6号	7号	8号
事故前 1月14日10:30 负载 100MW	⊥	6	11	18	23	20	3	65	25
	—	8	5	14	29	11	25	58	60
	⊙	5	10	11	27	39	15	77	90
事故后 1月15日16:30 负载 70MW	⊥	9	14	18	36	48	56	45	25
	—	19	14	17	18	13	124	42	67
	⊙	11	28	15	13	37	180	92	101

3. 定转子振动特性的实验分析[167]

（1）一对极发电机实验分析

实验电机为华北电力大学电机实验室 SDF-9 型故障模拟发电机，参数见表 11-15。发电机并网运行，$P=4.08\text{kW}$，$Q=0.83\text{kvar}$，励磁电流 $I_f=2.85\text{A}$，线电压 $U=400\text{V}$，相电流 $I=0.64\text{A}$。在轴承座水平方向和定子铁心垂直方向分别安装 CD-21S 型和 CD-21C 型速度传感器（北京测振仪器厂生产，灵敏度为 30mV/mm/s），采集仪采用北京波谱公司生产的 U60116C 型采集仪，设置每通道采样频率为 10kHz。在实验过程中，为减弱转子匝间短路对发电机过渡过程的影响，短路时先将励磁电流降低，然后用导线直接短路（因励磁电压较低），再增加励磁电流，分别短路 3%（将端点与 3% 抽头短接）、6%（将端点与 6% 抽头短接）、12%（将 3% 抽头与 15% 抽头短接），采集数据。

表 11-14 为正常运行、转子匝间短路 3%、6%、12% 时定转子对应各次谐波频率的振动幅值。很明显，发生转子匝间短路后，转子 f_r 的振动增加，当短路 12% 时，振幅从正常运行时的 $16.53\mu\text{m}$ 增加到 $20.35\mu\text{m}$，增加 23%；定子 $2f_r$ 的振动下降，当短路 12% 时，振幅从正常运行时的 $2.07\mu\text{m}$ 下降到 $1.11\mu\text{m}$，下降 46%，同时定子受转子振动的影响，f_r 振动也上升，当短路 12% 时，振幅从正常运行时的 $7.63\mu\text{m}$ 增加到 $9.50\mu\text{m}$。

表 11-14　定转子振动幅值　　　　　　　　　　　　　　　　单位：μm

定转子	运行状态	f_r(50Hz)	$2f_r$(100Hz)	$3f_r$(150Hz)	$4f_r$(200Hz)
转子振动	正常运行	16.53	1.27	0.21	0.87
	转子短路 3%	17.49	1.75	0.21	0.48
	转子短路 6%	19.71	1.27	0.53	0.88
	转子短路 12%	20.35	0.64	0.42	1.43
定子振动	正常运行	7.63	2.07	0.42	0.24
	转子短路 3%	7.95	1.91	0.42	0.24
	转子短路 6%	9.50	1.11	0.64	0.24
	转子短路 12%	9.50	1.11	0.74	0.32

（2）多对极发电机实验分析

实验电机为华北电力大学动模实验室 MJF-30-6 型故障模拟发电机（见图 11-26），参数见表 11-15。发电机并网负载运行，$P = 10\text{kW}$，$Q = 5\text{kvar}$，在转子绕组 25%和 50%抽头间串联一滑线变阻器，总励磁电流 $I_f = 1.43\text{A}$，经滑线变阻器的分支电流 I_f'，即可模拟转子匝间短路 $\dfrac{I_f'}{I_f} \times 25\%$ 故障（通过调节滑线变阻器电阻，分别模拟 2%、7.5%、10%短路）。传感器、采集仪、采样频率同上。

图 11-26　MJF-30-6 型故障模拟发电机

表 11-15　故障模拟发电机参数

参数	型号	
	SDF-9	MJF-30-6
额定容量/kVA	7.5	30
额定电压/V	400	400
额定转速/(r/min)	3000	1000
极对数(P)	1	3
定子绕组	每相 2 条并联支路、短距分布绕组、2Y联结	每相 2 条并联支路、短距分布绕组、2Y联结
转子绕组（抽头位置）	3%、6%、15%	25%、50%、75%

表 11-16 为 MJF-30-6 型发电机正常运行、转子匝间短路 2%、7.5%、10%时定转子对应各次谐波频率的振动幅值。很明显，发生转子短路后，转子 f_r 的振动增加，当转子匝间短路 10%时，振幅从正常运行时的 $0.95\mu\text{m}$ 增加到 $1.91\mu\text{m}$；定子在 f_r 和 $2f_r$ 的振动都有较大幅度的增加，当转子匝间短路 10%时，定子 f_r 频率振幅从正常运行时的 $0.38\mu\text{m}$ 增加到 $0.76\mu\text{m}$，$2f_r$ 频率振幅从正常运行时的 $0.57\mu\text{m}$ 增加到 $0.91\mu\text{m}$，与转子振动的变化特征和一对极发电机定子振动特征不同。

（3）结论

1）发电机转子匝间短路引起转子热不平衡和磁不平衡，激发转子与机械旋转频率（f_r）同频振动。

表 11-16　定转子振动幅值　　　　　　　　　　　　单位：μm

定转子	运行状态	f_r(16.77Hz)	$2f_r$(33.3Hz)	$3f_r$(50Hz)	$4f_r$(66.7Hz)
转子振动	正常运行	0.95	0.72	0.13	0.24
	转子短路 3%	1.14	0.72	0.13	0.24
	转子短路 6%	1.72	0.76	0.16	0.24
	转子短路 12%	1.91	0.76	0.13	0.29
定子振动	正常运行	0.38	0.57	0.03	0.21
	转子短路 3%	0.48	0.62	0.03	0.17
	转子短路 6%	0.67	0.81	0.03	0.19
	转子短路 12%	0.76	0.91	0.03	0.17

2）对于一对极发电机，转子匝间短路故障将使定子 2 倍机械转频振动下降，不同于转子振动特性。

3）对于多对极发电机，转子匝间短路故障将使定子 1 倍、2 倍机械转频振动增加，不同于一对极发电机定子振动特性和转子振动特性。

4）发电机径向振动特征与发电机电参数一样，也可作为诊断发电机转子绕组故障的依据。但是由于引起发电机振动变化的因素很多，在工程实践中单纯利用振动特征还不能诊断转子匝间短路故障，如综合考虑短路后的电气特征和振动特征，将会提高诊断的精度。

11.2.5　转子绕组匝间短路引起发电机电气量的变化

转子绕组发生匝间短路时，发电机机端量将会发生变化。发电机定子绕组中将会有偶次谐波电压产生，同时由于有效的匝数减小，为了维持磁动势的平衡，励磁电流将会增加，而发电机的无功将会减小。

1. 发电机定子偶次谐波电压

正常运行的两极发电机，不管三相负载是否完全对称，气隙磁场的南北极都是对称的，气隙磁密的空间分布是关于横轴对称的，产生的定子电动势中不存在偶次谐波。

当励磁回路发生匝间短路时，只要被短路的线匝不对称于横轴，则气隙磁场南北极的对称性就遭到破坏。对于两极机，在定子中将会产生相应的偶次谐波电压；而对于四极汽轮机，定子绕组中将会有 $n/2$ 次谐波。由文献［176］所示对于四极机，25Hz 谐波量的变化非常明显，如图 11-27 所示。当被短路匝的宽度刚好等于极距，则虽发生匝间短路却没有二次谐波电压。但这种完全的等距概率很小。$n/2$ 谐波大小将会随着短路匝数的增加而呈线性变化，同时会随着负载的增加而增加。

发电机定子的二次谐波电压在发电机转子绕组正常时也有可能存在，存在的情况有：

1）正常运行时：由于转子偏心等造成，这时二次谐波电压与负载大小、功率因数的大小基本没有关系。

2）暂态过程：定子中会有直流分量在

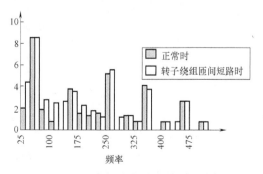

图 11-27　四极电机短路故障前后定子的谐波分量

转子中产生基波分量，从而在定子中会有二次谐波。这种电压经过 0.5~1.5s 的衰减会变得很小。

3）匝间短路与两点接地从定子方面看性质一样，在导致机组振动、降低无功出力等方面一致。

4）两点接地的故障发电机会在非故障的发电机基端产生二次谐波电压。这种情况将会给诊断带来麻烦。

当发电机转子绕组短路匝数很少时，出现的二次谐波电压比较小，而由于转子正常运行时也有可能存在二次谐波电压量，所以难以单纯依靠定子上的二次谐波电压来判断匝间短路的存在，可以将其作为辅助诊断手段之一。

发电机定子二次谐波电压的测量很容易实现的。实验室定子采用的是 2丫联结，定子每相有两个并联的支路，在每个支路都有电流互感器、电压互感器，可以直接测出，如图 11-28 所示。

2. 定子绕组中的环流

大型两极汽轮发电机的每相绕组都是由两个半相绕组并联而成，转子磁动势的任何不对称将会在定子绕组中感应出偶次谐波电流，并在定子绕组的两个半相绕组中形成环流。量测这些偶次谐波就可以检测出转子绕组中的匝间短路。

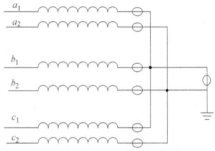

图 11-28 定子环流的测量

环流的测量是在定子的半相绕组上套上一个儒可夫斯基线圈用于测量，对于实验室的发电机，由于每个定子支路都在外部进行连接，可以直接测量，如图 11-28 所示。

3. 发电机励磁电流与无功的变化

机组正常运行时，略去开槽造成的磁动势的少许不连续，转子磁动势的空间分布近似为梯形，转子绕组存在匝间短路时，会导致短路磁极的磁动势局部损失，因此匝间短路可以认为是退磁的磁动势分布，短路后磁动势 $F' = F_0 - \Delta F$ 比原磁动势 F_0 减小，其中 ΔF 等于短路匝产生的磁动势。式（11-9）~（11-12）分别表示磁动势，空载电动势隐极发电机有功、无功计算公式。由于磁动势的减小，空载电动势 E_0 将下降，假定发电机的有功 P、机端电压 U 维持不变，可以得出输出无功会减小。同时由于有效匝数的减小，为了维持磁动势的平衡，励磁电流将会增加。

$$F = Hl_{\text{ef}} = \frac{B}{\mu_\delta} l_{\text{ef}} \tag{11-9}$$

$$E_0 = 4.44 f w k_{\text{w}} \Phi \tag{11-10}$$

$$P = \frac{E_0 U}{X_{\text{s}}} \sin\delta \tag{11-11}$$

$$Q = \frac{E_0 U}{X_{\text{s}}} \cos\delta - \frac{U^2}{X_{\text{s}}} \tag{11-12}$$

文献［175］中提供的 SQF-100-2 型发电机转子绕组匝间短路故障的检测数据，见表 11-17。从表中可以看出，当转子发生故障以后，当发电机的输出有功、无功维持不变，励磁电流增加（从 1100 增加至 1180；从 1100 增至 1200；从 1200 增至 1250）；同时匝间短路发生以后转子电流增加（从 1100 增加至 1150）或是调节转子电压使转子电流维持不变（为 1120），在发电机的输出有功不变的情况下，无功会减小。从而证实了发电机转子绕组匝间短路后，为了维持磁动势平衡励磁电流将会增加，而无功却会相对减小。

表 11-17　转子绕组匝间短路前后机端量变化

日期	时间	有功/MW	无功/Mvar	转子电压/V	转子电流/A	静子电压/kV	静子电流/kA	备注
1992.1.15	3：00	80	35	180	1100	10.3	5.2	故障前
1992.1.15	19：00	80	30	180	1150	10.4	5.2	故障后
1992.1.10	4：00	75	30	175	1020	10.3	4.7	故障前
1992.1.23	9：45	75	20	160	1020	10.2	4.7	故障后
1992.1.13	2：00	80	35	180	1100	10.3	5.0	故障前
1992.1.23	9：00	80	35	185	1180	10.4	5.2	故障后
1992.1.12	13：00	90	30	190	1100	10.4	5.7	故障前
1992.1.23	9：57	90	30	170	1200	10.3	5.6	故障后
1992.1.14	10：00	100	30	200	1200	10.2	6.2	故障前
1992.1.23	10：15	100	30	200	1250	10.4	6.2	故障后

励磁电流的变化是汽轮发电机转子绕组匝间短路一个重要的故障特征量，因此广泛用于转子绕组匝间短路的诊断中，目前主要应用空载曲线、ANN 或利用励磁电流与发电机的机端量之间的关系表达式计算发电机在各种正常运行状态下的励磁电流，然后与实测的励磁电流相比较实现对故障的诊断。

关于转子匝间短路后励磁电流谐波分析将在下一节专门讲述。

4. 轴电压和轴磁通[177]

轴电压、轴电流一直以来都被认为是轴承损坏的原因之一。20 世纪 90 年代以来，利用轴电压信号诊断同步发电机的缺陷得到了发展。Ammann. et. al 研讨了用 RC 接地装置并通过分析接地装置中轴对框架的轴电流检测汽轮发电机的状态。

轴电压的形成原因：转子偏心导致气隙不均匀，使主磁通上下两部分的分布不再对称，出现与轴交链的基频交变磁通；绕组因匝间短路而出现不对称、电源电压不对称、转子断条、非全相运行或转子短路接地等造成气隙空间谐波磁场分布的畸变；汽机叶片产生静电作用。

轴磁通或者更加准确地称为轴向漏磁通，产生的原因是电机的结构不完全对称。零件的公差，铁心的各向异性和铁片厚度的差异，使磁路的磁阻存在差别，表现在定子绕组则是阻抗的不同，引起绕组中流过的电流有差别。导体电特性的差别和结构上的位置变化，使得导体的有效长度和端部绕组的布置不对称，引起流经导体和端部绕组的各电流也不对称，这些不对称会产生轴向磁通的分布。

对轴磁通信号进行处理，可以将各种故障区分开来。发电机转子绕组中存在匝间短路时气隙磁通中将会有其他的谐波成分产生，对于一个 6 极的凸极发电机将会有 1/3 和 8/3 次谐波[174]。轴信号的采集，如图 11-29 所示。

影响磁不对称引起的轴电压分量的大小和频率的主要因素是：发电机尺寸、定子铁心结构、磁极数、发电机设计和负载条件。为了定性和定量地确定这些因素的影响，在若干不同容量、不同设计和不同运行年限的汽轮发电机上测量了轴电压。

由于转轴上的电刷接触不可靠，尤其是通过很小的电流时，这种接触更不可靠，持续监测轴电压比较困难，因此轴电压和轴磁通只能作为转子绕组匝间短路故障诊断的一个辅助判断量。

5. 转子绕组匝间短路引起的损耗和交流电阻的变化

转子绕组发生匝间短路时，会引起交流阻抗降低，功率损耗的增加，利用这一故障特征，可以用于转子绕组匝间短路的故障诊断。

测量转子绕组交流阻抗的等效电路如图 11-30 所示：其中铁耗电阻 $r_m = \dfrac{p_{FE}}{I^2}$，$p_{FE}$ 为铁耗，是功率损耗的主体。当磁感应强度 B_m 较小时，$P_{FE} \propto B_m^2$。x_m 为发电机绕组电抗，当发电机转子绕组匝间短路时，磁阻 R_m 会增加，由于 $B_m \propto R_m^{-1}$，$x_m \propto R_m^{-1}$ 则 r_m、x_m 均会减小，在 U 一定的条件下可以推出功率损耗将会增加。

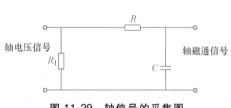

图 11-29　轴信号的采集图

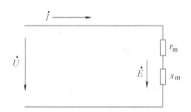

图 11-30　测量转子绕组交流阻抗等效电路

当绕组中存在匝间短路时，在交流电压的作用下流经短路线圈中的短路电流要比正常电流大得多，该短路电流有强烈的去磁作用，即使短路匝数较少效果也十分明显。因此，通过对转子绕组中每个磁极交流阻抗值的相互比较，或者与以前测量值进行比较，即可判断绕组是否存在匝间短路。

该方法实现起来简单、方便，存在的不足是其灵敏度受转子槽楔材料、测量电压 U、转子转速、短路电阻等因素的影响。交流阻抗与功率损耗的变化大小与短路匝数的大小不成比例，同时相同的短路匝数，故障发生在槽内顶部的故障特征量要比在槽底时小，因此该方法难以对短路线圈的槽号以及短路的严重程度作出正确判断。

交流阻抗和功率损耗法是基于实测的值与正常运行时值进行比较，对于新安装的或是无历史数据可比较的转子，该方法将失效[178]。如哈尔滨电机厂生产的引进型 QFSN-300-2 型 300MW 汽轮发电机转子，在进行交流阻抗的测量时发现，当转速为 $0 \sim 3000 r/min$ 时，交流阻抗值的变化率均在 20% 以上，远远超过了国内已运行的 300MW 发电机转子上所取得的经验数据，经过多工况运行检测未发现匝间短路故障。经过确认，转子槽楔采用先进的松打装配工艺是交流阻抗变化率过大的原因。

交流阻抗和功率损耗法常作为转子绕组匝间短路诊断的一种辅助方法。

11.2.6　转子绕组匝间短路时励磁电流的谐波特性

发电机正常运行时，电枢反应磁场与转子同步旋转，转子绕组不会感应附加的谐波电流。发生转子匝间短路故障时，由于电枢绕组谐波电流产生的旋转磁场与转子不同步，转子绕组将感应附加的谐波电流。下面分析转子匝间短路时励磁电流的谐波特征。

1. 转子匝间短路时的主磁场分析

发电机励磁绕组的短路匝绕组产生的反向磁场 $F_d(\theta_r)$ 进行傅里叶展开得：

$$F_d(\theta_r) = A_0 + \sum_{n=1}^{\infty} \left[A_n \cos(n\theta_r) + B_n \sin(n\theta_r) \right]$$

式中

$$\begin{cases} A_0 = \dfrac{1}{2\pi} \displaystyle\int_0^{2\pi} F_d(\theta_r) \, \mathrm{d}\theta_r = 0 \\[2mm] A_n = \dfrac{1}{\pi} \displaystyle\int_0^{2\pi} F_d(\theta_r) \cos(n\theta_r) \, \mathrm{d}\theta_r = -\dfrac{IN\{\sin[n(\alpha+\beta)] - \sin(n\beta)\}}{n\pi} \\[2mm] B_n = \dfrac{1}{\pi} \displaystyle\int_0^{2\pi} F_d(\theta_r) \sin(n\theta_r) \, \mathrm{d}\theta_r = \dfrac{IN\{\cos[n(\alpha+\beta)] - \cos(n\beta)\}}{n\pi} \end{cases} \tag{11-13}$$

β——转子匝间输入槽位置角；

I——转子励磁电流；

θ_r——转子机械角；

N——同一槽中短路匝数。

记 $\theta_s = \omega_r t + \theta_r$，则

$$F_d(\theta_r) = \sum_{n=1}^{\infty} \left[A_n \cos(n(\theta_s - \omega_r t)) + B_n \sin(n(\theta_s - \omega_r t)) \right] \tag{11-14}$$

由式（11-13）可知，当 $\alpha = 2k\pi/n(k=1,2,\cdots)$ 时，A_n 和 B_n 同时为 0，具体见表 11-18；否则，A_n 和 B_n 不同时为 0，即气隙主磁场出现各次谐波。对于第 n 次谐波，相当于转子极对数为 n，转子旋转的机械角频率为 $\omega_r(\omega_r = 2\pi f_r)$ 时产生的主磁场，它相对于定子以 ω_r 旋转。

表 11-18　A_n 和 B_n 同时为 0 对应的 α 角

谐波电流次数 n	A_n 和 B_n 同时为 0 对应的 α 角	谐波电流次数 n	A_n 和 B_n 同时为 0 对应的 α 角
1	无	4	$\dfrac{1}{2}\pi$
2	无	5	$\dfrac{2}{5}\pi$、$\dfrac{4}{5}\pi$
3	$\dfrac{2}{3}\pi$	6	$\dfrac{1}{3}\pi$、$\dfrac{2}{3}\pi$

2. 转子匝间短路时励磁电流谐波特性分析

（1）电枢反应磁场分析

发电机正常运行时，电枢反应磁场与转子励磁磁场的极对数都等于 P，电枢反应磁场与转子同步旋转都等于同步转速 $60f/P$，转子绕组中不会感应附加的谐波电流。当发生转子匝间短路故障时，气隙主磁场产生各次谐波 $nf_r(n=1,2,\cdots)$，并在电枢绕组中感应相应频率的电动势。对于电枢绕组中的谐波 nf_r，相当于转子极对数为 n、转子旋转机械角频率为 ω_r 时，在电枢绕组中感应的电动势。

当 $n \neq Pm(m=1,2,\cdots)$ 时，电枢绕组中相应频率的三相电动势不对称，产生相应频率的椭圆形电枢反应旋转磁场，分解为正序和负序旋转磁场，而电枢反应磁场的极对数是由电枢绕组的结构决定的，不随转子的极对数改变而改变，即对于任意次谐波电动势，电枢反应磁场的极对数都等于 P，从而产生的正序旋转磁场转速为 $60nf_r/P$，负序磁场转速为 $-60nf_r/P$。

当 $n=Pm(m=1,2,\cdots)$ 时，电枢绕组中相应频率的三相电动势对称，产生相应频率的圆形电枢反应旋转磁场，转速为 $60nf_r/P$。

（2）励磁电流谐波特性分析

励磁电流谐波特性分析见表 11-19。

表 11-19　励磁电流谐波特性

特性	电枢电流谐波 f_s	
	$nf_r(n \neq mP)$	$nf_r(n=mP)$
三相电流是否对称	否	是
电枢反应磁场极对数	P	P
电枢反映磁场转速 n_s	$\pm\dfrac{60nf_r}{P}$	$\dfrac{60nf_r}{P}$
转子转速 n_r	$60f_r$	$60f_r$
转子绕组感应的附加	$\lvert n-P\rvert f_r$	$\lvert n-P\rvert f_r$
谐波电流频率 f_f	$(n+P)f_r$	

注：$n_s = \pm\dfrac{60f_s}{P}$；$f_f = P\dfrac{\lvert n_s - n_r\rvert}{60}$。

3. 励磁电流谐波特性检测及转子匝间短路故障诊断

以动模实验室 MJF-30-6 型发电机为分析对象（见上节图 11-26），发电机由 Z2-91 型直流电动机拖动，极对数取 $P=3$；相数为 3，定子槽数为 54，定子绕组为分布短距绕组，双丫联结，每相两个并联支路，转子槽数为分度槽 42，利用槽 30（每极大齿占 2 槽），转子绕组 25%，50%，75% 部位引出 3 个抽头，可模拟转子匝间短路故障，如图 11-31 所示。

实验测试接线如图 11-32 所示，在转子绕组 25% 和 50% 抽头间串联一滑线变阻器，总励

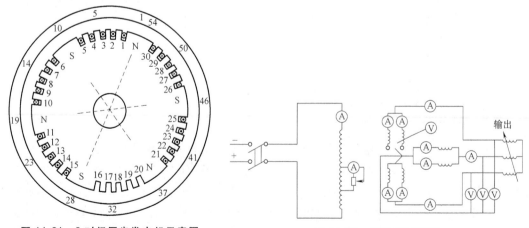

图 11-31　3 对极同步发电机示意图　　图 11-32　实验测试接线

磁电流 $I_f = 1.43A$，经滑线变阻器的分支电流 $I'_f = 0.60A$，即可模拟转子匝间短路 10% 的故障。

图 11-33a 为发电机正常运行时线电流频谱，图 11-33b 为其对数坐标系下的频谱图。可见 MJF-30-6 型发电机在正常运行时，线电流有较小的 100Hz、150Hz、250Hz 的谐波成分。

图 11-33c 为发电机转子匝间短路 10% 时线电流频谱图，图 11-33d 为其对数坐标系下的频谱图。比较转子短路前后的线电流频谱图得到：转子短路后，线电流 f_r（16.67Hz）频率谐波较小，与仿真结果一致，而 nf_r（$n > 1$）频率的谐波存在不同程度的增加，尤其是 $2f_r$（33.33Hz）和 $4f_r$（66.67Hz）频率谐波增加较多。

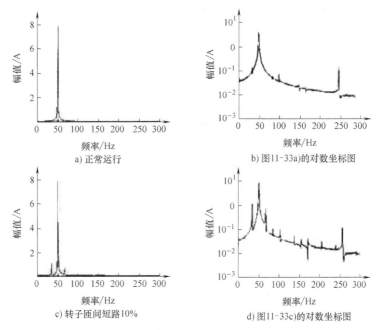

图 11-33 转子绕组正常与匝间短路情况下定子线电流频谱

图 11-34 为 MJF-30-6 型发电机正常与转子绕组匝间短路情况下运行时实测的励磁电流频谱图，其中图 11-34a 为正常运行时励磁电流频谱图，出现较小的 50Hz、100Hz 和 200Hz 频率的谐波成分。根据表 11-19 可知分别由电枢绕组 100Hz、150Hz 和 250Hz 频率谐波电流产生的电枢反应磁场感应。

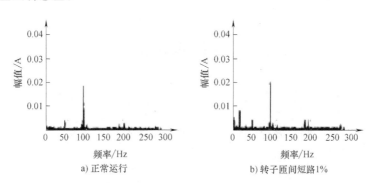

图 11-34 转子绕组正常与匝间短路时励磁电流频谱

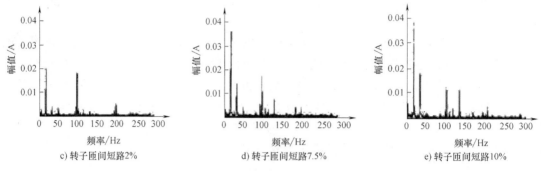

c）转子匝间短路2%   d）转子匝间短路7.5%   e）转子匝间短路10%

图 11-34　转子绕组正常与匝间短路时励磁电流频谱（续）

根据表 11-19 的理论分析结果，考虑到电枢绕组 f_r 频率谐波电流较小，当 n 分别取 2、3、4、5 时，可得出 MJF-30-6 型发电机发生转子匝间短路故障时转子绕组中将会出现 f_r、$2f_r$、$5f_r$、$7f_r$、$8f_r$ 的感应附加谐波电流。

图 11-34b~图 11-34e 分别为转子匝间短路 1%、2%、7.5%、10% 时实测的励磁电流频谱图。表 11-20 列出了各谐波电流幅值。

表 11-20　转子绕组附加感应谐波电流 （单位：A）

运行状态	f_r	$2f_r$	$5f_r$	$7f_r$	$8f_r$
正常运行	0	0	0	0	0
短路 1%	0.0124	0.0020	0.0010	0.0024	0.0010
短路 2%	0.0210	0.0046	0.0010	0.0032	0.0022
短路 7.5%	0.0360	0.0138	0.0016	0.0040	0.0110
短路 10%	0.0380	0.0175	0.0016	0.0040	0.0170

从实验结果可以得到：

1）当发生转子匝间短路后，励磁电流出现 f_r（16.67Hz）、$2f_r$（33.33Hz）、$5f_r$（83.33Hz）、$7f_r$（116.67Hz）、$8f_r$（133.33Hz）的附加感应谐波电流，尤其是频率 f_r 的附加谐波电流，因此 f_r 频率的附加谐波电流可作为转子匝间短路故障的一个征兆。

2）谐波电流的幅值随转子匝间短路的严重程度而增加，当转子匝间短路程度从 1% 增加到 10% 时，f_r 频率的附加谐波电流幅值从 0.0124A 增加到 0.0380A，因此转子绕组谐波电流的幅值能反应转子短路故障的严重程度。

11.3　转子绕组匝间短路故障的检测方法

11.3.1　检测方法的分析及评价

用于检测发电机转子匝间短路故障的传统方法主要有以下几种。

1）单开口变压器法。

2）双开口变压器法。

3）交流阻抗和功率损耗法。

4）直流电阻法。

5）发电机空载和短路特性试验法。

6）重复脉冲法（RSO）。

上述这些方法都已应用了很多年，并积累了很多经验。这些方法各有其优点和不足之处。举例如下：

1）前两种方法及RSO方法不能应用转子转动状态下检测，仅在停机抽出转子的情况下方能进行。

2）前三种方法检测虽较灵敏，但受转子槽楔的材料及槽楔与槽壁的紧密程度的影响。

3）交流阻抗法简便、实用，且较灵敏，可在静态和动态下测量。然而这一方法除受槽楔的影响外，还受到转动状态下定子附加损耗、转子本体剩磁、试验时施加电压的高低、试验电源频率、波形的谐波分量等多种因素的影响[178]，对于没有历史数据可比较的发电机而言，该方法会出现误诊断，当短路故障比较轻微时，有时可能不能获得准确结论。

4）直流阻抗法及发电机空载和短路特性试验法灵敏度低，只有在短路匝数较多时，诊断方法才比较有效。

5）上述方法都难以在实际运行工况下进行检测，其检测的条件与实际运行工况的等价性较差。除了单开口变压器法和RSO法之外，其他的检测方法难以实现对故障的定位，仅能作为分析短路故障及其发展趋势的参考。同时上面的方法都无法捕捉到动态匝间短路故障，因此上述方法难以满足发电机的在线检测的需要。

随着对转子绕组匝间短路故障的研究，目前转子绕组匝间短路在线检测的方法主要有：

1）气隙线圈探测法。

2）环流检测法。

3）交流阻抗和功率损耗法。

4）行波法。

5）利用励磁电流与无功功率的变化法。

以上几种方法都可以实现转子绕组匝间短路的在线检测。气隙线圈法、行波法可以实现转子匝间短路的定位，同样这几种方法也各有优缺点。

气隙线圈探测法在近20年来在国内外获得了广泛的应用，在国内300MW及以上的发电机中已比较广泛的使用了探测线圈，我国某核电站的900MW机组中就采用了探测线圈监测转子绕组的匝间短路。气隙线圈探测法在发电机空载或是发电机三相短路时效果好，在负载的情况下，漏磁通过零点对于匝间短路诊断灵敏度具有影响，难以实现一次定位，而宜采用不同水平的负载实现定位。由于目前我国很多发电机上没有安装探测线圈，很大程度上限制了这种诊断方法的应用。

环流检测法依赖发电机绕组的结构，要求每相绕组都是由两个半相绕组并联而成，而对于不满足这种绕组结构的发电机，该方法将会失效，同时也需要在定子绕组上套装一个测量线圈，这就加大了这种方法应用的难度。

行波法用于转子绕组匝间短路故障诊断，目前在国外已有研究[172,173]。

对于故障的定位，由于发电机转子绕组故障的特征信号难以获得，因此难以实现，而对于故障的判断是一种颇有前途的方法。

利用励磁电流和无功功率的变化来实现转子绕组匝间短路的判断，是近年来研究比较多的方法，只需要测量发电机的机端变量就可以实现匝间短路故障的判断，并且可以得到故障严重程度信息，但是也难以实现故障准确定位。

表 11-21 比较了几种转子绕组匝间短路主要检测方法的应用范围及各方法的特点。

表 11-21　电机转子绕组匝间短路检测方法应用范围评价

序号	检测方法	对故障状态模式检测效果			特点与评价
		萌芽期	发展期	故障期	
1	RSO 试验	有效	有效	有效	静态检测,试验方法简单,灵敏度高,定位到槽
2	气隙波形检测法	不明显	有效	有效	动态检测,依赖数据处理技术和专家可诊断萌芽期故障模式,在 15%～30%匝间短路状态有足够的灵敏度
3	匝间压降法(交流或直流)	有效	有效	有效	静态检测,试验较复杂,灵敏度很高,可定位
4	交流阻抗及损耗法	无效	有效	有效	静态、动态检测,变化超过 5%以上能检测,不能定位
5	单开口变压器法	不明显	有效	有效	静态检测,准确度较高,可定位到槽
6	双开口变压器法	不明显	有效	有效	静态检测,比方法 5 简单,准确度较高,可定位到槽
7	直流电阻法	无效	不明显	有效	静态检测,对萌芽期、发展期检测效果差,不能定位
8	发电机空载或三相稳定短路法	无效	有效	有效	动态专项试验,灵敏度差,不能定位

11.3.2　电压降分布法和计算法的匝间短路定位

拔下护环后，在转子绕组中通入直流电流，在已知有短路的绕组四周拐角处测量匝间电压。图 11-35 为汽轮发电机转子绕组展开图及电压降分布图，图中短路点 K 的两侧压降与长度为一直线、两直线的交叉点即为故障点。l_x 表示交叉点与零点间距离。

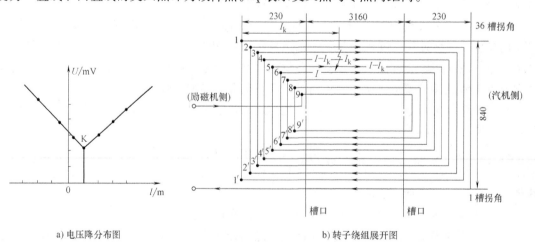

a) 电压降分布图　　　　　　　　　b) 转子绕组展开图

图 11-35　转子绕组展开图及电压降分布图

I_k—短路点之电流　l_x—长度（mm）

除采用电位降分布法外，也可以采用计算方法，在转子通入直流电流后测量 $U_{11'}$、$U_{22'}$、$U_{33'}$、$U_{44'}$、$U_{55'}$ 等电压，同时测量没有匝间短路电压 U_0，则按式（11-15）求得 L_x：

$$l_x = \frac{L(U_0 - U_{55'})}{2U_0 - U_{44'} - U_{55'}} \tag{11-15}$$

诊断实例： 某厂一台 QFQ-25-2 汽轮发电机转子绕组，槽内直线部分长为 3160mm，槽口至绕组端部为 230mm，电压分布图中从励磁机侧 32 槽端部为零点，通入转子绕组直流电流，分别测量 1~32 槽各端匝间电压降，结果见表 11-22。

表 11-22　电压降分布表

测点位置	E 侧 36 槽拐角 4~5 匝	E 侧 1 槽拐角 5~6 匝	T 侧 1 槽拐角 5~6 匝	T 侧 36 槽拐角 6~7 匝	T 侧 36 槽拐角 4~5 匝	T 侧 1 槽拐角 4~5 匝	E 侧 1 槽拐角 4~5 匝	E 侧 36 槽拐角 3~4 匝
测点距离/mm	0	840	4460	5530	3390	4460	8080	8920
电压降/mV	37×2	42×2	60×2	65×2	21×2	26.5×2	45×2	48.5×2

根据表 11-21 作电压降分布图，如图 11-35 所示，从图中不难求出短路点位置处于汽机侧 36 槽槽口内 90mm 处的 4~5 匝之间。根据测量结果，维修人员不拔出整个线圈，而仅从汽机侧 36 槽处退出两节槽楔，短路很快消除。

同时用计算方法，由匝间电压大小确认 4~5 匝之间存在匝间短路，然后在励磁机侧（或汽机侧）拐角处分别测量 4~4′及 5~5′的电压降，得 $U_{44'} = 79.8$mV，$U_{55'} = 63$mV，代入式（11-15）得：

$$l_x = \frac{L(U_0 - U_{55'})}{2U_0 - U_{44'} - U_{55'}} = 3300(\text{mm})$$

式中，$U_0 = 117.5$mV，$L = 8080$mm。

由此说明，短路点距励磁机侧 36 槽拐角为 3300mm，即在汽机侧距 36 槽槽口内 90mm 处（90 = 3160 + 230 - 3300），计算结果与电压降分布法相吻合。

11.3.3　感应电动势相量法

感应电动势相量法是根据转子上各齿间合成漏磁通的分布来判断转子绕组有无匝间短路的方法，它可以决定匝间短路的具体槽号。测量时，抽出转子，由集电环通入工频电流，大齿中就产生主磁通、小齿间还有漏磁通存在，其分布如图 11-36 所示。利用开口变压器顺次跨接在相邻两齿间进行测量，在开口变压器测量绕组中感应出的电压（电流），其大小和相角与线槽上漏磁的大小和相角有关。将各槽上测得的感应电压（电流）的大小和相角相互比较，就可以判断转子绕组是否有匝间短路存在，而且相应的槽号也可以确定。

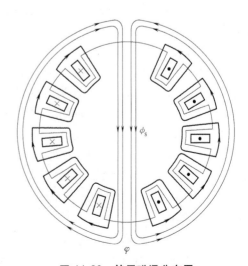

图 11-36　转子磁通分布图

具体测量方法有单开口变压器法和双开口变压器法。单开口变压器法测试接线如图 11-37 所示。试验时，转子绕组通入交流电流，将开口变压器置于转子本体中部，按顺序在各线槽上进行测量。双开口变压器法是在同一线槽上或同一绕组相对应的两个槽上放置两个开口变压器，一为发射变压器，一为接收变压器，如图 11-38 所示。忽略杂散电磁场干扰，在良好槽中，接受绕组的感应电压为零，当有短路线匝时，接受绕组将感应出电压。但这种方法因发射绕组功率不大，很难避免杂散电磁场干扰，必须采取消除干扰的措施。

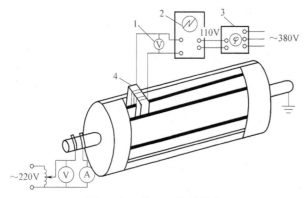

图 11-37　单开口变压器法

1—真空管电压表　2—示波表　3—移电相器　4—单开口变压器

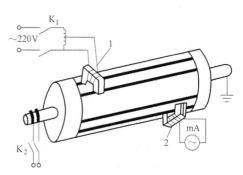

图 11-38　双开口变压器法

1—发射变压器　2—接收变压器

11.3.4　交流磁通分布法

1. 工作原理

此法可在静态或动态进行，在静态松开转子后，当转子绕组通上 220V 的交流电源时，采用磁通探头或验磁器测量转子绕组的磁通量。如图 11-39 所示，当有短路的故障线圈时，有短路电流在短路线匝流通，产生磁耦合，将使转子表面磁通的幅值和相位改变，即使故障在槽底的线匝也是如此。磁探头可通过人工孔及通风道插入。

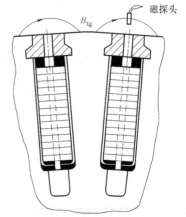

图 11-39　采用磁通探头测量环形磁通

2. 诊断实例

［例1］　某电站一台 70MVA 汽轮发电机，环形磁通分布如图 11-40 所示，通过比较两极磁场的磁通量可发现 G2 线圈存在短路。通过直流电压降法，进一步确认短路点在 G2 线圈的底部，如图 11-41 所示。

［例2］　某电站一台 50MVA 的汽轮发电机，电压降法测量如图 11-42 所示，在 D1 和 E1 线匝，经交流磁通分布法测量图 11-43 所示，从图中可知 D1 和 E1 短路点在靠汽机侧的护环附近。

说明，短路点距励磁相侧 36 槽拐角为 3300mm，即在汽侧 36 槽槽口内 90mm（90 = 3160＋230－3300），计算结果与电压降分布法相结合。

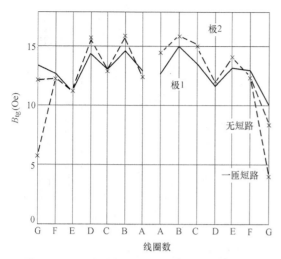

图 11-40　一台 70MVA 发电机的交流环形分布

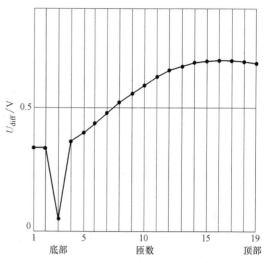

图 11-41　G2 线圈短路点定位

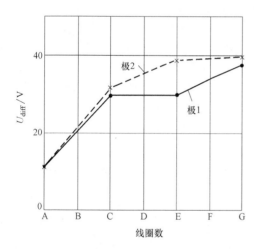

图 11-42　某一台 50MVA 的电机交流电压降

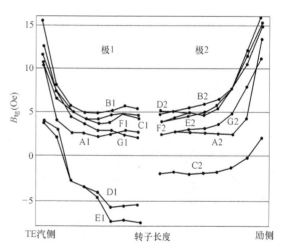

图 11-43　沿转子长度交流环通分布

11.3.5　微分探测线圈法——微分动测法

自 1971 年，阿尔布莱特（Albright）提出气隙探测线圈以来，微分探测线圈法在国内外获得了广泛的采用。

1. 工作原理

微分探测线圈法的基本原理是将运行中的同步发电机气隙中的旋转磁场进行微分，微分后的波形分析、诊断转子绕组是否存在匝间短路故障，并准确显示故障槽的位置。发电机在三相稳定短路试验及 $\cos\phi = 0$ 时的运行状态最适合这种测试方法的分析。

微分探测线圈法有多种形式，现场实测证明，径向微分线圈法效果最好且简单易行，简介如下：

如图 11-44 所示，先制做探测线圈的绝缘框架。推荐内径 d 为 3mm，外径 D 为 5～8mm，架高 h 为 4～5mm，以直径 $\phi0.05\sim\phi0.1$ 的高强度聚脂漆包线绕 100～300 匝。线圈输出电动势与匝数成正比，测试设备灵敏度高、抗干扰性能好，匝数可以少绕，反之则宜多绕。绕好的探测线圈固定于定子槽楔上，使其突出于定子铁心表面占单边气隙长度的一半处。也可将探测线圈按图 11-44，固定于空心钢管或不锈钢管的顶端，整根管从定子铁心轭部沿径向通风沟垂直插入，使顶端探测线圈伸入气隙，并在定子铁心轭部处将空心铜管（即顶端装有探测线圈的"探测杆"）可靠固定。探测线圈距转子表面的距离可取为（1/4~3/4）气隙长，并用屏蔽线引出机外。氢冷发电机则可将线圈引线到机内测温端子板的备用端子上。

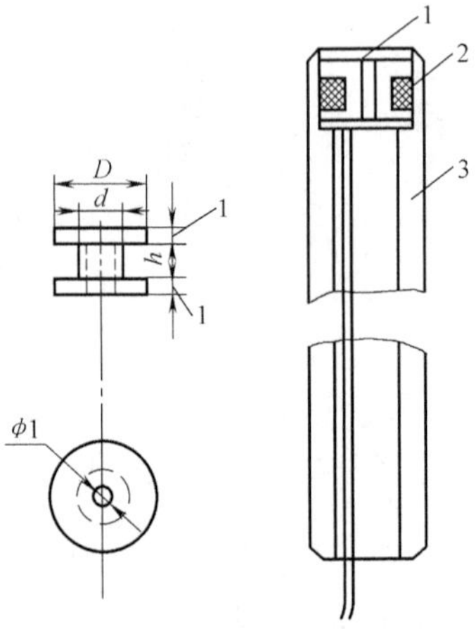

发电机运行时探测线圈中产生与槽漏磁通中（气隙磁通）变化率相关的感应电动势：

$$e = -\omega \frac{\mathrm{d}\varphi}{\mathrm{d}t}$$

a) 探测线圈支架　　　　b) 总装示意图

图 11-44　径向探测线圈示意图

1—环氧树脂封装　2—线圈
3—铜管（或不锈钢管）

气隙旋转磁场穿过探测线圈有效面积 A 的磁通量 ϕ 为该处磁通密度 $B(t)$ 与 A 的乘积，即 $\phi = AB(t)$；故

$$e = -\omega \frac{\mathrm{d}}{\mathrm{d}t}[AB(t)] = K \frac{\mathrm{d}}{\mathrm{d}t}[B(t)] \tag{11-16}$$

即探测线圈的感应电动势 e 是由气隙磁通密度波微分而产生，故称微分线圈，电动势 e 的信号引入示波器/计算机，对微分波形进行分析，即可判定转子绕组有无匝间短路及其所在槽的位置。

2. 隐极式发电机动测理论分析

隐极式转子发电机气隙中的旋转磁场 $B(t)$ 由空载磁场分量 $B_0(t)$（即转子磁场）和定子电枢反应磁场分量 $B_a(t)$ 合成

$$B(t) = B_0(t) + B_a(t) \tag{11-17}$$

由实测获得的波形拟合空载磁场解析式为

$$B_0(t) = a_m\left(t - \frac{A}{2}\right)^3 + (b_m t - c_m) + \left[a_n\left(t - \frac{A}{2}\right)^2 + b_n\right]\sin(\omega_n t + \pi)$$

电枢反应磁场为

$$B_a(t) = B_{am}\sin[\omega t + \varphi_0 + (\varphi + \delta)]$$

代入式（11-14）微分后的通解为

$$\frac{\mathrm{d}B(t)}{\mathrm{d}(t)} = \left[3a_m\left(t - \frac{A}{2}\right)^2 + b_m\right]$$
$$+ \omega B_{am}\cos[\omega t + \phi_0 + (\phi + \delta)]$$
$$+ \omega_n\left[a_n\left(t - \frac{A}{2}\right) + b_n\right]\cos(\omega_n t + \pi) \tag{11-18}$$

其中，$\omega_n = \frac{\pi D}{y}\omega$

式中　a_m、b_m、a_n、b_n、c_m、A——与电机转子结构和转子电流有关的常数；

φ_0——转子大齿上 d 轴与第一个线槽的初始电角度；

φ——运行中的功率因数角；

δ——实际负载时发电机功角；

B_{am}——内负载电流决定的定子电枢反应分量的幅值；

ω——角频率；

ω_n——转子齿谐波角频率；

D——转子直径；

y——转子线槽槽距。

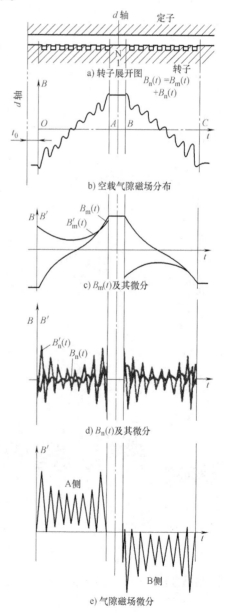

b) 空载气隙磁场分布

c) $B_m(t)$ 及其微分

d) $B_n(t)$ 及其微分

e) 气隙磁场微分

图 11-45　空载工况气隙磁场分布及其微分示意图

空载工况和短路工况是式（11-15）的两个特解。空载工况时，式（11-15）的第二项即为零；短路工况时 $\varphi = 90°$、$\delta = 0$，第二项即成为

$$\frac{\mathrm{d}B_a(t)}{\mathrm{d}t} = \frac{\mathrm{d}B_K(t)}{\mathrm{d}t} = -\omega B_{Kam}\sin(\omega t + \phi_0)$$

式中，$B_K(t)$、B_{Kam} 为短路工况下定子电枢反应磁场分量及幅值。

负载工况时，只需将负载电流对应的 B_{am}、$\cos\varphi$ 及 δ 代入式（11-15）即可。

空载、短路、负载三种工况时动测波形的分解如图 11-45～图 11-47 所示。图 11-45e、图 11-46e、图 11-47d 就是现场实录的动侧波形图。图 11-48 是 TQQ-50-2 型汽轮发电机在三种工况下实录的动测波形图。图 11-45e、图 11-46e、图 11-47d 中 A、B 侧的波峰称为特征波峰，无匝间短路时，波峰的包络线连续平滑，其波峰个数和序号与转子本体的线槽一一对应。当某一特征波峰离开包络线凹缩变短时，即表明它所对应的槽存在匝间短路故障，如图 11-48 所示。

因为发电机转子绕组皆以大齿为轴线对称分布，故某一套绕组发生匝间短路时，该套绕组所跨两槽定有同等的反映，所以 A、B 两侧的特征波峰将随对应的槽号同时缩短。

三种工况比较，以短路工况检测的灵敏度为最高，因为短路工况的去磁电枢反应有效地抵消转子主磁动势，削减波形的扭曲效果最好。

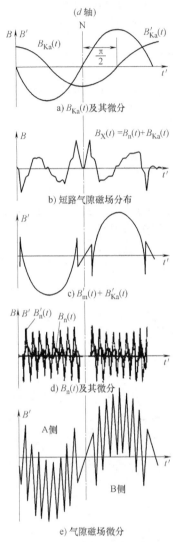

图 11-46 短路工况气隙磁场
分布及其磁场微分示意

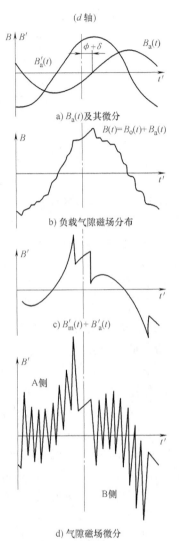

图 11-47 $\cos\varphi = 0.8$ 负载工况
气隙磁场分布及其微分示意图

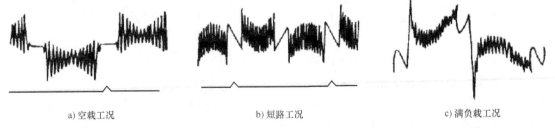

图 11-48 TQQ-50-2 型发电机动测波形

图 11-49 是 Y 电厂一台法国 CEM 公司制造的 300MW 汽轮发电机, 于 1989 年 10 月在 1/2 额定电流稳定短路工况下现场动测示波图。图形明确显示, 转子有 14 套线圈, 从定位标记右侧分属于两个磁极下的 6 套线圈皆存在匝间短路, 特别是左起第 4~7 及 9~10 套线圈

存在严重的匝间短路。表 11-23 是该转子的交流阻抗及功率损耗实测值，两者皆表明转子绕组存在匝间短路，而图 11-49 更确切直观，判断简便。

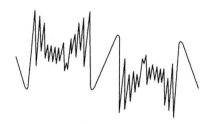

图 11-49 Y 电厂 300MW 汽轮发电机短路工况动测示波图

表 11-23 Y 电厂 300MW 发电机转子绕组短路工况下交流阻抗及功率损耗实测值

年份	实测值				
	U/V	I/A	P/W	Z/Ω	备注
1997	—	—	—	2.74	
1979	215	78.2	9720	2.75	—
1980	210	77.5	9200	2.71	—
1983	215	79.5	9984	2.70	—
1983	215	79.2	9960	2.71	定子膛外
1988	215	98	12640	2.19	—
1988	215	98.2	12800	2.19	定子膛外
1989	212	101	13120	2.10	

该机于 1990 年 8 月大修解体试验检查，发现有 7 套线圈存在匝间短路，短路故障槽与图 11-48 动测波形完全对应。其中，最严重的槽号为 9～22 号线圈竟在两侧检出 4 个短路匝。经用专用工具撬起故障线匝后，发现匝间绝缘已烧出孔洞，导线在该处已烧出熔疤。

3. 凸极式发电机动测理论分析

凸极式多极发电机的转子具有集中绕组，气隙中旋转磁场微分后的波形与隐极式转子发电机很不相像。其形成的函数式仍为

$$B(t) = B_0(t) + B_a(t)$$
$$B'(t) = B'_0(t) + B'_a(t)$$

但用图解法描述更加方便且简明清晰。图 11-50～图 11-52 是凸极式发电机三种工况下的动测波形形成的原理分解示意图，图 11-50b、图 11-52b 波顶的谐波是转子极靴上阻尼条所造成的。

当转子某极有匝间短路故障时，该极在图 11-50～图 11-52c 图中对应的特征波峰都将下降，将从原波峰的峰顶降到"K"点，以此即可诊断故障和故障极。

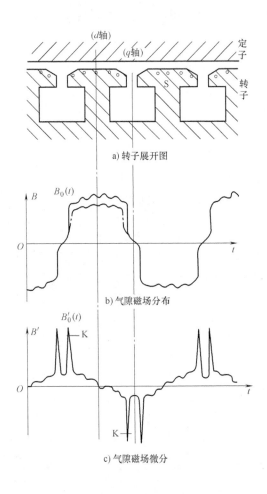

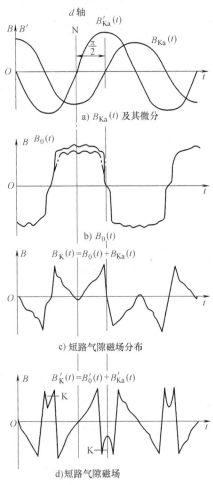

图 11-50　凸极式转子空载工况气隙磁场
分布及其微分示意图

图 11-51　凸极式转子短路工况气隙磁场
分布及其微分示意图

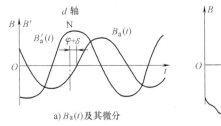

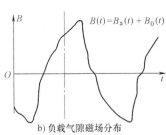

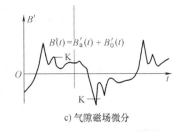

图 11-52　凸极式转子负载工况气隙磁场分布及其微分示意图

11.4　不拔护环诊断转子绕组匝间短路的位置

以往国内传统的诊断手段必须拔下转子护环，而有时当拔下护环后，转子匝间短路缺陷会自动消失，给检修带来很大困难；且传统方法无法精确定位，修后故障往往再现，难以保证检修质量。

　　华北电力科学研究院提出的在大型氢冷汽轮发电机转子线圈上应用电压分布曲线及曲线相交的原理，不拔转子护环就可诊断故障的具体位置，这种修前准确定位的方法，大大提高了检修工效，对保证大机组安全运行起到重要作用。该方法在张家口 SZL、唐山 DH 等发电厂的 200、300MW 汽轮发电机上实际使用后，取得了明显效果，为今后国内大型氢冷汽轮发电机转子不拔护环诊断转子线圈匝间短路轴向位置提供了有效的新方法。

11.4.1　测量工作原理及基本方法

1. 测量工作原理

　　本方法采用在故障回路上测量电压降分布的基本原理，当转子线圈中存在匝间短路时，经短路点构成了故障回路如图 11-53 所示，试验时当转子线圈中通入稳定直流电流后，离开短路点 k 愈远的位置电压降愈高，即 $U_{T'_1 \sim T'_2} > U_{E'_1 \sim E'_2} > U_{E_2 \sim E_3} > U_{T_2 \sim T_3}$；反之电压降

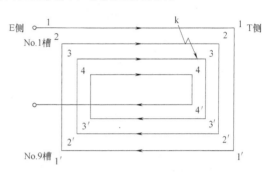

图 11-53　转子线圈绕向示意图

变小，当近短路点时，其电压降便接近最小值或近于零值，即 $U_{E_2 \sim E_3} > U_{E'_2 \sim E'_3} > U_{T'_2 \sim T'_3} > U_{T_3 \sim T_4}$。

　　若短路故障点在 k 部位，通过试验可以做出两条基本对称的电压降分布曲线，此曲线的电压降零值位置或两条电压降分布曲线相交点位置即为匝间短路的部位。

　　电压降分布曲线的测量可以在拔掉转子护环后进行，而对于氢内冷发电机的转子线圈，利用其结构上的特点可以在不拔两侧护环的条件下测量定位。为了测量线圈出槽口或拐角处的电压降，可将测量用的探针从紧靠护环两端本体出风区的风孔中伸入，分别测量不同位置的电压降值。虽然有时测量用探针所测位置无法用肉眼观察到，但每个测量值可根据转子线圈单位长度电压降值（mV/m）基本不变的原理进行自校，即所测各点位置的电压降值与线圈长度有较好的线性关系。此外，短路部位 k 点前、后的两条电压降分布曲线有明确的交点。这些特点足以弥补转子不拔护环、测量探针无法用肉眼观察的不足，也优于根据电压值用计算公式确定故障位置的方法。测量回路的等效电路如图 11-54 所示。

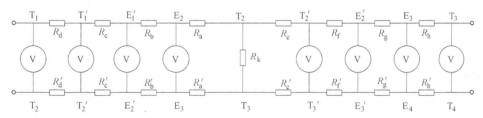

图 11-54　测量回路的等效电路

R_a—线圈、$T_2 \sim E_2$ 之间的电阻值　　R'_a—线圈、$T_3 \sim E_3$ 之间的电阻值　　R_b—线圈、$E'_1 \sim E_2$ 之间的电阻值

R'_b—线圈、$E'_2 \sim E_3$ 之间的电阻值　　R_c—线圈、$E'_1 \sim T'_1$ 之间的电阻值　　R'_c—线圈、$E'_2 \sim T'_2$ 之间的电阻值

R_d—线圈、$T_1 \sim T'_1$ 之间的电阻值　　R'_d—线圈、$T_2 \sim T'_2$ 之间的电阻值　　R_e—线圈、$T_2 \sim T'_2$ 之间的电阻值

R'_e—线圈、$T_3 \sim T'_3$ 之间的电阻值　　R_f—线圈、$E'_2 \sim T'_2$ 之间的电阻值　　R'_f—线圈、$E'_3 \sim T'_3$ 之间的电阻值

R_g—线圈 $E'_2 \sim E_3$ 之间的电阻值　　R'_g—线圈 $E'_3 \sim E_4$ 之间的电阻值　　R_h—线圈 $E_3 \sim T_3$ 之间的电阻值

R'_h—线圈 $E_4 \sim T_4$ 之间的电阻值　　R_k—短路点接触电阻值

图 11-55 为常见的两种典型电压降分布曲线。图 11-55a 是当匝间短路部位接触电阻很小时，仅作一条曲线就可诊断的情况；图 11-55b 是当短路部位接触电阻很大时，应作出两条电压降分布曲线的情况，两条曲线的交点 k 为短路部位，如若以 k_1（或 k_2）点作为故障点来判断，将会引起错误结论。当电压降所测值有分散或所测位置较少时，可以采用一元线性回归的方法来解决，以获得更高精确度（具体方法后述）。试验时还需选择"距离坐标参考点"。"距离坐标参考点"在转子线圈试验回路上可以任意选择，根据短路点 k（见图 11-55）与"距离坐标参考点"的距离大小（l_k）便可以精确定位。

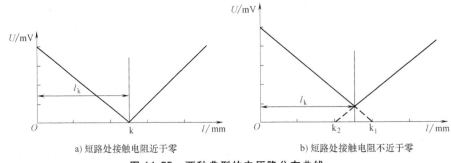

a) 短路处接触电阻近于零   b) 短路处接触电阻不近于零

图 11-55　两种典型的电压降分布曲线

2. 不拔转子护环的测量方法

1）试前首先要了解转子线圈的绕向结构。

2）转子线圈通入的直流电流必须保持稳定，外施直流电流值取发电机转子额定值的（5~10）%。

3）在有短路故障的线圈上，测量探针从紧靠护环出风区的风孔伸入，第 1、2、3、4……风孔伸入的位置，相应代表线圈第 1、2、3、4……匝的位置，如图 11-56 所示，靠近护环侧的风孔编号为 1，其余类推。探针伸入转子风孔中测量时要掌握一定技巧，如按线圈单位长度电压值进行自校等。探针可用带绝缘且有柔性的、直径为 3~4mm 的硬铜线做成。

4）试验时要掌握直流电压的变化趋势，若电压分布曲线沿电流方向呈下降趋势，表明短路点在测量位置电流方向的前方；反之，若电压分布曲线沿电流方向呈上升趋势时，则短路故障点在测量位置电流方向的后方。

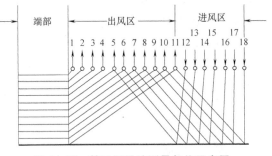

图 11-56　转子通风孔测量部位示意图

5）当测到电压近于零的位置时，试验时可以仅做一条电压分布曲线，而当短路处接触电阻较大时，必须做出两条电压分布曲线，并求出两条曲线之相交点。

6）在转子线圈试验回路上选择"距离坐标参考点"，确定具体故障位置。

11.4.2　三个现场试验实例

1. 实例 1：SLZ 电厂 1 号发电机转子线圈匝间短路故障

SLZ 电厂 1 号发电机为国产 300MW 水氢氢汽轮发电机，自 1991 年 8 月投产以来，发电机转子线圈多次发生匝间短路故障，并导致护环灼伤、转子接地及大轴磁化。1997 年 5 月大修时发现第四个线圈（13 号~20 号槽）存在金属性匝间短路，如图 11-57 所示，拔下两侧护环后，短路现象消失。因具体短路故障没查清，厂家检修人员按常规方式作了处理，而套上护环后匝间短路征兆再次出现，没有达到检修目的。1998 年 7 月，检修时采用不拔护环的新方法。

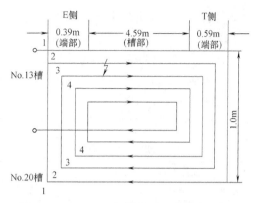

图 11-57　13~20 号槽线圈短路位置示意图

采用新方法时，在转子线圈中通入 100A 直流电流，第四个线包由通风孔处测得电压见表 11-24。"距离坐标参考点"选在励磁机侧 13 号槽第 1 匝槽口处。

表 11-24　SLZ 电厂 1 号机不拔护环由转子通风孔测得的电压值

测量位置	电压值/mV	预测短路点与所测点距离/mm	距"距离参考点"长度/mm
励磁机侧 13 号槽口 1~2 匝	81.82	12740	0
励磁机侧 13 号槽拐角 2~3 匝	5.11	786	12350
励磁机侧 13 号槽拐角 3~4 匝	90.94	—	—
汽机侧 13 号槽口 1~2 匝	54.9	9634	4590
汽机侧 20 号槽口 1~2 匝	40.87	6428	6370
励磁机侧 20 号槽口 1~2 匝	13.9、14.29	2186	10960

注：转子线圈整匝长度为 12740mm，故障回路中最大电压降为 81~82mV，故单位长度之电压值为 6.35~6.4mV/m；由电压值预测短路点距离按下公式计算：

$$l_k = \frac{U_k}{U_0} \cdot l$$

式中　l——整匝线圈长度（m）；
　　　U_k——测量处电压（mV）。
　　　U_0——故障回路中最大电压（mV）。

若按非故障整匝电压计算时，两者值略有差别。

按表 11-25 做出 SLZ 电厂 1 号发电机转子线圈电压降分布曲线如图 11-58 所示。

图 11-58 表明转子线圈短路点位置距离参考点长度为 12.7~12.8m，即在励磁机侧 13 号槽口第 2~3 匝处。拔下励磁机侧护环后，实际与试验吻合，发现诊断部位转子垫块表面粘有转子铜线磨损的金属铜，匝间绝缘垫条变形收缩，护环拔后短路现象虽消失，但由于拔护环前已由试验确定了短路部位，检修人员仅拔了一侧护环，经精心处理后，消除了多年来一直存在的缺陷。

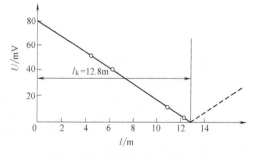

图 11-58　SLZ 电厂 1 号发电机
转子故障线圈电压降分布曲线

2. 实例 2：DH 电厂 7 号发电机转子线圈 9~24 槽线圈存在匝间短路故障

DH 电厂 7 号发电机，为 200MW 的国产水氢氢汽轮发电机，转子线圈每个极面下共包含有 8 个线包，其中 9~24 号槽线圈较另一极面下对应线圈（8~5 号槽）阻抗减少 55.2%，说明转子线圈 9~24 号槽线圈存在匝间短路故障，如图 11-59 所示。

转子线圈中通入 100A 直流电流，从 9~24 号槽靠两侧护环的本体风孔中所测电压见表 11-25。选择 9 号槽励磁机侧槽口第一匝铜线处为"距离参考点"。

表 11-25　DH 电厂 7 号机不拔护环由转子通风孔测得的电压值

测量位置	电压值/mV	预测短路点与所测点距离/mm	距"距离参考点"长度/mm
励磁机侧 9 号槽口 1~2 匝	13.4	1484	0
励磁机侧 24 号槽口 1~2 匝	133	14732	13240
励磁机侧 9 号拐角 2~3 匝	143	15840	15840
励磁机侧 24 号拐角 2~3 匝	148.8	—	—
汽机侧 9 号槽口 1~2 匝	64.2	7111.4	5320
汽机侧 24 号槽口 1~2 匝	80.5	8917	7920
汽机侧 9 号槽拐角 2~3 匝	148.3	—	—
汽机侧 24 号槽口 2~3 匝	143	—	—
汽机侧 9 号槽拐角 3~4 匝	144	—	—

根据表 11-26 结果做出图 11-60 电压降分布曲线。

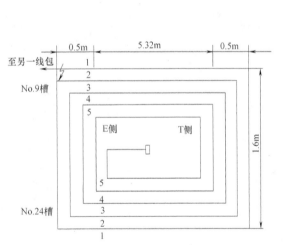

图 11-59　9~24 号槽线圈短路位置示意图

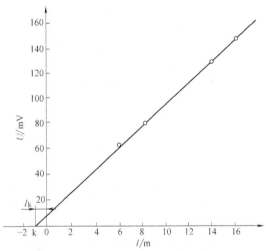

图 11-60　DH 电厂 7 号发电机故障转子
线圈电压降分布曲线

图 11-60 表明转子线圈短路点在 9 号槽励磁机侧 1~2 匝拐弯处，即距"距离参考点"0.5m 范围。后拔护环验证判断位置与实际短路位置吻合，该部位第一匝铜线受压变形，出现铜线棱角并压损 1~2 匝之间绝缘，造成该处匝间短路。

3. 实例 3：BD 热电厂 4 号发电机发现 1/3 线圈存在转子匝间短路

BD 热电厂 4 号发电机为 QFQ-50-2 型 50MW 的氢外冷汽轮发电机，投入后不到 3 年时间，发现 1/3 线圈存在转子匝间短路，在大修中拔护环后分别作了处理，唯有 4~25 槽仍存在短路，为了确定具体故障位置，拔下两侧护环（氢外冷转子）作了定位试验。短路位置如图 11-61 所示。

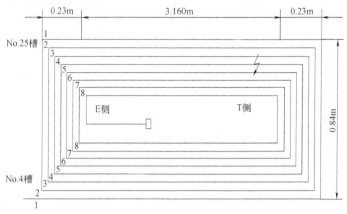

图 11-61　4~25 槽线圈短路位置示意图

转子线圈中通入 100A 直流电流，选择励磁机侧 25 号槽拐角第 4 匝铜线处为"距离参考点"，测量结果见表 11-26。

表 11-26　BD 热电压厂 4 号发电机转子线圈所测电压值

测量位置	电压值/mV	预测短路点与所测点距离/mm	距"距离参考点"长度/mm
励磁机侧 25 号槽拐角 4~5 匝	74	3307	0
励磁机侧 4 号槽拐角 5~6 匝	84	4309	840
汽机侧 4 号拐角 5~6 匝	120	7917.8	4460
汽机侧 25 号拐角 5~6 匝	126	8519.2	5300
汽机侧 25 号槽槽口 5~6 匝	130	8920	5530
汽机侧 25 号槽槽口 4~5 匝	42	100	3390
汽机侧 4 号槽拐角 4~5 匝	53	1202	4460
励磁机侧 25 号槽拐角 3~4 匝	89	4810	8080
汽机侧 9 号拐角 3~4 匝	97	5612	8920

注：线圈整匝长度为 8920mm，故障回路中最大电压降为 130mV，计算预测短路点与所测点距离时，已减去两条曲线相交点之电压（41mV）。

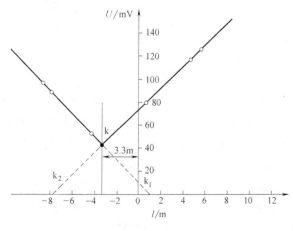

图 11-62　BD 热电压厂 4 号发电机转子故障线圈电压降分布曲线

图 11-62 表明，两条直线不在零点相交，其交点处约有 41mV 电压降，说明匝间短路处有较大接触电阻。故按表 11-27 推算短路点距离时还应扣除相交点电压降值，即在 $l_k = \dfrac{U_k}{U_0} \cdot l$。式中 U_k 与 U_0 应分别减去两条直线相交点处电压值。

经试验表明，短路点距"参考点"长度为 3300mm，短路点在汽机侧 25 号槽内 4~5 匝之间距槽口 90mm 处。根据试验结果说明检修不必取出整个线圈，后仅拔掉槽口处两节槽楔即将短路故障消除，试验结果与实际故障位置完全吻合。

11.5 转子绕组匝间短路典型实例检查分析

法国 CEM 产 313MW 发电机两次发生转子绕组匝间短路。YBS 电厂 1 号机系法国 CEM 公司产 313MW 汽轮发电机，型号 WT23S-083AF3。1976 年 5 月出厂，1978 年 12 月投入运行。投运后最初几年，因振动问题突出，影响机组稳定运行。1983 年在发电机励侧对轮处加装一个座式轴承（俗称 8 瓦）后得以解决。自此发电机后轴承（5 瓦）双倍振幅由 80μm 上下降至 40~50μm。又经校正平衡后，达到 20μm 左右水平。

1. 第一次匝间短路

1984 年 7 月 14 日电网发生事故，该机强行励磁。事后振动未见增大，但运行中声音异常。同年 10 月 2 日小修后投入运行，发现在同一负载下励磁电流增大 70A。

从下列测试数据看，1988 年以后转子有明显的匝间短路征象。

1）转子绕组直流电阻。各年数据均换算到 21℃下欧姆值见表 11-27。

表 11-27　历年转子绕组直流电阻值（换算到 21℃）

年份	1977（安装时）	1983.6	1988.7	1990.8
电阻值/Ω	0.06165	0.06199	0.05891	0.05642

2）转子绕组交流阻抗序功率损耗值见表 11-28。

表 11-28　历年转子绕组交流阻抗/功率损耗值 （Ω/W）

条件	年份		
	1983	1988	1989
转子在定子膛内时	2.70/9984	2.193/12640	2.10/13120
转子在定子膛外时	2.71/9960	2.189/12800	—
转子在 40r/min 转速下	2.73/9064	—	2.11/13600
转子在 3000r/min 转速下	2.81/9816	2.05/11760	—

3）发电机在空载额定电压下（15000V），1988 年 8 月励磁电流测值比 1983 年 9 月测值增大 150A。发电机在稳定三相短路电流达额定值为 14170A 时，1988 年 8 月励磁电流测值比 1983 年 9 月测值增大 160A。但机组振动未发现增大。

4）1989 年 10 月用探测线圈法测空载及稳定短路工况下感应电动势波形图，如图 11-63 所示。由图 11-63 中看出，在 A 极面的第 6 套（次大套）线圈有严重的匝间短路；在 B 极面，有四套线圈（第 4、5、6、7 套）有匝间短路特征。

2. 第一次匝间短路处理

1990 年 8 月～11 月该机进行大修。扒下转子护环，用直流压降法查找匝间短路点。共查出短路点 13 处，全部位于转子绕组端部。

短路点在 A 极面有 6 处：第 5 套线圈 1 处；第 6 套线圈 4 处；第 7 套线圈 1 处。在 B 极面有 7 处：第 4 套线圈 3 处；第 5 套线圈 2 处；第 6 套线圈 1 处；第 7 套线圈 1 处。查出的结果与用探测线圈测出的波形图几乎完全吻合。

这台机的转子绕组，每个极面有 7 套线圈有线匝 9 匝。每匝导线在汽侧、励侧的端部中央均有一个结构特殊的钎焊接头。该接头，根据端部导线侧面有通风沟的特点（端部导线的截面呈工字型），采用了结合式结构：通过一个中间块和两个边块将左右两侧的导线钎焊在一起，如图 11-64 所示。接头的焊缝多而且长，切向焊缝长达 70mm。

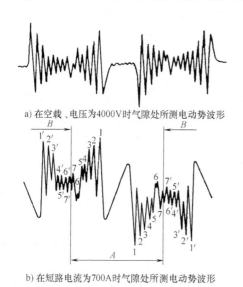

a) 在空载、电压为4000V时气隙处所测电动势波形

b) 在短路电流为700A时气隙处所测电动势波形

图 11-63　探测线圈所测动态下感应电动势波形

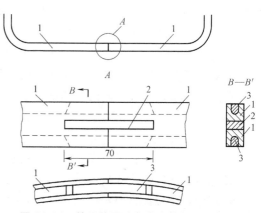

图 11-64　转子线圈端部中央的焊接头结构

1—端部线圈导线　2—中间块（铜质）　3—边块（铜质）

上述查出的短路点 13 处，除有 2 处位于底部线匝之间（从下往上数第 2～3 匝、第 3～4 匝）外，其余 11 处均位于中部及顶部线匝之间，即第 5～6 匝、第 6～7 匝、第 7～8 匝、第 8～9 匝。

这 13 处短路点，只有 1 处位于端部线圈拐弯处（第 8～9 匝），其余 12 处皆位于励侧或汽侧端部中央焊接头附近。在这些部位，匝间垫条均已损坏穿孔，而相邻导线的表面出现烧熔的麻点或突起的渣粒。图 11-65 表示 A 极第 6 套线圈汽侧端部中央第 5～6 匝之间的垫条的损坏情况。与此相对应，位于下层的第 5 匝导线的上表面堆积着金属熔渣。

为处理这些匝间短路点，在不抬出转子线圈的前提下，用专用工具将端部短路点邻近的导线稍许抬高，然后铲掉突起的颗粒、熔渣，将导线表面修磨平整。最后重垫新的垫条。

端部线圈经烘压后测试，发现还有 3 处短路点未

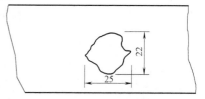

图 11-65　第 5～6 线匝间 0.38mm

厚垫条已损坏穿孔

彻底消除，故障依然存在。同时又发现 2 处新的匝间短路点：A 极面第 4 套线圈 1 处（第 8~9 匝），B 极面第 7 套线圈 1 处（第 7~8 匝），也都是位于端部中央焊接头附近。

用同样方法处理后，这台机在不抬出转子线圈的情况下，通过 1990 年大修，查出并消除了位于端部的匝间短路点 15 处。匝间绝缘均通过 5V、5min 的交流耐电压试验。投入运行后，在同等负载下，励磁电流比大修前降低 200~300A。转子温度正常，励磁参数稳定。发电机后轴承振动降到 10μm。

3. 第二次匝间短路

1992 年 4 月以后，这台机再次出现转子匝间短路征兆。

4 月 14 日，在 $P=250MW$、$Q=100Mvar$ 状态下后轴承振动达 18~20μm，比 1990 年上次大修后的 10μm 增大 1 倍。1992 年 5 月，在盘车转速下（40r/min），测出转子绕组交流阻抗为 1.94Ω，比上次 1990 年大修后的 3.0Ω 大大降低。转子停转后，在膛内测转子绕组直流电阻为 0.05839Ω（23℃），交流阻抗为 2.08Ω。从而证实这台机确已再次出现转子匝间短路，而且比上次匝间短路故障还要严重。

据运行记录，1991 年 10 月 18 日，这台机组起动后升速至 2300r/min 暖机时，曾发现主断路器操作回路接地。当时在查找和处理接地故障时，因误碰断路器合闸线圈而误合主断路器，使发电机误并入电网。发现后立即手动断开，但随即又误合上。连续几次拉合，致使发电机受到很大冲击。自从发生这次事件后，在同等负载下励磁电流增大 200A。由此可见，再次发生的匝间短路故障与遭受这次冲击有很大关系。

为了消除重又出现的匝间短路故障，彻底解决这台机转子上存在的隐患，1993 年 3 月至 6 月对这台机的转子进行了一次抬出转子绕组、全部更换绕组绝缘的现场扩大性大修。

4. 故障原因分析

这台机两次发生转子匝间短路与导线焊接头结构复杂，焊接质量没有得到保证有关。

该机转子绕组导线构造特殊，焊接头众多。槽部导线中间段为变截面的实心导线，如图 11-66a 所示，两边段为等截面的空心导线如图 11-66b 所示。端部导线每一端有两段，均为侧面有通风沟的工字形截面的实心导线如图 11-66c 所示。这样，每匝导线由三种不同截面的 10 段导线组成。各段之间均有特殊结构的钎焊焊接头。整个绕组共有线圈 126 匝，加上跳引接头，焊接头总共近 1300 个。

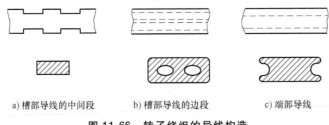

a) 槽部导线的中间段　　　b) 槽部导线的边段　　　c) 端部导线

图 11-66　转子绕组的导线构造

经过多年来的运行实践与两次扩大规模的大修检查，未发现槽部导线的焊接头有任何缺陷。唯独端部导线在中央位置的焊接头成为两次滋生匝间短路故障的温床。

槽部导线采用含银 0.07%~0.12% 的铜材；端部导线采用紫铜材质。后者的抗拉强度为 22.5kgf/mm²，屈服强度为 10.29kgf/mm²，抗蠕变能力低。

端部导线中央的焊接头采用图 11-64 所示的组合式结构。钎料采用铜银磷铝的铜基钎料

（原用钎料的化验成分为铝 2.78%、磷 2.81%、银 10.84% 和铜 83.57%）。据监造人介绍，小套线圈即 1~3 套线圈采取分瓣下线方法，即半匝半匝地将导线嵌入线槽，然后在两侧端部中央位置用氧—乙炔火焰人工钎焊连接。上表面焊得较平，下面一般没有焊透。焊后用锉及布砂轮修整上、下面及两侧，其余的大套线圈则是在线圈制造车间预先焊接完毕，再整套运来，一匝一匝地嵌入槽内。端部中央接头的焊接质量如何，监造人未予介绍。嵌线完后对线圈实行冷压，压到尺寸合格为止。

这台机转子的冷却通风方式为冷氢先从心环与大轴间的空隙进入转子端部，沿转子线圈底部到达槽口附近，然后分两路流走：一路进入转子槽内，经过槽部空心导线通风孔，流至转子本体中部出风区，将热氢排出；另一路从下到上顺各套线圈间的轴向垫块及横向垫板流经各匝导线的侧面通风沟，流至极面中心线附近，再将热氢由上而下汇集至线圈底部，通过极心支撑件下部的出风口，最后沿大齿极面上的 4 个阻尼槽及其端楔的出风孔排至气隙。

由此可见，端部中央的焊接头正好处于端部各匝导线利用侧面通风沟进行通风冷却的路径的末端，冷却效果最差。而此种焊接头的结构又由于在导线接头两端有长达 70mm 的边块充塞在两侧面通风沟内，如图 11-64 所示，阻碍了氢气流对焊接头的吹拂，更使中央焊接头成为端部线圈的最热点。大套线圈的端部导线本来就比较长，其通风冷却的路径相应地也比较长。这样一来，大套线圈的端部中央焊接头的过热问题就更加突出。至于其他部位的焊接头，虽然数量较多，但因不存在端部中央焊接头上述缺点，所以未成为故障的滋生地。

当转子绕组受到远超过正常励磁电流的大电流冲击时，结果在端部中央焊接头附近就暴露出如下一些现象：

1）在 A 极面汽侧端部第 3、4 套线圈间的横向绝缘垫板中间，在对应的第 4 套线圈顶匝导线边沿有金属熔渣甩出，该处恰与焊接头边块焊缝邻近，如图 11-67 所示。

2）端部中央焊接头的焊缝有不少钎料欠缺。而就在焊接头附近的导线表面却出现金属堆积层。B 极面第 7 套线圈汽侧端部第 4、5 匝导线已由溶渣连接在一起。

3）焊接头的中间块从对接的导线表面突起，使该处的垫条被压出印痕，磨薄，直到穿孔，如图 11-68 所示。

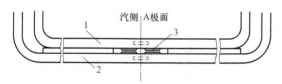

图 11-67　顶匝导线边沿附着的熔渣

1—第 3 套线圈　2—第 4 套线圈　3—熔渣

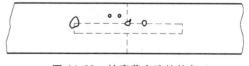

图 11-68　被磨薄穿孔的垫条

从这些现象说明焊接头的钎料已发生熔化并被甩出。也就是说，在异常大电流冲击作用下，原来就存在过热的端部中央焊接头更严重，使焊接钎料达到熔点而被甩出，或接近熔点被挤出焊缝，堆积在焊缝附近的导线表面。因此，当励磁电流在正常范围以内（额定励磁电压为 311V，额定励磁电流为 3875A）时，机组还可维持运行。一旦励磁电流突然增大，虽时间不长，也会使原已过热的中央焊接头更加恶化。铜银磷铝钎料被过热甩出附着导线表面，构成导线平面之间绝缘垫条的致命威胁。在转子强大离心力作用以及端部横向导线受热沿切线方向膨胀的推动下，端部横向的匝间垫条被导线表面堆积层、渣粒挤压、磨损而磨薄、磨破，以致穿孔。

至于导线端头表面麻点的出现，估计是在匝间垫条（原只有一层，厚为 0.38mm）被磨破击穿后，励磁电流经此短路点不稳定地通过时，被时断时续的电弧将导线表面烧熔形成的。

综上所述，这台机先后出现两次匝间短路，其根本原因在于转子绕组端部的通风冷却没有得到充分的保证。

11.6 气隙探测线圈法与 RSO 检测法实例比较分析

2002 年 3 月 26 日，某核电站 2#发电机组在更换 C 相主变后的起机过程中，由于转子绕组的匝间短路在主变事故冲击下发展成为接地故障，机组被迫停机抢修，直到 5 月 4 日并网发电。

下面通过 2#发电机在历年停机换料大修期间录制的气隙探测线圈波形和 RSO（Repetitive Surge Oscilloscope，重复脉冲法）波形，分析转子绕组匝间短路的发生、发展以及最后的接地过程，并对如何使用探测线圈和 RSO 分析匝间短路的方法进行探讨。

11.6.1 两种试验方法的比较

RSO 和气隙探测线圈是目前检查分析发电机转子绕组匝间短路最常用的两种方法。

某核电站发电机组的气隙探测线圈共有两组，布置在发电机气隙的底部，互成 120°角，每组各由一个径向线圈和一个切向线圈组成。

通过分析比较探测线圈对转子绕组各槽线圈的感应电动势，判断转子绕组是否有匝间短路。

RSO 方法是在转子绕组的两端同时注入一个脉冲信号，当脉冲遇到匝间短路点时会产生反射。通过对接收信号与模拟匝间短路故障曲线的分析比较，判断转子绕组是否有匝间短路存在及短路程度和位置。

某核电站每年都要在机组换料大修期间用这两种方法检查发电机转子绕组。

由于某核电站的发电机与主变压器之间通过负载开关连接，因此发电机空载时的气隙波形不受发电机电枢反应的影响，可以比较清楚地反映出转子绕组的匝间短路。

一般而言，RSO 方法灵敏度比较高，对任何轻微的匝间短路都有响应，但对故障位置和短路程度的判断没有探测线圈直观。在实际应用中，这两种试验方法可以互相补充验证。

11.6.2 转子绕组匝间短路的发生、发展以及接地过程分析

1. 匝间短路的发生

某核电站 2#发电机转子绕组的匝间短路最早发现于机组第二次换料大修期间，即 1995 年 12 月。

图 11-69 是在 1995 年 12 月录制的径向气隙线圈的波形。在此波形中，两极绕组的 8#线圈磁动势峰峰值之比为 0.86，显示出其中一个绕组有匝间短路存在（由于测量问题，没能录下有效的切向气隙线圈的波形和 RSO 波形）。

2. 匝间短路的发展过程

在 2#发电机组第五次大修期间，即 1998 年 11 月，RSO 波形和径向气隙线圈波形显示

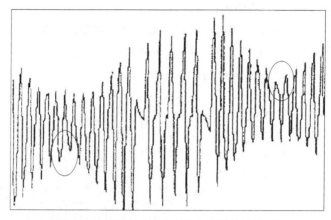

图 11-69　1995 年 12 月径向气隙线圈波形

出转子绕组的匝间短路有了较大的发展如图 11-70 所示。

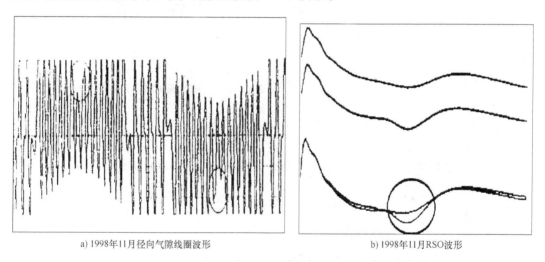

a) 1998年11月径向气隙线圈波形　　　　　　　　　　　b) 1998年11月RSO波形

图 11-70　1998 年 11 月径向气隙线圈波形与 RSO 波形

这时径向探测线圈波形中 8#线圈峰值的缺口明显加大，其磁动势比已由 1995 年的 0.86 变为 0.75，短路程度明显增加。而切向探测线圈波形中两极绕组 8#线圈的磁动势比已达到了 0.60。

在 RSO 波形中，也显示出 Z 极绕组 8#线圈有匝间短路，与参考波形相比，可以判断出短路点位于 8#线圈的端部附近。

抽出转子后，对转子绕组的模拟短路试验进一步证实了匝间短路点位于 Z 极汽侧 8#线圈端部的 3~4 匝之间。

在以后的 4 年中，即从 1998 年 11 月机组第五次大修到 2001 年 12 月的第八次大修期间，在气隙探测线圈的波形中，8#线圈的磁动势比一直保持在 0.60 左右（切向、径向为 0.75）。RSO 波形也与 1998 年 11 月的波形基本相似，两个脉冲信号的差值没有明显变化。

这表明，在此期间 2#发电机转子绕组的匝间短路一直处于比较稳定的状态中，短路程度变化不大。

3. 主变故障的冲击及转子绕组接地

2002 年 3 月 12 日，2#机组 C 相主变低压绕组发生接地故障，发电机转子绕组受到过电流的冲击，冲击电流峰值达 7100A，如图 11-71 所示。

停机期间，对转子绕组进行耐电压试验和绝缘检查，没有发现异常。

3 月 26 日，更换主变 C 相后，机组并网。随着励磁电流的增大，发电机励侧轴承水平振动快速增长，最大达 80~85 μm。当发电机负载增加到 740MW 时，主控室出现发电机转子接地报警，接地电流约为 21mA。经确认转子绕组接地后，机组减负载并解列停机。机组从并网到解列历时约 10h。

经绕组解体检查，转子绕组的故障情况如下：

1）在转子第 25 槽，既 Z 极 8#线圈汽侧第一通风孔处，1 至 5 匝及第 6

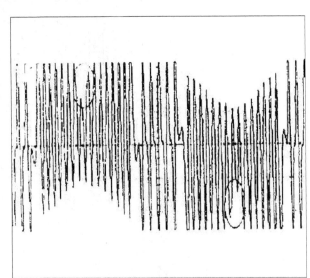

图 11-71　主变故障时转子绕组的过电流

匝上层绕组严重匝间短路，3 至 5 匝导体局部烧熔并有裂纹，一侧槽衬约有 60mm×30mm 面积严重过热，局部炭化并有一个约 5mm×3mm 的孔洞。

2）在转子第 8 槽，既 Z 极 8#线圈汽侧第一通风孔 3~4 匝间边缘处，有一个面积为 2mm×3mm 的匝间绝缘炭化并形成匝间短路。

3）在转子第 23 槽，OPP Z 极 7#线圈汽侧第一通风孔处，3 至 5 匝绕组严重匝间短路，一侧槽衬约有 30mm×30mm 面积过热。

11.6.3　对气隙探测线圈和 RSO 两种方法的讨论

2#发电机转子绕组在发生匝间短路后，又经过主变短路和转子接地两次较大的故障冲击，使其匝间短路严重恶化。这一变化过程在气隙探测线圈和 RSO 的波形中都有清楚地反应。

1. 气隙探测线圈法

图 11-72 是主变事故前后录制的径向探测线圈波形。

从图 11-72 中可以看到，在主变故障冲击下，气隙探测线圈波形中 Z 极 8#线圈匝间短路明显有较大发展，其磁动势比从主变事故前的 64% 降到 45%。OPP Z 极 7#线圈的磁动势比也由主变故障前的 0.95 变为 0.88，具有明显的匝间短路特征。

综合比较分析历次大修期间录制的发电机空载时的气隙探测线圈波形，可以清楚地显示出转子绕组匝间短路发生、发展的变化过程。

2#发电机组从调试到机组第一次换料大修期间，无论是径向气隙探测线圈还是切向气隙探测线圈，其两极绕组的 8#线圈的磁动势都相同，表明转子绕组匝间绝缘的状态是良好的。

在 1995 年机组第二次大修时，通过径向探测线圈发现了 8#线圈的匝间短路，并且短路程度一直维持到 1998 年 1 月没有大的变化。

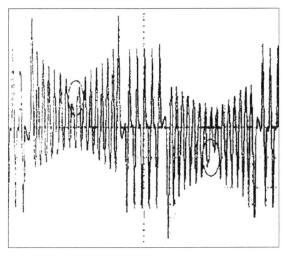 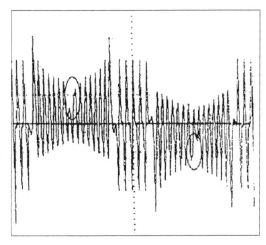

a) 2001年12月主变事故前　　　　　　　　　　　　b) 2002年3月主变事故后

图 11-72　主变事故前后径向探测线圈波形

在 1998 年 12 月机组第五次大修时，探测线圈显示 8#线圈的匝间短路有了较大变化，切向线圈的磁动势比从上一次大修时的 0.86 降到 0.6，径向线圈的磁动势比也从 0.92 降到 0.7。这一变化一直保持到 2002 年 3 月 12 日主变事故发生之前，匝间短路处于相对稳定的状态中。

图 11-72b 的波形是 3 月 26 日更换 C 相主变，机组并网之前录制的。在这组波形中，切向线圈的磁动势比从主变事故前的 0.6 降到 0.45，径向线圈的磁动势比从主变事故前的 0.75 降到 0.62，清楚地显示出主变故障对 8#线圈匝间短路产生的破坏作用。

比较切向探测线圈和径向探测线圈的数值可以看出，切向探测线圈对转子绕组匝间短路的反应比径向探测线圈更灵敏一些。根据检修结果，8#线圈的 8 匝绕组中，有 5 匝半发生匝间短路，短路比例为 68.75%，非常接近切向探测线圈测量到的 55% 的短路比。因此可以认为，在机组空载条件下，切向探测线圈测量到的短路程度比径向探测线圈更接近实际情况。

2003 年 1 月，经过 8 个月的满载运行，2#发电机进入第 9 次换料大修。这时测量到的 4 组气隙线圈各槽波形完全对称，表明匝间短路的检修是成功的。

2. RSO 波形

图 11-73 是 RSO 波形在主变故障和转子接地两次事故前后的变化比较。

在图 11-73a 上，Z 极 8#线圈有比较严重的匝间短路，OPP Z 极 2#线圈有轻微匝间短路特征。由于主变故障前 OPP Z 极 7#圈的匝间短路还不是很严重，并且在 RSO 波形上的位置与 Z 极 8#线圈比较接近，因此其短路特征被 Z 极 8#线圈覆盖而显示不出来。

主变故障后（见图 11-73b）OPP Z 极 7#线圈和 OPP Z 线圈的匝间短路变化比较明显，表明这两个线圈的匝间短路故障在主变故障冲击下更加严重，但 Z 极 8#线圈变化则不大。

转子绕组接地后，RSO 波形中匝间短路的特征变化比较大。

在图 11-73c 中，RSO 波形在 Z 极 8#线圈和 OPP Z 极 7#线圈位置的峰值都比绕组接地前增大了约一倍，表明在长达 10h 的起机过程，对 Z 极 8#线圈和 OPP Z 极 7#线圈的匝间短路造成了更大的破坏。

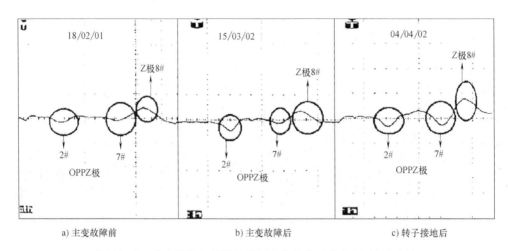

a) 主变故障前　　　　　　　b) 主变故障后　　　　　　　c) 转子接地后

图 11-73　主变故障和转子接地两次事故前后的 RSO 波形比较

根据上述对 RSO 波形的分析，并结合槽绝缘大面积严重炭化的情况，可以对转子绕组接地过程有一个初步分析。

在主变故障冲击下，Z 极 8#线圈和 OPP Z 极 7#线圈匝间短路有了较大发展，匝间短路电流也变得较大。在起机过程中，一方面较大的匝间短路电流进一步破坏匝间绝缘，使匝间短路更加严重；另一方面短路点附近的槽绝缘被短路电流长时间加热而严重炭化，最终使转子绕组产生了 21mA 的对地泄漏电流，导致转子绕组动态接地。

以前在分析 RSO 波形时一直认为，在 Z 极 4#线圈位置也有匝间短路特征。但后来的检修证明，Z 极 4#线圈的匝间绝缘没有问题，可能是匝间短路阻抗的变化导致 RSO 波形的变化。

OPP Z 极 2#线圈的匝间短路在后来的检修过程中没有找到，但在转子装上护环后，以及 2003 年 1 月机组大修期间，又出现在 RSO 波形的同一位置上。

在检修过程中，通过测量转子绕组的电压分布，还发现并处理了 Z 极 2#线圈的匝间短路。在 RSO 波形中没有发现这个短路点。可能的原因是，其在 RSO 波形上的位置与 OPP Z 极 2#线圈的匝间短路点相同，但短路程度较轻，因而被 OPP Z 极 2#线圈的短路特征所覆盖。

11.6.4　气隙探测线圈和 RSO 两种方法的总结

综合上面的分析比较，对气隙探测线圈和 RSO 两种方法的初步总结如下：

1. 关于气隙探测线圈法

1）从根本上讲，探测线圈反应的是转子绕组阻抗的变化。转子绕组的匝间短路和绝缘变化以及线圈的状态都会引起阻抗的变化。因此，探测线圈反应的阻抗变化的比例并不一定是绕组的实际短路比。

2）发电机空载并且没有外接主变时，用探测线圈可以比较直观准确地识别、判断转子绕组匝间短路的程度及槽位，但不易识别轻微的匝间短路，其效果与发电机短路时的测量基本相同。

3）在发电机空载时，切向探测线圈对匝间短路的反应比径向探测线圈灵敏，所显示的磁动势波形的变化的比值比径向探测线圈更接近实际短路情况。

2. 关于 RSO 法

1）RSO 在实际使用时，是将测量到的 RSO 波形与厂家提供的模拟故障波形相比较，通过峰值及其位置的变化，判断匝间短路的程度和部位。

2）RSO 对匝间短路的反应比探测线圈灵敏，易于发现比较小的匝间短路。但由于 RSO 波形容易受转子阻抗变化的影响，对短路位置和短路程度的判断不如探测线圈直观、准确。

3）对于多处匝间短路，使 RSO 波形的变化很复杂，很难利用模拟故障波形进行比较准确的分析。

4）由于严重的匝间短路引起转子绕组阻抗的变化较大，会使 RSO 波形在短路点附近产生较大的畸变，在分析匝间短路时容易引起误判断。在利用 RSO 检查故障绕组时，要注意大的短路波形下可能覆盖着小的短路波形，要经过多次检修才能彻底消除转子绕组的匝间短路。

5）对于有刷励磁机，当转子绕组与外回路完全脱离后，可以利用 RSO 测量转动状态下的转子绕组。此时要注意转子绕组的剩磁电压不能太高，否则会烧毁 RSO 仪器。

6）目前，在英国的原 GEC 电机厂，RSO 已成为检查转子绕组匝间绝缘的主要手段之一，从绕组下线到动平衡一直到出厂试验。在使用 RSO 检查绕组绝缘时，只要 RSO 波形上出现的峰值达到模拟故障曲线峰值的 5%，就认为绕组绝缘不合格。

由于探测线圈和 RSO 两种方法各有不同，并适用于转子的不同状态，应将两者结合起来使用。

3. 其他方法

除上述两种方法外，还有单导线微分法、分布电压法等多种方法可以用来检查和确认匝间短路，使用者可以根据具体情况对下述两种方法进行选择。

1）分布电压法可以从转子绕组通风孔直接测量绕组匝间压降；或用感应线圈（开口铁心）沿槽口逐槽测量绕组的轴向电压分布。

使用分布电压法时要注意，当匝间短路点比较多时，或短路点比较接近时，电压分布的特点并不是很明显。例如，1990 年抢修元宝山 300MW 机组时，通过分布电压法确认了 12 个匝间短路点，但实际短路点多达 20 个以上。

2）单导线微分法简单方便，但仅适用于小机组。对于 200MW 及以上机组，由于发电机气隙大，单导线的感应电压低，因而不适用。

11.7 基于行波法的诊断技术

行波在媒质中传播时，由于波阻抗的改变，波形会发生反射。转子绕组存在接地或是匝间短路等绝缘故障时，行波的反射波形将会发生变化。利用反射波形的变化可以实现转子绕组故障的诊断。行波法是除微分探测线圈法外的可以实现转子绕组故障定位的有望发展的一种方法。

1. 行波法概述

现代行波定位是利用故障发生后线路上出现的以固定传播速度运动的电压行波和电流行波进行精确故障定位，其测量精度小于 1km，且受线路类型、接地阻抗等因素的影响小。行波测距利用测量行波的传播时间以确定故障位置，准确测定行波到达时间的方法有相关分析点法和小波分析定点法。

转子绕组可以近似看成是一简单的传输线，行波在绕组中的传播主要由绕组导体在槽中的几何形状和绝缘性质所决定。绕组匝间的耦合作用将使行波发生散射，但对于实芯转子来说，这种散射的影响不大。下面介绍其应用和实现。

行波法在转子绕组故障诊断中的应用包括了离线应用和在线应用。

2. 行波法离线诊断：行波反射技术检测转子绕组故障

基本原理：

利用波形发生器产生一个连续的陡前沿低电压（5~10V）脉冲波如图11-74所示，同时

加在转子绕组的两端，当转子绕组波阻抗存在异常（因绕组故障）时，则在故障点产生一个反射波，这个反射波在注入点可以检测到。因此，用双通道示波器录得（或计算机采集）两组响应特性曲线，借以对波形响应时间的测定，检测绕组两端的电压，可判断转子是否存在故障，并通过分析反射波的延时和电压幅值来判

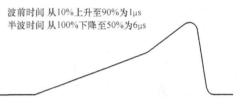

波前时间 从10%上升至90%为1μs
半波时间 从100%下降至50%为6μs

图 11-74　陡前沿低电压脉冲波

断故障的部位和故障电阻的大小或将检测结果直接与出厂时厂家提供的标准波形进行比较，可判断转子绕组匝间是否存在短路以及短路点的位置等情况。若转子绕组正常则示波器测到的波形为一条直线。

反射波特性主要取决于故障电阻和故障类型：

1）开路和高电阻连接类型的故障将产生正反射波，如图11-75所示。

2）低电阻接地或接地故障将产生一个负反射波，如图11-76所示。

图 11-75　开路和高电阻时产生的正反射波波形

图 11-76　低电阻接地或接地故障时
产生的负反射波波形

3）匝间低电阻短路或匝间短路时，将产生一个负反射波由故障点往注入点回传，同时产生一个正的传输脉冲波进入已短路的那匝绕组的两端，因此这个正脉冲波到达注入点比负反射波晚 T_f，T_f 是脉冲波传播到短路线圈的时间，如图11-77虚线所示。因此这类故障产生的反射波为两者的叠加，如图11-77实线所示。

这时，示波器监视注入点的电压显示为注入波和反射波的合成波形，如图11-78所示。

用行波反射技术检测转子绕组故障是在转子绕组的两端同时注入一个脉冲波，用双通道示波器监视两个注入点的电压，只要绕组两端之间的故障不在正中间，两端的电压变化将不同。为了便于分析，示波器的两个通道是电气隔离的。

如绕组两端分别标为 A 和 B，则当故障点靠近 A 端，A、B 端的电压波形如图11-79所示，不同位置的故障可通过示波器收到反射波的时间 t 确定（见图11-78），反射波可通过 A

端波形减去 B 端波形得到；当故障点靠近 B 端，则 A 、B 端的电压波形如图 11-80 所示。

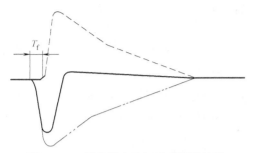

图 11-77　匝间低电阻短路或匝间短路
时产生的反射波波形

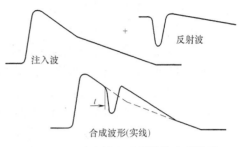

图 11-78　注入波和反射波的合成波形

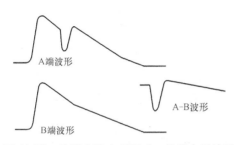

图 11-79　故障点近 A 端时 A、B 端电压波形

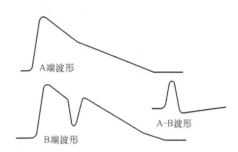

图 11-80　故障点近 B 端时 A、B 端电压波形

因此，根据 A 减 B 的波形（见图 11-79、图 11-80）可判断是 A 端还是 B 端故障，对开路和接地故障，分析方法相似。

根据收到反射波的时间和绕组一端到故障点的距离呈线性关系可判断故障的部位，假设转子的故障位于转子的正中间（位于端与端之间的连接处），脉冲波从注入点到故障点再返回到注入点的时间与脉冲从注入点到绕组的另一端的时间相等，通过测量脉冲波从转子绕组的一端到另一端的时间 t_1，就可用下列关系式确定故障点到转子绕组一端的距离 X

$$X = \frac{t}{t_1} X_R$$

式中　X_R——转子绕组长度的一半（即一个端绕组的长度）；

　　　t——示波器收到反射波的时间，通常是示波器测到反射脉冲波的第一波峰（正或负）的时间；

　　　t_1——绕组另一端测到第一个负脉冲波峰的时间。

3. 模拟试验结果

图 11-81 为行波反射试验的接线，试验采用 GEC 公司的 RSO 装置，在一台 600MW 汽轮发电机转子绕组上进行模拟试验。

1）该发电机转子每极 16 槽 8 个线圈，故障点依次设在每个线圈的上面两匝之间，示波器依次可收到发射波和反射波。由于励磁引线与 A 端和 B 端第一绕组的最下层相连，如第一绕组故障时，发射波和反射波收到的时间差很

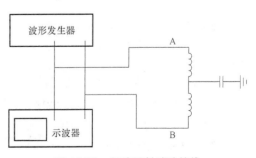

图 11-81　行波反射试验接线

小；第八绕组故障时，因距离注入点最远，故收到反射波的延时时间最大。通过示波器观察，当 A 端和 B 端分别出现同类故障时，则产生的反射波波形相同，只是极性相反。通过示波器可以看出故障点位置离注入点越远反射波的幅值越小，随着故障点往远离注入点方向移动，反射波在前 3 个线圈快速衰减，到达后面 4 个线圈衰减速度减慢，其幅值基本上为常数，如图 11-82 所示。对于每个故障，A 端和 B 端的幅值基本相同。

2）为利用反射波来估计匝间故障电阻的影响，对绕组加不同的故障电阻进行一系列的模拟试验，所用的电阻值如下：0.031Ω、0.044Ω、0.3Ω、0.64Ω、1.14Ω、1.8Ω、3.8Ω、8.7Ω、10Ω。图 11-83 为示波器显示的变化趋势，可以看出行波反射试验仅限于匝间故障电阻小于 10Ω 的情况，10Ω 的匝间故障示波器显示基本为一条直线，与转子无故障产生的波形相似。通过试验可以看出拔出转子护环时行波反射试验的灵敏度要高得多，但 10Ω 的灵敏度限制仍适合于拔出转子护环的试验。

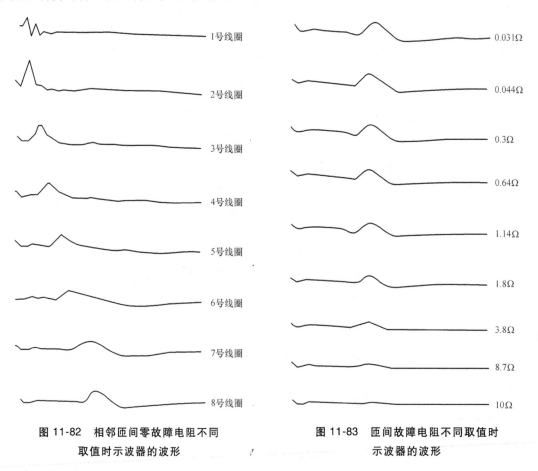

图 11-82　相邻匝间零故障电阻不同　　　　图 11-83　匝间故障电阻不同取值时
　　　　　取值时示波器的波形　　　　　　　　　　　　　示波器的波形

3）针对匝兼容性故障进行的行波反射灵敏度试验，所用的电容值如下：$10\mu F$、$1\mu F$、$0.1\mu F$。图 11-84 为不同电容值时反射波的波形，同样拔出转子护环时行波反射试验的灵敏度高，试验的限制电容值为 $0.1\mu F$。

4. 行波法的在线诊断

行波法检测故障的原理如图 11-85 所示。

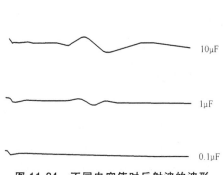

图 11-84 不同电容值时反射波的波形

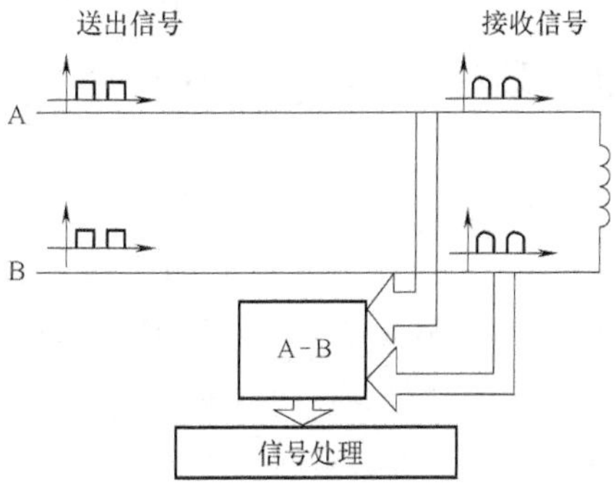

图 11-85 行波法原理

在转子的两端同时注入两个完全相同的信号，并在两端同时接收，接收到的信号为两个信号之差 A–B。为了消除注入信号的下降沿与反射波之间的干扰，注入信号的频率应不大于 $\frac{1}{10\tau}$，其中 τ 为行波经过绕组所需要的时间。可以通过对差信号 A–B 的分析，检测是否有短路匝存在，并确定短路故障的地点。如果绕组正常，接收到的两信号差异会很小，如果转子中有短路发生则两个接收到的信号的差异会很大，通过观测这种差异，可以确定绕组是否有故障。

行波法检测的信号差电路如图 11-86 所示，差信号图如图 11-87 所示。

由信号发生器产生两个完全相同的行波通过电容加到转子绕组的两端，电容将测量回路和励磁回路的高电压隔离开来。试验表明电容对信号没有太大的影响，因此对差信号测量也没有太大的影响。

电刷引起的噪声、运动转子的振动、励磁机等设备的存在对行波法在转子匝间短路故障的在线诊断的精度会造成影响。发电机在运行中，电刷的运动，电刷中流过的电流将会引起电弧，由于电弧噪声的频谱与差信号的频谱分离得比较好，因此可以通过滤波或者取差信号的平均值来消除噪声的影响。转子的高速旋转同时会引起转子绕组的运动，绕组的运动将会产生低频的随机信号，由于其复杂性，难以消除其影响。励磁机等设备为注入的行波提供了路径，将在很大程度上改变反射波，行波在拆装的转子上的波形和在运行中转子波形将会有很大的区别，因此在故障诊断中，不能将拆装转子的特征波形用于故障诊断中。

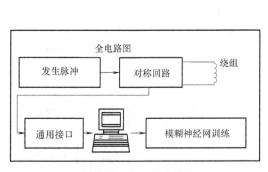

图 11-86 信号差电路图

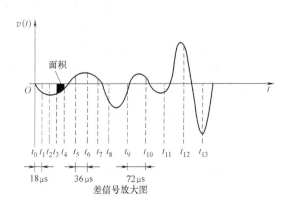

图 11-87 差信号图

11.8 基于励磁电流相对变化率的诊断技术

11.8.1 基于励磁电流的转子绕组匝间短路的故障判据

1. 发电机转子匝间短路电磁特性分析

在一定的运行条件下，如果存在转子匝间短路，由于励磁绕组的有效匝数减少，为了满足气隙合成磁通条件，励磁电流必然增大。在机组正常运行时，当略去开槽造成磁动势的少许不连续性，转子磁动势的空间分布非常接近于梯形波。转子的短路效应将会导致磁动势局部损失，从而使有短路磁极的磁动势峰值和平均值减少。造成的磁动势损失可用一个解析模型简便表示，将匝间短路认为是退磁的磁动势分布，它反向作用在有短路磁极主磁场的磁动势上，即视为正常条件下的磁动势减去由短路引起的磁动势突变，采用叠加原理，可求出合成磁动势的大小，磁动势的损失使得更倾向于线性变化，故可忽略主磁通回路的饱和。采用简单的矢量表示，即 $F_{合成}=F_0-\Delta F$（用 F_0 表示正常条件下转子绕组磁动势，用 ΔF 表示短路线匝产生的磁动势，用 $F_{合成}$ 合成表示匝间短路合成磁动势）。有效磁场的减弱，会使对应的空载电动势较正常时有明显的下降，在发电机端电压保持恒定的情况下，无功损耗会相应下降。因此，转子绕组匝间短路虽引起转子电流增大，但无功却相对减少，这一故障征兆可以作为识别转子发生匝间短路故障的一个明显特征[181]。

文献[175]提供了 SQF-100-2 型发电机转子绕组匝间短路故障的监测数据，该数据证实了转子绕组匝间短路故障引起无功相对减小的论断，见表 11-29。

表 11-29 转子绕组匝间短路故障前后无功及励磁电流变化

日期	时间	有功功率/MW	无功功率/Mvar	转子电压/V	转子电流/A	定子电压/kV	定子电流/kA	工况
1992.1.15	3：00	80	35	180	1100	10.3	5.2	故障前
1992.1.15	19：00	80	30	180	1150	10.4	5.2	故障后
1992.1.10	4：00	75	30	175	1020	10.3	4.7	故障前
1992.1.23	9：45	75	20	160	1020	10.2	4.7	故障后

2. 转子绕组匝间短路故障诊断的数学模型

在分析发电机磁场时，往往认为磁场是不饱和的，磁动势全部消耗在气隙中；但是发电机通常运行在正常励磁或过励状态，这时铁心磁阻的作用明显增强。在负载情况下，如果产生与空载状态同样的电动势，所需的磁动势要比空载时增加。这是因为要产生同样的气隙磁通，负载时转子极间漏磁通增加，使得磁极比较饱和，磁阻增加，同时定子绕组漏磁通等的增加，也要引起主磁路磁阻的增加，因此利用空载曲线进行电磁特性分析时必须考虑饱和系数的影响。

在一定的运行条件下，如果存在转子匝间故障，由于励磁绕组有效匝数减少，为满足气隙合成磁通条件，励磁电流必然增大。因此，可以只测量发电机的机端信息，如电压、电流、有功、无功、励磁电压等，通过精确的数学模型计算出相应的励磁电流，并与实测励磁电流进行比较，从而判断是否存在匝间短路及短路的严重程度。由文献[181]的推导，可以得到正常条件下某一确定状态（一定的无功功率、有功功率及端电压）的励磁电流计算标准值 i_{f0}，将它和励磁电流的实际测量值 i_{fc} 比较，可以判断是否发生发电机转子绕组匝间短路故障判据为

$$\frac{i_{fc}-i_{f0}}{i_{f0}} \geqslant a\%$$

式中　$a\%$ 是将计算误差及测量误差考虑在内的偏差相对值。

假定发电机转子绕组匝数为 w_{fd}，发生转子绕组匝间短路故障，短路匝数为 Δn，转子绕组匝数变为 $w'_{fd}=w_{fd}-\Delta n$，如果发电机发生转子绕组匝间短路故障前后输出有功功率及无功功率不变，则

$$a\% = \frac{\Delta n}{w'_{fd}} \times 100\%$$

如果转子绕组匝数很大，可以认为 $w'_{fd} \approx w_{fd}$，短路判据变为 $a\% = \dfrac{\Delta n}{w_{fd}} \times 100\%$

从判据表达式可以看出，短路严重程度和短路匝数之间有一种对应关系，短路越严重，判据越大，近似线性增加。例如，QFSN-300-2 型发电机，转子绕组匝数为 86 匝，如果短路匝数为 2 匝，则 $a\% = \dfrac{\Delta n}{w_{fd}} \times 100\% = 2.3\%$；如果短路匝数为 5 匝，则 $a\% = \dfrac{\Delta n}{w_{fd}} \times 100\% = 5.8\%$。

由于匝间短路发生后，励磁电流增大，磁场饱和程度有加深趋势，但因匝数减少，安匝数降低，有效磁场减弱，磁场饱和程度有减弱趋势，两种趋势可以相互抵消，所以磁场的饱和对判据影响不大。可以看出，该判据仅与转子绕组剩余匝数 w'_{fd} 和短路匝数为 Δn 有关，和发电机的输出有功及无功功率无关，这一特征表明，对于同一台汽轮发电机，匝间短路判据数值不仅适用于发电机过励状态，而且适用于进相运行状态。

11.8.2　判据的实验验证

采用华北电力大学动模实验室 MJF-30-6 模拟同步发电机进行转子绕组匝间短路实验（图 11-88～图 11-90）。通过实验获取电气状态监测量，利用上述公式计算发电机正常状态（无故障）下的励磁电流 i_f，并求出短路判据。具体过

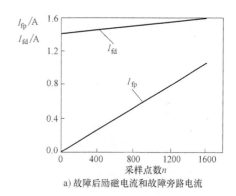

a) 故障后励磁电流和故障旁路电流

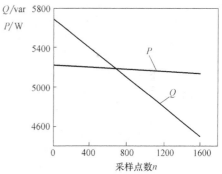

b) 故障后有功功率和无功功率的变化趋势图

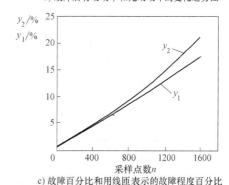

c) 故障百分比和用线匝表示的故障程度百分比

图 11-88　保持定子电流为 10A 时发电机转子绕组匝间短路实验

程如下：在发电机正常并网运行状态下，维持有功功率基本不变，改变励磁绕组匝间短路程度（短路程度从 0 依次增加至 20%），测量各个电气量在确定参数条件下（初始定子电流分别为 10A、15A、20A 时）的几组工况数据。实验发电机的参数见表 11-30。

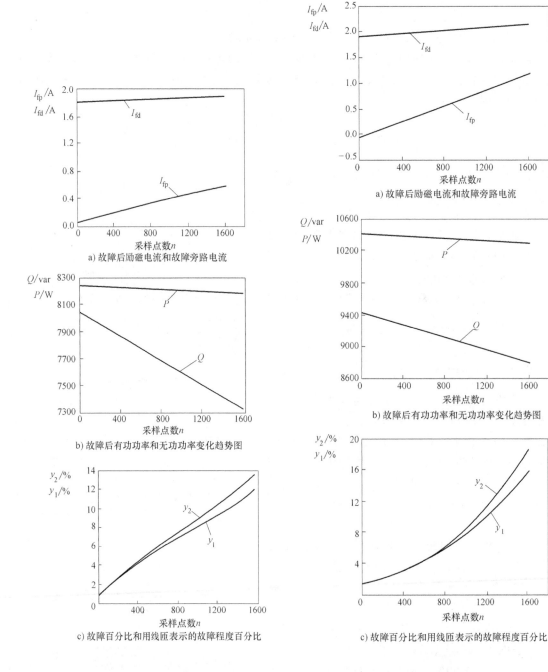

a) 故障后励磁电流和故障旁路电流

b) 故障后有功功率和无功功率变化趋势图

c) 故障百分比和用线匝表示的故障程度百分比

图 11-89　保持定子电流为 15A 时发电机
转子绕组匝间短路实验

a) 故障后励磁电流和故障旁路电流

b) 故障后有功功率和无功功率变化趋势图

c) 故障百分比和用线匝表示的故障程度百分比

图 11-90　保持定子电流为 20A 时发电机
转子绕组匝间短路实验

表 11-30　实验发电机参数

型号	MJF-30-6	型号	MJF-30-6
额定电压/V	400	x_d	2.5
额定电流/A	43.3	w_1	23
功率因数	0.8	w_f	100
额定转速/(r·min⁻¹)	1000	k_{w1}	0.9
转子电流/A	2	k_a	1.35

　　在实验时，随时间变化手动调整短路程度，使其短路程度不断增加，因此图 11-88～图 11-90 横坐标为测点点数（也可以是时间 t）。在这三个图中的图 a）中故障短路电流 I_{fd} 为匝间短路故障以后的励磁电流，故障旁路短路电流 I_{fp} 为短路点电流，它不产生有效磁场。在做各种工况实验时，分别维持有功功率基本不变，由于在实验进行过程中，电网波动，使作为原动机的直流电动机出力变化，因此图 b）中发电机有功功率略有减小。图 c）中匝间短路程度等于短路匝数除以原有匝数，故障百分比和用线匝表示的故障程度百分比分别为短路程度的实际测量值和计算值。

　　通过上述各图可以看出，转子匝间短路发生后，虽然引起转子电流的增大，但无功输出却相对减小，而且随着短路程度的增加，这种趋势越来越明显，即判据数值越来越大，具体数据如表 11-31（表 11-31 是定子电流为 20A 时的发电机电气状态监测量在线记录数据及计算结果）。从表中判据数值分布规律可以看出，判据数值和相对应的匝间短路百分比及线匝表示的计算百分比趋势相同，前两项的数值十分接近。

表 11-31　转子线圈发生匝间短路故障前后在线记录数据及判据计算值

工况	短路匝数百分比/%	有功功率/W	无功功率/var	转子电压计算值/V	转子电流测量值/A	定子电压/V	定子电流/A	计算值α/%	测量值α/%	线匝计算百分比(n/ω_{fd})/%	状态
1	0	10213.2	9343.06	1.879583	1.86998	400	23.23873	2.997	2.471	1.222	故障前
	1.21	10213.2	9343.06		1.92603	400	23.23873				故障后
2	0	10308.8	9183.75	1.829738	1.82915	400	22.92181	6.837	6.802	4.073	故障前
	3.91	10308.8	9183.75		1.95420	400	22.92181				故障后
3	0	10293.4	9098.05	1.831405	1.83093	400	22.85727	9.051	9.022	6.462	故障前
	6.07	10293.4	9098.05		1.99664	400	22.85727				故障后
4	0	10380.2	9001.37	1.789541	1.78943	400	22.30566	14.03	14.02	11.183	故障前
	10.06	10380.2	9001.37		2.04052	400	22.30566				故障后
5	0	10342.8	8818.99	1.781666	1.78140	400	22.79971	19.02	19.00	14.849	故障前
	12.93	10342.8	8818.99		2.12025	400	22.79971				故障后
6	0	10003.4	8420.18	1.763546	1.7628	400	22.68231	22.13	22.08	17.406	故障前
	14.83	10003.4	8420.18		2.15296	400	22.68231				故障后

　　综上分析可见，汽轮发电机发生转子绕组匝间短路时，励磁电流增加而无功输出却相对减小，这一特征可以作为在线识别转子匝间短路故障的判据。

11.9　基于ANN诊断转子绕组匝间短路故障

　　人工神经网络（Artificial neural network，ANN）不需要精确的数学模型，也不需要发电机参数，同时对发电机的运行没有干扰，只需要依靠已有的测量仪器准确测量发电机的机端变量，依靠大量的训练样本，经过充分的网络训练就可以直接对不同运行方式下的故障进行诊断。当有故障样本时，不仅可以诊断故障存在，还可以估计短路故障的严重性。在上一节中提到：在一定的运行条件下，如果存在转子匝间短路，转子绕组匝间短路虽引起转子电流增大，但无功却相对减少，这一故障征兆可以作为识别转子发生匝间短路故障的一个明显的特征。

11.9.1 神经网络的构造以及样本的选取

在众多的 ANN 训练方法中，BP 算法是应用最为广泛的方法之一。

要将神经网络用于转子绕组匝间短路的故障诊断，首先必须要确定神经网络的输入，这就要求首先必须获得能反映转子绕组故障的特征量，然后收集样本用于网络的训练，再将训练好的样本用于故障的诊断中。

为了成功地训练神经网络，判断匝间短路故障的存在性，同时估计短路故障的严重性，特征量的提取是第一步，也是十分重要和关键的一步。

发电机转子绕组匝间短路时，由于有效安匝数的减少，发电机的机端变量会发生变化，以发电机的机端变量为特征量，用于神经网络中。由分析可知，当发电机机端电压 U 一定时，一定的 P、Q 将对应一定的 F_f，即一定的 $w_f I_f$，所以 P、Q、I_f 之间的关系可以体现出转子绕组的状态，可以以发电机 U、P、Q、I_f 作为 ANN 的输入，短路匝数占总匝数的百分数 $\alpha\%$ 为输出。这样就确定了转子绕组匝间短路用于网络训练的特征量。

选取训练样本也是建立神经网络中比较重要的一环。

正常样本的获取相对而言比较简单，工程上也容易实现，正常样本可在发电机的 P-Q 图内，选取不同负载下正常运行状态时发电机运行参数作为样本。而在实际电厂中为了保证样本的"遍历性"，应较长时间地监测电机运行参数，并对测量数据进行筛选，才能够得到充分的训练样本。电机暂态过程和内部有故障时的数据都不能作为训练样本，必须先剔除掉。同时在实际发电厂运行的同步发电机所受干扰很大，需要改进数据预处理功能，调整神经网络结构和网络训练误差限值。

而故障样本的获得却是神经网络在故障诊断中的一大难题，在理论研究中通常是在试验室人为地将转子绕组进行短接，造成匝间短路，而在工程实际应用中，这是不可能的，因此故障样本的获得一直以来是神经网络在故障诊断中的难题。

通过上面对发电机转子绕组匝间短路电磁特性的分析，可以得出当发电机机端电压 U 一定时，一定的 P、Q 将对应一定的 $w_f I_f$，所以可以假定发电机在额定运行状态下发生匝间短路故障，设短路匝数占转子绕组总匝数为 $\alpha\%$，即

$$(1-\alpha\%) w_f I_f = w_f I_{fN}$$

则故障后励磁电流为

$$I_f = \frac{1}{1-\alpha\%} I_{fN} \qquad (11-19)$$

其中，I_{fN} 为励磁电流的额定值。改变短路匝数，就可以得到一系列的不同短路匝数下的励磁电流，从而得到一系列的故障样本。同样也可以获得在不同运行工况下的故障样本。

$$I_f = \frac{1}{1-\alpha\%}I_{f0} \tag{11-20}$$

其中，I_{f0} 为故障前正常样本中的励磁电流，I_f 为转子绕组有 $\alpha\%$ 的绕组发生匝间短路时，I_{f0} 对应的负载状态下发电机的励磁电流。

用式（11-19）和式（11-20）就可以得到一系列发电机的故障样本。有了正常样本和发电机的匝间短路的故障样本，就可以进行网络的训练。

11.9.2　应用实例

实例 1：一台 50Hz、220V、5kVA 的微型发电机，试验发电机的转子有许多个抽头可以模拟转子绕组 10%、20% 匝间短路，采用文献中的正常运行样本以及试验中的故障样本，用神经网络可以对发电机的匝间短路故障进行诊断，并预测故障的严重程度。

用 BP 网络可以进行在各种不同的负载状况下对应的正常励磁电流的预测。当训练样本中有故障样本时，我们可以得出对故障严重程度的信息。

为了适应神经网络的应用，先将发电机的机端电压、有功、无功、励磁电流进行了数据的预处理。由于激励函数采用的是 Sigmoid 函数，而不是阶跃函数，因而输出层各神经元的实际输出只能趋近 1 或者是 0，因此设置各训练样本的理想输出时，只能近似取为 0 或者 1，因此对于正常运行的样本，在这个例子中取了 0.2，网络故障时的输出也进行了处理[184]，见表 11-32。

表 11-32　神经网络输出的处理

发电机状态	输出	发电机状态	输出
正常	0.2	20%转子绕组短路	0.8
10%转子绕组短路	0.5		

为了直接获得故障严重程度的信息，在诊断的子程序中将神经网络输出按照式（11-21）转换为转子匝间短路的百分数：

$$匝间短路所占百分数 = \frac{输出 - 0.2}{3} \times 100\% \tag{11-21}$$

神经网络采用的是 4—10—1 的结构，学习步长采用的是自适应学习步长。允许误差为 0.009：

表 11-33 训练样本中不包括检测样本，表 11-34 的诊断结果说明当训练样本中有大量的正常样本并且有故障样本时，将训练好的网络用于转子绕组匝间短路故障诊断，对于正常的转子和故障的转子都可以得出比较理想的结果。

表 11-33　训练样本

机端电压	有功	无功	励磁电流（测量值）	输出
227.2/220	985.5/5000	924.4/5000	6.11/20	0.2
229.8/220	1023.5/5000	1545.2/5000	7.08/20	0.2
229.0/220	972.9/5000	2276.7/5000	8.12/20	0.2
230.2/220	968.0/5000	2936.4/5000	9.08/20	0.2

（续）

机端电压	有功	无功	励磁电流（测量值）	输出
233.4/220	966.2/5000	3597.2/5000	10.08/20	0.2
229.3/220	1833.1/5000	507.6/5000	6.08/20	0.2
231.1/220	1932.4/5000	1243.5/5000	7.07/20	0.2
234.2/220	1847.6/5000	2032.8/5000	8.11/20	0.2
234.6/220	1820.5/5000	2771.9/5000	9.11/20	0.2
237.8/220	1806.6/5000	3488.6/5000	10.11/20	0.2
234.7/220	1171.9/5000	3714.8/5000	10.13/20	0.2
233.6/220	1176.3/5000	2987.5/5000	9.07/20	0.2
232.2/220	1210.4/5000	2333.7/5000	8.13/20	0.2
231.4/220	1205.5/5000	1592.0/5000	7.10/20	0.2
230.3/220	1234.3/5000	882.4/5000	6.10/20	0.2
229.1/220	1251.5/5000	159.4/5000	5.04/20	0.2
231.1/220	1690.6/5000	629.8/5000	6.14/20	0.2
233.3/220	1683.1/5000	1332.9/5000	7.09/20	0.2
233.1/220	1702.1/5000	2094.7/5000	8.05/20	0.2
234.9/220	1653.9/5000	2803.0/5000	9.08/20	0.2
225.7/220	979.9/5000	1212.4/5000	7.07/20	0.8
227.2/220	903.0/5000	1849.7/5000	8.14/20	0.8
230.2/220	900.0/5000	2436.6/5000	9.12/20	0.8
231.7/220	890.7/5000	3133.3/5000	10.15/20	0.8
227.2/220	1810.7/5000	153.0/5000	6.05/20	0.8
229.4/220	1848.8/5000	854.1/5000	7.07/20	0.8
230.9/220	1811.7/5000	1558.6/5000	8.12/20	0.8
233.5/220	1835.2/5000	2179.4/5000	9.09/20	0.8
232.5/220	1794.8/5000	2859.2/5000	10.11/20	0.8
234.9/220	1205.3/5000	3560.5/5000	10.34/20	0.5
235.1/220	1240.8/5000	3155.3/5000	9.76/20	0.5
232.4/220	1223.4/5000	2514.3/5000	8.74/20	0.5
230.8/220	1240.6/5000	1767.4/5000	7.64/20	0.5
231.6/220	1246.0/5000	1020.1/5000	6.54/20	0.5
232.1/220	1679.2/5000	785.8/5000	6.56/20	0.5
232.5/220	1679.2/5000	1524.9/5000	7.58/20	0.5
233.1/220	1702.7/5000	2094.7/5000	8.57/20	0.5
234.7/220	1665.8/5000	3000.3/5000	9.68/20	0.5
236.6/220	1657.8/5000	2504.8/5000	10.32/20	0.5

表 11-34　诊断样本及其结果

机端电压/V	有功/W	无功/Var	励磁电流 I_{ft}/A	输出	转换后结果	实际状态
224.4/220	951.1/5000	260.6/5000	5.10/20	0.182	−0.59%	正常
238.7/220	1648.3/5000	3506.6/5000	10.03/20	0.181	−0.63%	正常
226.1/220	920.2/5000	611.3/5000	6.11/20	0.855	21.8%	20%短路
229.6/220	1253.6/5000	267.1/5000	5.45/20	0.585	12.84%	10%短路

　　由于转子绕组匝间短路的故障样本很难获得，下面采用磁动势平衡的分析结论，利用额定运行的参数获取故障样本。基于发电机端电压一般维持在额定电压，训练网络采用 3-4-1 结构，输入为有功、无功和励磁电流，输出为短路匝数占总匝数的百分数。

　　实例 2：采用文献 [180] 发电机参数，见表 11-35，取其正常运行的样本。额定运行工况下的故障样本见表 11-36，进行网络训练，然后进行故障诊断，诊断样本见表 11-37。表中实际 α% 为在动模实验室人为短接转子绕组匝数占总匝数的百分数。ANN 采用 BP 网络，激活函数采用 S 型函数。发电机的有功、无功、励磁电流均以标幺值表示。利用 C++语言计算结果见表 11-37，可以看出 BP 网络诊断的结果与实际情况基本相符。

表 11-35　试验电机参数

型号	额定电压/V	额定电流/A	功率因素	转子电流/A	w_f/匝
MJF-30-6	400	43.3	0.8	2	100

表 11-36　故障样本

$P(*)$	$Q(*)$	$I_f(*)$	$\alpha(\%)$
1	1	1.053	5
1	1	1.111	10
1	1	1.25	20
1	1	1.429	30

表 11-37　ANN 诊断结果与实际结果的比较

$P(*)$	$Q(*)$	$I_f(*)$	实际 α%	α%
0.42555	0.51906	0.963	1.21	2.56
0.4295	0.5102	0.9771	3.91	4.86
0.4289	0.5054	0.99832	6.07	7.00
0.4325	0.5001	1.02026	10.06	9.48
0.4309	0.4899	1.06012	12.93	13.32
0.4168	0.4678	1.0765	14.83	15.50

　　检验样本有 6 个见表 11-37，前 4 个检验样本对应的正常样本参与了网络的训练，后两个检验样本对应的正常样本没有参与。用于网络训练的故障样本均是利用在故障前后有功无功维持不变的条件下，发电机的磁动势维持不变，直接获取的。从诊断的结果来看，方法是适用的，实现了故障严重性的直接获取，解决了故障诊断中故障样本难以获取的难题。

　　两个实例的训练样本都是来自试验电机，在实际运行的发电机由于现场的各种干扰，在数据的预处理等方面需要进一步的研究。

11.10　基于定子绕组探测转子绕组故障的诊断

目前，国内外常用的转子绕组匝间短路在线方法是微分线圈动测法及在此基础上的改进方法。该方法的基本原理是转子绕组匝间短路时，转子绕组漏磁场发生变化，利用安装的探测线圈，探测漏磁场变化波形。该方法的不足在于转子绕组漏磁场很弱，易受干扰。在发电机空载及三相对称短路情况下，探测效果较明显；发电机负载运行时，由于电枢的反应，探测效果不明显。

下面通过对汽轮发电机转子线圈匝间短路的电磁特性进行分析和计算，提出转子绕组匝间短路时，转子绕组主磁场变化比漏磁场明显，用定子绕组作为探测线圈，识别转子匝间短路故障。

1. 正常情况下转子磁场的分析

对于励磁绕组，它通入的是直流电流，所以产生的磁动势较为简单。由于隐极同步电机的转子是圆柱形的，所以根据磁动势积分的方法可以看出励磁磁动势的曲线为一阶梯形波。它是由各槽内线圈所产生的磁动势叠加而成。中间的大齿部分没有励磁绕组，所以磁动势保持不变。阶梯波磁动势的最大值为 $F_f = w_f I_f$，其中 w_f 是转子线圈每极的匝数，I_f 为励磁电流。由于空气的磁导率比铁心的磁导率小得多，所以空气隙磁路的磁阻比铁心磁路的磁阻要大得多。如果把铁心磁路的磁阻都忽略不计，可以认为整个磁回路的磁动势 $w_f I_f$ 都消耗在空气隙上了。图 11-91 是隐极同步电机的励磁磁动势分布图。

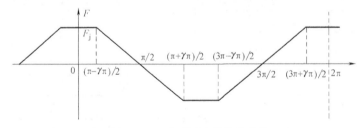

图 11-91　励磁磁动势分布简化

正常情况下，若将磁动势的阶梯波简化为梯形波考虑，这个转子的磁动势在空间 2π 角度内是关于纵坐标轴对称分布的，为一个标准的偶函数。同时它也是一个周期函数，因此对于正常情况转子的磁动势波形进行傅里叶分析，它的傅里叶级数展开式中只含有余弦分量中的奇次谐波分量，不含有正弦分量、直流分量和余弦分量中的偶次谐波分量。

2. 短路情况下故障部分的磁场

匝间短路发生后，由于励磁绕组的有效匝数减少，将会导致磁动势的局部损失，从而使有短路磁极的磁势峰值和平均值减少。考虑对应于转子一个极（N 极）附近距离大齿最近的一个线槽内一匝短路的情况。这种一匝短路的情况是转子绕组最轻微的短路情况，即有效节距最小的一匝金属性短路。因此可以近似考虑转子的励磁电流并未发生明显变化，视为短路匝中流过一个与正常情况相反的励磁电流 $-i_f$，它所产生的磁动势即为 $\Delta F'_f = -i_f \Delta w_f = -i_f$（这里 $\Delta w_f = 1$）。若 γ 表示每极嵌放绕组部分与极距之比，则 $\gamma\pi$ 是嵌放绕组部分（小齿部分）所占角度，用 β 表示槽间角（其中 $\beta = \dfrac{\gamma\pi}{2n} = 0.04545\pi$）。短路线匝产生的磁动势分布图如图 11-92 所示。

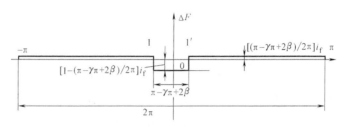

图 11-92　短路线匝磁动势分布图

3. 转子匝间短路后定子绕组一相并联支路的电压差和环流

发电机发生匝间短路后，由于磁动势的波形变化，产生了较高次频率的谐波分量，必然会对磁场发生影响，进而使得定子侧电气信号发生改变，产生异于正常情况下的某些信号特征。其中转子匝间短路后定子绕组一相并联支路的电压差和环流变化明显，这些特征可以作为检测故障信号的有效手段，并应用于故障检测技术。

所以通过测量发电机定子一相并联支路的电压差和环流的信息就可以得到转子绕组匝间是否发生了短路情况。

4. 试验验证

文献［180］采用华北电力大学动模实验室 MJF-30-6 模拟同步发电机进行转子绕组匝间短路实验。通过实验获取电气状态监测量，将两条并联支路反串入传感器内测量，空载情况下任意一条并联支路的电流值就是环流，并网带负载条件下两条并联支路电流差值就是环流大小。若在两条并联支路间接一个电压传感器，其中的电压差值也能反映电气参量的较高次谐波。

并网带负载情况下保持定子电流为 10A，发电机有功输出为 10kW，无功功率为 5kVar。维持有功和无功基本不变，从图 11-93 中可以看到，突然短路的发生使得定子一相并联支路的电压差和环流增大。短路的突然消失后，异常电气量的变化也随之消失。证实了转子绕组发生匝间短路后，确实引起定子侧不平衡电气量的出现。从图 11-93 还可以很明显地看到转子绕组发生匝间短路故障后，定子一相并联的两条支路之间存在着偶次谐波的环流，其大小随短路严重程度上升。同样从表 11-38 和表 11-39 可以看到，定子环流的 2 次谐波大小随短路的严重程度的增加而增大，呈现函数关系。表 11-38 和表 11-39 分别显示了空载和并网带负载两种状态下，发电机转子绕组匝间短路发生后，定子侧一相并联两条支路之间的环流和电压不平衡值的大小。可以明显看到两种状态下，环流和电压差都有随故障严重程度增加的明显趋势，而以空载条件下的趋势更为明显。

表 11-38　空载条件下转子绕组匝间短路时定子侧一相并联支路环流和电压差

	正常情况	短路 0.25%	短路 1%	短路 2.5%	短路 5%	短路 10%	短路 15%
$I_{2/1}$/%	9.821	13.295	20.139	24.747	26.122	29.024	57.972
$U_{2/1}$/%	5.460	19.328	20.154	35.542	70.388	237.169	279.188

注：$I_{2/1}$ 为环流 2 次谐波和基次幅值大小关系；$U_{2/1}$ 为电压差 2 次谐波和基次幅值大小关系。

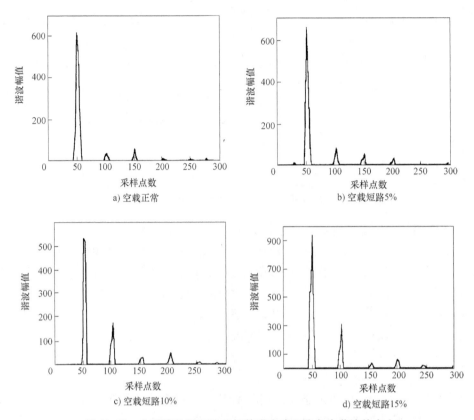

图 11-93 空载情况下定子一相并联支路环流各次谐波的大小

表 11-39 并网条件下转子绕组匝间短路时定子侧一相并联支路环流和电压差

	正常情况	短路 1.17%	短路 2%	短路 5%	短路 7.5%	短路 10%	短路 15%
$I_{2/1}$/%	1.024	1.213	1.457	2.254	3.210	4.962	5.231
$U_{2/1}$/%	6.254	13.328	33.213	114.363	120.681	123.822	211.545

注：$I_{2/1}$ 为环流 2 次谐波和基次幅值大小关系；$U_{2/1}$ 为电压差 2 次谐波和基次幅值大小关系。

11.11 基于探测线圈与小波分析的发电机转子故障在线监测技术

由于探测线圈上感应的电动势波形除了受转子齿谐波的影响外，还受诸多因素的影响，特别在负载工况下，从探测线圈感应的电动势波形上，很难发现畸（突）变点，但对该电动势信号进行一阶微分后得到的波形，经小波变换处理后，则容易发现畸（突）变点。因此，采用小波分析法对电动势波形的一阶微分信号进行处理，通过发现信号畸（突）变点及小波变换幅值极大值处，判断匝间短路故障的存在及故障点的位置。

实例数据取自某电厂汽轮发电机实际运行时转子绕组匝间短路信号。采样频率为50kHz，为了分析方便，取半个周期信号分析。

图 11-94a 为发电机转子绕组匝间短路时探测线圈上实测的电动势信号（已经过消噪处理）及其微分信号和傅里叶变换的频谱；图 11-94b 为微分信号小波分解的低频部分和高频部分重构的信号。该转子二极共有 32 个槽，每极 16 个槽。图 11-94a 中的"原始信号"为

对应一个极在探测线圈上感应电动势的波形。从图 11-94a 中的"原始信号"无法看出故障点。由于傅里叶变换将信号变换成纯频域中的信号，使它不具有时间分辨的能力，故对信号在时域中的畸变点无法检测出来，所以从对"原始信号"进行傅里叶变换后的谱图中无法获取匝间短路的信息。而图 11-94b 是选用 db_1 作为小波函数，对微分信号进行 2 层小波分解，然后分别对高、低频部分进行单支重构后的波形图。用小波对信号进行分解，提取故障点模量极大值特征。通过模量极大值特征来重构信号本身，能保留信号的主要特征。d_1，d_2 是对高频部分进行单支重构的波形图，ca_2 是对低频部分进行单支重构的波形图。

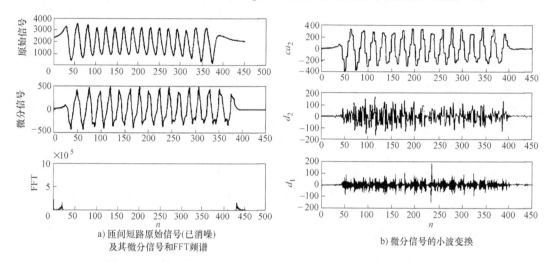

a) 匝间短路原始信号(已消噪)
及其微分信号和FFT频谱

b) 微分信号的小波变换

图 11-94 转子绕组匝间短路时探测线圈上的电动势信号及小波变换

虽然感应电动势"原始信号"波形外观上是较光滑的曲线，但是该信号具有一阶微分且有突变。将该信号进行小波分解及重构后，第一层高频部分 d_1 重构后的波形图将信号的突变点显示得相当明显。从图 11-94 中看到，该波形图在采样点 240 附近，有明显的突变，可清晰地看出该处对应感应电动势波形的具体位置，即故障点为 9 号线圈。

这台发电机转子在制造厂内拆出绕组检查时，发现 9 号槽线圈匝间短路，证明了该方法的可靠性。

需要说明的是，虽然用小波分析的方法可以进行发电机转子绕组匝间短路故障的在线检测，而且实例也证明该方法不仅可以判断故障的存在，而且可以准确地检测出故障的具体槽位。但是由于发电机转子绕组匝间短路的情形相当复杂，如：电枢反应、负载波动、磁路饱和等因素都会影响检测的灵敏度。所以为了适应各种工况下的在线检测，还要对汽轮发电机转子绕组匝间短路在线检测的课题进行更深入更精确的研究。

第12章　发电机漏水、漏氢、轴电压问题

发电机在运行中产生能量损失要转变为热量，这些热量如果散发不出去，将会使发电机温度升高，绝缘物质变质老化，威胁机组的正常运行。现代大型机组基本使用水或氢气作为冷却介质，水或氢气泄漏是大型发电机比较常见的现象，特别是一些运行时间较长的发电机。因此，本章将介绍发电机漏水、漏氢的研究成果，分析发电机漏水、漏氢的原因和漏水、漏氢故障的查找方法。

在汽轮发电机运行中，由于某些原因引起发电机组大轴上产生了电压，称为轴电压。如果对轴电压的抑制和防护措施不当，将会在发电机轴承、轴瓦、齿轮等部件产生有害的轴电流，造成损伤。另一方面，轴电压也反应电机的某些故障，因此，本章研究轴电压的检测和利用轴电压进行电机故障的诊断。

12.1　定子绕组漏水故障

统计资料表明，采用水直接冷却的发电机定子因漏水造成的事故或故障占有相当的比重。众所周知，一旦定子发生漏水故障，往往会造成严重的后果，轻者威胁机组的安全运行，重者烧毁发电机。因此，如何及时发现漏水以及如何防止漏水的发生，都有着极其重要的意义。

12.1.1　漏水部位及原因分析

1. 漏水的部位和种类

定子绕组采用水直接冷却的发电机，按漏水部位的不同大致可分为以下几种情况。

（1）空心导线间的并头封焊处漏水

故障实例：A电厂的一台上海电机厂生产的QFS-50-2型50MW发电机，1974年底投运。1987年11月大修做定子绕组回路的水压试验时，发现近30处渗漏水。其中大部分渗漏水部位距通水并头铜盒边缘约30~50mm处，从空心导线的股间缝隙渗漏出水。如图12-1中所示的A区域；也有少数的漏水部位在通水铜盒的边缘，如图12-2中所示的B区域。

（2）空心导线断裂漏水

如T电厂的2号发电机，QFQS-200-2型，容量为200MW，哈尔滨电机厂制造，1985年投运。1987年11月24日，运行中发现定子绕组内冷水水压升高，流量降低，经分析判断为漏水。停机检查，发现25号上层线棒端部压板松动，空心铜线断裂4根、漏水1根；实

心股线断裂6根。

（3）聚四氟乙烯引水管漏水

聚四氟乙烯绝缘引水管漏水，通常由于绝缘引水管本身磨破，制造质量不良有砂眼，以及金属接头件的装配工艺不良等因素引起。

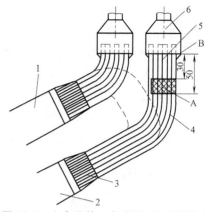

图12-1　A电厂的一台QFS-50-2型发电机定子绕组焊接漏水部位

1—下层线棒　2—上层线棒　3—增股封焊
4—空心铜线　5—股间封焊　6—通水铜盒

例如，H电厂的1号发电机，QFSN-200-2型，容量为200MW，哈尔滨电机厂制造，1986年12月投入运行。1988年3月，在运行中发现内冷水箱内有氢，停机后用氟利昂检漏，发现有20多个绝缘引水管与汇水管连接的螺帽经运行后退了半扣至一扣，致使氢漏至内冷水内。

Z电厂的1号发电机，QFQS-200-2型，容量为200MW，北京重型电机厂制造，1988年12月投运。1996年11月6日，运行中定子内冷水出现漏氢，漏氢量严重超标，高达$90m^3$/天。经查得A相出现处一根聚四氟乙烯绝缘引水管开裂漏氢，系管材不良所致。

（4）其他部位漏水

A电厂10号发电机，QFQS-300-2型，容量为300MW，东方电机厂制造。在1998年带满负载试运行消缺过程中，检查发现发电机内部励侧中性点引出线C相Z2接线盒漏水，其漏水点为连接接头侧面有一砂眼，属焊接质量不良。

2. 漏水原因分析

（1）焊接质量不良

空心导线间的并头封焊处漏水大都是属于质量不良所造成。发电机空心导线组封焊，难度较大，尤其在电厂检修时，发电机定子无法转动，更增加了某些部位线棒焊接的难度。为此，电厂检修时应选派经验丰富的高级焊工进行焊接。焊接时焊料要选用磷银铜焊条，既要焊透，又不能过烧。

（2）绝缘引水管磨损

绝缘引水管磨损系指绝缘引水管彼此间的磨损、绝缘引水管与定子绕组引出线（包括极间的连线）的相互磨损，以及绝缘引水管与内端盖的相互磨损。

定子绕组绝缘引水管的磨损漏水常常发生在励端。两极、3000r/min的汽轮发电机，定子绕组共有12个出线头（包括极相组间的连线），有的绝缘引水管会与这12个出线头相碰。有的是由于装配时工艺粗糙、绝缘引水管长度不合适，造成绝缘引水管彼此相碰，在运行中相互摩擦，甚至磨穿引水管管壁，造成漏水。

（3）绝缘引水管制造质量不良

有的绝缘引水管从外表看没有异常，装上后水压试验合格，但运行一段时间后便发生漏水，检查发现绝缘引水管管壁上有砂眼。

（4）绝缘引水管的接头件间的安装施工工艺不良

（5）空心导线质量差

由于出厂检查不严，有的定子空心导线表面裂纹长度超过$150\mu m$情况时有发生。这些带有裂纹的空心导线经整形、换位、焊接等工艺过程后，裂纹的长度和深度会进一步扩展。特别在鼻部，若固定不牢，在100Hz的振动力作用下，会引起导线疲劳断裂和漏水。

（6）定子绕组端部固定差

大量的事故统计资料表明，大容量发电机事故的发生部位大多是在定子绕组的端部。定子绕组的端部是发电机最为薄弱的地方。尤其是有的电机厂早期生产的容量为200MW的水氢氢型发电机，其定子绕组端部采用18块压板结构，端部固定差，尤其是鼻部固定差，形成鼻部为事故高发区。究其原因，就是因为定子绕组端部固定差，线圈鼻部固定差造成的。

12.1.2 漏水部位的查找/诊断

定子线棒漏水分为静态及动态两类，静态漏水发生于定子水接头密封不严，焊接处焊接质量不好，空心铜线有缺陷，定子绝缘引水管材质不好有裂纹或小孔等。发电机进行密封试验时即可发现静态渗漏。动态漏水系发电机运行后由于动应力、热应力产生的渗漏水，如空心铜线断裂、定子绝缘引水管磨碰等。氢水冷发电机因氢压高于水压，定子内冷水箱中一旦发现含氢量增大，就是漏水已产生的警示。

水直接冷却的发电机定子绕组，制造厂在出厂前、安装交接以及机组大修时，均要进行水压试验，以检验定子绕组水路的严密性。这是一项十分细致的工作，稍有疏忽，会造成十分严重的后果。

1. 测量焊接头绝缘外表面的对地电位诊断漏水部位

（1）工作原理

定子绕组水压试验之后，测量绕组焊接头绝缘外表面的对地电位或焊接头绝缘的泄漏电流是发现焊接头是否有轻微渗漏水的有效手段。众所周知，由于焊接头所处的具体位置不同，在水压试验时，仅凭水压的变化和肉眼观察及手摸，对轻微渗漏水部位有时是不容易发现的，会造成漏检。但采用测量焊接头处绝缘外表面的对地电位或焊接头绝缘的泄漏电流却能有效地检测出渗漏水的焊接头。

由于绕组焊接头处的绝缘是手工包扎的，加上鼻部形状复杂，绝缘层的整体性和密实性差，一旦焊接头有渗漏水，水压试验之后，其绝缘层会积有水分和潮气，使绝缘沿厚度方向的强度（以下简称绝缘强度）降低。漏水越严重，绝缘强度降低越大。当定子绕组铜导体外加电压值一定时，绝缘层外表面对地电位的高低与绝缘强度有着直接关系，绝缘强度越高，其外表面的电位越低，反之越高。在极端情况下，绝缘的强度为零，这时测得的绝缘层外表面对地电位便是定子绕组铜导体所加的电压值。

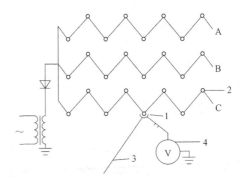

图 12-2 绕组焊接头绝缘表面对地测量示意图
1—导体帽 2—水电焊接头 3—绝缘棒 4—高内阻电压表

测量定子绕组焊接头绝缘表面对地电位的示意图如图 12-2 所示。

为了提高测量的准确性，各个焊接头的测量位置应相同。因此，在加电压之前，应在每个焊接头的绝缘层外表面包一层铝箔，且铝箔应紧贴绝缘外表面。在测量时，使绝缘棒顶端的导体帽与铝箔相接触。操作绝缘棒的试验人员应做好人身安全保障措施。

定子绕组绝缘层外表面电位的高低不仅与绕组铜导体外加电压的大小有关，定子绕组端部绝缘的表面脏污程度也会影响其表面电位的高低，电压表内阻的大小同样会影响被测点对地电位的高低。为了使电压表的接入对原电位分布不产生明显的影响，一定要选用高内阻的电压表。

（2）诊断实例

利用上述方法对一台 QFS-300-2 型绕组的焊接点外表面对地电位实测结果见表 12-1。

表 12-1　QFS-300-2 型绕组焊接点外表面对地电位实测

焊头号	1	2	3	4	5	6	7	8	9
电压值/kV	16.5	3.3	4.0	3.5	2.0	1.7	2.7	2.5	1.8

由表 12-1 可知，1 号焊接头绝缘外表面对地电位较其他焊接头高得多。将 1 号焊接头外的绝缘剥去，发现绝缘内部潮湿，且铜线外表普遍有铜绿，说明该焊接头有渗漏水现象。

因该试验是在焊接头外包有绝缘的状态下进行的，一旦经试验确认某焊接头有渗漏水时，应剥去绝缘后再作水压试验，准确找出该焊接头渗漏水的具体位置，以便重新焊接。

2. 测量焊接头绝缘的泄漏电流

利用测量焊接点外包绝缘层的泄漏电流值大小，可以直接反映绝缘层绝缘强度的高低。当绝缘层上外加的直流电压一定时，若测得的泄漏电流大，则说明绝缘强度低，焊接头可能存在着渗漏水隐患；反之，若泄漏电流小，则绝缘强度高，焊接头焊接完好，无渗漏水迹象。

其测得的方法是这样的，首先在每个焊接头的绝缘层外表面包一层铝箔或锡箔，且每个接头所包的铝箔长度应尽可能相近或相等，并应紧贴绝缘外表面。既可以用正向加压法测量，也可以采用反向加压法测量，两者的结果是一致的。所谓正向加压法，即在定子绕组的铜导体上加额定值的直流高压，其外包的铝箔经微安表接地，其接线示意图如图 12-3a 所示。所谓反向加压法，即在外包的铝箔上加额定值的直流高压，定子绕组铜导体经微安表接地，其接线示意图如图 12-3b 所示。

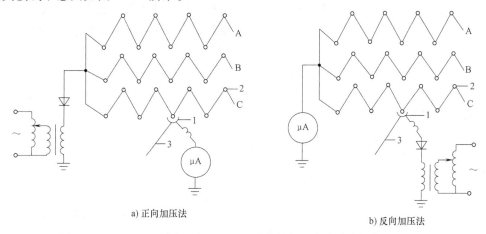

a) 正向加压法　　　　　　　　　　b) 反向加压法

图 12-3　测量定子绕组焊接头绝缘的泄漏电流接线示意图

1—焊接头外包铝箔　2—水电焊接头　3—绝缘棒

泄漏电流法比较直观，受干扰因素少。但采用反向加压法时，其高电压暴露在外，应格外注意人身安全。选用泄漏电流法时，试验设备的安全保护应更可靠，尤其是测量泄漏电流的微安表必须有相应的安全保护。

需说明的是，经表面电位法或泄漏电流法测量认为有问题的焊接头，并不都是由于焊接头存在渗漏水造成的；有部分接头是由于绝缘包扎工艺不良，造成水分由外部进入绝缘层内所致。像这种因绝缘包扎工艺不良所致的隐患，经重新包扎后便可恢复正常。

表 12-2 列出了国家电力公司行业标准 DL/T 596—1996《电力设备预防性试验规程》中关于容量为 200MW 及以上的国产水氢氢汽轮发电机定子绕组端部绝缘表面电位法和泄漏电流法的判断标准。

表 12-2　容量 200MW 及以上的国产水氢氢汽轮发电机定子绕组端部绝缘表面电位法和泄漏电流法的判断标准

试验周期	测试部位	判断标准（测试结果一般不大于以下所列数值）		
1）投产后 2）第一次大修时 3）必要时	手包绝缘引线接头，汽机侧隔相接头	20μA；100MΩ 电阻上的电压降值为 2000V		
	端部接头（包括引水管锥体绝缘）和过渡引线并联块	30μA；100MΩ 电阻上的电压降值为 3000V		
新机投产前或现场绝缘处理后		不同额定电压下之限值		
	手包绝缘引线接头，汽机侧隔相接头	15.75kA	18 kA	20 kA
		10μA 1000V	12μA 1200V	13μA 1300V
	端部接头（包括引水管锥体绝缘）和过渡引线并联块	15μA 1500V	17μA 1700V	19μA 1900V

3. 用氟利昂检漏

将定子绕组水回路内充以氟利昂气体，然后用氟利昂检漏仪对接头逐个进行检测。实践证明，有时水压试验未查出的漏点，用氟利昂检漏能找出。

充氟利昂的过程应缓慢进行，并加接充气延长铜管防止线棒因聚四氟乙烯接头突然降温造成泄漏，充气过程中应多次停顿，让环境温度对充气管道进行升温，防止管道结露并保证管道入口温度无剧烈变化。整个充气过程要监视线棒温度，使线棒确无明显降温现象发生，以保证绕组的安全。具体操作方法参见电力行业标准 DL/T607—1996《汽轮发电机漏水、漏氢的检验》。

4. 基于湿度传感器的漏水在线诊断

（1）工作原理

图 12-4 是基于湿度传感器的漏水在线诊断原理图。装置中使用氯化锂湿敏电阻 R_1 作为湿度传感器。较小的湿度变化能导致电阻 R_1 相当大的变化，一旦机内因漏水或其他原因导致湿度上升时，R_1 便随之减小，致使直流回路电流增加。湿度达报警值时电流在 R_2 上压降增大，使报警回路的场效应管导通，继电器动作报警。

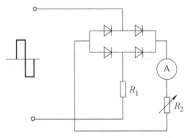

图 12-4　湿度传感器漏水在线诊断原理

R_1—湿敏电阻　R_2—可调电阻

（2）诊断实例

某电站 4 号、5 号内冷发电机安装以上漏水检测报警装置，曾多次检出异常情况，见表 12-3。

表 12-3 某电站漏水诊断实例

机号	报警日期	报警整定湿度(%)	故障时湿度(%)	原因
4	1977. 2. 4	50	52	进风温度偏低,湿度过大,端部磁屏蔽已大量附着水珠
5	1979. 4. 25	60	100	转子出水盒甩水,由机壳端接缝处进入机内
5	1979. 6. 1	60	90～100	空气冷却器结露,风室内地面积水

12. 1. 3 近期发生的发电机定子漏水原因及对策

1. 某 100MW 发电机定子漏水原因及对策

某电厂 2 号发电机为北京重型电机厂生产，型号为 QFS-100-2 型，有功功率为 100MW，冷却方式为水-水-空。1996 年 7 月投产，2001 年发生首次漏水故障，至今共发生了 4 次漏水故障。

（1）2 号发电机 4 次漏水故障情况

1）故障停机时间：2001-10-19，漏水位置：发电机端部励侧第 56 槽上部线圈一空心导线渗水，为一小裂纹，至通水并头铜盒约为 25mm。

2）故障停机时间：2002-08-07，漏水位置：发电机第 57 槽上层一空心导线渗水，至通水并头铜盒约为 20mm。

3）故障停机时间：2002-12-05，漏水位置：发电机端部励侧第一槽下层线棒空心导线与通水并头铜盒焊接处漏水。

4）故障停机时间：2002-12-30，停水位置与第 3 次相同。

（2）漏水原因分析

1）空心导线本身存在缺陷，加工时存在残余应力。

2）2 号发电机端部振动一直较大，6 号瓦（发电机励侧）在 2001 年时振动记录中最高值达水平振动为 130μm，轴振动达到 260μm，主要为 6 号瓦台板有松动，导致发电机励侧端部振动大，2002 年大修中发现端部励侧绑线有一处断裂，并在大修中对振动问题做了处理，6 号瓦地基重新浇灌加固，使 6 号瓦振动降至合格。

3）焊接质量问题。第 3 次漏水原因为制造时焊接不好，工艺质量差，第 4 次漏水是由于前次焊接没有焊透。客观上漏水部位位于发电机端部励侧第一槽下层线棒空心导线与通水并头铜盒焊接处，且在发电机的下部，焊接困难。

4）加减负载快慢的影响。第二次故障停机前，对 2 号发电机漏水与加减负载的联系作了试验，在加减负载较快（6MW/min 以上）的情况下，漏水光字频繁发出，而在加减负载平稳且较慢（3MW/min 左右）的情况下，漏水光字不易发出，说明在负载变动较快情况下，发电机振动及空心导线与实心股线的热胀冷缩差问题，导致漏水明显。可以说加减负载平稳且较慢在一定程度上将缓解漏水故障的发生。

（3）防漏措施

1）消除发电机端部振动，定子绕组的端部固定牢靠，使其固有振动频率避开 100Hz。

2）发生漏水后处理时，要保证焊接质量，特别是空心导线的并头封焊处，要采用磷银铜焊条，要焊透，焊料要填满。

3）发电机加减负载速度均匀。

4）高阻检漏仪动作后，检修一定要查明原因。如外部及检漏仪本身均无问题，应对发电机进行水压试验，以便于找出漏点，及早处理。如检漏仪频繁动作，则要采用专人蹲点，捕捉漏点，严禁将检漏装置退出运行。加强对检漏装置的维护和定期检查，并对 2 号发电机加装湿度差动检漏仪。

5）尝试用测量焊接头绝缘外表面对地电位的方法，打水压后，在定子绕组上加额定直流电压，用高内阻的电压表依次测量定子绕组焊接头外表面的电压，电压较高者可能有漏水现象。

2. 某 600MW 汽轮发电机定子绕组水电接头泄漏分析

（1）故障现象

某电厂 2# 发电机，型号为 QFSN-600-2，水-氢-氢冷却方式，定、转子 F 级绝缘，1992年 6 月投产，经历 12 次检修。该发电机 2003 年检修发现定子绕组水系统气密试验不合格，当时怀疑定子绕组泄漏，因继续查找泄漏点的条件受限，没有能够继续检查处理。机组投运后发现定子水箱存在压力，后确认为氢气[209]。

2004 年 12 月大修，重点对发电机定子绕组水系统进行检查、试验。在做定子绕组水路气密试验时，发现励侧 39 槽等 6 处水电接头处漏气。后确定为定子绕组：励 39 下、励 23上、汽 20 上三处漏水，励 5 上、汽 6 下、汽 40 下三处漏气但不漏水，励 16 下、励 23 上、C 相出线、汽 10、汽 29、汽 23、汽 35 等七处存在可疑漏点。拆开漏气的水电接头主绝缘发现是水电接头水盒处漏水。具体水电接头漏水点位置如图 12-5 所示。经过几次气密、水压试验，分析认为水盒处泄漏存在空心导线泄漏和水盒泄漏两种可能。在现场彻底处理空心导线和水盒泄漏，必须更换新绕组，在施工条件、时间上很难满足。对空心导线封堵处理又影响发电机安全运行裕度。在经过充分的技术论证后，制造厂认为先处理漏水的励 39 下、励 23 上、汽 20 上三只定子绕组水电接头，机组暂时先投入运行，然后再尽快拿出彻底解决的办法。

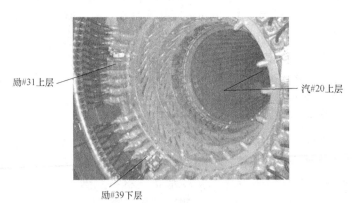

图 12-5　发电机定子绕组漏水点分布

（2）原因分析

1）发电机定子水系统污染严重。从检查情况分析：定子冷却水系统自身污染导致整个定子水系统的污染，自身污染来自补充水的水质、定子绕组铜材的腐蚀剥离；在执行定子水换水标准上存在差异，在没有出现铜饱和的情况就换水即一旦铜超标即换水，将加速定子绕组铜材的腐蚀。

2）定子绕组水电接头漏水。首先定子绕组水电接头焊接存在质量缺陷、焊料没有完全熔合。2#发电机定子绕组采用的是首批国产600MW级绕组，在制造过程中还有很多技术难关需要攻克，其中就包括水电接头水盒的焊接工艺。维修人员在处理发电机定子绕组水盒漏水的时候，明显看到水盒的焊接存在砂眼、焊料不完全融合等缺陷，制造厂多位专家均予以认可；其次水电接头的水盒存在寿命失效，表面的铜被定子水腐蚀后焊接砂眼缺陷立即暴露；频繁地换定子水会加速发电机定子绕组水盒表面铜材的腐蚀剥离。

漏水点分布的无规则，说明水电接头焊接制造工艺缺陷分布是离散的（即使2#发电机定子绕组所有的水电接头均存在焊接砂眼、焊料不完全融合等缺陷）。虽然处理了明显的漏水点，但仍然有很多漏气不漏水包括可疑漏点没有得到有效的处理，经过定子水长期腐蚀可能在不久的将来随时会漏水。定子绕组水电接头一旦发生泄漏，一方面大量的氢气漏入定子水系统，会聚集在定子水箱里；另一方面由于汽水两相流的作用，定子水会通过泄漏的水电接头漏入定子膛内，很可能发生发电机定子绕组短路事故。

（3）修复方案

为了在机组大修期间完成缺陷处理，制定了详细的技术措施，主要工序如下：

1）拆除定子绕组主绝缘。

2）水压、气压试验交替，查找水盒漏点。

3）拆除故障处的绝缘引水管。

4）用湿石棉纸包裹绝缘并用湿石棉带缠绕固定，对补焊的绕组端部及邻近线圈绝缘进行防护。

5）拆除连接导线压紧L块和螺钉，用气焊枪加热并拆掉上、下层水电接头电连接导线和水盖。

6）查找水盒漏点缺陷。对水盒底部用刮刀进行清理，直到光亮。

7）用不锈钢楔子塞住空心导线，用焊枪对水盒缺陷进行补焊。加热过程中先对盒体和盒底预热，然后用HLAgCu80-5钎焊丝填料补焊。控制加热温度（不大于1200℃）和时间（7min），同一点的补焊不能超过3次。

8）补焊后清理水盒，对单只绕组参照JB/T 6228—2014（汽轮发电机绕组内部水系统检验方法及评定）做水压/气压试验。漏水处理合格。

9）处理其他水盒漏点，并合格。

10）甩开漏水绕组做其他绕组整体气压、水压试验。

11）用中频焊接恢复水盖。

12）对单只绕组再做水压、气压试验。

13）装配定子绕组上、下层间电连接导线，用中频焊机进行电连接锡焊。

14）定子绕组上、下层间电连接导线焊后金属探伤。

15）测量处理后的水电接头接触电阻。

16）恢复绝缘引水管。定子绕组水系统整体气密试验、水压试验。

17）测量定子绕组主绝缘，处理定子绕组整体主绝缘低缺陷。

18）恢复定子绕组端部主绝缘（手包绝缘）。

19）发电机整体气密试验，工作结束。

（4）修后性能测试数据

发电机大修后经过一个月的运行，通过跟踪分析，漏氢量在 $6\sim7m^3$/天，在定子水箱没有检测到氢气聚集。不同工况下监视发电机温度、定子绕组、定子进/出水、冷/热氢气温度与修前基本一致，符合制造厂的安全运行技术要求。

3. 近期 300MW 汽轮发电机定子线棒漏水故障诊断

（1）故障现象

某厂 1 号汽轮发电机由哈尔滨电机厂生产，型号为 QFSN-330-2，冷却方式是水氢氢冷却，额定功率为 330MW，额定电压为 20kV，额定电流为 11207A，功率因数为 0.85（滞后），该发电机于 2015 年 9 月进行年度 C 级检修，历史检修试验数据合格正常。

2015 年 9 月 30 日，进行 1 号发电机 C 级检修，发现 A、B 相绝缘电阻为 13GΩ，C 相绝缘电阻为 2GΩ，C 相绝缘电阻比 A、B 两相偏小，但也符合规程要求；A 相绕组施加 40kV 直流电压时，泄漏电流为 16μA，B 相绕组施加 40kV 直流电压时，泄漏电流为 17μA，但 C 相绕组施加 5kV 直流电压时，泄漏电流已有 30μA，泄漏在此电压下明显偏大，为防止绝缘击穿，不再继续加压，需要查明泄漏电流明显偏大的原因。

（2）试验诊断

在定子绕组本体无缺陷的情况下，发电机定子绕组直流泄漏超标可能是受潮或脏污所致，打开发电机出线盒入孔门进行清扫并投入内冷水电加热器进行烘潮，重做试验。试验数据见表 12-4。

发电机内冷水温达到了 50℃，线圈温度达到了 53℃，并仍在缓慢上涨，最高涨至 60℃。

表 12-4　1 号发电机清扫烘潮后的直流耐电压数据

绕组	绝缘电阻/MΩ	直流电压/kV	泄漏电流/μA	汇水管泄漏电流/mA
A 相	无穷大	5	0	10
		10	0	20
B 相	无穷大	5	0	10
		10	0	20
		15	1.2	30
		20	2	40
C 相	12（15s）	—	—	—
	9（60s）	—	—	—

注：空气湿度为 45%RH，环境温度为 21℃，发电机温度为 57.5℃。

从试验数据看，A、B 相绝缘电阻无穷大，泄漏值正常；C 相绝缘电阻低至 9MΩ，不合格。为排除仪器设备故障的干扰，更换另一套试验设备进行直流耐电压试验，试验数据与表 12-4 相似。

从 2 次试验数据可以看出，通过两套不同的试验设备、不同的试验人员进行试验，得出的数据基本一致，可以排除试验设备异常及人员操作失误，证实 C 相绕组确实存在故障。需要打开发电机端盖进一步排查，找出故障点。

发电机端盖拆开后，对发电机进行手包绝缘表面电位试验检查，发现励端11点钟位置37槽绝缘水盒在10kV时电位即有5200V，绝缘盒位置如图12-6所示，高于试验标准（加压20kV时低于3000V），其他部位手包绝缘表面电位在施加直流电压10kV时均不超过100V，判定37槽的手包绝缘存在绝缘缺陷。

随即对37槽水电接头绝缘盒进行拆除，拆除绝缘盒后发现有水渗出，通过对该水电接头绝缘盒的解剖检查可以判断该线棒的漏水点在线棒主绝缘内，并非在绝缘水盒内。

（3）故障线棒解体检查

通过查对1号发电机绕组连接图样，37槽绝缘盒的故障线棒对应的是26槽下层线棒，焊开励端37槽绝缘盒对应汽侧绝缘盒并分开6根空心铜线后，对空心铜线进行气压试验检查空心铜线的连通情况，试验结果如图12-7所示（汽、励侧的空心铜线编号均是从下往上编，由于空心铜线在线棒内存在换位，所以汽、励两侧铜线编号并非按序号对应）。

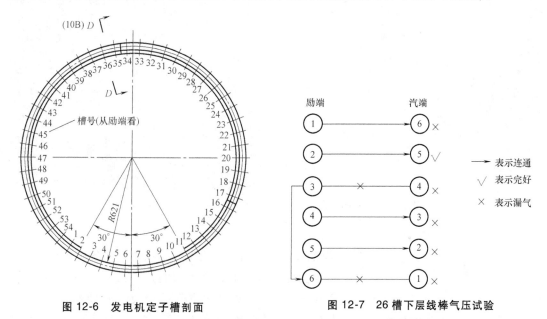

图12-6　发电机定子槽剖面　　　　　图12-7　26槽下层线棒气压试验

从图12-7可以看出，励侧③、⑥号空心铜线已经相通，与汽侧本身对应的线棒均存在堵塞，并且励侧①、④、⑤号空心铜线通但气压不能保持，说明有漏气现象。只有励侧②号空心铜线完好。结果表明26槽下层线棒存在多个露点，绝缘故障严重，必须更换线棒。

为查明故障原因，抬出26下层线棒进行解体检查，发现励端侧③、⑥号空心铜线有2根缺失分别为2cm、1.3cm；励端侧③、⑥号空心铜线堵塞的异物是本身铜线缺失的部分铜片。对应空心铜线缺失处线棒主绝缘有一处放电，但并未完全击穿，另有一根空心铜线存在一条长约为2.5cm的裂纹。铜线缺失处主绝缘有长约为50cm绝缘已被漏水浸泡分层，线棒解剖的结果可以验证气压试验的正确性。

针对26槽线棒解体后破损情况进行分析，励端侧③、⑥号线棒堵塞的异物不是来自于冷却水系统，而是空心铜线缺失部分，排除冷水质问题导致线棒腐蚀。线棒破损故障原因为空心铜线本身存在裂纹、凹坑等制造缺陷，在运行过程中由于线棒受到电磁力导致振动磨损，裂纹变大后渗水，水从裂纹处渗出，积聚在缺陷部分，将主绝缘泡发后引起主绝缘分层，线棒出现松散现象，在电磁力的作用下线棒局部振动和相互磨损，产生断裂及局部放电等现象，磨损后的残片卡在空心铜线中导致堵塞。

4. 双水内冷发电机定子漏水故障分析及处理

（1）故障经过

某发电有限责任公司有 2 台 135MW 发电机组，2016 年 11 月 11 日，2 号发电机定子集电环侧端部 13 号上层线棒拐角内侧处发生泄漏如图 12-8 所示。11 月 23 日，处理后 2 号发电机定子集电环侧端部 13 号上层线棒拐角处又发生大面积泄漏，水流造成 12 号上层线棒下侧短路如图 12-9 所示。发电机出线 53 根软连接及 5 个瓷瓶烧损。为避免再次发生事故，直接更换 12、13 号上层线棒。12 月 27 日，运行不到两周的 2 号发电机定子又发生 13 号上层线棒拐角处漏水事故，机组被迫再次停机。

图 12-8　13 号上层线棒拐角内侧漏点

图 12-9　12 号上层线棒下侧短路烧损

（2）检查及原因分析

2016 年 11 月 11 日，运行 10 多年的 2 号发电机第一次漏水，剥离定子集电环侧端部 13 号上层线棒绝缘，检查发现漏水由拐角内侧砂眼引起，委托某制造厂技术人员现场封焊处理。2016 年 11 月 23 日，处理后的 2 号发电机定子集电环侧端部 13 号上层线棒拐角处又发生大面积泄漏，再次委托某制造厂技术人员现场更换 13 号上层线棒及短路受损的 12 号上层线棒。2016 年 12 月 27 日，运行不到两周的 2 号发电机定子第三次发生集电环侧端部 13 号上层线棒拐角处漏水事故。为尽快处理，更换线棒后同一位置还在漏水，检修人员将 13 号上层线棒拐角处绝缘剥离进行详细检查分析：

1）外层绝缘检查。手感较软，云母带绝缘胶层间未相互溶结，绝缘未完全固化形成一个整体，降低了线棒拐角处抗机械振动和电磁力的强度。

2）内层绝缘检查。云母泥（云母粉和环氧树脂的混合物）填充过少，只在线棒表面薄薄地包裹了一层，未将焊接处空隙填实，且手感较软未完全固化，降低了铜制线棒拐角处抗机械振动和电磁力的强度。

3）漏水点查找。绝缘剥离完毕，清理线棒表面，气焊吹开实心扁铜导线焊接头，打开实心扁铜导线后，对裸露 6 根空心导线通水加压检查，发现 4 处漏

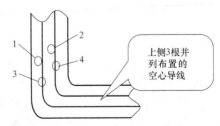

图 12-10　上侧 3 根并列空心导线示意图

点如图 12-10 所示。观察向上喷射细微水柱发现 1、2 点位于上侧空心导线上表面，肉眼明显可见细微裂纹；3、4 点位于上侧相邻空心导线缝隙处。同一处，出现多点裂纹漏点，说明该位置所受应力较大，不管采取封焊处理还是更换线棒仍会发生漏水现象。

4）受力分析。运行状态下 13 号线棒端部所承受的各种应力远大于 12、14 号线棒端部，是导致 13 号线棒拐角处空心导线产生裂纹漏水的原因之一。

综上所述，造成 13 号线棒端部拐角处空心导线频繁漏水的原因是承受各种应力过大。

12.2　发电机漏氢故障及检查

漏氢是氢冷发电机在运行中普遍存在的现象，漏氢量是发电机运行的主要指标之一。若氢气大量泄漏会导致氢压下降，影响发电机的冷却效果，从而限制发电机的正常负载，严重漏氢将造成发电机周围着火，甚至引起氢氧爆炸，造成发电机损坏乃至机组停机。因此，维持氢冷发电机正常运行的必要条件之一是维持氢系统工作正常，包括保证机内氢气压力、机内冷氢温度和温差正常以及机内氢气纯度[205]。

12.2.1　发电机漏氢方式及原因

发电机漏氢的主要方式有外漏和内漏两种。密封瓦座衬垫制作安装工艺，密封瓦平行度以及密封瓦轴向和径向间隙，发电机大端盖、中间环、密封瓦安装位置，发电机注胶情况，法兰垫子安装情况，测温元件安装到位与否等都会对氢气泄露产生影响。

1. 外漏

由于氢气扩散快，渗透能力强，加上密封油携带漏氢等，在实际运行过程中发电机内氢气是在持续外漏的。该种泄漏方式可通过肥皂液、卤素检漏仪等多种检漏方法找到漏点并加以消除。

造成氢气外漏的原因有如下几种：

1）发电机机壳或氢气管道焊接质量不良，存在沙眼或夹渣；

2）氢气管道法兰密封面不平整、有毛刺或辐向沟槽，螺栓未拧紧，密封垫存在缺陷等，导致法兰密封面密封差；

3）端盖水平结合面接触不良，端盖上密封填料的沟槽内壁有沟槽；

4）氢气管道阀门盘根密封不严，氢气管道因振动与其他部件摩擦导致磨穿后发生氢气泄漏；

5）密封瓦座和密封瓦水平接合面接触不好，未达到质量标准，密封瓦座与端盖的垂直接合面存在错口；

6）定子引出线套管与瓷套法兰松动，或由于温度变化，膨胀不均造成氢气泄漏；

7）密封胶条质量不良，弹性与压缩量不够，当温度过高时变形，未将沟槽填满，导致密封不严。

2. 内漏

氢气通过密封瓦漏入密封油系统中、转子导电螺钉等处，属于暗漏，漏点位置不明显，检查处理较为复杂，且处理时间较长，影响发电机定子线棒绝缘和使用寿命，威胁发电机长周期安全稳定运行。静态泄漏漏点可以通过测氢仪或肥皂水检测法找到漏点，动态泄漏漏点具体位置不明，检测和处理比较复杂，且处理时间较长，尚无好的解决办法。因此只能通过提高安装精度尽量避免此种现象的发生。造成该种泄漏的原因有：

1）转子集电环导电螺栓或中心孔堵板密封不严。

2）定子线棒空心股线断裂，定子端部接头螺栓松动，绝缘引水管或汇水管破损。

3）氢气冷却器铜管破损或断裂，氢气管道排地沟阀或排大气阀关不严。

4）密封瓦与轴径的径向间隙超标或差压阀控制精度差，造成密封油压超出规定值。

12.2.2　发电机漏氢实例分析

山西省神头第二发电厂 2×500MW 机组发电机为捷制 2H670960/1VH 型汽轮发电机。发电机采用水氢氢冷却方式，即定子绕组为水内冷，定子绕组端部接头采用"水电分开"结构。定子铁心及结构件为氢气表面冷却。转子绕组为气隙取气槽底通风式氢内冷，氢气由转子两端的风扇强制循环，并通过设置在发电机励侧两端的一组氢气冷却器进行冷却。氢气系统由发电机定子外壳、端盖、氢气冷却器、密封瓦以及氢干燥器和氢气管路构成全封闭的气密结构。发电机主要参数见表 12-5[206]。

表 12-5　发电机主要参数

型号	2H 670960/1VH	型号	2H 670960/1VH
额定容量/kVA	588000	转子电流/A	1080-3566-3820
额定功率/kW	500000	定子绕组接线方式	双星形联结
额定频率/Hz	50	绝缘等级	F 级（按 B 级使用）
额定电压/V	20000	冷却水最高温度/℃	38/33
额定电流/A	17000	氢压（高氢压/低氢压）/kPa	400/200
转子电压/V	106-442-463		

1. 事件经过

2011 年 7 月 1 日，2 号发电机发生漏氢故障，漏氢部位不明，漏氢量为 $12m^3/d$，高于漏氢量合格标准。2 号发电机各项运行参数正常，无其他缺陷。7 月 2 日 14 时 39 分，2 号机组停运转入临修，16 时 0 分，电气运行人员将发电机氢压降为低氢压运行方式（由高氢压 401kPa 排氢至低氢压 187kPa），氢水差压降至 5kPa。20 时 0 分，运行人员正常进行发电机底部集水器排水检查时，发现并放出集水器少量积水，通知厂部值班和电气部，厂部决定对 2 号发电机排氢做进一步检查。

2. 检查过程

7 月 3 日 15 时，发电机开始排氢，发电机二氧化碳置换合格后接干压缩空气吹扫。18 时，开始做水压试验（压力为 0.5MPa）。检修人员从底部人孔进入检查，发现汽侧定子绕组端部位置 20 号槽上层线

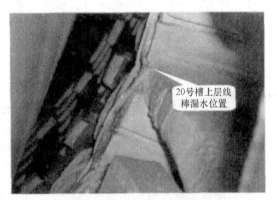

图 12-11　汽侧定子绕组端部
位置 20 号槽上层线棒漏水位置

棒（见图 12-11）在 R 角往励侧延伸 30cm 直线部分有一渗漏点。由于漏点所处位置狭窄无法施工，决定抽出转子后处理。7 月 9 日，2 号发电机定子绕组 20 号上层线棒更换后，水压试验为 0.6MPa，检查 20 号棒并头套及引线焊口未见渗漏，进而全面检查定子绕组未发现渗漏点。10 日 1 时 0 分，继续检查发现汽侧绕组端部位置 46 号槽上层线棒（见图 12-12）有很轻微地水迹。擦拭干净后仔细观察确认存在渗漏点。立即清除线棒表面绝缘材料，未能找到渗漏位置，决定更换该根线棒。

3. 原因分析

1）2 号发电机在长期运行中，由于机组在电网调峰中负载经常突然大幅度变化，定子线棒电流和槽内横向磁场使槽内线棒产生径向电磁力，会引起发电机瞬间剧烈振动，发电机绕组线棒热胀冷缩，定子端部绕组结构的固有频率与电磁振动的频率相等或相近时将产生共振等原因，将汽侧定子绕组端部绑绳磨损崩开，造成端口部固定压板垫块松动。运行中的发电机振动可使垫块快速运动摩擦线棒绝缘层，最终导致将线棒磨破。20 号槽上层线棒磨损如图 12-13 所示。

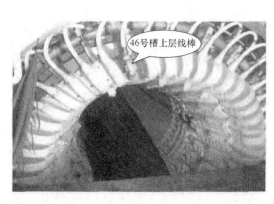

图 12-12　汽侧定子绕组端部 46 号上层槽线棒位置

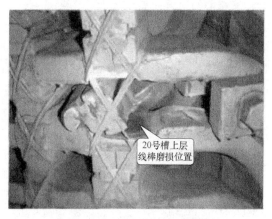

图 12-13　20 号槽上层线棒磨损

2）定子内冷却水铁磁物质残渣可能遗留在线棒内。当机组运行时，该铁磁物质在强大的磁场作用下将定子线棒"啄"出小孔（即产生"电击虫"的作用）。发电机内冷水由此孔洞溢出，溢出的水长时间滞留在绝缘层，在电场和磁场的长期作用下使水质变差，对空心铜线产生腐蚀作用形成砂眼。

3）制造厂制造质量存在遗留缺陷。如制造厂生产采购定子线棒的原材料紫铜有裂纹或划痕等先天性损伤。长期在槽内振动而使其开裂。

4. 处理情况

1）将 2 号发电机转子抽出，根据磨损部位和程度，确定无法补焊。决定更换有渗漏的 20 号、46 号槽上层线棒。

2）定子线棒拆除。定子线棒接头绝缘盒拆除，定子线棒接头并头片焊开，线棒槽楔及垫块退出，拔出上层线棒，清理定子槽。

3）新定子线棒嵌入定子槽内。嵌入上层线棒，定子端部固定绑扎，打紧槽楔，清理、整形和装连接板。

4）定子线棒接头并头片焊接。

5）定子接头绝缘盒内部绝缘泥的灌注与安装。绝缘盒安装完毕后，用绝缘漆将绝缘盒以及线棒、铁心涂刷一遍。将两侧端部绑绳、端部内撑环拉紧楔、垫块和绝缘盒等所有部件进行全面细致的检查和处理。

6）整体水压（0.6MPa）试验合格。全面检查定子绕组未发现渗漏点。每隔 1h 全面检查一次，未见渗漏点。发电机整机电气试验合格。

12.2.3　漏氢防范措施及建议

氢冷发电机本体结构部件的漏氢涉及 4 个系统：水内冷系统、油系统、循环水系统和氢密封系统。发电机外部附属系统的漏氢包括氢管路阀门及表计、氢油压调节系统、氢油分离器、氢器干燥装置、氢湿度监测装置、绝缘过热检测装置等。以下结合发电机氢气系统的结构，对影响到漏氢的关键结构部件进行防漏分析。

1. 机壳结合面

机壳结合面主要是漏氢部位的防漏措施：励磁系统侧、汽轮机侧端盖与机座的结合面及上、下端盖的结合面面积较大，密封难度较大，是防漏的薄弱环节。检修时要检查固定端盖的螺孔，紧固端盖螺栓时，应用力均匀，保证结合面严密。在检修回装时，应对结合面不平的部位打磨锉平涂密封胶。在回装及解体的过程中，确保所做的标记不伤及结合面。检查验收所采用硅胶密封绳的尺寸、耐热性能、耐油性能、弹性及耐腐蚀性能。在吊装下端盖时应使下端盖与机壳端部离开一定间距，防止搓断发电机立面的密封条。发电机人孔也是漏氢的主要部位，在打开的过程中注意不要损坏结合面，如有损坏应用锉刀锉平，在回装过程中涂密封胶。

2. 密封油系统

在密封油系统中，密封瓦与端盖的结合面也是较容易漏氢的部位之一。上、下端盖组装、回装时，接缝应对齐，防止由于错口使密封垫受力不均。调整密封瓦与瓦座的间隙，防止密封油进入机内，空侧密封油高于氢压 65kPa，氢侧密封油压高于氢压 80kPa。为防止密封油进入机内，应控制好油档间隙。

发电机两端轴瓦油挡顶部间隙控制在（0.50±0.05）mm，底部间隙控制在 0~0.05mm，两侧间隙控制在 0.20~0.25mm；油挡结合面接触面积应在 75% 以上。

3. 转子与定子部分

发电机转子励磁绕组引线是通过转子中心从励磁机转子引来的，在发电机转子表面存在一个紧固密封点，该密封点漏氢，可在发电机励磁绕组对转子气密试验孔测量得到。转子漏氢是动态的，氢气从集电环处的导电螺杆漏出，在运行中很难处理。因此，应在大修中加强对集电环处导电螺杆的密封检查。

定子绕组空心铜线部分也可发生漏氢，如图 12-14 所示，定子发生漏氢后可用高温火焊将铜棒烤软，撬开一条缝，然后采用封焊将焊缝焊死。

4. 氢气管道和阀门

所有气体管道应用无缝钢管，严禁使用铸铁管件。管路连接应尽量使用焊接方式，杜绝因密封垫老化造成的漏氢。氢管道集中的部

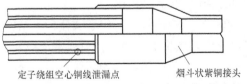

定子绕组空心铜线泄漏点　　烟斗状紫铜接头

图 12-14　定子绕组接头泄漏位置示意图

位，应有防震和防摩擦措施。并加强对管道的检查，防止因管道之间相互摩擦，造成管壁局部变薄而泄漏。氢气置换站气体管道小阀门全部采用密封性能良好的球阀。

5. 氢气冷却器

氢气冷却器是氢气可漏点最多的设备，结合面的每条螺钉及每根铜管都有漏氢的可能，因此应重点检查并单独进行水压试验，试验压力为 0.6MPa，试验 30min 无渗漏为合格。如发现铜管有渗漏，应在渗漏管两端用经过退火处理的锥形紫铜棒封堵，如铜管胀口处渗漏时，应用胀管器对胀口进行补胀，并经再次水压试验合格为止。每台冷却器堵塞的渗漏铜管不能超过总数的 5%，如超过则更换。减少冷风器的漏风率，提高冷却效果。检修中应检查挡封条，损坏的要及时更换，放在室外的冷风器做好防尘措施，防止散热片受到污染。另外，冷风器散热片表面的油污可用高温热蒸汽吹净。

6. 发电机整体

当发电机各密封点密封后就可以进行发电机整体气密试验，检验发电机所有静密封点及密封瓦的密封性，以保证发电机漏氢率（量）达到预定目标，将所有造成系统泄漏的现象在此阶段消除。试验时所有管路恢复正常运行状态，密封油系统投入正常运行状态，发电机定子冷水系统和氢冷器不允许充水，且排空阀打开，在氢系统内接入 0.25 级精密压力表检验泄露情况，机内充 0.3MPa 的压缩空气，用肥皂水检验发电机各密封点的泄漏情况，并观察空侧密封瓦的回油情况，回油应沿轴颈均匀平稳流回。

试验按标准进行 36h，其中连续一昼夜（24h）最大允许漏空气量和漏氢量按表 12-6 判断。

表 12-6 连续 24h 最大允许漏空气量和漏氢量/m³

评价等级	优	良	合格
漏空气量	3	7	9
漏氢量	8.5	11.5	14.5

12.3 轴电压及利用轴电压进行发电机故障诊断

汽轮发电机在运行中，由于某些原因引起发电机组大轴上产生了电压，称为轴电压。随着汽轮发电机组单机容量的增大和静态励磁系统的广泛采用，轴电压问题应引起足够的重视。如果对轴电压的抑制和防护措施不当，将会在发电机轴承、轴瓦、齿轮等部件产生有害的轴电流，造成这些部件在电弧、电解或氧化作用下损伤，严重时还会引起停机事故，造成不必要的检修和发电损失。

轴电压对电机的损害是由它产生轴电流造成的，最显著的征象是在轴颈和轴瓦表面出现电弧放电产生的小而深的圆形蚀点。当电机运行时，由于轴电压逐渐升高，到达一定数值后，将会击穿轴承油膜，轴电流将在转轴、轴承座、底板所构成的回路内流过。轴电流不但破坏油膜的稳定，而且由于放电在轴颈和轴瓦表面，产生很多蚀点，而破坏了轴颈和轴瓦的良好配合，破坏了油膜形成条件，而使轴承无法工作。

值得指出的是，轴电压不仅仅会在同步发电机中产生，在大型异步电动机、直流电机中也会出现，并且同样危害电机安全运行。例如，在几个钢厂发现，大型直流电机在环火发生的极短过程中，轴电流就会在轴颈和轴瓦的表面产生很多电弧放电蚀点。这是由于环火时，直流电机磁场产生很强的瞬变过程，电枢绕组和铁心之间出现了巨大电容电流，使轴电流短时达到很大量值，所以就会出现严重的破坏。考虑书的篇幅和结构，本书在其他地方不再讨论轴电压，所以本节重点介绍发电机轴电压，但也适当考虑其他电机。因此，本节内容对其他电机也可作参考。

下面介绍轴电压的产生机理、防护措施及测量方法，并对实际工作中遇到的故障实例进行介绍。

12.3.1 轴电压的产生机理

1. 磁不对称引起的轴电压

磁不对称引起的轴电压是存在于汽轮发电机轴两端的交流型电压。由于定子铁心采用扇形冲压片，转子偏心率、扇形片的磁导率不同，以及冷却和夹紧用的轴向导槽等发电机制造和运行原因引起的磁不对称，结果产生包括轴、轴承和基础台板在内的交变磁链回路。由此在发电机大轴两端产生电压差。每一种磁不对称都会引起相应幅值和频率的轴电压分量，各个轴电压分量叠加在一起，使这种轴电压的频率成分很复杂，其中基波分量的幅值最大，3次和5次谐波幅值稍小，更高次谐波分量幅值很小。

这种交流轴电压一般为1~10V，它具有较大的能量。如果不采取有效措施，此种轴电压经过轴——轴承——基础台板等处形成一个回路，产生一个很大的轴电流。轴电流引起的电弧加在轴承和轴表面之间，其主要后果是引起轴承上的钨金和轴表面的磨损，并使润滑油迅速劣化。由此会加速轴承的机械磨损，严重者会使轴瓦烧坏。

另外，电机内磁路不对称或磁场畸变都会引起磁通脉动。旋转的转轴切割这些脉动磁通，就会在两端产生感应电压，这种原因产生的轴电压大小和频率完全与脉动磁通的幅值与频率有关。

磁路不对称，在转子旋转时，由于磁阻随转子位置改变而不同，所以磁通总量就会产生周期性的变化，即磁通是脉动的。下面以一台四极同步电机为例来说明，定子具有两个接缝面，如图12-15所示。当转子在位置图12-15a和位置图12-15b时，可以清楚看出，磁路的磁阻是不同的，由于磁阻的变化，即说明转子在位置图12-15a和位置图12-15b时电机的磁通总量发生了变化，造成磁通脉动。这种情况下，轴上就会产生感应电动势，这种轴电压是交变的，其频率为磁通脉动频率。

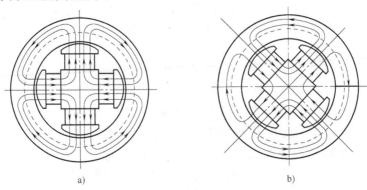

a)　　　　　　　　　　　　　　b)

图 12-15　接缝面引起的磁通脉冲

同样原因，转子偏心、轴承磨损等造成气隙不均匀也会造成脉动磁通和产生轴电压。

2. 静电电荷引起的轴电压

这种出现在轴和接地台板之间的直流电压，是在一定条件下高速流动的湿蒸汽与汽轮机低压缸叶片摩擦出的静电电荷产生的。这种静电效应仅仅偶然在某种蒸汽条件下才能出现，并非经常存在。

随着运行工况的不同，这种性质的轴电压有时会很高，电位达到上百伏，当人触及时会感到麻手。它不易传导至励磁机侧，但如果不采取措施将该静电电荷导入大地，它将在发电机汽机侧轴承油膜上聚集并且最终在油膜上放电而导致轴承损坏。

3. 静态励磁系统引起的轴电压

目前，大型汽轮发电机组普遍采用静态励磁系统。静态励磁系统因晶闸管换弧的影响，引入了一个新的轴电压源。静态励磁系统将交流电压通过静态晶闸管整流输出直流电压供给发电机励磁绕组，此直流电压为脉动电压。对于采用三相全控桥的静态励磁系统，其励磁输出电压的波形在 1 个周期内有 6 个脉冲。这个快速变化的脉动电压通过发电机的励磁绕组和转子本体之间的电容耦合在轴对地之间产生交流电压。此种轴电压呈脉动尖峰状，其频率为 300Hz（当励磁系统交流侧电压频率为 50Hz 时），它叠加到磁不对称引起的轴电压上，从而使油膜承受更高的尖峰电压。在增大到一定程度时，击穿油膜，形成电流而造成机械部件的灼伤和损坏。

例如，图 12-16 表示某台 150MW 机组上测量的数据实例，这些 360 脉冲/s 的电位与采用六脉冲静止励磁系统有关。

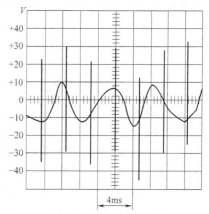

图 12-16 150MW 汽轮发电机外伸端测得的轴电压

4. 剩磁引起的轴电压

当发电机严重短路或其他异常工况下，经常会使大轴、轴瓦、机壳等部件磁化并保留一定的剩磁。磁力线在轴瓦处产生纵向支路，当机组大轴转动时，就会产生电动势，称为单极电动势。这种单极效应产生的轴电压在恒定负载时，表现为直流分量，并随负载电流而变化。正常情况下，微弱的剩磁所产生的单极电动势仅为毫伏级。但在转子绕组匝间短路或两点接地时，单极电动势将达到几伏至十几伏，会产生很大的轴电流，沿轴向经轴、轴承和基础台板回路流通，不仅烧损大轴、轴瓦等部件，而且会使这些部件严重磁化，给机组检修工作带来困难。

5. 电容电流

转子绕组与铁心之间存在分布电容，在采用静止电源供电时，电流的脉动分量就在转子绕组和铁心之间产生电容电流，这样就会在轴与地之间产生一个电位差。

以直流电机为例，其电容电流产生的轴电动势与很多因素有关，如电源中的脉动电压、电枢绕组和铁心之间电容、轴承油膜电容等，其等效电路如图 12-17 所示。

轴电压 U_b 可用如下算式计算

$$U_b = \frac{e \cdot C_m C_1}{(C_m + C_b)(C_1 + C_2) + C_m C_b} \quad V$$

式中　　e——电源中脉动电压（V）；

　　C_m——电枢绕组与铁心之间的电容（μF）；

　　C_1——电源对地电容（μF）；

　　C_2——旁路电容（μF）；

　　C_b——轴承油膜电容（μF）。

这种轴电压的量值是由电源中脉动电压和各种分布电容和电源装置电容所决定，而频率是由电源中的脉动分量频率所决定的，往往是高频分量。因此，采用静止整流电源时，电机的轴电压更应引起注意。

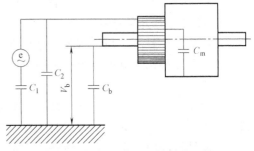

图 12-17　静止电源供电直流电机轴电压的等效电路

6. 外壳、轴和轴承座的永久性磁化引起的轴电压

实际上，轴、基板、轴承座、外壳及其他部件均由具有良好磁性能的材料制成。由于严重的短路或发电机任何反常运行，常在轴、外壳等处引起永久磁化。在一定条件下，轴的轴向剩余磁通（也可以由基板或其他部件引起）能产生自励，导致很大的轴电流和轴承电流。这种现象将导致轴、轴承和其他部件的损坏。由自励现象引起的油泵和发电机组控制装置轴的事故已有报道。

12.3.2　轴电压的防护

在发电机大轴、轴承及转子回路中采取一定措施，能够有效地抑制过高轴电压及有害轴电流的产生。

1. 汽侧大轴安装接地电刷并定期检查、清扫和维护

发电机汽侧轴承处无绝缘，运行中轴承油膜是唯一的绝缘。但由静电电荷引起的轴电压能量较弱，一旦提供合适的回路使电荷释放，电压会迅速衰减。因此，常规做法是在发电机的汽侧大轴上安装大轴接地电刷，将静电电荷导入大地，从而抑制直流静电电压的建立，并且它也防止沿着发电机轴产生的电压影响汽侧的其他轴，如图 12-18a。汽侧大轴表面速度很高，而且运行环境中油雾和尘土的污染会削弱接地电刷的效果。如果在轴承或氢密封等处出现轴的故障接地时，接地电刷就被旁路，这就会在故障接地点发生放电，最后损坏构成故障接地通路的部件。因此，大轴接地电刷应定期检查、清扫和维护，防止出现电刷接触不良。

2. 发电机励侧轴承加绝缘[214]

安装了接地电刷以后，仍存在另一个问题，就是轴电压产生轴电流的问题。由于电磁感应产生的轴电压能量很强，且在发电机大轴两端建立，因此必须切断回路以防止轴电流产生。

如图 12-18a 中电压 U_1，当汽轮机侧安装了接地电刷以后，这一交流电压将施加在励磁机侧，如图 12-18a 中电压 U_2，$U_1 = U_2$，励磁机侧的所有轴瓦的油膜上承受这一电压，高速旋转的转子所产生的油膜是很薄的，一旦这个电压将油膜击穿可能会产生火花并放电，放电回路是由发电机转子导体和发电机的基座和底板等组成，回路电阻是很小的，而且能量很大，因此回路电流会很大，可能使轴瓦的钨金烧坏，甚至烧坏轴颈，同样也会使润滑油质逐渐劣化。在电力系统中，由于此类现象的发生曾造成许多汽轮发电机组被迫停机。

如图 12-18b 所示，从所构成的回路可以看出，绝缘最薄弱处在油膜，因此阻断回路的

唯一方法是将所有轴承座绝缘起来,采用强度较高的绝缘材料来承受轴电压,而不让油膜承受轴电压。绝缘的方法应该在所有可能构成回路的地点实施,如发电机励磁机侧主轴承座、发电机励磁机侧密封瓦、励磁机的轴承、副励磁机的轴承以及所有这些轴承的进油管和出油管、水冷机组转子进水管等。轴承的绝缘垫可以安装在轴承座与底板之间,进油管和出油管的绝缘垫可以安装在油管的法兰上。

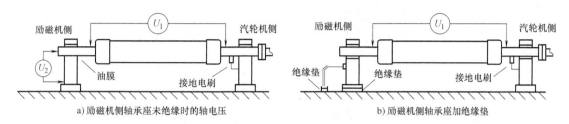

a) 励磁机侧轴承座未绝缘时的轴电压　　　　　　b) 励磁机侧轴承座加绝缘垫

图 12-18　汽侧大轴接引接地碳刷

3. 励侧大轴安装 RC 轴接地模件

在发电机汽侧有常规大轴接地电刷的情况下,励侧大轴再安装 1 接地电刷经 1 套无源 RC 电路接地,构成一种新型大轴接地系统,如图 12-19 所示。

常规汽侧大轴接地电刷不能消除轴电压中由静态励磁系统产生的高频尖峰分量。近些年提出的在励侧安装新型无源 RC 轴接地模件的方法,能有效地抑制轴电压的这一分量。RC 模件中电阻 R 要选配合适,一般为 500Ω 左右,这样既可将轴电流限制在几个毫安内,又足以防止直流电动势的建立。并联电容 C 一般取 $10\mu F$ 左右,这个值能有效地降低轴电压高频脉冲分量。阻值很小的分流电阻 r 用来测量轴电流。熔丝 F 用来防止事故时大轴流过较大的环流。在

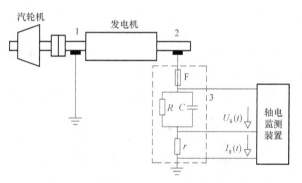

图 12-19　应用 RC 轴接地模件的大轴接地系统
1—汽侧常规接地电刷　2—励侧专用接地电刷
3—RC 轴接地模件

国外进口机组中,已有应用这种 RC 轴接地模件的例子。它和转子轴电压在线监测装置配套使用,能够实时监测轴电压、轴电流及大轴接地情况,并且能监测转子绕组匝间绝缘情况。

4. 静态励磁系统中设轴电压抑制回路

在励磁装置内部设置专用轴电压抑制回路,可有效地降低静态励磁系统产生的高频尖峰轴电压分量的方法也已应用于实际。其中最常用的方法是在励磁绕组上加对称的阻容滤波器。需注意的是,此阻容回路对发电机转子接地保护检测转子绕组对地阻值时有影响,所以在现场调试过程中应对转子接地保护检测装置重新进行整定。

5. 修改设计与提高制造工艺

在设计选择定子扇形冲片的数目时,尽量减少轴电压中的 3 次和 5 次谐波分量,避免产生磁路不对称;提高制造和安装工艺,尽量防止转子的偏心率;汽轮机的设计应加以改进,不允许在低压段中形成水雾。

12.3.3　基于轴电压的发电机故障常规诊断

1. 原理

发电机在运行中，由于安装原因或绝缘垫可能因油污堆积、损坏或老化等原因而失去作用，使轴电流能够流通而造成设备损坏。为了检查运行中发电机励侧轴承与底座的绝缘状况，应定期测量发电机的轴电压。常规测量发电机轴电压的接线如图12-20所示。

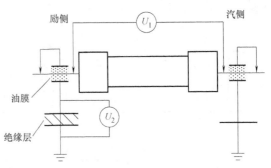

图 12-20　轴电压测量接线示意图

因为轴电压的频率成分较复杂，测量时必须采用高内阻的交流电压表，否则会产生很大的测量误差。在发电机的各种工况，即空转无励磁、空载额定电压、短路额定电流以及各种负载情况下进行测量。

测量时，用交流电压表先测量发电机大轴两端之间的电压 U_1。然后将发电机轴瓦与大轴经铜丝刷短路，消除轴瓦与大轴之间的油膜压降，再测量励磁机侧轴瓦与地之间的电压 U。根据 U_1 和 U_2 的大小来判断励侧轴承对地绝缘好坏。

1）当 $U_1 \approx U_2$ 时，说明绝缘垫绝缘情况良好。

2）当 $U_1 > U_2$ 时（$U_2 \leqslant 10\%$），说明绝缘垫绝缘被破坏，有轴电流流过。由于轴电流会在转轴内部和底座上产生压降，从而使 $U_1 > U_2$。

3）当 $U_1 < U_2$ 时，说明测量不正确，应检查测量方法及仪表。

2. 故障处理实例

实例1：某厂1台型号为 QFS-125-2 的 125 MW 新安装汽轮发电机组，采用静态励磁系统，在整套起动试验后进行轴电压测量。测量时，机组负载 $P = 115\mathrm{MW}$，$Q = 48\mathrm{MVar}$，定子电压 $U = 13.8\mathrm{kV}$，定子电流 $I_S = 4890\mathrm{A}$，励侧电流 $I_L = 1300\mathrm{A}$。

测量结果为：$U_1 = 5.85\mathrm{V}$，$U_2 = 0.01\mathrm{V}$，从测量结果可以看出：$U_1 \gg U_2$，说明励磁机侧绝缘垫板未起到绝缘作用，轴电压都施加在油膜上，有很大的轴电流流过。首先对励侧绝缘垫板进行检查，用 500V 绝缘电阻表测量夹在绝缘板中间的金属板对地绝缘，结果大于 $0.5\mathrm{M\Omega}$，说明绝缘垫板绝缘良好。在机组停机进一步检查时，发现固定励侧轴承座的地脚螺栓的绝缘筒垫破损，造成励侧轴承座与大地连接为一体，绝缘垫板失去作用。更换破损绝缘筒垫后，重新起动发电机，在励磁电流、机组负载等与上次测量近似相同情况下，重新测量轴电压，测量结果为：$U_1 = 5.9\mathrm{V}$，$U_2 = 5.8\mathrm{V}$，可见 $U_1 \approx U_2$，说明绝缘已恢复良好，切断了轴电流回路。

3. 轴电压波形的频谱分析和故障诊断

前面仅仅测量轴电压的数值和观察轴电压的波形，还不能分辨轴电压信号中所包含的故障信息。由于轴电压信号中含有交流分量、直流分量和高频分量，如要利用轴电压信号进行诊断，必须要对轴电压信号进行频谱分析，根据轴电压信号的频谱图，才能确定其频谱的主要频率成分的量值，分析产生轴电压的主要原因，最终诊断出电机存在的故障。

如果能对轴电压定期进行离线监测，用数据采集器或磁带记录仪记录波形，进行频谱分析，研究频谱图的变化，这样就有助于监视铁心和绕组的劣化过程，以及更有效地发现各种故障。

图 12-21 所示为某水轮发电机轴电压的时域波形。分析处理时，需去除信号中的瞬时干扰，并计算若干个测量周期的平均值，得到轴电压幅值的峰峰值，以此衡量轴电压是否超标。该机组轴电压的峰峰值约为 13.3V。

图 12-22 所示为发电机轴电压的频域波形。对轴电压的时域波形进行频谱分析，得到轴电压的频域谱图，选择前 5 个大的频率分量作为重点监视对象。谱图显示该机轴电压的最大频率分量是工频的 3 次谐波。

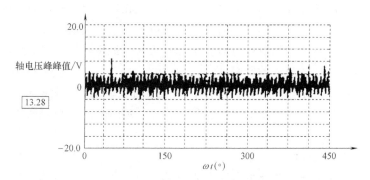

图 12-21　发电机轴电压时域波形

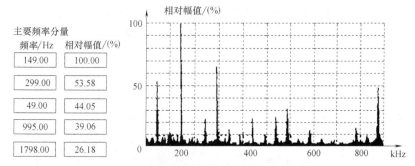

图 12-22　发电机轴电压频域波形

4. 实例 2：GE 公司轴电压检测装置的原理

目前，在某些进口的大型发电机机组上装有轴电压（流）检测装置，可以在线实时检测轴电压并可以给出报警和跳闸信号，下面介绍 GE 公司的一套轴电压检测装置的原理：

图 12-23 为轴电压检测原理图。装置包括在驱动端轴上安装 4 个电刷，其中两个电刷通过一个 0.005Ω 的电阻接地，装置在该电阻两端测量电压从而得到轴接地电流的信号，若该电流瞬时值超过设定值，说明发电机的轴承油膜可能被击穿导致轴电流增加，装置将发出报警或跳闸信号，以便及时检查发电机。另两个电刷作为测量轴对地电压，

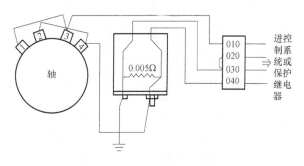

图 12-23　轴电压检测原理图

若该电压过高，说明前两个接地的电刷接触不好，则发出报警。

12.3.4 利用轴电压分析诊断发电机转子的典型故障

转子偏心及绕组匝间短路是隐极同步发电机的常见故障。通常采用测振法诊断转子偏心故障，该方法可以有效地发现动偏心故障，但难以发现静偏心故障；针对转子绕组匝间短路故障，目前在线的方法主要有探测线圈法和励磁电流法，发电机负载运行环境下，由于受到电枢反应影响以及发电机运行工况的不断变化，这两种诊断方法的灵敏性和可靠性还有待进一步提高。

实际上，发电机的各种故障都会以磁场的形式反映在转子上，随着对轴电压产生机理研究的不断深入，发电机的故障与轴电压的联系逐渐成为一个重要研究课题，基于轴电压的发电机状态监测是一个极具潜力的发展方向。华北电力大学武玉才博士对利用轴电压进行发电机内部故障诊断进行了比较深入的研究。[210]

本节分析隐极同步发电机转子偏心和转子绕组匝间短路故障引起的轴电压，得出结论：轴电压可以作为监测信号诊断转子的典型故障，为转子静偏心及绕组匝间短路故障诊断提供了新的方法。

1. 偏心状态下的电机磁场

隐极同步发电机励磁绕组采用分布式布置方式，发电机正常运行状态下，励磁磁动势与电枢反应磁动势经傅里叶分解均只含有奇次谐波，因而气隙合成磁动势就可以表示为一系列奇次谐波磁动势之和，p 对极的隐极同步发电机磁动势可表示为

$$F(\theta_s, t) = F_1 \cos p(\theta_s - \omega_r t) + F_3 \cos 3p(\theta_s - \omega_r t) + F_5 \cos 5p(\theta_s - \omega_r t) \tag{12-1}$$

式中 F_k——第 k 次谐波磁动势的幅值，$k = 1, 3, \cdots$；

p——极对数；

θ_s——定子机械角度；

ω_r——转子机械角速度。

偏心将导致发电机气隙磁场的畸变，建立发电机偏心状态下的气隙模型

$$g(\theta_s, t) = g_0 \Big(1 - \sum_{i=1}^{\infty} \delta'_{si} \cos i(\theta_s + \varphi'_{si}) - \sum_{j=1}^{\infty} \delta'_{dj} \cos j(\theta_s - \omega_r t + \varphi'_{dj}) \Big) \tag{12-2}$$

式中 g_0——平均气隙大小；

δ'_{si}——相对静偏心系数；

δ'_{dj}——相对动偏心系数；

φ'_{si}，φ'_{dj}——相对静、动偏心的初始相位。

最终，气隙磁导可以表示为

$$A(\theta_s, t) = \frac{\mu_0}{k_\mu g_0} \Big[1 + \sum_{i=1}^{\infty} \delta_{si} \cos i(\theta_s + \varphi_{si}) + \sum_{j=1}^{\infty} \delta_{dj} \cos j(\theta_s - \omega_r t + \varphi_{dj}) \Big] \tag{12-3}$$

式中 k_μ——饱和度。

（1）动偏心磁场分析

由动偏心引起的气隙磁导的第 j（$j = 1, 2, 3, \cdots$）次谐波分量可以表示为

$$\delta_{dj} \cos j(\theta_s - \omega_r t + \varphi_{dj})$$

则 k（$k=1$，3，5，…）次谐波磁动势经过该磁导分量调制产生的气隙磁通密度

$$F_{\mathrm{k}}\cos kp(\theta_{\mathrm{s}}-\omega_{\mathrm{r}}t)g\cdot\delta_{\mathrm{dj}}\cos j(\theta_{\mathrm{s}}-\omega_{\mathrm{r}}t+\varphi_{\mathrm{dj}})$$

$$=\frac{F_{\mathrm{k}}\delta_{\mathrm{dj}}}{2}\cos[(kp+j)(\theta_{\mathrm{s}}-\omega_{\mathrm{r}}t)-\varphi_{\mathrm{dj}}]+$$

$$\frac{F_{\mathrm{k}}\delta_{\mathrm{dj}}}{2}\cos[(kp-j)(\theta_{\mathrm{s}}-\omega_{\mathrm{r}}t)+\varphi_{\mathrm{dj}}] \qquad (12\text{-}4)$$

1）当 $kp-j\neq0$ 时，气隙磁通密度随转子同步旋转，极对数分别为 $kp+j$ 和 $kp-j$，该磁通密度幅值恒定且与转子相对静止。

2）当 $kp-j=0$ 时，产生一个常数磁通密度分量。沿发电机气隙设置一封闭圆环，在二维平面内，该磁通若不发生畸变形成环绕转轴的磁通，显然是不满足磁通连续性定理的。可见，动偏心导致了发电机磁场畸变。

（2）静偏心磁场分析

由静偏心引起的气隙磁导的第 i（$i=1$，2，3，…）次谐波可以表示为

$$\delta_{\mathrm{si}}\cos i(\theta_{\mathrm{s}}+\varphi_{\mathrm{si}})$$

则当 k（$k=1$，3，5，…）次谐波磁动势经过此磁导分量调制产生的气隙磁通密度为

$$F_{\mathrm{k}}\cos kp(\theta_{\mathrm{s}}-\omega_{\mathrm{r}}t)\cdot\delta_{\mathrm{si}}\cos i(\theta_{\mathrm{s}}+\varphi_{\mathrm{si}})$$

$$=\frac{F_{\mathrm{k}}\delta_{\mathrm{si}}}{2}\cos[(kp+i)\theta_{\mathrm{s}}-kp\omega_{\mathrm{r}}t+\varphi_{\mathrm{si}}]+$$

$$\frac{F_{\mathrm{k}}\delta_{\mathrm{si}}}{2}\cos[(kp-i)\theta_{\mathrm{s}}-kp\omega_{\mathrm{r}}t-\varphi_{\mathrm{si}}] \qquad (12\text{-}5)$$

1）当 $kp-i\neq0$ 时，产生一系列谐波磁通密度，由 $\mathrm{d}\theta_{\mathrm{s}}/(\mathrm{d}t)=kp\omega_{\mathrm{r}}/(kp+i)$ 和 $\mathrm{d}\theta_{\mathrm{s}}/(\mathrm{d}t)=kp\omega_{\mathrm{r}}/(kp-i)$ 可知，磁通密度的转速可分别为 $kp\omega_{\mathrm{r}}/(kp+i)$、$kp\omega_{\mathrm{r}}/(kp-i)$，该磁通密度与转子之间存在相对运动，由电机学知识可知，谐波磁通密度在转子表面形成涡流，角频率为 $i\omega_{\mathrm{r}}/(kp+i)$ 和 $i\omega_{\mathrm{r}}/(kp-i)$ 透入深度与相对运动速度有关。

2）当 $kp-i=0$ 时，产生 $F_{\mathrm{k}}\delta_{\mathrm{si}}\cos(kp\omega_{\mathrm{r}}t+\varphi_{\mathrm{si}})/2$ 这个分量，静偏心同样导致磁场发生畸变，形成环绕转轴的交变磁通。（对于 $p=1$，$k=1$，3，5，…，$i=1$，2，3，4…，满足条件的 k 和 i 实际上是 $i=k=1$，3，5，…。）

由静偏心引起的这种"特殊"的磁通的角频率为 $kp\cdot\omega_{\mathrm{r}}=kp\cdot\dfrac{\omega}{p}=k\omega$（$k=1$，3，5，…），即畸变磁通中包含基波以及 3、5 奇次谐波，与发电机极对数无关。

2. 转子绕组匝间短路状态下的磁场分布

隐极同步发电机转子某极发生匝间短路后，该极气隙安匝数降低。短路匝绕组对主磁动势的影响相当于反向电流产生的反向磁动势叠加于正常的气隙磁动势上，同上面的分析类似，静偏心导致了磁场畸变，形成环绕转轴的交变磁通。但由于转子绕组匝间短路产生了不同于正常情况下的磁动势，因此畸变磁通的频率会发生新变化，见表 12-7。

可见畸变磁通中包含角频率为 $k\omega_{\mathrm{r}}=k\omega/p$ 的成分，其中 $k/p\neq1$，3，5…的成分是发电机正常运行时所不存在的，是与转子绕组匝间短路故障对应的特征量。

表 12-7　转子匝间短路引起的畸变磁通密度频率（$p=1$）

k	j									
	1	2	3	4	5	6	7	8	9	10
1	*▽	—	—	—	—	—	—	—	—	—
2	—	*	—	—	—	—	—	—	—	—
3	—	—	*▽	—	—	—	—	—	—	—
4	—	—	—	*	—	—	—	—	—	—
5	—	—	—	—	*▽	—	—	—	—	—
6	—	—	—	—	—	*	—	—	—	—
7	—	—	—	—	—	—	▽			

注：▽表示正常运行状态存在电机的畸变磁通。＊表示发生转子绕组匝间短路后产生的畸变磁通。

3. 轴电压数据：幅值和频率

文献［211］列举了实测的多台大型隐极同步发电机正常运行状态下的轴电压频谱数据见表 12-8。

从这些数据可以看出，轴电压中的主要成分是基波和 3、5、7 等奇次谐波，与第 2 节分析得到的畸变磁通密度频率完全吻合。

表 12-8　轴电压的幅值和频率

机组编号	额定功率/MW	磁极数	轴电压峰·峰值/V	频谱分析	
				频率/Hz	幅值/V
1	66	2	5	60	1.6
				180	3.3
2	150	2	28	60	9.5
				180	18
3	150	2	9	60	1.8
				180	7
4	150	2	10	60	0.9
				180	2.8
				300	6
5	300	2	13	300	12
				900	0.5
6	300	2	18	180	13
				540	4.2
7	500	2	68	60	41
				180	14.5
				300	5
				780	4.1
8	800	4	26	60	16.2
				420	8.8

4. 试验模拟

为了进一步验证理论的正确性，在华北电力大学 MJF-30-6 故障模拟机组上进行了试验，发电机具体参数见表 11-31。

（1）轴电压测量方法

图 12-24 为试验接线图，其中 C_2 和 C_3 分别位于励磁绕组的 25% 和 50% 处，通过滑动变

阻器将 C_2 和 C_3 短接，调节滑动变阻器即可实现短路程度的调节。轴电压测量电路如图 12-25 所示。探针 1 及 2 均采用丫形探针，可较为灵敏地测量轴电压，探测点选择在两端轴承的内侧以避免轴向磁通带来的影响。用数据采集装置测量发电机大轴两端的电压 U_1。将发电机轴承与轴经铜丝刷短路，消除油膜的压降，在励磁机侧，测量轴承支座与地之间的电压 U_2。采样频率为 10kHz，采样时间为 10s。

轴电压测量方法适合在发电机各种工况下测量包括空转无励磁，空载额定电压，短路额定电压以及各种负载情况下进行测量。

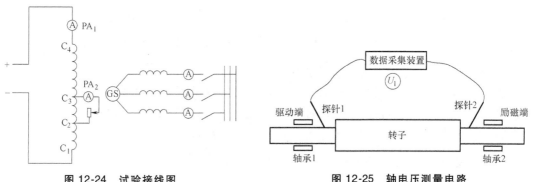

图 12-24　试验接线图　　　　图 12-25　轴电压测量电路

（2）轴电压试验步骤

本试验分别进行了发电机转子绕组匝间短路空载和负载状态下轴电压测量试验，试验过程中使转子处于不同的短路程度。试验具体步骤如下：

1）试验前，发电机轴平面和电刷应磨光，防止铁锈电阻影响电压的精度；并将发电机应换上新油，提高绝缘强度。

2）确定直流调速装置和励磁调压器位置在零位置后合闸。

3）合上励磁开关，给同步发电机励磁绕组通入励磁电流，测量空载及并网情况下的轴电压。注意缓慢调节励磁使发电机机端电压维持额定电压不变，在正常状态下维持有功功率不变（即分别测量有功功率为额定值的 5%、12%、20% 时），改变励磁电流，记录轴两端电压、励磁电流及短路电流值。

4）最后将发电机励磁电流调至零，给定电位器调至零，停机断电。

由于轴电压信号较弱，并受到探针接触不良和励磁槽影响，使得波形出现较多且幅值较大的噪声信号，当动态频谱分析时使频谱幅值变化得非常快，从而无法准确地分析轴电压信号。因此，需要进行必要的信号处理，以有效地削弱和抑制噪声信号。下面信号频谱图均是针对进行滤波后的信号的分析。

（3）轴电压信号频谱分析

将滤波后的轴电压信号进行傅里叶变换，最终得到的轴电压频谱如图 12-26、图 12-27、图 12-28 所示。

图 12-26a 为发电机处于无励磁电流的空转状态轴电压频谱。测量这种状态下的轴电压目的是检查发电机是否存在剩磁，剩磁可能对后续的试验造成影响，从该图可见，轴电压信号几乎为零，说明发电机状态良好，从而保证了后续测量数据中不含剩磁干扰信号。图 12-26b 为发电机处于正常运行状态轴电压频谱图，可以看到工频 50Hz 为主要成分，还存

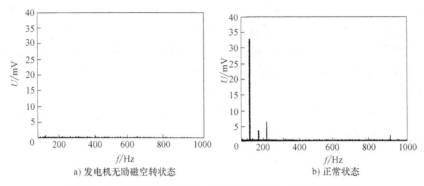

a) 发电机无励磁空转状态

b) 正常状态

图 12-26 发电机正常状态（无故障状态）轴电压频谱图

在少量 150Hz 成分，100Hz 成分幅值很小。

图 12-27a、图 12-27b、图 12-27c、图 12-27d 分别是在模拟发电机空载正常、空载短路 5%、空载短路 12% 和空载短路 20% 情况下的轴电压频谱，可见短路后出现了 1、2、4、5 等整数倍旋转频率的成分，并且幅值随着短路程度的加重而增大。

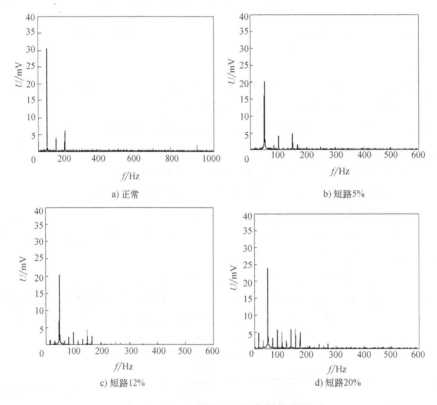

a) 正常

b) 短路5%

c) 短路12%

d) 短路20%

图 12-27 空载状态下轴电压频谱图

图 12-28a ~ 图 12-28d 分别是在负载正常、负载短路 5%、负载短路 12% 和负载短路 20% 情况下的轴电压频谱 [较小负载（约为 5kVA）]。由图 12-28 可知轴电压信号的特征频率随着短路程度的增加而增大。同时还发现，对于相同的短路程度，负载状态下的匝间短路轴电压特征频率要比空载情况下的明显一些（见图 12-27、图 12-28）。这是因为电枢反应的存在

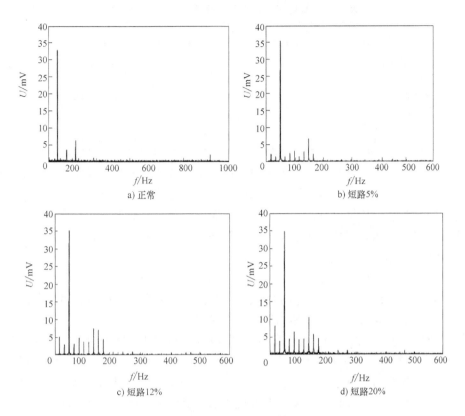

图 12-28　并网状态下轴电压频谱图

抵消了励磁磁势中的一部分基频分量，从而相对地突出了励磁磁势中由短路匝引起的、电枢反映磁势无法抵消的谐波分量。

从频谱图上可以看到，工频 50Hz 占主要成分，还存在少量 150Hz 成分，100Hz 成分幅值极小。

轴电压频率与畸变的磁通密度频率一致，幅值随着故障严重程度同向变化。因此，可以通过轴电压诊断转子绕组匝间短路故障。当然，诊断时应选择有代表性的典型频率分量，例如可以选择避开基波和 3、5 等奇次谐波且幅值较为明显的低频成分作为转子绕组匝间短路故障的判据。

故障特征频率的选取方法：

当 $p=1$ 时，轴电压的基频分量是由气隙磁动势的基波分量和气隙磁导的基波分量共同作用产生的，因此轴电压基频分量的突然增大可以说明发电机静偏心变得严重，可以通过轴电压基频分量诊断静偏心的大小；此时诊断转子绕组匝间短路故障可以选择 2、4 等偶数倍频分量作为判据。

5. 利用轴电压诊断同步电机故障的一些结论

大型发电机的轴电压诱发因素很多，为保证方法的有效性，各种诱发因素导致的轴电压特征频率应能够被有效区分。现将各种轴电压的产生原因、故障部位和特征频率列举见表 12-9。

表 12-9　轴电压产生原因、故障部位和特征频率

轴电压产生原因	产生部位	特征频率
静电效应	轴对地	直流
单极效应	轴承两段	直流
静止励磁	轴对地	$6k\omega, k=1,2,3,\cdots$
静偏心	轴两段	$k\omega, k=1,3,5,\cdots$
转子绕组匝间短路	轴两段	$k\omega/p, k=1,2,3,\cdots$

可见，静偏心和转子绕组匝间短路所引发的轴电压特征频率与其他原因引发的轴电压特征频率是不同的，因此可以有效地识别故障的发生。

通过空载和负载试验可以看到：负载状态下匝间短路引起的轴电压特征频率比空载更为明显，因此通过轴电压在线检测转子绕组匝间短路故障的可靠性更高。

通过分析，得到如下结论：

1）轴电压信号以基波和 3、5 等奇次谐波为主，这是由发电机的静偏心所致。该频率不受发电机极对数的影响，各次谐波的幅值由磁动势、磁阻等因素决定，可以通过轴电压中奇波的幅值（尤其是基波）诊断发电机静偏心故障的严重程度。

2）转子绕组匝间短路故障发生后，轴电压信号中出现正常运行状态，不存在 $k\omega/p$ 成分（$k/p \neq 1$，3，5$\cdots$）（p 极对数），因此可以利用轴电压信号诊断转子绕组匝间短路故障。

该监测方法简单而且成本低，便于安装。与常规的电压、电流和振动等监测信号相比，轴电压的监测更加全面，具体地反映出发电机内部电磁状态，是发电机内部问题的显微镜。

汽轮发电机的转轴通常在汽侧通过电刷接地，因此测量轴电压只需要在励磁侧安装一个接地电刷即可将轴电压信号引出，不仅安装方便而且不影响机组的正常运行。国外某些汽轮发电机汽端采用常规接地电刷，励端大轴通过一组无源 RC 电路接地，这为轴电压的测量提供了有利条件。

参 考 文 献

[1] 高景德，王祥珩，李发海. 交流电机及其系统分析 [M]. 北京：清华大学出版社，2005

[2] 舒印彪. 再电气化导论 [M]. 北京：中国科学技术出版社，2023

[3] 马宏忠. 电机状态监测与故障诊断 [M]. 北京：机械工业出版社，2008

[4] 马宏忠. 大型交流电机故障分析与诊断系统的研究 [D]. 南京：东南大学，2001

[5] 朱德恒，谈克雄. 电气设备状态监测与故障诊断技术的现状与展望 [J]. 电力设备，2003，4（6）：1~8

[6] 党晓强. 大型发电机绕组电气故障分析 [J]. 四川电力技术，2005（05）：5~7

[7] 沈标正. 电机故障诊断技术 [M]. 北京：机械工业出版社，2003

[8] 李伟清，王绍禹. 发电机故障检查分析及预防 [M]. 北京：中国电力出版社，2010

[9] 盛兆顺. 设备状态监测与故障诊断技术与应用 [M]. 北京：化学工业出版社，2003

[10] 陈家斌. 电气设备故障检测诊断方法及实例 [M]. 北京：中国水利水电出版社，2003

[11] He Yuling, Xu Mingxing, Zhang Wen, et al. Impact of stator interturn short circuit position on end winding vibration in synchronous generators [J]. IEEE Transactions Energy Conversion, 2021, 36（2）：713-724

[12] 蒋梦瑶，马宏忠，陈浈斐. 同步调相机定子绕组匝间短路故障诊断 [J], 电机与控制学报，2021，25（07）：75-86

[13] 杨光勋. 电动机振动原因分析及对策 [J]. 防爆电机，2000，（2）：24~26

[14] CAMERON J R, THOMPSON W T, DOR A B. Vibration and Current Monitoring for Detection Airgap Eccentricity in Large Induction Motors [C]. Proc. Int. Conf. on Electrical Machines, Design and Applications, IEE, London, September 1985, publn. 254, 173~179

[15] 王维俭. 发电机变压器继电保护应用 [M]. 中国电力出版社，2005.

[16] ELDHEMY S A. Analysis of Space Harmonic Interaction in Squirrel Cage Induction Machines~Part I：Modeling and the Equivalent Circuit [J]. Electric Machines and Electromechanics, 1988, 14：377~396

[17] ELDHEMY S A. Analysis of Space Harmonic Interaction in Squirrel Cage Induction Machines~Part II：The torque Analysis [J]. Electric Machines and Electromechanics, 1988, 14：397~412

[18] SERGIO M A, CRUZ A J, MARQUES C. Stator Windings Fault Diagnosis in Three-phase Synchronous and Asynchronous Motors by the Extended Park's Vector Approach, in Proc [J]. IEEE Transaction on Industry Applications, 2001, 31（5）：1227~1233

[19] 马宏忠；李思源. 双馈风力发电机转子绕组不平衡故障诊断 [J] 电机与控制学报. 2020, 24（02）：138-143

[20] MEGAHED A I, MALIK O P, Synchronous Generator Internal Fault Computation and Experimental Verification [J]. IEE Proceedings—Generation, Transmission and Distribution, 1998, 145（5）：604~610

[21] TSUKERMAN I A, DELINCE A, MEUMER G, SABONNADIERE J C. Coupled Filed~Circuit Problems：Trends and Accomplishments [J]. IEEE Tarans. on Magnetics, 1993, 29（2）：1701~1704

[22] CHEDID R, FRERIS L L. Magnetic Field Analysis of Asymmetrical Machines by Finite Element Method [J]. IEE Proc. -Gener. Trnsm. Distrib, 1994, 141（1）：53~64

[23] 王祥珩. 凸极同步电机多回路理论及其在分析多分支绕组内部故障时的应用 [D]. 北京：清华大学，1985

[24] 高景德，王祥珩. 交流电机多回路理论 [J]. 清华大学学报（自然科学版），1987，27（1）：1~8

[25] 王祥珩，孙宇光，桂林. 大型水轮发电机多回路模型的合理简化 [J]. 中国电机工程学报，2007（03）：63-67

[26] Jiang Mengyao, Ma Hongzhong, Zhang Yuliang, et al. Reactive power characteristics and vibration properties under SISC in synchronous condensers [J]. International Journal of Electrical Power and Energy Systems, 2021, 133：107318-107329

[27] 李俊卿，王祖凡，王罗. 基于电流信号和深度强化学习的电机轴承故障诊断方法 [J]. 电力科学与工程 2023. 2023, 39（03）：61-70

[28] 屠黎明，胡敏强，肖仕武. 发电机定子绕组内部故障分析方法 [J]. 电力系统自动化，2001，25（17）：47~52

[29] 刘振兴. 电机故障在线监测诊断新原理和新技术研究 [D]. 华中科技大学，2004

[30] IMAN S, JAWAD F. Online condition monitoring of large synchronous generator under short circuit fault-areview [C]. In-

ternational Conference on Industrial Technology, Feb. 19-22, 2018, Lyon, France.

[31] 张霞明. 基于电流检测的三相异步电动机热保护装置的应用研究 [J]. 水电站机电技术, 2016, 39 (05): 11~12、76

[32] SHAH D, NANDI S, NETI P. Stator Inter-turn Fault Detection of Doubly-Fed Induction Generators Using Rotor Current and Search Coil Voltage Signature Analysis [J]. IEEE Transactions on Industry Application, 2009, 45 (5): 1831-1842.

[33] 马宏忠, 方瑞明, 王建辉. 电机学 (第2版) [M]. 北京: 高等教育出版社, 2017

[34] 陈世元, 黄土鹏. 交流电机的绕组理论 [M]. 北京: 中国电力出版社, 2007

[35] 孙丽玲, 李和明. 基于多回路数学模型的异步电动机内部故障瞬变过程 [J]. 电力系统自动化, 2004, 28 (23): 35~40, 75

[36] 马宏忠, 胡虔生, 黄允凯, 等. 感应电机转子绕组故障仿真与实验研究 [J]. 中国电机工程学报. 2003, 23 (4): 107~112

[37] 马宏忠. 异步电动机转子绕组故障后转矩转速的分析与计算 [J]. 电工技术学报, 2004, 19 (4): 23~27

[38] 马宏忠. 感应电动机电感参数的准确工程计算及谐波的影响 [J]. 电工技术学报, 2004, 19 (4): 63~68

[39] 马宏忠. 感应电机转子绕组故障对电机起动性能影响分析 [J]. 电工技术学报, 2004, 19 (10): 80~84

[40] Jiang Mengyao, Ma Hongzhong, Zhao Shuai. Rotor ground-fault diagnosis methods for synchronous condensers based on amplitude and phase-angle of voltage [J]. Journal of Power Electronics, 2020, 20 (5): 1184-1194

[41] MILIMONFARED J. A Novel Approach for Broken-Rotor-Bar Detection in Cage Induction MotorsV. IEEE. Trans. on ind. Applicant . 1999, 35 (5)

[42] 张玉良, 蔚超, 林元棣, 等. 基于小波模型的同步调相机转子故障诊断 [J]. 电力工程技术, 2021, 40 (6): 179-184.

[43] 冯复生. 大型汽轮发电机近年来事故原因及防范对策 [J]. 电网技术, 1999, 23 (1): 74~78

[44] SERGIO M A. CRUZ A J. MARQUES C. Stator Windings Fault Diagnosis in Three-phase Synchronous and Asynchronous Motors by the Extended Park's Vector Approach [J], in Proc. IEEE Transaction on Industry Application, 2001, 37 (5): 1227~1233

[45] 孙宇光, 王祥珩, 桂林. 三峡发电机定子绕组内部故障暂态仿真计算 [J]. 电力系统自动化, 2002, 26 (16): 56~61

[46] 魏书荣. 同步电机定子绕组内部故障分析与诊断研究 [D]. 南京: 河海大学, 2005

[47] Wang Xiangheng, Chen Songlin, Wang Weijian, et al. A Study of Armature Winding Internal Faults for Turbo~generators [J]. IEEE Trans on Industry Applications, 2002, 38 (3): 625~631

[48] 马宏忠, 胡虔生. 同步电机瞬变参数的测量 [J]. 电力系统及其自动化学报, 2000, (2): 8~12

[49] PETER P. REICH E, Charles A. et al, Internal Faults in Synchronous Machines, Part Ⅰ: The Machine Model [J]. IEEE Transaction on E. C. Vol. 15, No. 4, Dec. 2000, 376~379

[50] PETER P. REICH E, Charles A. et al, Internal Faults in Synchronous Machines, Part Ⅱ: Model Performance [J]. IEEE Transaction on E. C. Vol. 15, No. 4, Dec. 2000, 380~383

[51] 余成波, 胡新宇. 传感器与自动检测技术 [M]. 北京: 高等教育出版社. 2005

[52] 马宏忠、王平、王亦红. 检测技术与仪表 [M]. 北京: 中国电力出版社, 2010

[53] 李铁军. 虚拟仪器技术及其在数据采集中的应用 [J]. 现代电子技术, 2005, (09): 79~81

[54] 马宏忠, 胡虔生. 软件同步采样误差分析 [J]. 电工技术学报, 1996, 11 (1): 43~47

[55] 胡虔生, 马宏忠. 非正弦周期信号测量同步误差研究 V. 中国电机工程学报, 2000, 9: 35~40

[56] 臧芳, 马宏忠, 韩敬东. 基于并行口的设备状态监测与故障诊断系统的设计 [J]. 测控技术, 2005, 24 (5): 73~78

[57] 成永红. 电力设备测量、传感与控制技术 [M]. 北京: 中国电力出版社. 2003. 4

[58] 肖登明. 电气设备绝缘在线监测技术 [M]. 北京: 中国电力出版社, 2022

[59] 朱德恒, 严璋, 谈克雄. 电气设备状态监测与故障诊断技术 [M]. 北京: 中国电力出版让, 2009

[60] 雷铭. 电力设备论手册 [M]. 北京: 中国电力出版社, 2001

[61] 马宏忠, 蒋梦瑶, 李呈营, 等. 一种新型同步调相机定子绕组匝间短路故障诊断方法 [J], 电机与控制学报,

2021, 25 (09)：35-45

[62] 魏书荣，闫梦飞，任子旭，等. 考虑运行环境影响的海上双馈风电机组状态判别 [J]. 电力系统自动化，2022，46 (20)：181~189

[63] 李建军. 异步电机定转子参数的辨识方法研究 [J]. 电工技术学报. 2006, 21 (1)：70~74

[64] 马明晗，姜猛，李永刚，等. 大型双水内冷调相机转子绕组匝间短路故障诊断方法研究 [J]. 电机与控制学报，2021, 25 (2)：19-27.

[65] 张玉良，马宏忠，朱昊，等. 基于稀疏深度森林的调相机轻微定子匝间短路故障诊断 [J]. 高电压技术. 2022, 48 (5)：1875-1883

[66] 黄丹. 基于 BP 神经网络模型的电机故障诊断专家系统 [J]. 自动化仪表，2003, 24 (3)

[67] 薄丽雅，刘念. 基于人工神经元网络的发电机转子绕组匝间短路故障诊断 [J]. 四川电力技术，2005, (3)：11~13

[68] 马宏忠. 异步电动机故障诊断系统 [J]. 电世界，2005, (11)

[69] MOHAMED E B. A review of Induction Motors Signature Analysis as a Medium for Faults Detection [J]. IEEE Trans. on Industrial Electronics, 2000, 47 (5)：984~993

[70] Hu Rong guang, Wang Jia bin, MILLSI R., et al. High-frequency voltage injection based stator interturn fault detection in permanent magnet machines, IEEE Transactions on Power Electronics, 2021, 36 (1)：785-794.

[71] 李福兴. 大型发电机定子绝缘诊断和剩余寿命预测 [J]. 华东电力，2004, 32 (02)：54~56

[72] 张蕊，严璋. 预测大电机绝缘寿命方法综述 [J]. 大电机技术，2004, (4)：41~43

[73] A. Ramakrishnan and M. Pecht, A Life Consumption Monitoring Methodology for Electronic Systems [J], IEEE Transactions on Components and Packaging Technologies, 2003, 26 (3)：625~634

[74] 李环宇，王小虎，杨超伟，等. 基于误差电流的同步调相机励磁系统晶闸管开路故障诊断 [J]. 中国电机工程学报，2021, 41 (23)：8159-8169.

[75] 马明晗，贺鹏康，李永刚，等. HVDC 换相失败对转子绕组匝间短路调相机的影响分析 [J]. 电机与控制学报，2021, 25 (7)：1-10.

[76] MOHAMED S N S. H~G Diagram Based Rotor Parameters Identification for Induction Motors Thermal Monitoring [J]. IEEE Trans. on Energy Conversion, 2000, 15 (1)：14~18

[77] 陈宜林，乔栋，李玉龙. 大型电机转子温度红外监控系统的研制 [J]. 中国电力，2003, 36 (7)：76~78

[78] 吴广宁 电机设备状态监测的理论与实践 [M]. 北京：清华大学出版社. 2005

[79] 成永红. 电力设备绝缘检测与诊断 [M]. 北京：中国电力出版社，2001

[80] 黄盛洁，姚文捷. 电气设备绝缘在线监测和状态维修 [M]. 北京：中国水利水电出版社，2004

[81] 白恺. 大型电机定子绕组绝缘系统的诊断性试验及其标准 [J]. 华北电力技术，2006, (04)：40~45

[82] 中华人民共和国国家标准 (GB 50150~2016)：电气装置安装工程电气设备交接试验标准 [S].

[83] 谈克雄，朱德恒. 发电机变压器放电故障诊断的基础研究和应用 [J]. 电力系统自动化，2004, 28 (15)：53~60

[84] 朱立颖. 高压电机定子绕组超低频耐压试验技术和设备 [J]. 大电机技术，2001, (5)：15~17

[85] 王道明. 高压电机绝缘电阻最低要求值研究. 大电机技术 [J], 2000, (02)：38~41

[86] 张华勇. 从一起事故看高压电动机直流耐压试验的重要性 [J]. 电机技术，2004, (1)：36~38

[87] 吴广宁. 大型发电机故障放电在线监测及诊断技术 [M]. 成都：西南交通大学出版社，2001.

[88] 陈小林，曹戍平，吕一航，等. 大电机定子绕组超宽频带局部放电现场检测 [J]. 中国电力，2002, 35 (3)：31~34

[89] 施维新. 汽轮发电机组振动及事故 [M]. 北京：中国电力出版社，2001

[90] 万书亭，李和明，许兆凤. 定子绕组匝间短路对发电机定转子径向振动特性的影响 [J]. 中国电机工程学报，2004, 24 (4)：157~161.

[91] 陈小异. 基于噪声信号处理的机电一体化设备故障诊断 [J]. 机床与液压，2005, (12)：183~186

[92] 周久华. 神东矿区采煤机故障统计与原因分析 [J]. 煤炭科学技术. 2015, 43 (S2)：139-143

[93] ENZO C C, LAU H W, NGAN. Detection of Motor Bearing Outer Raceway Defect by Wavelet Packet Transformed Motor Current Signature Analysis [J]. IEEE Transactions on Instrumentation and Measurement . 2010

[94] 时维俊，马宏忠. 双馈风力发电机轴承的早期诊断 [J]. 电力系统及其自动化学报，2012，24（6）：26-30

[95] 夏立. 感应电机轴承故障检测方法研究 [J]. 振动、测试与诊断. 2005，(04)：307～310

[96] 罗忠辉，薛晓宁，王筱珍. 小波变换及经验模式分解方法在电机轴承早期故障诊断中的应用 [J]. 中国电机工程学报，2005，25（07）：125～129

[97] 马宏忠，陈涛涛，时维俊，等. 风力发电机电刷滑环系统三维温度场分析与计算 [J]. 中国电机工程学报，2013，33（33）98-105

[98] Ma Hongzhong, Chen Taotao, Zhang Yan, Ju Ping, Chen Zhenfei. Research on the fault diagnosis method for slip ring device in doubly-fed induction generators based on vibration [J]. IET Renewable Power Generation, 2017, Vol. 11 Iss. 2, pp. 289-295

[99] 陈涛涛，马宏忠. 基于温度场的双馈异步发电机电刷滑环系统故障诊断模拟 [J]. 中国电力，2015，48（12）：173-178

[100] He Yuling, Zhang Yuyang, Xu Mingxing, et al. A new hybrid model for electromechanical characteristic analysis under SISC in synchronous generators [J]. IEEE Transactions on Industrial Electronics, 2020, 67（3）：2348-2359.

[101] 安顺合. 工厂常用电气设备故障诊断与排除 [M]. 北京：中国电力出版社，2001

[102] 许伯强. 大型异步电动机状态监测与故障诊断方法评述 [J]. 华北电力大学学报，2002，29（3）

[103] Jiang Meng yao, Ma Hong zhong, Lin Yuandi, et al. Stator Interturn Short-circuit Fault Diagnosis in Synchronous Condensers Based on the Third Current Harmonic [C], International Conference on Electrical Machines（ICEM2020），2020：1438-1444

[104] 李思源，马宏忠，陈涛涛. 基于 HHT 的双馈异步发电机电刷滑环烧伤故障诊断 [J]. 电力系统保护与控制，2018，46（16）：68-74

[105] 桂林，李岩军，詹荣荣，等. 大型调相机内部故障特征及纵向零序电压保护性能分析 [J]. 电力系统自动化，2019，43（08）：145-149.

[106] 许伯强，李和明，孙丽玲. 异步电动机定子绕组匝间短路故障检测方法研究 [J]. 中国电机工程学报，2004，24（7）：177～182

[107] STAVROU A, SEDDING H G, PENMAN J. Current Monitoring for Detecting Inter～turn Short Circuits in Induction Motors [J]. IEEE Transactions on Energy Conversion, 2001, 16（1）：32～37

[108] FINLY W R, HODOWANCE M M. An Analytical Approach to Solving Motor Vibration Problems [J]. IEEE Transactions on Industry Applications, 2000, 36（5）：652～658.

[109] 侯新国. 基于相关分析的感应电机定子故障诊断方法研究 [J]. 中国电机工程学报，2005，25（2）：83～86

[110] 侯新国. 瞬时功率分解算法在感应电机定子故障诊断中的应用 [J]. 中国电机工程学报，2005，25（3）：110～115

[111] 马宏忠，张正东，时维俊. 基于转子瞬时功率谱的双馈风力发电机定子绕组故障诊断 [J]. 电力系统自动化，2014，38（14）：30-35

[112] 王旭红. 在线监测电机定子绕组匝间短路故障的新方法 [J]. 高电压技术 2003，29（1）：28～30

[113] 马宏忠 胡虔生. 多功能电机保护控制一体化装置的研究 [J]. 中小型电机，2000，(5)：22～25

[114] 张弛. 异步电动机定子绕组匝间短路故障特征分析 [J]. 华北电力大学学报，2006，33（3）：22～26，40

[115] 马宏忠，姚华阳，黎华敏. 基于 Hilbert 模量频谱分析的异步电机转子断条故障研究 [J]. 电机与控制学报，2009，13（3）：371-376

[116] 方瑞明，郑力新，马宏忠. 基于 MCSA 和 SVM 的异步电机转子故障诊断 [J]. 仪器仪表学报，2007，28（2）：252-257

[117] 刘沛津，谷立臣. 异步电机负序分量融合方法及其在定子匝间短路故障诊断中的应用 [J]. 中国电机工程学报 2013，33（15）：119-123

[118] 孙凯；尹和松；陈爽. 抽水蓄能机组发电电动机转子端部运行状态在线监测系统研发 [J]. 大电机技术，2022，11

[119] 马宏忠，李训铭，方瑞明，等. 利用失电残余电压诊断异步电机转子绕组故障 [J]. 中国电机工程学报，2004，24（7）：183～187

［120］ 马宏忠. 异步电动机失电残余电压的防范与应用［J］. 大电机技术. 2005（2）：17~20

［121］ 马宏忠. 高压异步电机转子绕组故障诊断系统的研究［J］. 高电压技术，2004，30（4）：31~33

［122］ 牛发亮，黄进. 基于电磁转矩小波变换的感应电机转子断条故障诊断［J］. 中国电机工程学报，2005，25（24）：122~127

［123］ VINOD V T, KRISHNA V. Online Cage Rotor Fault Detection Using Air gap Torque Spectrum［J］. IEEE Transactions on Energy Conversion, 2003, 18（2）: 265~270

［124］ Ma Hongzhong. Analysis of Starting Performance of Induction Machines Under Rotor Winding Faults［C］. Upec2004（39th International University Power Engineering Conference）. 6~8 Sep. 2004 Bristol UK

［125］ Ma Hongzhong. Quasi~Steady Analysis of Cage Induction Motor with Rotor Winding Faults［C］. Icems 2004（International Conference on Electrical Machines and Systems）November 1st ~ 3rd, 2004 Jeju Island, Korea

［126］ 蒋建东，蔡泽祥. 鼠笼型异步电动机转子故障诊断新方法［J］. 继电器，2004，32（7）：14~16

［127］ 方瑞明，马宏忠. 基于最小二乘支持矢量机的异步电机转子故障诊断研究［J］. 电工技术学报，2006，21（5）92~98，103

［128］ 阎威武，邵惠鹤. 支持向量机和最小二乘支持向量机的比较及应用研究［J］. 控制与决策，2003，18（3）：358~360

［129］ 侯新国，夏立，吴正国，等. 基于小波和神经网络的异步电机转子故障诊断方法研究［J］. 数据采集与处理，2004，19（1）：32~36

［130］ 李楠. 基于随机共振理论的异步电动机转子断条检测新方法［J］. 电工技术学报，2006，21（5）：99~103

［131］ 蒋建东，蔡泽祥. 电动机故障诊断的 Petri 网方法［J］. 继电器，2004（32）12：12~15

［132］ 王立欣，王明彦，齐明. 电机故障的逻辑诊断方法［J］. 中国电机工程学报，2003，23（3）：112~115

［133］ 曹志彤. 基于混沌神经网络动态联想记忆的电机故障诊断［J］. 电工技术学报，2000，15（3）：53~56

［134］ 陈理渊，黄进. 电机故障诊断的多传感器数据融合方法［J］. 电力系统及其自动化学报，2005，17（1）：48~52

［135］ FILIPPETTI F G, FRANCESCHINI G, TASSONI C, et al. Recent Developments of Induction Motor Drives Fault Diagnosis Using AI Techniques［J］. IEEE Transactions on Industrial Electronics, 2000, 47（5）: 994~1004

［136］ 孙丽玲，李和明. 笼型异步电动机转子断条与定子绕组匝间短路双重故障研究 V. 电工技术学报. 2005，20（4）：38~44

［137］ KLIMAN B, PREMERLANI W J, KOEGL R A. Sensitive On~line Turn-to-turn Fault Detection in AC Motors［J］. Electric Machines and Power System, 2000, 28: 915~927

［138］ 贾朱植，杨理践，祝洪宇. 时变转速运行状态下鼠笼电机转子断条故障诊断［J］. 仪器仪表学报，2016，37（4）：834-842

［139］ 祝洪宇，胡静涛，高雷，等. 基于变频器供电侧电流 Hilbert 解调制方法的空载电机转子断条故障诊断［J］. 仪器仪表学报 2014，35（1）：140-147

［140］ 鲍晓华，吕强. 感应电机气隙偏心故障研究综述及展望［J］. 中国电机工程学报，2013，33（6）：93-100

［141］ Qi Yuan, Zafarani Mohsen, Gurusamy Vigneshwaran, et al. Advanced severity monitoring of interturn short circuit faults in PMSMs［J］. IEEE Transactions on Transportation Electrification, 2019, 5（2）: 395-404.

［142］ Xu Yanwu, Zhang Zhuoran, Jiang Yunyi, et al. Numerical Analysis of Turn-to Turn Short Circuit Current Mitigation for Concentrated Winding Permanent Magnet Machines With Series and Parallel Connected Windings［J］. IEEE Transactions on Industrial Electronics, 2020, 67（11）: 9101-9111.

［143］ 张志艳，马宏忠，杨存祥. 小波包与样本熵相融合的 PMSM 失磁故障诊断［J］. 电机与控制学报，2015，9（2）：26-32

［144］ 钟钦，马宏忠，梁伟铭. 电动汽车永磁同步电机失磁故障数学模型的初步研究［J］. 微电机，2013，46（6）：9-12，18

［145］ 张志艳，马宏忠，赵剑锷. 基于负序分量和模糊逻辑相融合的永磁同步电机定子不对称故障诊断［J］. 电机与控制应用，2014，41（6）：64-68

［146］ 许伯强，田士华. 多重信号分类法与扩展 Prony 结合的异步电机转子故障检测［J］. 华北电力大学学报，2015，42（6）：1-7

[147] 谢平波. 基于 EEMD 和 HT 的三相异步电机断相故障检测研究 [J]. 机电工程技术, 2014, 43 (6)：66-69, 155

[148] 许伯强, 朱明飞. 基于 ESPRIT 和扩展 Prony 算法的异步电机转子断条故障检测方法 [J]. 电机与控制应用, 2016, 43 (5)：59-63, 78

[149] 王熙雏. 基于定子电流的异步电机断条故障诊断方法 [J]. 大电机技术, 2014, 4：41-47

[150] 许伯强, 李金卜. 基于奇异值分解滤波与 APES 算法的异步电动机转子故障检测 [J]. 电力自动化设备, 2016, 36 (8)：165-169

[151] 郗常骥. 汽轮以电机故障实例与分析 [M]. 北京：中国电力出版社, 2002

[152] 周玉兰, 王俊永. 1998~2002 年 100MW 及以上发电机保护运行情况与分析 [J] 电力自动化设备, 2004, 24 (4)：89-93

[153] 何玉灵, 彭勃, 万书亭. 定子匝间短路位置对发电机定子振动特性的影响 [J]. 振动工程学报, 2017, 30 (04)：679-687.

[154] 王云静. 基于混沌神经网络的发电机定子绕组匝间短路故障诊断 [J]. 自动化技术与应用, 2003, 22 (5)：72~74

[155] 江建明. 发电机定子绕组接地故障诊断方法探讨 [J]. 四川电力技术, 2005, (5)：32~34, 53

[156] 毕大强, 王祥珩. 发电机定子绕组单相接地故障的定位方法 [J]. 电力系统自动化, 2004, 28 (22)：55~57, 94

[157] 魏书荣, 符杨, 马宏忠. 同步电机定子绕组内部故障瞬态分析 [J]. 电力系统及其自动化学报, 2010, 22 (05)：80-85

[158] 李玉平, 桑建斌, 朱宇聪, 等. 基于双端直流注入切换采样原理的发电机转子接地保护 [J], 电力系统自动化, 2020, 44 (21)：139-146.

[159] 魏书荣, 马宏忠. 基于多回路理论的同步电机定子绕组内部故障仿真的谐波分析 [J]. 电力自动化设备, 2008, 28 (4)：32-36

[160] 张承德. 汽轮发电机转子绝缘诊断技术的研究与应用 [J]. 内蒙古电力技术, 2003, 21 (4)：30~33

[161] 刘志东. 发电机转子接地原因分析及处理 [J]. 西北电力技术. 2006, (02)：45~46

[162] 陈康, 安康, 王骁贤. 基于振动和电流信号深度融合的电动机转速估计及轴承故障诊断 [J]. 轴承 2022, 10 (13)：16~30

[163] 刘君. 发电机转子接地故障监测系统研制和开发 [J]. 电力自动化设备, 2001, 21 (10)：21~22、29

[164] 史泽兵. 一种新型的发电机转子接地保护装置的研制 [J]. 继电器, 2005, 33 (3)：37~39

[165] 毛国光. 我国大型汽轮发电机的事故及存在的质量问题 [J]. 电网技术, 2000, 24 (11)：1~7

[166] 冯复生. 不拔护环诊断大型汽轮发电机转子线圈匝间短路位置的新方法 [J]. 华北电力技术, 2000, (3)：1~5

[167] 万书亭, 李和明, 李永刚. 转子匝间短路对发电机定转子振动特性的影响 [J]. 中国电机工程学报, 2005, 25 (10)：122~126

[168] 万书亭. 同步发电机转子匝间短路故障时励磁电流谐波特性分析 [J]. 电力系统自动化, 2003, 27 (22)：64~67

[169] FISER R, LAVRIC H, BUGEZA M, et al. Computations of Magnetic Field Anomalies in Synchronous Generator Due to Rotor Excitation Coil Faults [J]. IEEE Transactions on Magnetics, 2013, 49 (5)：2303~2306

[170] 李永刚, 姜猛, 马明晗. 基于 V 型曲线偏移的大型调相机定子绕组匝间短路故障诊断方法 [J]. 大电机技术, 2019, (6)：1~6.

[171] 李之昆. 发电机转子绕组匝间短路故障诊断的研究 [D]：南京：河海大学, 2004

[172] MAZZOLETTI M A, BOSSIO G R., De Angelo Cristian Hernan. Interturn short-circuit fault diagnosis in PMSM with partitioned stator windings [J]. IET Electric Power Applications, 2020, 14 (12)：2301-2311

[173] Amol S. Kulkarni. Development of a Technique for On~Line Detection of Shorts in Field Windings of Turbine~Generator Rotors：Circuit Design and Testing [J]. IEEE Trans on Energy Conversion, 2000, 15 (1)：8~13

[174] 关建军. 大型汽轮发电机转子绕组匝间短路故障的诊断研究 [J]. 大电机技术, 2003, (2)：18~22.

[175] 蒋梦瑶. 大型同步调相机定子绕组匝间短路和转子一点接地故障诊断研究 [D]. 南京：河海大学, 2022

[176] 魏书荣, 张鑫, 符杨. 基于 GRA-LSTM-Stacking 模型的海上双馈风力发电机早期故障预警与诊断 [J]. 中国电机

工程学报，2021，41（07）：2373-2383

[177] 辛鹏，戈宝军，陶大军，等．同步发电机定子绕组匝间短路故障特征规律研究［J］．电机与控制学报，2019，23（01）：45-51．

[178] 姚勇．水轮发电机转子绕组匝间短路测定新方法［J］．水力发电，2003，29（3）：38~39．

[179] 李晓明．大型汽轮发电机转子绕组匝间短路故障的测试与分析（探测线圈波形）［J］．大电机技术，2003，（3）：7~11

[180] 李永刚．汽轮发电机转子绕组匝间短路故障诊断新判据［J］．中国电机工程学报，2003，23（06）：112~117

[181] 阮羚，周世平，周理兵．大型汽轮发电机转子匝间短路在线监测方法的研究及应用［J］．中国电机工程学报，2001，21（12）：60~63

[182] 李之昆，马宏忠．基于 ANN 的发电机转子绕组匝间短路诊断方法［J］．高电压技术，2004，30（1）：31~33

[183] 魏书荣，符杨，马宏忠．同步电机定子绕组内部故障瞬态分析［J］．电力系统及其自动化学报，2010，22（5）：80-85

[184] YASSA N., RACHEK M. Modeling and detecting the stator winding inter turn fault of permanent magnet synchronous motors using stator current signature analysis［J］. Mathematics and Computers in Simulation, 2020, 167: 325-339.

[185] 马宏忠，李之昆．GP 法在发电机转子绕组匝间短路诊断中的应用［J］．继电器，2004，32（22）：16~19，28

[186] 李永刚．基于定子线圈探测的转子匝间短路故障识别方法［J］．中国电机工程学报，2004，24（2）：107~112

[187] 刘庆河．汽轮发电机转子绕组匝间短路在线检测方法的研究［J］．中国电机工程学报，2004，24（9）：234~237

[188] 孙宇光，余锡文，魏锟，等．发电机绕组匝间故障检测的新型探测线圈［J］．中国电机工程学报，2014，34（6）：917-924

[189] 王刚，成建军，杨永洪．发电机转子一点接地故障分析与排查——以二滩水电站为例［J］．水电与新能源 2014（05）

[190] 尹文俊，李挺．1000MW 汽轮发电机转子绕组匝间短路故障的诊断与分析［J］．电力科学与工程，2013，29（11）：17-20

[191] 崔小鹏，王公宝，林城美，等．基于特征相似度的同步发电机绝缘故障诊断［J］．海军工程大学学报，2014，26（5）：14-19

[192] 张超，夏立，吴正国．区分发电机不对称运行和定子绕组匝间短路的故障检测［J］．电力自动化设备，2011，31（4）：41-46

[193] 郝亮亮，吴俊勇．同步发电机转子匝间短路故障在线监测的研究评述与展望［J］．电力自动化设备，2013，33（9）：137-143，150

[194] 武玉才，李永刚，李和明．基于轴电压的隐极同步发电机转子典型故障诊断［J］．电工技术学报，2010，25（6）：178-184

[195] 李红连，唐炬，方红．基于支持向量回归机的同步发电机励磁电流预测方法［J］．成都大学自然科学学报 2013，32（3）：274~276，302

[196] 韩力，欧先朋，高友．同步发电机励磁绕组匝间短路故障在线分析方法综述［J］．重庆大学学报，2016，35（1）25-31

[197] 马宏忠，时维俊，韩敬东．计及转子变换器控制策略的双馈风力发电机转子绕组故障诊断［J］．中国电机工程学报，2013，33（18）：119-125

[198] 马宏忠，张志艳，张志新．双馈异步发电机定子匝间短路故障诊断研究［J］．电机与控制学报，2011，15（11）：50-54

[199] 钱雅云，马宏忠，张志新．基于多回路模型的双馈异步发电机匝间短路故障检测方法研究［J］．大电机技术，2012，5：35-37，64

[200] 张志新，马宏忠，钱雅云．基于有限元分析的双馈异步发电机定子绕组匝间短路故障诊断研究［J］．高压电器，2012，48（8）：24-28，33

[201] 陈继宁，马宏忠，时维俊．基于希尔伯特-黄变换的双馈异步风力发电机定子故障诊断研究［J］．大电机技术，2013，3：34-38

[202] 张艳，马宏忠，付明星．定子匝间短路时双馈异步发电机电磁转矩的研究［J］．电机与控制应用，2017，44

（9）：16-21

[203] 张正东，马宏忠，时维俊. 双馈异步发电机定子绕组故障特征量提取方法研究 [J]. 微电机，2014，45（5）：66~70

[204] 冷晓梅，杜鹏刚，赵旺初. 发电机转子在线检测 [J]. 大电机技术，2002，（2）：30~33

[205] 孔令军，岳啸鸣. 氢冷发电机漏氢分析及防范措施 [J]. 河北电力技术，2011，30（6）：35~37

[206] 年泓昌，董治国，苏鹏飞，等. 发电机漏氢原因分析与防范措施 [J]. 上海大中型电机. 2014（01）：72~74

[207] 薛蛟，王夏洋，郭晓峰. 发电机定子线棒水电接头漏水问题的分析及处置 [J]. 山西电力，2022. 01：45~47

[208] 王春雨. 100MW 发电机定子漏水原因及对策 [J]. 电力安全技术，2004，6（4）：30

[209] 朱玉璧. 600MW 汽轮发电机定子绕组水电接头泄漏分析 [J]. 安徽电力，2005，22（3）：11~15

[210] 武玉才，李永刚，李和明. 基于轴电压的隐极同步发电机转子典型故障诊断 [J]. 电工技术学报，2010，25（06）：178~184

[211] 王晓华. 基于轴电压的发电机典型故障诊断研究 [D]. 保定：华北电力大学，2009

[212] 高志强. 汽轮发电机轴电压分析及一例故障处理 [J]. 河北电力技术，2004，23（6）：16~18

[213] 金媛媛，刘灵君. 汽轮发电机轴电压分析与安全运行 [J]. 电机技术，2019（04）：20~23、28

[214] 倪勤. 汽轮发电机组的大轴接地与轴电压 [J]. 安徽电力，2006，23（2）：33~34

[215] 张李军，周平，刘基涛. 静态励磁引起的发电机轴电压成分辨析 [J]. 大电机技术，2020（01）：16~20、25